Frick/Knöll/Neumann

Baukonstruktionslehre

Teil 1

Herausgegeben von
Professor Dr.-Ing. Friedrich Neumann
Oberbaudirektor a. D.

Bearbeitet von
Professor Dipl.-Ing. Dietrich Neumann
und Professor Ulrich Weinbrenner
Fachhochschule Darmstadt

27., neubearbeitete und erweiterte Auflage
Mit 382 Bildern, 27 Tabellen und 5 Beispielen

B. G. Teubner Stuttgart 1979

CIP-Kurztitelaufnahme der Deutschen Bibliothek

Baukonstruktionslehre / Frick-Knöll-Neumann.
Hrsg. von Friedrich Neumann. Bearb. von Dietrich Neumann u. Ulrich Weinbrenner. – Stuttgart : Teubner.
Frühere Aufl. u.d.T.: Neumann, Friedrich: Baukonstruktionslehre.

NE: Frick, Otto [Begr.]; Neumann, Friedrich [Hrsg.]; Frick-Knöll-Neumann, ...

1.–27., neubearb. Aufl. – 1979.
ISBN 3-519-35205-2

Printed in Germany

Gesamtherstellung: Passavia Druckerei GmbH Passau

Umschlaggestaltung: W. Koch, Sindelfingen

Vorwort

Vor genau 70 Jahren – im Juni 1909 – erschien bei Teubner in Leipzig und Berlin die erste Auflage der Baukonstruktionslehre von Frick und Knöll als Leitfaden und als „Hilfsmittel für den Vortragsunterricht und die Wiederholungen" im Baukonstruktionsunterricht der Königlich Preußischen Baugewerkschulen.

Der Leitfaden hatte 18 bzw. 19 Auflagen erreicht, als mir von Professor O. Frick angeboten wurde, das Buch selbständig weiterzubearbeiten. In neuer Form und mit weitgesteckten Zielen sind seither sieben weitere Auflagen beider Teile erschienen.

Mit der jetzt vorliegenden 27. Auflage von Teil 1 und der 26. Auflage von Teil 2 wechselt das Buch seinen Bearbeiter. Nachdem ich mehr als 25 Jahre lang das Buch allein verfaßt habe, lege ich, nun als Herausgeber, die Verfasserarbeit voller Hoffnung in bewährte jüngere Hände.

Angestrebtes Ziel bleibt auch für die neuen Bearbeiter, den abgehandelten Stoff so darzustellen, daß jede Konstruktionsarbeit stets in ihren Zusammenhängen gesehen und in ihrer Abhängigkeit von Baustoff und Baubetrieb sowie von Fertigungs- und Kostenproblemen begriffen werden muß. Dabei wird auch der entscheidende Einfluß der Konstruktion auf die Gestaltung – und umgekehrt – erkennbar werden.

An sich umfangreiche Sondergebiete wie der Stahlbetonbau, der Stahlbau, der Ingenieurholzbau ebenso wie die Baustofflehre und die Baubetriebslehre bleiben besonderen Studienbereichen mit ihrer Spezialliteratur vorbehalten und werden in diesen Leitfaden nur einbezogen, soweit das ihr Zusammenhang mit der allgemeinen Baukonstruktion verlangt. Im Vordergrund der Betrachtung stehen Gruppen bestimmter Konstruktionsaufgaben mit grundsätzlichen Lösungen samt der zeichnerischen Darstellung der Konstruktionseinzelheiten. Ziel ist hierbei die Entwicklung konsequenten Ingenieurdenkens für Entwurf und Bauleitung. So müssen sich Architekt und Konstrukteur z. B. darüber klar werden, daß den Möglichkeiten der Baukonstruktion durch die Natur der Baustoffe, etwa durch ihre statischen, physikalischen und chemischen Eigenschaften, Grenzen gesetzt sind, die z. T. schon bei der Planung des Bauwerks respektiert werden müssen, wenn optimale Konstruktionslösungen erwartet werden.

Ein angemessener Teil des Textes wird der Information über die Ordnung und Klärung der Fachbegriffe und über die Normung zugewiesen. Die letzthin sehr intensive – noch nicht abgeschlossene – Überarbeitung vieler grundlegender Normen und die Einführung wichtiger zusätzlicher Bestimmungen wie z. B. der Wärmeschutzverordnung beeinflussen weitgehend die Baupraxis und machten zahlreiche Textkorrekturen nötig. Die bis zur Drucklegung dieser Neuauflage vollzogenen Änderungen wichtiger Baunormen wurden berücksichtigt, auf in Kürze zu erwartende Änderungen ist, soweit möglich, im Text verwiesen worden. Ein kurzer Anhang bietet einen vergleichenden Überblick über die das Bauwesen betreffenden alten und neuen gesetzlichen Einheiten sowie eine Aufstellung neuer Baustoffkurzzeichen.

Bei der Auswahl neuerer Beispiele blieben die Bearbeiter bemüht, nur Konstruktionen zu erwähnen, die einen kritisch beobachteten Reifungsprozeß aufweisen können. In einem überwiegend für die Lehre bestimmten Werk darf nicht zu hastig auf

„Aktuelles", dessen Gewicht noch schwer abzuschätzen ist, eingeschwenkt werden. Es mußte vielmehr wie bisher das Ziel weiter verfolgt werden, den Planer und Konstrukteur zur Kritikfähigkeit gegenüber dem ständig wachsenden Angebot des Baumarktes zu erziehen.

Wegen der besseren Handlichkeit erscheint das Werk wieder in zwei Bänden.

Im Namen der neuen Bearbeiter danke ich allen, die durch die Bereitstellung von Informationen oder durch ihre sonstige Mitwirkung wertvolle Hilfe geleistet haben, insbesondere

bei Band 1:

Herrn Dr.-Ing. E. Mayer für die betontechnologische Beratung,

Herrn Professor Dr. C. Großkopf für die Bearbeitung der Abschnitte über Schall- und Wärmeschutz,

Herrn Dipl.-Ing. H. E. Schmidt für Beratung über Gußasphaltestriche,

Herrn Dr.-Ing. G. Satlow für Mitwirkung bei Neufassung des Abschnitts Textile Fußbodenbeläge;

bei Band 2:

Herrn Professor E. Seifert für Mitwirkung bei Neufassung des Abschnitts über Fenster,

Herrn Dipl.-Ing. K. Volkart für Beratung bei der Bearbeitung des Abschnitts über Putz.

Besonderen Dank verdient Frau Ing. (grad.) B. Bendfeld für die Bearbeitung der zahlreichen neuen Abbildungen.

Möge diese Neuauflage beim Studium und in der Baupraxis sich wieder als brauchbare und zuverlässige Helferin erweisen.

Hagen, im Sommer 1979

Professor Dr.-Ing. F. K. Neumann
Oberbaudirektor a. D.

Inhalt

Hinweise auf DIN-Normen in diesem Werk entsprechen dem Stand der Normung bei Abschluß des Manuskripts. Maßgebend sind die jeweils neuesten Ausgaben der Normblätter des DIN Deutsches Institut für Normung e.V. im Format A4, die durch den Beuth-Verlag GmbH, Berlin und Köln, zu beziehen sind. – Sinngemäß gilt das gleiche für alle in diesem Buch angezogenen amtlichen Richtlinien, Bestimmungen, Verordnungen usw.

1 Erdarbeiten

1.1 Baugrund

Ermittlungen über die Belastbarkeit des Baugrundes sind möglichst vor der endgültigen Wahl des Baugeländes, spätestens aber vor Beginn der Entwurfsbearbeitung vorzunehmen, weil die Standsicherheit jedes Bauwerkes weitgehend von der Belastbarkeit des Baugrundes abhängig ist. Bei unangemessener Belastung des Baugrundes durch ein Bauwerk wird dieses durch unzulässig große Setzungen, durch Grundbruch, durch Kippen oder durch Gleiten gefährdet (DIN 1054 Abschn. 2.3).

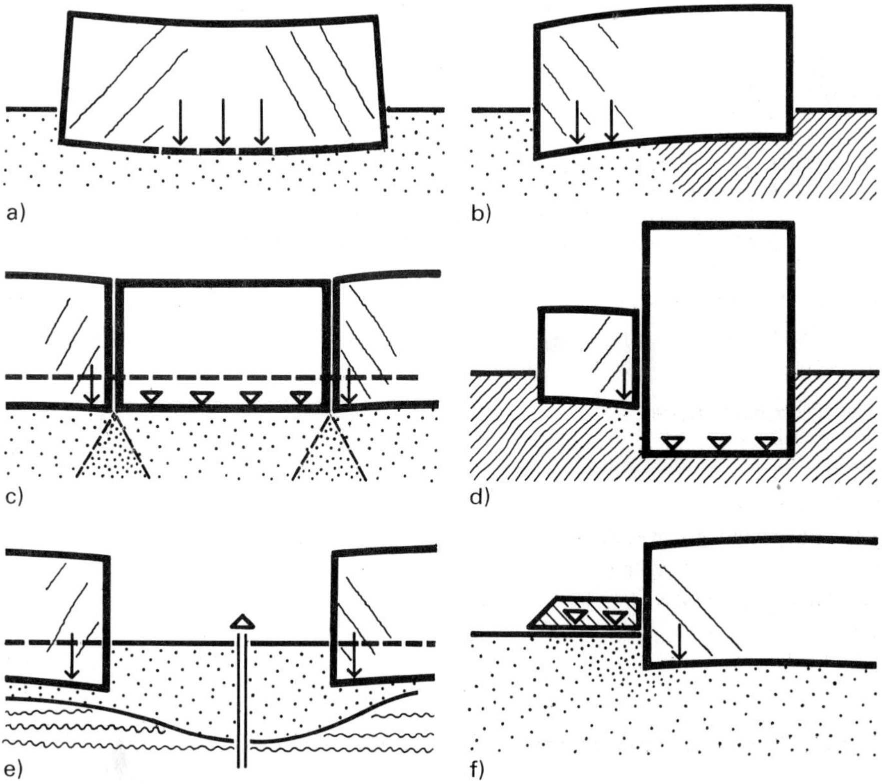

1.1 Ursachen für Setzungsrisse

a) Gebäude zu lang, Gründungsmängel
b) Ungleichmäßige Gründungsverhältnisse
c) Nachträgliche Belastung der Gründungssohle vorhandener Bauwerke durch Drucküberlagerung
d) Ungleiche Gründungstiefen, sehr unterschiedliche Gebäudegewichte
e) Grundwasserabsenkung oder Austrocknen bindiger Bodenschichten
f) Belastung durch nachträgliche Auflasten (Aufschüttung)

Setzungen treten praktisch immer auf, da fast jeder Baugrund durch die Auflast des Bauwerkes mehr oder weniger zusammengedrückt wird. Die statische Berechnung und die daraufhin vorgenommene Dimensionierung der Fundamente müssen gewährleisten, daß diese Setzungen gleichmäßig und nur in solchen Größenordnungen erfolgen, daß keine Schäden für das Bauwerk (z. B. Rißbildung) entstehen. Die Gefahr von unregelmäßigen Setzungen besteht besonders bei unterschiedlichen Gründungstiefen innerhalb desselben oder gegenüber benachbarten Bauwerken, bei sehr unterschiedlichen Bodenverhältnissen innerhalb des Gründungsbereiches und bei stark schwankenden Grundwasserverhältnissen (Bild **1**.1).

Setzrisse können durch Unterteilung des Gebäudes (Bewegungsfugen) vermieden werden.

Die Belastung des Baugrundes durch den Druck der Gründungskörper breitet sich im allgemeinen unter einem Druckverteilungswinkel von etwa 45° so im Baugrund aus, daß die Beanspruchung in den tieferen Schichten abnimmt. Dabei entstehen jedoch auch seitliche Druckbeanspruchungen im Untergrund. Bei Messungen können unter der Gründungsfläche etwa kreisförmig verlaufende Linien gleichen Druckes festgestellt werden (s. Abschn. 2).

Infolge dieser auch seitlichen Druckbeanspruchung kann es – besonders bei plastischem, bindigem Baugrund – zu einem Verdrängen und Ausweichen des der Gründungsfläche benachbarten Erdreiches führen, wobei durch diesen „Grundbruch" akute Einsturzgefahr entstehen kann. Sind sehr unterschiedliche Bodenarten nicht horizontal gelagert, folgen insbesondere wasserführende und bindige Schichten aufeinander, kann ein Bauwerk durch Gleiten gefährdet werden.

Bei Bodenuntersuchungen wird nach DIN 1054 unterschieden:

gewachsener Boden (Lockergestein, durch einen abgeklungenen erdgeschichtlichen Vorgang entstanden)

Fels (Festgestein, nach Lagerungszustand sowie Kornstruktur und Korneigenschaften (DIN 4022 Abschn. 7 und 10) unterscheidbar) und

geschütteter Boden (durch Aufschütten – verdichtet oder unverdichtet – oder durch Aufspülen entstanden).

Beim gewachsenen Boden werden 3 Hauptgruppen unterschieden (DIN 1054 Abschn. 2):

Nichtbindige Böden[1]). Dazu gehören Sand, Kies, Steine und ihre Mischungen. Die einzelnen Körner sind hier nicht miteinander verkittet. Die Belastbarkeit dieser Böden wächst mit der Korngröße, der Lagerungsdichte und der Tiefe, in der die Schicht liegt.

Bindige Böden[1]). Das sind Tone, Schluffe und Lehme. Ihr Korngerüst ist durch Ton mehr oder weniger verkittet. Die Tragfähigkeit bindiger Böden sinkt mit zunehmender Feuchtigkeit. Bindige Böden sind, falls sie nicht tief genug liegen, besonders frostgefährdet.

---

[1]) Ein Boden mit weniger als 15% Bestandteilen unter 0,06 mm wird im Sinne der DIN 1054 als nichtbindiger Boden bezeichnet.
Sind in einem Bodengemisch mehr als 15% Bestandteile unter 0,06 mm enthalten, liegt ein bindiger Boden vor, weil ab etwa dieser Grenze angenommen werden muß, daß der Feinanteil nicht mehr nur die Hohlräume der gröberen Körnung ausfüllt, sondern sich bereits an der Lastübertragung beteiligt. Zu den bindigen Böden zählen im Sinne dieser Norm auch die gemischtkörnigen Böden.

Organische Böden wie Torf und Mudden sowie ihre Abarten, z.B. tonige Mudde, schwach feinsandiger Torf o.ä. (s. DIN 4022 Bl. 1).

DIN 4094 erläutert Art und Arbeitsweise der Sondiergeräte, das sind Stahlstäbe, die in den Boden eingetrieben werden, um dessen Eigenschaften zu messen. Beim Schürfen werden (bis zu ≈5 m Tiefe) Schächte aufgegraben, beim Bohren fördern die Bohrgeräte Bodenproben zutage. Alle diese Untersuchungen sind unter Beachtung der DIN 4021 T1, 4022 T1, 4023 und 4094 T1 und T2, gegebenenfalls auch der DIN 18122 T1 und der DIN 18196 auszuführen.

1.2 Erdaushub

Im allgemeinen werden vor Beginn der Erdarbeiten die Begrenzungslinien jedes Bauprojektes anhand der in der Baugenehmigung enthaltenen Bauzeichnungen durch das zuständige Katasteramt oder durch öffentlich bestellte Vermessungsingenieure „abgesteckt". Zur Sicherung der Absteckungspunkte wird vor Beginn der Arbeiten ein „Schnurgerüst" aufgestellt. Dazu sind bei freistehenden Bauten entsprechend der Anzahl der Absteckungspunkte je drei Rundholzpfähle in sicherem Abstand von der späteren Oberkante der Baugrubenböschung einzugraben und durch genau waagrecht angenagelte Bohlen zu verbinden (eingegraben müssen die Pfähle auf Brett- oder Steinunterlagen ruhen). Die Oberkante dieser Bohlen liegt nach Möglichkeit auf der 0,00-Meter-Marke der für das Bauwerk geltenden Planungshöhen (z.B. Oberkante fertiger Fußboden Erdgeschoß oder Oberkante Rohdecke Erdgeschoß). Über das Schnurgerüst werden die Fluchtschnüre so ausgespannt, daß durch Lote die Absteckungspunkte durch Kerben o.ä. auf das Schnurgerüst übertragen werden können (Bild **1**.2). Bei Baugruben an stark geneigten Hängen erreichen die talseitigen Schnurgerüste unter Umständen große Höhen. In diesen Fällen müssen die Schnurgerüste in verschiedenen Höhen gestaffelt angeordnet werden. Innerhalb der Baustelle werden unter Einsatz von Nivelliergeräten, Theodoliten oder Lasergeräten Festpunkte und Rasternetze mit geringsten Maßtoleranzen (±2,5 mm) insbesondere überall dort vermessen, wo maßgenaue Fertigteile verwendet werden sollen.

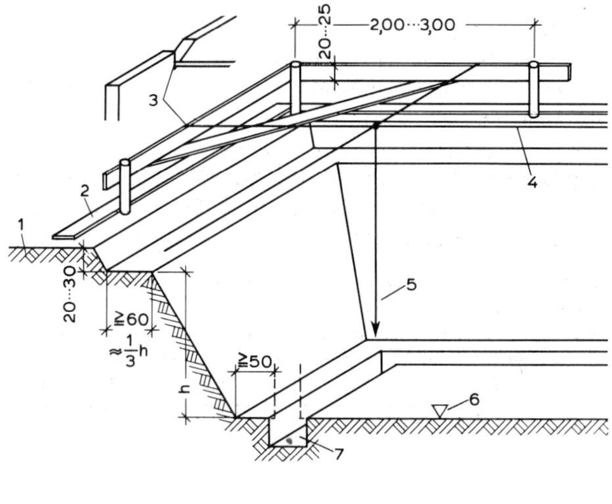

1.2
Schnitt durch Baugrube mit Schnurgerüst

1 Mutterboden
2 Brett für genaues Messen
3 Schnurkerbe
4 Fluchtschnur
5 Lot
6 Baugrubensohle
7 Fundamentgraben

Auch als Grundlage für die spätere Abrechnung der Leistungen sind möglichst gemeinsam mit dem Auftragnehmer vor Beginn der Arbeiten alle örtlichen Verhältnisse festzustellen wie:

- Geländehöhen,
- Höhen der gem. Bodenuntersuchung voraussichtlich anzutreffenden Bodenschichten,
- Aufwuchs (insbesondere Bäume und Pflanzflächen, die geschützt werden müssen),
- benachbarte Bauwerke (Gründungshöhen, evtl. bereits vorhandene Bauschäden).

Ebenso muß vor Beginn der Arbeiten der Baustellen-Einrichtungsplan vorliegen, in dem insbesondere festgelegt ist:

- Zufahrt zur Baustelle (ggf. Berücksichtigung des fließenden Verkehrs u. U. durch Umleitung, Signalregelung, auch Reinigungsplatz für Baustellenfahrzeuge),
- Lage der Baustellen-Versorgungsanschlüsse,
- Lage von Unterkunfts-, Bauleitungs- und Lagergebäuden,
- Lagerplätze für Baumaterial und und Zwischenlagerung von Aushubmaterial,
- Anordnung von Fördergeräten (z. B. Kranbahnen) und Förderwegen innerhalb der Baustelle.

Vor Beginn der Bauarbeiten muß das Baugelände so weit erschlossen sein, daß Straßen für Bautransporte benutzt werden können.

Nach Entfernen des Aufwuchses wird zunächst der wertvolle Mutterboden sorgfältig abgeschoben und zur späteren Verwendung für Gartenanlagen in länglichen Haufen (Mieten) aufgesetzt, die trapezförmigen Querschnitt haben und 1,00 bis 1,20 m hoch sind. Diese Mieten sollen locker und luftig aufgeschüttet sein und sind ggf. feucht zu halten. Auf keinen Fall sollte Mutterboden in nassem Zustand oder bei starkem Regen gefördert werden.

Der eigentliche Baugrubenaushub erfolgt nur noch auf sehr kleinen Baustellen mit Spaten und Schaufel. Im allgemeinen werden je nach Baustellengröße und erforderlichen Förderwegen Bagger oder Ladefahrzeuge eingesetzt (Bild **1**.3).

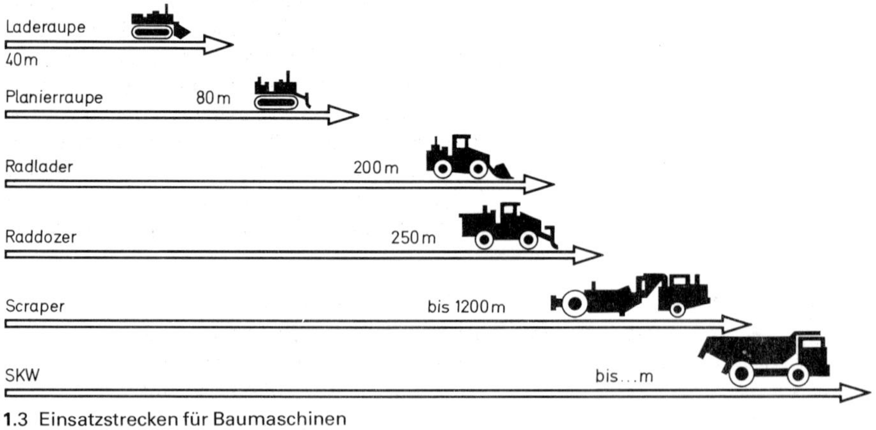

1.3 Einsatzstrecken für Baumaschinen

Auf jeden Fall muß vermieden werden, daß die Baugrubensohle im Bereich der Gründungsflächen durch Maschineneinsatz bei den Aushubarbeiten oder durch die nachfolgenden Arbeiten oder durch Ausspülen oder Auffrieren aufgelockert wird. So werden Baugruben in der Regel nicht bis zur Gründungssohle maschinell ausgehoben, sondern eine Schutzschicht von 10 bis 15 cm belassen, die von Hand unmittelbar vor Beginn der Gründungsarbeiten entfernt wird. Etwa aufgelockerter, nicht bindiger Boden kann durch sorgfältiges Einrütteln evtl. wieder verdichtet werden. Aufgelockerter bindiger Boden muß jedoch entfernt und durch Magerbeton ersetzt werden, weil jede Störung der Gründungssohle, besonders bei Arbeiten auf bindigem Boden, zu erheblichen späteren Setzungsschäden führen muß. Baugruben in bindigem Baugrund sollten daher mit leichtem Gefälle angelegt und mit einer 10 bis 20 cm dicken Sand- oder Kiesschicht als Sauberkeits- und Filterschicht versehen werden. Außerdem ist streng darauf zu achten, daß fertige Gründungssohlen nicht während der Arbeiten als Laufwege benutzt werden.

Einsickerndes Wasser muß aus der Baugrube herausgepumpt werden. Zu diesem Zweck wird nahe der tiefsten Stelle der Baugrube ein Schacht (Pumpensumpf) angelegt, dessen Boden etwa 1,00 m unter der tiefsten Fundamentsohle liegen muß. Das Wasser ist dem Schacht durch Drainleitungen oder offene Gräben, die jedoch die Bauarbeiten in der Baugrube nicht behindern dürfen, zuzuführen, durch eine Pumpe aus der Baugrube zu heben und in Gräben oder Rohrleitungen nach tiefer gelegenen Wasserläufen abzuleiten (offene Wasserhaltung). Bei stärkerem Wasserandrang, insbesondere in der Nähe von Gewässern, ist außerdem die Baugrube durch Erdwälle aus fettem Lehm, Fangdämme oder Holz- bzw. Stahlspundwände zu umschließen.

Liegt der höchste Grundwasserstand mehr als etwa 30 cm über der Baugrubensohle, ist eine Grundwasserabsenkung erforderlich, die so lange betrieben werden muß, bis die Abdichtung des Bauwerkes wirksam werden kann.

Grundwasserabsenkungen erfolgen in der Regel mit Hilfe von gebohrten Filterrohr-Brunnen. Rund um die Baustelle werden Bohrungen hergestellt in Abständen, die von der Höhe des Grundwasserstandes und vom Wasserandrang abhängig sind. In diese Bohrungen werden geschlitzte Metall-Filterrohre eingeführt, in die die Saugkörbe von Pumpen-Ringleitungen herabreichen. Die Bohrung wird mit Perlkies verfüllt, um das Zuschlämmen zu verhindern (Bild **1**.4). Auf diese Weise sind Grundwasserabsenkungen bis zu etwa 4 m möglich. Bei noch tieferen Grundwasserabsenkungen müssen die Brunnen staffelförmig angeordnet werden. Zwischen Baugrubenböschung und Kellermauerwerk ist ein Arbeitsraum, z. B. für das Auftragen des senkrechten Schutzanstriches (s. Abschn. 7.2.2), von $\geqq$50 cm Breite freizuhalten. Die Böschungsneigung richtet sich nach den Bodeneigenschaften und der Böschungshöhe (Bild **1**.5 und **1**.6), nach der Zeit, während der die Baugrube offenzuhalten ist, sowie nach den Belastungen und Erschütterungen innerhalb und in der Nähe der Baugrube.

I. allg. kann mit folgenden Böschungswinkeln gerechnet werden:

a) nichtbindiger oder weicher bindiger Boden	β höchstens 45°
b) steifer oder halbfester bindiger Boden	β höchstens 60°
c) leichter Fels	β höchstens 80°
d) schwerer Fels	β höchstens 90°

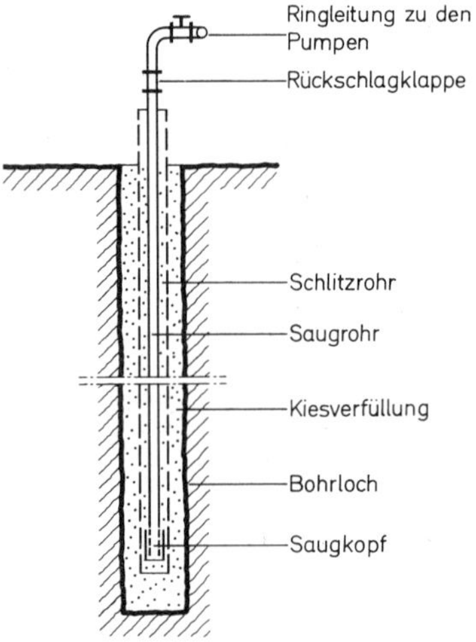

1.4 Rohrfilterbrunnen

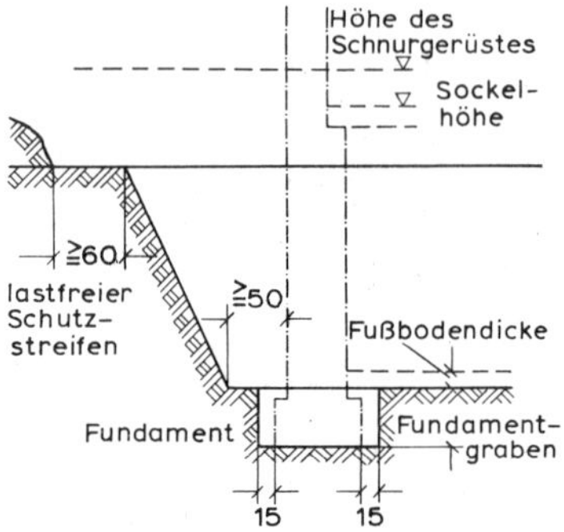

1.5 Schnitt durch Baugrube und Fundamentgraben

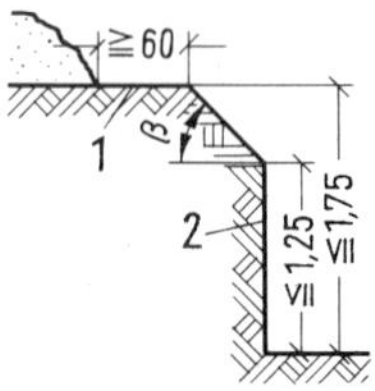

1.6 Baugrube ohne Verbau mit abgeböschten Kanten im standfesten gewachsenen Boden (DIN 4124)

1 lastfreier Schutzstreifen
2 steifer oder halbfester, bindiger Boden

Die Standsicherheit von Böschungen ist rechnerisch nachzuweisen, wenn u. a. eine Böschung mehr als 5,00 m hoch oder die Standsicherheit der Böschung z. B. durch vorhandene bauliche Anlagen gefährdet ist (DIN 4124).

Fehlt, wie z. B. bei Bauten in städtischen Verkehrsstraßen, der Platz für die Anlage von Böschungen oder hat der Erdboden nur geringe Standfestigkeit, so ist die Baugrubenwand durch „Verbau" abzusteifen. Auch hier ist ein lichter Arbeitsraum zwischen Schalwand und Bauwerk von ≧50 cm freizuhalten (DIN 18300, DIN 18303, DIN 4124).

Die Schalwände bestehen meist aus waagerechten Bohlen, die bis 4,50 m lang, 25 bis 30 cm breit und 5 cm dick sind und durch eingerammte Pfähle oder Stahlträger gegen das Erdreich gedrückt werden. An ihrem Kopfende sind die Pfähle nochmals durch Erdanker gegen Kippen gesichert (Bild **1**.7 a). Ist eine rückwärtige Verankerung nicht möglich, so muß die Schalung an den Enden und in der Mitte mit Brusthölzern (8/16 cm, 1,00 m lang) verlascht und durch Steifen (je nach Länge ∅ 10 bis 20 cm) gegen die gegenüberliegende Baugrubenwand oder die Grubensohle abgestützt werden (Bild **1**.7 b). Diese Schrägabsteifung ist teuer und behindert die Bauarbeiten.

Steht der Boden nicht mindestens auf Bohlenbreite, sondern muß er, um wenige Zentimeter abgeschachtet, sofort abgefangen werden, so sind die Bohlen lotrecht einzutreiben. Sie werden dann mit waagerechten Rahmenhölzern 14/14 bis 16/16 cm gefaßt und durch alle 2,00 m eingespannte Steifen abgestützt (Bild **1**.7 c).

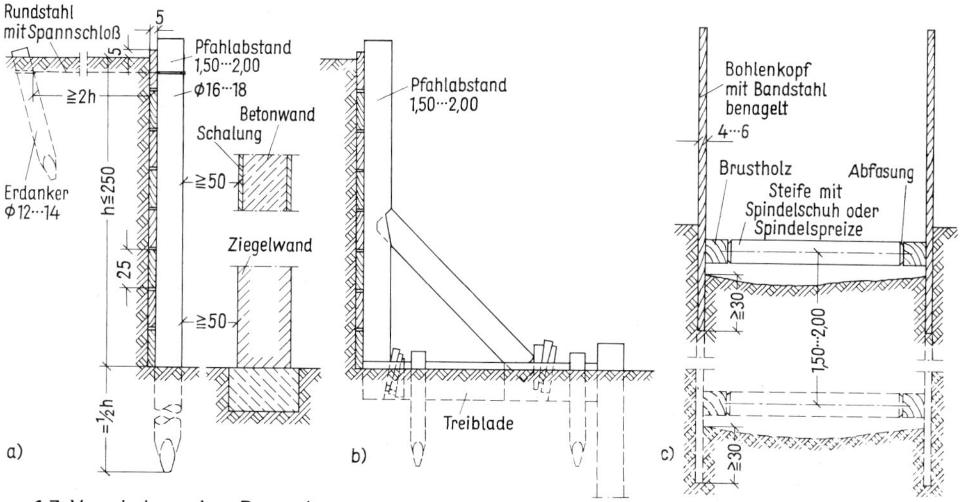

1.7 Verschalung einer Baugrube
a) Abfangen durch rückwärts verankerte Pfähle, waagerechte Verschalung
b) Schrägabsteifung mit Treiblade, waagerechte Verschalung
c) lotrechter Verbau

Wenn bei sehr tiefen Baugruben ein Verbau erforderlich ist, können Bohlen, Kant- oder Rundhölzer zwischen eingerammten oder in Bohrlöcher abgesenkten Stahlprofilen eingeschoben und verkeilt werden („Berliner Verbau", Bild **1.8**).

Für hohe Beanspruchungen können Verbauarbeiten mit Stahlbeton-Bohrpfählen (Bild **1.9**), gerammten Stahl-Spundwänden (Bild **1.10**) oder durch Chemikalieninjektionen (Stützflüssigkeiten) ausgeführt werden. Hochbeanspruchter Verbau in tiefen Baugruben kann gegen Abkippen infolge des dann sehr erheblichen Erddruckes meist nicht durch Abstreben gesichert werden, sondern muß durch rückwärtige Erdanker (nach statischer Berechnung) gehalten werden (Bild **1.11**).

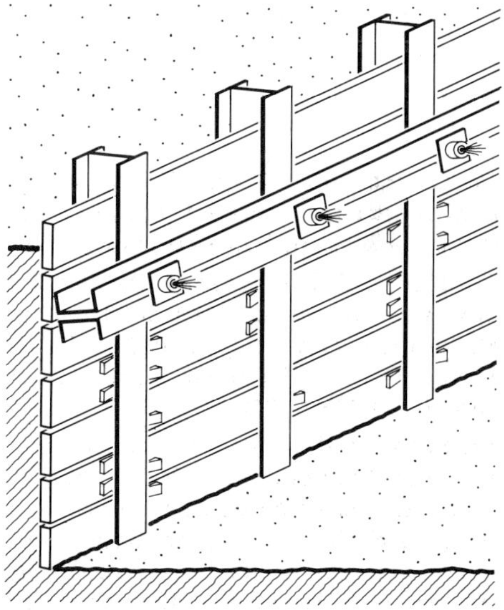

1.8
Berliner Verbau (durch Erdanker gesichert, vgl. Bild **1.11**)

Aussteifungen dürfen erst beseitigt werden, wenn das Bauwerk Erd- oder Wasserdruck aufnehmen kann. Gleichzeitig mit dem Ausbau ist die Baugrube zu verfüllen (Bodeneinstürze und -sackungen vermeiden!). Kann der Verbau nicht gefahrlos entfernt werden, ist er an Ort und Stelle zu belassen.

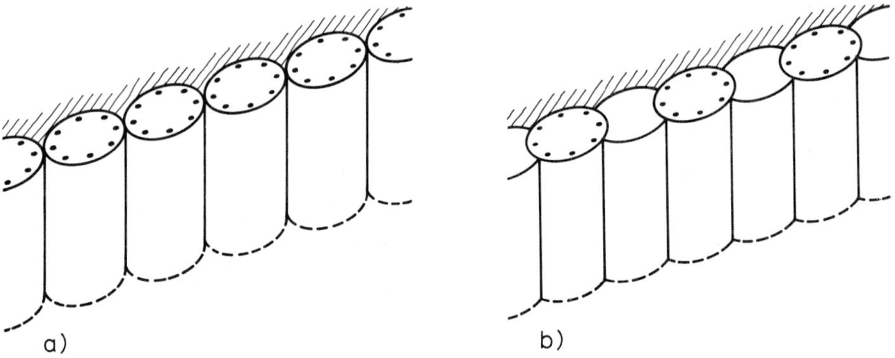

1.9 Verbau mit Stahlbeton-Bohrpfählen

a) Tangentialsystem (bewehrte Stahlbetonpfähle)
b) Sekantensystem (Wechsel von vorgetriebenen bewehrten Stahlbetonpfählen mit unbewehrten Pfählen)

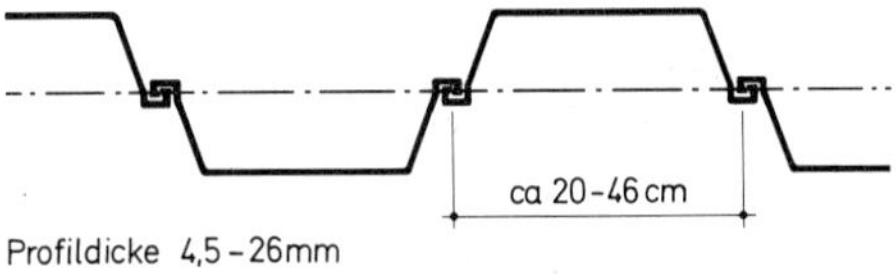

1.10 Stahl-Spundwand, System Larssen (Schnitt)

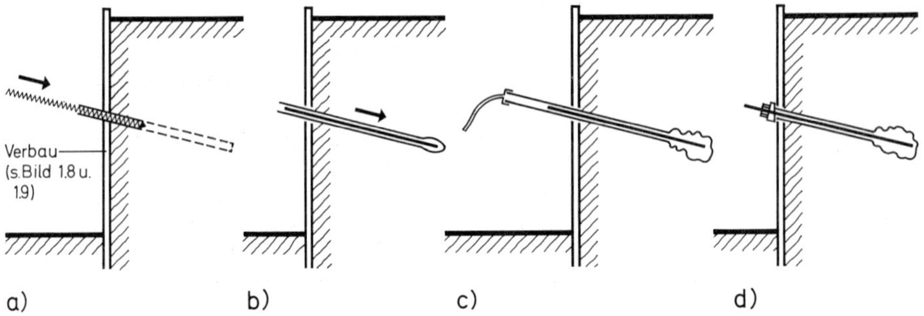

1.11 Sicherung eines Baugrubenverbaus durch Erdanker

a) Herstellen der Bohrlöcher
b) Einführen der Spannstähle
c) Verpressen mit Beton
d) Setzen der Ankerköpfe und Spannen der Anker

Alle Versorgungsleitungen sind bis zum Hausanschluß fertigzustellen. Dabei gehen Kanalbauten vor Straßenbau; Radwege, Fußgängerwege und Abstellplätze werden nach Abschluß der Bauarbeiten fertiggestellt. Die Grundleitungen für Wasserversorgung und Abwasserbeseitigung werden vor Herstellen der Fundamente in der Baugrube verlegt und dort beim Betonieren des Kellerfußbodens freigehalten.

1.3 DIN-Normen

DIN-Blatt Nr		Ausgabe-Datum	Titel
1054		11.76	Baugrund; zul. Belastung des Baugrunds
	Bbl.	11.76	–;–; Erläuterungen
1055	T 2	2.76	Lastannahmen; Bodenwerte, Berechnungsgewichte, Winkel der inneren Reibung, Kohäsion
1301[1])		7.76	Einheiten; Einheitennamen, Einheitenzeichen
4015		10.71	Bodenmechanik und Grundbau; Fachausdrücke, Formelzeichen
4019	T 1	9.74	Baugrund; Setzungsberechnungen bei lotrechter, mittiger Belastung, Richtlinien[2])
4021	T 1	7.71	Baugrund; Erkundung durch Schürfe und Bohrungen sowie Entnahme von Proben, Aufschlüsse im Boden
4022	T 1	11.69	Baugrund und Grundwasser; Benennen und Beschreiben von Bodenarten und Fels, Schichtenverzeichnis für Untersuchungen und Bohrungen ohne durchgehende Gewinnung von gekernten Proben
4084	T 1	2.74	Vornorm Baugrund; Geländebruchberechnungen bei Stützbauwerken; Empfehlungen
	T 2		Baugrund; Berechnung der Standsicherheit von Böschungen; Empfehlungen
4094	T 1	11.74	Baugrund; Raum- und Drucksondiergeräte, Abmessungen und Arbeitsweise der Geräte
4107		7.69	Baugrund; Setzungsbeobachtungen an entstehenden und fertigen Bauwerken
4123		5.72	Gebäudesicherung im Bereich von Ausschachtungen, Gründungen und Unterfangungen
4124		6.72	Baugruben und Gräben; Böschungen, Arbeitsraumbreiten,
E 4124		9.78	Verbau
18122	T 1	4.76	Vornorm Baugrund; Untersuchung von Bodenproben, Zustandsgrenzen (Konsistenzgrenze), Bestimmung der Fließ- und Ausrollgrenze
18196		6.70	Erdbau; Bodenklassifikation für bautechn. Zwecke und Methoden zum Erkennen von Bodengruppen
18300		8.74	Verdingungsordnung für Bauleistungen (VOB) Teil C: Allg. Techn. Vorschriften; Erdarbeiten
18301		9.76	–; Bohrarbeiten
18303		8.74	–; Baugrubenverkleidungsarbeiten
18304		9.76	–; Rammarbeiten
18305		7.74	–; Wasserhaltungsarbeiten
18320		9.76	–; Landschaftsgärtnerische Arbeiten

[1]) Die Krafteinheiten kp (Kilopond), Mp (Megapond) usw. durften nur bis zum 31. 12. 77 benutzt werden. Neue Krafteinheit ist N (Newton). 1 kp = 9,80665 N. Im Hochbau kann mit hinreichender Genauigkeit (s. DIN 1301, Ausgabe 11. 71) eingesetzt werden für

1 kp ≈ 10 N = 0,01 kN (Kilonewton) 1 MP ≈ 10000 N = 10 kN = 0,01 MN (Meganewton).

Es ist zweckmäßig zu wählen für Werte <0,1 kN das N, >1000 kN das MN

Fortsetzung s. nächste Seite

Auch die Wärmeeinheiten werden auf das „Internationale Einheitensystem" (SI) umgestellt. 1 kcal/h ≈ 1,2 W (Watt), d. h. bei Wärmeleitzahl λ für bisher 1 kcal/mh grd jetzt 1,2 W/m K (Watt durch Meter mal Kelvin)

Wärmedurchgangszahl *k* für bisher 1 kcal/m^2h grd jetzt 1,2 W/m^2K

Wärmedurchgangswiderstand 1/*k* für bisher 1 m^2h grd/kcal jetzt 0,84 m^2K/W

(Ausführliche Angaben s. DIN 1301 und Anhang).

1.4 Literatur

[1] Unfallverhütungsvorschriften der Tiefbau-Berufsgenossenschaft

[2] Weißenbach, A.: Baugruben. Berlin–München–Düsseldorf 1975

[3] –: Empfehlungen des Arbeitskreises „Baugruben" der Deutschen Gesellschaft für Erd- und Grundbau e.V.

2 Fundamente

2.1 Allgemeines

Kann der Baugrund aufgrund der örtlichen Erfahrungen oder mit Hilfe von Sondierungen, Schürfungen oder Bohrungen einwandfrei nach Bodenart und Lagerungsdichte, Mächtigkeit und Belastbarkeit zuverlässig beurteilt werden und ist der höchste Grundwasserstand ermittelt, so sind Art, Form und Bemessung der Fundamente zu bestimmen. In einfachen Fällen („Regelfällen" nach DIN 1054 Abschn. 4.2) können die zulässigen Bodenpressungen (d.h. die Bodenpressungen, die Sicherheit gegen Grundbruch und zu starke Setzungen bieten), mit Hilfe von Tabellenwerten ermittelt werden.

Regelfälle liegen vor, wenn es sich um Streifen- und Einzelfundamente mit begrenzten und häufig vorkommenden Abmessungen einerseits und um häufig vorkommende typische Bodenarten andrerseits handelt.

Für nichtbindige Böden gelten die Tabellen 1 (setzungsempfindliche Bauwerke) und 2 (setzungsunempfindliche Bauwerke) der DIN 1054.

Für bindige Böden gelten je nach der Kornzusammensetzung die Tabellen 3 (Schluff), 4 (gemischt körniger Boden), 5 (toniger Schluff) und 6 (Ton), wobei sich die zulässigen Bodenpressungen innerhalb der Tabellen entsprechend der vorhandenen Bodenkonsistenz staffeln.

Voraussetzung für deren Verwendung ist, daß die Gründungssohle frostfrei (mind. aber 0,80 m unter Gelände) liegt und daß der Baugrund gegen Auswaschen oder Verringerung seiner Lagerungsdichte durch strömendes Wasser gesichert ist. Bindige Böden sind außerdem während der Bauzeit gegen Aufweichen und Auffrieren zu schützen.

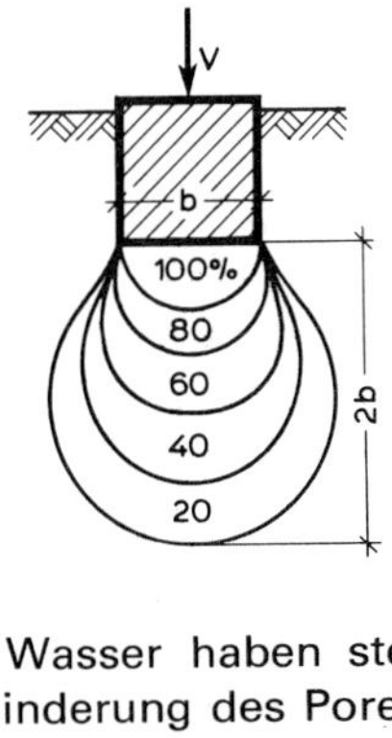

2.1
Abbau der Bodenpressung unter einem Einzelfundament. Bei Streifenfundamenten sind die vom Fundament auf den Baugrund übertragenen zusätzlichen Spannungen in der Tiefe von 2b auf 30%, d.h. so weit abgeklungen, daß Grundbruch nicht mehr entsteht (DIN 1054 Bbl., Erläuterungen zu Abschn. 4.21)

Ähnliche Wirkungen wie strömendes Wasser haben stetige Änderungen des Grundwasserspiegels. Auch führt Verminderung des Porenwassers bindiger Böden unter dem Druck des Bauwerks u.U. zu erheblichen, langdauernden Setzungen.

Die Werte der Tabellen 1 bis 6 der DIN 1054 beziehen sich auf Flächenverhältnisse, die mindestens bis in eine Tiefe unter der Gründungssohle annähernd gleichmäßig sind, die der zweifachen Fundamentbreite entspricht (Bild **2.1**).

Ferner darf das Fundament nicht überwiegend oder regelmäßig dynamisch beansprucht werden.

Außerdem muß der höchste Wasserspiegel in einer Tiefe unter der Gründungssohle liegen, die bei nichtbindigem Baugrund mindestens gleich der einfachen Fundamentbreite und bei bindigem Baugrund mindestens gleich der doppelten Fundamentbreite ist (Bild **2**.2).

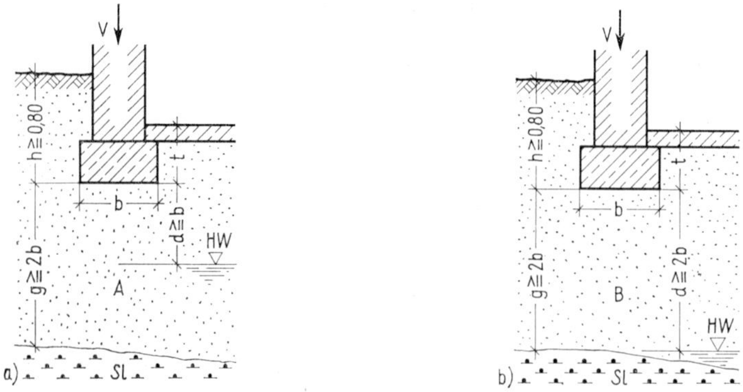

2.2
Baugrundverhältnisse in „Regelfällen" nach DIN 1054 Abschn. 4.2

a) nichtbindiger Baugrund (zu DIN 1054 Tab. 1 und 2)
b) bindiger Boden (zu DIN 1054 Tab. 3 bis 6)

A nichtbindiger, mindestens mitteldicht gelagerter Baugrund
B bindiger Boden von steifem, halbfestem oder festem Zustand[1])
V lotrechte Lasten
HW höchster Grundwasserspiegel

b Fundamentbreite
t Einbindetiefe
h Gründungstiefe
d Abstand zwischen Gründungssohle und höchstem Wasserspiegel
g Mindesthöhe des als gleichmäßig erkennten Baugrundes
Sl Schlick

Die Werte der Tabellen 1 und 2 gelten nur für Fundamente mit lotrechter Belastung. Herabsetzungen und Erhöhungen der Tabellenwerte sind unter bestimmten Voraussetzungen zulässig bzw. erforderlich; s. DIN 1054 Abschn. 4.2ff.

Zu beachten ist, daß die zulässige Belastung des Baugrundes nicht nur von seiner Beschaffenheit abhängt, sondern auch von Bauart, Ausdehnung und Gewicht des Bauwerks, von seiner Gründungstiefe, seinem Verwendungszweck (Wohnbauten, Maschinenfundamente, Brückenfundamente) und seiner Empfindlichkeit gegen Setzungen (Steifigkeit).

---

[1]) Breiig ist ein Boden, der beim Pressen in der Faust zwischen den Fingern hindurchquillt. Weich ist ein Boden, der sich leicht kneten läßt.

Steif ist ein Boden, der sich schwer kneten, aber in der Hand zu 3 mm dicken Röllchen ausrollen läßt, ohne zu reißen oder zu zerbröckeln.

Halbfest ist ein Boden, der beim Versuch, ihn zu 3 mm dicken Röllchen auszurollen, zwar bröckelt und reißt, aber doch noch feucht genug ist, um ihn erneut zu einem Klumpen formen zu können.

Fest (hart) ist ein Boden, der ausgetrocknet ist und dann meist heller aussieht. Er läßt sich nicht mehr kneten, sondern nur zerbrechen. Ein nochmaliges Zusammenballen der Einzelteile ist nicht mehr möglich.

Beispiel 1 Bodenpressung unter dem Streifenfundament eines dreigeschossigen unterkellerten Wohnhauses

Belastung des Streifenfundaments je lfd. m $q = 150$ kN/m

Einbindetiefe von der Kellerseite her $t = 0{,}5$ m

Baugrund: Kiessand in dichter Lagerung (Die Lagerungsdichte ist bekannt und durch mehrere Sondierungen an der Baustelle nachgewiesen.)

zul. Bodenpressung gemäß DIN 1054 Tab. 1 für die zunächst geschätzte Fundamentbreite 0,75 m 25 N/cm^2 = 250 kN/m^2

Fundamentbreite $b = 150/250 = 0{,}6$ m; gewählt $b = 0{,}7$ m

Nachweis der Bodenpressung:

Mauerlast über Fundamentoberkante	= 150 kN/m
Fundamentgewicht $0{,}7 \cdot 0{,}5 \cdot 2{,}2$	= 8 kN/m
	158 kN/m

vorh. $\sigma = 158/0{,}7 = 22{,}5$ N/cm^2

zul. $\sigma = 24$ N/cm^2 (Interpolationswert zwischen 20 und 30 N/cm^2)

Beispiel 2 Bodenpressung unter dem Einzelfundament der Mittelstütze einer Lagerhalle (Bild **2**.3)

Belastung des Einzelfundaments $P = 300$ kN

Verkehrslast im Lagerraum $p = 20$ kN/m^2

Fundamenteinbindetiefe $t = 1{,}0$ m

Baugrund: Geschiebelehm in halbfester Konsistenz gemäß DIN 1054 Tab. 4 mit einer zul. Bodenpressung

zul. $\sigma = 28$ N/cm^2 = 280 kN/m^2

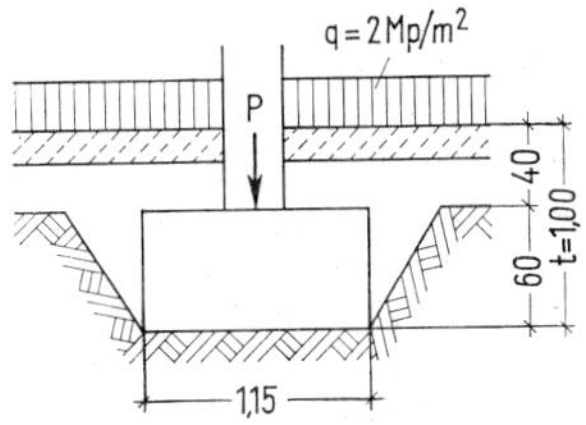

2.3 Bild zu Beispiel 2

Von diesem Tabellenwert wird zur Ermittlung der Fundamentfläche die anteilige Verkehrslast im Lagerraum, die Erdauflast (da im vorliegenden Beispiel die Erdauflast nach der Errichtung der Hallenkonstruktion aufgebracht wird) und das Eigengewicht des Fundamentes abgezogen:

anteilige Verkehrslast in der Halle	= 20,0 kN/m^2
anteilige Erdauflast bzw. Befestigung $0{,}4 \cdot 2{,}0$	= 8,0 kN/m^2
Pressung durch Fundamenteigengewicht $0{,}6 \cdot 2{,}5$	= 15,0 kN/m^2
	43,0 kN/m^2

$280 - 43 = 237$ kN/m^2
erforderliche Fundamentfläche: $F = 300/237 = 1{,}26$ m^2
gewählt $1{,}15 \cdot 1{,}15 = 1{,}32$ m^2

Nachweis der Bodenpressung:

Stützenlast über Fundamentoberkante		= 300,0 kN
anteilige Hallenlagerlast	$2{,}0 \cdot 1{,}15^2$	= 26,4 kN
anteilige Erdauflast	$0{,}4 \cdot 1{,}15^2 \cdot 2{,}0$	= 10,6 kN
Fundamentgewicht	$0{,}6 \cdot 1{,}15^2 \cdot 2{,}5$	= 19,8 kN
		356,8 kN

vorh $\sigma = 356{,}8/1{,}15^2 = 277{,}8$ kN/m^2 = 27,8 N/cm^2 < zul σ

2.2 Flächengründungen[1])

2.2.1 Streifen- und Einzelfundamente

Richtig bemessene Fundamente bewirken, daß die unvermeidlichen Setzungen setzungsempfindlicher Gebäude (das sind in der Hauptsache Wohn- und Geschäftshäuser) unter allen Gebäudeteilen gleichmäßig auftreten und die Gebäudewände nicht reißen. Bei kleineren Bauten mit geschlossenem Grundriß werden die Fundamente so bemessen, daß unter allen lasttragenden Wänden etwa gleiche Bodenpressung auftritt. Bei größeren Bauten können ungleiche Setzungen unter verschiedenen Gebäudeteilen entstehen, entweder weil schwere Lasten in größere Tiefen wirken und daher die Setzung größer ist oder weil sich die Druckausbreitung der einzelnen Lastkörper überschneidet (Bild **2**.4). Hier sollen die Fundamente unter schwerer belasteten Bauteilen ebenso wie die Mittelteile sehr langgestreckter Gebäude geringere Bodenpressungen ausüben. So müssen z. B. die Fundamente deckentragender Mittelwände bei gleicher Bodenart breiter sein als die der Frontwände.

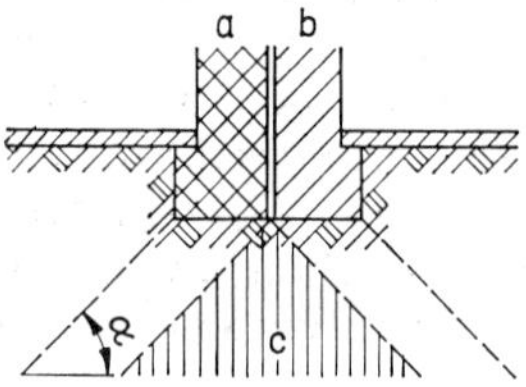

2.4
Überschneiden der Druckausbreitung
a, b ungleich alte Kellerwände
c Zone nachträglich erhöhter Bodenpressung; u. U. muß bei c die Tragfähigkeit des Bodens durch Verdichten oder Verfestigen verbessert werden
α Druckverteilungswinkel

Setzungsschäden sind allzu häufig, weil immer mehr Grundstücke mit schlechten Baugrundverhältnissen bebaut werden, die Gebäudelasten i. allg. größer sind als früher üblich (Geschoßzahl) und die Ergebnisse der Baugrundforschung zu wenig beachtet werden. Das Ausmaß der Setzung hängt ab von Zusammendrückbarkeit der Bodenschichten und von Größe und Form der Lastfläche (Fundamentsohle). Größere Fundamente belasten noch Bodenschichten in Tiefen, die von kleinen Fundamentflächen nicht mehr beeinträchtigt werden. Wenn also unter einer festen Schicht eine weiche, bis in große Tiefen reichende Schicht ansteht und die Setzungen dieses Bodens unter einem Fundament zu groß sind, dann können sie nicht durch Vergrößerung des Fundaments verringert werden.

I. allg. werden die Fundamente breiter angelegt, als die Kellermauern dick sind (Sockelfundament). Die Wandfundamente bilden in der Regel langgestreckte, zusammenhängende Fundamentstreifen (Streifenfundamente). Einzelstehende oder besonders stark belastete Stützen oder schwere Maschinen erhalten Einzelfundamente. Freistehende Pfeiler von unregelmäßigem Querschnitt müssen mit ihrer Schwerachse im Schwerpunkt der Fundamentfläche stehen.

[1]) Zu den Flächengründungen zählen alle Gründungskörper, die in ihrer Sohlfläche außer Normalkräften auch Momente in den Baugrund leiten (DIN 1054 Bbl. S. 4).

Die Fundamentsohle muß so tief liegen, daß sie durch Gefrieren und Auftauen der unmittelbar darunterliegenden Bodenschicht nicht in Bewegung gerät. Als frostfrei gilt nach DIN 1054 eine Tiefe von mindestens 0,80 m; in besonders frostgefährdeten Gegenden kann sie 1,50 m und mehr betragen (Bild **2**.5). Die Frostschadengefahr ist für Bauten auf bindigen Böden größer als auf nichtbindigen Böden. In reinem Kies wäre, da sich kein Sickerwasser anstauen kann und falls es die Belastbarkeit des Baugrundes zuläßt, eine frostfreie Gründung überflüssig.

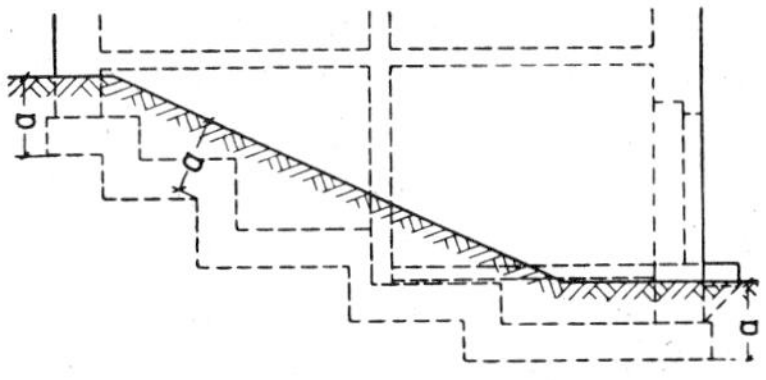

2.5
Sockelfundament eines Gebäudes am Hang
a = frostfreie Tiefe

Unfertige Bauten werden nicht selten durch Frost stark beschädigt, weil die Kellerwände bis zum Fundament freiliegen und die dann ungehindert im bindigen Baugrund sich bildenden Eislinsen oder Eisbänder die Wandfundamente und Kellerfußböden u. U. um mehrere Zentimeter emporheben. Bei Einbruch des Winters ist daher der Abstand zwischen Baugrubenböschung und Kellerwand zu verfüllen, und Kellerür- und -fensteröffnungen sind ebenso wie größere Öffnungen in der Kellerdecke zu verschließen. Schmelz- und Grundwasseransammlungen im und am Gebäude sind zu verhindern.

In älteren Gebäuden sind noch anzutreffen:

Fundamente aus Feld- und Bruchsteinen. Hierzu sind möglichst große, lagerhafte Steine mit gut ausgezwickten Fugen in hydraulischem Kalk- oder Zementmörtel sorgfältig zu vermauern. Verhältnis der Höhe zur einseitigen Ausladung 2 : 1, mind. 1,5 : 1.

Fundamente aus frostbeständigen Mauerziegeln oder Mauersteinen. Sie sind ≧5 Schichten hoch und sorgfältig im Kreuzverband mit vollen Fugen in hydraulischem Kalk- oder Zementmörtel herzustellen. Die unterste Schicht ist in ein Mörtelbett zu verlegen.

Die heute übliche Herstellung von Streifenfundamenten erfolgt als Fundament aus Beton. Fundamente werden aus Kiesbeton B 5 oder B 10 hergestellt (Druckfestigkeit 5 bzw. 10 N/mm², Mindestzementgehalt 100 kg/m³ bei Verwendung in frostfreier Tiefe).

Die kleinste Fundamenthöhe *h* ergibt sich aus der Wanddicke *d*, der errechneten Fundamentbreite *b* und dem Druckverteilungswinkel α, der von dem Fundamentbaustoff abhängt (Bild **2**.6a bis c).

Nicht immer muß zur Verminderung der Bodenpressung die Fundamentfläche vergrößert werden. Genügt die Fläche eines Sockelfundaments zur Verteilung der Gebäudelast nicht, so kann auch durch eine Sand- und Kiesschüttung, die lagenweise maschinell abgestampft oder eingeschlämmt wird, der Baugrund bis zur Tragfähigkeit verbessert werden (Bild **2**.7).

Fundamente aus	Druckverteilungswinkel α
Bruchsteinmauerwerk in hydraul. Kalkmörtel (Bild **2**.6a)	65 bis 70°
Zementmörtel	60°
Ziegelmauerwerk (Normmauerziegel VMZ) oder Klinkern in Kalkzementmörtel	60°
Stampfbeton B 5 oder B 10 (Bild **2**.6b)	60°
Klinkern oder Kalksandsteinen in Zementmörtel ($h \geqq 5$ Schichten) (Bild **2**.6c)	45°

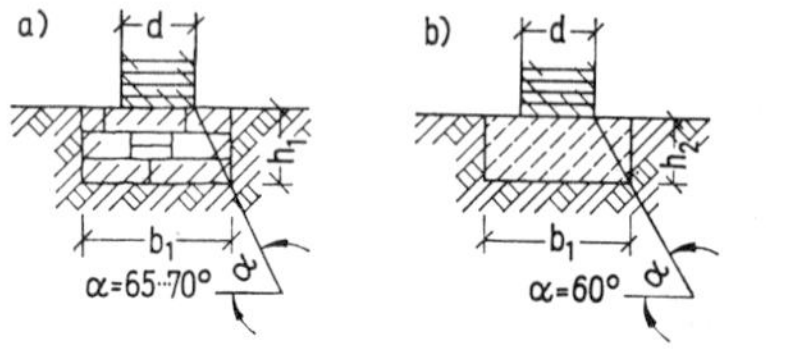

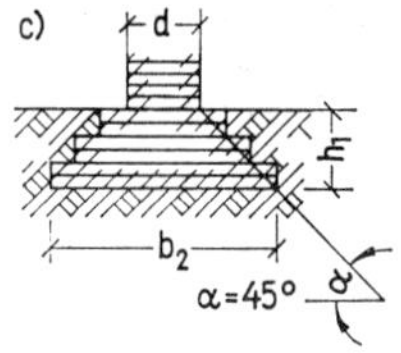

2.6
Ermittlung der Fundamenthöhe

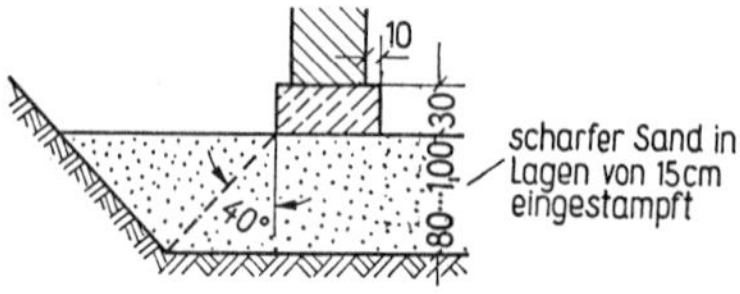

2.7 Gründung auf Sandschüttung im Trockenen

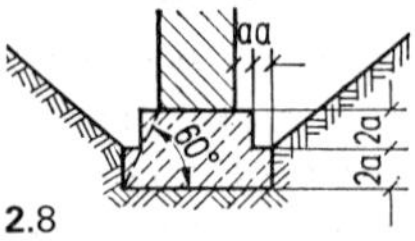

2.8
Verbreitertes Sockelfundament aus Stampfbeton

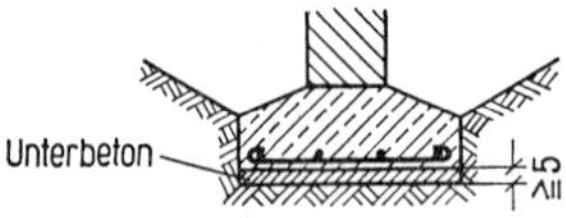

2.9 Sockelfundament aus Stahlbeton

Sind Sand und Kies nicht in ausreichender Menge vorhanden, kann es wirtschaftlicher sein, das Stampfbetonfundament zu verbreitern und gleichzeitig zu erhöhen (Bild **2**.8) oder das Gebäude auf einen Rost aus flachen, biegesteifen Stahlbetonbalken zu stellen (Bild **2**.9).

Übertragen die Fundamente einzelner Gebäudeteile erheblich geringere Lasten auf den Baugrund als die Fundamente des übrigen Gebäudes, so sind die verschieden belasteten Fundamente und Gebäudeteile durch senkrechte Bewegungsfugen voneinander zu trennen, damit nicht Setzrisse auftreten.

Kleine, erkerartig ausladende Gebäudeteile werden am besten durch Kragträger oder -platten mit dem eigentlichen Bauwerk verbunden.

Gartenmauern, lange Freitreppenfundamente usw. in ungeschützter Lage sind besonders frostgefährdet (in strengen Wintern auch in Deutschland Frosttiefen bis zu 2,00 m!). Billiger und besser als Streifenfundamente sind hier Stampfbetonpfähle: mit dem Erdbohrer werden 2,00 m tiefe Löcher gebohrt und in diese mit Fülltrichtern Beton eingefüllt, der mit Rundstampfern festgestampft wird. Die oberen Enden der Pfähle werden mit einer Stahlbeton-Fertigteilschwelle verbunden, die das Mauerwerk trägt (Bild **2**.10). Gegen Frost ist sie durch Sickerpackung und Bitumenanstrich zu schützen. Pfahlabstand richtet sich nach Baugrund und Pfahldurchmesser.

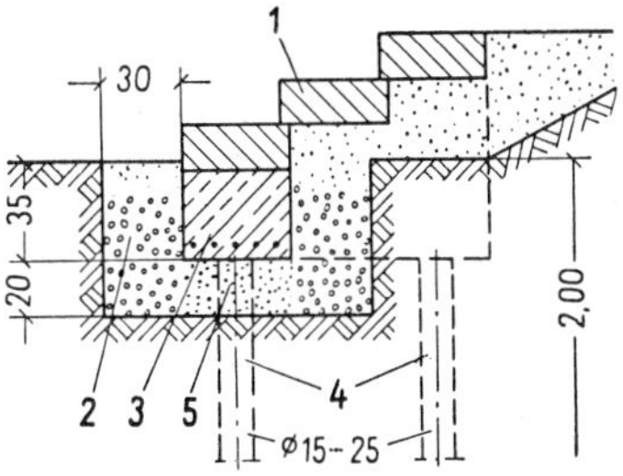

2.10
Stahlbeton-Fundamentschwelle auf Stampfbetonpfählen
1 Freitreppenstufen
2 Sickerpackung
3 vorgefertigte Stahlbetonschwelle
4 Betonpfähle
5 Kiesschüttung

2.2.2 Plattenfundamente

Wesentlich vergrößert werden kann bei schlechtem Baugrund die Gründungsfläche durch eine biegesteife Gründungsplatte aus Stahlbeton, die gewissermaßen auf dem Baugrund schwimmt und ungleichmäßige Setzungen einzelner Gebäudeteile verhindert (DIN 4018).

Das Plattenfundament stellt die neue und verbilligte Form (geringeres Eigengewicht, geringerer Arbeitsaufwand) der sog. Grundgewölbe dar, die man noch unter alten Gebäuden findet; sie sind nach unten gewölbt, stützen sich gegen die unteren Teile der Kellermauern und übertragen so die Lasten auf die gesamte überbaute Bodenfläche. Dementsprechend ist die Bewehrung der Plattenfundamente zur Aufnahme des nach oben wirkenden Erddrucks umgekehrt wie eine Deckenbewehrung bzw. als Doppelbewehrung anzuordnen, um sowohl positive als auch negative Biegemomente aufnehmen zu können. Bei sehr großflächigen Räumen mit großen Spannweiten zwischen den Kellerwänden werden Plattenfundamente durch Rippen verstärkt. Oft sind auch hier dickere, nicht ausgesteifte Platten wirtschaftlicher. Unter Großräumen mit Pilzdecke wird das Plattenfundament als umgekehrte Pilzdecke ausgebildet.

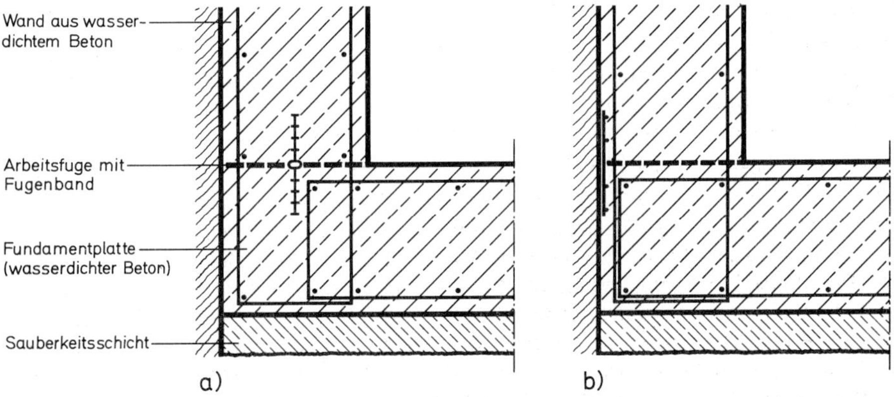

2.11 Plattenfundament
a) innenliegendes Arbeitsfugenband
b) außenliegendes Arbeitsfugenband

Unentbehrlich ist das Plattenfundament, wenn der Grundwasserspiegel über der Kellersohle liegt, eine wasserdruckhaltende Dichtung eingebaut werden und der Kellerfußboden dem Auftrieb entgegenwirken muß. Ungleiche Setzungen würden hier die Dichtungshaut zerstören.

Plattenfundamente werden – ebenso wie Stahlbeton-Sockelfundamente – nicht unmittelbar auf dem Baugrund betoniert. Die Baugrund-Oberfläche ist, um Verschmutzungen des Stahlbetons zu verhindern, erst mit einer ≧5 cm dicken Betonschicht (Sauberkeitsschicht) abzudecken.

2.3 Pfahlgründungen

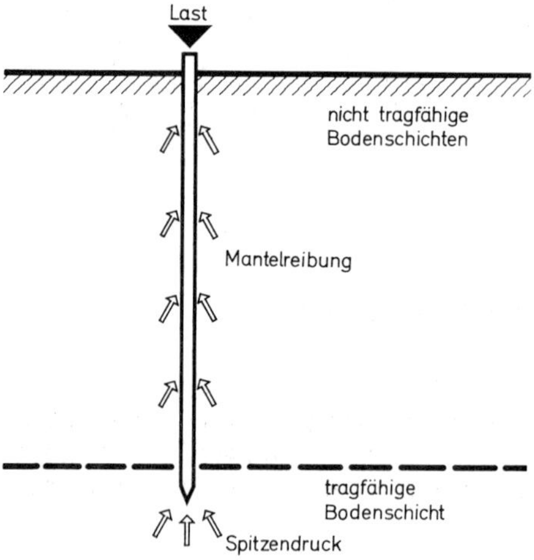

Liegen tragfähige Bodenschichten in so großer Tiefe, daß Flächengründungen nicht mehr wirtschaftlich wären, so wird die Gebäudelast durch Mantelreibung und Spitzendruck von Ramm- oder Bohrpfählen auf den Baugrund übertragen (Bild **2**.12).

2.12
Tragwirkung von Pfahlgründungen

Ältere Gebäude stehen noch heute oft auf jahrhundertealten gerammten Holzpfahlgründungen. Um vor Fäulnis geschützt zu bleiben, müssen Holzpfähle jedoch ständig unter Wasser stehen. Sie sind bei der heute vielfach zu beobachtenden Grundwasserabsenkung daher gefährdet und werden kaum noch verwendet. Rammpfähle aus Stahlbetonfertigteilen werden heute überwiegend zur Gründung von Brückenpfeilern oder ähnliche Aufgaben eingesetzt.

Ortbetonpfähle, die fast immer als Bohrpfähle hergestellt werden, haben gegenüber Rammpfählen größere Tragfähigkeit durch höhere Mantelreibung und Verbesserung des Spitzendrucks durch verbreiterten Pfahlfuß; dieser entsteht durch Bohrlochverbreiterung bei der Betoneinpressung (Bild **2**.13). Herstellung, Dimensionierung und Belastbarkeit, Abstände und Einbindung in den Baugrund (Tiefe) werden für Bohrpfähle in DIN 4014 festgelegt. Die fertiggestellten Ramm- oder Bohrpfähle werden schließlich in einzelnen Bündeln mit Stahlbetonplatten zusammengefaßt. Die Bewehrungen der Pfähle und der verbindenden Platten werden dabei so miteinander verbunden, daß „Pfahlroste" als Gründungsbasis entstehen. Für hohe Gründungslasten können anstelle von Pfahlbündeln Großbohrpfähle mit Durchmessern bis ca. 2,50 m hergestellt werden, die mit den früheren Brunnengründungen vergleichbar sind.

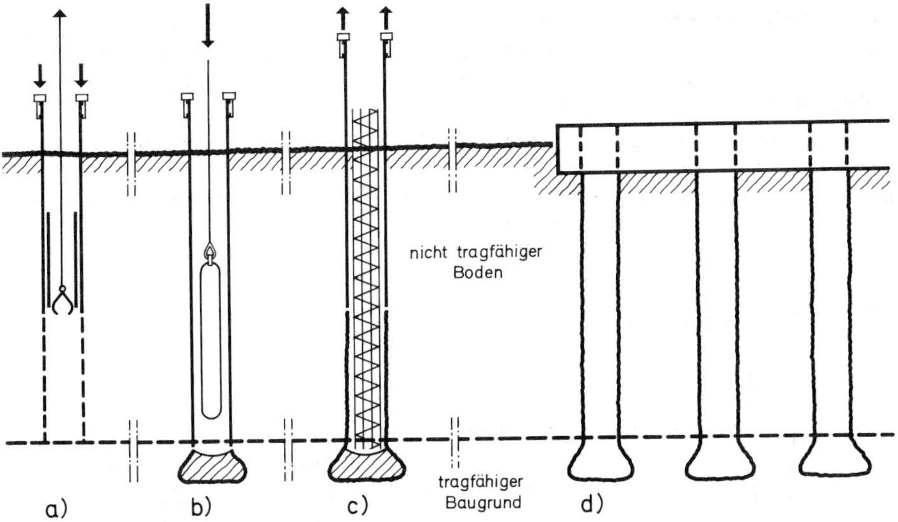

2.13 Herstellung von Bohrpfählen
a) Bohren bzw. Ausbaggern, Eintreiben der Mantelrohre
b) Einstampfen des Pfahlfußes
c) Einbringen der Bewehrung, Betonieren, Ziehen der Mantelrohre
d) Zusammengefaßte Bohrpfähle (Pfahlrost)

Sind auch mit Hilfe von Pfahlgründungen keine tragfähigen Bodenschichten zu erreichen, kann der Baugrund verbessert werden durch Injektionen von Bindemitteln oder Chemikalien, durch Tiefdränung sowie durch elektrochemische und thermische Verfestigungsverfahren.

2.4 Unterfangen von Fundamenten

Wenn neben der Brandwand eines vorhandenen Gebäudes ein Neubau errichtet wird, dessen Fundamentsohle tiefer liegt als die des bestehenden Gebäudes, muß das alte Fundament vertieft (unterfangen) werden, bevor der Neubau beginnt. Unterfangungsarbeiten müssen – ebenso wie die Ausschachtungs- und Gründungsarbeiten – sorgfältig vorbereitet werden, um den Neubau zu sichern und das vorhandene Nachbargebäude nicht durch Setzungen zu gefährden. Die Unfallverhütungsvorschriften der Bauberufsgenossenschaften sind streng zu beachten. Die örtlichen Verhältnisse (Art und Lage der Bodenschichten, Art und Tiefe der benachbarten Fundamente, Horizontalkräfte, Grundwasserstand) sind zu erkunden. Die Erkundungsergebnisse sowie die geplanten Arbeiten und deren zeitlicher Ablauf sind zeichnerisch festzulegen.

Sind nennenswerte Horizontalkräfte vorhanden, ist der Baugrund nicht zuverlässig, steht der Grundwasserspiegel nicht $\geqq 1{,}00$ m unter der Fundamentsohle oder sind aus sonstigen Gründen Grundwasserabsenkungen nötig oder übersteigt die vertikale Belastung des vorhandenen Streifenfundamentes 200 kN/m (etwa die Belastung durch ein viergeschossiges Wohnhaus), dann ist neben der Standsicherheit der vorgesehenen Ausführung die Grundbruchsicherheit der Altbaufundamente (DIN 4017) nachzuweisen. Dabei ist zu berücksichtigen, daß nach Errichtung des Neubaus durch Überschneiden der Druckausbreitung der Baugrund auch unter den alten Fundamenten zusammengedrückt wird (Bild **2**.4) oder daß eine beim Neubau etwa vorgenommene Grundwasserabsenkung zu Setzungen vorhandener Gebäudeteile führt (vgl. Bild **1**.1 e).

In unkomplizierten Fällen kann nach folgenden Richtlinien[1]) verfahren werden:

1. Grundsätzlich darf kein vorhandenes Bauwerk in ganzer Länge oder Breite bis zu einer Fundamentkante freigeschachtet werden. Neue Fundamente unmittelbar neben einem Nachbargebäude oder Fundamentunterfangungen sind abschnittweise herzustellen. Zur Wahrung der Grundbruchsicherheit muß längs der vorhandenen Außenwand ein Erdkörper (Berme) von ≧ 2,00 m Breite stehenbleiben, dessen OK nicht tiefer als OK Kellerfußboden liegen darf und dessen Höhe über Fundamentsohle ≧ 0,50 m betragen muß (Bild **2**.14).

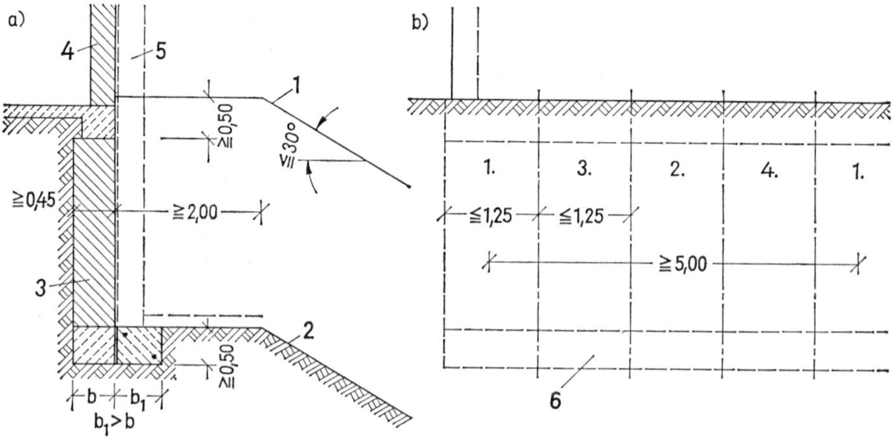

2.14 Unterfangen einer Brandwand

1 Bodenaushubgrenze vor Unterfangung
2 Bodenaushubgrenze nach Unterfangung
3 Unterfangung
4 vorhandene Brandwand
5 Lage der neuen Wand
6 Unterfangungsabschnitte und Reihenfolge

2. Die Länge eines Unterfangungsabschnitts darf 1,25 m nicht überschreiten. Nur solche Abschnitte sind gleichzeitig herzustellen, deren Achsabstand ≧ 5,00 m beträgt.
3. Falls es besondere örtliche Verhältnisse erfordern, sind auch die rechtwinklig an die Brand- oder Giebelwand anschließenden Außen- und Innenwände bis ≦ 2,50 m Länge zu unterfangen oder in anderer Weise gegen nachträgliches

[1]) In Anlehnung an die für Hamburg gültigen Richtlinien für Ausschachtungs-, Gründungs- und Unterfangungsarbeiten, veröff. im Hamburgischen Gesetz- und Verordnungsblatt Nr. 19 v. 28. 1. 1964 (s. auch DIN 4123).

Setzen zu sichern. Wandöffnungen im Bereich der Gebäudeecken sind für die Dauer der Unterfangungsarbeiten auszusteifen.

4. Ausschachtungen von ≧1,25 m Tiefe für die einzelnen Unterfangungsabschnitte müssen verbaut (ausgesteift) werden, um jede Einsturzgefahr zu vermeiden (Bild **2**.16).
5. Gemauerte Unterfangungen sind in handwerksgerechtem Mauerverband zu errichten. Um Setzungen soweit wie möglich zu vermindern, sind dünne Lagerfugen und schnellbindender Zementmörtel zu verwenden. Außerdem sind die obersten Schichten mit Hartbrandsteinen zu mauern; die Fuge zwischen alter Fundamentsohle und Unterfangung ist mit großflächigen Stahlkeilen zu verkeilen und mit Zementmörtel auszupressen. Hohlräume zwischen Unterfangung und anstehendem Boden sind mit Magerbeton satt auszustampfen.

   Umfangreichere Unterfangungen werden besser und wirtschaftlicher aus Beton hergestellt (schneller und raumsparender Materialtransport durch Schüttrohre, guter Anschluß an das anstehende Erdreich). Die Verwendung maschineller Rüttelgeräte ist hier wegen der Gefahr der Schwingungsübertragung nicht zulässig. Vor dem Schließen der Anschlußfuge werden die neuen Fundamente mit Hilfe von Öldruckpressen vorbelastet. Nach Festlegen der Druckkolben wird die Fuge mit Beton ausgepreßt. Die Pressen werden nach Erhärten des Fugenbetons ausgebaut (**2**.16 Punkt A).
6. Die Unterfangung muß so bemessen sein, daß sie auch auftretende Horizontalkräfte aus unterfangenem Gebäude und dem Erdreich aufnehmen kann.
7. Das neue Fundament mit normaler Ringverankerung ist abschnittweise gleichzeitig mit dem Fundament der Unterfangung auszuführen. Die Unterkanten der Fundamente müssen auf gleicher Höhe liegen. Die Enden der Ringanker der einzelnen Abschnitte sind zunächst hochzubiegen. Die Überdeckungslänge soll ≈50 cm betragen.
8. Ist eine Längsbewehrung des neuen Fundamentes erforderlich, so wird zunächst in gleicher Höhe mit dem Fundament der Unterfangung a b s c h n i t t w e i s e ein unbewehrtes Fundament hergestellt, nach Erhärten wird darauf in g a n z e r Länge das Stahlbetonfundament betoniert (Bild **2**.15).

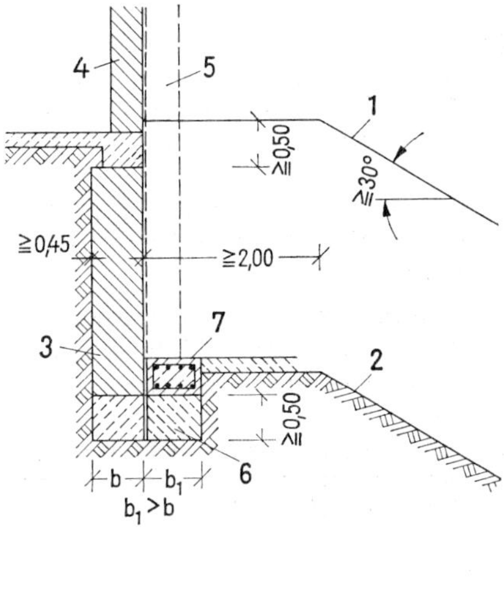

2.15
Herstellung eines Stahlbeton-Streifenfundaments neben unterfangener Brandwand
1 Bodenaushubgrenze vor Unterfangung
2 Bodenaushubgrenze nach Unterfangung
3 Unterfangung
4 vorhandene Brandwand
5 Lage der neuen Wand
6 Stampfbetonfundament (Herstellung abschnittsweise)
7 Stahlbetonfundament (Herstellung in ganzer Länge)

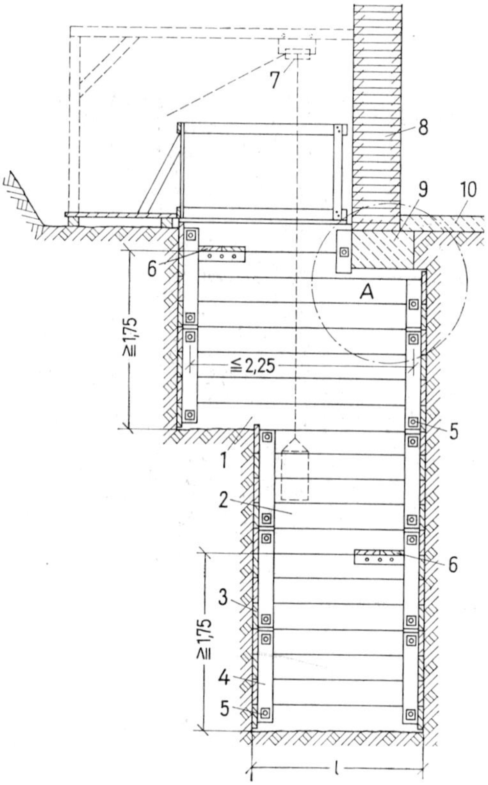

Punkt A vor Beendigung der Unterfangung

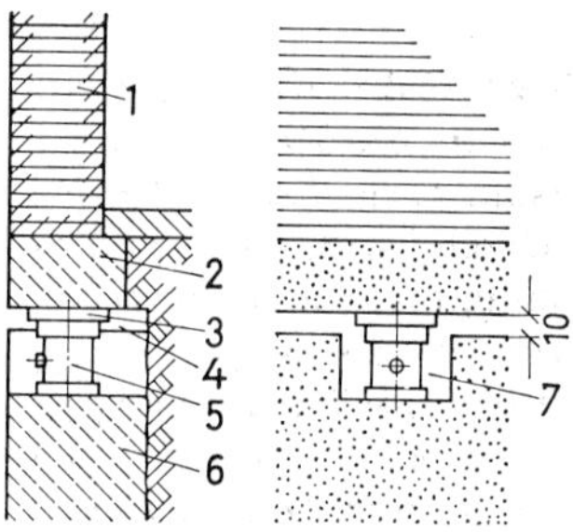

1 vorhandene Brandwand
2 vorhandenes Fundament
3 Bleiplatte zur Druckverteilung
4 offene Restfuge (10 cm breit)
5 Öldruckpresse
6 Unterfangung
7 vorläufig offengehaltene Nische für Öldruckpresse

2.16
Schacht für Unterfangung (waagerechter Verbau)

1 Vorschacht (Erweiterung des Hauptschachtes zur Erleichterung des Personen- und Baustofftransports)
2 Hauptschacht (Breite ≦1,25, Länge l hängt von neuer Fundamentbreite ab)
3 waagerechter Verbau (Bohlendicke 5 cm)
4 Brustholz 8/16; 1,00 m lang
5 Spindelspreizen
6 Arbeitspritsche, zugleich Schutzdach
7 Laufkatzenaufzug
8 vorhandene Brandwand
9 vorhandenes Fundament
10 Kellerfußboden

9. Die Wände, die unterfangen werden sollen, sind vorher abzustützen (s. Teil 2 dieses Werkes, Absteifungen von Bauwerken). Dabei ist der Strebendruck auf die aussteifenden Querwände und die Decken des vorhandenen Gebäudes zu übertragen.
10. Bei Unterfangungsarbeiten im Winter sind Mauerwerk und (bei bindigen Böden) Baugrubensohle vor Wasser und Frost zu schützen (sturmsichere Abdekkung mit Planen, Ableitung des Wassers, Abdeckung mit Torf o. ä.).

2.5 Fundamenterder

Die in fast allen Gebäuden in großer Zahl vorhandenen metallischen Sanitär- und Elektroinstallationsleitungen können sich durch Verschleppen elektrischer Spannungen untereinander beeinflussen. Um in derartigen Fällen Schutz gegen gefährliche Berührungsspannungen zu erzielen, wird in den meisten Fällen in betonierte Gebäudefundamente ein Fundamenterder nach den Vorschriften der VDEW eingelegt. An ihn werden alle metallisch leitenden Systeme angeschlossen, so daß ein Potentialausgleich erzielt wird. Fundamenterder bestehen aus Bandstahl 30 × 3,5 oder 26 × 4 mm und sind durch den umhüllenden Beton ohne zusätzliche Maßnahmen vor Rost geschützt (Bild **2**.17).

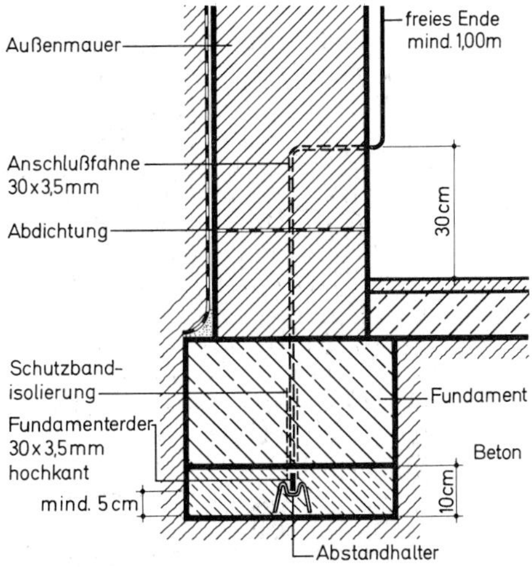

2.17 Fundamenterder

2.6 DIN-Normen

DIN-Blatt Nr		Ausgabe-Datum	Titel
1054		11.76	Baugrund; zul. Belastung des Baugrunds
	Bbl.	11.76	–; –, Erläuterungen
4014	T1	8.75	Bohrpfähle herkömmlicher Bauart; Herstellung, Bemessung und zulässige Belastung
4014	T2	9.77	Bohrpfähle; Großbohrpfähle; Herstellung, Bemessung und zulässige Belastung
4017	T1	9.74	Baugrund; Grundbruchberechnungen von lotrecht mittig belasteten Flachgründen, Richtlinien
	T2	9.74	Baugrund; Grundbruchberechnungen von außermittig und schräg belasteten Flachgründen; Empfehlungen
4018		9.74	Flächengründungen; Richtlinien für die Berechnung
4123		5.72	Gebäudesicherung im Bereich von Ausschachtungen, Gründungen und Unterfangungen
4124		1.72	Baugruben und Gräben; Böschungen, Arbeitsraumbreiten, Verbau

2.7 Literatur

[1] Grassnick, A.; Holzapfel, W.: Der schadenfreie Hochbau. Köln-Braunsfeld 1976

[2] Schmitt, H.: Hochbaukonstruktion. Düsseldorf 1977

[3] Schulze, W.E.; Simmer, K.: Grundbau. Teil 1: 16. Aufl. Stuttgart 1977. Teil 2: 15. Aufl. Stuttgart 1978

[4] Stiegler, J.W.: Baugrundlehre für Ingenieure. Düsseldorf 1973

3 Wände

3.1 Allgemeines

Die seitliche Begrenzung umbauter Räume wird von Wänden gebildet. Diese sind entweder aus einzelnen Steinen gemauert, aus Beton hergestellt oder als Kombination von Holz, Metall, Glas und Kunststoffen mit Wärmedämm-Materialien zwischen tragende Stützen und Balken gesetzt (Skelettbau).

Die herkömmlichen Bauarten, insbesondere der Mauerwerksbau, haben mehr oder weniger allen an eine Wand zu stellenden Forderungen entsprochen. Nachdem spezielle Materialien für jede Einzelanforderung entwickelt sind, können Wände sehr unterschiedlich hergestellt werden, entsprechend ihren jeweiligen besonderen Aufgaben bzw. Kriterien wie:

- Abtragung von Deckenlasten
- Aussteifung gegen horizontale Krafteinwirkungen (z. B. Windlast)
- Raumunterteilung
- Wärmedämmung und Wärmespeicherung
- Schallschutz
- Dampfdurchlässigkeit
- Oberflächengestaltung
- Gewicht
- Kosten.

Die dabei oft erforderliche Kombination von Materialien unterschiedlichster Eigenschaften macht die Kenntnis und konstruktive Beherrschung der auftretenden bauphysikalischen Probleme unabdingbar (s. Abschn. 7).

3.1.1 Baugefüge

Von größter Bedeutung ist die Aufgabe, die eine tragende Wand jeweils im gesamten Bauwerksgefüge zu übernehmen hat. Tragende Wände bewirken zusammen mit den Decken die Übertragung von Nutzlast und Eigengewicht (welche die Knicksicherheit der Wände voraussetzen) und der Windlasten (die die Kipp- und Beulsicherheit der Wände beanspruchen) in den Baugrund. Wände und Decken steifen sich gegenseitig aus, in demselben Maße wie sie flächensteif und ihre Kanten steif miteinander verbunden sind. Derartig angeordnete und zusammengefügte Wand- und Deckenscheiben bedürfen nur geringer Dicke, um Kräfte übertragen zu können und standsicher zu sein (Bild **3**.1).

Jedes Bauwerk kann als Konstruktionssystem haben:

tragende Längs- und Querwände (Bild **3**.2a)

Vorteile: Verwendung kreuzweise bewehrter Decken und vieler gleich dicker, übereinanderliegender Wände möglich, Vermeiden von Rissen und Verbesserung der Schalldämmfähigkeit fast aller Wände durch deren gleichartige erhöhte Bela-

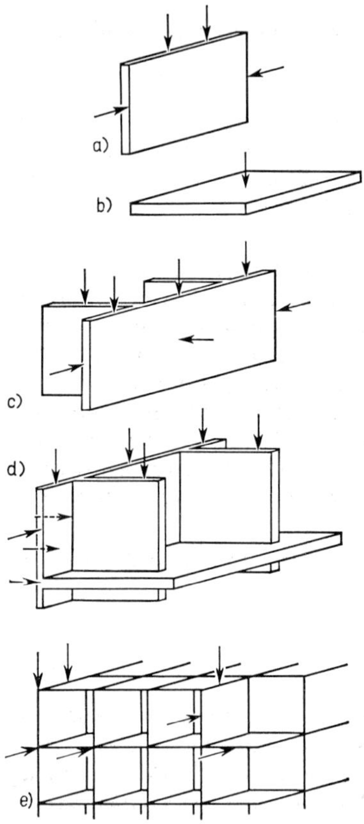

3.1 Ebene Flächenträger

a) ein dünnwandiger Flächenträger mit einer Höhe >1/5 der Stützweite ist eine Scheibe; eine Scheibe wird durch Kräfte in Richtung ihrer Fläche beansprucht

b) eine Platte ist eine Scheibe, die durch Kräfte senkrecht zu ihrer Fläche belastet wird; ihre Tragfähigkeit hängt von der Dicke ab

c) Scheibe, die gleichzeitig als Platte beansprucht wird; Aussteifung durch andere Scheiben (z. B. durch Querwände)

d) beim sachgemäßen Zusammenfügen von Flächen (z. B. aus Beton oder gut verzahntem Mauerwerk) wird die Kantensteifigkeit der Flächen wesentlich erhöht

e) „verschachtelte" Flächen bilden ein widerstandsfähiges Raumgefüge

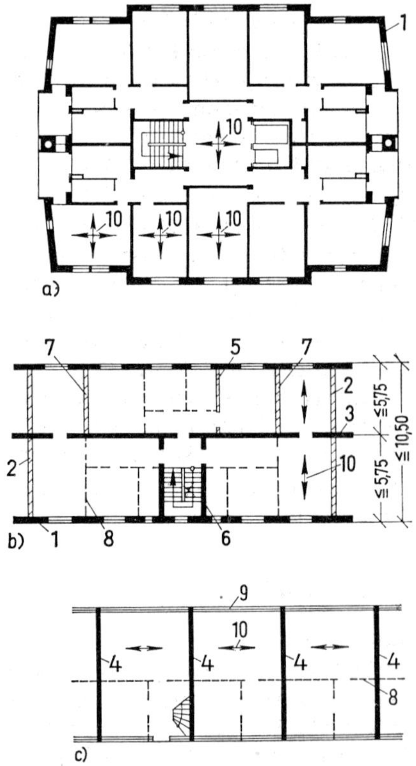

3.2 Anordnung tragender Wände

a) System tragender Längs- und Querwände[1])

b) tragende Längswände (DIN 1053)

c) tragende Querwände, unbelastete Außenwände

1 Umfassungswand
2 Brandwand
3 belastete Mittelwand
4 belastete Querwand
5 aussteifende Querwand (s. Bild **3**.3)
6 Treppenhauswand
7 Wohnungstrennwand
8 leichte Trennwand
9 nichttragende Außenwand
10 Spannrichtung der Decken

[1]) Grundriß eines 13geschossigen Hochhauses aus selbsttragendem Ziegelmauerwerk der Wohngenossenschaft Entenweid in Basel (Architekten A. Gfeller und H. Mähly)

stung, sehr gute Wandaussteifung, daher für Wohnhochhausbau aus Ziegeln besonders geeignet oder

tragende Längswände (Bild **3**.2b)

Vorteil: Die statisch erforderlichen Außenwanddicken entsprechen meist auch den Forderungen des Wärmeschutzes. Nachteile: Eine Reihe unbelasteter Querwände muß wegen des Schallschutzes dicker sein als statisch erforderlich, besonders starke Beanspruchung der belasteten Mittelwände oder

tragende Querwände (Bild **3**.2c)

Vorteile: Die belasteten Querwände – Schotten – sind in der Regel nicht von Öffnungen durchbrochen, Windlasten können über parallel zur Traufe gespannte Decken aller Art von den wärmedämmenden Außenwänden auf die Schottenwände übertragen werden, die Fenster bedürfen keines Sturzes. Nachteile: Bei höheren Gebäuden (z.B. Laubenganghäusern) muß die Längsaussteifung durch massive Längswände, z.B. von Treppenhäusern oder Aufzugsschächten, verbessert werden; die Wärmedämmung der tragenden Querwände weicht von der der Fensterwände erheblich ab, so daß in der Außenwandzone besondere bauliche Wärmeschutzmaßnahmen zu treffen sind; starke Grundrißbindung an das Maß der maximalen Deckenspannweiten.

Die Klarstellung des jeweiligen Zusammenwirkens von Wänden und Decken ermöglicht es, optimale Gesamtkonstruktionen zu ermitteln.

3.1.2 Standfestigkeit

Anweisungen und Richtlinien für die Sicherung der Standfestigkeit von statisch wirksamem Mauerwerk – das sind durch Decken- oder Einzellasten beanspruchte Wände oder unbelastete, aber der Aussteifung dienende Wände – enthält DIN 1053. Bei Gebäuden mit bis zu 6 Vollgeschossen kann auf einen statischen Nachweis verzichtet werden, wenn die Wände den handwerklichen Erfahrungsregeln entsprechen und ausreichend durch Decken mit Scheibenwirkung und Querwände ausgesteift sind. Im übrigen, insbesondere bei Hallen, ist die Aufnahme der Windkräfte rechnerisch nachzuweisen.

Die Wände werden durch Eigengewicht und Deckenlasten auf Druck und durch die waagerecht angreifenden Windkräfte auf Biegung beansprucht. Ihre Standsicherheit gewährleisten die verwendeten Baustoffe sowie die Querwände und Decken. Ein Zusammenwirken der Wände und Decken (Wandgefüge) zur Ableitung der senkrechten und waagerechten Kräfte in den Baugrund wird erreicht, wenn die Wände in ihrer Länge durch kürzere Querwände und in ihrer Höhe durch Deckenscheiben gegen Kippen, Knicken und Beulen ausgesteift sind. Das setzt voraus, daß die Kanten der Wände untereinander und die der Wände und Decken miteinander in der richtigen Weise (Mauerverband, Deckenauflager, Deckenverankerung) ausgesteift und verbunden sind. Gemauerte Querwände sind gleichzeitig mit den auszusteifenden Wänden im Mauerverband hochzuführen. Für die Aussteifung von Kellerwänden in Gebäuden mit bis zu 6 Vollgeschossen dürfen Mauern aus Kalksandstein auch lediglich stumpf gestoßen sein auf Grund einer besonderen Typenzulassung gemäß DIN 1053, T1, Ziff. 3.3.2, Abs. 2.

Alle verwendeten Mauersteine und Mörtel müssen den in DIN 1053 Ziff. 1.3 genannten Normen entsprechen bzw. besonderen Zulassungsvorschriften genügen.

DIN 1053 setzt für vier Wandgruppen Mindestmaße fest:

für belastete Umfassungswände
(DIN 1053 Abschn. 2.1.1)

für belastete Innenwände
(DIN 1053 Abschn. 2.1.2ff.)

für aussteifende Querwände
(DIN 1053 Abschn. 2.2ff.)

für nicht ausgesteifte Wände und Pfeiler
(DIN 1053 Abschn. 2.7 und 8.1.1.2)

Die Mindestdicke belasteter Außenwände beträgt 24 cm. Das gilt nicht für Ausfachungen von Fachwerkwänden und für Wände mit durchgehender Luftschicht.

Für Kellerwände, als Umfassungswände des Kellergeschosses und für Sockel bis zu 50 cm über Erdgleiche, dürfen nur Voll- und Lochsteine mit Druckfestigkeiten $\geqq 10$ N/mm^2 und Leichtbetonsteine nach DIN 18151 und DIN 18152 mit Druckfestigkeiten $\geqq 5$ N/mm^2 verwendet werden.

Mindestwanddicken belasteter Innenwände mit Dicken <24 cm sind aus DIN 1053 Tab. 1 abzulesen.

Belastete Innenwände mit Dicken <24 cm
(nach DIN 1053 Tab. 1)

Spalte	a	b	c
Zeile	Bedingungen für die Anwendung		
1	zul. Geschoßhöhe in m	3,25	
2	zul. Verkehrslast in kN/m^2 einschl. Zuschlag für leichte Trennwände	2,75	
3	Wanddicke in cm	17,5	11,5
4	zul. Anzahl der Vollgeschosse von oben	3*)	2
5	nur zul. als Zwischenauflager durchlaufender Decken mit Stützweiten $\leqq 4{,}50$ m zwischen den aussteifenden Querwänden nur je eine Öffnung mit einer Breite $\leqq 1{,}25$ m zul.		

*) einschl. etwaiger Geschosse mit 11,5 cm dikken Wänden

Sonderfälle, wie z.B. Hallenbauten ohne Querwände, erfordern besondere konstruktive Maßnahmen (Pfeilervorlagen, Stahl- oder Stahlbetonskelettbau) und statische Nachweise.

Mit den Holzbalkendecken und den Pfetten der Dachstühle sind die Umfassungs- und Giebelwände durch Anker mit Splinten zugfest zu verbinden. Die Aufgabe der Anker kann von bewehrten Massivdecken übernommen werden (s. DIN 1053 Abschn. 2.3).

Die in DIN 1053, Tab. 3, enthaltenen Bestimmungen sind in Bild **3**.3 zeichnerisch zusammengefaßt.

Tragende Wände können auch durch einbetonierte Stahlbetonpfeiler ausgesteift werden (Bild **3**.4). Ihre Steifigkeit ist jedoch erheblich geringer als die von aussteifenden Querwänden. Daher sollten die Abstände gemäß Bild **3**.3 nicht voll ausgenutzt werden, oder es muß ein besonderer statischer Nachweis geführt werden.

Bei Außenwänden mit besonderer Beanspruchung, z.B. bei 24 cm dicken Außenwänden von mehr als 2 Vollgeschossen, bei Bauten in Leichtbetonsteinen mit mehr als 2 Vollgeschossen oder >18,00 m Länge, bei Wänden, in denen die Summe der Öffnungsbreiten 60% der Mauerlänge übersteigt (bzw. 40%, wenn die Fensterbreiten größer sind als $^2/_3$ der Geschoßhöhe) sowie bei ungünstigem Baugrund sind in oder unmittelbar unter den Geschoßdecken Stahlbetonringanker anzuordnen, die alle Außen- und durchgehenden Querwände zusammenhal-

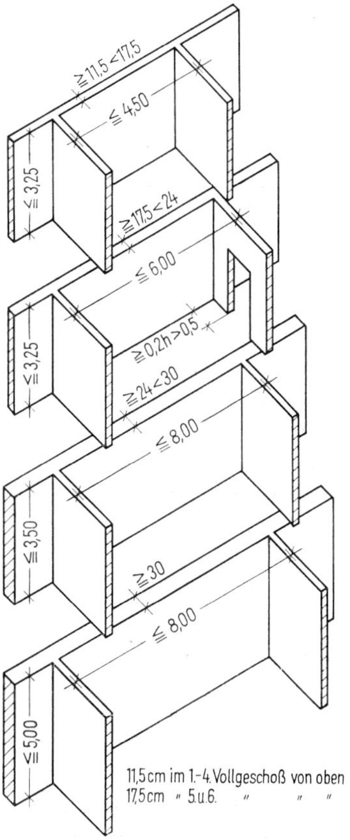

3.3 Aussteifung durch Querwände (DIN 1053): zulässige Abstände; erforderliche Wanddicken

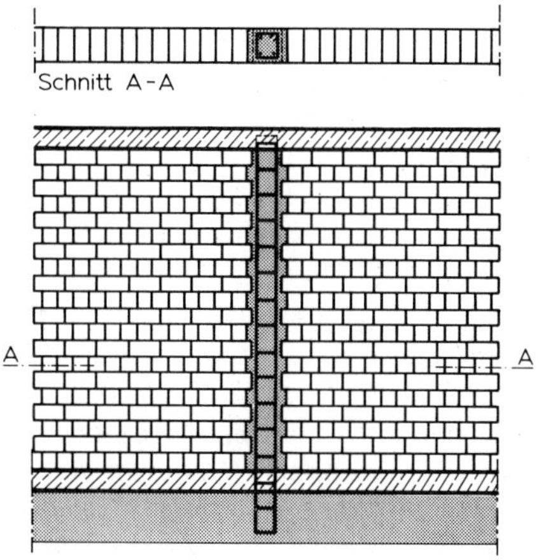

3.4 Aussteifung durch Stahlbetonpfeiler

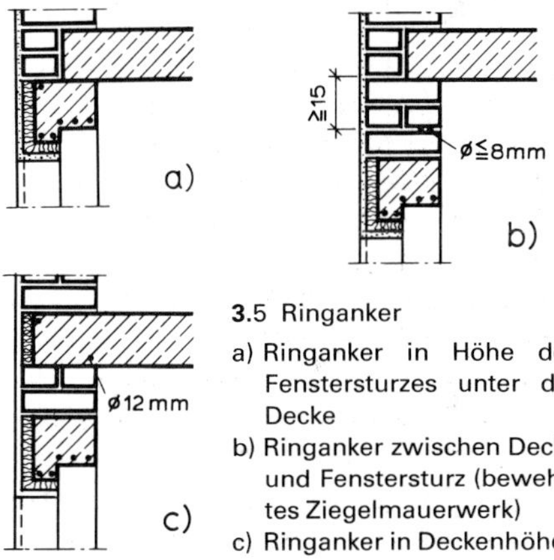

3.5 Ringanker

a) Ringanker in Höhe des Fenstersturzes unter der Decke

b) Ringanker zwischen Decke und Fenstersturz (bewehrtes Ziegelmauerwerk)

c) Ringanker in Deckenhöhe

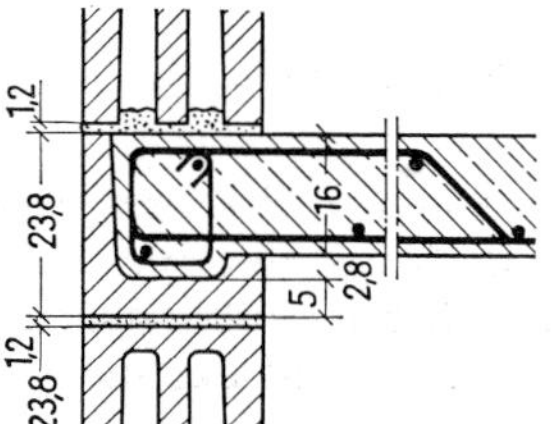

3.6 Formstein für Ringanker in Deckenhöhe

ten (Bild **3**.5 u. **3**.6). Die Ringanker können mit Massivdecken oder Fensterstürzen aus Stahlbeton vereinigt werden. Sie sollen 15 cm hoch und oben und unten mit je einem Rundstahl 12 mm ∅ bewehrt sein (DIN 1053, Abschn. 3.4).

Mit Rücksicht auf Setzungen des Baugrundes sind bei längeren Gebäuden durchgehende Trennfugen anzuordnen (vgl. Abschn. 1.1).

Bei der Bemessung der Wanddicken sind außer den statischen Erfordernissen zu berücksichtigen für

Umfassungswände die bauaufsichtlichen Anforderungen an den Wärmeschutz (s. DIN 4108);

Wohnungstrennwände die bauaufsichtlichen Anforderungen an den Schallschutz (s. DIN 4109 T2);

Treppenhauswände die bauaufsichtlichen Anforderungen an den Wärme-, Schall- und Feuerschutz;

Brandwände die bauaufsichtlichen Anforderungen an den Feuerschutz (s. DIN 4102).

Brandwände müssen ≧24 cm dick sein. Schornsteine, Mauerschlitze und -nischen usw. dürfen in Brandwände nur so weit eingreifen, daß diese noch mindestens 24 cm dick bleiben. Stahlträger und -stützen dürfen in Brandwände nur eingeführt werden, wenn sie feuerbeständig ummantelt sind. Für aneinander gereihte Wohngebäude bis zu zwei Vollgeschossen (z. B. Einfamilien-Reihenhäuser) werden – abweichend von DIN 1053 Abschn. 3.4.1 – auch zweischalige Wände mit je 11,5 cm oder 17,5 cm dicken Mauerwerksschalen als Brandwände zugelassen, wenn Massivdecken verwendet werden. Die Einzelschalen solcher zweischaligen Haustrennwände können – abweichend von DIN 1053 Abschn. 2.1.2 und Tab. 1 – nur als Endauflager von kreuzweise bewehrten Massivdecken verwendet werden, aber auch dann, wenn ihre Stützweiten ≧4,50 m sind.

Mit Rücksicht auf Setzungen des Baugrundes und auf das Schwinden der Baustoffe sind in längeren Gebäuden durchgehende Trennfugen anzuordnen. Bei Verwendung von Leichtbetonsteinen soll ihr Abstand 35 m nicht überschreiten. Sie sind nach DIN 4109 Bl. 3 auszubilden (mind. 1 cm breit, mit einem körperschalldämmenden Stoff gefüllt und an der Außenwand mit einem weichfedernden, bituminierten Dämmstreifen abgedichtet).

Bei Pfeilern und nicht ausgesteiften Wänden ist für die zulässigen Druckspannungen der Schlankheitsgrad h/d maßgebend.

h = Höhe zwischen den in waagerechter Richtung wirkenden Versteifungen

d = geringste vorhandene Pfeiler- oder Wanddicke

Die Höhe von Tür- und Fensterpfeilern in ausgesteiften Wänden ist gleich der lichten Tür- oder Fensterhöhe, wenn Sturz- und Brüstungsmauerwerk in voller Wanddicke durchgeführt sind und die Tür- oder Fensterwand selbst ausgesteift ist. Tür- und Fensterpfeiler müssen mit Anschlägen mindestens 75 cm breit sein, wenn Steine mit ≦5 N/mm² Druckfestigkeit verwendet werden. Bei großformatigen Steinen ohne Stoßfugen ist eine Breite von 50 cm zulässig. Die zulässigen Druckspannungen für Wände und Pfeiler aus künstlichen Steinen sind in DIN 1053 Tab. 5 und 6 angegeben. Pfeiler und schlanke, nicht ausgesteifte Wände, für die in Tab. 6 keine Spannungen angegeben sind, dürfen aus künstlichen Steinen nicht ausgeführt werden.

In Fensterbrüstungen mehrgeschossiger Bauten aus großformatigen Steinen treten durch Biegezugbeanspruchung bei Belastung durch die Fensterpfeiler und durch Schwinden der Baustoffe Risse auf. Sie lassen sich durch Einlegen von ≧0,55 m in das Pfeilermauerwerk eingreifenden Baustahlmattenstreifen (∅ 3 mm; Maschenweite 50 mm) in eine Lagerfuge ≧0,50 über Deckenoberkante vermeiden.

Stemmarbeiten, Aussparungen, vorgemauerte Dämmschichten usw. dürfen die Standfestigkeit des Mauerwerks nicht beeinträchtigen. In Wänden aus Hohlblocksteinen und Lochsteinen ist nur das Stemmen lotrechter Aussparungen bis zu 3 cm Tiefe zulässig (Bild **3**.7 u. **3**.8). Unzulässig sind Stemmarbeiten und Aussparungen in Wänden von ≦17,5 cm Dicke, in Pfeilern und nicht ausgesteiften Wänden mit Schlankheiten >10 und durchlaufende Aussparungen für nachträglich herzustellende Massivdecken in Wänden von ≦24 cm Dicke:

DIN 1053, Tabelle 5 Ohne Nachweis zulässige lotrechte Aussparungen und Schlitze in auszusteifenden oder aussteifenden Wänden

	1	2	3	4	5	6	7	8
	Dicke der Wand	Aussparungen in gemauertem Verband		gefräßte Schlitze		Mindestabstand der Aussparungen und Schlitze	Abstand von Öffnungen	Abstand von Wandverbindungen nach 3.3.2
		Breite	Restwanddicke	Breite	Tiefe			
	cm	cm	cm		cm	cm	cm	cm
1	11,5	–	–		≦2			
2	17,5	≦51	≧11,5	≦Wanddicke	≦3			
3	24	≦51	≧11,5		≦4	199	≧36,5	≧24
4	30	≦63,5	≧17,5		≦5			
5	≧36,5	≦76	≧24		≦6			

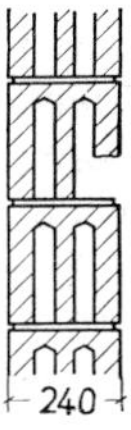

3.7 Gefährdung der Standfestigkeit einer Wand aus Zweikammer-Hohlblocksteinen durch gestemmten, waagerechten Schlitz (falsch)

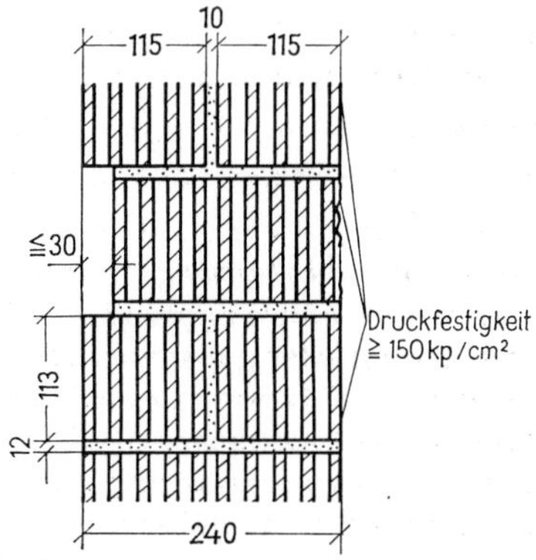

3.8 Lochziegelinnenwand mit flacher Nische für Armaturen (der Binderstein ist um 3 cm gekürzt); vgl. auch DIN 18013

Bei Wänden aus Zweikammer-Hohlblocksteinen ist besonders auf festes Steinauflager zu achten (Bild **3**.9).

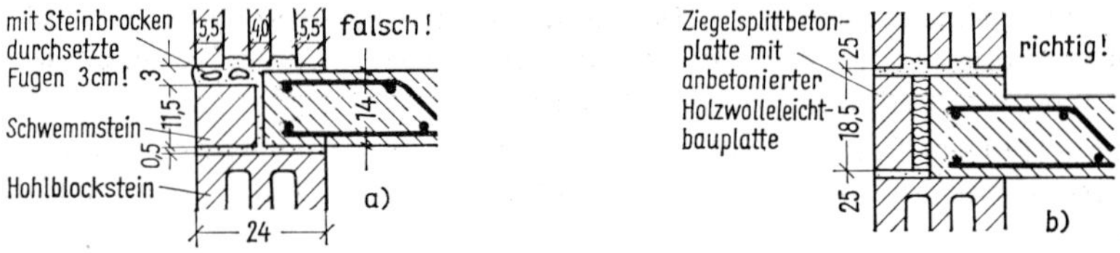

3.9 Wärmedämmung einer Betonplattendecke, falsch und richtig (nach Bauwelt (1957))
a) diese Ausführung hat zum Einsturz geführt b) druckfest, wärmedämmend, maßausgleichend

3.2 Wände aus künstlichen Steinen

3.2.1 Baustoffe

3.2.1.1 Gebrannte Mauersteine (Mauerziegel)

Ziegel gehören zu den ältesten, vorgefertigten Wandbauelementen. Sie sind handlich, haben hohe Druckfestigkeiten und sind wärmedämmend.

Ihre Verwendung läßt unendlich viele Wand- und Raumformen zu. Geringe Verformungen können sich über zahllose Fugen gleichmäßig verteilen und wirken daher in der Regel nicht als Risse, die Festigkeit und Dauerhaftigkeit des Mauerwerks gefährden.

Mauerziegel werden aus Lehm, Ton oder tonigen Massen geformt und gebrannt. Ihre Abmessungen und Eigenschaften sind in DIN 105 festgelegt.

Mauerziegel werden hergestellt in:

5 Vorzugsgrößen: Normalformat NF 240 × 115 × 71 mm, Dünnformat DF 240 × 115 × 52 mm (s. auch Bild **3.**10 mit Tabelle und Bild **3.**18)

3 Ziegelarten: Vollziegel, Hochlochziegel (Ziegel mit Gitter-, Waben- oder Rundlochung und Langlochziegel)

6 Ziegelrohdichten: 1,0, 1,2, 1,4, 1,6, 1,8 und 2,0 kg/dm^3 (Ziegelrohdichte ist das Gewicht des trockenen Ziegels, bezogen auf das Volumen einschließlich der Hohlräume.)

Von der Ziegelrohdichte hängt innerhalb bestimmter Grenzen die Nennfestigkeit ab. Die Vormauerziegel müssen ebenso wie die Klinker (das sind gesinterte Ziegel mit dichtem Gefüge sowie hoher Nennfestigkeit und Wetterbeständigkeit) frostbeständig sein. (Hintermauerziegel ist eine Sammelbezeichnung für Mauerziegel, bei denen Frostbeständigkeit nicht gefordert ist.) Kein Mauerziegel darf schädliche Mergel- und Kalkknollen oder sonstige Stoffe enthalten, die ein Abblättern oder schädliches Ausblühen der Ziegel verursachen können. Außerdem sollen Vormauerziegel und Hochbauklinker frei von Salzen sein, die zu Ausblühungen führen, die zwar unschädlich sind, aber das Aussehen unverputzter Mauerflächen dauernd beeinträchtigen. Die wärmedämmenden Eigenschaften der Ziegel sind in DIN 4108 (s. auch Abschn. 7) angegeben.

Bisher wurde die Festigkeit von Mauersteinen als Druckfestigkeit definiert (Beispiel: Ein Ziegel mit der Mz 100 mußte bei der Prüfung eine Druckfestigkeit von 100 kp/cm^2 aufweisen).

Seit dem 1.1.78 dürfen im geschäftlichen und amtlichen Verkehr nur noch die international vereinbarten SI-Einheiten verwendet werden, wobei Festigkeitsbezeichnungen in N/mm^2 auszudrücken sind (s. Anhang).

Für die Bezeichnung der Festigkeit von Mauersteinen wurde darüber hinaus eine Umstellung vorgenommen, nach der jetzt unterschieden wird nach Nennfestigkeitsklassen.

Bei der Nennfestigkeitsklasse kennzeichnet der zulässige kleinste Einzelwert gleichzeitig die Größenordnung der Nennfestigkeit. D. h. bei einer Prüfserie von 10 Mauersteinen, wie sie die Normenprüfung vorschreibt, darf kein Stein eine geringere Druckfestigkeit als die geforderte Nennfestigkeit aufweisen. Allerdings dürfen bei einer größeren Anzahl gelieferter Steine etwa 5% der Steine diesen Wert unterschreiten (5% Fraktile).

Die Festlegung des kleinsten Einzelwertes als charakteristische Zahl für die Bezeichnung der Nennfestigkeiten bedeutet nicht, daß die Steine jetzt, verglichen mit früher, eine geringere Druckfestigkeit aufweisen. Also: Die Nennfestigkeit 6 N/mm^2 kennzeichnet die frühere Druckfestigkeit 75 kp/cm^2.

Die Nennfestigkeitsklassen gelten nur für die Bezeichnung der Festigkeit von Baustoffen, nicht für Wandfestigkeiten. Hier gelten nach wie vor die in DIN 1053 festgelegten Werte für die zulässigen Druckspannungen MN/m^2.

Nennfestigkeiten für Mauersteine. Neue und alte Baustoff-Kurzzeichen mit Änderung der Festigkeitsdefinition in p %-Fraktile

	Baustoff-Kurzzeichen neu	alt	Bemerkungen
Mauerziegel	Mz 2	Mz 25	HLz
DIN 105 (Ausg. 7.69)	Mz 4	Mz 50	LLz
DIN 105 T 2 (Ausg. 1.72)	Mz 6	Mz 75	KMz
	Mz 8	Mz 100	KHLz sind sinngemäß
	Mz 12	Mz 150	umzustellen
	Mz 20	Mz 250	
	Mz 28	Mz 350	
Hochfeste Ziegel	Mz 39	Mz 450	
und Klinker	Mz 52	Mz 600	
DIN 105 T 3 (Ausg. 7.75)	Mz 66	Mz 750	
Kalksandsteine	KSV 6	KSV 75	KSHbl
DIN 106 (Ausg. 11.72)	KSV 12	KSV 150	KSL sind sinngemäß
	KSV 20	KSV 250	umzustellen
	KSV 28	KSV 350	
Mauersteine und Mauerziegel	Rz 12	Rz 150	
für frei stehende Schornsteine	Rs 12	Rs 150	
Din 1057 (Ausg. 8.69)	Rz 20	Rz 250	
	Rs 20	Rs 250	
	R 28	R 350	
	R 39	R 450	

Zur Kennzeichnung der Ziegelarten sind folgende Kurzzeichen festgelegt:

MZ = Mauerziegel
VMZ = Vormauerziegel
VHLz = Vormauerhochlochziegel
HLz = Hochlochziegel
LLz = Langlochziegel
KMz = Vollklinker
KHLz = Hochlochklinker

Die Mauerziegel sind – z.B. für Ausschreibungen – eindeutig in nachstehender Reihenfolge zu bezeichnen:

Ziegelart (Benennung oder Kurzzeichen), Ziegelrohdichte, Nennfestigkeit, Abmessungen (Länge × Breite × Höhe oder Format), DIN-Nummer

Für eine noch nicht festgelegte Übergangszeit ist neben der Angabe der Nennfestigkeit auch die bisherige Bezeichnung der Druckfestigkeit in Klammern beizufügen.

Beispiel Bezeichnung eines Vollziegels: Mz 1,8/12 (150) NF DIN 105 oder:
Vollziegel 1,8/12 (150) 240 × 115 × 71 DIN 105

Bezeichnung eines Lochziegels: HLzA 1,2/12 (150)/1½ NF DIN 105 oder:
Hochlochziegel HLz A 1,2/12 (150) 240 × 115 × 113 DIN 105

Ziegel aller Nennfestigkeitsgruppen (außer 1,5 kN/cm²) müssen durch eine 20 mm breite Farbmarkierung gekennzeichnet sein (ein Ziegel auf <200 Stück).

Vorzugsgrößen in mm

Länge	Breite	Höhe	Format	Länge	Breite	Höhe	Format
240	115	113	2 DF	240	365	113	6 DF
240	175	113	3 DF	240	240	113[1])	4 DF
240	300	113	5 DF	240	365	238[1])	12 DF
240	300	238	10 DF	490	240	238[1])	16 DF

[1]) nur für Leichtziegel

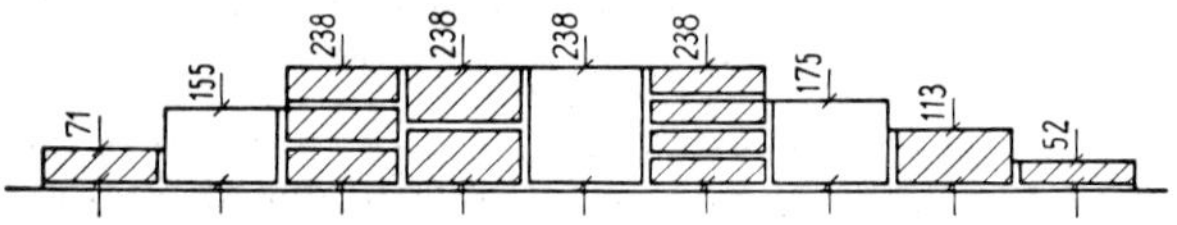

3.10
Gegenseitige Abhängigkeit der Ziegelhöhenmaße (Vorzugsgrößen schraffiert). Auf 1 m Höhe gehen 16 Schichten DF oder 12 Schichten NF

Lochziegel werden hergestellt, um das Gewicht der gebrannten Vollziegel und damit den Arbeitsaufwand beim Vermauern zu vermindern und die Wärmedämmfähigkeit der Ziegel zu steigern. Je nach der Stellung der Lochachse zur Lagerfuge unterscheidet man Hochloch- und Langlochziegel (Bild **3**.11).

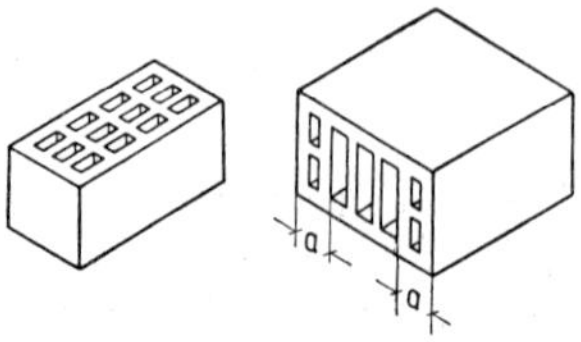

3.11 Lochziegel

Hochlochziegel B
(Lochung senkrecht zur Lagerfuge)

Langlochziegel
(Lochung gleichlaufend zur Lagerfuge)
wird nur in der Breite *a* vermörtelt

Ebenfalls der Gewichtsverminderung und der Erhöhung der Wärmedämmung dienen Leichtziegel (DIN 105 Bl. 2), die als poröse Lochziegel mit Ziegel-Rohdichten von 0,65, 0,80 und 1,00 kg/dm^3 gebrannt werden mit Nennfestigkeiten von mindestens 2 N/mm^2 (Mz 25) sowie für die Rohdichtegruppe von mindestens 0,80 kg/dm^3 mit einer Nennfestigkeit von 6 N/mm^2 (Mz 75), z. B. „Poroton".

3.2.1.2 Ungebrannte Mauersteine

Kalksandsteine (DIN 106) werden aus Kalk und Quarzsand hergestellt und unter Dampfdruck gehärtet. Je nach Art Vollsteine (KSV), Lochsteine (KSL), Hohlblocksteine (KSHbl) haben sie verschiedene Formate, Nennfestigkeiten von 6 bis 28 N/mm^2 und Steinrohdichten (trocken) von 1,0 bis 2,0 kg/dm^3. Von Vormauersteinen (mit Nennfestigkeiten von 12,20 und 28 N/mm^2) wird Frostbeständigkeit gefordert.

Hüttensteine sind Mauersteine aus granulierter Hochofenschlacke mit Kalk, Schlackenmehl, Zement o. ä. als Bindemittel. Die geformten Steine werden an der Luft oder unter Dampf oder in kohlensäurehaltigen Abgasen gehärtet.

Unterschieden werden:

Hüttenvollsteine (HSV), ohne Lochung oder Querschnitt durch oben gedeckte Lochung senkrecht zur Lagerfläche bis 25% gemindert

mit Rohdichten von 2,60 bis 1,80 kg/dm^3 und Nennfestigkeiten von 6 bis 28 N/mm^2

Hüttenlochsteine (HSL), in der Regel 5seitig geschlossene Mauersteine mit Lochungen senkrecht zur Lagerfläche

mit Rohdichten von 1,60 und 1,40 kg/dm^3 und Nennfestigkeiten von 6 und 12 N/mm^2

Die großen Formate (3 DF oder 2¼ NF) müssen Grifföffnungen haben.

Hüttensteine mit den Nennfestigkeiten 12 und 20 N/mm^2 müssen frostbeständig sein, wenn sie als Vormauersteine (VHSV) verwendet werden sollen.

Vollsteine aus Leichtbeton (DIN 18152) sind Mauersteine aus porigen, mineralischen Zuschlägen und hydraulischen Bindemitteln. Als porige Zuschläge werden u. a. dabei verwendet: Naturbims, Hüttenbims (geschäumte Hochofenschlacke), Ziegelsplitt, Tuff, Blähton (s. DIN 18152/2.1). Beträgt der Anteil eines bestimmten Zuschlags $\geqq$75% oder bei Naturbims 100%, können die Steine nach den betreffenden Zuschlägen benannt werden, z. B. Ziegelsplittvollsteine oder Hüttenbimsvollsteine.

Die Leichtbetonvollsteine kommen in 4 Güteklassen mit entsprechenden Mindestdruckfestigkeiten in den Handel: V 2 (V 25), V 4 (V 50), V 6 (V 75) und V 12 (V 150). Die Steine der drei letztgenannten Güteklassen sind an einer Längsseite durch 1 bzw. 2 oder 3 Nutzen gekennzeichnet.

Wandbausteine (Vollsteine) aus dampfgehärtetem Gas- und Schaumbeton (DIN 4165) haben, bei Betonrohdichten von 0,6 und 0,8 kg/dm^3 und Nennfestigkeiten von 2 bis 6 N/mm^2, die Abmessungen 11,5 × 24 × 49 cm, 17,5 × 24 × 49 cm, 24 × 24 × 49 cm, 30 × 24 × 49 cm.

Hohlblocksteine aus Leichtbeton (DIN 18151) sind große Mauersteine aus porigen, mineralischen Zuschlägen (z.B. Bims) und hydraulischen Bindemitteln mit fünfseitig geschlossenen Luftkammern (s. Bild **3**.35 u. **3**.36).

Genormte Abmessungen sind für die
Steinbreiten: 115, 175, 240, 300, 365 mm
Steinhöhen: 175, 238 mm
Steinlängen: 240, 365, 490 mm
Die Betonrohdichte hat hier die 5 Stufen 0,8; 1,0; 1,2; 1,4 und 1,6 kg/dm^3.

Die Steine werden in 3 Güteklassen hergestellt mit Nennfestigkeiten von 2 N/mm^2 (Hbl 25), 4 N/mm^2 (Hbl 50) und 6 N/mm^2 (Hbl 75). Außerdem unterscheidet man je nach der Anzahl der im Querschnitt nebeneinanderliegenden Luftkammern Zweikammer-(Zwk-) und Dreikammer-(Drk-)Steine.

Hohlblocksteine aus Beton mit geschlossenem Gefüge (DIN 18153) bieten wegen der dichten Zuschläge nur geringen Wärmeschutz. Mit ihren Nennfestigkeiten (4 und 6 N/mm^2) und der Betonrohdichte (höchstens) 1,6 kg/dm^3 sind sie u.U. für Kellermauerwerk geeignet.

3.2.1.3 **Mörtel** (DIN 1053)

Die Mörtel bestehen aus einem Bindemittel, Sand und Wasser. Die Mauermörtel haben den Zweck, die einzelnen Steine miteinander zu verkitten, dem Mauerwerk damit auch eine begrenzte Zugfestigkeit (die i.allg. jedoch nicht in Rechnung gestellt werden soll) zu geben, die Unebenheit der Steinlagerflächen auszugleichen und so eine gleichmäßige Druckübertragung herbeizuführen.

Die Mörtelzugfestigkeit beträgt

bei Kalkzementmörtel	0,03 bis 0,05 kN/cm^2
bei Zementmörtel	0,10 bis 0,60 kN/cm^2

Zum Vergleich: Die Zugfestigkeit von Vormauerziegeln VMz 20 (250) beträgt
0,30 bis 0,35 kN/cm^2,
von Hochbauklinkern KMz 28 (350)
0,50 kN/cm^2
S. auch DIN 1053 Abschn. 8. 12.

Die Druckfestigkeit des Mörtels beeinflußt die Druckfestigkeit des gesamten Mauerwerks, die mit zunehmender Fugendicke abnimmt.

Die Druckfestigkeit des Mörtels hängt von seiner Zusammensetzung ab. Für die Herstellung von Mauerwerk werden folgende Mörtel verwendet:

Mörtel der Gruppe I:	ohne besondere Festigkeitsanforderungen
Mörtel der Gruppe II:	mittlere Druckfestigkeit von 2.5 MN/m^2
Mörtel der Gruppe IIa:	mittlere Druckfestigkeit von 5.0 MN/m^2
Mörtel der Gruppe III:	mittlere Druckfestigkeit von 10.0 MN/m^2

Mörtelzusammensetzung, Mischungsverhältnisse in Raumteilen (nach DIN 1053, Tab. 6)

1	2	3	4	5	6	7
Mörtelgruppe	Luftkalk und Wasserkalk		Hydraul. Kalk	Hochhydraulischer Kalk, Putz- und Mauerbinder	Zement	Sand[5]) (Natursand)
	Kalkteig	Kalkhydrat				
I	1					4
		1				3
			1			3
				1		4,5
II	1,5				1	8
		2			1	8
				1		3
IIa		1			1	6
				2	1	8
III[6])					1	4

[5]) Die Werte des Sandanteils beziehen sich auf den lagerfeuchten Zustand.
[6]) Der Zementgehalt darf nicht vermindert werden, wenn Zusätze zur Verbesserung der Verarbeitbarkeit nach Abschn. 4.4 verwendet werden.

Für die Verwendung der Mörtelgruppen sind in DIN 1053 folgende Beschränkungen festgelegt:

Mörtelgruppe I

- Nicht zugelassen für Gewölbe, bewehrtes Mauerwerk, Kellermauerwerk; zugelassen bis zu maximal zwei Vollgeschossen mit Wanddikken bis 24 cm (bei zweischaligem Mauerwerk als Wanddicke der tragenden Innenschale).

Mörtelgruppe II und IIa

- Nicht zulässig für Gewölbe und bewehrtes Mauerwerk; beide Mörtelgruppen dürfen nicht zusammen auf einer Baustelle verwendet werden.

Mörtelgruppe III

- Keine Beschränkungen, jedoch nicht für Außenschalen und Schalenfugen von zweischaligem Verblendmauerwerk.

Anforderungen an die Mörteldruckfestigkeit (nach DIN 1053, Tab. 7)

1	2	3
Mörtelgruppe	Druckfestigkeit MN/m^2 (kp/cm^2) nach 28 Tagen	
	Einzelwert	Mittelwert
I	–	–
II	$\geqq$2 (20)	$\geqq$ 2,5 (25)
IIa	$\geqq$4 (40)	$\geqq$ 5 (50)
III	$\geqq$8 (80)	$\geqq$10 (100)

Kalk- und Zementmörtel werden auch mit Traßzusatz verwendet. Traß ist gemahlener, vulkanischer Tuffstein. Begriff, Eigenschaften, Prüfung usw. sind durch DIN 51043 festgelegt. Ähnliche Eigenschaften besitzt Thurament (künstlicher Traß). Traßzement (DIN 1164) ist ein hydraulisches Bindemittel, das aus 36 bzw. 40% des Gewichts Traß und 70 bzw. 60% Portlandzement besteht.

Traß macht Kalkmörtel hydraulisch, verzögert das Abbinden von Zementmörtel, erhöht aber durch Aufquellen die Geschmeidigkeit, Dichte und Festigkeit des Mörtels.

Gipsmörtel (DIN 1168) für Mauerwerk und Estriche wird aus langsam bindendem Estrichgips, für Wand-, Decken- und Rabitzputz aus schnellbindendem Stuckgips hergestellt. Für Deckenputz wird meist Kalkmörtel mit Gipszusatz verwendet.

Bindemittel. Die Kalke werden nach DIN 1060 unterschieden in Luftkalke (Weißkalk, Dolomitkalk und Karbidkalk), das sind Kalke, die nur an der Luft erhärten (enthalten weniger als 10% MgO), und hydraulische Kalke (Wasserkalk, hydraulischer, hochhydraulischer Kalk und Romankalk), die auch unter Wasser erhärten (enthalten mehr als 10% lösliche, saure Bestandteile).

Luftkalkmörtel sind geschmeidig und nach dem Abbinden fest und luftdurchlässig. Sie neigen nicht zur Rißbildung.

Hydraulische Kalke bewirken eine frühzeitigere Erhärtung und höhere Festigkeit des Mörtels als die Luftkalke.

Die Luftkalke werden in 4 Formen geliefert:

als Stückkalk, das ist gebrannter Weißkalk (Branntkalk) in stückiger Form, der auf der Löschbank unter Wasserzusatz gelöscht und in der Kalkgrube eingesumpft werden muß, und zwar als Mauerkalk für mindestens eine Woche, als Putzkalk für 2 bis 3 Monate, wobei darauf zu achten ist, daß die Grube in einem Zuge voll gelöscht wird, damit sich die schwer löschbaren Teile am Boden der Grube und nicht auf einer früher gelöschten Schicht absetzen und in den Putzmörtel geraten (im Putz nachlöschende Kalkteilchen zersprengen den Putz),

als Feinkalk, das ist gemahlener, gebrannter und ungelöschter Kalk, der in Säcken in den Handel kommt (Branntkalk),

als Kalkhydrat, das ist zu sehr feinem Pulver gemahlener trocken gelöschter Kalk in Säcken,

als Kalkteig, das ist naß gelöschter, eingesumpfter Kalk, der in Spezialwagen befördert wird.

Die hydraulischen Kalke kommen fast nur pulverförmig, gelöscht oder ungelöscht, in Säcken auf die Baustelle. Sie unterscheiden sich durch ihre Normenmindestfestigkeiten, die bei Mörtelprüfkörpern nach DIN 1060 betragen:

	Druck	Zug
für Wasserkalk nach 28 Tagen	1 N/mm^2	– N
für hydraulischen Kalk nach 28 Tagen	2 N/mm^2	0,5 N
für hochhydraulischen Kalk und Romankalk nach 28 Tagen	5 N/mm^2	1 N

Kalkmörtel wird entweder von Hand oder maschinell gemischt. Er muß frisch verwendet werden. Im übrigen sind die Verarbeitungsvorschriften des Lieferwerks (z. B. über Einsumpfdauer oder Mörtelliegezeit; DIN 1060) zu beachten.

Die Zemente sind nach DIN 1164 genormt unter den Bezeichnungen:

Portlandzement Hochofenzement
Eisenportlandzement Traßzement

Festigkeitsklassen der Normenzemente

Festigkeitsklasse		Druckfestigkeit N/mm² nach 2 Tagen min.	7 Tagen min.	28 Tagen min.	max.	Kennfarbe (Grundfarbe des Sackes bzw. des Silo-Anheftblattes)	Farbe des Aufdruckes
Z 25[2]		–	10	25	45	violett	schwarz
Z 35	L[3]	–	17	35	55	hellbraun	schwarz
	F[4]	10	–				rot
Z 45	L[3]	10	–	45	65	grün	schwarz
	F[4]	20	–				rot
Z 55		30	–	55	–	rot	schwarz

[2]) Nur für Zement mit niedriger Hydratationswärme (NW) und/oder hohem Sulfatwiderstand (HS)
[3]) L = Zement mit langsamerer Anfangserhärtung
[4]) F = Zement mit höherer Anfangsfestigkeit

Mischbinder (DIN 4207) sind hydraulische Bindemittel, die durch fabrikmäßiges Vermahlen von hydraulischen Stoffen mit Portlandzement, Kalken oder Gips entstehen und für wenig beanspruchte Bauteile verwendet werden können.

Anhydritbinder (DIN 4208) entsteht, wenn wasserfreies Kalziumsulfat (das bei der Gipssteingewinnung anfällt) durch fabrikmäßiges Mahlen und Mischen, z. B. mit Portlandzement oder Baukalk (als Anreger), zusammengebracht wird. Anhydritbinder ist ein nichthydraulisches Bindemittel und als Mauermörtel oder Putz nicht zugelassen bei Bauteilen unter oder weniger als 0,5 m über Gelände. Vorteil: Herstellung ohne Kohleverbrauch für Brennen.

Kalke und Zemente müssen vor Feuchtigkeit geschützt gelagert werden. Da die Bindefähigkeit einiger Bindemittel auch in geschlossenen Räumen nachlassen kann, sollten Lagerbestände in 4 bis 6 Wochen aufgearbeitet werden. Tritt ausnahmsweise eine längere Lagerzeit ein, dann muß für einen besonders trockenen Raum gesorgt werden. Bindemittel, die länger als ein Vierteljahr lagern, sollen vor ihrer Verwendung auf ihre Festigkeitseigenschaften geprüft werden. Hydraulische Kalke, Edelputze, Zemente, Traß und Baugipse sind in vollkommen trockenen Räumen lange Zeit lagerfähig.

Sand (DIN 1053 und 4226) für Mörtelbereitung muß gemischtkörnig mit mindestens 40 Teilen zwischen 1 und 3 mm Korngröße, frei von Lehm, Ton und ähnlichen Beimischungen, von Kohle – besonders Braunkohleteilchen – und von organischen humusartigen Stoffen sein. Unreiner Sand kann durch Waschen verbessert werden. Lehm und Ton, fein verteilt und nicht an Sand haftend, sind bis zu 3 Gewichtsprozenten unschädlich. Größter Korndurchmesser des Mörtelsandes $\leqq 2/3$ Lagerfugendicke.

Wasser für Mörtelbereitung soll rein und säurefrei sein. Am geeignetsten ist Regen-, Fluß- und Teichwasser.

3.2.2 Wände aus kleinen und mittelgroßen Mauersteinen

3.2.2.1 Arbeitsvorgang

Mauerwerk aus künstlichen Steinen ist unter strenger Beachtung der Verbandregeln lot-, flucht- und waagerecht herzustellen. Die Ecken werden genau nach dem Lot angelegt und die Schichten nach einer dazwischen gespannten Schnur ausgeführt. Damit gleiche Schichtenhöhen erzielt werden, sind Hochmaßlatten zu verwenden. Das Mauerwerk ist überall möglichst gleichzeitig hochzuführen, damit ungleiches Setzen vermieden wird. Die Druckfestigkeit des Mauerwerks hängt nicht nur von der Festigkeit der Steine und des Mörtels ab. Die Steine sollen möglichst ebenflächig und maßgenau sein, damit die Lagerfugen gleichmäßig dünn (10 bis 12 mm) gehalten und die Steine über die ganze Fläche gleichmäßig belastet werden können. Dicke Fugen steigern infolge der Querdehnung des Mörtels, die größer ist als die des Mauersteines, die Spannungen, die bei Belastung quer zur Kraftrichtung – durch Stauchung – im Mauerwerk auftreten. Die Mauersteine werden nicht durch die Druckkräfte zermalmt, sondern unter der Wirkung der Zugspannungen bei der Stauchung aufgerissen. Im bis zum Bruch belasteten Mauerwerk treten die Risse immer über den Stoßfugen auf. Daher ist die Stoßfugenbreite auf 1 cm zu beschränken.

Beim Vermauern müssen die Mauersteine sauber sein und besonders bei heißem Wetter gut angenäßt werden, da sie sonst die Mörtelfeuchtigkeit aufsaugen und dem Mörtel das zum Abbinden erforderliche Wasser entziehen würden. Bei hochbelastetem Mauerwerk schlanker Pfeiler und halbsteindicker Wände ist es sicherer, wenig saugfähige Mauersteine zu verwenden, um zu vermeiden, daß durch ungleichmäßigen Mörtelwasserentzug in den Außenzonen und den „Wakkeleffekt" beim Aufmauern (Bild **3**.12) die Fugen abgewälzt und die Tragfähigkeit des Mauerwerks schon bei zentrischer und noch mehr bei exzentrischer Belastung herabgesetzt wird.

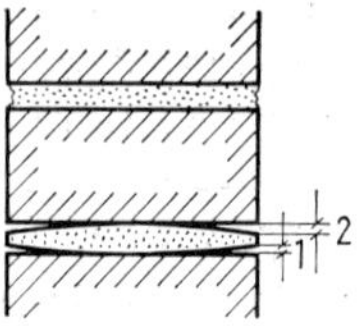

3.12
Verminderung der Standsicherheit von dünnen Wänden aus stark saugenden Steinen

1 durch Wasserverlust bei Berührung mit stark saugenden Steinen verliert der Mörtel an Volumen (Spaltbildung)
2 gleichzeitig verliert er an Plastizität, daher wird bei den Wackelbewegungen des Aufmauerns die Mörtelfuge abgewälzt

Die Stoßfugen können durch Herandrücken des einzelnen Steines an die Nachbarsteine oder durch Anstreichen von Mörtel an den zu vermauernden Stein gefüllt werden. Lochsteine sind in der Stoß- und Lagerfuge vollfugig zu vermauern. Bei Langlochziegeln bleibt die Fläche der großen Mittellöcher (Bild **3**.11) in der Stoßfuge unvermörtelt. Durch richtige Wahl der Mörtelsteife ist zu bewirken, daß der Mörtel nicht tief in die Löcher der Mauersteine eindringt.

Um Wärmebrücken bei Schnittfugen (senkrecht zur Wand durchgehende Stoßfugen) zu vermeiden, werden bei Außenmauerwerk aus besonders wärmedämmenden Gas- oder Schaumbetonsteinen die Mörtelfugen auf ein Minimum reduziert. Bei der Ytong-Planblockbauweise, die eine hohe Maßgenauigkeit der Einzelelemente aufweist, werden die Blöcke mit Längen von 50, Höhen von 25 und Dicken von 10 bis 30 cm durch einen hochfesten „Klebemörtel" (Fugendicke 1 bis 2 mm) miteinander verklebt.

Für Außenwände aus Leichtziegeln oder anderen besonders gut wärmedämmenden Mauersteinen werden Wärmedämm-Mörtel verwendet, die aus genormten Bindemitteln und Blähton-Zuschlägen bestehen und Druckfestigkeiten bis zu den Anforderungen für die Mörtelgruppe III ermöglichen.

Ab −3° Celsius ist das Mauern einzustellen. Die unvollendeten Mauern sind mit Dachpappe und Ziegelsteinen abzudecken und die äußeren Maueröffnungen durch Verbretterung zu schließen. Werden die Maurerarbeiten wieder fortgesetzt, so sind Schichten, die unter Frost gelitten haben, zu entfernen.

In besonderen Fällen, vor allem im Industrie- oder Geschäftshausbau oder bei der Errichtung von Verkehrsbauten, läßt sich das Bauen im Winter nicht vermeiden. Es muß, angefangen bei der Wahl der Baustoffe und Bauweisen bis zur Baustelleneinrichtung, schon beim Entwurf auf das sorgfältigste vorbereitet werden, damit die durch Beheizen der Baustelle, Anwärmen der Baustoffe usw. entstehenden Kosten auf ein Mindestmaß beschränkt bleiben und Bauschäden verhindert werden.

Folgende Maßnahmen werden empfohlen:

1. Bei kühlem Tageswetter (+5° bis 0°) und leichtem Nachtfrost (bis −3°): Vor Wind, Regen und Schnee geschützte Lagerung der Baustoffe.
2. Bei vorübergehendem leichtem Tagesfrost (bis −3°) zusätzlich zu 1.: Schutz des frischen Ziegelmauerwerks bei Nacht durch Abdecken mit Planen, Säcken oder ähnlichem, Erwärmen des Anmachwassers für den Mörtel.
3. Bei anhaltendem Frost (bis −10°) zusätzlich zu 2.: Erwärmen des Sandes und der Ziegel.
4. Bei anhaltendem, strengem Frost zusätzlich zu 3.: Abschirmen des Bauwerks oder Bauteiles gegen die Außentemperatur durch Schutzbauten und Beheizen des Arbeitsraumes.

Zur Steigerung der Maurerleistung bei gleichbleibendem Kraftaufwand werden ständig Versuche zum Vereinfachen und Beschleunigen des Arbeitsvorganges (Taktarbeit) und zum Verbessern des Handwerkszeuges und der Geräte gemacht. Besonders zeitraubende Arbeiten sind das Aufmauern der Mauerecken und das der Fenster- und Türanschläge infolge der damit verbundenen erheblichen Lotarbeit.

Durch Anwendung von E c k l e h r e n und F e n s t e r l e h r e n können diese Arbeiten vereinfacht werden. Die Lehren, leicht verstellbare Winkelstahlgerüste mit im Schichtmaß senkrecht durchlaufenden Lochungen oder Einkerbungen zum Einhängen der Fluchtschnüre, werden einmal für jedes Geschoß eingelotet und befestigt. Das Ausmauern des dazwischenliegenden vollen Mauerwerks oder der Fensterpfeiler läßt sich in Maurer- und Handlangerarbeit aufteilen: Ein Arbeiter schüttet mit Mörtelschlitten oder Mörtelschaufel das Mörtelbett der Lagerfuge und schließt damit gleichzeitig die Stoßfugen der darunterliegenden Schicht, ein zweiter Arbeiter reicht in schnellem Rhythmus die Steine zu, und der Maurer setzt die Steine an den Schnüren entlang verbandgerecht nebeneinander. Mit Fenster- oder Türlehren lassen sich die bisher üblichen Maßungenauigkeiten bei Maueröffnungen vermindern, was den Einbau von Normenfenstern und -türen ohne unwirtschaftliches Nacharbeiten erst ermöglicht.

Ebenfalls zur Verminderung der Handarbeit an der Baustelle sind verschiedene, geschoßhohe Ziegel-Wandelemente entwickelt worden. Bild **3.**13 zeigt als Beispiel ein solches Element nach dem System Bott, das bei einer Normalbreite von 1,24 m für Wanddicken von 11,5 cm, 17,5 cm, 24 cm und 30 cm hergestellt wird. Querbewehrungen mit Ösen, die in die Nuten des anschließenden Elementes übergreifen, und zwei vertikal durchgehende Bewehrungseisen geben dem aus Elementen zusammengesetzten Mauerwerk die Festigkeit normalen Ziegelmauerwerkes (Bild **3.**13).

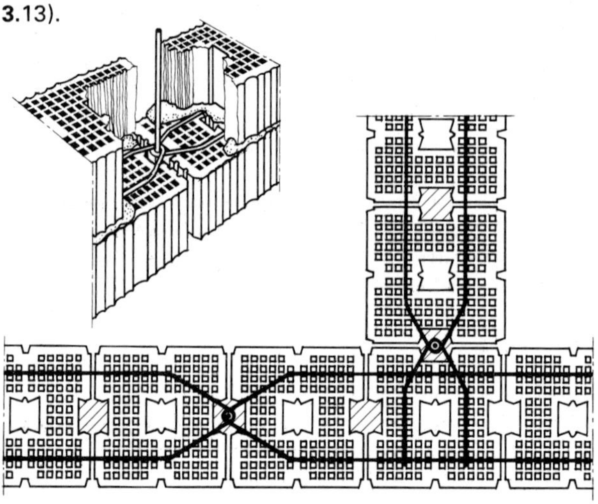

3.13
Ziegelelement (System Bott)

3.2.2.2 Mauermaße

Die „Maßordnung im Hochbau" (DIN 4172) als Pflichtnorm für den mit öffentlichen Mitteln geförderten Wohnungsbau bildet – zusammen mit der DIN 1053, die Angaben über die Berechnung des Mauerwerks enthält, – die Grundlage für die Bemessung der Gebäude, einzelner Bauteile und z. B. der Mauersteine. Sie hat den Sinn, die Anzahl der Größen zu verringern und damit zur Rationalisierung der Bauarbeit beizutragen.

Im Mauerwerksbau ist das Achtelmeter (am) die Maßeinheit der Baurichtmaße (Steinmaß einschl. Fugenanteil). Es entspricht dem Greifmaß des Maurers, der Steinbreite, dem „Kopf" oder der halben Mauersteinlänge des Normalformats (NF oder DF).

Beispiel	Baurichtmaß	Fuge	Nennmaß
Steinlänge	25 cm	1 cm	24 cm
Steinbreite	25/2 cm	1 cm	11,5 cm
Steinhöhe (NF)	25/3 cm	1,23 cm	7,1 cm (12 Schichten je m)
Steinhöhe (DF)	25/4 cm	1,05 cm	5,2 cm (16 Schichten je m)

s. auch Bild **3.**11 (Zusammenhang der Schichthöhen)

Der Vollstein DF ist bei einer Lagerfugendicke von 11 mm ebenso breit, wie 2 Schichten hoch sind (**3.**14), und zwei Steinbreiten plus Lagerfugendicke des Vollsteines NF ergeben 3 Schichthöhen.

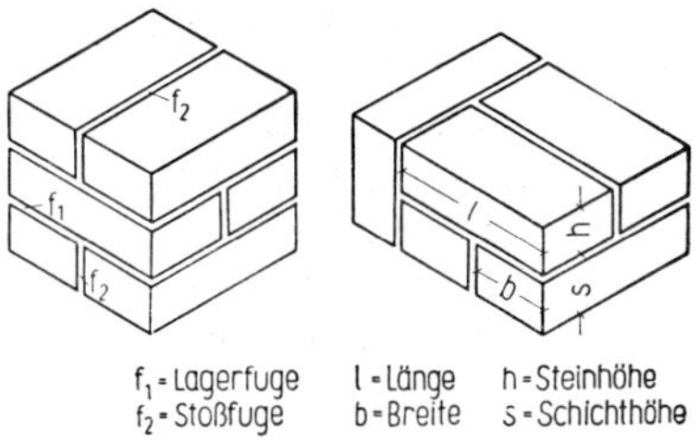

3.14 Maßverhältnisse beim Vollstein Mz nach DIN 105 u. KSV nach DIN 106

Die Dickenmaße gemauerter Wände (**3.15**) können ausgedrückt werden in:

cm	Steinlängen des Mauersteins NF (DIN 105, 106, 398)	Achtelmetern (am)
11,5	1/2 Stein dicke Wand	1 er Wand
17,5	–	1 1/2er Wand
24	1 Stein dicke Wand	2 er Wand
30	–	2 1/2er Wand
36,5	1 1/2 Stein dicke Wand	3 er Wand

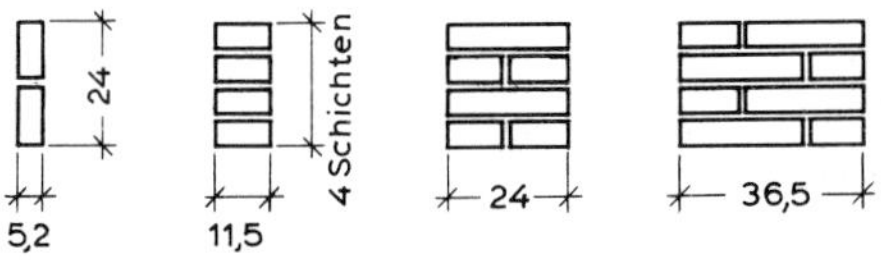

Wanddicken bei Verwendung des Mauerziegels DF DIN 105 mit den Abmessungen 240 × 115 × 52

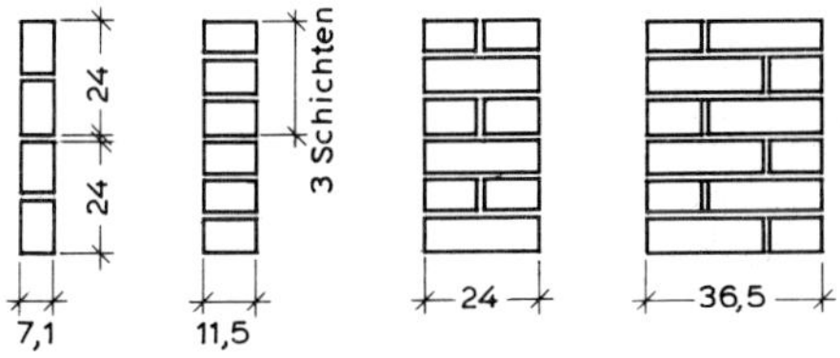

Wanddicken bei Verwendung des Mauerziegels DF DIN 105 mit den Abmessungen 240 × 115 × 71

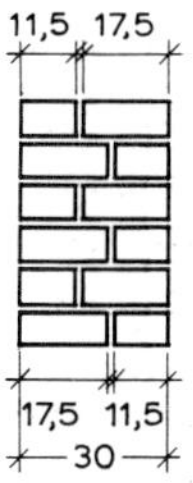

Außenwandvollmauerwerk 30 cm dick aus Mauersteinen NF und NF DIN 105

3.15 Wanddicken

Beim Festlegen von Gebäudeabmessungen nach Achtelmetern sind Außenmaße *A*, Öffnungsmaß *Ö* und die Maße für Pfeilervorlagen oder freie Mauerenden *P* zu unterscheiden (**3.16**).

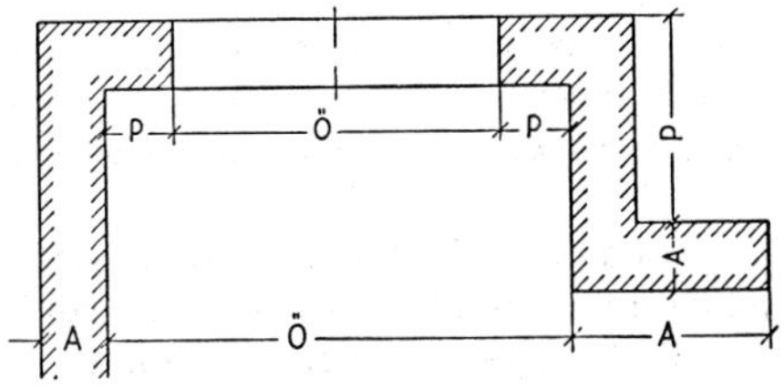

3.16
Gebäudeabmessungen

Bauteil $A = n \cdot 12{,}5 - 1$ Rohbaumaß in cm
Bauteil $Ö = n \cdot 12{,}5 + 1$ Rohbaumaß in cm
Bauteil $P = n \cdot 12{,}5$ Rohbaumaß in cm

Vermauert werden in der Hauptsache die kleinformatigen Mauersteine

am	cm	nach DIN
$2 \times 1 \times 1/2$	$24 \times 11{,}5 \times 5{,}2$	105, 106 (DF-Dünnformat)
$2 \times 1 \times 2/3$	$24 \times 11{,}5 \times 7{,}1$	105, 106, 398 (NF-Normalformat)
$2 \times 1 \times 1$	$24 \times 11{,}5 \times 11{,}3$	105, 106 ($1^1/_2$ NF oder 2 DF)
	$24 \times 11{,}5 \times 11{,}5$	18152

sowie die mittelformatigen Mauersteine (Einhandsteine mit Griffschlitz)

$2 \times 1^1/_2 \times 1$	$24 \times 17{,}5 \times 11{,}3$	105, 106 ($2^1/_4$ NF oder 3 DF)
	$11{,}5 \times 24 \times 17{,}5$	18152

Die senkrechten Stoßfugen sind 1 cm, die waagerechten Lagerfugen je nach Steinformat 10 bis 13 mm dick.

Anwendung der Kleinformate ermöglicht eine große Variabilität der Längenmaße. Der hohe Fugenanteil des Mauerwerks erleichtert Maßkorrekturen, vermindert jedoch die Wärmedämmfähigkeit der Wand. Verwendung der Mittelformate (Hochlochziegel, Gitterziegel) vermindert den Arbeitsaufwand, erfordert jedoch starke Bindung der Längenmaße an die Maßordnung. In noch höherem Grade gilt das für Großformate; ungeschickte Maßabweichungen oder -korrekturen (Ausflicken von zu breit geratenen Fugen oder Zurechtschlagen von Steinen) verringern hier die Güte des Mauerwerks und heben die an sich mit den Großformaten verbundenen Vorteile der Arbeitsrationalisierung auf.

Die Verwendung von mehreren verschiedenen Steinformaten in derselben Wand oder von vorgefertigten Eck- oder Anschlagsteinen bedeutet immer eine Erschwerung des Arbeitsablaufs (getrenntes Anliefern, Vorrathalten, Stapeln usw.). Bei Wänden aus Klein- oder Mittelformaten kann auf besondere Eck- und Anschlagsteine verzichtet werden. Ab 30 cm Wanddicke ist die Verwendung zweier verschiedener Formate nebeneinander ($24 \times 11{,}5 \times 11{,}3$ und $24 \times 17{,}5 \times 11{,}3$) trotz der oben angedeuteten Nachteile üblich.

In Außenwänden dürfen verschiedene Steinmaterialien („Mischmauerwerk") nicht verwendet werden. Die unterschiedlichen Wärmedämmeigenschaften der Steine führen zu unterschiedlicher Feuchtigkeitsaufnahme des Mauerwerkes, damit zu Putzverfärbung und langfristig zu Bauschäden.

Wenn Mauersteine mit anderen Materialien, z.B. Beton, konstruktiv kombiniert werden müssen, sind Bewegungsfugen (Dehn- und Gleitfugen) einzuplanen (s. Abschn. 1.9 in Teil 2 dieses Werkes).

3.2.2.3 Mauerverbände

Unter Mauerverband versteht man die Art wie die Steine schichtweise im Mauerwerk zusammengefügt und miteinander verzahnt werden, damit die auf dem Mauerwerk aufruhenden Lasten gleichmäßig auf die ganze Grundfläche der Mauer verteilt werden und der Mauerkörper rissefrei bleibt, d.h. seine Standsicherheit, Tragfähigkeit und sein Widerstand gegen die Witterung den Vorschriften genügen.

Nach der Art, Mauerziegel in einer Schicht aneinanderzureihen, werden Läuferschicht und Binderschicht unterschieden. Die Rollschicht kann als Sonderform einer Binderschicht betrachtet werden (Bild **3.**17). Läuferschicht ist die

Schicht, in der die Mauerziegel mit der Langseite in der Mauerflucht liegen; in der Binderschicht sind von der Mauerflucht her die Köpfe der Binder zu sehen, die in die Wand einbinden.

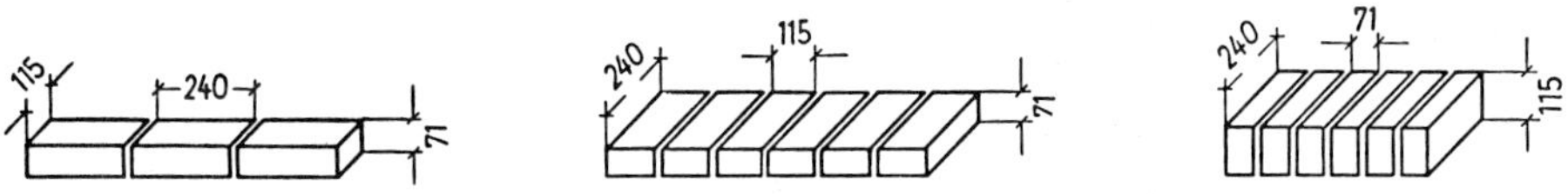

a) b) c)

3.17
Benennung der Schichten
a) Läuferschicht
b) Binderschicht
c) Rollschicht

Die Schichten ein und derselben Wand sind in der Regel gleich hoch. Schließen Wände aus Steinen verschiedener genormter Steinhöhen aneinander an, so lassen sich die Wände miteinander auf vielfältige Art verzahnen (Bild **3**.18). Daher brauchen Verbandsregeln sich nur auf Wände gleicher Schichthöhe zu beziehen.

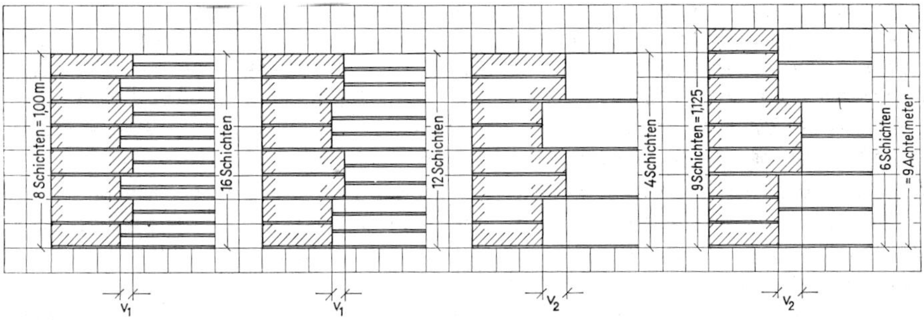

Schichthöhen							
1 am	1/2 am	1 am	1/2 am	1 am	2 am	1 am	1 1/2 am
Steinhöhen							
11,3 cm	5,2 cm	11,3 cm	7,1 cm	11,3 cm	23,8 cm	11,3 cm	17,5 cm
Tiefe der Verzahnung							
	v_1 = 1/2 am		v_1 = 1/2 am		v_2 = 1 am		v_2 = 1 am

1 am = 1 Achtelmeter

3.18 Mauerstöße von Wänden mit verschiedenen Steinformaten (Schichthöhen)

Um die erforderliche Verzahnung (Überbindung s. Bild **3**.23) der einzelnen Mauersteine zu erreichen, müssen an den Mauerenden bzw. -ecken Teilstücke (Bild **3**.19) verwendet werden. Wirtschaftlich sind Verbände, bei denen die beim Transport anfallenden Ziegelbruchstücke verarbeitet werden können und sich die Teilung ganzer Steine (z. B. in 3/4 Steine) weitgehend erübrigt.

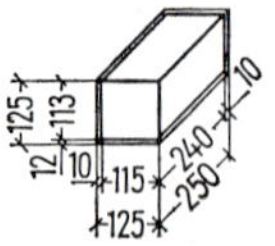

a) der gebräuchlichste kleinformatige Stein einschließlich Stoß- und Lagerfuge 25,0 × 12,5 × 12,5 cm oder 2 × 1 × 1 am

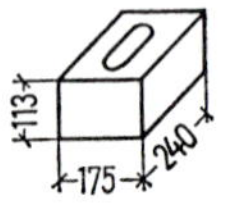

b) der gebräuchlichste mittelformatige Stein (mit Griffschlitz) einschließlich Stoß- und Lagerfuge 25,0 × 18,75 × 12,5 cm oder 2 × 1½ × 1 am

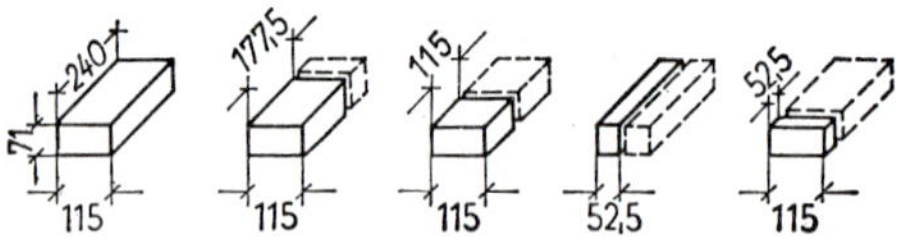

c) der Mauerziegel NF und seine Teilstücke

3.19 Kleinformatige Steine

Man unterscheidet:

Zwischenverbände (Verbände in Mauermitte)

Endverbände (Verbände an rechtwinklig begrenzten Mauerenden aller Art)

Pfeilerverbände

Schornsteinverbände

Übliche Zwischenverbände für Mauerwerk mit rechtwinkligem Grundriß sind der Läuferverband für ½ Stein dicke Wände (auch mittiger Verband genannt, d. h., die Stoßfugen liegen über der Mitte der darunterliegenden Steine) sowie der Blockverband (Bild **3**.20) und seine Abart, der Kreuzverband (Bild **3**.21). Bei gebogenen Wänden wird der Binderverband angewendet, in dem jede Schicht Binderschicht ist.

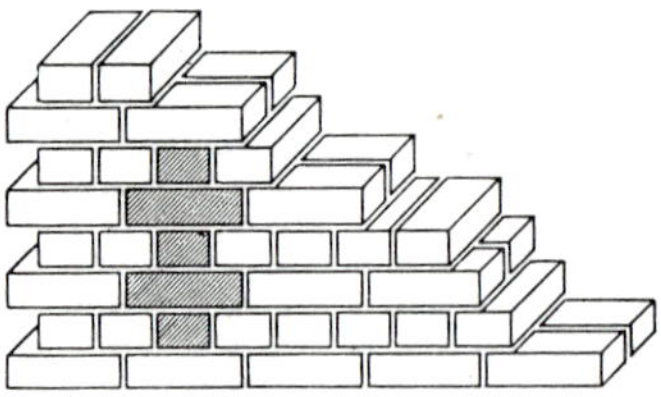

3.20 Blockverband für eine 1 Stein dicke Mauer

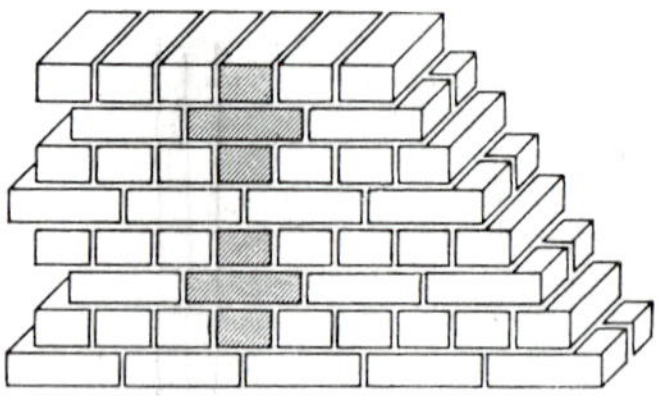

3.21 Kreuzverband für eine 1 Stein dicke Mauer

Große geschlossene Flächen unverputzten Mauerwerks werden gelegentlich noch in mittelalterlichen Verbänden hergestellt, deren läuferreiche Ansichten wirkungsvolle Fugenbilder zeigen (Bild **3**.22). Diese Zierverbände (gotische, flämische, märkische usw.) lassen sich nicht anwenden, ohne daß sich im Mauerinnern übereinanderliegende Fugen ergeben.

Märkischer Verband	Gotischer Verband
Binder um ³/₄ Stein versetzt	Binder um ¹/₄ Stein versetzt

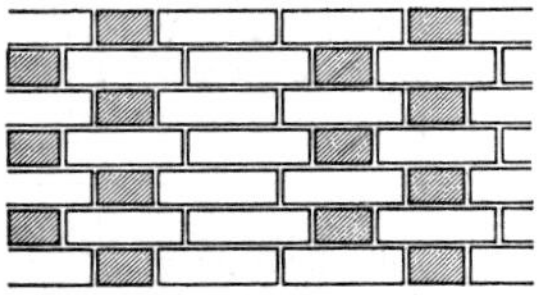

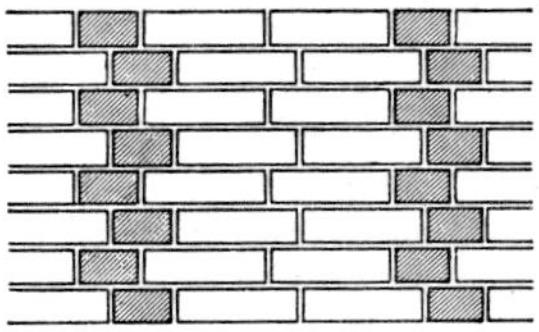

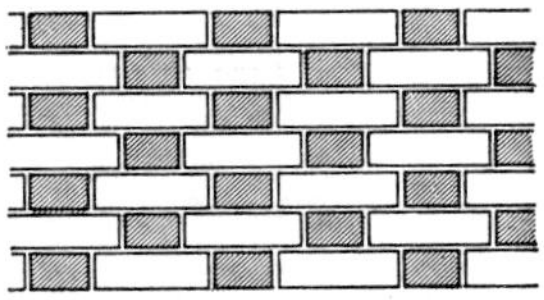

3.22 Zierverbände

Für alle Verbände gelten folgende Grundregeln:

1. Jede Schicht muß genau waagerecht liegen und soll waagerecht durch sämtliche Mauern eines Gebäudes durchgehen (Ausnahme s. Bild **3.**18).
2. Die Stoßfugen unmittelbar aufeinanderfolgender Schichten in den Zwischenverbänden dürfen sich nicht decken. Das Überbindemaß wird nach DIN 1053 auf die Steinhöhe bezogen und beträgt mindestens 4,5 cm (Bild **3.**23).

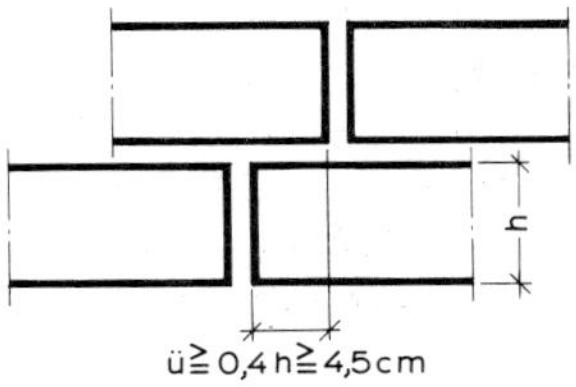

3.23
Überbindemaß, bezogen auf die Steinhöhe *h*
(DIN 1053)

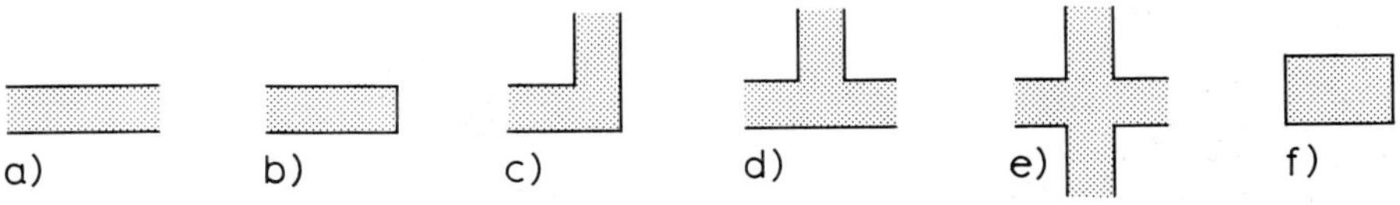

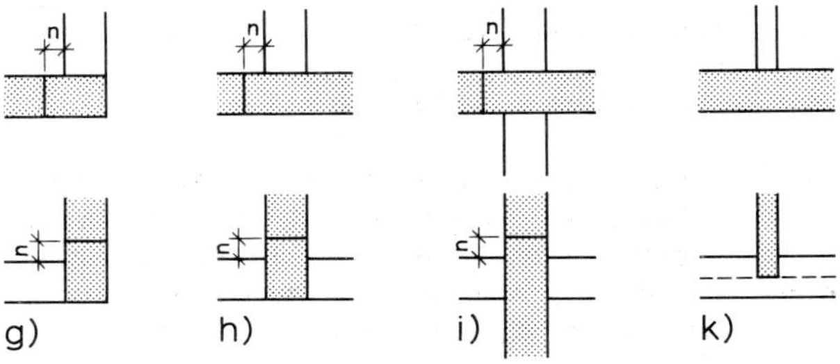

3.24
Bezeichnungen
und Verbandsregeln

a) Mauermitte
b) Mauerende
c) Mauerecke
d) Mauerstoß
e) Mauerkreuzung
f) Mauerpfeiler (kurze Wand)

Das Überbindemaß gibt an, wie weit die Stoßfuge einer einbindenden oder durchbindenden Wand von der Innenecke (bei Ecke, Kreuzung, Stoß) entfernt liegt (Bild **3**.24) und legt so den Verband fest. Mit Rücksicht auf die Wirtschaftlichkeit der Verwendung von Mittelformaten müssen Verbandsregeln in Kauf genommen werden, die weniger einprägsam sind als die Regeln der Verbände für das Kleinformat.

Versuche haben ergeben, daß bei zentrischer Belastung der Einfluß der zulässigen Stoßfugendeckung auf die Mauerwerksfestigkeit verhältnismäßig gering ist. Allerdings differiert die Festigkeit je nach Material, nach Wand- bzw. Pfeilerquerschnitt und -höhe.

Maximale Druckfestigkeiten sind nur bei Überbinden aller Stoßfugen (Endverbände mit 3/4 Steinen) zu erreichen.

Übereinanderliegende Fugen, die im Wandinneren parallel zur Wand verlaufen, sind gefährlicher als übereinanderliegende Fugen in den Sichtflächen, da bei Belastung die Stauchung quer zur Wand erfolgt (Aufreißen in Schalen); zudem sind diese Fugen nach Lage, Anzahl und Zustand am fertigen Mauerwerk nicht zu erkennen.

Steinbruch kann in den Läuferschichten verputzter Innenwände untergebracht werden, wenn die sich deckenden Fugen von außen sichtbar, gut über die Fläche verteilt und jeweils nur 3 Schichten hoch sind.

3. Von einer Innenecke darf in jeder Schicht nur eine Stoßfuge ausgehen. Ihre Richtung wechselt in jeder Schicht (Bild **3**.25).

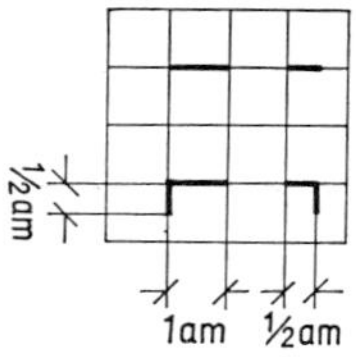

3.25 Zulässige Stoßfugendeckung im Innern von Endverbänden

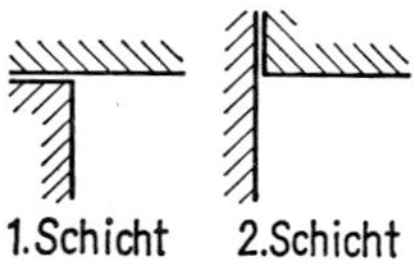

3.26 Lage der Stoßfuge in Innenecken

4. Es sind möglichst viele ganze Steine zu verwenden. Dadurch wird der Fugenanteil (Wärmebrücken) vermindert, das Überbindemaß (Verzahnung) meist vergrößert und so die Mauerwerksfestigkeit erhöht.
5. Der mittelformatige Mauerstein 24 × 17,5 × 11,3 cm kann fast immer nur zusammen mit dem Stein 24 × 11,5 × 11,3 cm verwendet werden, der für die 30 cm und 36,5 cm dicken Wände usw. sowie für Schornsteinverbände, Anschläge und Teilstücke gebraucht wird (Bild **3**.26).

Die Zwischenverbände für die üblichen Wanddicken zeigt Bild **3**.27. Das Überbindemaß der Kleinformate beträgt, dort wo Binder- und Läuferschichten miteinander abwechseln, 1/2 Achtelmeter (1/4 Stein), nur im Läuferverband der 11,5 cm dicken Wand 1 Achtelmeter (1/2 Stein). Das Überbindemaß in den Wänden mit dem meistverwendeten Mittelformat beträgt 1 Achtelmeter (Ausnahme ist die – im Binderverband gemauerte – 24 cm dicke Wand mit 3/4 Achtelmeter Überbindung).

Wanddicke	aus den Kleinformaten 24 × 11,5 × 5,2 cm 24 × 11,5 × 7,1 cm 24 × 11,5 × 11,3 cm	aus dem Mittelformat 24 × 17,5 × 11,3 cm (unter Zuhilfenahme des Kleinformats 24 × 11,5 × 11,3 cm)
11,5 cm	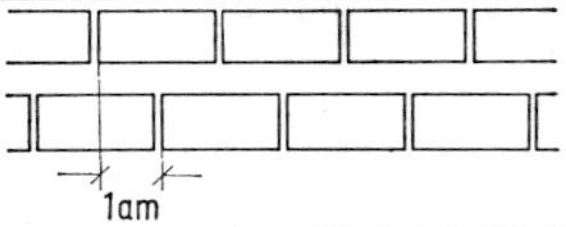	
17,5 cm	ist nur unter Verwendung von DF (DIN 105) und Hochstellen einer Läuferreihe herzustellen (nicht üblich)	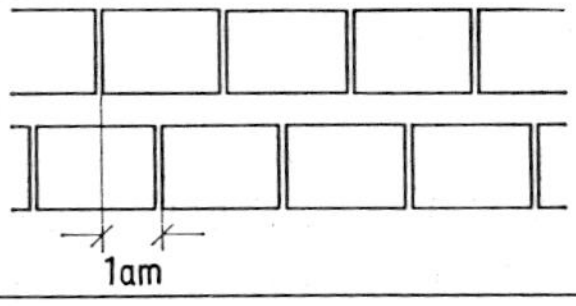
24 cm	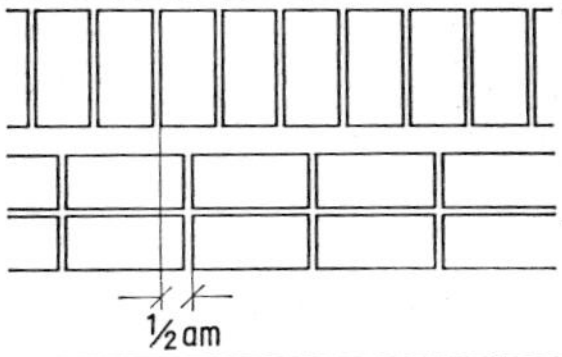	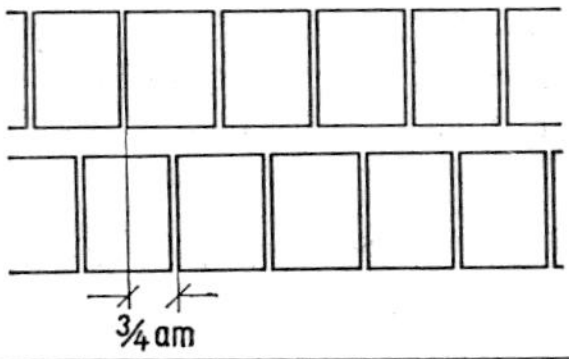
30 cm	nicht üblich	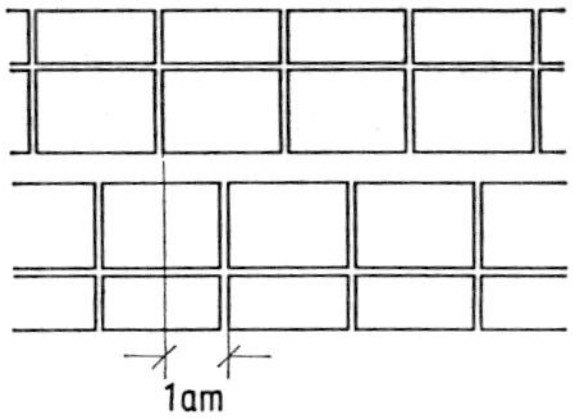
36,5 cm	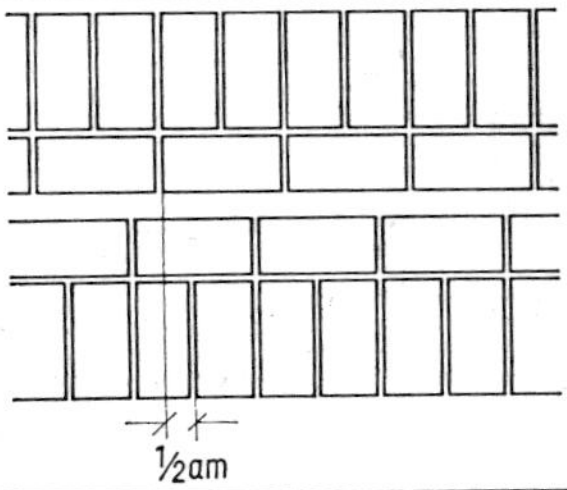	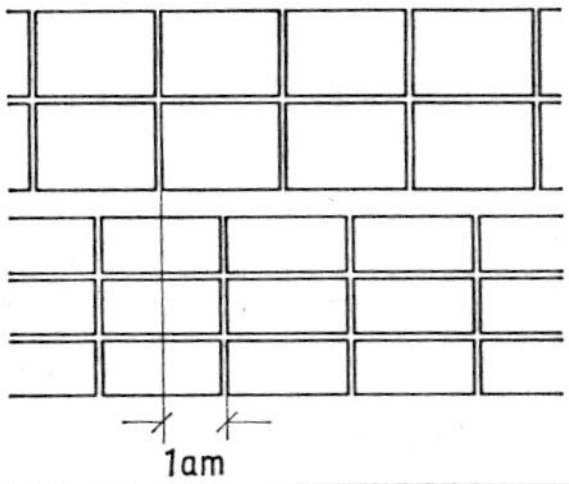
49 cm	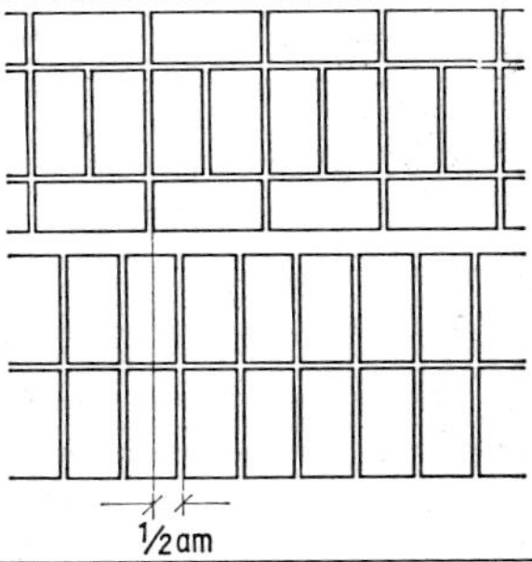	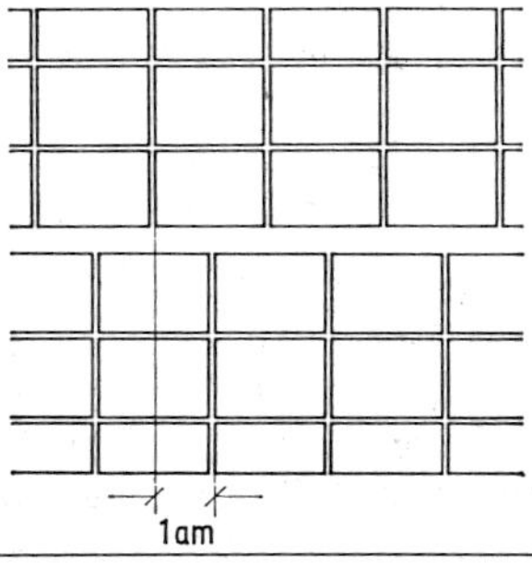

3.27 Verbände in den Mauermitten (Zwischenverbände); Maße der Überbindungen in Achtelmeter

30 cm dicke Außenwände werden zur besseren Fugendichtung ohne Schnittfuge ausgeführt (Bild **3**.15). Jedoch werden hier auch Ziegel mit den Lagerflächenmaßen 300 mm × 115 mm, 300 mm × 175 mm oder 300 mm × 240 mm bzw. Leichtziegel 10 DF (300 × 240 × 238) verwendet.

Im Zusammenhang mit den Zwischenverbänden stehen die Verbände für das Mauerende (Bild **3**.28), die Mauerecke und den Mauerstoß (Bild **3**.29), die Mauerkreuzung, die in einigen Regelbeispielen dargestellt sind.

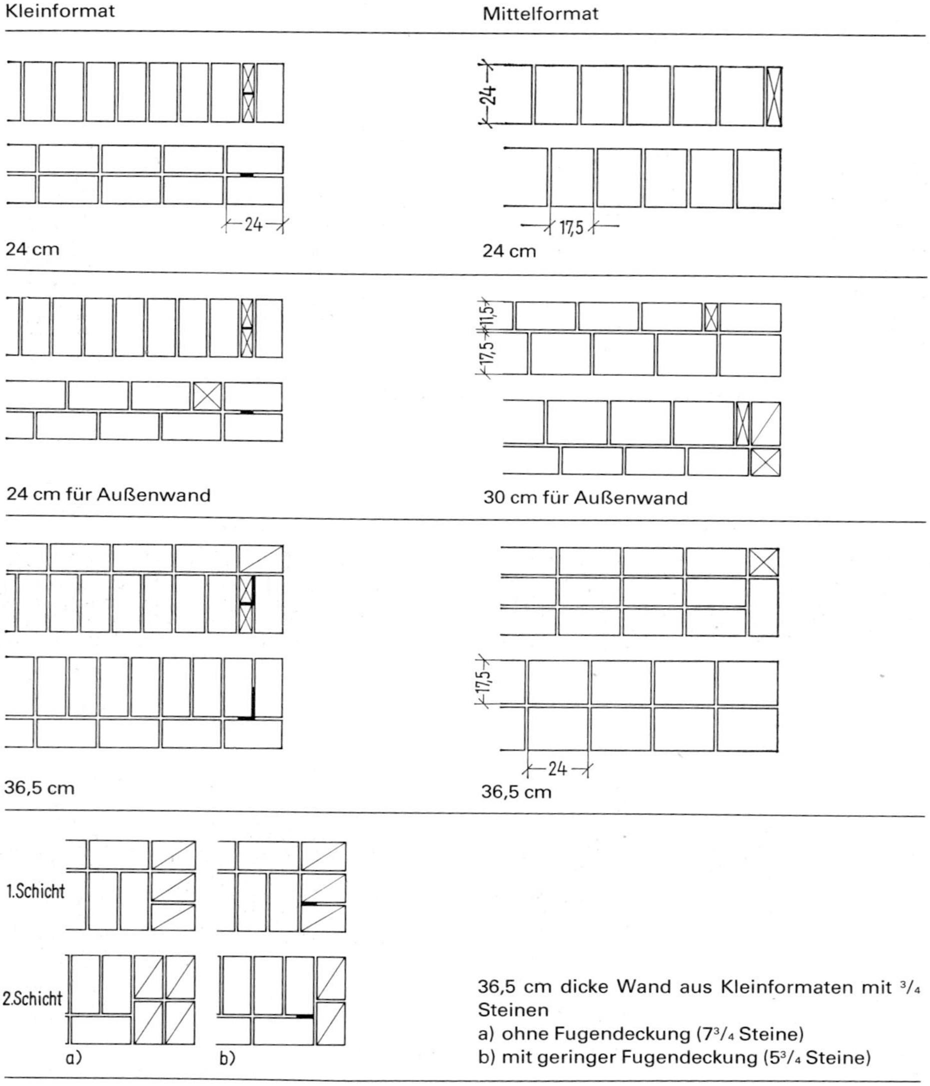

3.28 Verbände für Mauerenden

Kleinformat Mittelformat

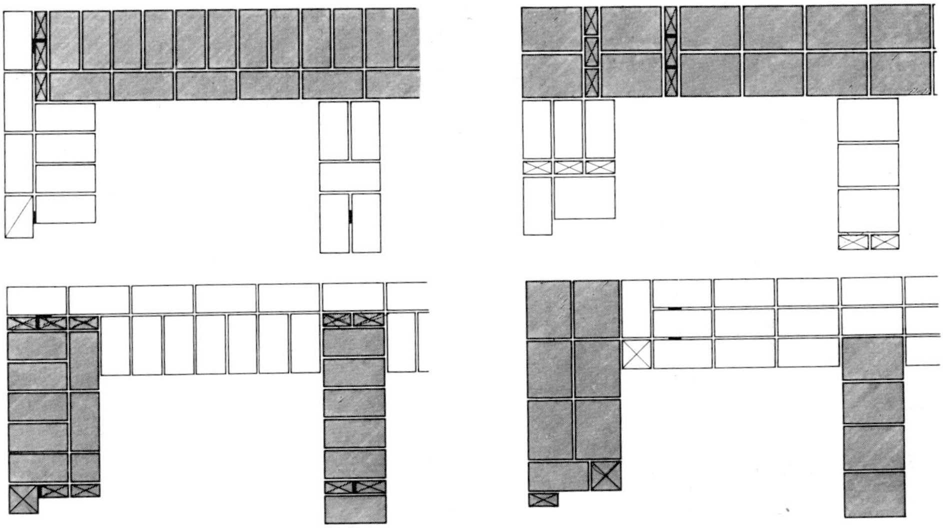

Mauerecke mit Fensteranschlag und Mauerstoß mit Mauerende

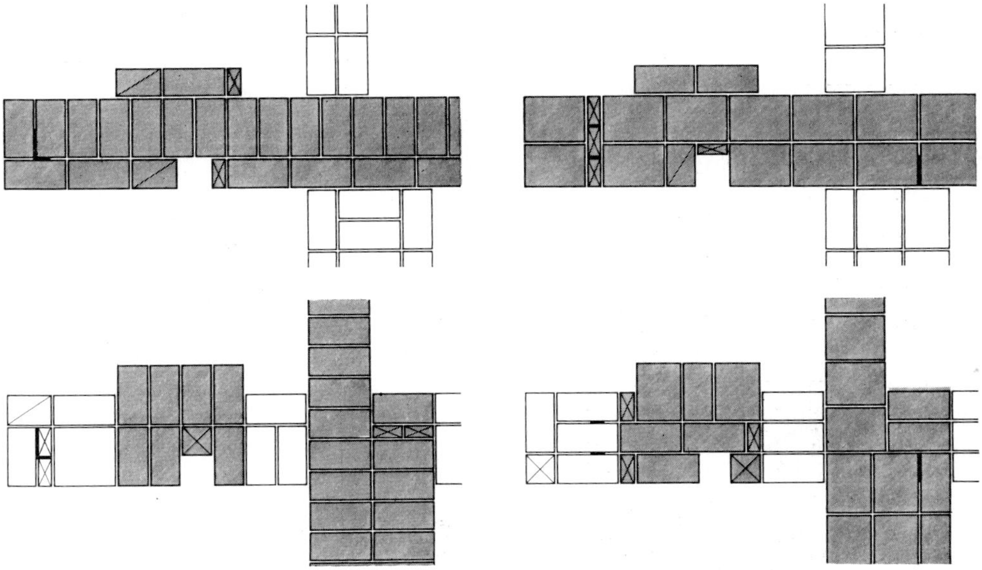

Mauerkreuzung und -ende mit Mauervorlage und Mauerschlitz

3.29 Verbände für Mauerecken und Mauerstöße

P f e i l e r sind wie kurze Wände, g r o ß e P f e i l e r m i t V o r l a g e n wie rechtwinklige Mauerkreuzungen aufzufassen und dementsprechend in ihrem Verband zu behandeln. (Über zul. Bruchspannungen für Pfeiler aus künstlichen Steinen in Abhängigkeit von der Schlankheit s. DIN 1053 Abschn. 7.4.2.4.) Die Verwendung von Klein- u n d Mittelformaten erleichtert das Mauern einwandfreier Pfeiler (Bild **3**.30) erheblich.

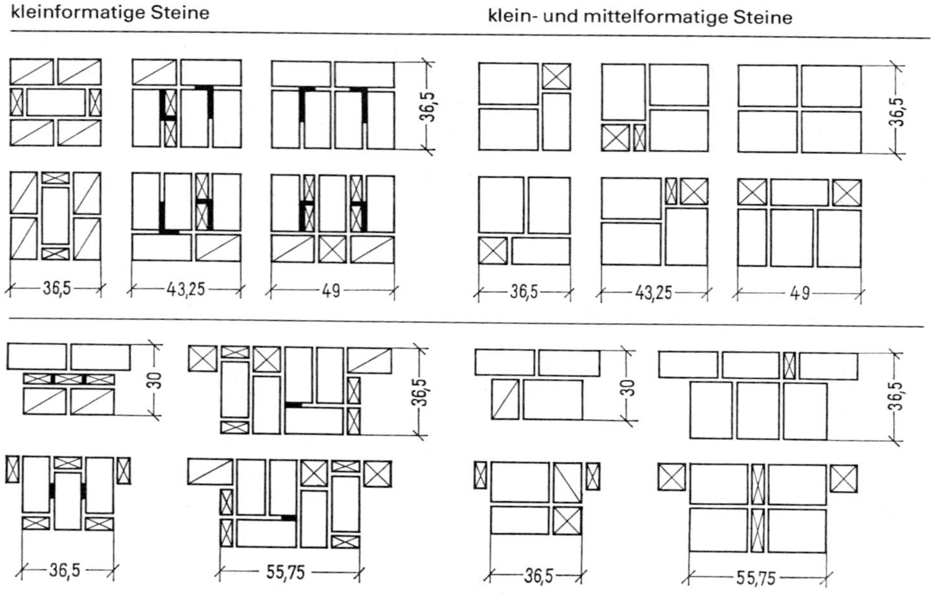

3.30 Pfeilerverbände

Bei der s p i t z e n M a u e r e c k e geht die äußere Läuferreihe der einen Mauer bis zur Ecke durch. Die andere Mauer wird als Binderschicht bis an diese Läuferreihe geführt. Der Läuferdreiviertelstein an der Spitze muß so behauen werden, daß seine äußere Langseite um ¼ Stein länger ist als die abgeschrägte Schmalseite (Bild **3**.31).

Bei der s t u m p f e n M a u e r e c k e richtet sich der Verband nach der Größe des Eckwinkels. Bei Winkeln über 135° (Achteckwinkel) verläuft eine Fuge von der äußeren Ecke senkrecht zur Binderschicht und schließt diese ab. Die Läuferschicht

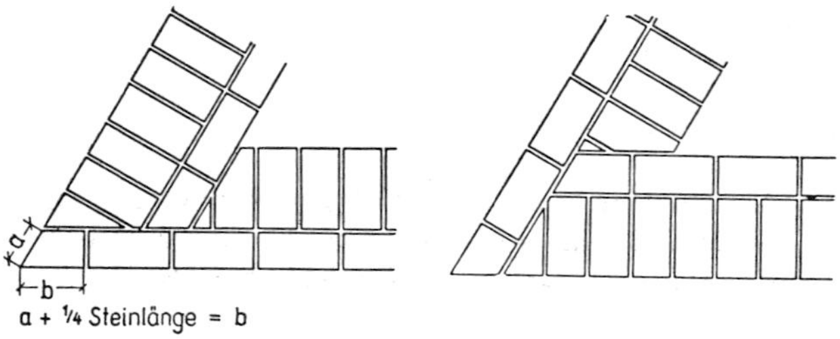

3.31 Spitzwinklige Mauerecke

beginnt mit einem behauenen Stein, der außen $^3/_4$ Stein lang ist. Alle Sichtflächen sind unbehauen (Bild **3**.32). Bei kleineren Winkeln verläuft die Stoßfuge von der inneren Ecke senkrecht zur Binderschicht, die hier wieder mit ganzen Steinen beginnt. Die Läuferreihe der Läuferschicht geht durch. Die erste Stoßfuge der Läuferschicht liegt $^1/_4$ Stein von der inneren Ecke entfernt (Bild **3**.33).

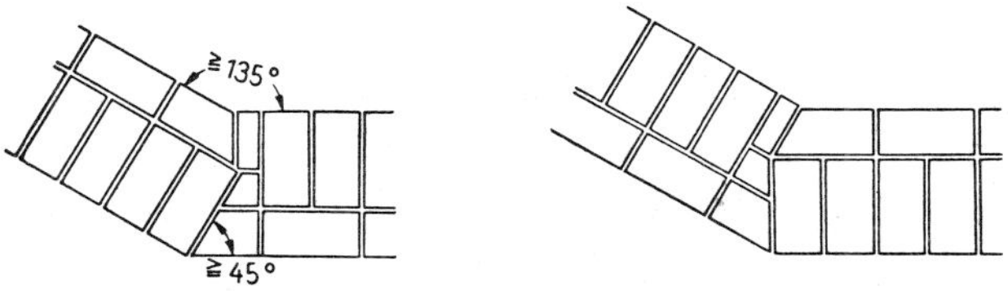

3.32 Stumpfwinklige Mauerecke mit unbehauenen Sichtflächen. Fugenteilung geht in der Binderschicht von der äußeren Ecke aus

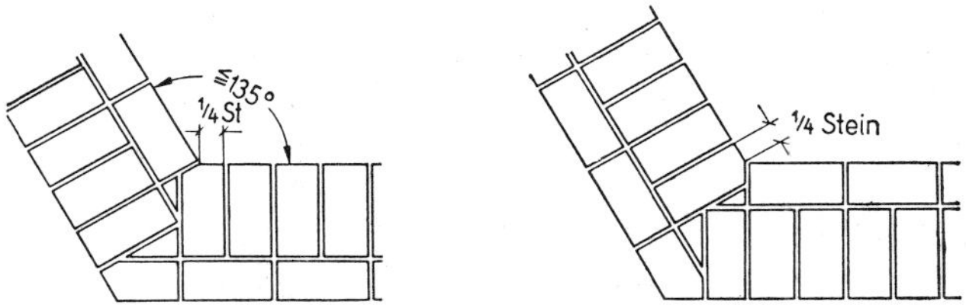

3.33 Stumpfwinklige Mauerecke
Fugenteilung geht in der Binderschicht von der inneren Ecke aus

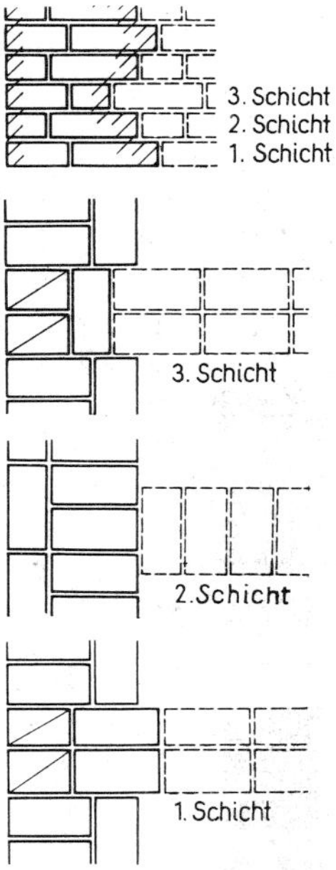

3.34 Stehende Verzahnung im Kreuzverband

Mauerverzahnungen und Mauerschlitze müssen für im Baufortgang anzuschließende Wände bzw. für Rohrleitungen vorgesehen werden.

Lochverzahnungen sind $^1/_4$ Stein tiefe Aussparungen in jeder übernächsten Schicht, so breit, wie das anschließende Mauerwerk dick ist. Falls die Anschlußwand im Kreuzverband gemauert wird, wechseln regelrechte durchlaufende Schichten, Schichten mit Aussparungen und Schichten mit $^1/_4$ Stein tiefen Auskragungen miteinander ab (Bild **3**.34).

Für den Anschluß dünner Wände aus Platten werden (ebenso wie für Rohrleitungen) durchgehende genau senkrechte Schlitze ausgespart, in denen sich die anschließenden Wände bei Setzungen bewegen können.

3.2.3 Mauerwerk aus großformatigen Steinen

Wände aus großformatigen Steinen gehören zu den wirtschaftlichsten Wandbauarten. Großformat und geringes Gewicht (Zweihandsteine) verringern den Arbeitszeitaufwand, wenn schnelles, bequemes Umrüsten für die Arbeitsgerüste gewährleistet ist.

Großformatige Steine werden hergestellt als:

- Leichtbeton-Hohlblocksteine nach DIN 18151 und 18153 mit Zuschlägen aus Ziegelsplitt, Bims oder Blähton; auch als zweischalige Steine mit innenliegender Wärmedämmung aus Schaumstoff.
- Großblockziegel nach DIN 105, auch als Hochloch-Leichtblocks (Poroton)
- Kalksandstein-Hohlblocksteine nach DIN 106
- Gasbeton-Großblocksteine.

Die genannten großformatigen Steine können mit üblichem Mörtel (s. Abschn. 3.2.1.3) oder Wärmedämmörtel vermauert werden. Die Stoßfugen können wie bei kleinformatigen Steinen vermörtelt werden. Besser ist jedoch, wenn die Steine beim Vermauern auf das Mörtelbett der Lagerfuge gesetzt und dicht aneinander geschoben werden. Die Stoßfuge wird nur durch Verfüllen des breiten Fugenraumes zwischen den genuteten Stirnflächen geschlossen, um Wärmebrücken möglichst zu vermeiden (Bild **3**.35).

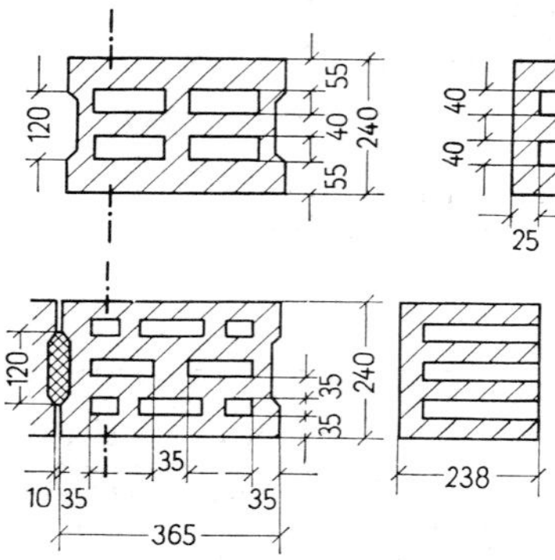

3.35 Beispiele für Hohlblocksteine aus Leichtbeton

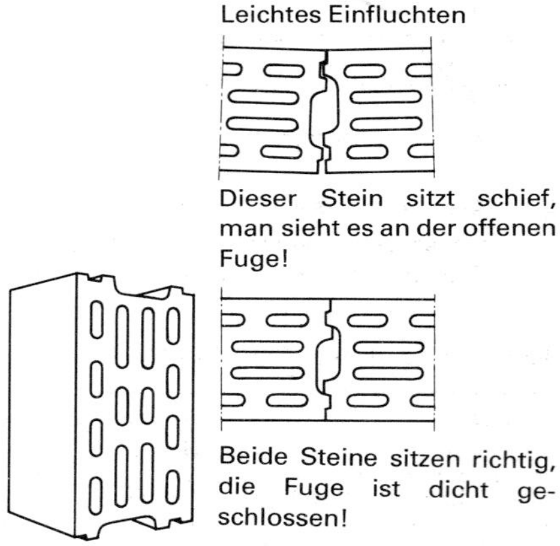

3.36 Hohlblockstein mit Nut-Feder-Stoßfuge (Klimaleichtblock KLB)

Da eine wirklich einwandfreie Verfüllung der Stoßfugentaschen an der Baustelle schwer zu gewährleisten ist, haben neuere Hohlblocksteintypen (z. B. KLD-Stein) an den Stirnseiten Nut-Feder-Profile, so daß ohne Zwischenvermörtelung gearbeitet werden kann. Die Wärmedämmung wird außerdem durch verfeinerte Gestaltung der Hohlräume verbessert (Bild **3**.36).

Die Lagerfuge ist 12 mm dick, so daß vier Hohlblocksteinschichten bei je 238 mm Steinhöhe 1,00 m hoch sind.

Bei derart hergestelltem Mauerwerk aus großformatigen Steinen stellen die Fugen jedoch innerhalb des Wandgefüges immer wärmetechnisch schwache Stellen dar. Außenwände aus den sehr maßgenau und mit glatten Oberflächen herstellbaren Gasbeton- oder Kalksandstein-Großblocksteinen sollten daher besser unter Verwendung von Klebemörtel hergestellt werden.

Für die großformatigen Steine gelten Verbandsregeln, die von denen für kleine und mittelformatige Mauersteine abweichen. Die DIN 18151 unterscheidet mittigen und schleppenden Verband. Beim mittigen Verband sind die Stoßfugen

um 1/2 Steinlänge (Bild **3**.37 a), beim schleppenden Verband sind sie um 1/3 Steinlänge gegeneinander versetzt (Bild **3**.37 b).
Anschlagsteine lassen sich einsparen, wenn die Fenster- und Türrahmen statt in einen gemauerten Anschlag in eine beigeputzte Nut der anschlaglosen Maueröffnungen gesetzt werden (s. Teil 2 dieses Werkes, Abschn. 4, Fenster).

Alle Leichtbeton-Steine, die aus porigen Stoffen, wie Schlacke oder Bims, hergestellt werden, müssen vor dem Vermauern in mindestens 10 Wochen dauernder Lagerzeit in Trockenräumen gut getrocknet sein und werden vor dem Vermauern nicht angenäßt. In den Poren eingeschlossenes, sehr langsam verdunstendes Wasser vermindert die Wärmedämmfähigkeit der Steine ganz beträchtlich. Bei Frost besteht für ungenügend getrocknete Steine die Gefahr der Zerstörung.

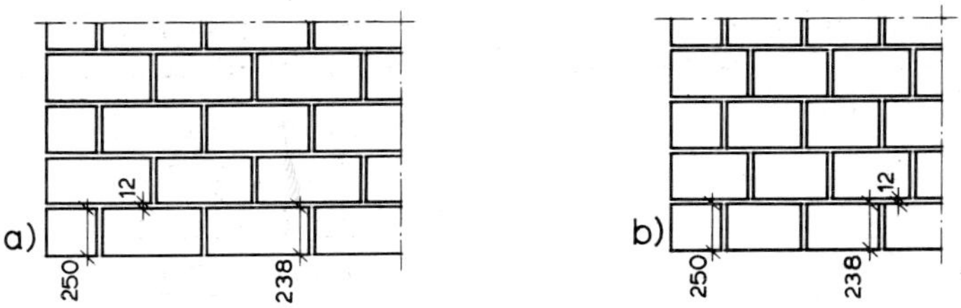

3.37 Mauerverband aus Hohlblocksteinen
a) Beispiel für den mittigen Verband von Wänden mit 49 cm langen Steinen
b) Beispiel für den schleppenden Verband von Wänden mit 36,5 cm langen Steinen

Hohlblocksteine nach DIN 18151

Formate	Nennfestigkeitsklassen	Hbl 2 (Hbl 25)	Hbl 2 (Hbl 25)	Hbl 2 (Hbl 25)	Hbl 4 (Hbl 50)	Hbl 6 (Hbl 75)
1-KHbl 49 × 17,5 × 23,8	Kennzeichnung	keine	keine	keine	1 Nut	2 Nute
2-KHbl 49 × 24 × 23,8	Steinrohdichte [kg/dm³]	0,60	0,70	0,80	0,90	1,00
3-KHbl 49,5 × 24 × 23,8 2-KHbl 49 × 30 × 23,8	Wärmedurchgangszahl k der 30er Wand (geputzt)	0,74	0,81	0,87	0,95	1,01
3-KHbl 49,5 × 30 × 23,8						
3-KHBl 24 × 36,5 × 23,8	Feuerbeständig (F 90) nach DIN 4102, auch ohne Putz	24-cm-Wand				
24er und 30er Anschlagsteine	Erforderliche Brandwanddicke nach DIN 4102	30 cm				
	Für Kelleraußenwände nach DIN 1053 zugelassen	Hbl 4 (Hbl 50) und Hbl 6 (Hbl 75)				
Bezeichnung:	Hbl/3-K/0,8/2 (25)/495 × 300 × 238 DIN 18151 (Hohlblockstein/3-Kammer-Reihen/Steinrohdichte 0,8 kg/dm³/Nennfestigkeit 2 N/mm² (25 kp/cm²)/Länge 495 mm × Breite 300 mm × Höhe 238 mm nach DIN 18151)					

Als Wandbauarten mit großformatigen Steinen sind im weiteren Sinne auch die Mantelbauweisen zu betrachten. Schalungs-„Steine" aus Holzspanbeton oder Schaumstoff, die in ähnlichen Abmessungen wie andere großformatige Bausteine und mit allen nötigen Formteilen hergestellt werden, werden lose – ohne vermörtelte Lagerfugen – meist mit Nut-Feder-Anschlüssen aufgebaut und abschnittsweise mit Beton verfüllt. Für hochbelastete Wandabschnitte können Bewehrungen eingebracht werden, so daß sehr wirtschaftliche und gut wärmedämmende Wände – auch für hohe Gebäude – herstellbar sind (Bild **3**.38).

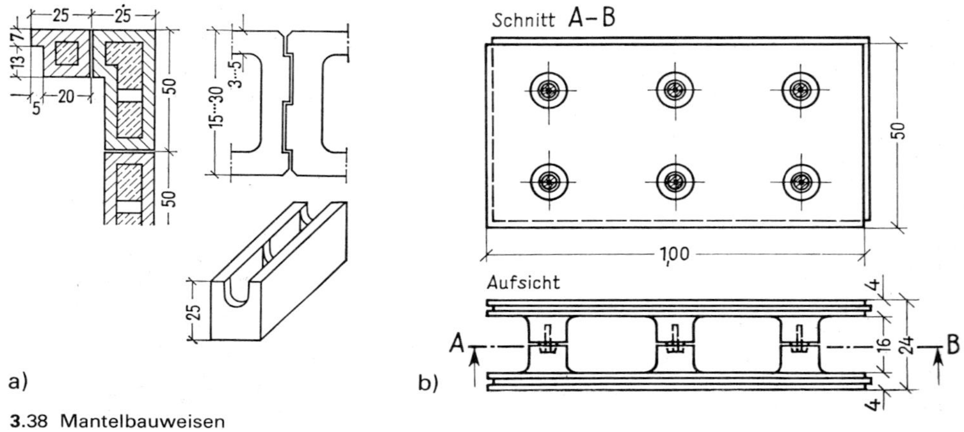

3.38 Mantelbauweisen

a) Betonwand mit Schalungssteinen aus Holzspanbeton
Wandgefüge (Schema), Stoßfuge (unvermörtelt) und Riegelstein (Schema)

b) Schalungselemente aus Hartschaumstoff

3.2.4 Zweischaliges Mauerwerk

Nach DIN 1053, Abschn. 5 wird für Außenwände unterschieden:

- Zweischaliges Mauerwerk ohne Luftschicht (zweischaliges Verblend- oder Sichtmauerwerk)
- Zweischaliges Mauerwerk mit Luftschicht (Verblend- oder Sichtmauerwerkschale oder geputzte Vormauerschale)

Zweischaliges Mauerwerk besteht aus der inneren, tragenden Wand und einer äußeren, mindestens 11,5 cm dicken Wand als „Wetterschirm" gegen Schlagregen. Die vorschriftsmäßige Herstellung zweischaliger Wände ist zeitaufwendig, aber in schlagregenreichen Gegenden, z.B. in Nord- und Nordwestdeutschland, seit langem bewährt.

Zunehmend wird zweischaliges Mauerwerk auch deshalb verwendet, weil anders die Anforderungen der DIN 4108 für den Wärmeschutz durch Mauerwerk kaum erfüllt werden können.

3.2.4.1 Zweischaliges Mauerwerk für Außenwände ohne Luftschicht

Bei zweischaligem Außenmauerwerk ohne Luftschicht ist die nichttragende Vormauerschicht von der tragenden Hintermauerungsschicht durch eine durchgehende, 2 cm dicke Mörtelscheibe („Regenbremse") getrennt. Während die äußere Schale aus frostfesten, kleinformatigen Vormauerziegeln, Klinkern oder Kalksandsteinen besteht, kann die tragende Innenschale auch aus großformatigen Steinen mit guten Wärmedämmeigenschaften bestehen. Die mindestens 2 cm dicke Schalenfuge ist beim Hochmauern schichtenweise mit Mörtel der Mörtelgruppen II oder II a zu vergießen. Beide Mauerschalen sind gemäß DIN 1053 mit mindestens 5 Drahtankern je m^2 aus nichtrostendem Stahl nach DIN 17440 (Nr. 1.4401, 1.4571 oder 1.4580) mit mindestens 3 mm Durchmesser miteinander zu verbinden. Zusätzlich sind mindestens 3 Anker je m Randlänge an Gebäudeecken, Öffnungen, Dehnungsfugen und an den oberen Enden der Verblendschalen anzuordnen (Bild **3**.39).

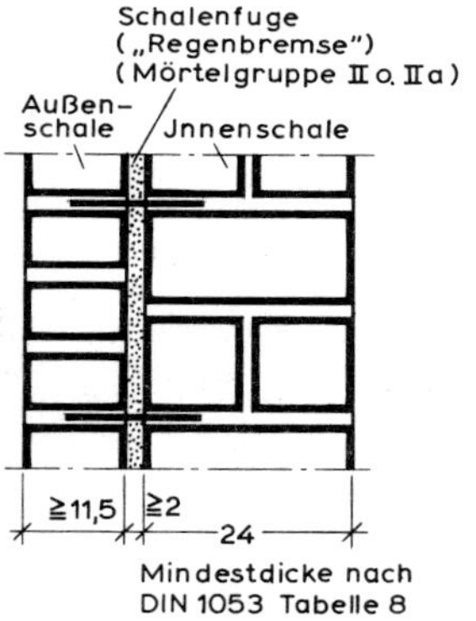

3.39 Zweischaliges Mauerwerk ohne Luftschicht

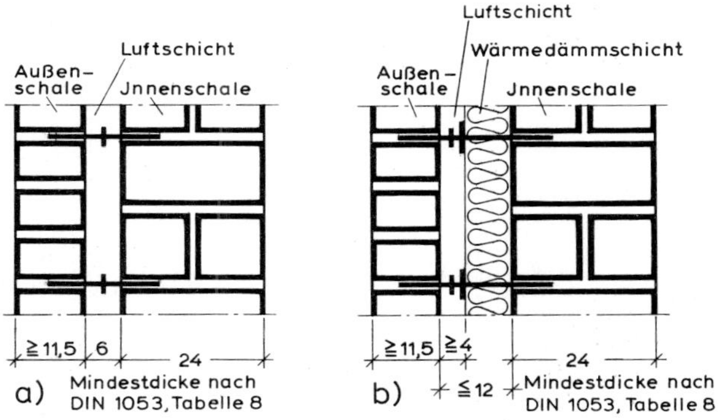

3.40 Zweischaliges Mauerwerk mit Luftschicht
a) ohne Wärmedämmschicht b) mit Wärmedämmschicht

3.2.4.2 Zweischaliges Mauerwerk für Außenwände mit Luftschicht

Die Herstellung eines schlagregendichten zweischaligen Mauerwerkes für Außenwände ohne Luftschicht erfordert sehr sorgfältige handwerkliche Arbeit. Auch bei der bauphysikalisch nicht problemlosen Verwendung verschiedenartiger Materialien für Innen- und Außenschale läßt sich der nach DIN 4108 und der Wärmeschutzverordnung geforderte Wärmeschutz nur schwer erreichen. Zweischaliges Mauerwerk für Außenwände mit Luftschicht erfordert dagegen arbeitsmäßig nur wenig Mehraufwand. Die zwischen Innen- und Außenschale liegende Luftschicht hat zwar keine unmittelbare Wärmeschutzwirkung, da in ihr Luft ständig zirkuliert, doch wird in den Hohlraum etwa eingedrungenes Regen- oder Kondenswasser problemlos abfließen oder abtrocknen (Bild **3**.40 a).

Darüber hinaus läßt sich durch eine zusätzliche Wärmedämmung zwischen Innen- und Außenschale leicht ein optimaler Wärmeschutz erreichen (Bild **3**.40 b und **3**.43). Zweischaliges, hinterlüftetes Mauerwerk hat sich auch unter extremen Witterungsbedingungen bewährt.

Innen- und Außenschale sind gemäß Bild **3**.40 und **3**.41 miteinander zu verankern.

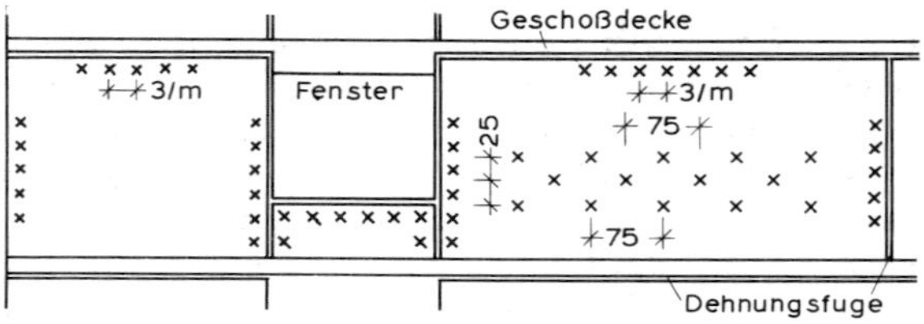

Stahlgüte nach DIN 17440
Ausführung nach DIN 1053. Bild 3
Anzahl der Anker: in der Wandfläche ≧5/m² im Fugen und Randbereich zusätzlich ≧3/m
Durchmesser in Wandbereichen höher als 12 m über Gelände ≧∅4 mm, bei Abstand der Mauerwerksschalen >7 cm ≧∅4 mm, sonst ≧∅3 mm

3.41 Verankerung der Außenschale gemäß DIN 1053

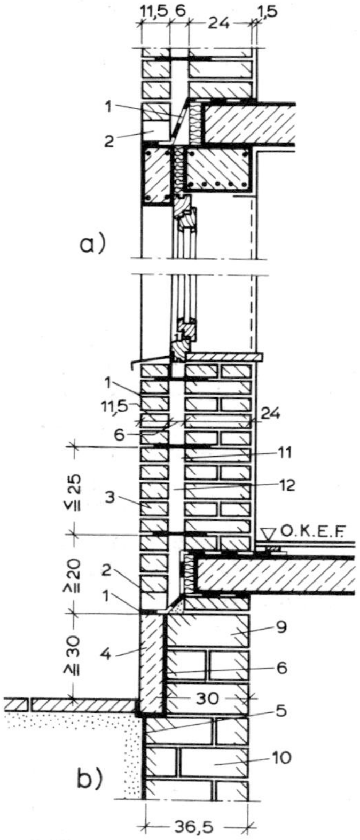

3.42
Wände mit durchgehender Luftschicht (Innenwände binden nur in die Innenschale ein, die auch 17,5 cm dick aus Hochloch- oder Hohlblocksteinen ausgeführt werden kann)

a) Deckenauflager, b) Schnitt durch Gebäudesockel, Außenwand ungeputzt

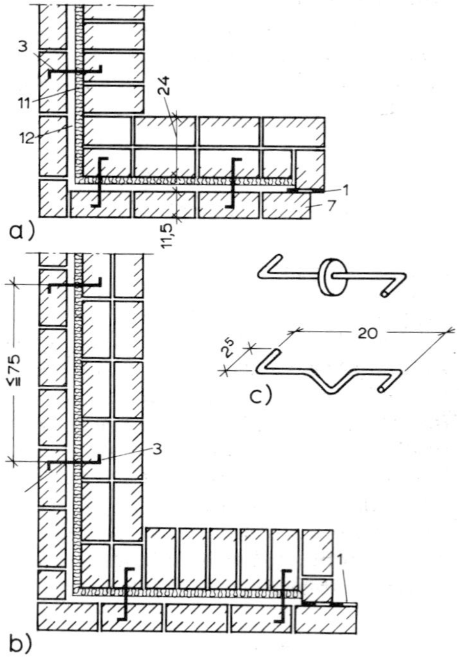

3.43
Zweischaliges Mauerwerk mit Wärmedämmschicht – Horizontalschnitt (1. und 2. Schicht) durch Gebäudeecke und Fensteröffnung mit

a) äußerem,
b) innerem Anschlag,
c) V4-A-Stahldrahtanker ∅ 3 mm mit Tropfnase oder aufgeschobener Kunststoff-Tropfscheibe. Ankerabstand lotrecht ≦25 cm, waagerecht ≦75 cm.

1 Bitumenpappe, 2 Luftschlitz oder offene Stoßfuge (insgesamt ≈ 75 cm² je 10 m² der Frontfläche einschl. Tür- und Fensterflächen), 3 nichtrostender Drahtanker ∅3 mm mit Tropfnase, ≧5 Stück je m², 4 Sockelplatte, 5 Sperrputz, 6 Bitumenanstrich, 7 Vormauerziegel 240 × 115 × 52, 8 30 cm dickes Ziegelmauerwerk aus Ziegeln 300 × 145 × 113, 9 36,5 cm dickes Ziegelmauerwerk aus Ziegeln 240 × 115 × 113, 10 Rapputz (Mörtelgr. II), 11 Luftschicht

An Ecken, Leibungen, Stürzen und Deckenauflagern sollen Berührungen zwischen Innen- und Außenschale vermieden werden. Die Außenschale muß über ihre ganze Länge und Breite vollflächig aufgelagert sein und ist mindestens alle 12 m abzufangen (Bild **3**.42). An den Fußpunkten und über Fenster- und Türstürzen sind die Innenschalen durch mit Gefälle verlegte Sperrschichten gegen Feuchtigkeit zu schützen. Je 20 m^2 Wandfläche sind jeweils 150 cm^2 unten als Zuluft-, oben als Abluftöffnungen durch offene Stoßfugen, Lüftungssteine o.ä. vorzusehen. Der lichte Abstand der Innen- und Außenschale soll 12 cm nicht überschreiten. Bei Anordnung matten- oder plattenförmiger Wärmedämmschichten auf der Außenseite der Innenschale soll die verbleibende Luftschicht 6 cm dick sein. Gute Wärmedämmung läßt sich auch durch Verfüllung des Hinterlüftungsraumes mit wasserabweisenden, körnigen Wärmedämmaterialien (z. B. Hyperlite) erzielen.

3.2.5 Mauerbögen und Stürze

3.2.5.1 Allgemeines

Fenster und Türen werden oben i.allg. durch Stahlbetonstürze und Fertigteile, seltener durch Stahlträger abgeschlossen, damit die darüberliegenden Decken ein Auflager finden. Im Wohnungsbau treten gelegentlich noch „scheitrechte Bögen" (bis 1,30 m Spannweite, jedoch nur aus Voll- oder Hochlochsteinen) oder Segmentbögen ($^1/_{20}$ bis $^1/_{15}$ Stich) auf; der Rundbogen verlangt große Geschoßhöhen (Bild **3.44**). Mauerbögen wirken als Ganzes oder in ihren Teilen wie Keile, die die darauf ruhenden Lasten auf die jede Maueröffnung seitlich begrenzenden Pfeiler oder Mauern übertragen. Zwischen der Oberkante von Mauerbögen und dem Deckenauflager sind zur besseren Lastverteilung einige durchlaufende Mauerschichten nötig. Bei Stahlbetondecken kann der Sturz über Maueröffnungen u. U. durch Verstärkung der Bewehrung am Plattenrand gebildet werden.

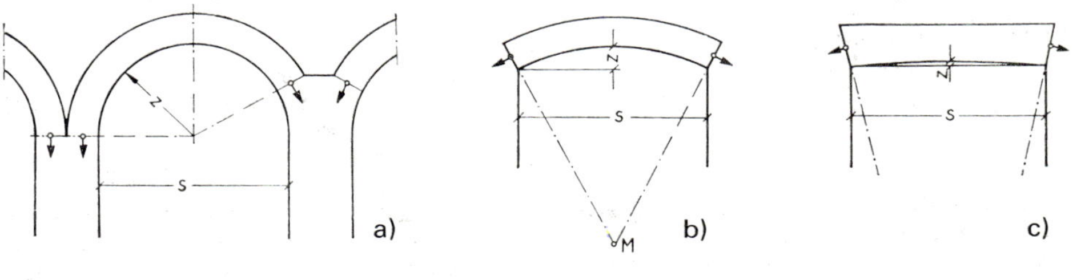

3.44 Mauerbögen

a) Rundbögen
rechts: mit ausgekragtem Widerlager über schmalem Pfeiler (richtig)
links: keilartig wirkende Auflast verschiebt u. U. die Auflager (falsch)

b) Segmentbogen
s Spannweite, z Stichhöhe ($^1/_{20}$ bis $^1/_{15}$ s), M Bogenmittelpunkt

c) scheitrechter Bogen
Stichhöhe $z = {}^1/_{50}$ s

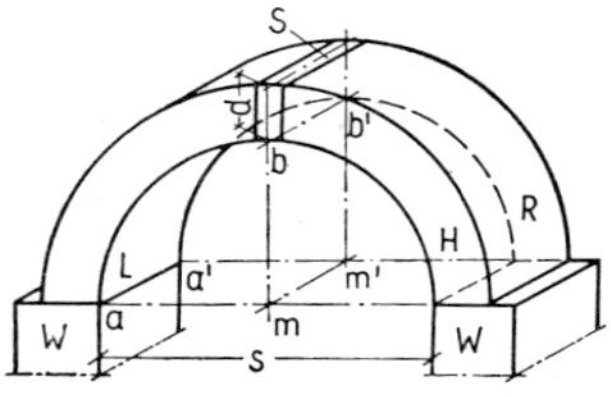

3.45
Benennung der Bogenteile

s	Spannweite	d	Bogendicke
m–m′	Achse	W	Widerlager
a und a′	Kämpferpunkte	L	Leibung
a–a′	Kämpferlinie	R	Rücken
a–a′	Bogentiefe	H	Stirn- oder Haupt
b und b′	Scheitelpunkte		
b–b′	Scheitellinie	S	Schlußstein
m–b	Stich- oder Pfeilhöhe		

Widerlager (Widerlagermauern) sind die Mauerstücke, zwischen die sich der Bogen spannt.

Kämpferpunkte sind die Punkte, in denen der Bogen am Widerlager beginnt.

Kämpferlinie nennt man die Verbindungslinie der zu demselben Widerlager gehörenden Kämpferpunkte.

Spannweite ist die lichte waagerechte Entfernung der Widerlager voneinander.

Scheitel heißt der höchste Punkt des Bogens.

Stich- oder Pfeilhöhe nennt man den Höhenunterschied zwischen Kämpfer- und Scheitelpunkt.

Leibung ist die untere Fläche des Bogens bzw. die innere Wandung der Maueröffnung.

Rücken heißt die obere Fläche des Bogens.

Stirn oder *Haupt* nennt man die Ansichtsfläche des Bogens.

Gewände heißt die seitliche Begrenzung der ganzen Maueröffnung.

Dicke des Bogens ist der Abstand zwischen Leibung und Rücken.

Achse des Bogens ist die Verbindung der Mittelpunkte der äußeren Bogenlinien.

Tiefe des Bogens ist die Abmessung in Richtung der Achse; sie entspricht im allgemeinen der betreffenden Mauerdicke.

Schlußstein heißt der Wölbstein im Scheitel.

Lagerfugen sind die Fugen zwischen den Wölbschichten; sie laufen nach der Tiefe des Bogens.

Stoßfugen heißen die Fugen zwischen den Steinen derselben Schicht.

Hintermauerung nennt man das Mauerwerk über dem Bogen bis zur Rückenhöhe.

Als *Breite* und *Höhe* einer Öffnung gelten immer die *Lichtmaße* der Maueröffnung.

3.2.5.2 Gemauerte Stürze und Bögen

Schwach gekrümmte Bögen werden meist aus gewöhnlichen Mauerziegeln mit keilförmigen Lagerfugen ausgeführt. Dabei darf die Fugendicke an der Leibung nicht kleiner als $^1/_2$ cm, am Rücken nicht größer als 2 cm werden. Durch Verwendung keilförmig zugehauener Steine kann das erreicht werden. Bei Ziegelrohbauten sind für stark gekrümmte Bögen in der Ziegelei hergestellte Keilsteine erforderlich (Bild **3.**46 links). Die Lagerfugen werden an der Rückseite um so breiter, je

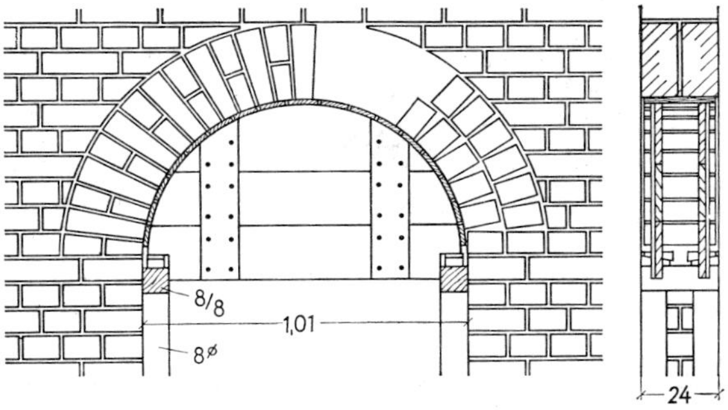

3.46
Halbkreisbogen mit Einrüstung
Linke Seite mit Keilsteinen, rechte mit voneinander unabhängigen Binderschichten eingewölbt; trotzdem sind hier die Keilfugen zu dick

dicker der Bogen ist. Man wölbt daher dicke Bögen auch in einzelnen, übereinanderliegenden Ringen ein (Bild **3.**46 rechts). Im Bildbeispiel ist auch für diese Wölbart der Bogendurchmesser zu klein, die Fugen klaffen zu weit auseinander.

Mauerbögen erhalten stets eine ungerade Anzahl Bogenschichten, so daß im Scheitel keine Fuge, sondern eine Schlußschicht (Schlußstein) liegt. Die Lagerfugen müssen senkrecht zur Bogenleibung und durch die ganze Tiefe des Bogens verlaufen. Die Fugenlinien sind an der Stirn des Bogens nach dem Bogenmittelpunkt gerichtet. Die Stoßfugen zweier nebeneinanderliegender Schichten dürfen nicht zusammenfallen.

Der V e r b a n d der Mauerbögen ist im allgemeinen nach den Regeln für den Pfeilerverband zu bilden.

Die B o g e n d i c k e großer, stark belasteter Überwölbungen von Maueröffnungen ist durch statische Untersuchung zu bestimmen. Für geringere Belastungen können Erfahrungswerte benutzt werden.

Die W i d e r l a g e r für Rundbögen liegen i.allg. waagerecht in Kämpferhöhe.

Einzelheit A

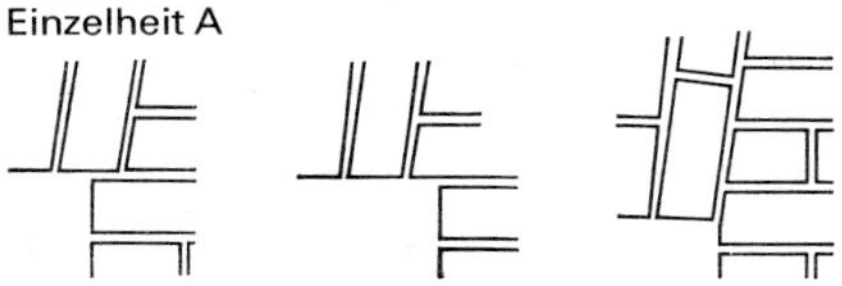

bessere Lagen des Kämpferpunktes

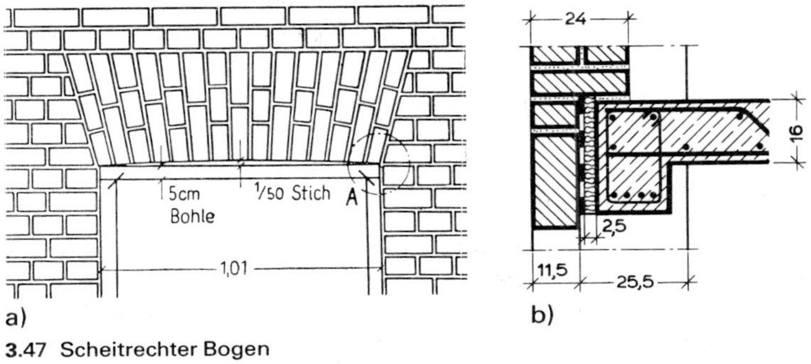

a) b)

3.47 Scheitrechter Bogen

a) Einrüstung, Widerlager
b) Scheitrechter Bogen vor tragendem Stahlbetonsturz

Flachbögen (Segmentbögen) und scheitrechte Bögen erhalten schräge Widerlager, die nach dem Bogenmittelpunkt gerichtet sind (Bild **3**.47). Nach diesem Punkt laufen auch die Lagerfugen. Stützweiten für scheitrechte Bögen sind i. M. für 24 cm dicke Wände ≦ 80 cm, für 36,5 cm dicke Wände ≦ 120 cm. Im übrigen gilt DIN 1053 Abschn. 5.5.

Der Kämpferpunkt liegt bei Segmentbögen in etwa halber Schichthöhe (Bild **3**.47, Einzelheit A).

Der Bogenrücken sollte immer in einer Lagerfuge enden, um dünne Ausgleichsschichten über den scheitrechten Bögen oder unschöne Zwickel über dem Widerlager zu vermeiden.

Die Einwölbung der Mauerbögen erfolgt auf einer Einrüstung mit Lehr- bzw. Wölbscheiben.

Kommen scheitrechte Bögen wegen zu großer Spannweiten oder aus formalen Gründen nicht in Frage, kann unverputztes Verblendmauerwerk auf Stahlprofilen über Fenster- oder Türöffnungen weitergeführt werden (Bild **3**.48). Es können auch vorgefertigte Stürze verwendet werden, die nach den Regeln für bewehrtes Mauerwerk (DIN 1053, Abschn. 5.4) hergestellt sind (Bild **3**.49).

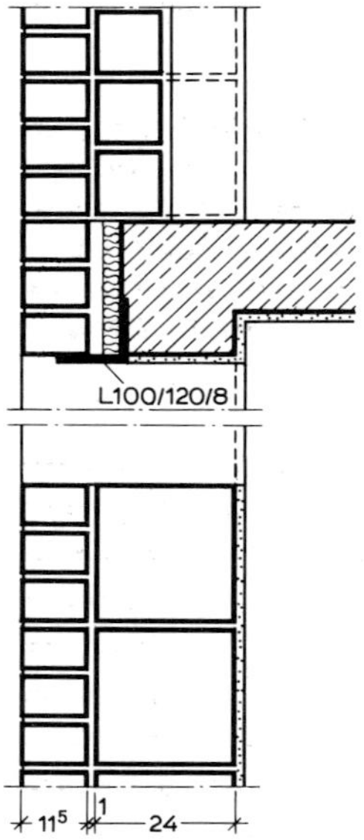

3.48 Verblendmauerwerk auf Stahlwinkel

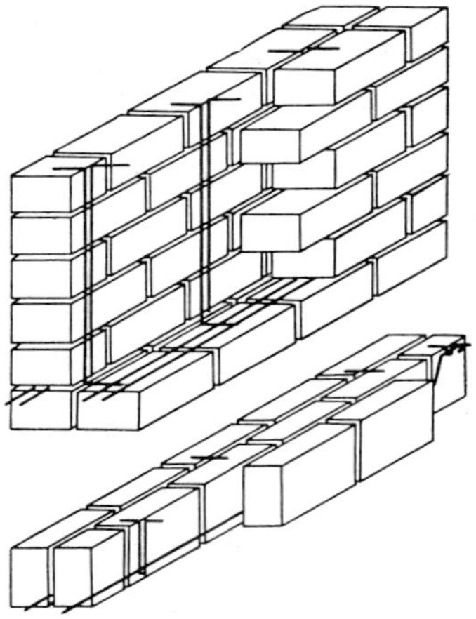

3.49 Bewehrte Mauerziegelstürze (s. auch DIN 1053 Abschn. 5.2)

3.2.5.3 Stürze aus Fertigteilen und Stahlbeton

Für verputztes Mauerwerk bieten vorgefertigte Ziegelstürze folgende Vorteile: Wegfall der Sturzschalung auf der Baustelle, Wegfall von Wärmedämmschichten, einheitlicher Putzgrund, gute Putzhaftung, schnelles Verlegen.

Ziegelstürze bestehen aus profilierten Sonderziegeln, die aneinandergereiht zusammen mit dem Vergußbeton und der Bewehrung den Biegestreifenzuggurt des

Sturzes bilden, der im Zusammenwirken mit der Übermauerung aus Ziegeln bzw. mit dem Beton des Deckenauflagers oder Ringbalkens als „Druckzone" die volle Tragfähigkeit verlangt. Ziegelstürze können schlaffe oder vorgespannte Bewehrung haben. Sie sind als Einfeldträger für Stützweiten bis 3,00 m zugelassen (Bild **3**.50 und **3**.51).

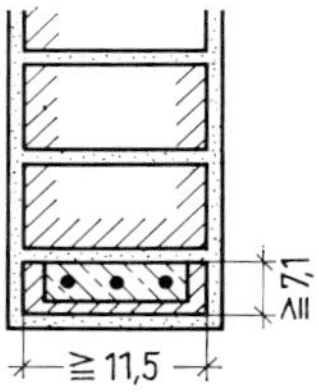

3.50 Vorgefertigter Ziegelsturz mit schlaffer Bewehrung. Mauerwerk über dem Zuggurt bildet die Druckzone des Sturzes

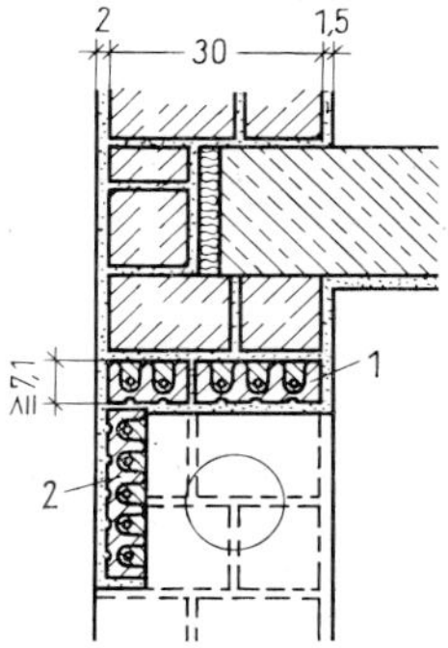

3.51 Vorgefertigte, vorgespannte Ziegelstürze als Öffnungsüberdeckung (1) und als Rolladenblende (2)

In Verbindung mit Stahlbetondecken oder bei besonderer statischer Beanspruchung bilden Stahlbetonstürze die Regelausführung. Falls sie nicht aus Fertigteilen bestehen, sind sie in ihren Höhenlagen von den Mauerwerksschichten unabhängig (Bild **3**.52). Stahlbetonstürze sind mit Holzwolle-Leichtbauplatten so zu verkleiden, daß gute Putzhaftung und Wärmedämmung gewährleistet sind. Die dadurch bedingte Verringerung der Querschnitte ist bei der statischen Berechnung zu beachten.

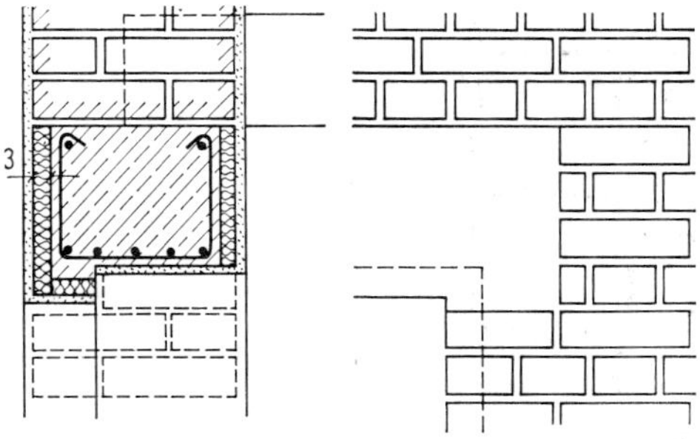

3.52
Fenstersturz aus Stahlbeton. Die zu verputzenden Flächen mit Holzwolle-Leichtbauplatten, Schaumstoffplatten oder geteilten Gitterziegeln verkleidet (bessere Putzhaftung und Wärmeschutz)

Vielfach ist als Einbruchs- und Sonnenschutz der Einbau von Rolladen vorzusehen. Für übliche Rolladenprofile müssen dabei Durchmesser von mindestens 20 cm für den aufgewickelten Rolladen („Ballendurchmesser") berücksichtigt werden. Wenn die Sturzhöhe von Fenster- und Fenstertüröffnungen mit dem üblichen Maß von 2,135 bis 2,26 m angesetzt wird, ergibt sich bei Geschoßhöhen für den Wohnungsbau von ca. 2,75 m für den tragenden Sturz ein Restmaß von nur etwa 25 cm. Für größere Spannweiten müssen Stürze dann als Überzug ausgebildet werden (Bild **3**.53). Rolladenkästen aus Fertigteilen (Bild **3**.51) oder mit örtlich betonierter Rolladen-„Schürze" (Bild **3**.53) können nur in mindestens 30 cm dikkem Deckenmauerwerk mit ausreichenden Innenabmessungen hergestellt werden. Es werden daher überwiegend vorgefertigte Rolladenkästen verwendet, die nicht nur durch bereits eingebautes Rolladenzubehör, sondern auch durch kurze Einbauzeiten an der Baustelle sehr wirtschaftlich sind und bei knappsten Außenmaßen die Unterbringung auch größerer Rolladenballen ermöglichen. Insbesondere dann, wenn für Überzüge keine Konstruktionshöhe zur Verfügung steht, können auch für Spannweiten bis ca. 4,00 m vorgefertigte Rolladenkästen verwendet werden, die gleichzeitig als tragende Stürze zugelassen sind (Bild **3**.54).

In allen Fällen muß darauf geachtet werden, daß Rolladenkästen ausreichend wärmegedämmt sind und somit keine Wärmebrücken innerhalb der Außenwände darstellen. Rolladenkästen müssen besonders auch an Montage- und Revisionsdeckeln einen vollständigen Wärmeschutz aufweisen und sorgfältig gegen die Raumluft abgedichtet sein.

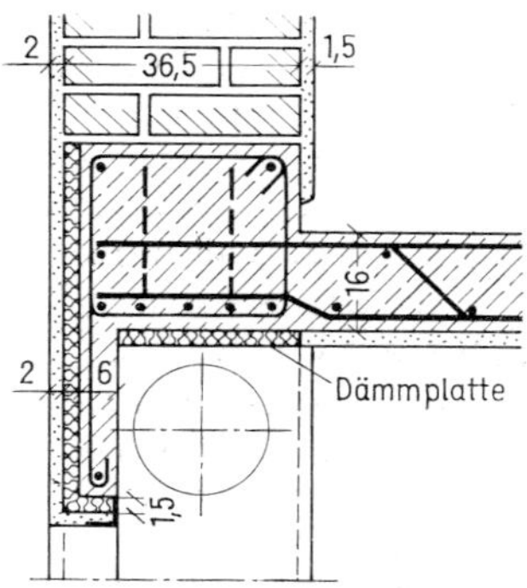

3.53 Stahlbetonsturz mit Rolladennische. Deckenplatte mit Unterkante Sturz bündig

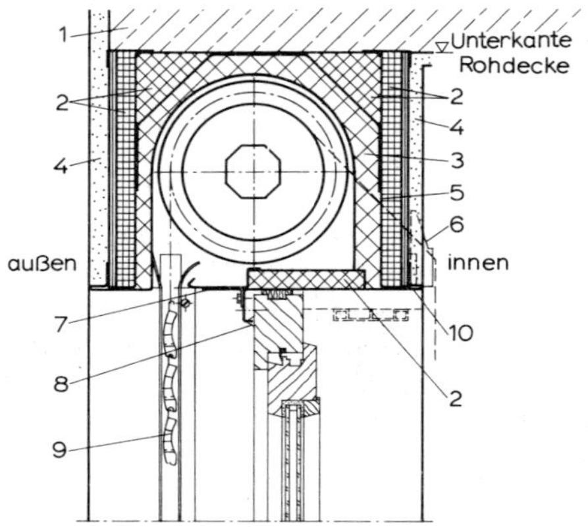

3.54 Tragender Rolladenkasten (Stahl-Schanz STUROKA)

1 Betondecke mit Wärmedämmung am Rand
2 Wärmedämmung mit Putzträger
3 Wärmedämmung innen, Styropor-hart, schwer entflammbar
4 Putz
5 tragender Stahlmantel, verzinkt
6 Gurtleiter
7 Montageklappe
8 Fensteranschlagprofil mit Dichtung
9 Kunststoffrolladen
10 Putzabzugleiste

3.2.6 Oberflächenbehandlung von Mauerwerk aus künstlichen Steinen

3.2.6.1 Verfugung

Einschaliges Mauerwerk bedarf, wie die Ziegelrohbauten insbesondere der norddeutschen Tiefebene zeigen, keiner besonderen Schutzschicht gegen die Witterung, wenn die Außenwände mind. 30 cm, besser 36,5 cm dick sind und frostbeständige, vollfugig vermauerte Vormauersteine verwendet werden. Sie sind für

Ziegelsichtmauerwerk besser als Klinker, die infolge ihrer dichten Struktur die Wärmedämmfähigkeit der Wand und die Dampfdiffusion behindern. Der mit der Mauerfläche bündig liegende Fugenverstrich stellt die dauerhafteste Form der Fuge dar (Bild **3**.55).

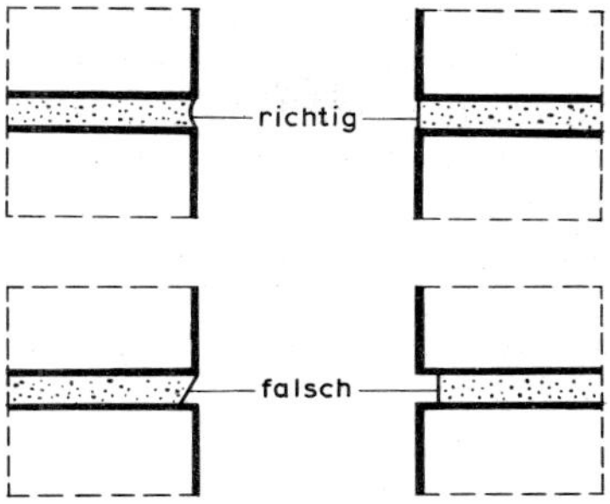

3.55
Beispiele für Fugenausbildung

Am besten ist es, wenn das Mauerwerk sofort beim Hochmauern vollfugig mit dem Mauermörtel verfugt wird. Beim Mauern ausquellender Mörtel wird dabei kurz nach dem Anziehen mit einem Holzspan, einem Stück Wasserschlauch, noch besser mit einem Fugeisen, über das ein Stück Wasserschlauch gezogen ist, bei gleichzeitigem Andrücken glattgestrichen. Dabei erfolgt keine Bindemittelanreicherung an der Mörteloberfläche, die später zu Rißbildung des Fugenmörtels führen kann und außerdem die Wasserdampfdurchlässigkeit der Fuge verringert.

Soll ausnahmsweise erst nachträglich verfugt werden, müssen die Fugen beim Hochmauern etwa 1,5 cm tief mit einem Holzspan ausgekratzt werden. Vor dem Verfugen sind die Mauerflächen trocken mit der Bürste zu reinigen, zu waschen und nötigenfalls mit 6%iger Essigsäure abzusäuern und mit Wasser nachzuspülen. Auf das Absäuern (das zu Ausblühungen führen kann, falls vorher und nachher nicht gründlich gewaschen und gespült wird) kann verzichtet werden, wenn beim Mauern Verschmutzungen der Sichtflächen sorgfältig vermieden und frische Mörtelspritzer vor dem Erhärten mit Wasser abgewaschen werden. Der Fugenmörtel soll möglichst dieselbe Zusammensetzung wie der verwendete Mauermörtel haben. Für das Ausfugen der üblichen Vormauerziegel eignet sich ein Mörtel der Gr. II mit einem Anteil von 20 bis 25% Feinkorn $\leqq$0,2 mm. Guter Fugenmörtel besteht aus 1 Rtl. Kalkhydrat (oder Portlandzement) und 1 Rtl. Traß und 5 Rtl. Sand 0 bis 2 mm. Traß quillt im Mörtel bei Zutritt von Feuchtigkeit und sperrt dadurch die Kapillaren, d.h. „dichtet" den Fugenmörtel. Reiner Zementmörtel würde hier in höherem Maße schwinden und ausbröckeln. In Zementmörtel vermauertes Klinkermauerwerk dagegen wird mit Mörtel der Mörtelgr. III (Zementmörtel 1:2) ausgefugt. Verwendet werden soll hier Sand der Körnung 0 bis 3 mm mit einem Anteil von 70 Gew.-% der Korngruppe 0 bis 1 mm.

Außenmauerwerk als Sichtmauerwerk wird einwandfrei schlagregendicht erst durch Ausführung einer „Regenbremse". Bei einschaligem Sichtmauerwerk (Bild **3**.56a), das mindestens 30, am besten 37,5 cm dick auszuführen ist, werden die parallel zur Wand laufenden senkrechten Stoßfugen 2 cm dick angelegt und schichtenweise sorgfältig mit flüssigem Mörtel (evtl. mit Dichtungszusatz) verfüllt. Verarbeitungsfehler sind jedoch eher zu vermeiden, wenn das Mauerwerk als

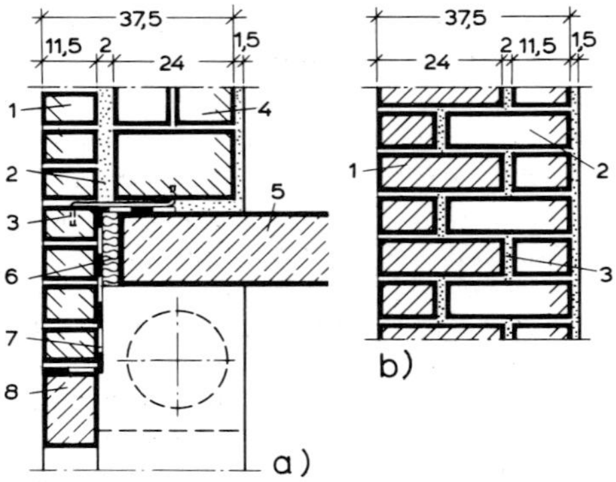

3.56
Schlagregensicherung bei Sichtmauerwerk

a) zweischaliges Verblendmauerwerk ohne Luftschicht

b) einschaliges Mauerwerk mit „Regenbremse"

1 Verblendung NF, 2 Schalenfuge 2 cm, 3 Drahtanker, nichtrostend, 4 tragende Ziegelwand, 5 Stahlbetondecke, 6 Wärmedämmung, 7 Bitumenpappe, 8 umlaufender Stahlbetonriegel als Abfangung der Verblendschale

zweischaliges Verblendmauerwerk ohne Luftschicht mit durchgehender senkrechter Dichtungsfuge ausgeführt wird (s. Bild **3**.56 u. Abschn. 3.2.4.1, Bild **3**.39).

3.2.6.2 Anstriche und Imprägnierungen

Neben ihrer ästhetischen Wirkung können Anstriche und Imprägnierungen von Mauerwerk die Feuchtigkeitsaufnahme durch Schlagregen und stärkere Verschmutzung mildern. Das Mauerwerk muß frei von Ausblühungen, trocken und rissefrei sein und ggf. bei Pilz- und Algenbefall entsprechend vorbehandelt werden. Neben hoher Haftfestigkeit, Alterungs- und UV-Beständigkeit sowie Alkali-Beständigkeit müssen Anstriche aller Art zwar eine möglichst geringe Wasserdurchlässigkeit aufweisen, dürfen jedoch die Wasserdampfdiffusion nicht behindern. Für farblose Imprägnierungen kommen Silikonharz- oder Silan-Imprägnierungen (z.Z. noch nicht genormt) sowie Kieselsäure-Imprägnierungen in Frage. Für deckende Anstriche werden Silikatfarben, Dispersionsfarben, Polymerisatfarben und Farben auf Silikonbasis verwendet. Die Ausführung sollte nur durch erfahrene Fachfirmen erfolgen. Bei allen Anstrichsystemen sollen nur Mittel desselben Herstellers verwendet werden. In jedem Falle ist zu bedenken, daß Mängel und Ausführungsfehler von Sichtmauerwerk durch eine nachträgliche Oberflächenbehandlung kaum überdeckt werden können.

3.2.7 Wandbekleidungen

3.2.7.1 Keramische Wandbekleidungen (DIN 18515)

Als dauerhaften Wetterschutz, besonders in Gegenden mit starker Luftverschmutzung, erhalten Außenwände vielfach eine Bekleidung aus 5 bis 11 mm dicken keramischen Wandfliesen (DIN 18155) oder mit 13 bis 30 mm dicken keramischen Spaltplatten (DIN 18166) oder mit Riemchen – sog. Sparverblendern –, die 30 bis 70 mm dick sind. Die Sichtflächen von Fliesen (15 × 15 bis 15 × 30 cm) entsprechen nicht der DIN 4172 (Maßordnung im Hochbau), dagegen haben Spaltplatten und Riemchen NF, DF und 1 1/2 NF.

Keramische Wandfliesen und Spaltplatten können farbige, glasierte und unglasierte Sichtflächen erhalten.

Spaltziegelplatten und Spaltklinkerplatten sowie Riemchen (längs aufgespaltene Vormauerziegel oder Klinker) müssen den Güteanforderungen der DIN 105 entsprechen und frostbeständig sein.

Keramische Wandbeläge haben fast immer eine dichtere Struktur als die tragenden Wände und behindern daher die Wasserdampfdiffusion von innen nach außen. Insbesondere bei Außenwänden von Feuchträumen oder sonstigen stark beheizten Räumen mit hoher Luftfeuchtigkeit ist innen eine Dampfsperre anzuordnen. Infolge der unterschiedlichen Materialeigenschaften der Beläge und der Unterkonstruktion können durch wechselnde Temperaturen und durch Feuchtigkeitsveränderungen bedingte Quell- und Schwindvorgänge zu Spannungen und damit zu Rißbildungen und Absprengungen führen. Besonders bei dunklen keramischen Wandbelägen müssen daher zusätzlich zu den etwa im Bauwerk bereits vorhandenen Trennfugen Dehnungsfugen vorgesehen werden, die bis auf den Untergrund durchgehen. Abstand und Anordnung der Dehnfugen sind von den örtlichen Verhältnissen abhängig, jedoch sollte mindestens in Höhe jeder Geschoßdecke eine horizontale Dehnfuge und weitere Fugen im Bereich von Brüstungen, Außen- und Innendecken vorgesehen werden. Fugen sollen 10 mm breit sein und in Abständen von mindestens 3, höchstens 6 m angeordnet werden. Sie werden mit gut haftenden elastischen Dichtmassen geschlossen.

In Tab. 1 aus DIN 18515 sind die Befestigungsmöglichkeiten der verschiedenen Bekleidungsarten zusammengestellt.

Übersicht über Fassadenbekleidungen und Befestigungen (nach DIN 18515 Tab. 1)

	Befestigung	Bekleidungen		
		Form	Größe Abmessungen	Bekleidungsstoff
1	im Untergrund mit Trage- und Halteanker; hinterlüftet oder mit Mörtel hinterfüllt	Platten	in der Regel größer als 0,1 m^2 Dicke: s. Abschn. 3.2.6.4	Naturwerkstein Betonwerkstein Keramik
2	am Untergrund angemörtelt	Platten	in der Regel kleiner als 0,1 m^2 Dicke: 5 bis 30 mm	keramische Fliesen nach DIN 18155 keramische Spaltplatten nach DIN 18166 keramische Platten Spaltziegelplatten Naturwerksteinplatten Betonwerksteinplatten
3		Mosaiken	kleinformatig Dicke: 5 mm	Keramik Naturstein
4		Riemchen	streifenförmig Dicke: 10 bis 30 mm Höhe: 20 bis 60 mm	Naturstein Betonwerkstein Keramik
5	angemauert, auf Konsolen aufgesetzt und zusätzlich verankert	Riemchen und Sparverblender	streifenförmig Dicke: 30 bis 70 mm	Keramik Betonwerkstein Naturwerkstein Kalksandstein

Bekleidungen aus Platten mit einer Fläche $<0{,}1\ m^2$ und $\leqq 30$ mm Dicke werden in der Regel an dem Untergrund angemörtelt; der Haft- und Schubverbund der Platten kann durch die Anordnung von Rillen oder Rippen auf ihrer Rückseite verbessert werden. Wandbekleidungen sind möglichst erst dann auszuführen, wenn sich der Untergrund hinreichend gesetzt hat. Die zu bekleidenden Wandflächen müssen geschlossen sein und dürfen in der Fläche keine Hohlräume aufweisen. Stark saugende Flächen sind anzunässen und erhalten zunächst einen vollflächigen, deckenden Spritzbewurf aus Zementmörtel mit grobkörnigem Sand. Besteht der Untergrund aus verschiedenen, unterschiedlichen Baustoffen, aus Baustoffen mit geringer Festigkeit (z.B. aus Gasbeton, Schaumbeton und Wärmedämmschichten), aus sehr glatten Materialien (z.B. Betonflächen) oder müssen größere Maßabweichungen des Rohbaues ausgeglichen werden, muß vor dem Ansetzen der Bekleidung ein Unterputz mit Bewehrung aus Baustahlgewebe aufgebracht werden, das mit mindestens 5 Ankern/m^2 (Durchmesser 3 mm, rostfreier Stahl nach DIN 17440) zu verankern ist.

Für Unterputzmörtel gilt hier Tabelle 2 aus DIN 18515:

Mörtelzusammensetzungen für angemörtelte Platten, Mosaiken und Riemchen (DIN 18515 Tab. 2)

	Mörtel	Mischungsverhältnis in Raumteilen Zement : Sand
1	Spritzbewurf	1 : 2 bis 1 : 3 Sandkörnungen 0 bis 3 mm bzw. 0 bis 7 mm
2	Unterputz (bewehrt und unbewehrt)	1 : 3 bis 1 : 4
3	Ansetzmörtel	1 : 4 bis 1 : 5
4	Fugenmörtel[1])	1 : 3 bis 1 : 4

[1]) Die maximale Korngröße des Sandes richtet sich nach der Fugenbreite und sollte nicht größer als ein Drittel der Breite sein.

Mörtelzusammensetzung für angemauerte Riemchen und Sparverblender (DIN 18515 Tab. 3)

	Mörtel	Mischungsverhältnisse der Mörtel in Raumteilen für Riemchen und Sparverblender mit Güteanforderungen nach DIN 105	DIN 18166 DIN 18500
1	für Spritzbewurf	Zementmörtel 1 : 2 bis 1 : 3 Sandkörnungen 0 bis 7 mm	
2	für Unterputz	Mörtel der Gruppe II nach DIN 1053	Zementmörtel 1 : 3 bis 1 : 4
3	zum Ausmauern der Bekleidung	Kalkzementmörtel 1 : 2 : 8[1])	Zementmörtel 1 : 4 bis 1 : 5
4	zum Verfugen	Zementmörtel 1 : 3[2])	

[1]) Der Mörtelsand darf nur einen geringen Hohlraumgehalt aufweisen, daher sind gemischt-körnige Sande zu verwenden. Besonders geeignet sind Sande, bei denen der Anteil des Korndurchmessers 0 bis 0,25 mm 15 bis 30 Gew.-% beträgt.

[2]) Das Größtkorn des verwendeten Sandes darf 2 mm nicht überschreiten. Zur Verbesserung der mehlfeinen Körnung 0 bis 0,25 mm kann dem Sand ein Zusatz von Gesteinsmehlen, z.B. Quarzmehl, Traßpulver, zugegeben werden.

Für Bekleidungen mit angemauerten Riemchen oder Sparverblendern (>30 mm dick) muß eine mit dem Bauwerk fest verbundene Aufsetzmöglichkeit vorhanden sein. Außerdem sind zusätzliche Halteanker erforderlich. Der Raum zwischen angemörtelten Bekleidungen und dem Mauerwerk ist sorgfältig mit Mörtel zu verfüllen, um Wasseransammlungen zu verhindern. Damit Teile beim Verlegen nicht rutschen, werden sie mit kleinen Keilen in den Fugen gehalten, bevor der Mörtel angezogen hat (Bild **3**.57).

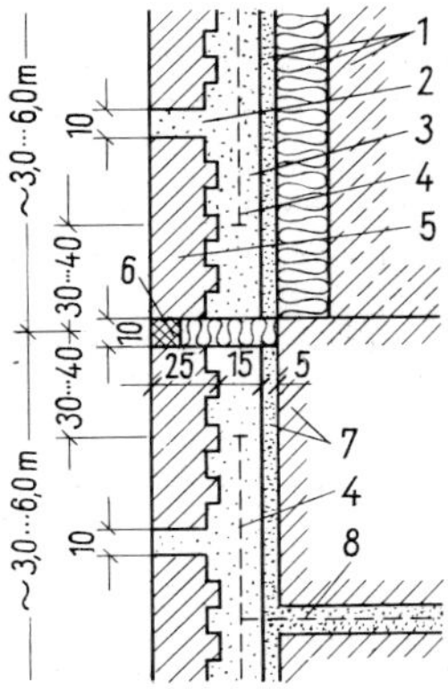

3.57
Angemörtelte Spaltziegelplattenbekleidung (Vertikalschnitt)
1 Stahlbeton-Geschoßdecke mit Wärmedämmung und Spritzbewurf
2 Plattenfuge, hier gem. Plattengröße 10 mm breit
3 Zementmörtelbett i. M. 15 mm dick (>10 und <25 mm)
4 Mörtelbewehrung mit Betonstahlmatte, z.B. 50/50/2,5, falls Mörtelhaftung nicht ausreichend gesichert ist (vgl. DIN 18515 Abschn. 1.7.2); endet 30 bis 40 mm neben Dehnfuge (Rostschutzüberdeckung) und ist mit 5 nichtrostenden Stahldrahtankern je m² in der tragenden Wand zu befestigen
5 Spaltziegelplatten oder keramische Spaltplatten
6 Dehnfuge 10 mm breit, horizontal und vertikal (Gebäudeecken!), alle 3 bis 6 m, Fugenverschluß durch dauerelastische Dichtmasse (bei dunklen Bekleidungen treten erhebliche Wärmedehnungen durch Sonnenbestrahlung auf!). Gebäudetrennfugen trennen auch die Bekleidung
7 Ziegelmauerwerk, vollfugig gemauert, mit grobkörnigem (∅ 5 bis 7 mm) Spritzbewurf
8 Anker für Fugenbewehrung (∅ 3 mm, nichtrostender Stahl)

Eine unmittelbar auf die Außenwand gesetzte Bekleidung aus mehr oder weniger dampfdichten Wandplatten (einschalige Konstruktion) ist immer gewagt, weil die gebotene Sorgfalt bei Herstellung und Verarbeitung des Fugenmörtels meist nicht zu überwachen ist, auch die örtlichen Verhältnisse (Sonneneinstrahlung, Wind, Veränderung der Raumnutzung usw.) und damit die Intensität der Wärmedehnungen, der Dampfdiffusion, der Setzungen, des Schwindens und Kriechens, des Quellens und Schrumpfens oft nur unzulänglich beurteilt werden können. Sicherer vor Wandschäden sind zweischalige Konstruktionen, bei denen die dampfdichten Bekleidungen (z.B. glasierte Fliesen) als vorgefertigte Fassadenelemente mit Hinterlüftung vor die Wandflächen gehängt werden. Eine Wandbekleidung, die eine Zwischenlösung zwischen Vorhangwand (s. Abschn. 3.5.3) und zweischaliger Wand (s. Abschn. 3.2.4.1) darstellt, zeigt Bild **3**.58.

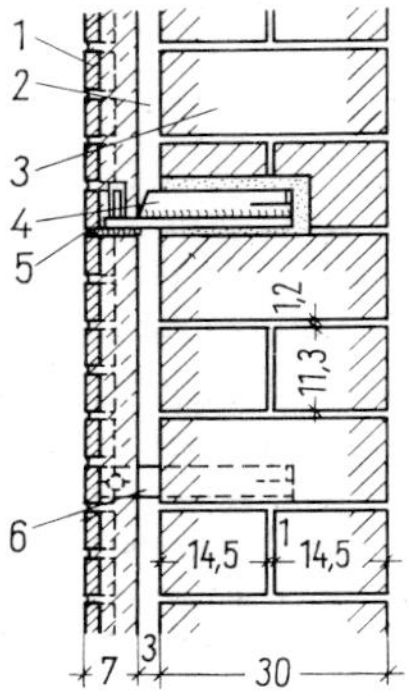

3.58
Fassadenbekleidung aus hinterlüfteten vorgefertigten Ziegelplatten
1 Ziegelplatte (bewehrt) 7 cm dick
2 Luftschicht (in Höhe der Kellerdecke und unterhalb der Dachtraufe geöffnet)
3 Außenwand 30 cm dick
4 Trageanker mit Druckverteilungsplatte und Ankerdorn
5 Fuge mit elastischer Dichtungsmasse und Füllstoff geschlossen
6 Halteanker in Vertikalfuge

3.2.7.2 Natursteinbekleidungen

Für Naturstein-Außenwandbekleidungen werden gesägte Platten von ca. 30 bis 100 cm Breite und 50 bis 150 cm Höhe verwendet. Ihre Dicke richtet sich nach der Größe und der Bruchfestigkeit. Nach DIN 8515 müssen bis zu 1 m^2 große Platten aus Hartgestein mindestens 30 mm, aus weichem Gestein (z. B. Tuff) mindestens 40 bis 50 mm dick sein. Alle Platten müssen im Bereich der Ankerdornlöcher eine Dicke von mindestens 30 mm aufweisen. Es muß gewährleistet sein, daß Platten nicht durch Eigengewicht oder Winddruck bzw. -sog ausbrechen können. Im Freien verwendet man nur frostbeständige Gesteinsarten.

Natursteinplatten für Innenwandbekleidungen sind 20 bis 25 mm dick.

Ähnlich wie Natursteinplatten können bewehrte oder unbewehrte Betonwerksteinplatten verwendet werden. Platten, die größer als 0,5 m^2 sind, müssen statisch berechnet werden.

Bei Fassadenbekleidungen aus Naturwerkstein-, Betonwerkstein- oder Keramikplatten unterscheidet DIN 18515 (wie bei Mosaiken, Riemchen- und Sparverblendern, vgl. Abschn. 3.2.6.3, Bild **3**.58) Bekleidungen, die mit Hinterlüftung (vom Untergrund abgesetzt) von solchen, die ohne Hinterlüftung (an den Untergrund angesetzt) ausgeführt werden.

Damit großflächige Platten, die in der Regel ein erheblich dichteres Materialgefüge als die tragenden Außenwände haben, nicht wie eine falsch angeordnete Dampfsperre wirken, empfiehlt es sich, Plattenbekleidungen zu hinterlüften. Die Bekleidung bleibt so frei von Frostschäden und Ausblühungen und das Tragmauerwerk trocken und warm. Außerdem ermöglicht die weitgehende Trennung von Bekleidung und tragender Wand, daß die unter dem Einfluß von Wärme und Feuchtigkeit auftretenden Volumenänderungen in beiden Bauteilen unabhängig voneinander vor sich gehen (DIN 18515 Abschn. 1.4.1).

Die Luftschicht hinter den Platten muß mind. 20 mm dick sein und am oberen und unteren Abschluß der Bekleidung mit der Außenluft in Verbindung stehen. Die Flächengröße dieser Zu- und Abluftschlitze soll 1 bis 3‰ der bekleideten Fläche betragen. Die Hinterlüftung kann auch durch offene horizontale und vertikale Plattenfugen erfolgen (s. auch DIN 18515 Ziff. 2).

Trageanker, Halteanker (DIN 18515 Abschn. 2.2 und 2.2.1)

Platten $>0{,}1\ m^2$ müssen in jedem Falle verankert werden. Trageanker müssen allein die gesamte Last der Bekleidung aufnehmen können. Schieß- und Schlagdübel dürfen für die Verankerung von Platten nicht verwendet werden, Spreizdübel nur dann, wenn ihre Eignung auch für den Brandfall nachgewiesen worden ist.

Die Platten werden bei hinterlüfteten Bekleidungen in der Regel durch im Untergrund befestigte Trageanker und Halteanker mit Ankerdornen (Bild **3**.59 bis **3**.61), die in die Dornlöcher der Platten eingreifen, gehalten. Bei Betonwerksteinplatten können als Halteanker auch Bandbleche aus nichtrostendem Stahl verwendet werden, die bei der Herstellung der Platten mit einbetoniert werden. Sie dürfen vor dem Versetzen nicht so weit abgebogen sein, daß Materialschäden auftreten.

Jede Platte soll an mindestens vier Punkten befestigt sein. Sie muß auf zwei Trageankern aufliegen und von diesen sowie von zwei Halteankern gegen die auftretenden Beanspruchungen gesichert sein.

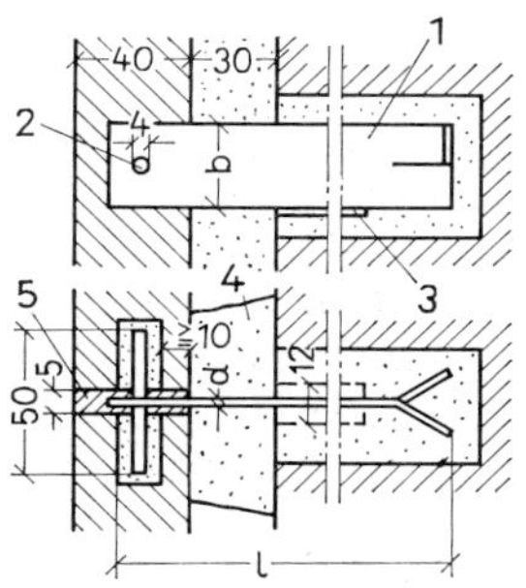

3.59 Traganker (oben Seitenansicht, unten Grundriß). Jede Platte ist mindestens durch 2 Traganker zu unterstützen

1 hochkant gestellter nichtrostender Flachstahl (*l, b, d* sind gemäß DIN 18515 zu ermitteln)
2 Steckdübel oder Dorn ∅ 4 bis 6 mm (Länge 50 bis 70 mm)
3 Druckplatte, angeschweißt (Maße rechnerisch zu ermitteln)
4 Mörtelpunkt ∅ ≦ 100 mm
5 Normalfuge 5 mm dick

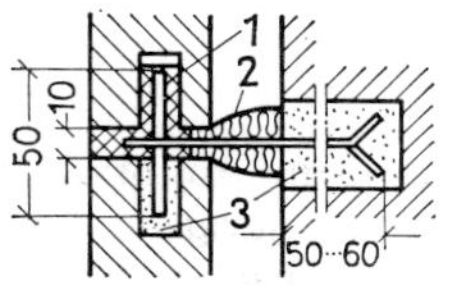

3.60 Senkrechte Dehnfuge (Horizontalschnitt) bei Verwendung von Halteankern mit Ankerdorn. Nur eine Dübelseite vermörtelt, die andere in Längsrichtung beweglich

1 plastoelastisches Dichtungsmittel
2 Glaswolle o. ä.
3 Mörtel

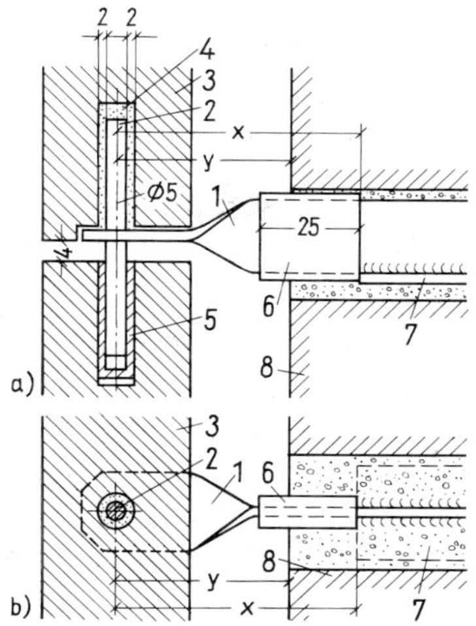

3.61 Trageanker für hinterlüftete Plattenbekleidung mit offenen Fugen vor Ziegelwand

a) Vertikalschnitt
b) Horizontalschnitt

1 Trageanker (um überall Mindestfugendicke zu erreichen, kann der Steg in die Plattenkante eingelassen werden)
2 Ankerdorn ∅ 5 mm, Länge 60 mm
3 Werksteinplatte
4 feinkörniger Zementmörtel
5 Gleitröhrchen aus Kunststoff (eingeklebt) ermöglicht hier Bewegungen in vertikaler Richtung
6 falls vorgeschriebene Biegelänge *x* (z. B. 60 mm) infolge geringerer Ankerstegausladung *y* unterschritten wird, ermöglicht gummielastische Aufklebung die erforderliche Stegbewegung im Mauerwerk (hier in horizontaler Richtung)
7 unter den Ankersteg geschweißte Druckverteilungsplatte
8 Mauerwerk

Bei Gebäudetrennfugen und Dehnungsfugen in der Bekleidung sind Anker mit einseitigem Dorn, bei Dehnungsfugen in der Bekleidung auch besondere Dehnungsfugenanker (z. B. gabelförmig oder Doppelanker mit einem gleitfähigen Kunststoffröhrchen auf mindestens einer Dornhälfte) zu verwenden (Bild **3**.61).

Alle Anker müssen aus nichtrostendem Stahl (nach DIN 17440) bestehen. Sind im Ankerloch Druckverteilungsplatten erforderlich (s. Bilder **3**.59 bis **3**.64), so müssen diese mit den Ankern unlöslich verbunden (z. B. verschweißt) sein. Bei Fassadenbekleidungen, die an Ankern befestigt werden (s. DIN 18515, Tab. 1, Zeile 1) ist die Standsicherheit der Bekleidungen einschließlich der Verankerungen nachzuweisen.

Die Tragkraft des Ankerdorns braucht nicht nachgewiesen zu werden, wenn sein Durchmesser mind. 4 mm beträgt, die Breite der Vertikalfuge 10 mm und die Belastung je Dornhälfte 0,75 kN nicht überschreiten; bei über 10 bis 15 mm Fugenbreite muß der Ankerdorn 6 mm dick sein. Seine Einbindetiefe in der Platte muß mind. 25 mm, bei Weichgesteinen mind. 35 mm betragen.

Ankerdornlöcher (DIN 18515 Abschn. 2.2.2)

Die Dorne der Anker greifen in mittig gebohrte oder bei der Herstellung vorgesehene Ankerdornlöcher der Platten ein, die mind. 5 mm tiefer als die Ankerdornlänge sein müssen. Der Durchmesser eines Ankerdornloches soll mind. 3 bis 4 mm größer sein als der des Ankerdorns. Ankerdornlöcher mit abgeplatzten und stark porösen Stellen dürfen für die Verankerung nicht benutzt, sondern müssen an geeigneter Stelle neu gebohrt werden.

Die Ankerdornlöcher sind vor dem Einbringen der Ankerdorne mit feinkörnigem Mörtel oder anderen geeigneten Füllstoffen auszufüllen.

Befestigung im Untergrund (DIN 18515 Abschn. 2.2.3)

Die Anker müssen im tragfähigen Untergrund ausreichend tief und sicher befestigt werden. Für die Befestigung ist Mörtel der Gruppe III nach DIN 1053, mit Zement nach DIN 1164 zu verwenden.

Die Verwendung korrosionsfördernder, insbesondere chloridhaltiger Zusätze, ist unzulässig.

Halteanker aus Bandblechen (z.B. bei Betonwerksteinen) können auch durch Schrauben aus nichtrostendem Stahl und Spreizdübel (soweit zulässig) im Untergrund befestigt werden.

Beim Befestigen von Ankern an tragenden Bauteilen dürfen deren Querschnitte nicht unzulässig geschwächt werden. Unbelastetes Mauerwerk, z.B. bei Brüstungen, ist vor Anbringung von Trageankern für Plattenbekleidungen gegen Kippen zu sichern.

Horizontale Untersichten (DIN 18515 Abschn. 2.2.4)

Eine Befestigung der Platten nur mit Tragankern ist hier nicht zulässig, da die Dübellöcher ausbrechen können. Für die Aufhängung der Platten sind Sonderkonstruktionen aus Profilstählen o.ä. erforderlich, in die die Platten einzulegen sind. Die Profilstähle sind mit Ankern, Bandblechen o.ä. im Untergrund zu befestigen (Bild **3**.62).

(Betonwerksteinplatten können unmittelbar an bereits in den Platten einbetonierten Bandblechen aufgehängt werden.)

Im Untergrund zu verankernde Teile (DIN 18515 Abschn. 1.9.1)

Fenster, Türen, Beleuchtungs- und Reklamekonstruktionen sowie Gerüste u.ä. dürfen nicht an der Bekleidung verankert werden. Solche Teile sind im Untergrund zu befestigen und an etwaigen Berührungsstellen von der Bekleidung durch mind. 5 mm breite, ebenso tief mit Dichtmasse und bis zum Verankerungsgrund mit elastischen Füllmassen gefüllte Anschlußfugen zu trennen. Fenster-

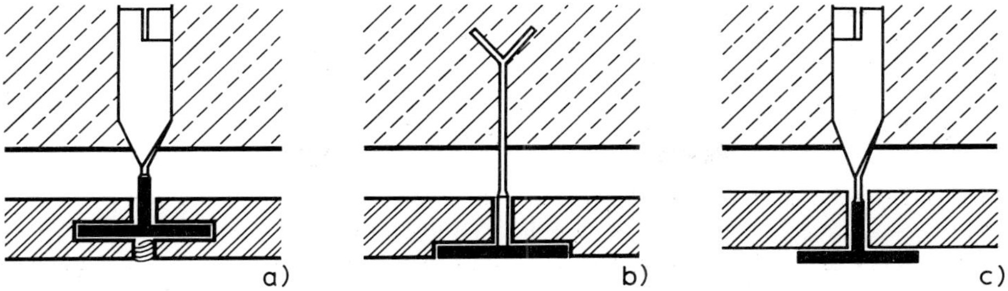

3.62 Verankerung von Untersicht-Platten
a) eingelassenes T-Profil
b) eingesetztes T-Profil
c) Platte auf T-Profil aufgelegt

und Türrahmen sind an den Untergrund wasser- und winddicht anzuschließen (Bild **3**.63).

Besondere Auflager (DIN 18515 Abschn. 1.9.2)

Werkstücke für Sohlbänke, Fenstergewände, Gesimse o. ä. Teile müssen unabhängig von der Fassadenbekleidung auf tragfähigen Auflagern versetzt und gegen etwaigen Schub, Stoß, Druck und gegen Drehung verankert werden.

Aus Gesimsen, Sohlbänken usw. dürfen keine Spannungen auf die Bekleidung übertragen werden. Zwischen Bekleidung und solchen Teilen sind mind. 5 mm breite Anschlußfugen vorzusehen.

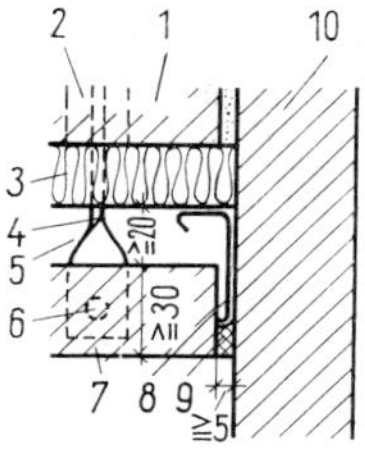

3.63 Horizontalschnitt durch Anschlußfuge zwischen hinterlüfteter Plattenbekleidung und einem Türgewände
1 Außenwand
2 Druckverteilungsplatte
3 Wärmedämmung
4 Anker
5 Hinterlüftung
6 Ankerdorn
7 Natursteinbekleidung mit allseits offenen Fugen
8 Blechverwahrung
9 elastoplastische Dichtungsmasse
10 Naturstein-Türgewände

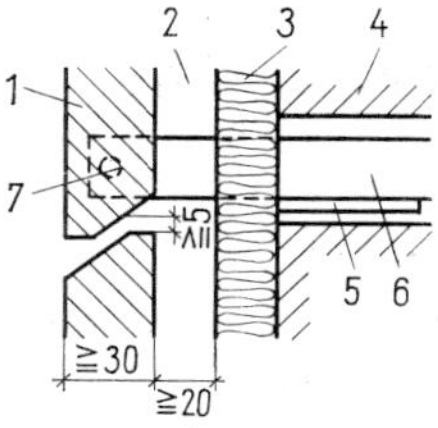

3.64 Vertikalschnitt durch eine offene horizontale Fuge
1 Bekleidung
2 Hinterlüftung
3 Wärmedämmung
4 Außenwand
5 Druckverteilungsplatte
6 Anker mit 5 verschweißt
7 Ankerdorn

Fugen

Die hinterlüftete Bekleidung selbst braucht weder wasser- noch winddicht zu sein. Großflächige, hinterlüftete Bekleidungsplatten können daher mit offenen, mind. 4 mm breiten Fugen vor die Außenwände gehängt werden. Offene Fugen von Bekleidungen, die starkem Windanfall ausgesetzt sind, sollen nach Möglichkeit so ausgebildet werden, daß der Regen nicht ungehindert durchschlagen kann. Meist dürften einfache Abfasungen der oberen und unteren Plattenkanten genügen, um den notwendigen Regenschutz zu gewährleisten (Bild **3.**64).

Bei offenen Fugen entfallen alle Fugenprobleme, die sich aus der Forderung nach dauerhafter Dichtung und nach einwandfreier Ausbildung von Dehnungs- und Trennfugen ergeben. Die Dichtung beschränkt sich hier auf die Anschlußfugen (DIN 18515 Ziff. 1.8.3), die dort vorzusehen sind, wo die Bekleidung an andere Baustoffe (z.B. Holz- oder Metallrahmen) anschließt oder wo sie zwischen tragenden Bauteilen (Gesimsen, Decken) Druckspannungen ausgesetzt werden könnte. Anschlußfugen sind mind. 5 mm breit und mit einem plastoelastischen Dichtungsmittel zu schließen. Bei Bekleidungen mit offenen Fugen ist darauf zu achten, daß die anschließenden Teile in der Luftschicht durch an der Rückseite der Bekleidung herabrinnendes Wasser nicht durchfeuchtet werden (Bild **3.**63).

Verfugte Plattenbekleidungen sind mindestens alle 6 m (Maß ist von den Baustoffen der Bekleidung und des Untergrundes und von der Plattenfarbe abhängig) durch Dehnungsfugen zu trennen (Fugenbreite in der Regel 10 mm).

Sockel- und Pfeilerbekleidungen (DIN 18515 Abschn. 3)

(ausgenommen Beton-Werksteinplatten) werden wegen der Gefahr einer Beschädigung durch Stoß oder Schlag meist hintermörtelt. Der Hinterfüllmörtel soll möglichst porös (z.B. als Einkorn-Mörtel) ausgeführt werden, und zwar als Kalkzementmörtel der Gruppe II nach DIN 1053 oder Traßzementmörtel im gleichen Mischungsverhältnis; bei Jurakalkstein nur Kalkmörtel (Gruppe I) oder Traßkalkmörtel. Bei großformatigen Platten aus Keramik soll mit Mörtel nach DIN 18515 Tab. 2 hintermörtelt werden. (Keine Zementmörtel für Jurakalkstein, keine Gipsmörtel für Solnhofener Platten!) Bei hintermörtelten Fassadenbekleidungen sind die Plattenfugen zu schließen.

Bei Frostgefahr (Temperaturen unter 5°Celsius) dürfen Versetz- und Bekleidungsarbeiten mit Mörtel nicht ausgeführt werden.

Versetzpläne (DIN 18515 Abschn. 1.6)

Für Bekleidungen aus Naturwerkstein-, Betonwerkstein- und Keramikplatten $>0{,}1\ m^2$ müssen Versetzpläne angefertigt werden, aus denen hervorgehen

1. Untergrund (Verankerungsgrund): Art (Steinfestigkeit und Mörtelart oder Betongüte) und Dicke
2. Bekleidung: Stoffe und Abmessungen der Einzelteile
3. Befestigungsmittel: Art, Anzahl und Anordnung (Bild **3.**65)
4. Fugen: Art (Gebäudetrennfugen, Dehnungsfugen in der Bekleidung Plattenfugen) und
   bei den Plattenfugen: Art der Fugenausbildung (Mörtelfugen, mit Dichtmassen geschlossene Fugen, offene Fugen)

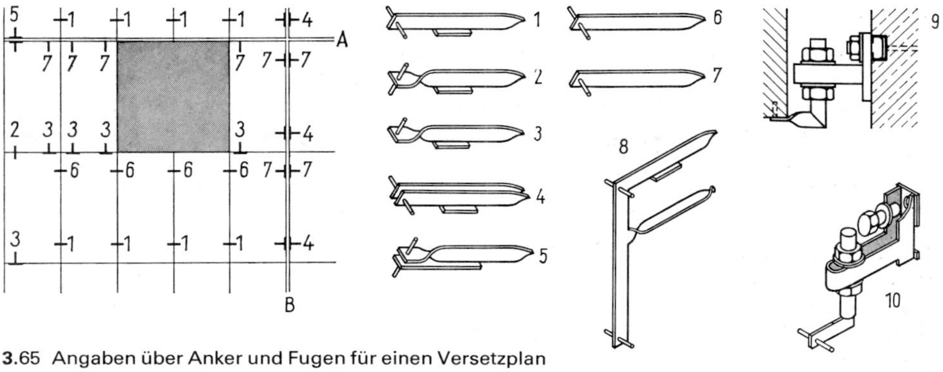

3.65 Angaben über Anker und Fugen für einen Versetzplan
A horizontale
B vertikale Dehnfuge
1, 2, 3 Trageanker
4 Dehnfugenanker senkrecht
5 Dehnfugenanker waagerecht
6, 7 Halteanker
8 Winkelanker für weit herabhängende Platten (z. B. für Rolladenschürzen)
9, 10 justierbare Anker[1])

[1]) Fa. Karl Lutz, Wertheim 2

3.2.7.3 Asbestzement-Bekleidungen

Für hinterlüftete Außenwandbekleidungen werden vorwiegend ebene Asbestzementtafeln verwendet. Sie werden in verschiedenen Formaten und Dicken hergestellt mit glatter Oberfläche

- hellgrau (naturfarben, aus Herstellung mit grauem Zement)
- durchgefärbt
- mit Oberflächen aus eingebrannten Silikatfarben
- mit glasurähnlichen farbigen Oberflächen
- weiß (aus Herstellung mit Weiß-Zement)

ferner mit granulierten und strukturierten, auch gefärbten Oberflächen.

Kleinformatige Asbestzement-Fassadenplatten (z. B. 60 × 30 × 0,4 cm) sind werkseitig gelocht und werden auf aufgedübelter einfacher Lattung, – vor außenseitiger Wärmedämmung auch auf Lattung mit Konterlattung – in Vertikaldeckung (Bild **3.**66 a) Stülpdeckung (Bild **3.**66 b) oder waagerechter Deckung (Bild **3.**66 c) mit verzinkten Schieferstiften oder plattenfarbigen Spezialnägeln befestigt. Bei Vertikaldeckung und Stülpdeckung werden die Stoßfugen mit Fugenbändern hinterlegt, ein- und ausspringende Ecken sowie Anschlüsse an Fenster usw. werden mit Kunststoffprofilen (Bild **3.**67 a) ausgebildet. Ferner kann die Montage auf Asbestzementstreifen erfolgen, die mit Abstands-Dübeln vor dem Mauerwerk angebracht werden (Bild **3.**67 b).

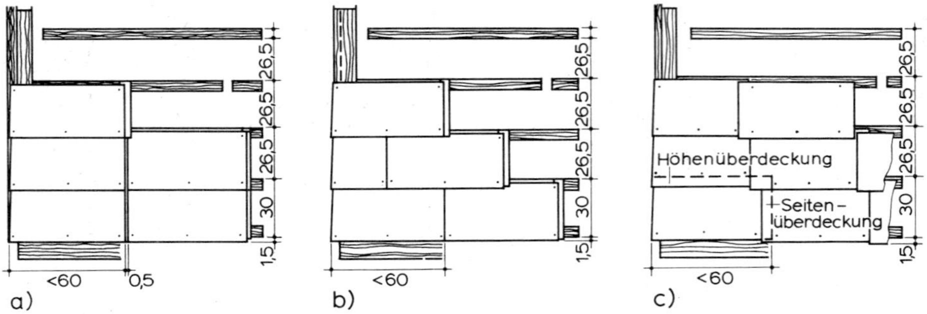

3.66 Kleinformatige Asbestzementtafeln auf waagerechter Lattung
- a) Vertikaldeckung
- b) Stülpdeckung
- c) waagerechte Deckung

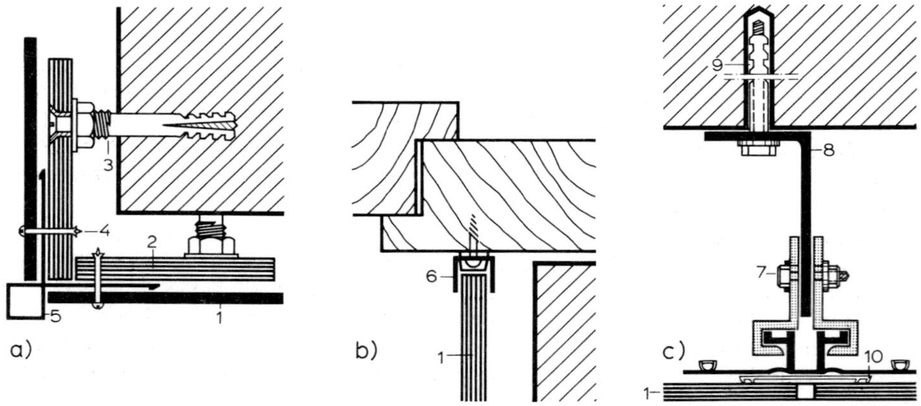

3.67 Wandbekleidung mit Asbestzementtafeln, Details
- a) Wandecke
- b) Fensteranschluß mit U-Profil
- c) Fassadenplatten auf Unterkonstruktion System Protektor „Alu" 002

1 Asbestzement-Fassadenplatte
2 Asbestzement-Streifen
3 Abstandsbefestigung System Fischer
4 Holzschraube in Fischer-Spreizpatrone
5 Kunststoff-Eckprofil
6 Alu-U-Profil
7 Aluminiumtragschienen
8 Haltewinkel
9 Verschraubung in der Fassade mit Kunststoffdübeln
10 PVC-Fugenband

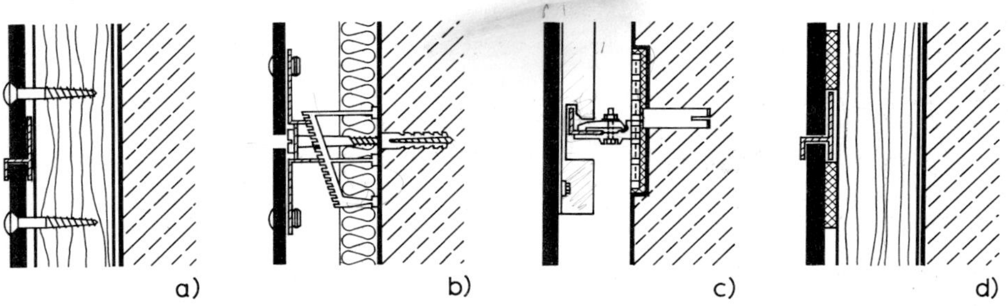

3.68 Befestigung ebener Asbestzementtafeln

a) sichtbare Befestigung – Holzschrauben mit Abdeckkappen auf Holzunterkonstruktion, Stöße mit Kunststoff-Steckprofilen

b) Nieten mit Abdeckkappen in Verbindung mit justierbarer Aluminiumunterkonstruktion

c) unsichtbare Befestigung mit Spezialdübeln (Eternit), von der Tafelrückseite in Verbindung mit justierbarer Unterkonstruktion befestigt (Mindesttafeldicke 12 mm)

d) Verklebung nach dem Bostik-Pad-Verfahren (zugelassen für max. zweigeschossige Bauten)

Großformatige Asbestzement-Fassadentafeln (z. B. Weiß-Eternit, Plattengrößen bis 1250 × 3580 mm, Plattendicken 5 bis 20 mm) eignen sich besonders für die Ausführung dauerhafter hinterlüfteter Fassadenbekleidungen. Sie können mit – von außen sichtbaren – Schrauben auf Holzunterkonstruktion (Bild **3**.68 a), mit Schrauben in Spreizpatronen auf Asbestzementstreifen (Bild **3**.67 a) oder mit Nieten (Bild **3**.68 b) befestigt werden.

Eine unsichtbare Befestigung ist möglich durch Klebung (z. B. Bostik-Pad-Verfahren, Bild **3**.68 d) oder mit Hilfe von justierbaren Metallaufhängungen, die mit Spezialdübeln auf die Rückseite der Tafeln aufgeschraubt werden können (Bild **3**.68 c). Stoßfugen können offen bleiben oder werden mit Fugenbändern hinterlegt. In horizontalen Fugen sollten die Platten nach hinten so abgeschrägt werden, daß es durch ablaufendes Regenwasser zu Schmutzablagerungen nur an der Rückseite kommt.

Vornehmlich im Industriebau werden auch Asbestzement-Wellplatten oder spundwandähnliche Trapezprofilplatten verwendet.

3.2.7.4 Metallbekleidungen

Metallbekleidungen von Außenwänden dürfen nur mit Hinterlüftung ausgeführt werden. Verwendet werden Well- und Trapezprofile, die in bis zu 10 m langen, ca. 0,60 m breiten verzinkten oder kunststoffbeschichteten Stahlblechtafeln oder aus lackiertem oder kunststoffbeschichtetem Aluminium hergestellt werden (Bild **3**.69). Derartige Wandbekleidungen werden durch Aufklemmen auf Halteprofile oder auf Unterkonstruktionen ähnlich Bild **3**.67 und **3**.68 montiert.

Außerdem werden für Fassadenbekleidungen kassettenförmige Elemente aus emailliertem Stahlblech, Edelstahl oder Aluminium in verschiedenen Größen, mit ebenen oder profilierten Oberflächen verwendet. Für dekorative, auch gegen mechanische Beschädigungen sehr widerstandsfähige Wandbekleidungen kommen

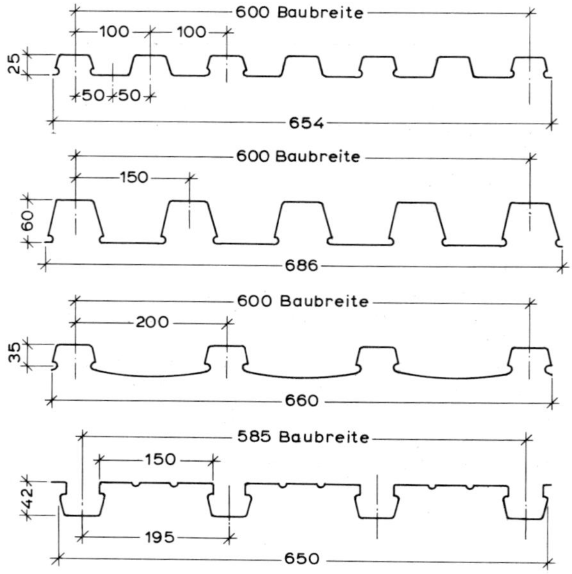

3.69
Metallprofile für Außenwandbekleidungen

Aluminium-Gußplatten mit verschiedenartigster Oberflächengestaltung in Frage. Sie werden mit Hilfe von Konstruktionen, ähnlich wie in Bild **3.**68c gezeigt, montiert.

3.2.8 DIN-Normen

DIN-Blatt Nr			Ausgabe-Datum	Titel
	105	T1	7.69	Mauerziegel; Vollziegel und Lochziegel
		T2	1.72	–; Leichtziegel
	106		11.72	Kalksandsteine, Vollsteine, Lochsteine und Hohlblocksteine
	398		6.76	Hüttensteine; Voll- und Lochsteine
	1053	T1	11.74	Mauerwerk; Berechnung und Ausführung
E	1053	T4	2.77	Mauerwerk; Bauten aus geschoßhohen Ziegelfertigbauteilen
	1060		12.67	Baukalk
	1164	T1 u. 2	11.78	Portland-, Eisenportland-, Hochofen- und Traßzement;
		T3 bis 8	6.70	Begriffe, Bestandteile, Anforderungen, Lieferung
	1168	T1	5.75	Baugipse; Begriffe und Kennzeichnung Baugipse; Begriff, Sorten und Verwendung, Lieferung und Kennzeichnung, Anforderung, Prüfung, Überwachung

Fortsetzung s. nächste Seite

DIN-Normen (Fortsetzung)

DIN-Blatt Nr		Ausgabe-Datum	Titel
4117		11. 60	Abdichtung von Bauwerken gegen Bodenfeuchtigkeit; Richtlinien für die Ausführung
4165		12. 73	Gasbeton-Blocksteine
4172		7. 55	Maßordnung im Hochbau
4207		2. 72	Mischbinder
4208		10. 62	Anhydritbinder
4226	T 1	12. 71	Zuschlag für Beton; Zuschlag mit dichtem Gefüge, Begriffe, Bezeichnung, Anforderungen und Güteüberwachung
	T 2	12. 71	–; Zuschlag mit porigem Gefüge (Leichtzuschlag), Begriffe, Bezeichnung, Anforderungen und Güteüberwachung
	T 3	12. 71	–; Prüfung von Zuschlag mit dichtem oder porigem Gefüge
18013	T 1	4. 71	Zählernischen; Nischen für Elektrizitätszähler, Bautechnische Anforderungen
	T 2	4. 71	–; Nischen für Gaszähler, Bautechnische Anforderungen
	T 3	4. 71	–; Nischen für Elektrizitäts- und Gaszähler, Bautechnische Anforderungen
18050		9. 55	Fensteröffnungen für den Wohnungsbau; Rohbau-Richtmaße
E 18100		12. 76	Türen; Wandöffnungen für Türen
18151		2.79	Hohlblocksteine aus Leichtbeton
18152		7. 71	Vollsteine aus Leichtbeton
18153		2.79	Hohlblocksteine aus Beton
18155		3. 76	Keramische Wand- und Bodenfliesen T 1 bis 4 Feinkeramische Fliesen
18166		10. 74	Keramische Spaltplatten
18170		4. 70	Glasfliesen
18330		9. 76	VOB, Teil C: Allg. Techn. Vorschriften, Mauerarbeiten
18515		12. 73	Fassadenbekleidungen aus Naturwerkstein, Betonwerkstein und keramischen Baustoffen; Richtlinien für die Ausführung, Erläuterungen
51043		1. 72	Traß; Anforderungen, Prüfung

3.3 Wände aus natürlichen Steinen

3.3.1 Baustoffe

Mauerwerk aus natürlichen Steinen ergibt bei richtiger Auswahl und werkgerechter Behandlung Mauerflächen von großer Beständigkeit und Schönheit. Die richtige Auswahl wird erleichtert, wenn an älteren, ausgeführten Bauten festgestellt werden kann, wie sich die Steine hinsichtlich ihrer Wetter- und Farbbeständigkeit bewährt haben. Dabei sind nicht nur Steinart und Herkunftsort, sondern auch die Lage im Steinbruch mit in Betracht zu ziehen (s. auch DIN 52100).

Die wichtigsten natürlichen Bausteine sind

aus der Gruppe der Sedimentgesteine: Kalkstein und Sandstein

aus der Gruppe der Erstarrungsgesteine: Granit, Porphyr, vulkanische Tuffsteine, Basaltlava und – im Wasserbau – Basalt

Die Eigenschaften der natürlichen Bausteine: Rohdichte, Dichtigkeitsgrad, Härte, Wasseraufnahme, Wasserabgabe, Frostbeständigkeit, Druck-, Schlagfestigkeit und Abnutzbarkeit werden nach DIN 52100 bis 52108 geprüft.

Die Rohdichte der natürlichen Bausteine liegt zwischen 2 und 3 kg/dm^3. Die Druckfestigkeit hängt von den Mineralien und dem Gefüge sowie dem Bindemittel ab. Wegen der geringen Zugfestigkeit ist Beanspruchung auf Biegung unzulässig (Entlastungsbögen!). Das Gefüge kann kristallinisch, körnig, dicht, porphyrisch schiefrig, porös sein. Auch Härte und Wetterbeständigkeit hängen von den Mineralien und dem Gefüge sowie dem Bindemittel ab. Die Härte bedingt die Bearbeitbarkeit, Abnutzbarkeit und Polierfähigkeit. Nur Steine von dichtem, gleichmäßigem Gefüge und größerer Härte können poliert werden, z.B. Granit, Basalt, Porphyr, Marmor. Nicht polierbar sind: Sandsteine, Trachyt, Tuffe. Die Feuerbeständigkeit wird erhöht durch großen Gehalt an Quarz, Ton und Glimmer, verringert durch Gehalt an kohlensaurem Kalk und Feldspat. Günstiges Brandverhalten zeigen nur tonige Sandsteine, Trachyte und Glimmerschiefer.

Natursteine haben im allgemeinen infolge ihrer Dichte eine geringe Wärmedämmfähigkeit und werden deshalb mit Ziegelsteinen hintermauert. Wie jede andere Art von Mauerwerk ist auch Natursteinmauerwerk gegen aufsteigende und von oben eindringende Feuchtigkeit zu schützen. Gegen in der Luft und im Wasser enthaltene Säuren sowie gegen Moose und Flechten helfen verschiedene Steinschutzmittel (farblose Dichtungs- und Härtungsanstriche). Die Anstrichstoffe sind entweder Lösungen bzw. Emulsionen von Wachs, Ceresin, Paraffin und anderen wachsartigen Stoffen oder Fluate (wasserlösliche Kieselfluor-Metallsalze), die gleichzeitig Oberflächenhärtung bewirken.

Natursteinmauerwerk ist vor ständiger Durchfeuchtung zu schützen. Wo Steine und Steinfugen den Niederschlägen besonders ausgesetzt sind, muß das Wasser auf kürzestem Wege abgeleitet werden. Weiche, porige Steine werden mit Zink- oder Kupferblech abgedeckt. Wichtig ist auch die Wahl des Fugenmörtels, der grundsätzlich so dicht sein soll wie das jeweils verwendete Steinmaterial. Feinkörnige Sande (Korngröße $\leqq 1$ mm) mit Quarzmehlzusatz ergeben dichte raumbeständige Mörtel. Kalkauswaschungen werden durch Dichtungsmittel (Fluate) vermieden.

Für die zulässigen Beanspruchungen des Werksteinmauerwerks ist DIN 1053 Abschn. 7.5 maßgebend. Belastete Wände mit Dicken $<$24 cm sind nicht zulässig.

3.3.2 Gewinnung und Bearbeitung der natürlichen Bausteine

Mit Brechstange und Keilen oder auch durch Sprengung stehengebliebener Pfeiler werden die Steine im Bruch gelöst. Die Stücke werden entweder maschinell (Steinsäge, Preßluftgerät) oder durch Spaltkeil und Bossierhammer (bei weichen oder mittelharten Steinen) oder mit dem Zweispitz (bei härteren Steinen) in eine rechteckig-prismatische Form gebracht, wobei in jeder Richtung ein „Bruchzoll" von etwa 5 cm zugegeben wird, der bei weiterer Bearbeitung abfällt. Da die meisten Gesteine in bruchfeuchtem Zustand weicher sind als nach längerer Einwirkung der Luftkohlensäure (insbesondere die Süßwassertuffe), werden sie in der Regel sofort im Steinbruch nach einem genauen Schichtenplan bearbeitet, dem eine Werkzeichnung im Maßstab 1 : 20 zugrunde liegt. Alle Steine werden nach der Bearbeitung in Übereinstimmung mit der Zeichnung benummert.

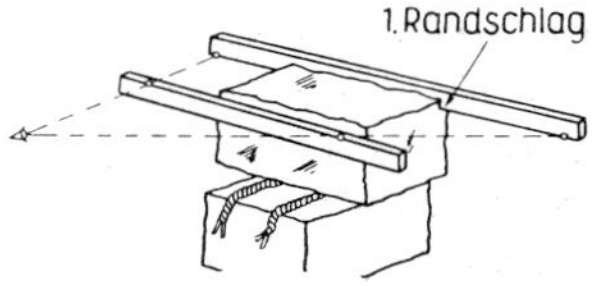

3.70
„Versehen" des aufgebänkten Steins, d. h. Feststellung der Lage des zweiten Randschlags

Der rohe Steinblock wird „aufgebänkt" (wobei zum Schutz der Kanten Stroh- oder Hanfseile unterlegt werden), danach wird mit einem Schlageisen ein Randschlag (Bild **3.**70) von 2 bis 3 cm Breite hergestellt. Dann folgt der dazu parallele Randschlag, wobei durch „Versehen" über zwei Richtscheite der zweite Randschlag in die Ebene des ersten gebracht wird. Der dritte und vierte Randschlag wird in derselben Weise hergestellt. Der zwischen den Randschlägen verbleibende rauhe Teil wird „Bossen" genannt, der entweder als solcher stehenbleibt oder bis zur gleichen Ebene mit den Randschlägen weggeschlagen und geebnet wird. Auf diese Weise werden alle übrigen Steinflächen hergestellt, wobei mit einem Eisenwinkel geprüft wird, ob die zusammenstoßenden Flächen rechtwinklig zueinander stehen.

Die Oberflächenbehandlung des „Hauptes" (sichtbar bleibende Steinfläche) hängt von den gestalterischen Absichten des Architekten und von der Härte des Gesteins ab. Je härter der Stein, desto rauher kann seine Oberfläche bleiben.

Harte Steine werden entweder bossiert (d. h., die Oberfläche bleibt roh stehen), gespitzt (stark aufgerauht) oder mit dem Stockhammer gestockt (gleichmäßig grobkörnige Oberfläche).

Weiche Steine werden nach dem Spitzen gekrönelt (mit dem Kröneleisen behandelt, regelmäßig körnige Fläche) oder scharriert (feine parallele, senkrecht oder waagerecht verlaufende Riffelung). Eine wirkungsvolle Oberfläche ergibt sich auch, wenn die Fläche mit einem Zahnhammer aufgeschlagen wird. Ganz glatte Steinoberflächen entstehen durch Schleifen. Dazu wird ein Schleifpulver (Sandsteinpulver, Schmirgel) unter stetiger Wasserzuführung mittels filz- oder lederbenagelter Holzscheiben auf dem Stein verrieben. Harte Steine, wie Granit, Marmor u. a., können poliert werden.

Außer von Hand werden die Steine auch mit Steinsägen, Hobel-, Schleif- und Poliermaschinen bearbeitet. Durch Sägen werden insbesondere die dünnen Platten für Wandbekleidungen hergestellt.

3.3.3 Steinverbände

Allgemeines

Richtlinien für die handwerksgerechte Verarbeitung natürlicher Steine und für die Herstellung von Mauerwerk aus natürlichen Steinen enthalten DIN 1053 und DIN 18332. Die lagerhaften Steine sind im Mauerwerk auf ihr natürliches Lager (Lagerfugen rechtwinklig zum Kraftangriff) zu verlegen. Das Verhältnis der Steinhöhe zur Steinlänge darf $^1/_1$ bis $^1/_5$ betragen. Im ganzen Querschnitt ist auf handwerksgerechten Verband zu achten. Stoßfugen dürfen nicht durch mehr als 2 Schichten gehen. In den Ansichts- und Rückflächen dürfen nirgends mehr als 3 Fugen zusammenstoßen. Entweder müssen Läufer- und Binderschichten regelmäßig miteinander abwechseln, oder es muß in jeder Schicht auf 2 Läufer mindestens 1 Binder kommen. Jeder Binder muß etwa um das $1^1/_2$fache der Schichthöhe, mindestens aber 30 cm tief einbinden. Die Tiefe (Dicke) der Läufer muß mindestens gleich der Schichthöhe sein. Stoßfugen müssen sich bei Schichtenmauerwerk um mindestens 10 cm, bei Quadermauerwerk um mindestens 15 cm überdecken.

Lassen sich Zwischenräume im Innern des Mauerwerks nicht vermeiden, so sind sie mit geeigneten, allseits von Mörtel umhüllten Steinstücken so auszuzwickeln, daß keine Mörtelnester entstehen. Für Mauerwerk unter der Erde sind hydraulischer Kalkmörtel oder Kalkzementmörtel, über Gelände Kalkzementmörtel zu verwenden. Zementmörtel ist zu hart, zu dicht und unschön.

Sichtflächen sind nachträglich zu verfugen; sind die Flächen der Witterung ausgesetzt, so muß die Verfugung voll und wasserdicht sein. Tiefe der Ausfugung ist gleich der Fugendicke.

Trockenmauerwerk

Beim Trockenmauerwerk sind Bruchsteine ohne Mörtel unter geringer Bearbeitung in richtigem Verband so aneinanderzufügen, daß möglichst enge Fugen und keine Hohlräume verbleiben. In die Hohlräume müssen kleinere Steine so eingekeilt werden, daß Spannung zwischen den Mauersteinen entsteht.

Trockenmauern werden als Schwergewichtsmauern (niedrige Stützmauern) verwendet. Als Raumgewicht ist im Standsicherheitsnachweis die Hälfte der Rohdichte des verwendeten Steines anzunehmen.

Findlingsmauerwerk

Für Findlingsmauerwerk werden unbearbeitete Feldsteine verwendet. Die rundliche Form der Steine ergibt sehr unregelmäßige Fugen, die sorgfältig zu füllen und mit Steinstückchen auszuzwickeln sind. Altes Feldsteinmauerwerk ist häufig geputzt. Um den Mauerwerksverband zu sichern, führt man die Ecken aus regelmäßiger geformten Steinen aus und gleicht die durch Binder zusammengehaltenen Schichten etwa alle Meter waagerecht ab (Bild **3**.71).

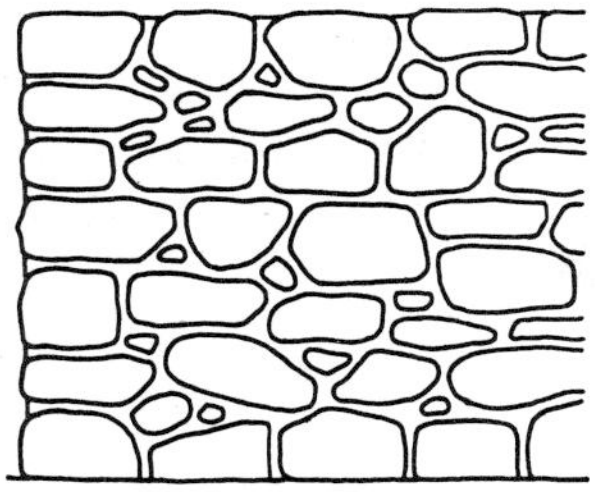

3.71 Findlingsmauerwerk

3.72 Bruchsteinmauerwerk

Bruchsteinmauerwerk

Die in den Steinbrüchen gewonnenen 15 bis 30 cm hohen Bruchsteine werden nur wenig oder gar nicht in den Lagerflächen bearbeitet. Es werden Steine verschiedener Größe in lagerhaften Schichten zusammengesetzt. Die unregelmäßigen Fugen sind sorgfältig mit Mörtel auszufüllen und, falls erforderlich, mit kleinen Steinstückchen auszuzwickeln. Bruchsteinmauerwerk ist in seiner ganzen Dicke und in Absätzen von höchstens 1,50 m Entfernung rechtwinklig zur Kraftrichtung auszugleichen (Bild **3**.72). Mindestwanddicke ≈ 50 cm.

Hammerrechtes Schichtenmauerwerk

Die Steine der Sichtfläche erhalten auf mindestens 12 cm Tiefe bearbeitete Lager- und Stoßfugen, die ungefähr rechtwinklig zueinander stehen. Die Schichthöhe darf innerhalb einer Schicht und in den verschiedenen Schichten wechseln; jedoch ist auch hier das Mauerwerk in seiner ganzen Dicke alle 1,50 m rechtwinklig zur Kraftrichtung auszugleichen (Bild **3**.73).

3.73 Hammerrechtes Schichtenmauerwerk

3.74 Unregelmäßiges Schichtenmauerwerk

Unregelmäßiges Schichtenmauerwerk

Die Steine der Sichtfläche erhalten auf mindestens 15 cm Tiefe bearbeitete Lager- und Stoßfugen, die zueinander und zur Oberfläche senkrecht stehen. Die Fugen der Sichtflächen dürfen nicht weiter als 3 cm sein. Die Schichthöhe darf innerhalb einer Schicht und in den verschiedenen Schichten in mäßigen Grenzen wechseln; jedoch ist das Mauerwerk in seiner ganzen Dicke alle 1,50 m rechtwinklig zur Kraftrichtung auszugleichen (Bild **3**.74).

In Bild **3**.75 sind richtige Fugenbilder falschen gegenübergestellt.

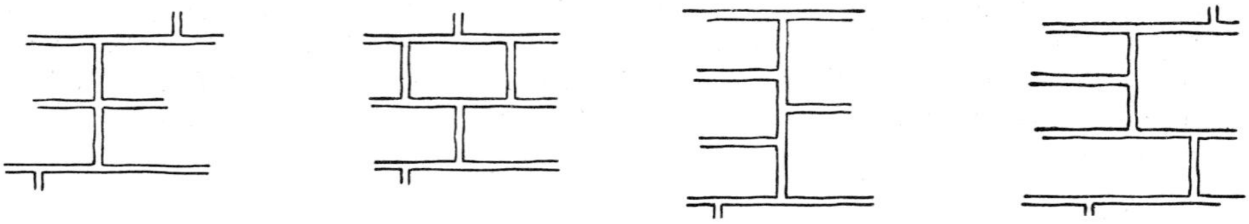

falsch
Kreuzfuge ist unzulässig

richtig
die Stoßfugen müssen versetzt sein

unschön
Stoßfugen über 3 Schichten wirken als Trennung

richtig
neben einen hohen können 2 flache Steine gesetzt werden

3.75 Fugenbildung

Regelmäßiges Schichtenmauerwerk

Die Steine sind wie bei unregelmäßigem Schichtenmauerwerk zu bearbeiten. Innerhalb der Schicht darf aber die Steinhöhe nicht wechseln; jede Schicht ist rechtwinklig zur Kraftrichtung auszugleichen (Bild **3**.76). Lagerfuge 10 bis 15 mm, Stoßfuge 8 bis 12 mm.

3.76 Regelmäßiges Schichtenmauerwerk

Quadermauerwerk

Die Steine sind genau nach den angegebenen Maßen zu bearbeiten. Die Fugenweite soll 3 cm nicht überschreiten. Lager- und Stoßfugen müssen in ganzer Tiefe bearbeitet sein. Bei engen Fugen der Sichtfläche sind die an den Fugenflächen bearbeiteten Steine so zu verlegen, daß die Fugen später sicher und voll mit Mörtel ausgegossen werden können; unmittelbare Berührung der Quader ist hier unzulässig. Versetzen der Quader ohne Mörtel verlangt ebengeschliffene Lagerflächen.

Mischmauerwerk

Es besteht aus der mittragenden Natursteinverblendung in Form von regelmäßigem Schichten- oder Quadermauerwerk und der Hintermauerung aus Beton oder Ziegelmauerwerk. Verblendung und Hintermauerung sind durch einbindende Verblender (≧30% Bindersteine) zu verbinden. Die Verblendung kann bei verblendeten Betonwänden, wie beim vollen Quadermauerwerk, aus Läufer- und Binderschichten oder mit abwechselnden Läufern und Bindern in jeder Schicht gebildet werden.

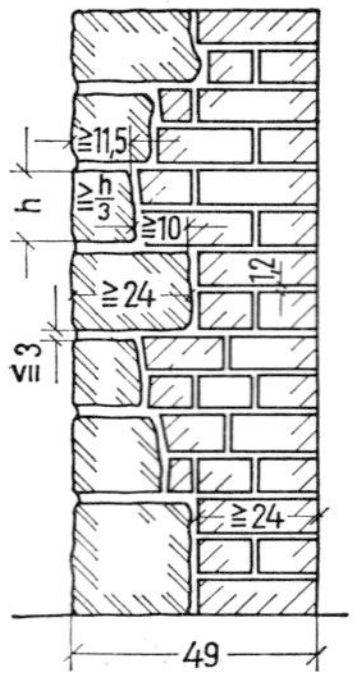

3.77 Schnitt durch Mischmauerwerk (Verblendung aus regelmäßigem Schichtenmauerwerk). Die Verblendung trägt mit, daher ist jede dritte Schicht Binderschicht. Ziegelhintermauerung ≧24 cm bei bewohnten Räumen

Bei Hintermauerung aus künstlichen Steinen muß mindestens jede dritte Schicht eine Binderschicht sein. Die Binder müssen mindestens 24 cm tief (dick) sein und mindestens 10 cm tief in die Hintermauerung eingreifen (Bild **3**.77). Mittragende Verblendplatten müssen mindestens 11,5 cm dick sein (Höhe kleiner als dreifache Dicke).

Pfeiler und Säulen

Gedrungene Pfeiler und Säulen, das sind solche, deren kleinste Dicke größer als $^1/_{10}$ der Höhe ist, müssen als Quadermauerwerk ausgebildet werden. – Ist ihre kleinste Dicke kleiner als $^1/_{14}$ der Höhe, dann sind sie ohne Stoßfugen zu errichten.

3.3.4 Ausführung von Werksteinmauerwerk (DIN 18332)

Versetzt werden die Steine nach Schichtplänen, die vom Steinmetzen ausgearbeitet, vom Architekten und Statiker überprüft werden. Die Pläne zeigen Steinschnitt, Verankerung, Entlastung, Vermörtelung, Verfugung, Maße und Versetznummern. Die Steine müssen vorsichtig befördert und versetzt werden, damit die Steinkanten nicht beschädigt werden; u. U. sind Strohseile, Schaumstoff oder Brettstücke zum Schutz vorzusehen.

Zum Befestigen an der Aufzugskette bzw. an dem Drahtseil dienen folgende Geräte:

Das Kranztau wird kreuzweise um kleinere und stark gegliederte Steine gelegt und oben verknotet. Vorher sind die Kanten und vorspringenden Teile mit Strohbauschen zu umwickeln.

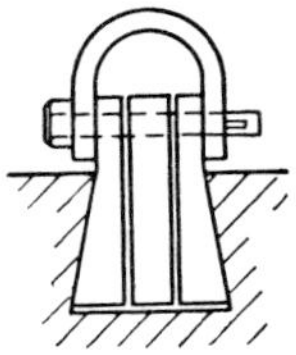

3.78 Wolf

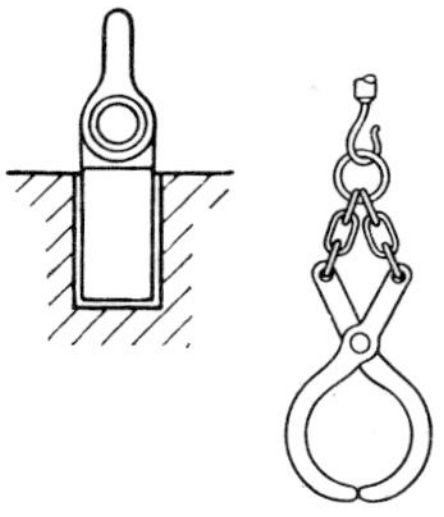

3.79 Greifschere

Der Wolf (Bild **3**.78) ist ein dreiteiliger, durch einen Vorsteckbolzen zusammengehaltener Stahlkern mit übergeschobenem Bügel, der in ein trapezförmiges, in die Oberseite des Steines eingearbeitetes Dübelloch eingreift. Er ist nur bei genügend hartem Steinmaterial verwendbar, bei dem ein Ausbrechen nicht zu befürchten ist. Das Dübelloch muß über dem Schwerpunkt des Steines liegen.

Die Greifschere (Bild **3**.79) faßt den Stein von beiden Seiten an vertieften Stellen.

Vor dem Niederlassen des Steines werden auf die Ecken, etwa 2 cm von den Außenkanten entfernt, kleine Plättchen aus Hartgummi, Blei oder Schiefer (Pläner) in Fugendicke (4 bis 5 mm) aufgelegt. Der Stein wird langsam gesenkt, mit der Wasserwaage probeweise in seine richtige Lage gebracht und nochmals hochgehoben. Dann wird das angenäßte Lager mit einem feinsandigen hydraulischen Kalkmörtel überzogen und der Stein endgültig in das volle Mörtelbett gesetzt. Die Stoßfugen, die sich nach hinten meist etwas erweitern, werden außen zugestrichen und von oben mit dünnflüssigem hydraulischen Kalkmörtel vergossen.

Um Quaderverblender während der Bauarbeiten vor Kalkspritzern zu schützen, streicht man die Sichtflächen mit einem dünnen Lehmbrei, der sich nachher leicht abwaschen läßt.

Quaderverblendung nach Bild **3.**77 bedarf außer den Mörtelfugen keiner weiteren Verbindung untereinander und mit der Hintermauerung. In besonderen Fällen können die Steine gegen Verschieben durch folgende Hilfsmittel gesichert werden:

Klammern zum Verbinden nebeneinanderliegender Steine bestehen aus nichtrostendem, 5 bis 7 mm dickem Flachstahl. Die abgebogenen und aufgehauenen Enden der etwa 20 cm langen Klammer greifen in schwalbenschwanzförmige Dübellöcher ein. Die Klammer muß bündig mit der oberen Steinfläche liegen (Bild **3.**80 a).

Dübel zum Verbinden übereinanderliegender Steine größerer Höhe und geringer Standfläche, z. B. Fenstergewändesteine, sind etwa 8 cm lang und bestehen aus 20 bis 25 mm dickem Quadratstahl, dessen Kanten widerhakenartig aufgehauen sind (Bild **3.**80 b).

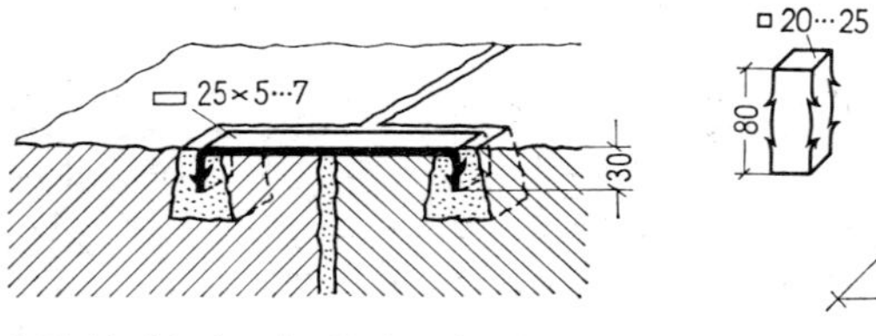

3.80 Verbinden der Steine durch
a) nichtrostende Stahlklammern
b) Stahldübel

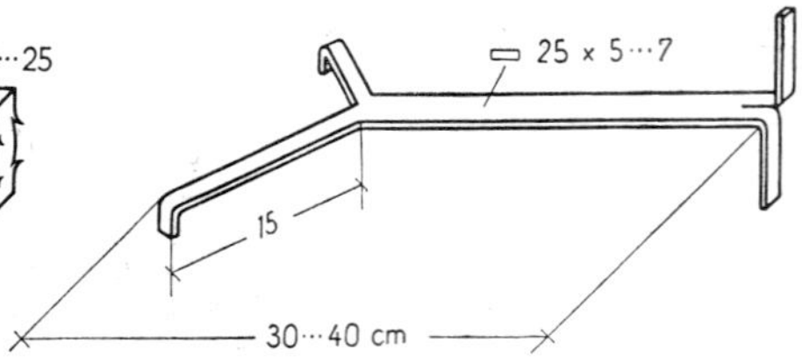

3.81 Gabelanker

Gabelanker zur Verbindung dicker Platten mit der Hintermauerung werden aus 5 bis 7 mm dickem Flachstahl gefertigt (Bild **3.**81), am Ende aufgebogen oder mit besonderem, durchgestecktem Splint versehen.

Die Stahlteile werden in den Steinen durch Vergießen der Dübellöcher mit Zementmörtel oder hydraulischem Kalkmörtel befestigt.

Grundsätzlich ist ein Kippen auskragender Werkstücke allein dadurch zu verhindern, daß ihr Schwerpunkt weit genug innerhalb der Auflagerfläche liegt.

3.3.5 Wandöffnungen

Überwölbungen von Öffnungen mit Werksteinen werden in der Denkmalpflege noch angewandt. Sie bestehen aus einzelnen, keilförmig bearbeiteten Bogensteinen (Bild **3**.82). Die Wölbung wird durch einen Schlußstein im Scheitel geschlossen. Spitzwinklige Ecken können leicht abgedrückt werden. Deshalb erhalten die Wölbsteine Fünfecksform, die auch am besten den Anschluß der Werksteinschichten an den Gewölberücken ermöglicht. Dabei müssen die Maßverhältnisse zwischen Mauerwerksschichten und Wölbsteinen richtig ausgewogen werden. Der kleinste Wölbstein darf nicht kleiner als einer der verwendeten Quadersteine, der größte nicht zu massig im Verhältnis zum gesamten Gewölbe sein.

3.82 Werksteinbogen mit abgetrepptem Gewölberücken in Werksteinmauer

Gewöhnliche Fenster- und Türöffnungen im Werksteinmauerwerk werden mit einem einfachen Werksteinsturz abgedeckt, der durch einen Entlastungsstein über einer Hohlfuge oder – z. B. bei Werksteinumrahmungen im Ziegelmauerwerk – durch einen darüberliegenden Bogen entlastet werden muß (Bild **3**.83). Unter Werksteinsohlbänken oder Türschwellen muß unterhalb der Fenster- oder Türöffnung die Fuge ebenfalls offengehalten werden, damit der Werkstein beim Setzen des Mauerwerks durch den Mauerdruck nicht abgeschert wird (Bild **3**.83).

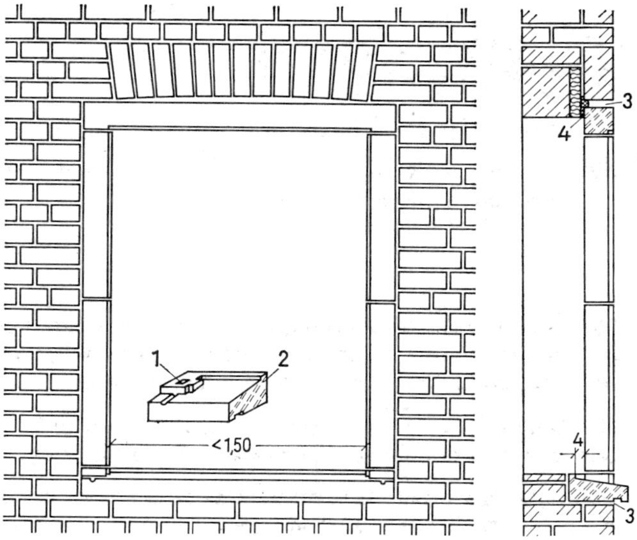

3.83
Fensteröffnung mit Werksteinumrahmung. Fenstersohlbank liegt unter der Fensteröffnung hohl. Wassernase ist nicht verkröpft. Der Zwischenraum zwischen Werksteinsturz und Entlastungsbogen ist erst nach Fertigstellung des Rohbaues auszumauern

1 Dübelloch
2 Anschlag für Fensterrahmen
3 Hohlfuge
4 dauerplastische Dichtung

3.3.6 DIN-Normen

DIN-Blatt Nr	Ausgabe-Datum	Titel
1053	11.74	Mauerwerk; Berechnung und Ausführung
18332	8.74	VOB Teil C: Allg. Techn. Vorschriften; Naturwerksteinarbeiten
18333	9.76	–; Betonwerksteinarbeiten
18515	12.73	Fassadenbekleidungen aus Naturstein, Betonwerkstein und keramischen Baustoffen; Richtlinien für die Ausführung, Erläuterungen
E 18516	1.76	Außenwandbekleidungen – Bekleidung, Unterkonstruktion und Befestigung
52100 bis 52106 und 52108	7.39 × 8.68	Prüfung von Naturstein

3.4 Wände aus Beton

3.4.1 Allgemeines

Der Beton- und Stahlbetonbau, ein ausgedehntes Sondergebiet des Bauwesens, kann hier nur im Rahmen einer allgemeinen Information in einem Umfang gestreift werden, wie er der Anwendung bei einfacheren Bauvorhaben entspricht.

Unter Beton wird im allgemeinen ein Gemisch aus Bindemitteln, Zuschlägen und Wasser verstanden, das an der Luft und unter Wasser erhärtet.
Bindemittel können sein

- Zement (DIN 1164)
- Mischbinder (DIN 4207)
- Kalk (DIN 1060)
- Kunstharze

Im folgenden Abschnitt wird unter Beton allgemein nur Zementbeton verstanden.

Zementbeton ist ein Gemisch aus Zement als Bindemittel sowie natürlichen oder künstlichen, dichten oder porigen mineralischen Stoffen, die ungebrochen oder gebrochen sein können (DIN 4226) und Wasser. Er erhärtet nach dem Abbinden zu einer sehr druckfesten, steinähnlichen Masse. Seine Biegezug-, Zug- und Scherfestigkeit, die wie bei allen natürlichen und künstlichen Steinen gering ist, kann durch eine Stahlbewehrung bedeutend erhöht werden. Im Stahlbeton werden die in den Bauteilen auftretenden Druckspannungen vom Beton, die Zug- und Schubspannungen von der Bewehrung aufgenommen, deren Lage innerhalb des Betonkörpers und deren Abmessungen durch statische Berechnung festgelegt werden. Das Zusammenwirken von Stahl und Beton zur Aufnahme der Schnittgrößen (s. DIN 1045 Abschn. 15) wird dadurch ermöglicht, daß die Wärmedehnungsziffern beider Stoffe fast gleich sind, der Beton fest am Stahl haftet und eine Rostbildung bei sachgemäßer Umhüllung des Stahls mit vorschriftsmäßig gemischtem Beton nicht eintritt.

Wenn mit betonschädigenden Einflüssen gerechnet werden muß (Industrieabgase, Küstennähe), ist jedoch die geforderte Mindestüberdeckung (s. Abschn. 3.4.5.2) der Stahlbewehrungen ggf. zu erhöhen.

Stahlbeton ist wegen seiner großen Festigkeit, seiner Widerstandsfähigkeit gegen Erschütterungen und seiner Feuerbeständigkeit besonders für die Ausführungen von tragenden Bauteilen wie Stützen, Unterzüge, Decken und Treppen und sowohl für einheitliche Konstruktionssysteme (Stahlbetonskelettbau) als auch für die Herstellung vorgefertigter oder an der Baustelle betonierter Wände geeignet. Die leichte Formbarkeit gestattet die Ausführung beliebig gestalteter Bauteile, sofern die erforderliche Einschalung wirtschaftlich herzustellen ist und konstruktiv ausreichende Abmessungen gewährleistet werden können.

Bauteile aus Beton oder Stahlbeton benötigen verschwindend geringe Unterhaltskosten. Dagegen sind Veränderungen und Abbrucharbeiten mit konventionellen Methoden schwierig. In der Praxis vielfach erprobte Methoden des Trennens von Betonteilen durch Brennen, Sägen, Bohren und mit Hilfe von Pressen gewinnen jedoch immer größere Bedeutung.

Beton kann planmäßig mit genau vorherbestimmten konstruktiven und bauphysikalischen Eigenschaften hergestellt werden.

Die Festlegungen für die Ausführung von Bauwerken aus Stahlbeton sind hauptsächlich in DIN 1045 zusammengefaßt. Sie werden durch weitere Normen ergänzt, die insbesondere die Stahlbetonbaustoffe, die Bemessung im Stahlbetonbau und die Güteüberwachung betreffen (s. Normenzusammenstellung Abschn. 3.4.8). Die Normen sind Ergebnisse der Betonforschung und bilden die Grundlage für die bauaufsichtlichen Bestimmungen, die im Beton- und Stahlbetonbau zu beachten sind.

Materialeigenschaften und Herstellung von Beton lassen sich ordnen nach:

Rohdichte

Die Rohdichte ist abhängig von Art, Korngröße und Kornzusammensetzung der Zuschläge, die in der Regel aus natürlichem oder künstlichem, dichtem oder porigem Gestein bestehen.

Normalbeton und Schwerbeton haben ein geschlossenes, möglichst dichtes Gefüge. Zuschläge sind in der Hauptsache Sand, Kies, Schotter; für Schwerbeton (Anwendung z. B. im Reaktorbau) Schwerspat, Magnetit, Stahlschrott. Normalbeton weist mit 1,2 W/mK bis 1,8 W/mK sehr ungünstige Wärmeleitzahlen auf. Für Bauteile, die für sich allein oder im Zusammenhang mit anderen Materialien Anforderungen an den Wärmeschutz genügen müssen, wird Leichtbeton verwendet. Leichtbeton hat ein poriges Gefüge durch Zuschläge aus Naturbims, Hüttenbims, Lava- oder porigen Hochofenschlacken, Blähton, Blähschiefer, Vermiculit (Blähglimmer), Perlit (Blähpechstein), Ziegelsplitt u. a.

Stahlleichtbeton ist bewehrter Leichtbeton mit geschlossenem Gefüge, der ganz oder teilweise unter Verwendung von leichten Zuschlägen, insbesondere von Blähton oder Blähschiefer hergestellt wird. Die Druckfestigkeit des Leichtbetons muß wenigstens der der Festigkeitsklasse LB 15 entsprechen, die Rohdichte muß (nach 28 Tagen) zwischen 1,2 t/m^3 und 2,0 t/m^3 bei Wärmeleitzahlen zwischen 0,6 W/mK und 1,2 W/mK liegen.

Festigkeit

Betongruppe	I	II
Festigkeitsklassen	B 5	B 35
	B 10	B 45
	B 15	B 55
	B 25	

Beton wird nach seiner bei der Prüfung i. allg. im Alter von 28 Tagen an Würfeln mit 20 oder 15 cm Kantenlänge ermittelten Druckfestigkeit in Festigkeitsklassen B 5 bis 55 eingeteilt. Beton der Betonfestigkeitsklassen B 5 und 10 darf nicht für Stahlbeton verwendet werden.

B 5 (usw.) bedeutet, daß die Güteprüfung bei jedem der drei Würfel einer Serie als Mindestwert für die Druckfestigkeit β_{w28} 5 N/mm² (usw.) ergeben hat. Der Mindestwert (β_{wM}) für die mittlere Druckfestigkeit jeder Würfelserie liegt höher, und zwar um 3 N/mm² bei B 5, im übrigen um 5 N/mm² (s. DIN 1045, Tab. 1).

Die Einteilung in die Gruppen Beton B I und B II ermöglicht es u. a., aus Gründen der Wirtschaftlichkeit die Anforderungen abzustufen, denen die Baustellen zur Betonherstellung zu genügen haben.

Beton der Gruppe I kann unter üblichen Baustellenbedingungen hergestellt werden. Für Beton der Gruppe II werden besondere Anforderungen an die Ausstattung der Baustelle mit Führungskräften, Geräten und Einrichtungen zur Eigen- bzw. Fremdüberwachung der Betonherstellung gestellt (s. DIN 1045, Abschn. 5.2 u. 7).

So ist z. B. eine „B II-Baustelle" – auf der Beton der Festigkeitsklasse B 35 und höher hergestellt und verwendet werden darf – u. a. so mit einer Betonprüfstelle E (ständige Betonprüfstelle für die Eigenüberwachung von Beton II ...) rechtlich und räumlich so zu verbinden, daß eine enge Zusammenarbeit zwischen Baustelle und Betonprüfstelle E möglich ist.

Konsistenz und Verarbeitung

Die Konsistenz des Frischbetons, die Verarbeitungsbedingungen (z. B. Art der Verdichtung), die Zementfestigkeit (s. Abschn. 3.4.2.1) und der Wasser-Zement-Wert (W/Z-Wert) stehen in mehrfacher wechselseitiger Beziehung zueinander:

Die Verarbeitungsbedingungen am Bau bestimmen die Wahl der Frischbetonkonsistenz nach der folgenden Tafel über die Konsistenzbereiche des Frischbetons; die Konsistenz ist abhängig vom Wassergehalt des Frischbetons; der Wassergehalt beeinflußt den erforderlichen Zementanteil und damit die Betonfestigkeit (und mittelbar auch die Kosten).

Konsistenzbereiche des Frischbetons

Konsistenzbereich	Eigenschaften des Feinmörtels	Eigenschaften des Frischbetons beim Schütten	Verdichtungsmaß v	Ausbreitmaß (a) cm	Verdichtungsart
K 1 steifer Beton	etwas nasser als erdfeucht	noch lose	1,45 bis 1,26	–	kräftig wirkende Rüttler oder kräftiges Stampfen in dünner Schüttlage
K 2 plastischer Beton	weich	schollig bis knapp zusammenhängend	1,25 bis 1,11	≦ 40	rütteln oder stochern und stampfen
K 3 weicher Beton	flüssig	schwach fließend	1,10 bis 1,04	41 bis 50	stochern u. ä.

DIN 1045 weist an verschiedenen Stellen auf die eben genannten Faktoren hin, z. B.:

(in Abschn. 6.5.3) „Beim Frischbeton werden drei Konsistenzbereiche unterschieden ... Innerhalb dieser Bereiche ist die Konsistenz ggf. durch ein bestimmtes Verdichtungs- oder Ausbreitmaß ... genauer festzulegen" (s. DIN 1048)

(in Abschn. 6.5.5.3) „Die Konsistenz des Frischbetons (Abschn. 6.5.3) ist unter Berücksichtigung der Verarbeitungsbedingungen am Bau ... vor Baubeginn festzulegen ..."

Nach DIN 1045, Abschn. 7.4.3.4 ist die Konsistenz ... während des Betonierens laufend nach dem Augenschein zu überwachen. Erweist es sich, daß der Beton mit der gewählten Konsistenz für einzelne schwierige Betonierabschnitte nicht ausreichend verarbeitbar ist, müssen Wassergehalt und Zementanteil im gleichen Gewichtsverhältnis vergrößert werden (DIN 1045, Abschn. 6.5.6.3). Die Konsistenz des Betons B I muß bei der Eignungsprüfung an der oberen Grenze des gewählten Konsistenzbereichs (obere Grenze des Ausbreitmaßes) liegen (Abschn. 7.4.2.2).

Als Wasserzementwert ... wird das Verhältnis des Wassergehalts W zum Zementgewicht Z im Beton bezeichnet. ... Soll der Wassergehalt erhöht werden, so muß der Zementanteil im gleichen Gewichtsverhältnis vergrößert werden (Abschn. 6.5.6.3).

Hinsichtlich der Verarbeitung wird unterschieden zwischen:

- Stampfbeton (steif)
- Rüttelbeton (plastisch)
- Schüttbeton (weich)
- Fließbeton

Stampfbeton wird z. B. für Streifenfundamente einfacher Bauwerke verwendet. Für die meisten sonstigen, an der Baustelle hergestellten Betonteile wird in der Regel Schüttbeton verwendet. Betonfertigteile werden u. a. im Rüttel- oder Schleuderverfahren hergestellt. Bei dünnwandigen Stahlbetonschalen kann flüssiger Beton unter Druck auf eine Schalung aufgespritzt werden, über der die Bewehrungsstähle liegen (Spritzbeton). Weicher Beton (Pumpbeton) kann zur Verwendungsstelle gepumpt werden.

Ort der Herstellung

Nach dem Ort der Herstellung werden unterschieden:

Baustellenbeton

(Beton, dessen Bestandteile auf der Baustelle zugegeben und gemischt werden; s. auch DIN 1045, Abschn. 2 u. 5.) Als Baustellenbeton gilt auch solcher Beton, der von bis zu 5 km entfernten Baustellen des gleichen Unternehmens herantransportiert wird.

Transportbeton

(Beton, dessen Bestandteile außerhalb der Baustelle zugemessen werden und der in Fahrzeugen an der Baustelle in einbaufertigem Zustand übergeben wird)

Ortbeton

(Beton, der als Frischbeton in der Regel auf der Baustelle in seine endgültige Lage gebracht wird und dort erhärtet)

Erhärtungszustand

Man unterscheidet

Frischbeton

(loser oder verdichteter, auf jeden Fall noch verarbeitbarer und unabgebundener Beton)

Festbeton

(erhärteter Beton)

Von Einfluß auf die Eigenschaften des Betons sind:

1. Art und Festigkeitsklasse des Zements
2. Art und Kornzusammensetzung der Zuschläge
3. Art, Kornform und Oberflächenbeschaffenheit der Zuschläge
4. Eigenfestigkeit der Zuschläge
5. Gewichtsverhältnis von Wassergehalt zu Zementgewicht (Wasserzementwert W/Z)
6. Durchmischung
7. Konsistenz
8. Art und Intensität der Verdichtung
9. Temperatur der Betonbestandteile bzw. der Umgebung
10. Nachbehandlung des Betons
11. Erhärtungsalter
12. Betonzusätze

Es werden unterschieden Zusatzmittel (Verflüssiger BV, Luftporenbildner LP, Dichtungsmittel DM, Erstarrungsbeschleuniger BE, Einpreßhilfen EH, Verzögerer VZ)

und Zusatzstoffe (Zementfarben, latent hydraulische Stoffe, Gesteinsmehle).

Außerdem sind bei Betonuntersuchungen Versuchskörpergröße, Versuchskörpergestalt, Versuchsanordnung und Belastungsgeschwindigkeit für das Untersuchungsergebnis von Bedeutung.

Daraus wird deutlich, daß mit der bloßen Angabe des Mischungsverhältnisses Zement : Zuschläge die „Güte" eines Betons keineswegs eindeutig bestimmt wird. Ein Beton ist gut, wenn er den besonderen Ansprüchen, die im Einzelfall an ihn gestellt werden, in vollem Umfange genügt. Güte im landläufigen Sinne ist hier nicht immer gleichbedeutend mit hoher Druckfestigkeit. Häufig sind geringes Schwindmaß und bzw. oder hohe Wärmedämmfähigkeit eines Betons ebenso wichtig oder wichtiger.

Die Betonforschung liefert sichere Grundlagen für die zweckdienliche und wirtschaftliche Herstellung und Verwendung des Betons. Die Kenntnis der Zusammenhänge zwischen Betonaufbau und -eigenschaften in Verbindung mit der durch Rüttelgeräte möglichen, fast vollkommenen Frischbetonverdichtung erlauben die Herstellung von Beton ganz bestimmter Druckfestigkeit, Wasserundurchlässigkeit, Frostbeständigkeit und Widerstandsfähigkeit gegen chemische Angriffe.

3.4.2 Baustoffe

3.4.2.1 Zement

Für Beton und Stahlbeton nach DIN 1045 dürfen nur Zemente nach DIN 1164 verwendet werden.

Unbewehrter Beton der Festigkeitsklasse B 5 darf auch mit Mischbinder nach DIN 4207 hergestellt werden.

DIN 1164 behandelt folgende Zementarten:

Portlandzement	Kennbuchstaben PZ
Eisenportlandzement	Kennbuchstaben EPZ
Hochofenzement	Kennbuchstaben HOZ
Traßzement	Kennbuchstaben TrZ

Zemente mit besonderen Eigenschaften (DIN 1164, Abschn. 4) erhalten zusätzliche Kennbuchstaben:

Zement mit niedriger Hydratationswärme	NW
Zement mit hohem Sulfatwiderstand	HS
Zement mit niedrigem wirksamem Alkaligehalt	NA

Zemente der Festigkeitsklassen 35 und 45 mit langsamer Anfangserhärtung erhalten die Zusatzbezeichnung L, solche mit höherer Frühfestigkeit die Zusatzbezeichnung F.

Entsprechend der Mindestdruckfestigkeit der Zementprüfkörper nach 28 Tagen werden die Zemente in 4 Festigkeitsklassen eingeteilt:

Festigkeitsklassen (nach DIN 1164 T7 Tab. 2)

Festigkeitsklasse		Druckfestigkeit in N/mm² nach 2 Tagen mindestens	7 Tagen mindestens	28 Tagen mindestens	28 Tagen höchstens
Z 25		–	10	25	45
Z 35	L	–	17,5	35	55
	F	10	–		
Z 45	L	10	–	45	65
	F	20	–		
Z 55		30	–	55	–

*) Nur für Zement mit niedriger Hydratationswärme und/oder hohem Sulfatwiderstand (Abschn. 4.5 und 4.6). Zemente der Festigkeitsklassen 35 und 45 können diese Eigenschaften auch aufweisen.

Die Bezeichnung Zement PZ 35 F DIN 1164 kennzeichnet demnach einen Portlandzement mit einer 28-Tage-Druckfestigkeit von mindestens 35 N/mm² und höchstens 55 N/mm² sowie mit einer Druckfestigkeit von mindestens 10 N/mm² nach 2 Tagen (F).

Die Bezeichnung Zement HOZ 25 DIN 1164-HS bedeutet: Hochofenzement mit einer 28-Tage-Druckfestigkeit von mindestens 25 N/mm² und höchstens 45 N/mm² sowie hohem Sulfatwiderstand.

Der Zement ist in sauberen Transportbehältern (z.B. in Säcken) zu liefern, die Kennfarben tragen und ebenso wie die Lieferscheine mit Angaben über Zementart, Festigkeitsklasse, Zusatzbezeichnung, Lieferwerk und Gewicht versehen sind:

Kennfarben für die verschiedenen Festigkeitsklassen
(nach DIN 1164 Tab. 3)

25	35 L	35 F	45 L	45 F	55
Violett	Hellbraun		Grün		Rot
Aufdruck					
schwarz	schwarz	rot	schwarz	rot	schwarz

Die Lieferscheine für l o s e n Zement enthalten weitere Angaben (z.B. Tag und Stunde der Lieferung), um eine zuverlässige Güteüberwachung zu gewährleisten (DIN 1045 Abschn. 5 bis 7).

3.4.2.2 Betonzuschlag

Beton-Z u s c h l ä g e (nicht zu verwechseln mit Beton-Zusätzen nach DIN 1045 Abschn. 6.3) sind meist körnige, in der Regel mineralische Stoffe, die durch den Zementleim (Zement-Wasser-Gemisch) zu dem künstlichen Konglomerat B e t o n zusammengekittet werden, nachdem der Zementleim zu Zementstein erhärtet ist:

Zuschläge

für Beton der Rohdichte	natürliche Zuschläge natürlich gekörnt	mechanisch zerkleinert	künstliche Zuschläge
0,3···1,6 (2,0) t/m³ (Leichtbeton)	sehr feine Natursande Naturbims porige Lavalapilis	gebrochene porige Lavaschlacke gebrochene Tuffe Sägemehl Sägespäne Holzwolle	granulierte Hochofenschlacke geschäumte Hochofenschlacke (Hüttenbims) Sinterbims porige Kesselschlacke Ziegelsplitt Blähton Blähschiefer Blähglimmer (Vermiculit) Blähpechstein (Perlit)
2,0···2,8 t/m³ (Normalbeton)	Flußsand Flußkies Grubensand Grubenkies	Brechsand Splitt Schotter aus gesunden Natursteinen Asbestfasern	Hochofenschlacken Klinkerbruch künstl. Korund Siliziumkarbid
≧2,8 t/m³ (Schwerbeton)	Schwerspat Magnetit	gebrochener Schwerspat Magnetit	Stahlschrott Stahlspäne Stahlfeilspäne

Die Zuschläge müssen eine dem jeweiligen Verwendungszweck des Betons entsprechende Kornfestigkeit haben, dürfen nicht (z.B. durch bestimmte chemische Eigenschaften) die Erhärtung des Zements behindern oder den Korrosionsschutz der Bewehrung beeinträchtigen und müssen (z.B. durch Kornform und Oberflächenbeschaffenheit des Korns) eine einwandfreie Haftung zwischen Zuschlag und Zementstein gewährleisten (s. auch DIN 4226 Abschn. 7).

Der Betonzuschlag ist nach Begriff, Bezeichnung, Anforderungen usw. genormt.

So behandeln

DIN 4226 T1 den Zuschlag mit dichtem Gefüge

DIN 4226 T2 den Zuschlag mit porigem Gefüge

DIN 1045 Abschn. 6.2 u.a. die zweckmäßigste Kornzusammensetzung des Betonzuschlags (Sieblinien)

Betonzuschlag mit dichtem Gefüge ist nach DIN 4226 T1 ein Gemenge (Haufwerk) von ungebrochenen und/oder gebrochenen Körnern aus natürlichen und/oder künstlichen mineralischen Stoffen. Er besteht aus etwa gleich oder verschieden großen Körnern mit dichtem Gefüge. Die entsprechend veränderte Begriffsbestimmung gilt für Betonzuschlag mit porigem Gefüge (Leichtzuschlag) gemäß DIN 4226 T2. Sie erstreckt sich auch auf Blähton und Blähschiefer, jedoch nicht auf Zuschläge für Betone und Mörtel, die nur der Wärmedämmung dienen (z.B. auf Blähglimmer = Vermiculit oder Blähpechstein = Perlit).

Die Zuschläge werden unterschieden nach Stoffart (s. untenstehende Tafel) und Korngruppen.

Eine Korngruppe umfaßt Korngrößen zwischen zwei Prüfkorngrößen; sie wird durch diese Prüfkorngrößen bezeichnet, z.B. Korngruppe 2/8 mm.

Ein Zuschlaggemisch ist ein Gemenge aus mehreren Korngruppen. Es wird durch eine untere und eine obere Prüfkorngröße bezeichnet.

Die untere bzw. obere Prüfkorngröße einer Korngruppe oder eines Zuschlaggemisches wird Kleinstkorn bzw. Größtkorn genannt.

Durch die Prüfkorngrößen ist ein Betonzuschlag im allgemeinen hinreichend bezeichnet. Die Bezeichnung kann durch Angaben über Stoffart oder -bearbeitung ergänzt werden:

Zusätzliche Bezeichnung des Zuschlags (DIN 4226)

Zuschlag mit Kleinstkorn mm	Größtkorn mm	zusätzliche Bezeichnung für ungebrochenen Zuschlag	gebrochenen Zuschlag
–	0,25	Feinst- } Sand	Feinst- } Brechsand
–	1	Fein- } Sand	Fein- } Brechsand
1	4	Grob- } Sand	Grob- } Brechsand
4	32	Kies	Splitt
32	63	Grobkies	Schotter

Ein Gemenge von Sand und Kies (bzw. Splitt) wird als Kiessand (bzw. Splitt-Sand-Gemisch) bezeichnet.

Für Leichtbetone werden die Zuschläge nach folgenden Gesichtspunkten gewählt:

1. Hochwärmedämmende, statisch nicht genutzte Leichtbetone (Isolierbetone) mit Rohdichten und Festigkeiten an der untersten Grenze der bekannten Gesamtbereiche erhalten meist grobkörnige Zuschläge mit hoher Eigenporosität, deren Eigenfestigkeit ohne Bedeutung ist, z. B. Sägemehl, Kork, Blähkork, Hartschaumgranulat, Perlit, Vermiculit o. ä. Gas- und Schaumbetonzuschläge sind Feinsande, feinkörnige Bimszumischungen usw. Die nötige Festigkeit wird durch den die Zuschläge verkittenden Zementstein gewährleistet.

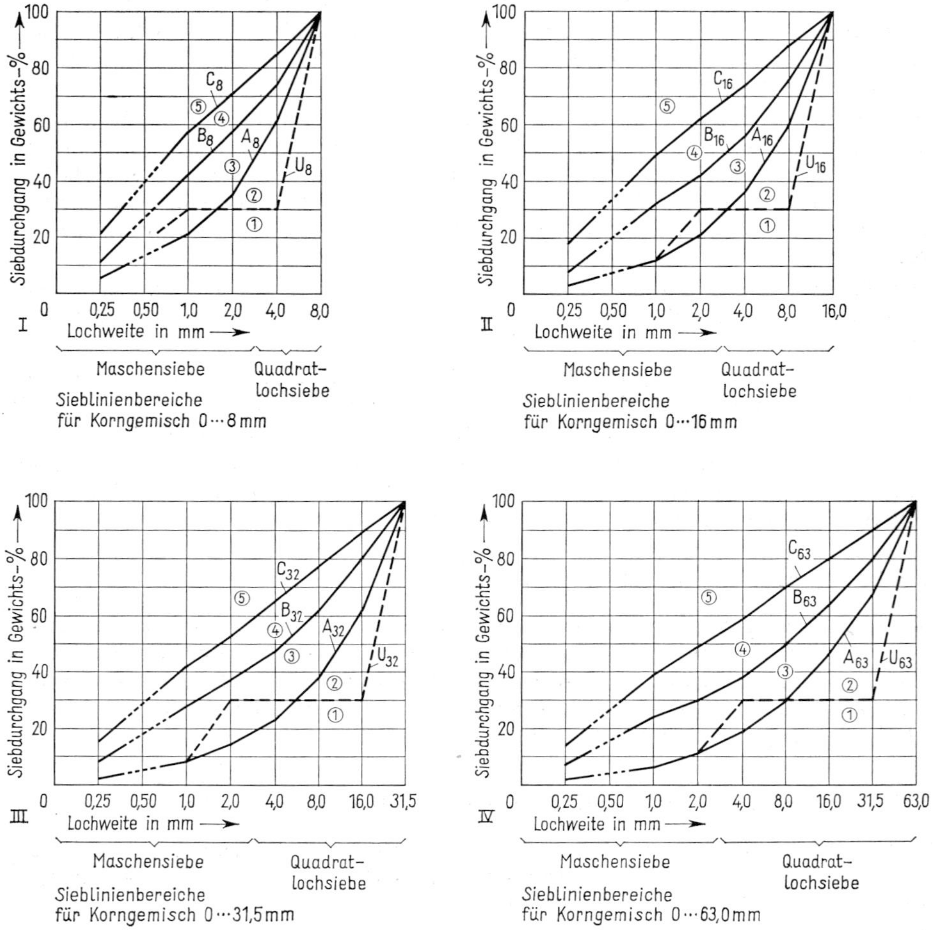

3.84 Sieblinien nach DIN 1045 Abschn. 6.2, für Maschensiebe nach DIN 4188 und Quadratlochsiebe nach DIN 4187 T2

2. Wärmedämmende Leichtbetone für Mauern, Wände und Decken des Hochbaues bei niederen und mittleren Rohdichten und entsprechenden mittleren statisch genutzten Festigkeiten erhalten als Zuschläge Blähton, Blähschiefer, Bims, Lavagestein, Schlacken, Hüttenbims und alle hochporösen und leichten anorganischen Zuschläge mit offener oder geschlossener Oberfläche.
3. Konstruktions-Leichtbetone, d.h. Stahlleichtbetone mit Rohdichten an der oberen Grenze und Festigkeiten, die weit in den Bereich der Normalbetone hineinreichen, erhalten als Zuschläge vorzugsweise Blähton oder Blähschiefer, deren Porigkeit Kornform und Korngröße vorausbestimmbar und deren Rohdichte und Schüttdichte beliebig festgelegt werden können (im übrigen s. DIN 4232).

Die Kornzusammensetzung der Zuschläge beeinflußt den Wasserbedarf, die Verdichtungswilligkeit des Frischbetons und die Festigkeit des erhärteten Betons.

Betonzuschlag (für Normalbeton) muß DIN 4226 entsprechen. In DIN 4226 T1 und 2 sind die Zuschlaggemische und Korngruppen sowie die Kornzusammensetzung für jede Korngruppe (in Gew.-%) tabellarisch zusammengestellt.

Im allgemeinen soll das Zuschlaggemisch möglichst grobkörnig und hohlraumarm sein. Das Größtkorn muß jedoch ein einwandfreies Einbringen und Verarbeiten des Betons (insbesondere bei engliegender Bewehrung und geringer Bodendeckung) zulassen. Seine Nenngröße darf $^1/_3$ der kleinsten Bauteilabmessung nicht überschreiten. Die Kornzusammensetzung des Betonzuschlags wird durch Sieblinien gekennzeichnet (Bild **3**.84).

Die Zusammensetzung einzelner Korngruppen und des Betonzuschlags wird durch Siebversuche mit Prüfsieben (Maschensieben bzw. Quadratlochsieben) ermittelt.

Stetige Sieblinien von Korngemischen sollen zwischen den Sieblinien A und C der Bilder I bis IV verlaufen. Dabei kennzeichnet der Bereich zwischen den Sieblinien A und B günstige, der Bereich zwischen B und C noch brauchbare Korngemische.

Unstetige Sieblinien (Ausfallkörnungen), d.h. solche von Zuschlaggemischen, denen einzelne Korngruppen fehlen, sollen zwischen der unteren Grenzsieblinie U und der Sieblinie C der Bilder I bis IV verlaufen.

3.4.2.3 **Zugabewasser** (DIN 1045 Abschn. 6.4)

Als Zugabewasser ist das in der Natur vorkommende Wasser geeignet, soweit es nicht Bestandteile enthält, die das Erhärten oder andere Eigenschaften des Betons ungünstig beeinflussen oder den Korrosionsschutz der Bewehrung beeinträchtigen, wie z.B. gewisse Industrieabwässer. Im Zweifelsfalle ist eine Untersuchung über seine Eignung zur Betonherstellung nötig.

3.4.2.4 **Betonstahl** (DIN 1045 Abschn. 6.6 und 7.5 und DIN 488 T1 bis 6)

Betonstahl wird für die Bewehrung, d.h. für die Stahleinlagen benötigt, die in dem Verbundbaustoff Stahlbeton zusammen mit dem Beton die Aufnahme der Schnittgrößen (DIN 1045 Abschn. 15) bewirken.

Durchmesser, Form, Festigkeitseigenschaften und Kennzeichnung von Betonstahl müssen DIN 488 T1 bis 6 entsprechen. Die dort geforderten Eigenschaften sind in DIN 488 T1 und in der folgenden Tabelle zusammengefaßt:

Sorteneinteilung und Eigenschaften der Betonstähle (nach DIN 488 T1 Tab. 1; gekürzt um Zeilen 10 bis 19)

			1	2	3	4	5	6	7	8
Betonstahlsorten	Verarbeitungsform		Betonstabstahl[1])				Betonstahlmatte[1]) geschweißt			nicht geschweißt
	Oberflächengestaltung		glatt G	gerippt R Querrippen	Schrägrippen		glatt G	profiliert P	gerippt R Schrägrippen	
	Stahlherstellung		unbehandelt U			kalt verformt K				
	Kurzname		BSt 220/340 GU	BSt 220/340 RU	BSt 420/500 RU	BSt 420/500 RK	BSt 500/550 GK	BSt 500/550 PK	BSt 500/550 RK	BSt 500/550 RK
	Werkstoff Nr		1.0003	1.0005	1.0433	1.0431	1.0464	1.0465	1.0466	1.0466
	Kurzzeichen[2])		I G	I R	III U	III K	IV G[3])	IV P[3])	IV R[3])	IV RX
1	Nenndurchmesser d_e in mm		5 bis 28	6 bis 40	6 bis 28	6 bis 28	4 bis 12	4 bis 12	4 bis 12	6 bis 12
2	Streckgrenze β_S bzw. $\beta_{0,2}$ in N/mm² mind.		220[4])	220	420	420	500	500	500	500
3	Zugfestigkeit β_Z in N/mm² mind.[5])		340	340	500	500	550	550	550	550
4	Dauerschwingfestigkeit bei einer Schwingbreite $2\sigma_{A/2\,Mill} = \sigma_o - \sigma_u$[7]) in N/mm²	gerade Stäbe	180	–	230	230	120	120	120	230
5		gekrümmte Stäbe $D = 15\ d_e$	180	–	200	200	120[6])	120[6])	120[6])	200
6	Schweißeignung[8]) gewährleistet für Nenndurchmesser	≦ 12	RA	RA	RA	RA, RP[10])	RA, RP[9])	RA, RP[9])	RA, RP[9])	RA, RP[10])
7	d_e in mm	≧ 14		RA, E		RA, E, RP[10])	–	–	–	
8	Bruchdehnung δ_{10} in % mind.		18	18	10	10	8	8	8	8
9	Knotenscherfestigkeit S geschw. Betonstahlmatten in kN[11])		–	–	–	–	$0{,}35\ F_e \cdot \beta_S$	$0{,}30\ F_e \cdot \beta_S$		–

Fußnoten s. S. 107

Fußnoten zu Tab. S. 106

[1]) Schutzrechtfrage prüfen

[2]) Für Zeichnungen und statische Berechnungen

[3]) Für Ring- und Längsbewehrung in geschweißten Bewehrungskörben von Stahlbeton-Rohren und Stahlbetondruckrohren nach DIN 4035 und DIN 4036 auch als Betonstabstahl und in Ringen anwendbar

[4]) Gilt für Toleranzen von F_e (nach DIN 488 T2 Tab. 1) bis −5%, bei Toleranzen von mehr als −5% bis −12% muß die Streckgrenze entsprechend erhöht werden

[5]) $\beta_Z \geqq 1{,}05\ \beta_S$ bzw. $\geqq 1{,}05\ \beta_{0,2}$ (Einzusetzen sind die bei den Prüfungen ermittelten Werte.)

[6]) Nur bei geschweißten Betonstahlmatten, die nach DIN 1045 bei nicht vorwiegend ruhender Belastung angewendet werden

[7]) Ermittelt als Mittelwert nach DIN 488 T6 (Vornorm) sowie T3 bzw. T5

[8]) RA = Widerstands-Abbrennstumpfschweißen, E = Metall-Lichtbogenschweißen, RP = Widerstands-Punktschweißen

[9]) Das Widerstands-Punktschweißen darf für die Herstellung der Betonstahlmatten nicht auf der Baustelle, sondern nur in überwachten Werken durchgeführt werden.

[10]) Das gleiche (s. Fußnote 9) gilt für die Herstellung von Einzelpunktschweißungen

[11]) Hierin bedeutet $\beta_S = 500$ N/mm^2 die für BSt 500/550 geforderte Mindeststreckgrenze. Wegen F_e s. DIN 488 T5 Abschn. 3.1.2.

Bei jeder Lieferung von Betonstahl, mit Ausnahme von Rundstahl B St 220/340 GU (IG), ist zu prüfen, ob der Stahl das in DIN 488, T1, festgelegte Kennzeichen der Stahlgruppe und das Werkkennzeichen trägt. Ist das nicht der Fall, so darf der Stahl nicht verwendet werden (DIN 1045 Abschn. 7.5).

Aus der Reihe der Betonstähle seien ihrer häufigen Verwendung wegen die Betonstahlmatten hier besonders erwähnt (maßgebend DIN 488 Bl. 4).

Sie bestehen aus kaltgewalztem, in der Regel profiliertem oder gerипptem Betonstahl und haben quadratische oder rechteckige Maschen mit Maschenweiten von 50 bis 300 mm und Stabdicken von 4 (bzw. 6) bis 12 mm. Die Stäbe sind an den Kreuzungsstellen durch Punktschweißung verbunden, haben eine Streckgrenze von 500 und eine Zugfestigkeit von 550 N/mm^2 und bilden eine hochwertige Bewehrung für Platten und plattenförmige Bauteile. Sie dürfen ohne Endhaken verlegt, dagegen dürfen sie nicht an den Knotenpunkten abgebogen werden. Geliefert werden:

1. Listenmatten: Bei freier Wahl von Stababständen und -durchmessern mit Mattengrößen bis 12,00 m Länge und 2,45 m Breite
2. Lagermatten mit bestimmten, bevorzugten Querschnitten und Mattenabmessungen (5,00 bzw. 6,00 m Länge und 2,15 m Breite) oder in Rollen (bei Stabdurchmesser ≦6,0 mm) bis 50 m Länge und 2,15 m Breite
3. Zeichnungsmatten, deren Aufbau sich nach einer Zeichnung richtet (Stabdurchmesser nach Tab. 1), bei Mattenlängen von 3,00 bis 12,00 m und einer Mattenbreite von 2,15 m

Baustahlgewebe-Lagermatten (Baustahlgewebe® ist ein geschütztes Warenzeichen der Bau-Stahlgewebe GmbH) werden wie folgt gekennzeichnet:

N: Nichtstatische Gewebe mit ∅ <4,0 mm (glatte Stäbe ∅ 2,5 bis 3 mm)

Q: Quadratische Gewebe } mit ∅ ≧4,0 mm
R: Rechteckige Gewebe }

Besonders wirtschaftlich ist die Verwendung von Randsparmatten mit Doppelstäben für die Bewehrung von Stahlbetonplatten. Die Doppelstäbe werden nur im inneren Bereich der Matte und in Längsrichtung der Matten angeordnet. Man unterscheidet

R-Matten mit 2 Einfachstäben

Q-Matten mit 4 Einfachstäben an jedem Längsrand

Für die Anwendung von geschweißten Betonstahlmatten gilt DIN 1045 Abschn. 18. Die Matten dürfen als statische Bewehrung nur bei Stahlbetonbauteilen mit vorwiegend ruhender Belastung verwendet werden (s. DIN 1055, T3, Ausg. 6. 1971).

3.4.3 Allgemeine Bedingungen für die Herstellung von Beton

Im Rahmen dieses Buches kann nur einem kurzen vereinfachenden Überblick mit Hinweisen auf Grundsätze der Betontechnologie Raum gegeben werden.

Zur Herstellung von Beton einer bestimmten Festigkeitsklasse oder von Beton mit besonderen Eigenschaften sind insbesondere die Bedingungen zu erfüllen, die u.a. in DIN 1045, Abschn. 6.5ff. aufgeführt sind. Da im Bauwesen der Beton hauptsächlich der Aufnahme von Beton-Druckspannungen dient, wird die Betonherstellung in den meisten Fällen in erster Linie auf eine bestimmte Druckfestigkeit hin angelegt, und demgemäß wird die Güte des Betons durch seine Druckfestigkeit gekennzeichnet (s. Tafel Festigkeitsklassen, Abschn. 3.4.2.1).

Die Zusammensetzung von Beton einer bestimmten Festigkeitsklasse setzt die Kenntnis der in Wirklichkeit recht komplizierten Zusammenhänge zwischen der Kornzusammensetzung des Zuschlags, dem Zementgehalt und dem Wasserzementwert (W/Z-Wert), voraus.

Für Beton der Betongruppe B I (B 5 bis B 25) müssen die Bedingungen der nachstehenden Tabelle erfüllt werden, wenn auf eine Eignungsprüfung verzichtet werden soll.

Zementgehalt ohne Eignungsprüfung für Beton B I

Zement: Festigkeitsklasse 35 Zuschlag: Größtkorn 32 mm

Festigkeitsklasse des Betons	Sieblinienbereich des Zuschlags²)		Mindestzementgehalt in kg je m³ verdichteten Betons für Konsistenzbereich		
			K 1¹)	K 2	K3
B 5¹)	günstig	③	140	160	–
	brauchbar	④	160	180	–
B 10¹)	günstig	③	190	210	230
	brauchbar	④	210	230	260
B 15	günstig	③	240	270	300
	brauchbar	④	270	300	330
B 25	günstig	③	280	310	340
	brauchbar	④	310	340	380

¹) Nur für unbewehrten Beton ²) Siehe Sieblinienbereiche in Bild **3**.84

Der Zementgehalt muß vergrößert werden bei		er darf verringert werden bei	
Zement der Festigkeitsklasse 25	um 15%	Zement der Festigkeitsklasse 45	um max. 10%
Größtkorn des Zuschlags von 16 mm	um 10%	Größtkorn des Zuschlags von 63 mm	um max. 10%
von 8 mm	um 20%	Stahlbeton in keinem Falle unter 240 kg/m³	

DIN 1045, Abschn. 7 schreibt für den Nachweis der Betongüte Prüfungen vor, deren Ergebnis bei der Bauausführung zu berücksichtigen sind. Die Verantwortung dafür, ebenso wie für die Durchführung und Auswertung der vorgeschriebenen Prüfungen trägt der Bauleiter des ausführenden Unternehmens. Die Durchführung der Prüfung sowie Herstellung und Lagerung der Probekörper richten sich nach DIN 1048. Vorgesehen sind:

Eignungsprüfung (DIN 1045, Abschn. 7.4.2): Mit Hilfe der Eignungsprüfung wird vor Verwendung des Betons festgestellt, welche Zusammensetzung der Beton haben muß, damit er mit den in Aussicht genommenen Ausgangsstoffen und der vorgesehenen Konsistenz unter den Verhältnissen der betreffenden Baustelle zuverlässig verarbeitet werden kann und die geforderten Eigenschaften (z. B. auch den Luftporengehalt bei Verwendung luftporenbildender Zusatzstoffe gem. DIN 1045, Abschn. 2.1.3.6) sicher erreicht. Für Beton der Betongruppe B II und für Beton mit besonderen Eigenschaften ist außerdem festzustellen, mit welchem Wasserzementwert der Beton hergestellt werden muß.

Eignungsprüfungen sind durchzuführen

1. bei Beton B I, wenn der Beton nicht nach der Tafel „Zementgehalt ohne Eignungsprüfung für Beton B I" zusammengesetzt ist, sowie bei Transportbeton B I,
2. bei Beton B II stets,
3. bei Beton mit besonderen Eigenschaften. Wasserundurchlässiger Beton, Beton mit hohem Frostwiderstand und Beton mit Widerstand gegen schwachen chemischen Angriff mit geringerer Festigkeitsklasse als B 35 darf nach den Bestimmungen für die Betongruppe B I hergestellt werden, wenn die Bestimmungen der DIN 1045, Abschn. 6.5.7.2 eingehalten werden.
4. Wenn zur Herstellung Mischbinder oder ein Betonzusatzmittel verwendet werden oder Betonzusatzstoffe, die nicht mineralisch sind oder die auf den Bindemittelgehalt angerechnet werden sollen (DIN 1045, Abschn. 7.4.2).

Die Güteprüfung (DIN 1045 Abschn. 7.4.3), die dem Nachweis dient, daß der für den Einbau hergestellte Beton die geforderten Eigenschaften erreicht. Zu diesem Zweck sind in vorgeschriebenen Zeitabständen aus den Mischerfüllungen Betonproben für die Probekörper und für die Prüfung der Konsistenz zu entnehmen, ferner ist bei Beton B I die Zementzugabe je m³ verdichteten Betons festzustellen, bei Beton B II ist außerdem der W/Z-Wert für jede verwendete Betonsorte zu ermitteln.

Die Ergebnisse der Druckfestigkeitsprüfung der Probekörper liegen in der Regel 28 Tage, bei Anwendung eines Umrechnungsverfahrens gemäß DIN 1045 Abschn. 7.4.3.5.3 schon 7 Tage nach der Probeentnahme vor.

Die Erhärtungsprüfung, die einen Anhalt gibt über die Festigkeit, die der Beton zu einem bestimmten Zeitpunkt im Bauwerk besitzt. Sie gibt ebenso Aufschluß über die Ausschalfristen. Die Erhärtung kann nach DIN 1048 an Probekörpern oder zerstörungsfrei ermittelt werden (s. DIN 1045 Abschn. 7.4.4 und 5).

Der Beton muß so viel Zement enthalten, daß die geforderte Druckfestigkeit und im Stahlbeton ein ausreichender Schutz der Stahlbewehrung vor Korrosion erreicht werden können. Dabei dürfen bestimmte Grenzwerte nicht unterschritten werden (s. vorstehende Tafel).

Die Abhängigkeit des Mindestzementgehalts vom Verlauf der Sieblinie des verwendeten Zuschlags wird aus der Tafel über den Zementgehalt ohne Eignungsprüfung deutlich, so daß auch die jeweils optimale Lösung anhand dieser Tafel gefunden werden kann.

Grenzwerte für den Zementgehalt

	Festigkeitsklasse des Zements	Mindestzementgehalt kg/m³	höchstzulässiger W/Z-Wert
unbewehrter Beton	–	100	–
Stahlbeton	25 ≧35	280 240	0,65 0,75

3.4.3.1 Verarbeiten des Betons (DIN 1045 Abschn. 10.2)

Beton ist zu verarbeiten, ehe er versteift oder seine Zusammensetzung ändert, d. h. möglichst bald nach dem Mischen, Transportbeton sofort nach der Anlieferung. Mischen von Hand ist nur in Ausnahmefällen für Beton B 5 und B 10 bei geringen Mengen zulässig.

Die Bewehrungsstäbe sind dicht mit Beton zu umhüllen.

Der Beton muß möglichst vollständig verdichtet werden, z.B. durch Rütteln, Stochern, Stampfen, Klopfen an der Schalung usw., und zwar besonders sorgfältig in den Ecken und längs der Schalung (einzelne sichtbare Luftporen dürfen jedoch noch enthalten sein).

Beton der Konsistenz K 1 oder K 2 ist in der Regel durch Rütteln zu verdichten. Dabei sind DIN 4235 und DIN 4236 zu beachten. Oberflächenrüttler sind so langsam fortzubewegen, daß der Beton unter ihnen weich und die Betonoberfläche hinter ihnen geschlossen ist. Unter kräftig wirkenden Oberflächenrüttlern soll die Schicht nach dem Verdichten höchstens 20 cm dick sein. Bei Schalungsrüttlern ist die beschränkte Einwirkungstiefe zu beachten, die auch von der Ausbildung der Schalung abhängt.

Beim Stochern ist Beton der Konsistenz K 3 so durchzuarbeiten, daß die in ihm enthaltenen Luftblasen entweichen und der Beton ein gleichmäßig dichtes Gefüge erhält.

Beim Verdichten durch Stampfen (Konsistenz K 1) soll die fertig gestampfte Schicht nicht dicker als 15 cm sein. Die Schichten müssen durch Hand- besser Maschinenstampfer so lange verdichtet werden, bis der Beton weich wird und eine geschlossene Oberfläche erhält. Die einzelnen Schichten sollen dabei möglichst rechtwinklig zu der im Bauwerk auftretenden Druckrichtung verlaufen und in

Druckrichtung gestampft werden. Wo dies nicht möglich ist, muß die Konsistenz mindestens K 2 entsprechen, damit gleichlaufend zur Druckrichtung keine Stampffugen entstehen.

Wird keine Arbeitsfuge vorgesehen, so darf beim Einbau in Lagen das Betonieren nur so lange unterbrochen werden, wie die zuletzt eingebrachte Betonschicht noch nicht erstarrt ist, so daß noch eine gute und gleichmäßige Verbindung zwischen beiden Betonschichten möglich ist. Bei Verwendung von Innenrüttlern muß die Rüttelflasche noch in die untere, bereits verdichtete Schicht eindringen (s. DIN 4235).

Die einzelnen Betonierabschnitte sind vor Beginn des Betonierens festzulegen.

Arbeitsfugen entstehen bei Unterbrechungen des Betoniervorganges. Sie sind technisch und wirtschaftlich grundsätzlich unerwünscht. Wenn sie sich nicht vermeiden lassen, müssen sie, im Einvernehmen mit dem Statiker, in den Arbeitsvorgang eingeplant werden. Sie sind so auszubilden, daß alle auftretenden Beanspruchungen aufgenommen werden können.

In den Arbeitsfugen muß für einen ausreichend festen und dichten Zusammenschluß der Betonschichten gesorgt werden. Verunreinigungen, Zementschlamm und nicht einwandfreier Beton sind vor dem Weiterbetonieren zu entfernen. Trokkener älterer Beton ist vor dem Anbetonieren mehrere Tage lang feucht zu halten, um das Schwindgefälle zwischen jungem und altem Beton gering zu halten und um weitgehend zu verhindern, daß dem jungen Beton Wasser entzogen wird. Zum Zeitpunkt des Anbetonierens muß die Oberfläche des älteren Betons jedoch etwas abgetrocknet sein, damit sich der Zementleim des neu eingebrachten Betons mit dem älteren Beton gut verbinden kann.

Wichtig ist auch das Nachbehandeln des Betons. Beton ist bis zum genügenden Erhärten gegen schädigende Einflüsse zu schützen, z. B. gegen starkes Abkühlen oder Erwärmen, Austrocknen (auch durch Wind), starken Regen, strömendes Wasser, chemische Angriffe, ferner gegen Schwingungen und Erschütterungen, sofern diese das Betongefüge lockern und die Verbundwirkung zwischen Bewehrung und Beton gefährden können. Dies gilt auch für Vergußmörtel und Beton der Verbindungsstellen von Fertigteilen.

Um das Schwinden des jungen Betons zu verzögern und seine Erhärtung auch an der Oberfläche zu gewährleisten, ist er ausreichend lange feucht zu halten oder gegen Austrocknen zu schützen. Dafür genügen im allgemeinen 7 Tage. Bauteile, die mit Zement der Festigkeitsklasse 25 hergestellt werden, müssen länger feucht gehalten werden. Auch mit Nachbehandlungsmitteln oder durch Abdecken, z. B. mit Kunststoffolie, kann ein zu rasches Austrocknen des Betons verhindert werden.

3.4.3.2 **Betonieren bei Frost** (DIN 1045 Abschn. 11.1 und 11.2)

Bei kühler Witterung und bei Frost ist der Beton wegen der Erhärtungsverzögerung und der Möglichkeit der bleibenden Beeinträchtigung der Betoneigenschaften mit einer bestimmten Mindesttemperatur einzubringen. Dies gilt auch für Transportbeton. Der eingebrachte Beton ist eine gewisse Zeit gegen Wärmeverluste, Durchfrieren und Austrocknen zu schützen.

Bei Lufttemperaturen zwischen +5 °C und −3 °C darf die Temperatur des Betons beim Einbringen +5 °C nicht unterschreiten. Sie darf +10 °C nicht unterschreiten, wenn der Zementgehalt im Beton kleiner ist als 240 kg/m³ oder wenn Zemente niedriger Hydratationswärme oder Mischbinder verwendet werden.

Bei Lufttemperaturen unter −3 °C muß die Betontemperatur beim Einbringen mind. +10 °C betragen und anschließend wenigstens 3 Tage auf mind. +10 °C gehalten werden. Andernfalls ist der Beton so lange gegen Wärmeverluste, Durchfrieren und Austrocknen zu schützen, bis eine ausreichende Festigkeit erreicht ist.

Die Frischbetontemperatur darf +30 °C nicht überschreiten.

Die im Einzelfall erforderlichen Schutzmaßnahmen hängen in erster Linie von den Witterungsbedingungen, den Ausgangsstoffen und der Zusammensetzung des Betons sowie von der Art und den Abmessungen der Bauteile und der Schalung ab.

An gefrorene Betonteile darf nicht anbetoniert werden. (S. RILEM, Richtlinien für das Betonieren im Winter. Beton **14** (1964) H. 10, S. 411 ff.)

3.4.4 Schalungen

3.4.4.1 Allgemeines

Schalungen sind die Stampf-, Schütt- oder Gußformen des Betons. Sie bestehen aus

der Schalhaut, die die Form und Oberflächenbeschaffenheit des Betonteils bestimmt (Nadelholzbretter oder -tafeln, kunstharzbeschichtete Sperrholztafeln oder Vollholztafeln (s. DIN 18215), gehärtete Holzfaserplatten nach DIN 4076, Stahlbleche oder Kunststoffplatten)

der Versteifung, die unter Berücksichtigung der Biegefestigkeit der Schalhaut so zu bemessen ist, daß sie alle beim Betonieren auftretenden Belastungen aufnehmen und auf die Verspannung und Abstützung übertragen kann (Kantholzstützen, Gurthölzer, entsprechende Stahlkonstruktionen oder Stahl-Holzkonstruktionen in Form von Vollwand- oder Fachwerkträgern (Bild **3**.85), ausziehbare Deckenschalungsträger usw.). Ausziehbare Deckenschalungsträger und -stützen müssen ein Prüfzeichen haben (DIN 1045, Abschn. 12.1)

der Abstützung, die die Standfestigkeit des Schalelements sichert (Bild **3**.85 u. **3**.86) und die auftretenden Kräfte in den Untergrund ableitet (Spreizen, Schrägstützen, Streben, Verschwertungen, Konsolen mit Spindeln usw.)

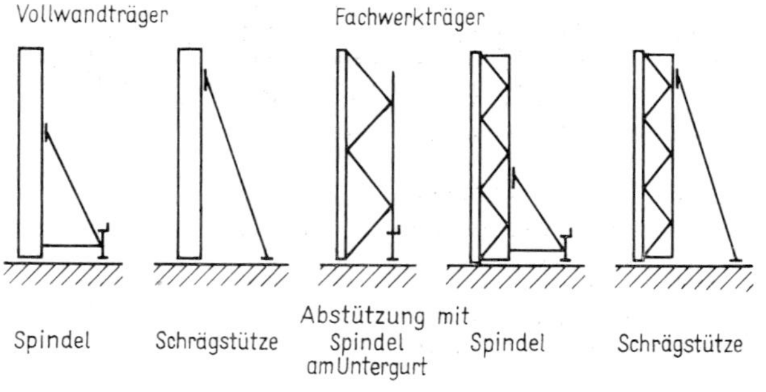

3.85 Schematische Darstellung der Schalungssysteme für großflächige Wandschalung[1])

[1]) Nach Heft 86 FBW

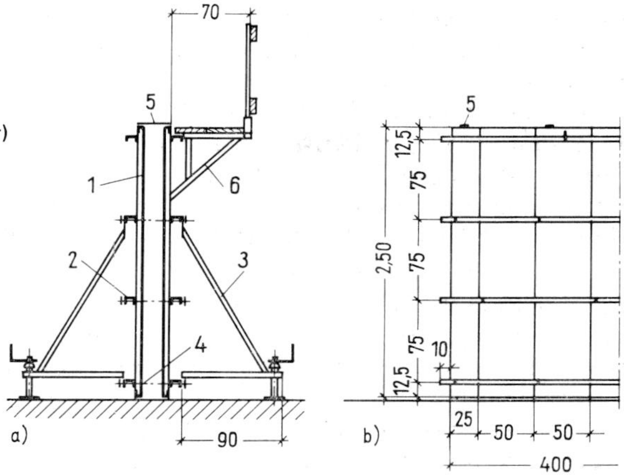

3.86
Beispiel für eine vorgefertigte Wandschalung (Stahlschalung)[1])

a) Vertikalschnitt
   1 Stahl-Schaltafel (Vollwandträger)
   2 Gurtschiene
   3 Abstützung mit Spindel
   4 Spannschrauben ∅ 14 mm
   5 Bandstahlspanner
   6 Laufgerüst
b) Ansicht

---

[1]) Hersteller: NOE-Schaltechnik, Süssen

der Verspannung, die den auftretenden Schalungsdruck aufzunehmen hat und insbesondere bei Sichtbeton nicht die Betonfläche durchdringen darf, sondern über der Betonwand und im Sockelbereich liegt (Bild **3**.87 u. **3**.88), (Spanndrähte <8 mm, Spannstähle ≧8 mm mit Spannschlössern, Spannanker als Schraubenbolzen mit Mutter oder als Bolzen mit Schlitz und Keil, Säulenzwingen usw.). Aufgeschobene Kunststoff-Hüllrohre ermöglichen das Herausziehen der Spannanker beim Ausschalen und dienen gleichzeitig als Abstandhalter zwischen den Schalflächen.

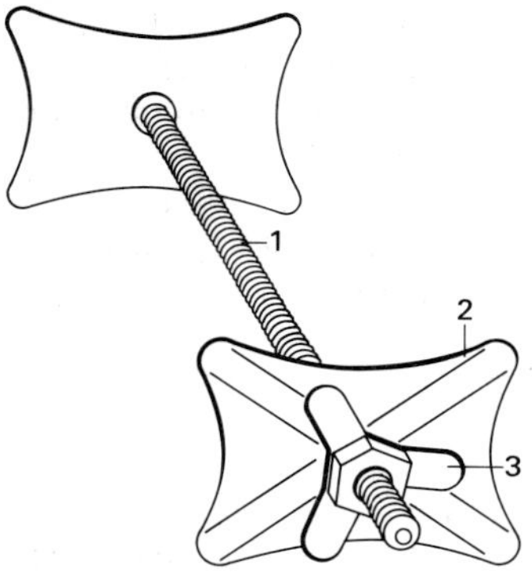

3.87 Spannanker System Dywidag
1 Spannstahl
2 Gegenplatte
3 Flügelmutter

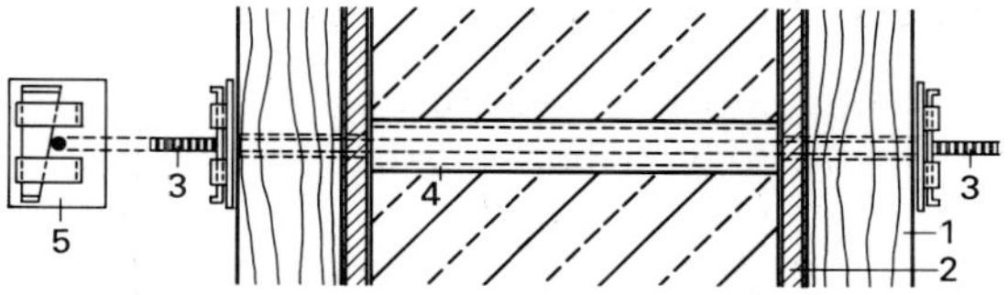

3.88 Spannanker mit Keilverschluß
1 Kanthölzer 10/10 cm (durchbohrt)
2 Schalplatte
3 Spannstahl
4 Abstandshülse
5 Spannanker mit Keil

Für größere Bauten werden i. allg. vorgefertigte Schalungen oder Teilelemente verwendet. Nur bei kleinen Bauaufgaben ist noch die konventionelle Bretterschalung wirtschaftlich. Die Wahl des Schalungssystems (Schalhaut und Tragkonstruktion) hängt von technischen und wirtschaftlichen Forderungen ab. Die optimale Leistung eines Schalsystems wird ermittelt, wenn außer Lebensdauer, Arbeitsaufwand einschließlich Wartung, Wiederverwendungsmöglichkeiten und Einsatzhäufigkeit innerhalb eines bestimmten Betriebes die Wirkungen der Schalung auf die Qualität des Betons (z. B. Maßgenauigkeit, Oberflächenstruktur) mit beachtet werden. Schalungen müssen wie ein Bauwerk von erfahrenen Fachleuten geplant und konstruiert werden. Improvisationen sind unwirtschaftlich, u. U. gefährlich. Die Schalungen müssen dicht, maßgenau, tragfähig, standsicher, frei von Durchbiegungen und leicht zu entfernen sein.

Im Rahmen dieses Abschnittes lassen sich nur die wichtigsten Grundsätze des Schalungsbaues behandeln (s. auch DIN 1045, Abschn. 12 und DIN 4420).

Die auftretenden Kräfte (Schüttgeschwindigkeit, Art der Verdichtung!) müssen sicher in den Baugrund abgeleitet werden. Hierauf ist besonders zu achten, wenn sich die Rüstungen und Schalungen auf andere Bauteile stützen, z. B. auf Zwischendecken oder bei Aufstockungen oder Umbauten. Die Stützenlasten sind sachgemäß auf den Erdboden zu verteilen. Bei nicht tragfähigem oder gefrorenem Untergrund sind besondere Maßnahmen zu treffen. Die Stützen müssen eine sichere und unverrückbare Unterlage erhalten (z. B. Kanthölzer oder Bohlen, aber nicht lose Ziegel oder Steine). Schrägstützen sind gegen Gleiten zu sichern.

Verschiebungen in fertigen Einschalungen durch grobe Erschütterungen, z. B. beim Absetzen von Material mit Kran oder durch plötzliches Entleeren von Betonbehältern beim Betonieren müssen unbedingt vermieden werden.

Schalungen und Lehrgerüste müssen leicht, gefahrlos und ohne Erschütterungen entfernt werden können. Sie sind daher auf Keile, Sandtöpfe, Schraubspindeln oder andere Ausrüstvorrichtungen zu stellen. Vor dem Einbringen des Betons sind die Schalungen zu reinigen und, wenn nötig, anzunässen. Hierzu sind Reinigungsöffnungen anzuordnen bei Schalungen von Säulen am Fuß und am Ansatz der Auskragungen, bei tiefen Balkenschalungen an der Unterseite. Vor und während des Betonierens sind die Schalungen und ihre Unterlagen sorgfältig nachzuprüfen. Baustoffe dürfen auf Schalungen nicht in unzulässiger Menge gestapelt werden.

Als Aussteifungen der Schalungs- und Lehrgerüste in Längs- und Querrichtung sind im allgemeinen Dreieckverbände anzuordnen, deren Stäbe so zu führen sind, daß die Stützen möglichst wenig auf Biegung beansprucht werden. Dreieckverbände können in Stützenfeldern entbehrt werden, die durch Zangen oder ähnliche Vorkehrungen unverschieblich gegen benachbarte ausgesteifte Felder oder gegen standfestes Mauerwerk festgelegt werden.

Wenn als Schalungsstützen Hölzer verwendet werden, sind geringere Zopfdikken als 7 cm unzulässig. Wenn nötig, sind die Knicklängen durch doppelte Kreuzstreben nach zwei zueinander senkrechten Richtungen oder durch waagerechte Zangen zu vermindern. Die Stützen sind im Stockwerkbau und in mehrgeschossigen Rüstungen so anzuordnen, daß die Last der oberen Stützen unmittelbar auf die darunterstehenden übertragen wird.

Bei den Schalungen im Hochbau müssen beim Ausschalen einige Hilfsstützen stehenbleiben können, ohne daß daran und an den darüberliegenden Schalbrettern gerührt zu werden braucht. Die Hilfsstützen sollen deshalb in den einzelnen Stockwerken möglichst genau übereinanderstehen.

Bei eingeschossigen Schalungsgerüsten gewöhnlicher Hochbauten, bei denen sämtliche Lasten durch lotrechte Stiele unmittelbar übertragen werden, braucht die Standsicherheit nicht besonders nachgewiesen zu werden, solange die Gerüsthöhe nicht mehr als 5 m beträgt. Bei schwer lastenden Bauteilen ist die Knicksicherheit stets nachzuweisen. Bei allen anderen Schalungs- und Lehrgerüsten ist eine Festigkeitsberechnung aufzustellen. Für die Bemessung sind die jeweils gültigen amtlichen Vorschriften anzuwenden (für Holz DIN 1052, Holzbauwerke, Berechnung und Ausführung). Als lotrechte Kräfte für die Bemessungen der Schalungen und Rüstungen kommen in Betracht: Das Eigengewicht der Schalung und Rüstung, das Gewicht des eingebrachten frischen Betons, wobei die Anhäufung an einzelnen Stellen berücksichtigt werden muß, das Gewicht von Fördergerät, der Einfluß von Stößen, z.B. beim Ausschütten des Betons, und das Gewicht der Arbeiter. Als waagerechte Kräfte sind außer der Windlast gegebenenfalls auch Seilzug, Schub aus Schrägstützen u.dgl. zu beachten. Zur Berücksichtigung der Kräfte, die aus unvermeidlichen Schrägstellungen der Stützen usw. entstehen, sind die Versteifungen und ihre Anschlüsse so zu bemessen, daß sie außer den genannten waagerechten Kräften eine in Höhe der Schalungsoberkante angreifende waagerechte Kraft von mindestens $^1/_{100}$ der von der Rüstung zu tragenden lotrechten Lasten ohne Überschreitung der zulässigen Spannungen aufnehmen und sicher in den Erdboden ableiten können. Bei seitlichen Schalungen ist zu beachten, daß weicher und vor allem flüssiger Beton, im übrigen aber jeder Beton, der durch Innenrüttler verdichtet wird, bei größerer Schütthöhe einen hohen seitlichen Druck ausübt[1]).

Bei freistehenden und bei mehrgeschossigen Schalungs- und Lehrgerüsten und stets dann, wenn ein Festigkeitsnachweis verlangt wird, sind Zeichnungen der Schalungs- und Lehrgerüste für die Baustelle anzufertigen. Dies gilt auch für die Vorkehrungen gegen den seitlichen Druck des Betons bei hohen seitlichen Schalungen.

Für Bretterschalungen werden parallel besäumte, vollkantige Bretter gleicher oder verschiedener Breite von 24 bis 30 mm Dicke verwendet. Wirtschaftlich ist die Verwendung gleich breiter Bretter von 10,5 cm Breite und 24 mm Dicke (Nordische Schalung), die als Schalbretter, Laschen, Knaggen, Gurt-, Bogen-, Drängbretter, Schwerter usw. benutzt werden können.

Aussparungen im Beton für Installationen u.ä. lassen sich leicht herstellen, indem entsprechend geformte Schaumstoffblöcke im Inneren der Schalung befestigt und ihre Reste nach dem Ausschalen ausgeschnitten oder ausgebrannt werden.

3.4.4.2 Schalung von Fundamenten und Wänden

Die Schalung der Fundamente besteht meist aus fertigen Platten, die geschwertet und abgesteift oder sonst gegen Ausweichen gesichert werden (Bild **3**.89).

---

[1]) Der Seitendruck, den frischer Beton auf die Schalung ausübt, ist nicht genau zu errechnen. Hinreichend sichere Werte – in Abhängigkeit von der Betonsteiggeschwindigkeit v – lassen sich, nach Muhs dem Diagramm des DMR entnehmen (s. Beton-Kalender 1970, Teil II, S. 355). Nachweis der Standsicherheit s. DIN 1045 Abschn. 3.3, 12.1 und DIN 4420 (Gerüste).

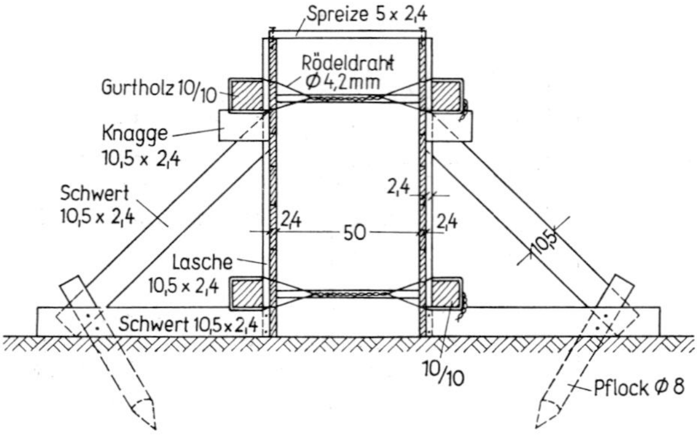

3.89
Fundamentschalung aus fertigen Platten (Laschenabstand 60 bis 70 cm) mit Drahtrödelung

Die waagerechte Aussteifung der Platten erfolgt durch Gurthölzer 10/10.

Die auf Biegung beanspruchten Gurthölzer werden entweder durch Rödelung zusammengehalten oder durch Steifen abgestützt. Gerödelt wird mit geglühtem Stahldraht von ∅ 3,1 oder 4,2 mm in Abständen von ≈ 80 cm, heute jedoch fast nur noch mit Spannstahl und Kunststoff-Abstandhaltern (Bild **3**.87 und **3**.88).

Die Schalung für Wände kann bestehen aus waagrechten Schalbrettern oder Schaltafeln, die gegen senkrecht gestellte Kanthölzer (Schalter) genagelt werden. Die je nach Beanspruchung im Abstand von 40 bis 60 cm stehenden senkrechten Kanthölzer können gegen auf den Betonboden geschossene Drängbretter gesetzt werden. Die Gurthölzer werden in der Regel durch Spannanker (s. Bild **3**.87) in Verbindung mit Kunststoff-Abstandhaltern verspannt (Bild **3**.90). An den Ecken muß die Wandschalung außen und innen besonders gesichert werden. Wenn aufeinandergelagerte Gurthölzer entsprechend weit überstehen, kann die

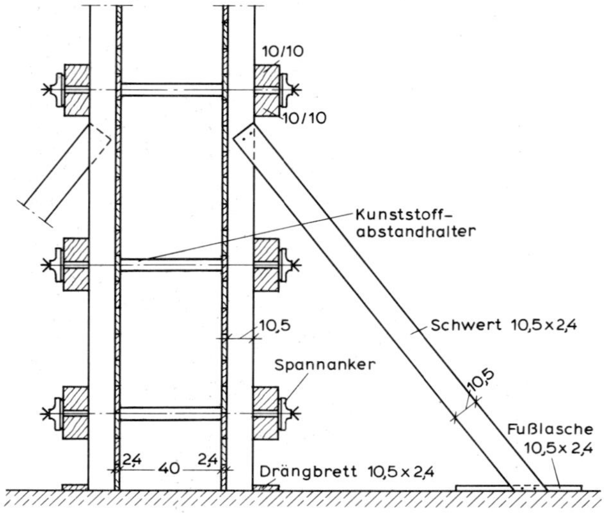

3.90
Wandschaltung mit Brettern oder Schalttafeln

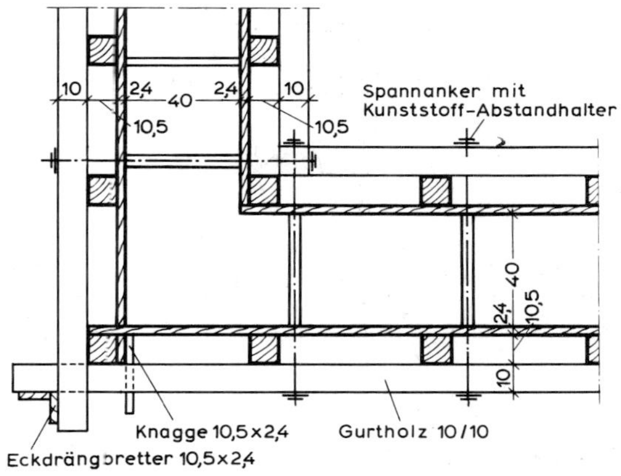

3.91
Eckausbildung für Wandschalung mit Brettern oder Schaltafeln

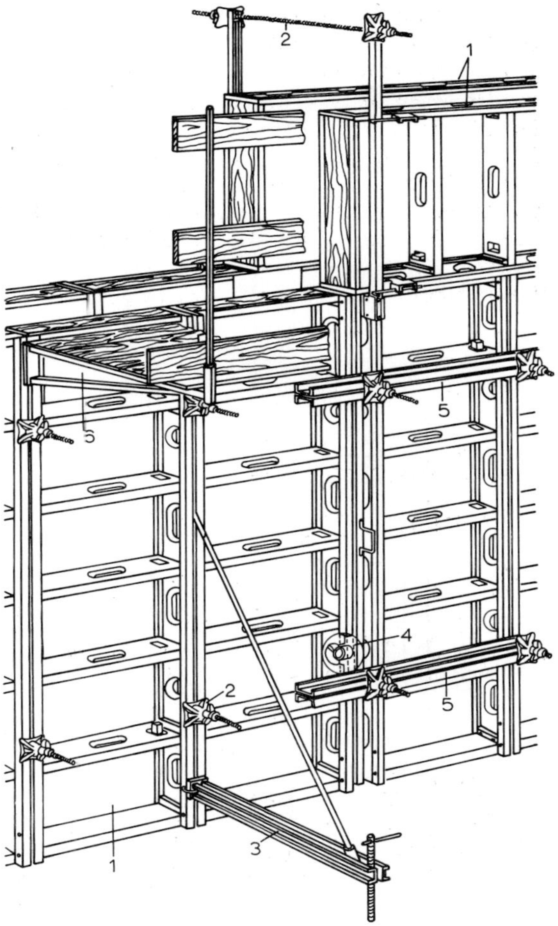

3.92
Leichtschalung System Hünnebeck

1 Schalelement, bestehend aus beschichteter Schalplatte, Rand- und Feldaussteifung aus verzinkten Spezial-Blechprofilen
2 Spannanker (vgl. Bild **3**.87)
3 justierbare Kippsicherung
4 Stoßverbindung der Schalelemente
5 zusätzliches Richt- bzw. Aussteifungsprofil
6 Auslegerkonsole für Arbeitsgerüst

Sicherung durch aufgenagelte Drängbretter erfolgen (Bild **3**.91). Wandschalungen werden heute jedoch fast durchweg aus vorgefertigten, industriell serienmäßig hergestellten Schalungselementen gebaut. Sie bestehen aus großformatigen kunstharzbeschichteten Schaltafeln mit dahinterliegenden Aussteifungskonstruktionen aus Metall oder Holz. Die Systeme sind fast immer so durchgebildet, daß damit auch schwierige Schalungsaufgaben wirtschaftlich bewältigt werden können. Fast alle derartigen Systeme sind kombinierbar mit den notwendigen Arbeits- oder Schutzgerüsten. Als Beispiel aus der großen Zahl derartiger Schalungssysteme ist in Bild **3**.92 der Aufbau einer Wand-Leichtschalung nach System Hünnebeck gezeigt.

Müssen gleichartige Schalungen für mehrere Geschosse übereinander erstellt werden, können kostensparende Schalungen eingesetzt werden, die horizontal verfahren und auf Klettergerüsten entsprechend dem Bautakt übereinander aufgebaut werden (Bild **3**.93).

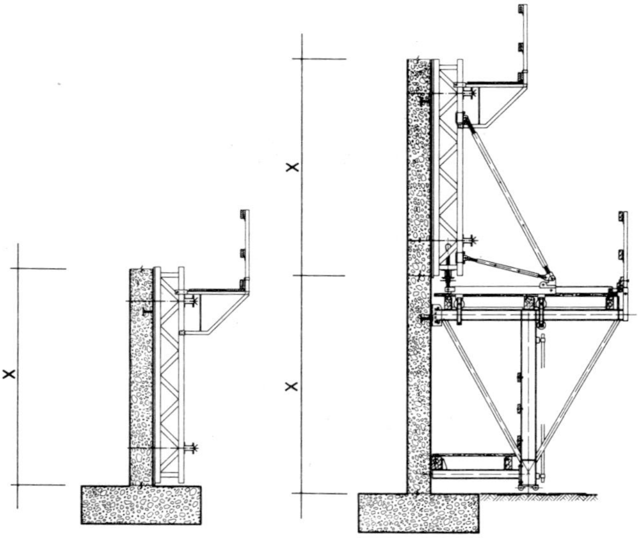

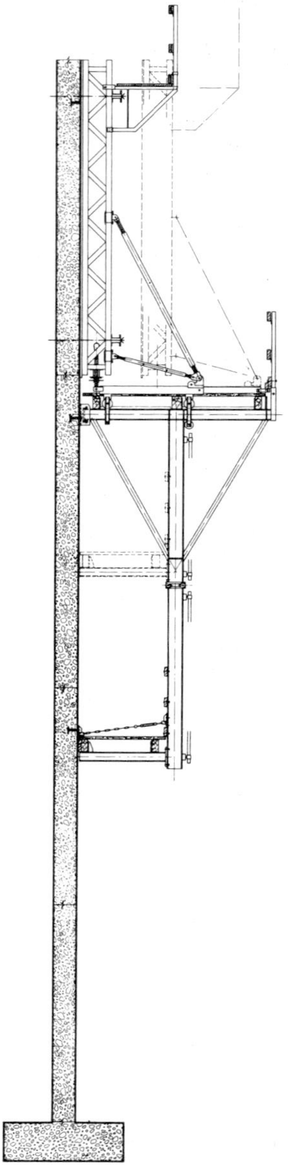

3.93 Fahrschalung auf Klettergerüst System PERI

a) Wandschalung ohne Gerüst. Vorlaufanker für die spätere Anhängung des Gerüstes werden im ersten Wandabschnitt gleich mit eingebaut.

b) Kletterfahrgerüst angehängt. Wandschalungselement auf dem Kletterfahrgerüst montiert. Schalungshöhe *X* ist beliebig (in der Regel bis max. 6,50 m).

c) Klettergerüst mit angehängter Nacharbeitsbühne für beliebige Höhe der Schalungsabschnitte.

3.4.4.3 Schalung von Säulen

Die Schalungskästen für Stahlbetonsäulen werden aus 4 Platten zusammengesetzt, von denen 2 die gleiche Breite wie die Betonsäule haben (zwischenliegende Platten). Die beiden anderen Platten sind um 2 Brettdicken breiter (überstehende Platten; s. Querschnitt Bild **3.94**). Die Platten werden aus 24 mm dicken, senkrecht gestellten Brettern zusammengesetzt, die durch aufgenagelte Brettlaschen 10,5 × 2,4 verbunden werden. Die Fußlasche wird ≈20 cm, die Kopflasche 24 mm vom Plattenende angeordnet. Schließt ein Balken an die Säule an, so liegt

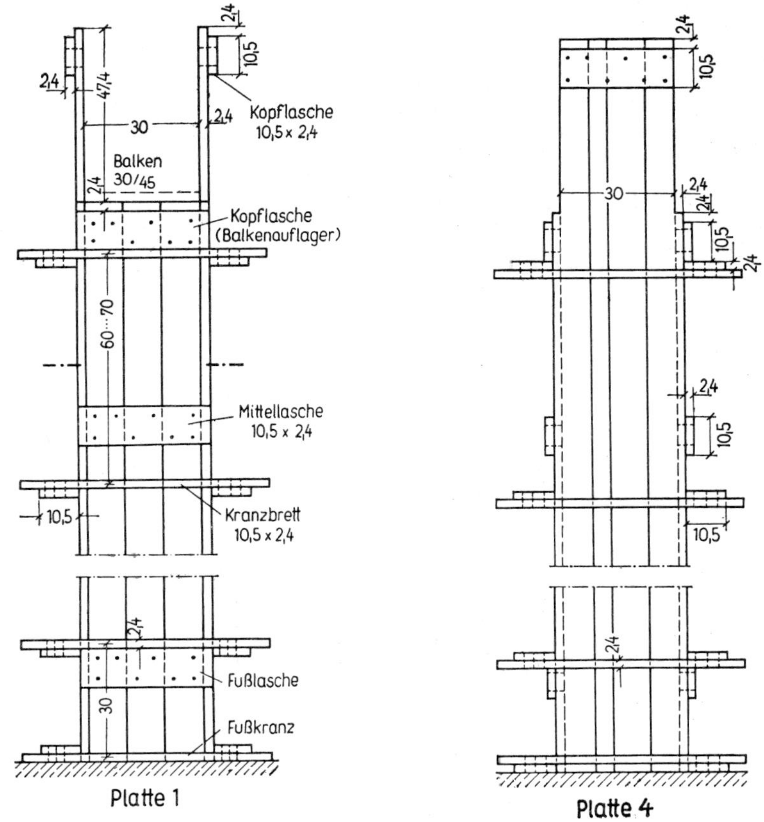

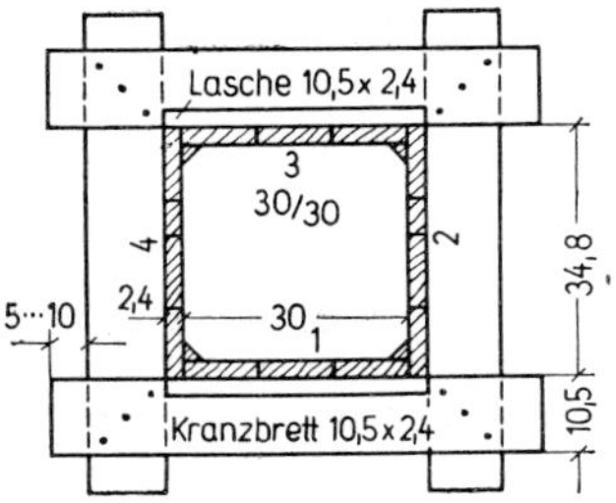

3.94
Säulenschalung

Platten 1 und 3 gelascht, Platten 2 und 4 auf die Kranzbretter genagelt. Das Reinigungsloch wird am besten unterhalb der untersten Lasche angeordnet die Kopflasche um 24 mm tiefer als der Säulenausschnitt. Die Mittellaschen werden in 70 bis 80 cm Abstand angeordnet. Die Laschen der zwischenliegenden Platten stehen zur Bildung eines Anschlages beiderseits um 24 mm über. Dieser Überstand darf nicht genagelt werden. Bei den überstehenden Platten ist die Länge der Laschen gleich der Plattenbreite. Der Zusammenschluß der Platten kann durch Brettkränze bewirkt werden. Der Abstand der Brettkränze, der im oberen Teil des Schalkastens 60 bis 70 cm beträgt, muß nach dem Säulenfuß zu kleiner werden. An Stelle der Brettkränze werden meistens jedoch heute verstellbare Stahlzwingen verwendet; dann müssen alle 4 Platten gelascht werden.

Die Ecken des Säulenquerschnittes sollen durch Einfügen von Dreikantleisten in die Ecken der Säulenschalung gebrochen werden. Dadurch werden Kantenrisse und Beschädigungen der Ecken beim Ausschalen verhindert.

Bei Rundsäulen wird die Schalung aus schmalen Brettern zusammengesetzt und durch Holzkränze (Normenbogen) in Form gehalten. Die Sicherung gegen den Betondruck geschieht durch Rundstahlringe.

Ferner werden Schalungen aus Leichtmetallelementen und aus spiralenförmigen Stahlbändern verwendet, mit deren Hilfe das Einschalen von Rundstützen verschiedener Durchmesser möglich ist.

Rundstützen können auch sehr vorteilhaft mit völlig glatter Oberfläche hergestellt werden, wenn Asbestzement-Druckrohre als verlorene Schalung verwendet werden.

Am Fuß von Stützen und Wänden, am Ansatz von Auskragungen und an der Unterseite von tiefen Balkenschalungen sind Reinigungsöffnungen anzuordnen, die kurz vor dem Betonieren zu schließen sind.

3.4.4.4 Schalung von Balken und Decken

Die Schalungskästen für Stahlbetonbalken bestehen aus dem Balkenboden und den beiden Seitenplatten. Bei Anschluß an Säulen wird die Balkenschalung stets in die Säulenschalung geführt. Balkenboden und Seitenplatten werden aus 24 mm dicken Brettern zusammengesetzt und durch aufgenagelte Brettlaschen 10,5 × 2,4 verbunden (Bild **3**.95). Für den Balkenboden, der stets zwischen den Seitenplatten liegt, sind nur wenige Laschen erforderlich; diese stehen links und rechts um 24 mm über. Die Endlasche liegt 24 mm vom Balkenbodenende entfernt. Der Schalungsboden wird auf die Kopfhölzer aufgelegt, die durch – heute fast allgemein übliche – ausziehbare Stahlrohr-Schalungsstützen abgestützt werden. Diese werden meistens zweireihig angeordnet, um ein leichteres Justieren der Schalung auch in der Querrichtung zu ermöglichen. Zur Diagonalaussteifung werden passende, einhängbare, ausziehbare Stahlrohrelemente verwendet. Auf Beton brauchen die Stützen keine besondere Unterlage. Muß die Einschalung auf Erdreich abgestützt werden, werden die Stützen auf Baubohlen im Sandbett gestellt.

Die Endlaschen der Seitenplatten sind 24 mm vom Plattenende entfernt. Die mittleren Laschen erhalten 50 bis 60 cm Abstand. Die Laschen reichen bis Unterkante Seitenplatte und sind von der Oberkante 24 mm entfernt, damit die Deckenschalung gegen die Seitenplatten anstoßen kann. Das oberste Brett der Seitenplatten soll voll besäumt sein.

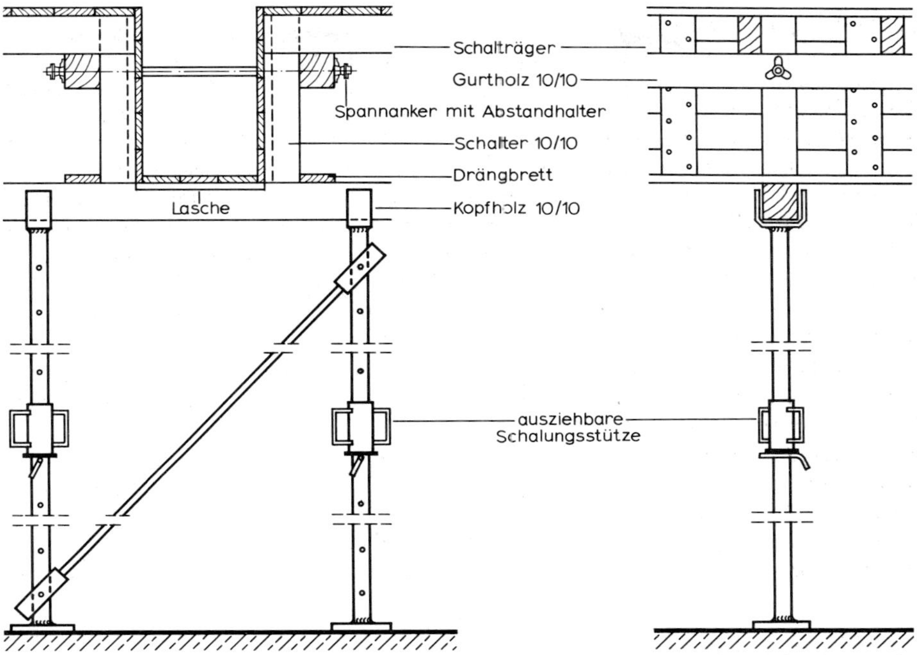

3.95 Unterzug-Schalung

Die Seitenplatten werden gegen den Balkenboden genagelt und am Fuß durch auf die Kopfhölzer genagelte Drängbretter gegen Verschieben gesichert. Im übrigen wird die Querverspannung durch Gurthölzer mit Spannankern und Abstandhaltern gebildet. Bei größeren Balkenquerschnitten werden die Gurthölzer doppelt gelegt, um das Durchbohren für die Spannanker zu vermeiden (vgl. Bild **3**.90).

Schließt ein Nebenbalken an einen Hauptbalken an, so ist die Schalung des Nebenbalkens in die des Hauptbalkens zu führen.

Bei Balken mit Voute ist die Seitenplatte im Voutenteil so zu verbreitern, daß sie das Voutendrängbrett, die Voutenlasche und den Voutenboden voll aufnehmen kann (Bild **3**.96). Das Voutendrängbrett erhält oben eine Schmiege, die sich fest unter die Lasche des Balkenbodens setzt. Es empfiehlt sich nicht, den Voutenboden anzusetzen, sondern den Balkenboden zur Voute abzubiegen. Dazu muß der Balkenboden auf der Unterseite auf etwa $^3/_5$ Brettdicke eingesägt werden. Von der Voutenseite aus wird an diesen Einschnitt eine Kerbe geschlagen, so daß sich die Schmiege beim Abbiegen gegen den senkrechten Sägeschnitt legt. Die Voutenseitenplatten müssen von außen durch Drängbretter gesichert werden.

Deckenschalungen können auf Kanthölzern, wie in Bild **3**.95 gezeigt, aufliegen. Bei den üblichen Spannweiten örtlich betonierter Vollbetondecken ist die Verwendung von ausziehbaren Schalungsträgern wirtschaftlicher, die je nach Deckengewicht in Abständen von 50 bis 70 cm verlegt werden (Bild **3**.97). Bei fast allen derartigen Schalungsträgersystemen ist es möglich, die Einschalung mit Überhö-

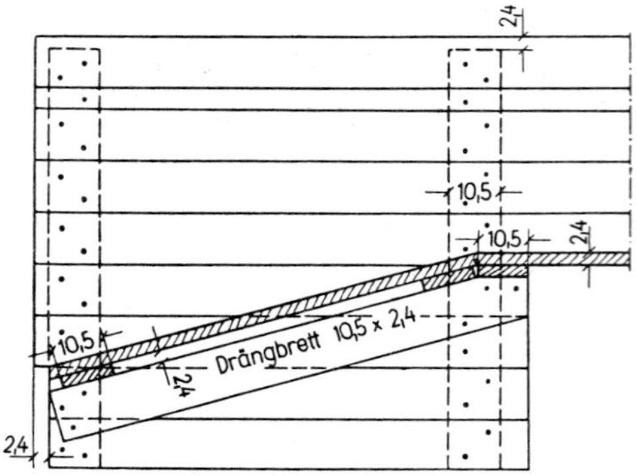

3.96 Längsschnitt durch eine Balkenschalung mit Voute

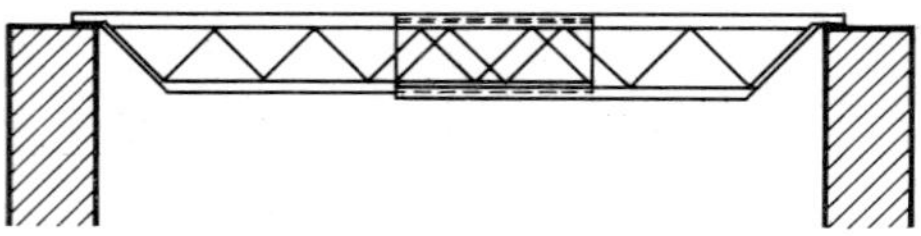

3.97 Ausziehbarer Schalungsträger

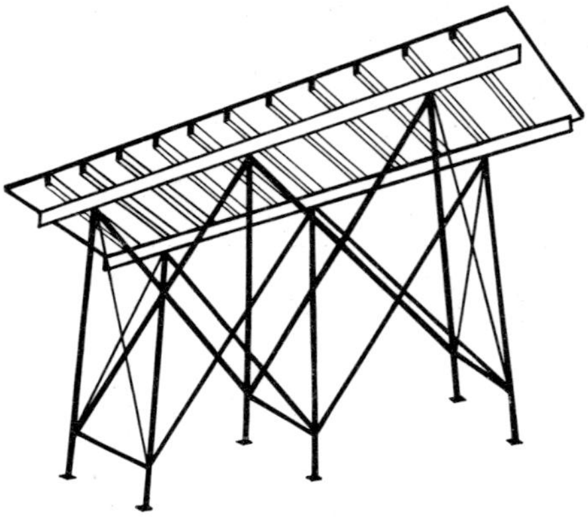

3.98 Schaltisch

hung („Stich“) auszuführen, um die spätere Durchbiegung der Decken auszugleichen. Auf den Schalungsträgern werden vorgefertigte Schalplatten (kunstharzbeschichtete Spanplatten) verlegt. Seltener für die ganze Fläche, jedoch für Restflächen der Deckenfelder werden auch übliche Schalungsbretter verwendet.

Für größere oder am Bau sich öfter wiederholende gleichartige Deckenflächen werden Schalungen zu großen, komplett umsetzbaren Elementen zusammengesetzt (Bild **3.**98).

Lediglich mit „Sparschalung“ (Einzelunterstützungen durch Gurte oder Stützen) kann gearbeitet werden, wenn dünne, vorgefertigte Stahlbetonplatten verwendet werden, die bereits die Zugbewehrung enthalten und lediglich einen Aufbeton bis zur vollen Deckenstärke erfordern. Diese Plattenelemente ersetzen die Schalung und bilden damit in gewissem Sinn eine „verlorene Schalung“ (Bild **3.**99).

Außer den beschriebenen Grundelementen der Schalung werden ständig weitere Schalsysteme entwickelt in dem Bestreben, die für das Einschalen aufgewandte Arbeitszeit und Materialverluste herabzusetzen. Verbesserungen richten sich auf einfache, robuste Verbindungen der Schalelemente untereinander, unkompliziertes Anpassen an vorgegebene Baumaße mit möglichst wenig Zusatz- oder Paßstücken, auf rationellen Auf- und Abbau, rasche Wiederverwendbarkeit (Reinigung) u.a.m. Während hierbei Details der verschiedenen Systeme großen Einfluß haben, können Schalungsfachleute durch geschickten Einsatz der vorhandenen Grundelemente entscheidend zur wirtschaftlichen Lösung von Bauaufgaben beitragen. Als Beispiel aus der Fülle der möglichen Schalungsaufgaben seien hier nur verfahrbare Deckenschalungen für Schottenbauweisen (Bild **3.**100) und Raumschalungen (Bild **3.**101) für Industrie und Wohnungsbau erwähnt.

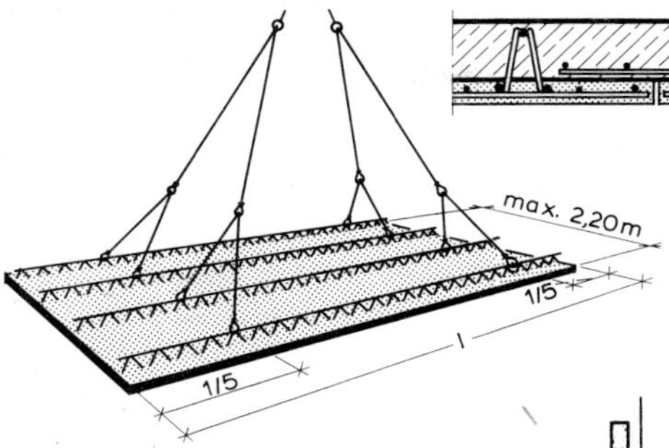

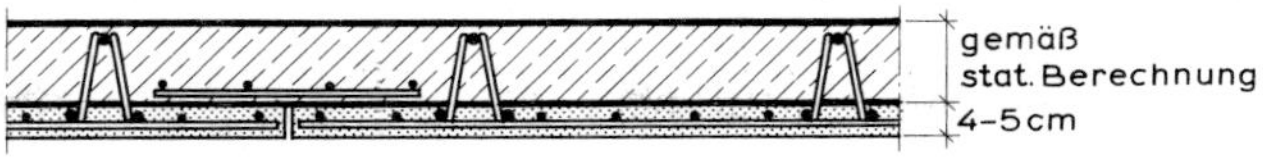

3.99 Plattendecke (Kaiser-OMNIA)

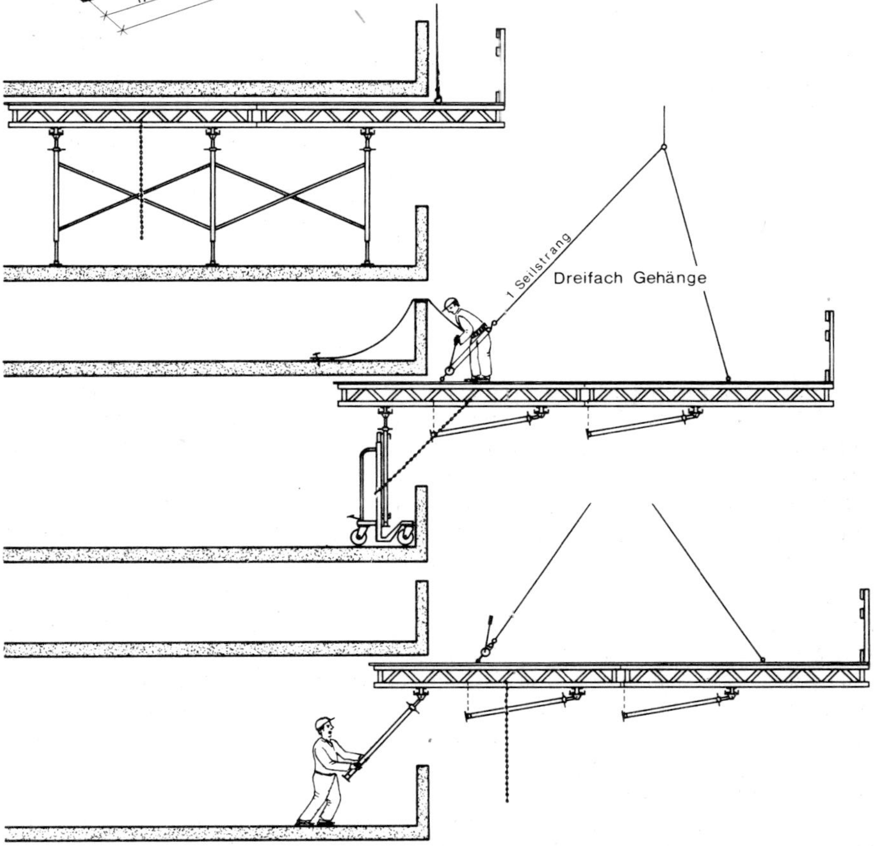

3.100 Schaltisch mit rollbarer Schnellabsenkung im Einsatz für Schottenbauweise (System PERI)
Arbeitsablauf (Ausschalen und Umsetzen des Schaltisches):

a) Deckentisch absenken, vorderes Kranseil einhängen
b) Hub- und Fahrgerät am letzten Rahmen befestigen und sichern. Sicherungskette anlegen. Diagonalkreuze demontieren. Tisch ausfahren, dabei gleichzeitig Füße hochklappen und anhängen. Hinteres Kranseil einhängen und die hinteren Seilenden durch Kettenzug oder ähnliches Gerät verkürzen, bis der Tisch waagerecht hängt.
c) Hub- und Fahrgerät wegnehmen. Letzten Rahmen hochklappen und den Tisch über die Brüstung ausfahren.

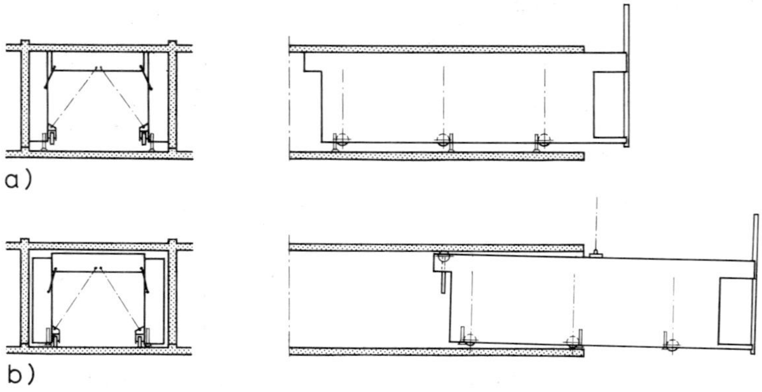

3.101 Raumschalung (Prinzipskizze)

a) Quer- und Längsschnitt: eingeschalter Zustand. Schalungswagen mit Spindeln gegen Decke bzw. Wand gespannt.

b) Schalungswagen abgesenkt. Wandschalungen eingezogen. Ausfahren des Schalungswagens.

3.4.4.5 Ausrüsten und Ausschalen

Ein Bauteil darf erst dann ausgerüstet oder ausgeschalt werden, wenn der Beton ausreichend erhärtet (s. DIN 1045 Abschn. 7.4.4 und 12.3), bei Frost nicht etwa nur hartgefroren ist und wenn der Bauleiter des Unternehmens das Ausrüsten und Ausschalen angeordnet hat. Der Bauleiter darf das Ausrüsten oder Ausschalen nur anordnen, wenn er sich von der ausreichenden Festigkeit des Betons überzeugt hat.

Als ausreichend erhärtet gilt der Beton, wenn der Bauteil eine solche Festigkeit erreicht hat, daß es alle zur Zeit des Ausrüstens oder Ausschalens angreifenden Lasten mit der vorgeschriebenen Sicherheit (DIN 1045, Abschn. 17.2.2) aufnehmen kann.

Besondere Vorsicht ist geboten bei Bauteilen, die schon nach dem Ausrüsten nahezu die volle rechnungsmäßige Last tragen (z.B. bei Dächern oder bei Geschoßdecken, die durch noch nicht erhärtete obere Decken belastet sind).

Das gleiche gilt für Beton, der nach dem Einbringen niedrigen Temperaturen ausgesetzt war.

War die Temperatur des Betons seit seinem Einbringen stets mindestens +5 °C, so können für das Ausschalen und Ausrüsten im allgemeinen die Fristen der Tab. 8 (DIN 1045) als Anhaltswerte angesehen werden. (Andere Fristen können notwendig bzw. angemessen sein, wenn die nach DIN 1045 Abschn. 7.4.4 ermittelte Festigkeit des Betons noch gering ist.) Die Fristen der Spalten 3 und 4 dieser Tabelle gelten – bezogen auf das Einbringen des Ortbetons – als Anhaltswerte auch für Montagestützen unter Stahlbetonfertigteilen –, wenn diese Fertigteile durch Ortbeton ergänzt werden und die Tragfähigkeit der so zusammengesetzten Bauteile von der Festigkeitsentwicklung des Ortbetons abhängig ist (s. z.B. DIN 1045, Abschn. 19.4 und 19.7.6).

Ausschalfristen (Anhaltswerte) (DIN 1045 Tab. 8)

	1	2	3	4
	Zementfestigkeits-klasse	für die seitliche Schalung von Balken und für die Schalung von Wänden und Stützen Tage	für die Schalung von Deckenplatten Tage	für die Rüstung (Stützung) von Balken, Rahmen und weitgespannten Platten Tage
1	25	4	10	28
2	35 L	3	8	20
3	35 F und 45 L	2	5	10
4	45 F und 55	1	3	6

Die Ausschalfristen sind gegenüber der Tab. 8 zu vergrößern, u. U. zu verdoppeln, wenn die Betontemperatur in der Erhärtungszeit überwiegend unter +5 °C lag. Tritt während des Erhärtens Frost ein, so sind die Ausschal- und Ausrüstfristen für ungeschützten Beton mindestens um die Dauer des Frostes zu verlängern (s. DIN 1045, Abschn. 11).

Für eine Verlängerung der Fristen kann außerdem das Bestreben bestimmend sein, die Bildung von Rissen – vor allem bei Bauteilen mit sehr verschiedener Querschnittsdicke oder Temperatur – zu vermindern oder zu vermeiden oder die Kriechverformungen zu vermindern, z. B. auch infolge verzögerter Festigkeitsentwicklung.

Bei Verwendung von Gleit- oder Kletterschalungen kann in der Regel von kürzeren Fristen, als in der Tab. 8 angegeben, ausgegangen werden.

Stützen, Pfeiler und Wände sollen vor den von ihnen gestützten Balken und Platten ausgeschalt werden. Rüstungen, Schalungsstützen und frei tragende Deckenschalungen (Schalungsträger) sind vorsichtig durch Lösen der Ausrüstvorrichtungen abzusenken. Es ist unzulässig, diese ruckartig wegzuschlagen oder abzuzwängen. Erschütterungen sind zu vermeiden.

Um die Durchbiegungen infolge von Kriechen und Schwinden klein zu halten, sollen Hilfsstützen möglichst lange stehenbleiben oder sofort nach dem Ausschalen gestellt werden. Die Hilfsstützen sollen in den einzelnen Stockwerken übereinander stehen (bei Platten und Balken mit Stützweiten von 3 bis ≈8 m genügen Hilfsstützen in der Mitte der Stützweite).

Läßt sich eine Benutzung von Bauteilen, namentlich von Decken, kurz nach dem Ausschalen nicht vermeiden, so ist besondere Vorsicht geboten. Keineswegs dürfen auf frisch hergestellten Decken Lasten abgeworfen, abgekippt oder in unzulässiger Menge gestapelt werden.

3.4.5 Bewehrung

3.4.5.1 Einbau der Bewehrung

Die Abmessungen der Bauteile und ihre Bewehrung sind durch Zeichnungen eindeutig und übersichtlich darzustellen. Die Zeichnungen müssen mit den Ergebnissen der statischen Berechnung übereinstimmen und alle für die Ausführung der

Bauteile und für die Prüfung der Berechnung erforderlichen Maße enthalten. Insbesondere sind anzugeben (s. DIN 1045, Abschn. 3.2)

1. die Festigkeitsklasse des Betons
2. die Stahlsorten (s. auch DIN 488 T 1)
3. Zahl, Durchmesser, Form und Lage der Bewehrungsstäbe und Baustellenschweißungen
4. die Betondeckung der Stahleinlagen (auch der Bügel) und die Unterstützungen der oberen Bewehrung
5. die Mindestdurchmesser der Biegerollen (s. DIN 1045 Abschn. 18 Bewehrungsrichtlinien).

Jeder tragende Stahlbetonbauteil (Position der statischen Berechnung) wird in der Regel gesondert gezeichnet (M 1 : 20), so daß Schnittlänge, Biegelänge, Stabform und alle Teillängen abgelesen werden können.

Alle einzubauenden Stahleinlagen werden in der Stahlliste zusammengefaßt. Nach ihr werden die Stähle abgelängt und gebogen. Ferner werden mit ihrer Hilfe Verschnitt und Gesamtgewicht, nach Güte und Durchmesser getrennt, für die Abrechnung ermittelt.

3.4.5.2 **Betondeckung** (DIN 1045 Abschn. 13.2)

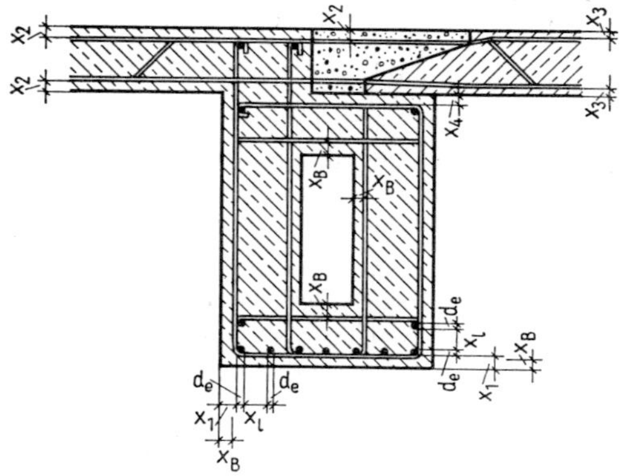

3.102 Betondeckung der Bewehrung

$x_L \geqq d_e$, mind. aber 20 mm
x_1 und x_B s. Taf. S. 127 Spalten 2 und 4
x_2 s. Taf. S. 127 Spalten 3 und 5
x_3 s. Taf. S. 127 Spalte 6
x_4 Ortbeton im Anschluß an Fertigteil

Der Verbund zwischen Bewehrung und Beton ist durch eine ausreichend dicke, dichte Betondeckung zu sichern. Sie muß in der Lage sein, den Stahl dauerhaft gegen Korrosion zu schützen.

Die Betondeckung jedes Bewehrungsstabes, auch der Bügel, muß nach allen Seiten die Werte der Tab. 9 und 10 der DIN 1045 haben (s. auch Bild **3.**102), wobei jeweils der größere Wert maßgebend ist, und soweit nicht nach Abschn. 13.2.2 noch größere Maße oder andere Maßnahmen (s. Abschn. 13.3) in Betracht kommen.

Mindestmaße der Betondeckung, bezogen auf die Durchmesser der Bewehrung in mm

		1	2	3	4	5
1	Stabdurchmesser	bis 12	14 16 18	20 22	25 28	über 28
2	Betondeckung	10	15	20	25	30

Mindestmaße der Betondeckung, bezogen auf die Umweltbedingungen (nach DIN 1045, Tab. 10) **in mm**

1	2	3	4	5	6
Umweltbedingungen	Ortbeton und Fertigteile				werkmäßig hergestellte Fertigteile ≧ B35
	B 15		≧B 25		
	allgemein	Flächentragwerke[1])	allgemein	Flächentragwerke[1])	
1 Bauteile in geschlossenen Räumen, z. B. in Wohnungen (einschl. Küche, Bad, Waschküche), Büroräumen, Schulen, Krankenhäusern, Verkaufsstätten Bauteile, die ständig unter Wasser verbleiben oder ständig trocken sind Dächer mit einer wasserdichten Dachhaut für die Seite, auf der die Dachhaut liegt	20	15	15	10	10
2 Bauteile im Freien und Bauteile, zu denen die Außenluft ständig Zugang hat, z. B. offene Hallen, verschließbare Garagen	25	20	20	15	15
3 Bauteile in geschlossenen Räumen mit oft auftretender sehr hoher Luftfeuchtigkeit bei normaler Raumtemperatur, z. B. in gewerblichen Küchen, Bädern, Wäschereien, in Feuchträumen von Hallenbädern und in Viehställen Bauteile, die wechselnder Durchfeuchtung ausgesetzt sind, z. B. durch häufige starke Tauwasserbildung oder in der Wasserwechselzone und Bauteile, die „schwachem" chemischem Angriff (DIN 4030) ausgesetzt sind	30	25	25	20	20
4 Bauteile, die besonders rostfördernden Einflüssen ausgesetzt sind, z. B. durch ständige Einwirkung angreifender Gase, Tausalze, „starkem" chemischem Angriff nach DIN 4030 (s. auch DIN 1045, Abschn. 13.3)	40	35	35	30	30

[1]) Flächentragwerke im Sinne dieser Tabelle sind: Platten (auch von Rippendecken), Stahlsteindekken, Scheiben, Schalen, Faltwerke, Wände.

Schichten aus natürlichen oder künstlichen Steinen, Holz oder haufwerkporigem Beton dürfen nicht auf die Betondeckung angerechnet werden.

Bei Beton mit einem Größtkorn des Zuschlags von mehr als 32 mm sind die Betondeckungsmaße um 5 mm zu vergrößern. Eine Vergrößerung kann auch aus anderen Gründen, z.B. wegen des Brandschutzes nach DIN 4102 notwendig sein. Bei besonders dicken Bauteilen, bei Betonflächen aus Waschbeton oder bei Flächen, die gesandstrahlt, steinmetzmäßig bearbeitet oder durch Verschleiß stark abgenutzt werden, ist die Betondeckung darüber hinaus angemessen zu vergrößern. Dabei ist die Tiefenwirkung der Bearbeitung und die durch sie verursachte Gefügestörung zu berücksichtigen.

Bei Stahlleichtbeton ist die Betondeckung ebenfalls um 5 mm zu vergrößern.

3.4.6 Bauliche Einzelheiten von Wänden aus Stahlbeton

3.4.6.1 Wandaufbau und Wanddicken

Normalbeton wird als Wandbaustoff im Hoch- und Ingenieurbau eingesetzt. Wegen seiner schlechten Wärmedämmfähigkeit ist jedoch die Kombination mit Dämmstoffen erforderlich. Wenn Wände aus Ortbeton hergestellt werden, wird die Wärmedämmung (z.B. Holzwolle-Leichtbauplatten oder Mehrschicht-Leichtbauplatten) meistens in die Schalung mit eingestellt. Der Verbund der Platten mit dem geschütteten Beton wird durch Kunststoffanker und die innige Verbindung zwischen Beton und rauher, poriger Oberfläche der Platten bewirkt. Der Wandaufbau ist bauphysikalisch am wirkungsvollsten, wenn die Wärmedämmung an der Außenseite angebracht wird. Bei Kellerwänden darf die Wärmedämmung dann jedoch nur aus Baustoffen bestehen, die keinerlei Feuchtigkeit aufnehmen (z.Z. nur exdrudierter Polystyrol-Hartschaum, z.B. Roofmate oder Styrodur). Es ist jedoch auch möglich, die Wärmedämmung an der Innenseite aufzubringen, wenn auf die Wärmespeicherung der Wände verzichtet wird (s. Abschn. 7). Liegt die Wärmedämmung innerhalb von Betonwänden, – wenn z.B. die Wände als Kombination von Fertigteilen mit Ortbeton hergestellt werden –, muß der rechnerisch erforderliche Dämmwert wegen der zur Verbindung der Betonschichten erforderlichen durchgehenden Anker und den daraus resultierenden Wärmebrücken um bis zu 15% erhöht werden.

Leichtbeton vereinigt eine relativ gute Wärmedämmung mit hoher Tragfähigkeit. Es muß im Einzelfall jedoch festgestellt werden, ob evtl. zusätzliche Wärmedämmaßnahmen getroffen werden müssen.

In der Regel ist für Wände aus Stahlbeton ein rechnerischer Stabilitätsnachweis nach DIN 1045 Abschn. 15.8 zu führen. Mindestwanddicken für Leichtbetonwände und -pfeiler sind 25 cm für Außenwände, 20 cm für tragende Innenwände bzw. 15 cm für ausgesteifte, tragende Innenwände aus LB 10 bei Geschoßhöhen $\leqq$3,50 m und 12 cm für aussteifende, nichttragende Innenwände (s.a. DIN 4232).

Wirtschaftlich sind Wände aus örtlich hergestelltem Stahlbeton, wenn moderne Schalungssysteme verwendet werden (s. Abschn. 3.4.4.2). Alle Nacharbeiten an Betonmauern (z.B. Stemmarbeiten) sind durch sorgfältige Planung zu vermeiden. Öffnungen und Aussparungen für Installationen o.ä. sind durch besondere Schalungen oder an der entsprechenden Stelle einbetonierte Schaumstoffblöcke zu berücksichtigen.

In tragenden Leichtbetonwänden, die $\leqq 15$ cm dick sind, sind Schlitze jeder Art unzulässig. Bei mehr als 15 cm Dicke sind Querschnittschwächungen durch waagerechte oder schräge Schlitze beim Standsicherheitsnachweis zu berücksichtigen.

3.4.6.2 Dehn- und Arbeitsfugen

Je großflächiger monolithische Wandbauteile aus Stahlbeton sind, um so mehr machen sich Verformungen – im ungünstigsten Falle in Gestalt von Rissen – bemerkbar, und zwar unter dem Einfluß von Temperaturänderungen, Kriechen und Schwinden sowie von Bewegungen, die in der Konstruktion bei Auftreten von veränderlichen statischen oder dynamischen Belastungen entstehen.

Diese Verformungen lassen sich voraussehen und in ihrem Umfang abschätzen oder berechnen. Um regellose Risse im Bauwerk zu vermeiden, werden unterteilende, durchgehende Dehnfugen angeordnet. Es können auch in Form von Einkerbungen Scheinfugen als Sollbruchstellen vorgesehen werden (Bild **3**.103). Der Abstand der Fugen ist von den speziellen Verhältnissen am Bauwerk abhängig. Wenn nicht schon durch notwendige Setzfugen (s. Abschn. 1.1, Bild **1**.1) eine ausreichende Unterteilung erfolgt, sollten großformatige Betonteile in Abständen von höchstens 10 m durch Fugen unterteilt werden. Sind die Bauteile jedoch der Sonneneinstrahlung oder Frost besonders ausgesetzt, sind die Fugenabstände zu verringern, so daß Einzelflächen von 4 bis 6 m^2 entstehen.

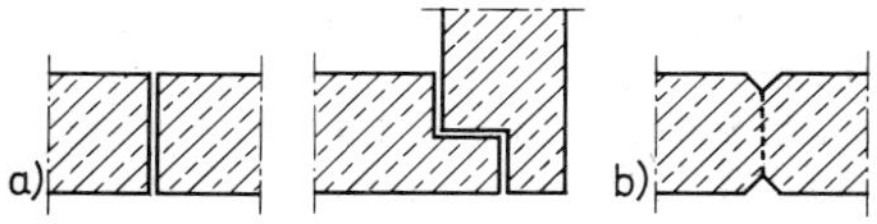

3.103 Dehnfugen zwischen großformatigen Betonteilen
a) Dehnfuge durchgehend
b) Scheinfuge (Soll-Bruchstelle)

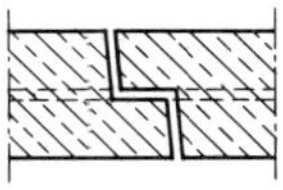

3.104
Offene Dehnfuge
(senkrechter Schnitt)

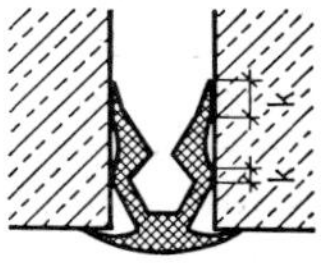

3.105 Dehnungsfuge mit Kunststoff-Klemmprofil
k = Klebeflächen

In Betonteilen, an die keine besonderen Ansprüche – wie z.B. an raumabschließende Wände – gestellt werden, können Dehnfugen offen bleiben. Durch entsprechende Profilierung ist ggf. für die Ableitung von Schlagregen zu sorgen (Bild **3**.104). Sie können außerdem durch Kunststoffklemmprofile abgedeckt werden (Bild **3**.105). Wenn größere Bewegungen in den Fugen zu erwarten sind, müssen derartige Klemmprofile zusätzlich eingeklebt werden.

In der Regel werden Fugen, besonders in Außenwandflächen, durch dauerplastische und dauerelastische Dichtungsmassen (Thiocol, Acrylharze, Silicon-Kautschuke, Polyurethane) nach DIN 52451 bis 52460 geschlossen. Die Ausführung von derartigen Fugen sollte nur durch erfahrene Spezialfirmen erfolgen. Dabei werden in der Regel die Fugen zunächst durch Schaumstoffstreifen ausgestopft, die Fugenflanken mit einem Voranstrich (Primer) als Haftgrund behandelt und mit der Ein- oder Zweikomponenten-Fugenmasse ausgespritzt. Die Fugenoberfläche wird – abhängig von der verwendeten Fugenmasse – geglättet. Es sollte besonders darauf geachtet werden, daß die angrenzenden Bauteile nicht durch – meist zunächst nicht sichtbare – Voranstrich- oder Dichtungsreste verschmutzt werden (Bild **3**.106).

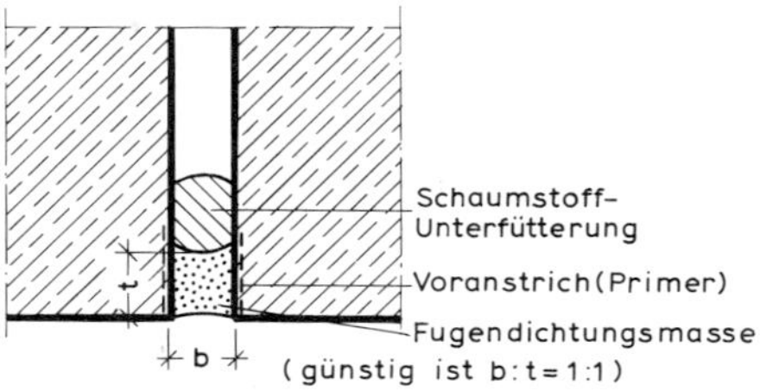

3.106 Bewegungsfuge mit dauerelastischer Dichtung

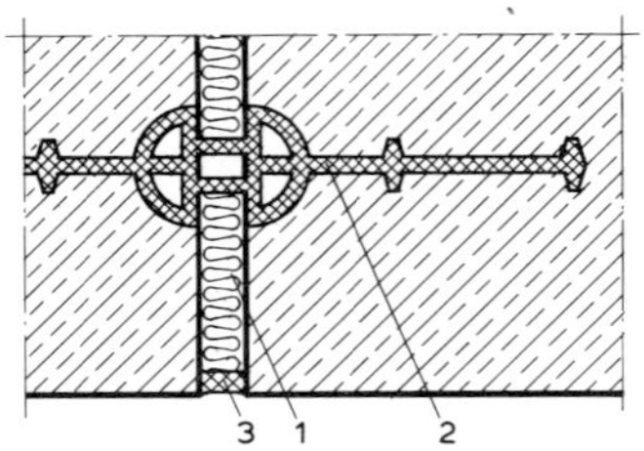

3.107 Dehnfuge mit Fugenband zur tiefreichenden seitlichen Dichtung gegen Wasser

1 Füllplatte (z. B. Styropor)
2 Fugenband
3 Fugenverschlußmasse

Große oder komplizierte Betonbauteile können oft in einem Arbeitsgang nicht ausgeführt werden. Besonders, wenn derartige Bauteile in wasserundurchlässigem Beton (Abdichtung gegen drückendes Wasser) hergestellt werden, ist der Ausbildung der notwendigen Arbeitsfugen (nicht zu verwechseln mit Bewegungsfugen!) besondere Aufmerksamkeit zu widmen. Wenn die Arbeitsfugen nicht sehr stark beansprucht werden, kann beim Betonieren ein Anschluß nach Art einer Nut-Federverbindung in Frage kommen. In der Regel werden derartige Arbeitsfugen jedoch ebenso wie etwa sonst erforderliche Bewegungsfugen mit Fugenbändern ausgebildet. Fugenbänder werden am besten in der Mitte der Bauteile eingebaut. Während des Betonierens müssen sie durch Verspannen mit der Bewehrung o. ä. gegen Ausweichen gesichert werden. Der Fugenraum wird durch Hartschaumplatten o. ä. ausgefüllt, die Fuge wird außen mit Dichtungsmassen geschlossen (Bild **2**.11 u. **3**.107).

Konstruktionsfugen ergeben sich, wenn verschiedene Bauteile aneinanderstoßen, z. B. Fertigteile aus Stahlbeton, Wandbauteile und tragendes Skelett, Stützen und Fassadenelemente. Derartige Fugen können gleichzeitig auch Dehn- oder Setzfugen sein und sind wie diese konstruktiv auszubilden und ggf. zu dichten.

3.4.6.3 Tür- und Fensterstürze

Tür- und Fensterstürze in Leichtbetonwänden dürfen in Gebäuden mit Deckenlasten bis zu 2,75 kN/m² und bis zu einer Lichtweite von $\leqq$ 1,50 m aus Leichtbeton mit porigem Gefüge gebildet werden, wenn sie, konstruktiv mit Rippenstahl 2 × ∅ 14 mm bewehrt, gleichzeitig mit der anschließenden Wand betoniert werden und bei Belastung durch eine Decke mindestens 40 cm, sonst mindestens 30 cm hoch sind (Bild **3**.108a und b). Besteht zwischen Sturz und Massivdecke ein vollkommener Verbund (z. B. durch Bügel), so wird die Sturzhöhe bis Oberkante Decke gemessen (Bild **3**.108c). Ringbewehrung ist bis zur Hälfte des Querschnitts auf Sturzbewehrung anrechenbar, falls sie mit den Fensterstürzen (Bild **3**.109 und **3**.110) verbunden ist (DIN 4232 Abschn. 7.7). Stürze über Öffnungen mit Lichtweiten von mehr als 1,50 m oder mit Einzellast belastete Stürze dürfen nicht aus Leichtbeton hergestellt werden.

Um Setzungsschäden zu verhindern, sollen unmittelbar unterhalb der Fensteröffnungen 2 Stahlstäbe ∅ 10 mm als Bewehrung eingelegt werden, wobei je ein Stab 0,50 m und 1,00 m seitlich über die Fensteröffnung hinausragt.

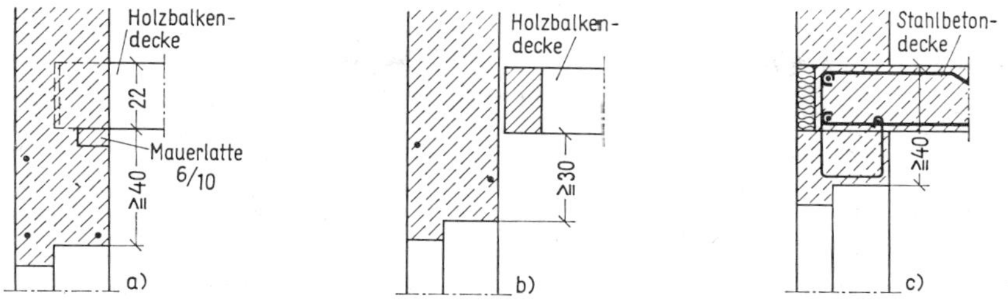

3.108 Fensterstürze in Leichtbetonwänden über Öffnungen mit ≦ 1,50 m lichter Breite

(Nach DIN 4232 Abschn. 7.8 sollte auch unterhalb der Öffnungen eine Bewehrung eingelegt werden.)

a) Sturz aus Leichtbeton. Belastung durch Holzbalkendecke. Bei 1,50 m Lichtweite, Bewehrung in der Regel 2 × ∅ 14 mm, dazu Ringanker z. B. 1 × ∅ 14 mm

b) Sturz aus Leichtbeton ohne Deckenlast. Sturzbewehrung 2 × ∅ 14 mm, dazu Ringanker z. B. 1 × ∅ 14 mm

c) Sturz aus Leichtbeton ohne Bewehrung. Vollkommener Verbund zwischen Sturz und Decke durch Bügel (Ringankerbewehrung in Deckenhöhe)

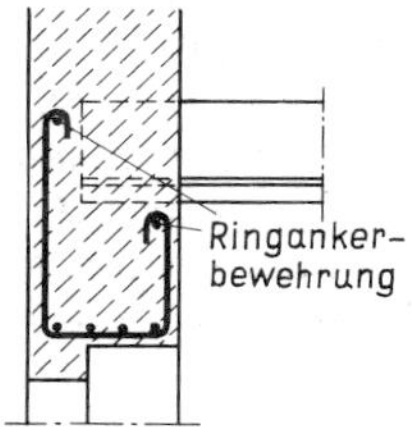

3.109 Fenstersturz in Leichtbetonwänden über Öffnungen ≦ 1,50 m lichter Weite. Betondeckenbalken aus Fertigteilen

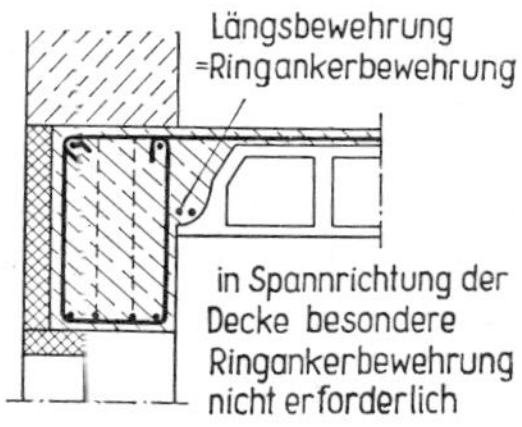

3.110 Fenstersturz in Leichtbetonwand über Öffnung mit ≧ 1,50 m Breite. Stahlbetonsturz mit Dämmplatte. Sturz und Decke gleichzeitig geschüttet

3.4.7 Oberflächenbehandlung

Die Oberflächen von Betonbauteilen können als „Sichtbeton" gestaltet werden.

Für die Herstellung gibt es z. Z. noch keine verbindlichen Festlegungen. In DIN 18331 (Beton- und Stahlbetonarbeiten), DIN 18333 (Betonwerksteinarbeiten) und DIN 18500 (Betonwerkstein, Anforderungen, Prüfungen, Überwachung) wird bewußt Spielraum für die Ausführung von Sichtbeton gelassen.

Man unterscheidet:

- Oberflächen ohne nachträgliche Bearbeitung (Gestaltung durch Schalungsabdruck, ggf. durch Verwendung besonderer Schalungsmatrizen, Färbung, geringfügige Bearbeitung des ausgeschalten Frischbetons, z. B. Beseitigung kleinerer Grate und Unebenheiten, scharfes Abfegen),
- Nachbehandlung des frisch ausgeschalten Betons durch Auswaschen („Waschbeton"),

- Nachbehandlung erhärteter Betonoberflächen mit Steinmetz-Techniken (Spitzen, Stocken),
- Besondere Nachbehandlungen durch Sandstrahlen, Schleifen, Polieren.

Voraussetzungen für die Herstellung einwandfreier Sichtbetonflächen sind:

- Verwendung von Beton mindestens der Festigkeitsklasse B 25 mit einem Mindest-Zementgehalt von 300 kg/m^3,
- Möglichst genaue Einhaltung eines Wasserzementwertes von W/Z = 0,55 und gleichbleibender Konsistenz (vgl. Abschn. 3.4.1 und 3.4.3),
- Verwendung von Zuschlägen mit nichtsaugendem Korn, ausreichendem Anteil von Sand- und Mehlkorn und gleichbleibender Zusammensetzung (gleicher Herkunftsort, einheitliche Lieferung),
- Ausreichende Mischzeiten,Vorkehrungen gegen Entmischung bei Verarbeitung,
- Sorgfältige und gleichmäßige Verdichtung,
- Ausschalfristen, die eine möglichst gleichmäßige Erhärtung aller Betonflächen berücksichtigen,
- Sorgfältige Nachbehandlung des frischen Betons (Schutz vor Wärme, Kälte, Regen, Schnee, Wind und Verschmutzung); Fremdwasser, hohe Luftfeuchtigkeit, stark wechselnde Temperaturen begünstigen das Entstehen von Ausblühungen,
- Verwendung nur erprobter Zusatzmittel und Trennmittel (z. B. Schalöle).

Vor der Ausführung sollten die gewünschten Oberflächenstrukturen des Sichtbetons am besten durch größere Musterstücke geklärt werden. Die Ausführung der Schalungen (Brettschalung, Schaltafeln, beschichtete Schalplatten, Schalungsmatrizen und ggf. besondere, strukturbildende Schalungseinlagen wie z. B. Rohrgewebe, Kunststoffformstücke), Fugenschnitte, Kantenausbildungen und auch Arbeitsabschnitte sind in den Schalungsplänen genau festzulegen.

Für die Herstellung von Waschbetonoberflächen werden Zuschläge ausgesuchter Körnungen in Verbindung mit Abbindeverzögerern verwendet. Der ausgeschalte Frischbeton wird bei reichlicher Wasserzuführung vorsichtig durch Bürsten von der äußeren Mörtel- und Zementmilchschicht befreit, mit stark verdünnter Salzsäure abgesäuert und sorgfältig mit Wasser nachgewaschen.

Die steinmetzmäßige Bearbeitung von Stahlbetonflächen ist nur möglich, wenn die vorgeschriebene Überdeckung der Stahleinlagen – auch der Bügel – nach der Bearbeitung mit Sicherheit vorhanden ist. Dazu sind die Überdeckungsmaße entsprechend zu vergrößern. Vor der steinmetzmäßigen Bearbeitung muß der Beton 4 bis 6 Wochen alt sein.

Feingliedrige Bauteile, wie schlanke Betonpfeiler, schmale Gesimse oder Fensterumrahmungen, lassen sich durch Abschleifen oder mit dem Sandstrahlgebläse bzw. Stahlbürsten bearbeiten.

Witterung und Luftverschmutzung können Sichtbetonflächen mit der Zeit unansehnlich machen. Farblose oder graue Imprägnierungen (z. B. Betonlasuren) können das Eindringen von Feuchtigkeit und Schmutz verhindern, ohne das natürliche Aussehen des Betons zu beeinträchtigen.

Deckende Farbanstriche können mit alkalibeständigen Anstrichsystemen unter genauer Beachtung der Verarbeitungsanleitungen der Hersteller ausgeführt werden.

Beton wird durch freie Säuren (besonders Salzsäure und Schwefelsäure), Säuredämpfe, schwefelhaltige Rauchgase, säure- und salzhaltige Wässer, pflanzliche und tierische Fette und Öle angegriffen. Bauwerke und Bauteile, die vorgenannten Einwirkungen ausgesetzt sind, erfordern besondere Schutzmaßnahmen. In erster Linie ist ein besonders dichter und wasserundurchlässiger Beton (Traßzement) zu verwenden (W/Z-Wert $\leqq 0,45$; Zementgehalt $\geqq 350$ kg/m³). Weiteren Schutz ergeben:

- sorgfältig ausgeführter Zementputz mit Traßzugabe
- Oberflächentränkung mit Fluaten (wasserlöslichen Kieselfluor-Metallsalzen)
- Bitumen- oder Kunstharzanstriche

3.4.8 DIN-Normen

DIN-Blatt Nr		Ausgabe-Datum	Titel
488	T1	4.72	Betonstahl; Begriffe, Eigenschaften, Werkkennzeichen
	T4	4.72	Betonstahl; Betonstahlmatten, Aufbau
1045		12.78	Beton- und Stahlbetonbau; Bemessung und Ausführung
1048	T1	12.78	Prüfverfahren für Beton; Frischbeton, Festbeton gesondert hergestellter Probekörper
	T2	2.76	Prüfverfahren für Beton; Bestimmung der Druckfestigkeit von Festbeton in Bauwerken und Bauteilen; allgemeines Verfahren
	T3	1.75	Prüfverfahren für Beton; Bestimmung des statischen Elastizitätsmoduls
	T4	7.76	Prüfverfahren für Beton; Bestimmung der Druckfestigkeit von Festbeton in Bauwerken und Bauteilen; Anwendung von Bezugsgeraden und Auswertung mit besonderen Verfahren
1055	T1	7.78	Lastannahmen für Bauten; Lagerstoffe, Baustoffe und Bauteile
	T3	6.71	Lastannahme für Bauten; Verkehrslasten
	T5	6.75	Lastannahme für Bauten; Verkehrslasten, Schneelast und Eislast
1060		12.67	Baukalk
1164	T1 und T2	11.78	Portland-, Eisenportland-, Hochofen- und Traßzement
1164	T3 bis T8	6.70	
1084	T1	12.78	Überwachung (Güteüberwachung im Beton- und Stahlbetonbau; Beton B II auf Baustellen)
	T2		–; Güteüberwachung im Beton- und Stahlbetonbau; Fertigteile
	T3		–; Güteüberwachung im Beton- und Stahlbetonbau; Transportbeton
4030		11.69	Beurteilung betonangreifender Wässer, Böden und Gase
4099	T1	4.72	Schweißen von Betonstahl; Anforderungen, Prüfung
4164		10.51	Gas- und Schaumbeton; Herstellung, Verwendung und Prüfung, Richtlinien
4207		2.72	Mischbinder
4226	T1	12.71	Zuschlag für Beton; Zuschlag mit dichtem Gefüge, Begriffe, Bezeichnungen, Anforderungen und Güteüberwachung
	T2	12.71	–; Zuschlag mit porigem Gefüge (Leichtzuschlag), Begriffe, Bezeichnung, Anforderungen und Überwachung
4232		12.78	Wände aus Leichtbeton mit haufwerksporigem Gefüge; Ausführung und Bemessung

Fortsetzung s. nächste Seite

DIN-Normen, Fortsetzung

DIN-Blatt Nr		Ausgabe-Datum	Titel
4235	T1 bis T5	12.78	Verdichten von Beton durch Rütteln
E 18217		2.75	Betonoberflächen und Schalungshaut; Begriffe und Anforderungen
18331		9.76	VOB Teil C; Beton- und Stahlbetonarbeiten
18333		9.76	VOB Teil C; Betonwerksteinarbeiten
18500		8.76	VOB Teil C; Betonwerkstein; Anforderungen, Prüfung, Überwachung
18540	T1 bis T3	10.73	Abdichten von Außenwandfugen zwischen Beton- und Stahlbetonfertigteilen

3.4.9 Literatur

[1] Beton-Handbuch. Leitsätze für Bauüberwachung und Bauausführung. Hrsg.: Deutscher Beton-Verein e.V. 1973.

[2] Blake, L.: Ratschläge für Sichtbeton. Straubing 1970

[3] Cembureau (Europäischer Zementverband): Leichtbeton im Hoch- und Ingenieurbau, Paris 1974

[4] Deutscher Beton-Verein e.V.: Betonhandbuch. Wiesbaden und Berlin 1973

[5] Gembris, F.: Tricosal-Fugenband für die Bauwerksfuge. Illertissen 1976

[6] Künzel, W.: Sichtbeton im Hoch- und Ingenieurbau. Düsseldorf 1965

[7] Labutin, N.: Schalung und Rüstung. Berlin–München–Düsseldorf 1975

[8] Merkblatt: Außenanstriche auf Beton und Betonfertigteilen mit geschlossenem Gefüge. Bundesausschuß Farbe und Sachwertschutz, Frankfurt 1970

[9] Merkblatt für die gebräuchlichen Verfahren zur Gestaltung von Oberflächen an Fertigteilen aus Beton und Stahlbeton. Fachverband Beton- und Fertigteilwerke Baden-Württemberg e.V., Fachvereinigung Baustoffindustrie e.V. Freiburg

[10] Merkblätter: Sichtbeton; Beton – Herstellung und Prüfung nach Norm; u.a. Bundesverband der deutschen Zement-Industrie, Düsseldorf 1977

[11] PERI-Schalungshandbuch, Weißenborn/Ulm 1973

[12] Richtlinien für die Lieferung, Verarbeitung und Anwendung wetterfester Baustähle. Stahlbau-verlags-GmbH Köln 1976

[13] Walz, K.: Herstellung von Beton nach DIN 1045. Düsseldorf 1971

[14] Zement-Taschenbuch 1979/80. Hrsg.: Verein Deutscher Zementwerke e.V., Schriftleitung Prof. Dr.-Ing. Wischers. Ausg. 1979.

3.5 Wände aus Lehm

Der Lehmbau zählt zu den ältesten Bauarten. Seine Anwendung beschränkte sich in Europa zwar nur auf kleinere Wohn- und Wirtschaftsgebäude in ländlichen Gegenden, in den regenarmen Gebieten Afrikas werden aber heute noch eindrucksvolle Bauwerke auch von erheblicher Höhe angetroffen. Es ist möglich, daß der Lehmbau dort noch lange wegen der billigen, brennstofffreien Gewinnung des Baustoffes eine wichtige Rolle spielt. Für Lehmbauweisen gab es bis vor einiger Zeit noch eine Normung nach DIN 18951, die jedoch zurückgezogen ist.

3.6 Wände im Montagebau

Wände werden heute entweder ähnlich wie seit Jahrtausenden aus verhältnismäßig kleinen, vorbereiteten, natürlichen oder künstlichen Steinen zusammengefügt, oder es werden im Betonbau ebenso wie im uralten Lehmbau ungeformte Rohstoffe zu großen, fugenlos zusammenhängenden Wänden aufeinandergeschichtet. In beiden Fällen handelt es sich um die gleiche Bauart, nämlich um den Massen- oder Massivbau. Die gemauerten Wände unterscheiden sich von den geschütteten oder gestampften Wänden durch das Bauverfahren.

Neben dem Massivbau hat sich schon früh der Gerippe- oder Skelettbau entwikkelt, bei dem die Wände (und sinngemäß auch die Decken) aus einem tragenden Gerippe (Fachwerk, Stabwerk) und den nur raumabschließenden, nicht tragenden Wandflächen bestehen. Eine dritte Bauart ist der Flächenbau. Hier werden weder Wände zu massigen Wandkörpern geschichtet noch werden nichttragende Wandflächen in ein Traggerippe eingesetzt wie im Gerippebau, sondern die Wände werden aus tafel- oder schalenförmigen dünnen Scheiben gebildet, die in Richtung ihrer beiden großen Ausdehnungen erhebliche Kräfte aufnehmen können. Selten sind Bauwerke in ihren einzelnen Bauteilen in derselben Bauart errichtet. Meist werden Wände im Massivbau, Decken als Flächen (Platten oder Scheiben) und Dächer im Gerippebau ausgeführt.

Sowohl der Gerippe- als auch der Flächenbau ermöglichen als Bauverfahren den Montagebau. Sein Ziel ist es, transportable Bauelemente unter Beachtung der Maßnormen und bestimmter Rastermaße (Modul) in Werkstätten oder Fabriken bis in die Einzelheiten vorzufertigen und sie auf der Baustelle innerhalb kurzer Zeit zusammenzusetzen. Damit soll erreicht werden, daß die Hauptarbeit nicht auf den von der Witterung oder sonstigen hinderlichen Umständen abhängigen Baustellen, sondern in gedeckten, zweckmäßig eingerichteten Arbeitsräumen und in genau aufeinander abgestimmten, mechanisierten Arbeitsgängen durchgeführt wird. Auf diese Weise lassen sich Verluste an Zeit, Arbeitskraft und Baustoffen auf das geringstmögliche Maß beschränken. Andererseits muß oft ein hoher Transportaufwand in Kauf genommen werden. Die bisherigen Erfahrungen mit Montageverfahren haben – von Ausnahmen abgesehen – immer noch folgendes ergeben:

die Lebensdauer bei Massivbauweisen ist bei geringeren Unterhaltungskosten voraussichtlich größer als die der Montagebauten

die Baukosten der Montagebauten konnten gegenüber örtlich hergestellten Bauten bisher nicht wesentlich gesenkt werden;

die Wärmedämmung der Montagebauten ist zwar gut,

die Schalldämmung dagegen noch vielfach unzureichend.

Die im Montagebau herstellbaren Wände lassen sich grob gliedern in:

Wände mit Traggerippen aus Holz-, Stahl- und Stahlbetonstäben;

Wände aus selbsttragenden Scheiben (Platten und Tafeln aus Holz, Stahlbeton usw.)

Werden vorgefertigte Wände oder auch andere Bauteile nicht nur verwendet, um bestimmte konstruktive Einzelaufgaben innerhalb eines Projektes zu lösen, sondern im Rahmen kompletter, in der Regel vorgefertigter, Bausysteme verwendet, spricht man von „industrialisiertem Bauen" (s. Abschn. 8). Montagebauweisen und industrialisiertes Bauen lassen sich jedoch nicht eindeutig voneinander abgrenzen, so daß sich die Ausführungen des Abschn. 3.6 und auch 4.2 (Vorgefertigte Geschoßdecken) mit dem Inhalt des Abschn. 8 (Industrialisiertes Bauen) berühren.

3.6.1 Wände mit Traggerippen

3.6.1.1 Holzfachwerk[1])

Es erscheint gerechtfertigt, den Holzfachwerkbau zu den Montagebauverfahren zu zählen, weil das „Zurichten" oder der „Abbund" der Hölzer auf dem Zimmerplatz vor sich geht und auf der Baustelle nur der Zusammenbau, die Montage des Fachwerks, erfolgt. Auf die Entwicklung des Fachwerkbaues vom Ständerbau über den Riegelbau mit allen Abarten zum Holzfachwerkbau der Gegenwart kann im Rahmen dieses Leitfadens nicht eingegangen werden. Der Holzfachwerkbau wird hier erwähnt, weil er die Ausgangsform für den Gerippebau bildet und hier wie dort die Wand in tragende und flächenbildende Teile gegliedert ist.

Die Kenntnis alter Techniken erscheint außerdem wieder sehr wichtig angesichts der wiedergewonnenen Wertschätzung noch erhaltener Fachwerkgebäude und der damit verbundenen zahlreichen Restaurierungs- und Sanierungsaufgaben.

Die tragenden Teile des Holzfachwerks sind Schwellen, Stiele, Streben, Riegel und Rähme. Die zwischen diesen Hölzern liegenden „Gefache" wurden in der Regel mit Ziegeln ausgemauert. Ehemals bestand die Ausfachung aus Flechtwerk („gewunden", – daraus das Wort Wand) oder Wickelstakung mit dickem Lehmbewurf, der mit Häcksel oder Kälberhaaren (magern und verankern), Tierblut oder Schmiedezunder (Volumenvergrößerung infolge Oxydation) richtig aufbereitet, so gut wie rissefrei blieb und der Ziegelwand in bezug auf Wärme- und Schalldämmung nicht nachstand.

Schwelle

Die Schwelle, ein bis zwei Zentimeter über den Sockel vorspringend, ist die untere Begrenzung der Fachwerkwand (a in Bild **3**.111); sie liegt auf der Kernseite, wird in der ganzen Länge durch Mauerwerk unterstützt und durch Bitumenpappe gegen aufsteigende Feuchtigkeit geschützt. Sämtliche Holzteile des Fachwerks sind durch die Anwendung geeigneter Holzschutzmittel gegen Fäulnis zu sichern[2]).

Falls längere Schwellhölzer aus mehreren Teilen zusammengesetzt werden müssen, verwendet man folgende Holzverbindungen:

das gerade Blatt (Bild **3**.112);

das schräge Blatt (Bild **3**.113); beide Verbindungen müssen durch Holznägel oder Schraubenbolzen gesichert werden;

das schräge Hakenblatt (Bild **3**.114) kann auch ohne Nagel oder Verbolzen Zugspannungen aufnehmen, wenn es Auflast trägt und unterstützt ist;

---

[1]) Über den Baustoff Holz s. Näheres im Abschn. 4.4.1 Holzbalkendecken

[2]) s. Abschn. 4.4.1 Holzbalkendecken

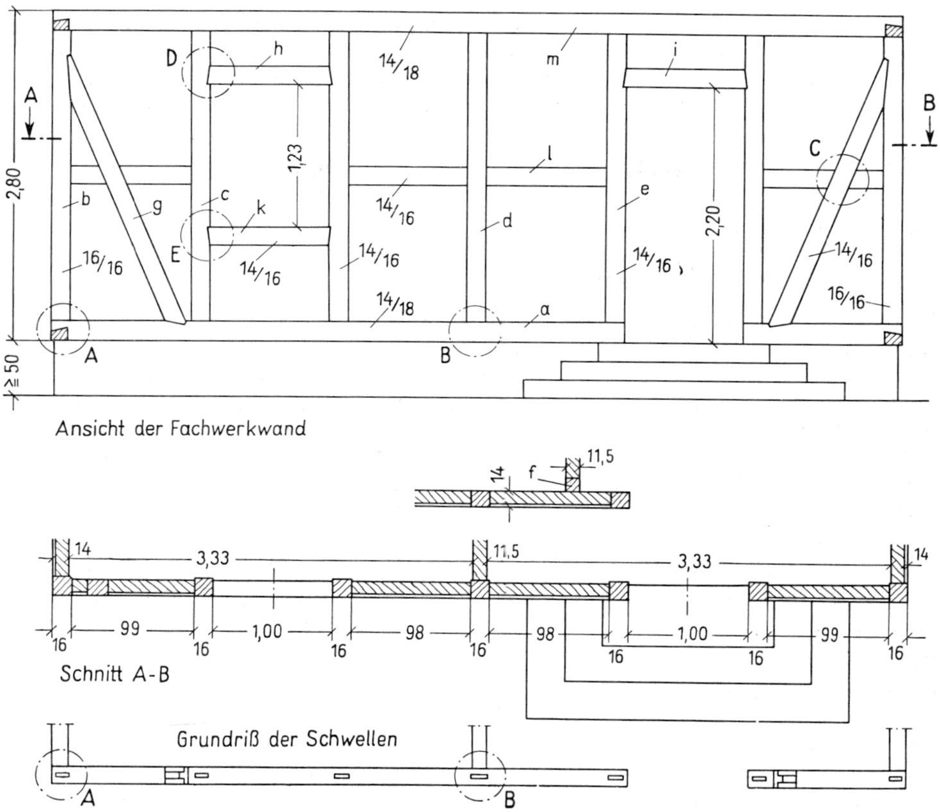

3.111 Fachwerkwand (Geschoßbalkenlage s. Bild **3.127** und **3.132**)

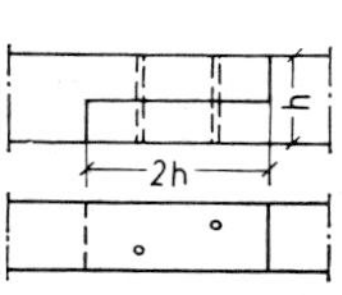

3.112 Das gerade Blatt

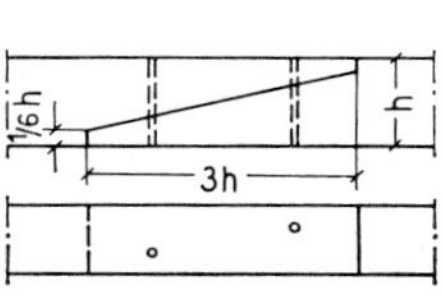

3.113 Das schräge Blatt

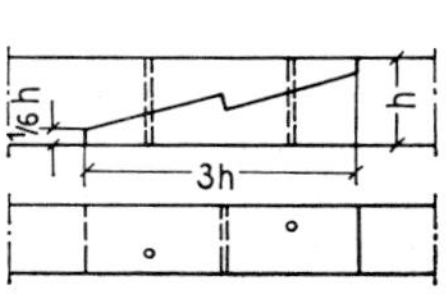

3.114 Das schräge Hakenblatt

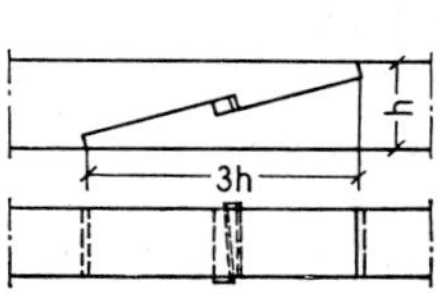

3.115 Das schräge Hakenblatt mit Keil

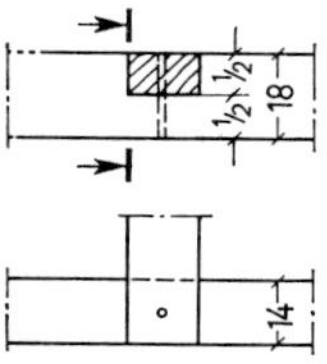

3.116 Die einfache Überblattung

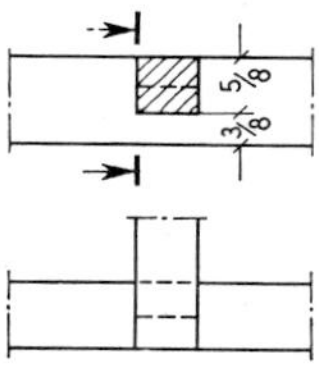

3.117 Die hakenförmige Überblattung

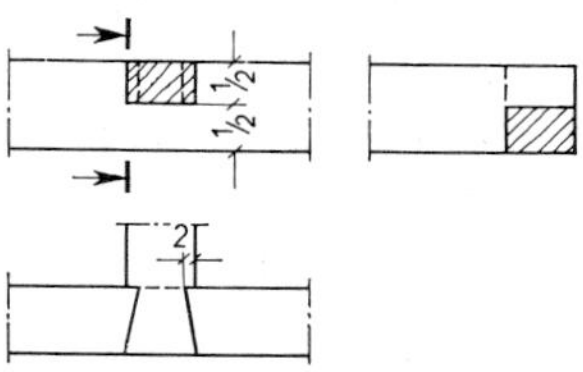

3.118 Schwalbenschwanzförmige Überblattung

das schräge Hakenblatt mit Keil (Bild 3.115). Es ist eine brauchbare Verbindung zur Verlängerung waagerecht liegender Hölzer. Durch das Antreiben der Keile wird die Verbindung bei trockenem Holz vollkommen fest.

Die Schwellhölzer der verschiedenen Wände eines Fachwerkgebäudes liegen in der selben Höhe (bündig); sie werden durch Überblattungen verbunden. Dabei sind folgende Fälle möglich:

Stößt ein Schwellholz gegen ein durchgehendes anderes Schwellholz (Punkt B in Bild 3.111), wird entweder eine einfache Überblattung (Bild 3.116) oder besser eine hakenförmige (Bild 3.117) oder schwalbenschwanzförmige Überblattung (Bild 3.118) angewandt. Die beiden letztgenannten Verbindungen machen auch ohne Nägel oder Bolzen ein Verschieben der Hölzer in waagerechter Richtung unmöglich.

Bilden beide Schwellhölzer eine Ecke (Punkt A in Bild 3.111), dann werden sie entweder durch Eckküberblattung mit schrägem Schnitt (Bild 3.119) oder haken- und schwalbenschwanzförmige Eckküberblattung (Bild 3.120) verbunden.

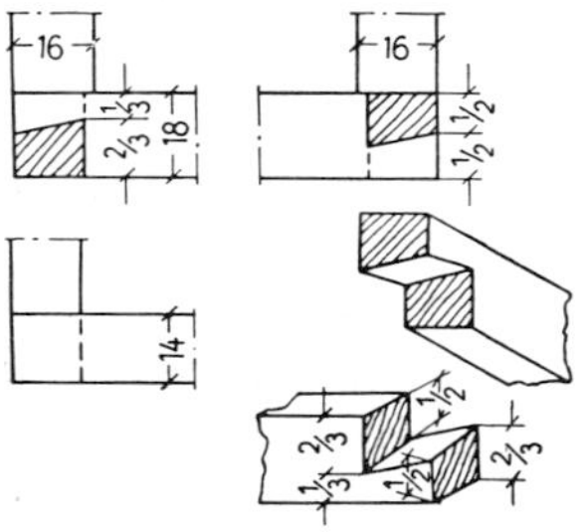

3.119 Eckküberblattung mit schrägem Schnitt

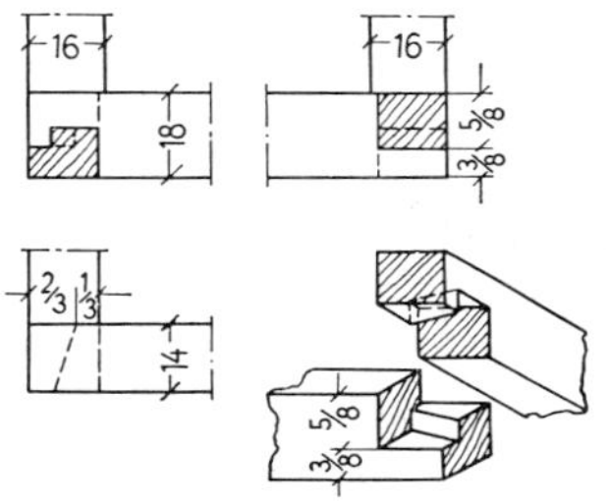

3.120 Haken- und schwalbenschwanzförmige Eckküberblattung

Stiele oder Ständer

Die Stiele oder Ständer stehen auf der Schwelle in Abständen von 0,60 bis 1,00 m. Bei der Aufteilung ist Rücksicht auf Fenster- und Türöffnungen, die seitlich durch Stiele begrenzt werden müssen, zu nehmen. An den Stellen, wo Zwischenwände an die Außen- oder Mittelwände treffen, sind Bundstiele (d in Bild 3.111) anzuordnen. Ergäbe ein solcher Bundstiel eine unregelmäßige Teilung in der Außenwand, so wird ein Klappstiel (f in Bild 3.111) verwendet.

Bei stark belasteten mehrgeschossigen Wänden (z.B. bei Speichern) werden die Binder- und Eckständer als Doppelstiele (verdübelt und verbolzt) angeordnet und mit versetzten Stößen durch die ganze Höhe des Gebäudes geführt.

Zwischenstiele (Fensterstiele, c in Bild 3.111) werden mit der Schwelle und mit dem Rähm durch den einfachen Zapfen (Bild 3.121) verbunden. Die Breite des Zapfens ist gleich der Holzbreite, die Dicke ist gleich $^1/_3$ der Holzdicke, die Höhe 6 bis 7 cm. Die Zapfenverbindung wird durch einen Holznagel gesichert.

Eckstiele und Türstiele (b und e in Bild 3.111), die am Ende des Schwell- und Rähmholzes stehen, erhalten den geächselten Zapfen (Bild 3.122). Seine Breite beträgt nur $^2/_3$ der Holzbreite. Dadurch ergeben sich auch an den Enden von Schwelle und Rähm verdeckte Zapfenlöcher.

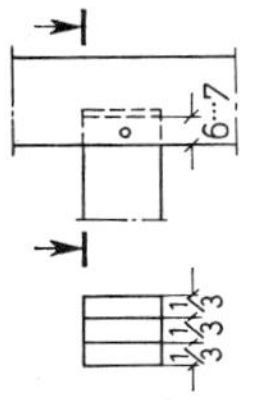

3.121
Der einfache Zapfen

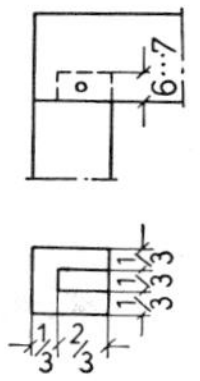

3.122
Der geächselte Zapfen

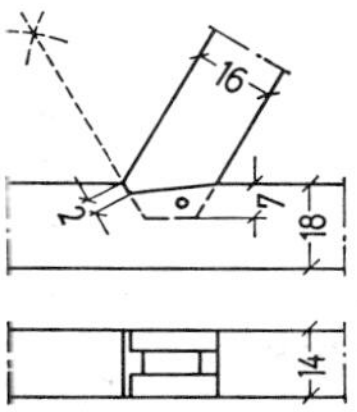

3.123
Schräger Zapfen mit Versatz

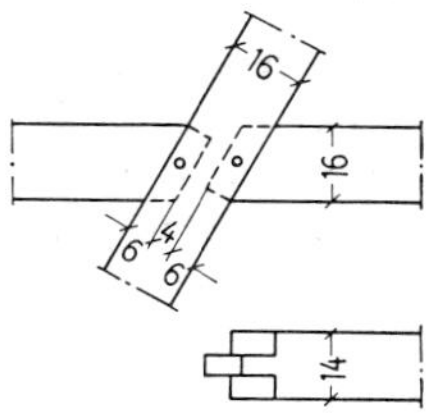

3.124
Der schräge Zapfen
(s. Bild 3.111, Punkt C)

Streben

Die Streben (g in Bild **3**.111) steifen die Wand in der Längsrichtung aus. Man ordnet sie entweder zwischen Schwelle und Rähm (m in Bild **3**.111) oder besser zwischen Schwelle und Stiel an. Die Verbindung der Streben mit Schwelle und Rähm erfolgt durch den schrägen Zapfen mit Versatz (Bild **3**.123). Der Versatz wird 2 bis 3 cm tief und hat den Zweck, die Druckfläche zwischen Strebe und Schwelle zu vergrößern.

Riegel

Die Riegel teilen die Felder zwischen den Stielen und Streben in kleinere „Fache" und vermindern die Knicklänge der Stiele.

Die Zwischenriegel (l in Bild **3**.111) werden mit den Stielen durch den einfachen Zapfen verbunden. Treffen zwei Riegel in derselben Höhe an den Stiel, so soll zwischen den Zapfenlöchern noch 3 bis 4 cm Holz stehenbleiben.

Zur Verbindung der Riegel mit den Streben dient der schräge Zapfen (Bild **3**.124). Tür- und Fensterriegel (h, i in Bild **3**.111) bilden den oberen Abschluß der Tür- und Fensteröffnungen; sie werden mit den Stielen durch geraden Zapfen mit einfachem Versatz verbunden (Bild **3**.111 Punkt D und Bild **3**.125). Beim Brüstungsriegel (k in Bild **3**.111), dem unteren Abschluß der Fensteröffnung, wird der Versatz nach oben angeordnet, damit keine fallende Fuge in der unteren Fensterecke entsteht (Bild **3**.111 Punkt E und Bild **3**.126).

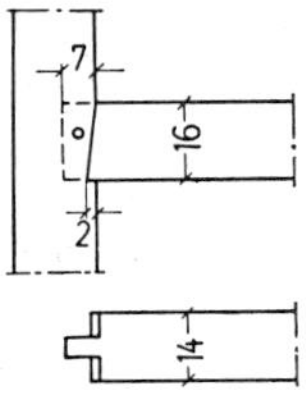

3.125 Sturzriegel

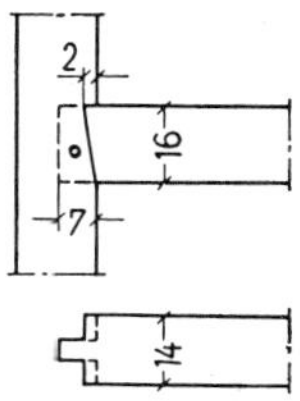

3.126 Brüstungsriegel

Rähm

Das Rähm (m in Bild **3**.111) bildet die obere Begrenzung der Wand und trägt die Balkenlage. Zusammenstoßende oder eine Ecke bildende Rähme werden wie die Schwellhölzer verbunden.

Holzdicken in cm

Innere Wände (Wanddicke 12 cm)

Stiele, Rähm	12/12 bis 12/14
Riegel, Schwelle	12/16
Streben	12/14 bis 12/16

Äußere Wände

Gute Maßverhältnisse in den Ansichtsflächen der Fachwerkwände werden durch möglichst breite Hölzer erreicht. Brauchbare Holzquerschnitte sind bei:

Rohbauausführung der Fache (Wanddicke 12 cm)

Stiele, Streben und Riegel	12/16 bis 12/18
Schwellen und Rähme	12/18 bis 14/20

geputzten Fachen (Wanddicke 14 cm)

Stiele, Streben und Riegel	14/16 bis 14/18
Schwellen und Rähme	14/18 bis 14/20

Die dickeren Eckstiele müssen ausgewinkelt (ausgekehlt) werden.

Balkenlagen

Die Balkenlagen für Fachwerkgebäude können auf zwei Arten angeordnet werden:

1. Nur zwei gegenüberliegende Seiten des Gebäudes sollen Balkenköpfe zeigen (Bild **3**.127). Die balkentragenden Wände werden oben durch Rähme abgeschlossen. Darauf sind die Balken verkämmt. Der letzte Balken liegt in der Seitenwand und bildet dort das Rähm für die untere Wand und die Schwelle des nächsten Geschosses.

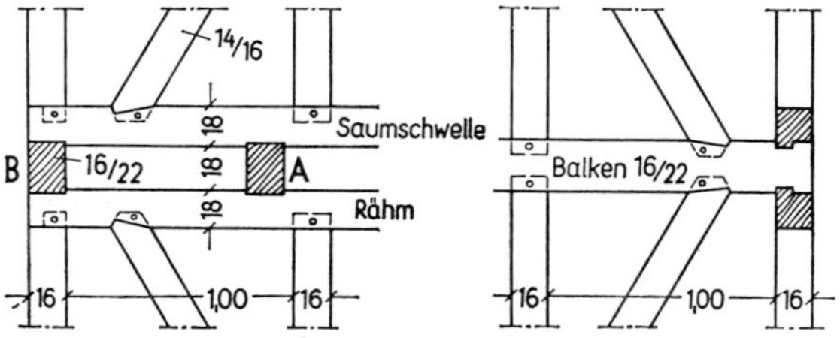

3.127 Balkenlage für Fachwerkwände

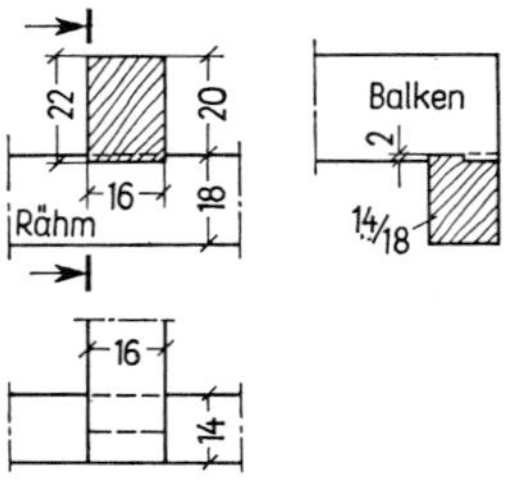

3.128 Einfache Verkämmung

Die Verkämmungen ergeben eine 2 cm tiefe Überschneidung der Hölzer. Für den Punkt A in Bild **3**.127 kommen in Betracht: Der einfache Kamm (Bild **3**.128), der doppelte Kamm (Bild **3**.129), oder die schwalbenschwanzförmige Verkämmung (Bild **3**.130). In Punkt B in Bild **3**.127 wird die Eckverkämmung (**3**.131) angeordnet.

2. Alle Seiten des Gebäudes sollen Balkenköpfe zeigen (Bild **3**.132). Alle Seiten des Gebäudes müssen hierzu Rähme und Saumschwellen haben. Nach den Giebelseiten sind Stichgebälke auszuführen. Auf die Ecke kommt ein Diagonal-Stichbalken. Die Verbindung der Stichbalken mit dem Hauptbalken geschieht durch den Brustzapfen oder durch das schwalbenschwanzförmige Blatt mit Brüstung (Bild **3**.133). Bei mehrgeschossigen Fachwerkgebäuden können die oberen

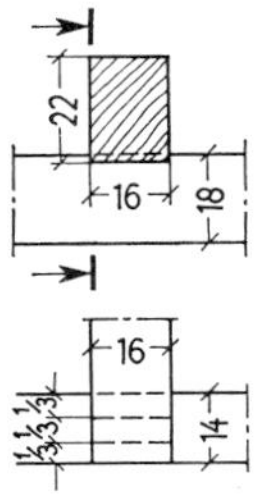

3.129 Doppelte Verkämmung

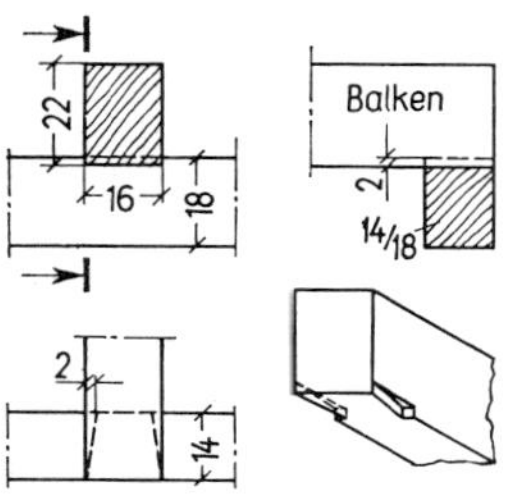

3.130 Schwalbenschwanzförmige Verkämmung

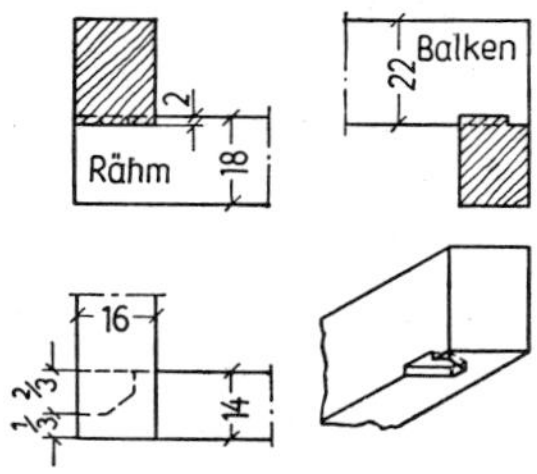

3.131 Eckverkämmung

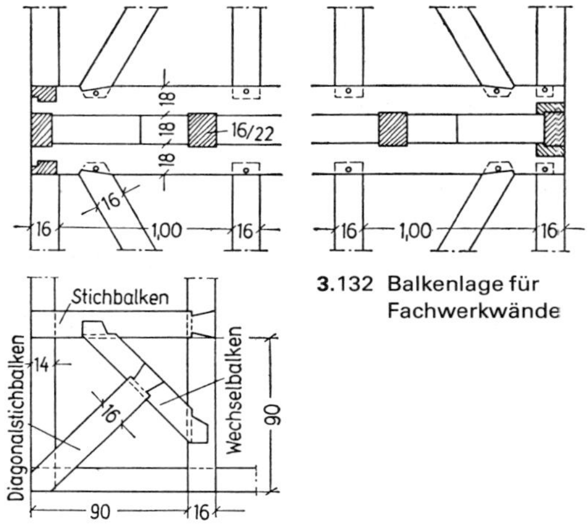

3.132 Balkenlage für Fachwerkwände

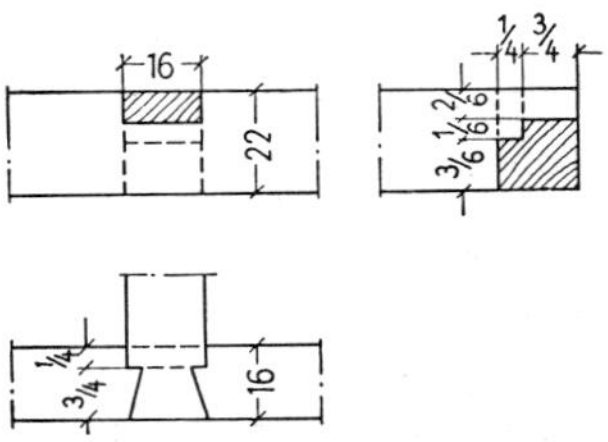

3.133 Schwalbenschwanzförmiges Blatt mit Brüstung

Wände gegen die unteren mehr oder weniger weit vorgekragt werden. Die Zwischenräume zwischen Rähm und Saumschwelle können durch Bretter oder durch Füllhölzer ausgefüllt werden.

Ausmauerung der Fachwerkwände

Werden bei äußeren Fachwerkwänden die (z. B. mit Schwemmstein 1/2 Stein dick im Läuferverband) ausgemauerten Fache verputzt, so liegt der Putz stets bündig mit der Außenfläche des Fachwerks, und die Ausmauerung wird entsprechend zurückgesetzt (Bild **3.**134a und c). Bleiben die Fache unverputzt, so wird außen bündig mit den Holzflächen ausgemauert (Bild **3.**134b und d).

Die Ausmauerung wird in den Fachen durch Mörtel gehalten, der einerseits am Mauerstein haftet, andererseits in eine seitliche Nut des Stiels eingreift (Bild **3.**134c). Genügender Halt entsteht auch, wenn in jeder 3. oder 4. Schicht Nägel seitlich in die Stiele und Streben eingeschlagen werden. Die Nägel müssen 6 cm in das Mauerwerk reichen (Bild **3.**134d). Lösung **3.**134c ergibt jedoch einen dichteren Anschluß des Mauerwerks an die Hölzer. Da sich Holzwerk und Ausfachung bei Wärme und Feuchtigkeit nicht in gleicher Weise ausdehnen, können Risse an

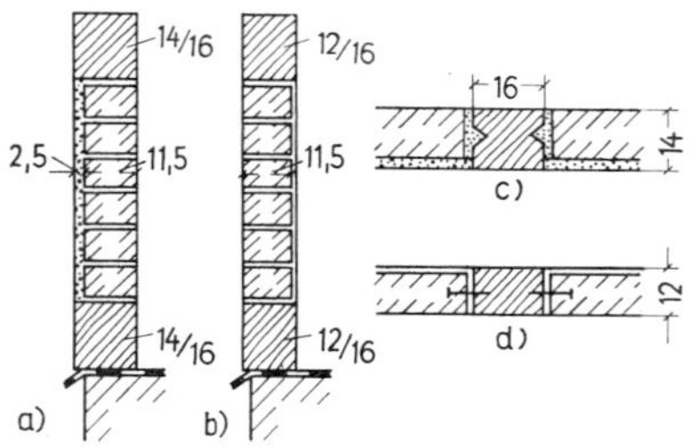

3.134 Ausmauerung der Fachwerkwände

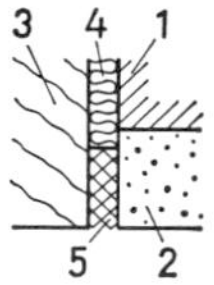

3.135 Fugendichtung zwischen Stiel und verputzter Ausfachung

1 Ziegel
2 Putz
3 Stiel
4 Glaswolle oder Schaumstoff
5 dauerelastische Dichtungsmasse 5 mm breit, ≧15 mm tief

dieser Stelle nur durch Ausstopfen der Fuge mit Glas- oder Steinwolle und dauerelastischen Verschluß der Fuge vermieden werden (Bild **3**.135). Wegen des Verputzes von Fachwerkwänden s. Abschn. 6. Putz.

Für Wohnräume bietet die Ausfachung allein keine ausreichende Wärmedämmung. Diese muß bei sichtbarem Fachwerk durch innenseitig angeordnete Dämmplatten entsprechender Dicke ergänzt werden.

3.6.1.2 Holzgerippebau

Aus dem auf alte Handwerkskunst zurückgehenden Holzfachwerkbau hat sich für Bauten, bei denen das Tragewerk als Gestaltungsmittel keine Rolle spielt, der holz- und lohnsparende Holzgerippebau (Holzständerbau) entwickelt. Hierbei gehen die Stiele durch mehrere Geschosse hindurch. Dadurch werden die Nachteile vermieden, die sich durch das Schwinden des Holzes beim Fachwerkbau alter Art in der Höhe der Balkenlagen ergeben (quer zur Faser schwindet Holz erheblich, in Längsrichtung der Faser kaum!).

Für den Aufbau der Wand und die Anordnung der Balkenlage sind verschiedene Ausführungen möglich. Die Dicke der tragenden Holzteile wird berechnet. Die Stiele stehen entweder in Abständen von 1,0 bis 1,2 m und sind dann etwa 10/12 oder 12/12 in zweigeschossigen Bauten dick oder sie werden in Abständen von ≈50 cm aufgestellt und bei 2 Geschossen ≈5/10 dick gewählt. Die Balken liegen entweder auf durchgehenden Rahmenholzbohlen, die mit den Stielen überblattet (Bild **3**.136a), oder auf Rahmenholzpfetten, die zwischen die Stiele genagelt werden, die z.B. hier dünne Doppelpfosten sind (Bild **3**.136b). Im Holzgerippebau wird auf handwerksgerechte Holzverbindungen, die als kraftübertragende Verbindungen rechnerisch schwer zu erfassen sind und zudem einen hohen Arbeitszeitaufwand erfordern, verzichtet. Die Hölzer werden stumpf abgeschnitten und genagelt, verschraubt oder verdübelt. In zunehmendem Maße werden Stahlblechlaschen oder Stahlkrallenverbinder verschiedener, sehr einfacher Formen verwendet, mit deren Hilfe die Hölzer in den Knotenpunkten durch Nägel verbunden werden (Bild **3**.137). Die Deckenbalken, die je nach Balkenabstand 10/22, 12/22 oder 5/20 dick sind, werden, soweit möglich, mit den Stielen verbolzt. Die Eckfelder erhalten besondere Verstrebungen durch Strebepfosten oder Diagonalschalung. Eckpfosten, Schwellen und Rahmenhölzer haben etwa doppelte Dicke der Stiele.

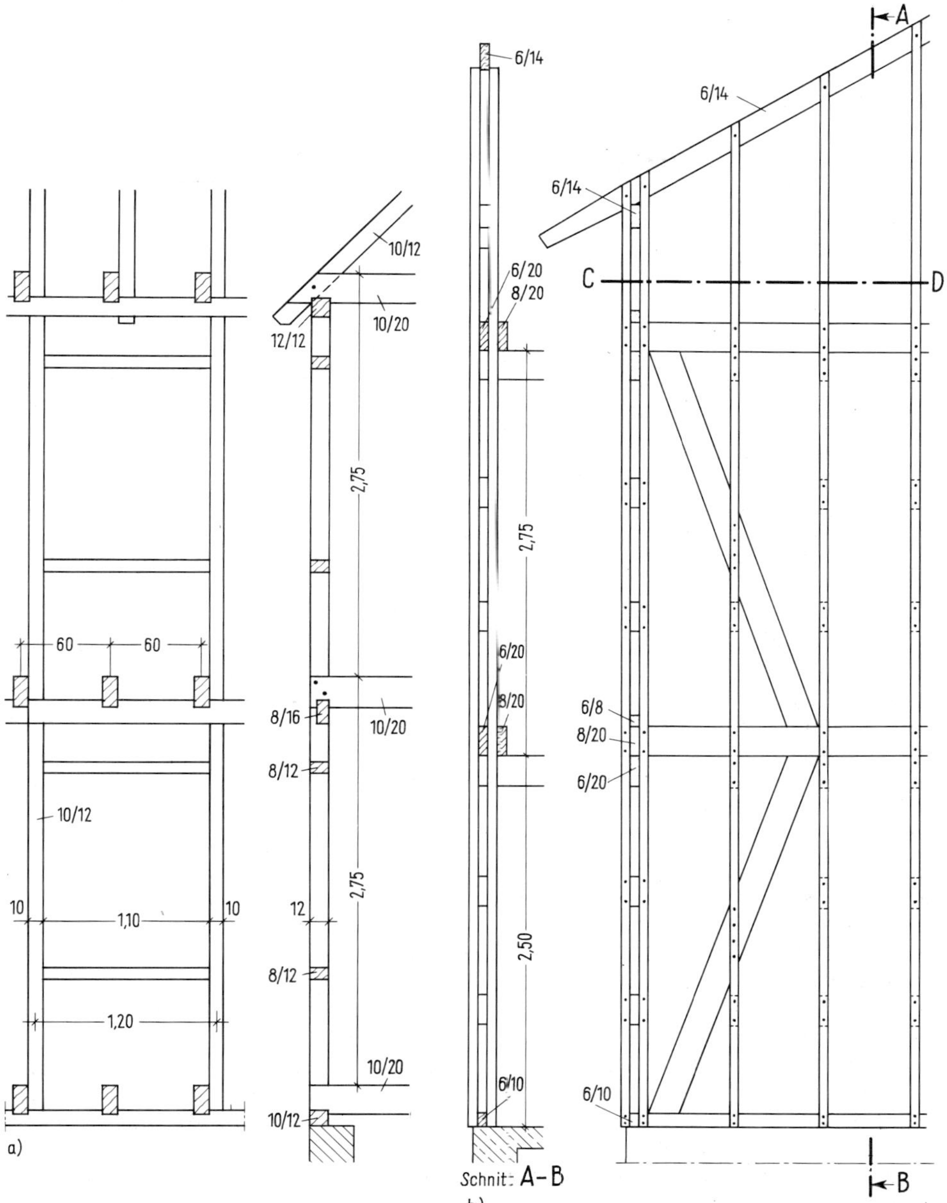

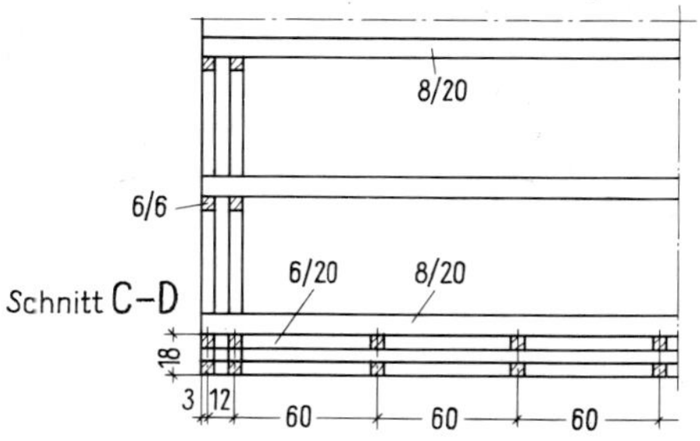

3.136
Holzgerippebau
a) aus Kantholzpfosten und -riegeln
b) aus genagelten schwachen Pfosten und Bolzen (nach E. K. Hengerer)

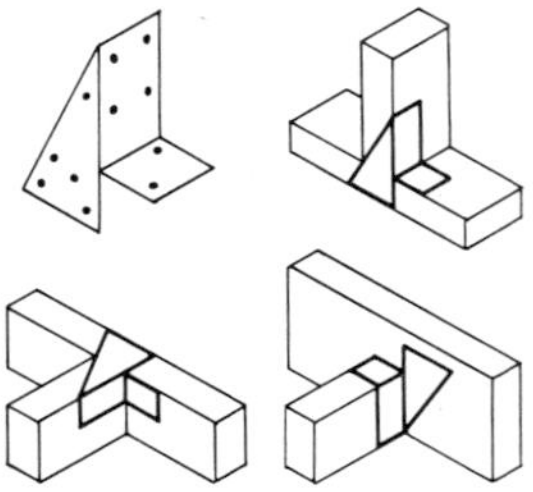

3.137
Stabanschlüsse mit genagelten Stahlblechlaschen

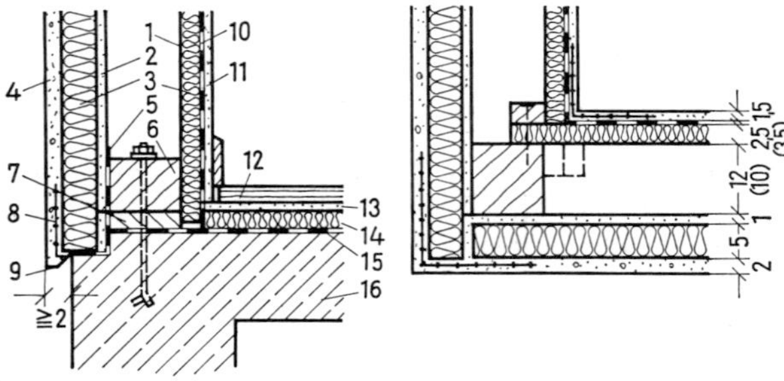

3.138 Wandbildung im Holzgerippebau

1 Porenverschluß mit Kalkzementmörtel
2 Putz 10 mm
3 Holzwolleleichtbauplatte
4 Außenputz 20 mm
5 Sperrpappe
6 Fußschwelle
7 Unterlagscheibe aus Hartholz
8 Drahtgewebe (verzinkt)
9 Wassernase
10 Dampfsperre (Dachpappe mit lückenlosem, besandetem Bitumenanstrich)
11 Innenputz 15 mm
12 Parkett in Heißasphalt
13 Zementestrich 15 mm
14 Holzwolleleichtbauplatte
15 Sperrpappe
16 Stahlbetondecke

Wände im Holzgerippebau erhalten statt der Ausmauerung meist außenseitige Verschalung. Bei den Außenwänden ist für eine genügende Wärmedämmung, z.B. durch Einbau von Leichtbauplatten (DIN 1101 und 1104), zu sorgen. Dabei muß der entsprechende Wärmeschutz nachgewiesen werden (DIN 4108). Bild **1**.138 zeigt eine zweischalige Holzgerippeaußenwand aus Holzwolle-Leichtbauplatten mit Dampfsperre unter dem Innenputz für Räume mit überdurchschnittlicher Wasserdampfentwicklung. Als hinterlüfteter Wetterschutz haben sich Schiefer-, Asbestzement- oder ähnliche Platten bewährt. Bild **1**.139 zeigt Asbestzement-

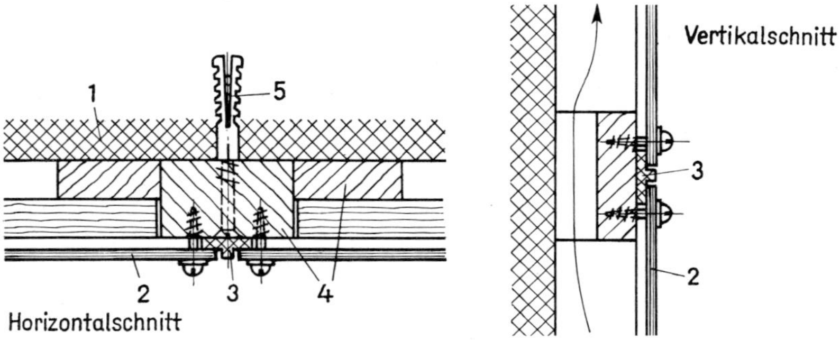

3.139 Hinterlüftete Asbestzementtafel-Bekleidung einer mit Leichtbauplatten ausgefachten Holzfachwerkwand

1 Leichtbauplatte
2 Asbestzementtafel
3 Dichtungsband (Prestik 4 × 20 mm)
4 Holzrost aus senkrechten Latten und waagerechten Brettern auf Futterstücken, Lattenabstand 40 cm, Fugenbreite 5 bis 10 mm, Schraubenabstand ≦50 cm
5 Nylondübel für Lattenrostbefestigung

tafeln (1,20 × 2,50 m), die auf einen Latten- oder Bretterrost geschraubt sind. An den Stößen sind sie mit einem wetterfesten, elastischen Kunststoffband unterlegt (Schutz des Lattenrostes, Vermeiden von Geräuschen bei Wind).

Im Holzgerippebau kann weitgehend mit trockenen, maßgenauen, verhältnismäßig leichten, vorgefertigten Bauteilen (Ständer, Riegel, Balken, Wand- und Deckenscheiben usw.) gearbeitet werden. Die Arbeiten an der Baustelle können dadurch sehr abgekürzt werden.

3.6.1.3 Stahlgerippebau

Stahlgerippe als tragende Teile für Wände sind für Bauwerke mit wenigen Geschossen kaum üblich, weil der nach DIN 4102 geforderte Aufwand für den Brandschutz der tragenden Bauteile eine solche Bauweise meist unwirtschaftlich macht. Im Flachbau oder für Gebäude mit größerer Geschoßzahl können Stahlgerippekonstruktionen sehr zweckmäßig und wirtschaftlich sein. Der Vorteil liegt hier besonders in der Möglichkeit der Vorfertigung aller tragenden und wandbildenden Teile. Stahlbauteile können bei veränderter Nutzung der Bauwerke leicht verändert oder demontiert werden. Für die Wirtschaftlichkeit von Stahlgerippekonstruktionen ist es entscheidend, ob die für Stahlbauteile möglichen großen Spannweiten (beginnend bei 6,0 m bis 7,0 m) in Verbindung mit dem relativ geringen Eigengewicht der Konstruktion entsprechend ausgenutzt werden. Weitere Vorteile ergeben die bei Stahl möglichen sehr engen Toleranzen, die schnelles Einpassen anderer maßgenauer Bauteile in der Regel in „trockener Bauweise" (d. h. keine oder nur sehr geringfügige Verwendung von Beton, Putz o. ä.) ermöglichen.

Für Stahlkonstruktionen, die der Witterung ausgesetzt sind, können wetterfeste nicht rostende, hochfeste Sonderstähle (WT-Stähle, auch „Cor-Ten"-Stahl) verwendet werden. Auf ihrer Oberfläche bildet sich unter normalen Witterungsbedingungen eine rostähnliche Schutzschicht aus, die jedoch den Stahl nach 3 bis 4 Jahren vor weiterer Korrosion schützt. Es ist aber zu beachten, daß diese Schutzschicht zunächst vom Regen abgewaschen wird und zur Verschmutzung angrenzender Baustoffe führen kann. WT-Stahl bekommt mit der Zeit eine dunkelbraune Färbung und bedarf keiner weiteren Unterhaltung.

Im übrigen müssen alle Stahlbauteile, die aus üblichen Stahlsorten (DIN 17100) hergestellt werden, durch Feuerverzinkung oder Schutzanstriche gegen Rost geschützt werden. Durch entsprechende konstruktive Ausbildung oder durch wärmedämmende Ummantlungen muß außerdem jede Tauwasserbildung verhindert werden (Bild **3.**143h und e). Alle Stahlbauteile sollen, um Korrosionsschutz zu gewährleisten, an allen Stellen leicht zugänglich sein, und der Anstrich muß einfach zu unterhalten sein. Zwischenräume zwischen Stahlprofilen <10 mm sind zu vermeiden, weil an derartigen Stellen Schutzanstriche nicht zuverlässig ergänzt oder erneuert werden können.

Ähnlich wie beim Holzgerippebau besteht das Stahlgerippe aus senkrechten Stützen und waagrechten Trägern.

Die horizontale Aussteifung erfolgt durch Deckenplatten oder liegende Fachwerkverbände. Vertikal kann das tragende Stahlgerippe ausgesteift werden durch biegesteife, unverschiebbare Eckverbindungen, Dreieckverbände oder Wandscheiben. Die Decken werden auf Vollwand- oder Fachwerkträger aufgelegt. Die

Deckenträger ruhen entweder unmittelbar auf den Stützen, mit denen sie verschweißt, verschraubt oder vernietet werden (Bild **3**.140 a), oder sie sind auf Unterzüge aufgelegt, die die einzelnen Stützen in Längsrichtung untereinander verbinden (Bild **3**.140 b). Bei einer derartigen zweilagigen Konstruktion ergeben sich Deckenhohlräume, die insbesondere bei Fachwerkträgern für Installationen ausgenutzt werden können (Bild **3**.141).

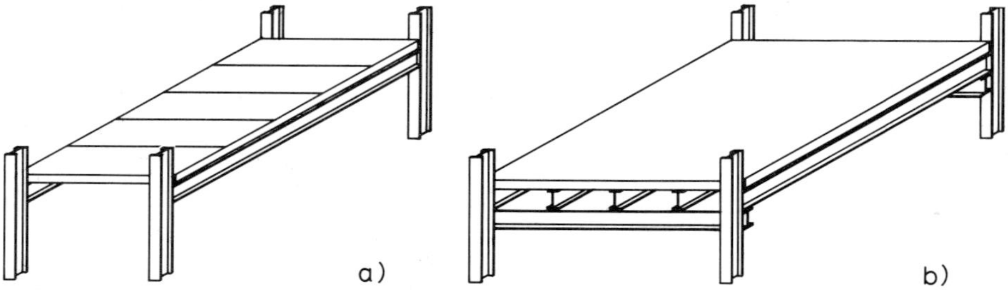

3.140 Deckenauflagerung bei Stahlgerippen
a) Deckentragwerk mit einer Trägerlage
b) Deckentragwerk mit 2 Trägerlagen

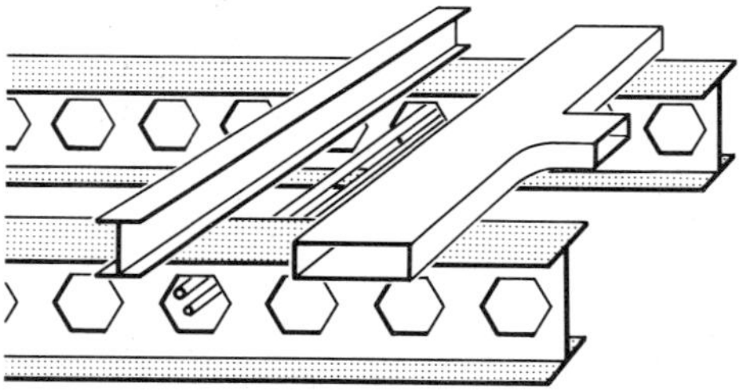

3.141 Doppelte Trägerlagen mit Installationen

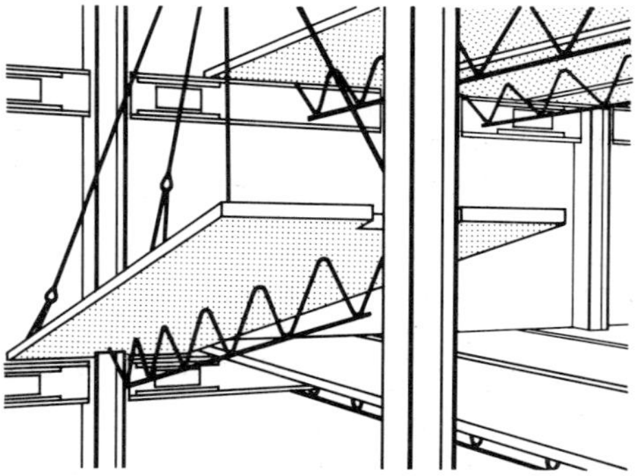

3.142 RHEINSTAHL-Geschoßbausystem

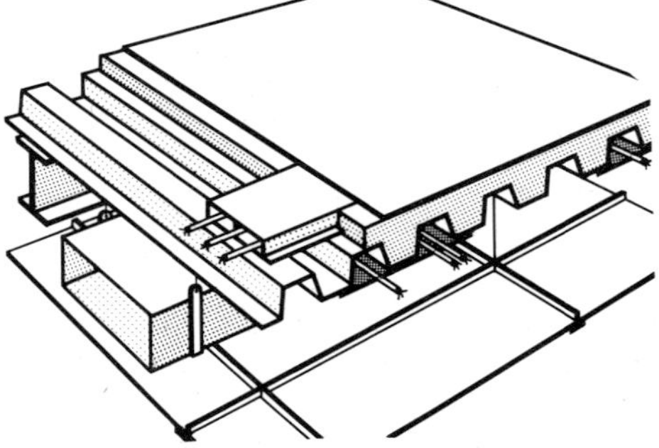

3.143 Trapezblechdecke mit Installationssystem

Als Decken werden auf den Unterzügen meistens Stahlbeton-Fertigdecken verlegt. Sie können als einfache (vorgespannte) Platten ausgebildet sein oder als Kombination von Betonplatten mit einbetonierten oder hochfest verschraubten Fachwerkträgern (Bild **3**.142). Ferner können Trapezblechdecken mit oder ohne Aufbeton verwendet werden (Bild **3**.143).

Die Außenwände von Stahlgerippekonstruktionen können für Einfachbauten aus einer Ausmauerung bestehen (Bild **3**.144). Wegen der besseren Wärmedämmung werden jedoch heute meistens Gasbeton-Wandelemente in Dicken von 15 bis 24 cm und Längen bis zu 6 m liegend oder stehend vor dem Stahlskelett montiert (Bild **3**.145). Auch Trapezbleche mit oder ohne Wärmedämmung und vorgefertigte Aluminium- oder Stahlblech-Wandbauteile haben sich bewährt (Bild **3**.146). Im übrigen sind – besonders für Geschoßbauten – Vorhangfassaden die Regel (s. Abschn. 3.6.3).

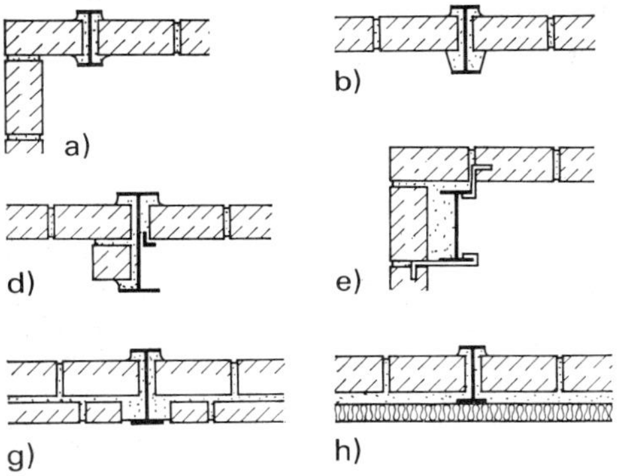

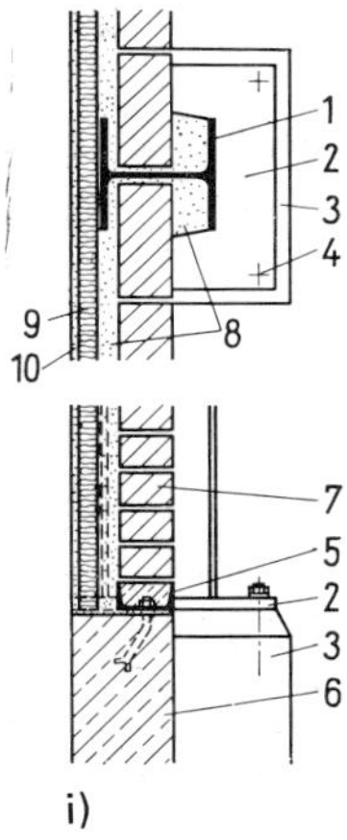

3.144 Ausfachung von Skeletten aus Walzprofilen mit Mauerwerk. Überall ist reiner dichter Zementmörtel zu verwenden

a) Anschluß von 11,5 cm dicker Ziegelausfachung an IPE 160 (Ecklösung)
b) Ausfachung von IPE 200 mit 11,5 cm dicker Ziegelwand
c) Anschluß an IPE 300 mit Ecklösung
d) links: Wandanschluß wie c
rechts: Anschluß mit angeschweißtem Winkelprofil
e) Stütze vor der Wand. Verankerung mit Drahtklammern
f) Anschluß an dreiseitig freistehende Stütze durch angeschweißtes I-Profil 50/5 (Variante zu e)
g) Ausfachung einer Hallenwand; Flansch liegt an Innenseite bündig (Tauwasser!)
h) Ausfachung der Außenwand einer gut belüfteten Halle. Innenseitige Dämmplattenbekleidung deckt Stützenflansch
i) Stahlfachwerkschwelle mit Ziegelausfachung (Grundriß und Schnitt) am Stützenfuß

1 Stahlstütze I PB
2 Fußplatte
3 Stützensockel
4 Ankerschraube
5 Wandschwelle U 120, mit Fußplatte und Stütze verschweißt
6 Wandsockel
7 Ziegelausfachung 11,5 cm dick
8 Zementmörtel
9 Wärmedämmung
10 Innenputz

Die Stützenstellung bildet in der Regel ein Rastersystem, das sowohl im Hinblick auf die Nutzung des Gebäudes (Funktionsraster) als auch die wirtschaftlichste Konstruktion (Konstruktionsraster) zu planen ist (s. Abschn. 8). Für die höher belasteten Unterzüge werden geringere Spannweiten als für die Decken oder Decken-

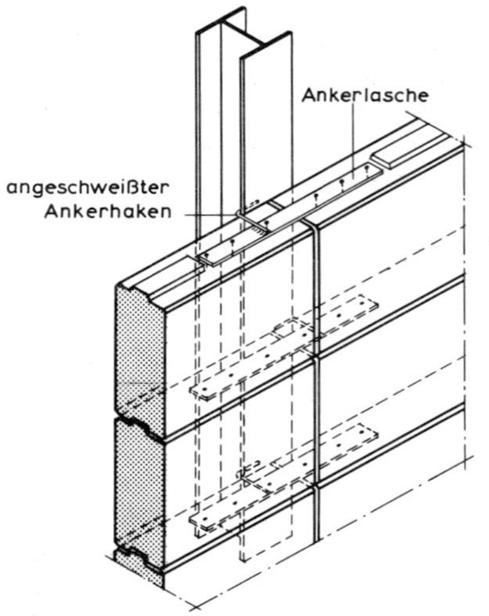

3.145 Stahlskelett mit Gasbetondielen

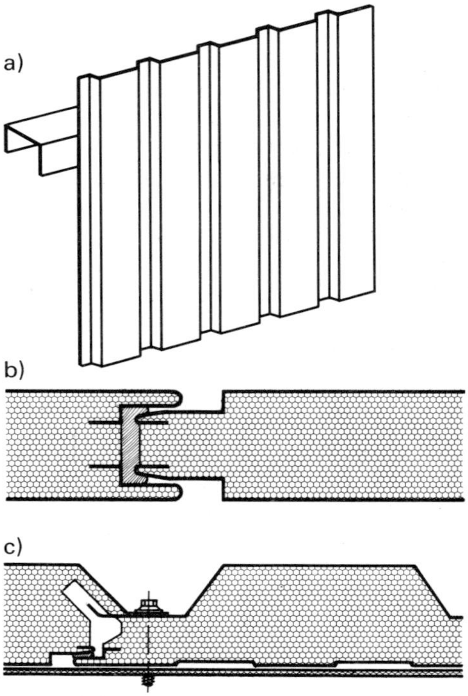

3.146
Montagewände aus Stahlblech
a) Trapezprofilwand ohne Wärmedämmung
b) wärmegedämmte Trapezprofilbleche
c) Sandwich-Platten (HOESCH-ISOWAND)

träger angestrebt. Daraus ergeben sich typische Stützenraster wie in Bild **3.**147 a gezeigt. Für Hochhäuser haben sich Raster nach Bild **3.**147 b mit enger Stützenstellung im Außenwandbereich als vorteilhaft erwiesen. Es können dann dort Längsunterzüge entfallen, Fassadenelemente sind leichter zu montieren und Zwischenwände können gut angeschlossen werden.

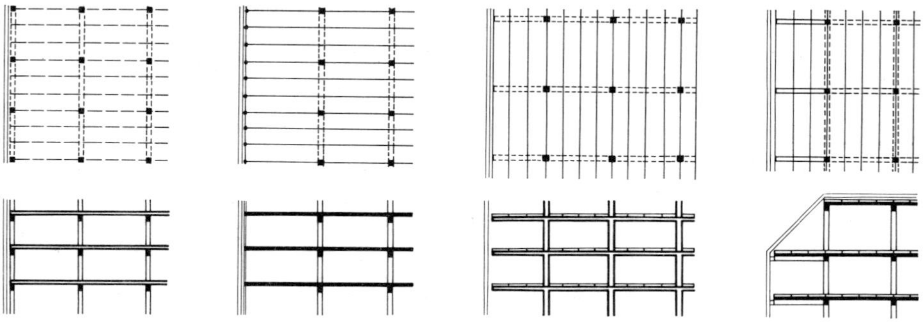

3.147 Konstruktionssysteme von Stahlgerippebauten
a) Stützenraster mit Unterzügen und Trägerlagen
b) Stützenraster mit enger, unterzugfreier Stützenstellung an der Fassade
c) auskragende Unterzüge
d) Hängekonstruktion

Unterzüge können zur Außenwand hin auskragen. Dabei sind jedoch hohe Querschnitte erforderlich, um das Durchhängen der Unterzugenden und damit verbundene Probleme am Fassadenanschluß auszuschließen (Bild **3**.147c). Bei Hängekonstruktionen (Bild **3**.147d) können alle Lasten der Randfelder und die Eigengewichte der Fassaden auf den Gebäudekern übertragen werden.

Industrie-, Verwaltungs- und Schulbauten werden vielfach in „geschlossenen" Bausystemen ausgeführt, bei denen tragendes Skelett, Decken, Innen- und Außenwände bzw. Fassaden so geplant sind, daß sie baukastenartig eingesetzt werden können.

Im Rahmen dieses Abschnittes kann das sehr umfassende Gebiet der Stahlgerippekonstruktionen nicht ausführlicher behandelt werden, und es muß auf Spezialliteratur verwiesen werden [9].

3.6.1.4 Stahlbetongerippebau

Der größte Teil aller Gerippebauten wird heute mit Stahlbetongerippen ausgeführt. Sie sind bei Berücksichtigung der nötigen Stahlüberdeckung feuersicher und erfordern praktisch keine laufende Unterhaltung. Moderne Schaltechniken ermöglichen trotz des relativ hohen Arbeits- und Zeitaufwandes eine wirtschaft-

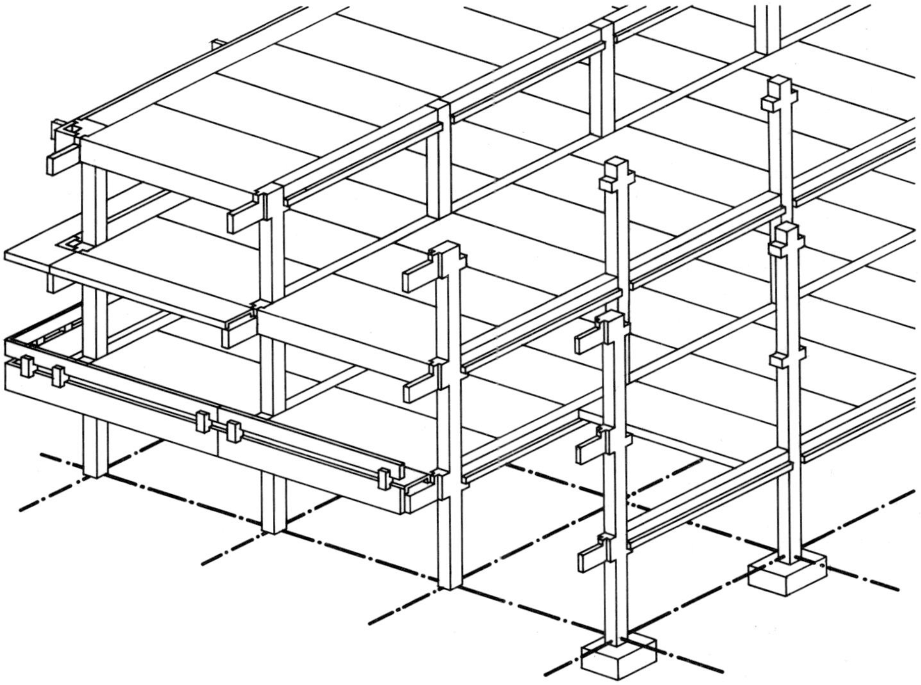

3.148 Stahlbetongerippebau, System HOCHTIEF, Übersichtsskizze liche Herstellung in allen erforderlichen Abmessungen, auch von Sonderformen, selbst für kleinere Bauwerke (vgl. Abschn. 3.4.1).

Der Rationalisierung können Mischbauweisen dienen, bei denen vorgefertigte Bauteile (z. B. Unterzüge, Stützen) mit örtlich betonierten Gerippeteilen kombiniert werden.

Aus komplett vorgefertigten „geschlossenen Systemen" werden in erster Linie typisierbare Industriegebäude, Schulen u. ä. hergestellt. Diese Systeme bestehen meistens aus Stützen mit Auflagerkonsolen, auf die Unterzüge oder weitgespannte Deckenelemente aufgelegt werden (s. auch Teil 2 dieses Werkes, Abschn. 1.4).

Die Aussteifung vorgefertigter Stahlbetongerippe-Konstruktionen erfolgt in vielen Fällen durch Einspannung der Stützen in Köcherfundamenten, ferner durch massive Deckenscheiben oder durch – oft auch aus Stahlbeton vorgefertigte – Wandscheiben. Ein Beispiel für viele ähnliche derartige Konstruktionen zeigt Bild **3**.148.

Im weiteren Sinne können als Stahlbetongerippe-Konstruktionen auch Bauten gelten, deren Wände mit Hilfe von Schalungssteinen in Mantelbauweise hergestellt werden (s. Abschn. 3.2.3, Bild **3**.38). Dabei entstehen Gerippestützen, wenn die mit Beton vergossenen Mantelsteinwände senkrechte Stahlbewehrungen erhalten.

3.6.2 Wände aus selbsttragenden Teilen

Baustellenuntersuchungen haben für Wände aus liegenden und stehenden Tafeln im Vergleich zu anderen, wärmetechnisch gleichwertigen Wandkonstruktionen besonders günstige Werte bezüglich des Gesamt a r b e i t s aufwandes ergeben

Wandbauart	Gesamtarbeitsaufwand
38 cm Vollziegelmauerwerk	5,97
25 cm Hohlblockmauerwerk	2,62
Stahlskelett mit Verkleidung	2,51
Stahlbetonskelett mit Verkleidung	3,38
stehende Tafeln	1,54

Der geringe Arbeitsaufwand allein ist jedoch kein Maßstab für die Vorteile, die eine Wandkonstruktion bietet, da die Wandbaukosten nur einen verhältnismäßig kleinen Teil der Gesamtbaukosten ausmachen und außerdem der optimale Wert einer Wand von vielerlei Eigenschaften bestimmt wird, wie:

- Festigkeit
- Sicherheit gegen Nässe, Schall und Wärmeverluste
- Dauerhaftigkeit
- kurze Bauzeit (Montage)
- geringe oder gar keine Baufeuchtigkeit
- geringe Baustoffmasse (Raum-, Stoff- und Transportersparnis)
- Maßgenauigkeit
- geringer Preis
- Aussehen usw.

In gewissen Fällen können weitere Faktoren den optimalen Wert mitbestimmen, die in anderen Fällen eine geringere Rolle spielen. Einige der geforderten Eigenschaften wirken einander entgegen, z. B. Schalldämmfähigkeit und geringe Masse, wasserdichte Außenhaut und Möglichkeit der Dampfdiffusion u. ä. Nur sehr sorgfältige Planung und genaue Arbeitsdurchführung ermöglichen hier, so ausgleichend zu wirken, daß jede konstruktive Maßnahme ihren besten Wirkungsgrad erreicht. Da der Baustellenbetrieb nur in beschränktem Rahmen genaues und zugleich rationelles Arbeiten zuläßt, geht auch hier die Entwicklung zur Vorfertigung von möglichst großen montierbaren Bauteilen auf besonderen Werkplätzen oder in Fertigungsbetrieben mit maschineller Produktion hin (s. auch Abschn. 8).

Tafeln, die den hohen Ansprüchen genügen sollen, die z. B. im Wohnungsbau gestellt werden, müssen alle Eigenschaften einer guten Massivwand haben, aber außerdem transportabel und montierbar sein, d. h., sie dürfen bei hinreichender Luftschall- und Wärmedämmung nicht zu schwer, müssen vor und nach dem Einbau, trotz ihrer Größe, maßgenau und an allen Stößen vollkommen dicht sein. Obwohl möglichst bis in die Einzelheiten des inneren Ausbaus vorgefertigt, sollen sie nicht nur transportsicher, sondern auch nicht zu transportempfindlich sein.

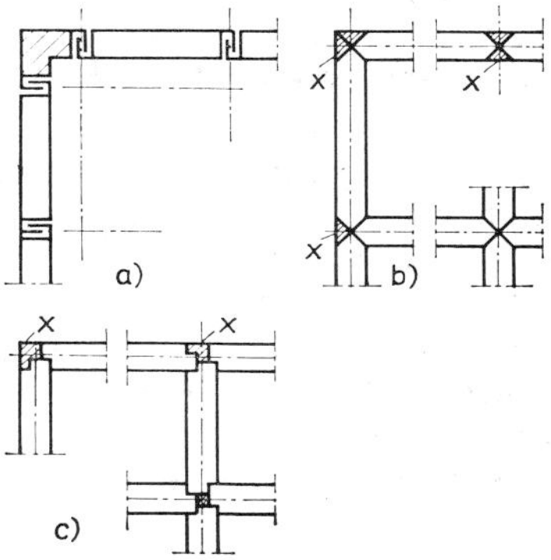

3.149 Einfluß der Tafelstöße und -kreuzungen auf die Einordnung in Rastersysteme (vgl. Bild **8**.5)

a) Raster neben Elementachse, weil Eckglied bei mehrschaligen Wandelementen besonders groß bemessen ist

b) Rasterachse deckt sich mit Wandelementachse bei einschaligen Tafeln ($\varkappa$ = kleine Füllglieder mit hoher Wärmedämmfähigkeit)

c) ähnlich b mit rechtwinklig gebrochenen Stoßfugen

Tafelabmessungen werden vom Baustoff (Gewicht und Festigkeit) sowie vom Entwurfsrastermaß (Bild **3**.149) bestimmt. Tafelhöhe ist gleichzeitig Geschoßhöhe.

Beschränkung auf wenige, aber abwandlungsfähige Tafeltypen und -größen (große Serien, gleichartige Montage, einfache Lagerhaltung), die einen großen Spielraum für die architektonische Gestaltung bieten, ist ebenso Voraussetzung, wie eine verbindliche Maßordnung. Ausführlichere Darstellungen enthält Abschn. 8.

Tafelverbindungen werden auf zahllose Arten durch Fugenverguß, Dübel, Schrauben, Haken, Klammern, Nutfedern usw. (Bild **3**.150 u. **3**.151) hergestellt. Die Wahl der Verbindung hängt vom Tafelbaustoff (Festigkeit, Maßgenauigkeit, Wärmedämmung, Schwindmaß) sowie vom Wandaufbau ab (einschalig, mehrschalig, hohl, gerahmt usw.).

Außenwandtafeln sind meist mehrschalig oder mehrschichtig (außen Wetterschutz, im Inneren Wärmedämmung, an der Innenfläche Spachtelungen oder anderer fertiger Untergrund für Anstrich oder Tapete). Dabei ist zu vermeiden, daß durch falsche Lage einer Dampfsperre (außen) Wasserdampf im Wandinneren kondensiert und zu Bauschäden und Wärmeverlusten führt.

Innenwandflächen sollen nagelbar sein und Dübel, Schrauben usw. für das Anbringen von Raumausstattungsgegenständen sowie Installationsleitungen auf-

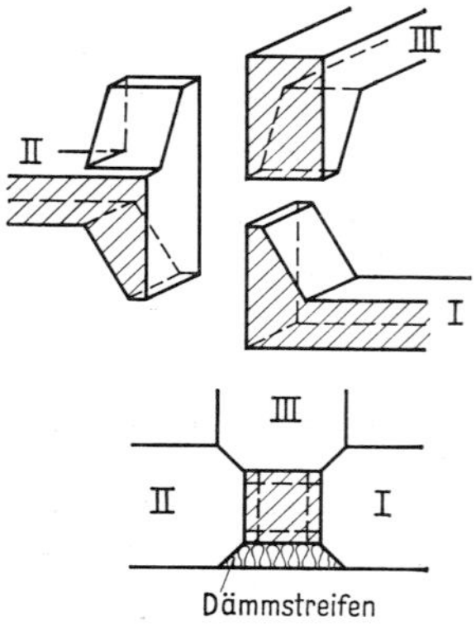

3.150 Keilhaken für Tafelstoß und Innenwandanschluß (Schema)

Keilhakenverbindungen aller Art lassen sich leicht zusammensetzen und lösen. Die Keilflächen ziehen die Tafeln fest zusammen. Mit Tafel I wird Tafel II verhakt, sodann wird Tafel III aufgesetzt. Das gleiche Prinzip ist bei Tafelwandkreuzungen anwendbar. Gegen seitliches Verschieben sichern Keile oder Stifte.

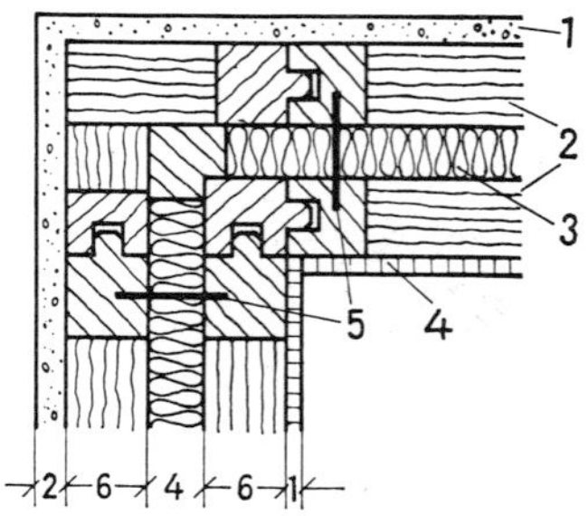

3.151 Eckstoß von holzgerahmten Tafeln mit Strohplattenfüllung (Schweden)

Am Eckstoß darf die Wärmedämmung der Tafelwand nicht geringer sein als im übrigen Wandquerschnitt. Die Verwendung besonderer Eckglieder ist meist vorteilhafter als unregelmäßige Eckausbildung der Tafel mit vorkragenden, stoßempfindlichen Tafelrändern

1 zweilagiger Putz
2 Strohplatte
3 Faserdämmstoff
4 Gipskarton o. ä.
5 Hartfaserdübel

nehmen können. Gefordert werden weiterhin dichte Fugen (gegen Schmutz und Ungeziefer), möglichst hohes Wärmespeichervermögen und Luftschalldämmfähigkeit. Die Schalldämmung kann durch doppelschalige Wände aus Tafeln verschiedener Biegesteifigkeit erreicht werden.

Fugendichtungen erfordern besondere Sorgfalt. Anzustreben ist die mehrfach gebrochene Fuge, wie sie am primitivsten durch Anbringen von Deckleisten oder – unsichtbar – bei Nut- und Federverbindungen oder Verguß entsteht. Für die Dichtung von Fugen, in denen Dehn- und Schwindbewegungen ausgeglichen werden sollen, sind Kunststoffe zu verwenden, die hinreichend fest an den Fugenflanken haften und bei Dehnung nicht reißen.

Die für Transport und Montage erforderliche Kantenfestigkeit sowie die Knickfestigkeit können durch Einfassen der Tafeln mit Holz-, Beton- oder Metallrahmen verbessert werden.

Die Tafelrahmen aus Metall oder Schwerbeton liegen im Innern der Fuge, oder sie müssen durch Falzungen und wärmedämmende Kunststoffpolster unterbrochen werden, damit sie keine Wärmebrücken bilden (Bild **3**.152 bis **3**.153).

Tafelauflager bildet meist die Fundamentplatte aus Beton oder die Kellerrohdecke. Die Tafeln werden entweder auf senkrechte Stahldübel gesetzt, welche Betonplatte und Tafel miteinander verbinden, in U-förmige Metallschienen eingeschoben, die in der Fundamentplatte verankert werden. Die Dichtung der Lagerfuge muß der Stoßfugendichtung den einzelnen Tafeln entsprechen.

Bei der Verbindung zwischen Wand- und Deckentafeln aus Beton wird meist wie bei Bild **3**.162 u. **3**.164 gezeigt, verfahren. Deckentafeln aus Holz werden entweder

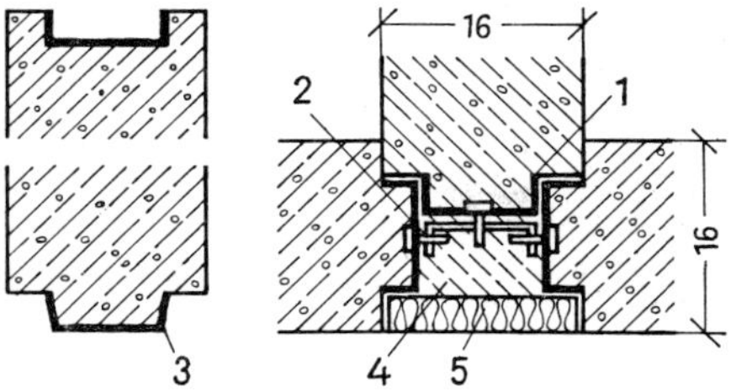

3.152 Stahlrahmen-Bautafel mit Porenbetonfüllung (USA)

Rostgeschützter Stahlrahmen, horinzontal und diagonal durch Bewehrungsstähle verspannt. Tafelbreite 75 cm. Wärmebrücken am Tafelrahmen vermieden. Links senkrechter, rechts waagrechter Schnitt

1 Stahlrahmen
2 Ösen für Drahtklammern
3 Tafelfuß
4 Vergußbeton
5 Dämmplatte

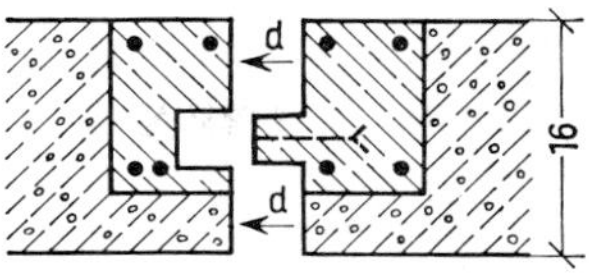

3.153 Holzspanbetontafel mit bewehrtem Betonrahmen (Dänemark)

Nur die dünne Fuge zwischen Nut und Feder wird vergossen. In die Fuge (bei d) wird ein dünner Dämmstoffstreifen eingelegt.

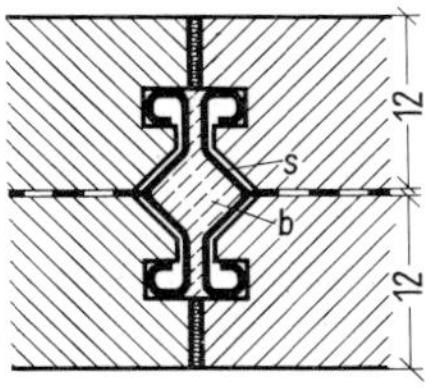

3.154 Außenwandtafel aus Tonplatten mit Stahlrahmen

Der Querschnitt durch die Stoßfuge der Tafel zeigt zwei hintereinanderliegende Tonplattenschichten, die – um durchgehende wärmeleitende Fugen zu vermeiden – durch Bitumenpappe getrennt sind. Der Stahlrahmen s hält die Schichten einer Tafel zusammen. Der mittlere Teil der Fuge (b) wird vergossen, die außenliegenden Tafelstöße durch einen Dämmstreifen gedichtet. Die Tonplatten können hohl sein. Sie sind so lang, wie die Tafel breit ist.

zwischen Balken eingeschoben, die auf den vertikalen Tafelstößen aufruhen, oder sie werden auf den oberen Tafelrand aufgekämmt.

Die großformigen, vorgefertigten selbsttragenden Wandbauteile gliedern sich in geschoßhohe selbsttragende schmale Tafeln und geschoßhohe selbsttragende raumbreite Platten (Bild **3**.155).

(In der Statik nennt man „Platte" einen ebenen Flächenträger, der durch Kräfte rechtwinklig zu seiner Ebene beansprucht wird. Diese Beanspruchung setzt eine gewisse Dicke voraus. Eine „Scheibe" ist dagegen ein Flächenträger, in dessen Ebene die Kräfte wirken und der daher sehr dünnschalig sein kann. Die im Text genannten Tafeln und Platten sind, statisch betrachtet, Scheiben.)

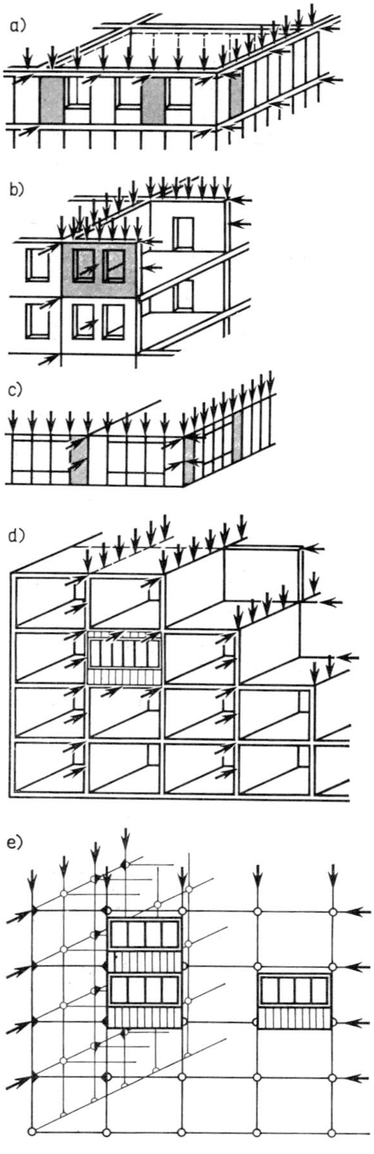

3.155
Anwendung und statische Beanspruchung von Montagewänden

a) Wände aus stehenden Gasbetonelementen, geschoßhoch, 50 bis 100 cm breit, 20 bis 30 cm dick, Ringanker in Deckenhöhe. Verwendung innen und außen. Durch Fugenverguß und Ringanker werden die Elemente zu geschoßhohen und -breiten Platten zusammengeschlossen, die – untereinander ausgesteift – zusammen mit den Deckenschalen Vertikal- und Horizontalkräfte aufnehmen

b) Raumgroße, deckentragende Platten aus dampfgehärtetem Stahlbeton, mehrschichtig. Höhe 2,60 bis 4,00 m, Breite 6,00 bis 7,00 m, Gewicht 6,0 bis 7,0 t. Verwendung innen und außen, statische Beanspruchung wie a)

c) eingeschossige Wände aus gerahmten Tafeln, Wandelemente geschoßhoch, 0,80 bis 1,25 m breit. Verwendung innen und außen für Balken- und Rippendecken geeignet; die Deckenlasten ruhen auf den vertikalen Tafelstößen. Die durch die Füllung ausgesteiften Tafeln der Außen- und Innenwände nehmen die Querkräfte auf

d) Zellenwerk aus tragenden Querwänden (Schotten) mit eingesetzten, nicht deckentragenden Außenwandelementen aus einschichtigen Leichtbetonplatten, Blech, Holz, Glas, Kunststoff. Tragende Querwandelemente geschoßhoch, meist raumtief, Längsaussteifung durch Deckenscheiben, Treppenhauswände und längsgerichtete Trennwände (nach DIN 1053 Taf. 2)

e) Stahl- oder Stahlbetongerippe mit außen vorgehängten Wandelementen, vorwiegend aus Blech, Glas, Kunststoffen. Wandelemente geschoßhoch, Breite 1,00 bis 3,00 m. Horizontalkräfte werden durch Rahmen und Deckenscheiben aufgenommen

3.6.2.1 Vorgefertigte geschoßhohe Tafeln

Flachbauten werden seit langer Zeit aus etwa meterbreiten, geschoßhohen Tafeln zusammengesetzt, die wärmedämmend und so fest sind, daß sie ohne Aussteifung durch Stützen leichte Decken- oder Dachlasten aufnehmen können. Balken- oder Rippendecken können dabei auf die steifen Vertikalkantenstöße der Tafeln aufgelagert werden (Bild **3**.155c). Anfangs wurden Bautafeln dieser Art meist aus Holz hergestellt und nur für einfache Behelfsbauten (Baracken, Schuppen) verwendet, die auseinandergenommen und anderwärts wieder aufgestellt werden konnten. Aus Tafeln (Schalen, Flächen) zusammengefügte Wände bieten jedoch auch allgemein die Vorteile der Serienherstellung, der Anpassungsfähigkeit an vielerlei Grundrißformen und der trockenen, schnellen Montage der bis zum Ausbau vorgefertigten Wandelemente.

Holztafeln. Die mannigfachen Vorzüge des Holzes ermutigen zu immer neuen Versuchen, Schnittholz oder auch Platten, die aus Holzabfällen gefertigt werden, als Wandbaustoff zu benutzen. Wie nur wenige Baustoffe erlaubt das Holz, leicht zu bewegende, großflächige Tafeln von Geschoßhöhe und 1,00 bis 1,25 m Breite vorzuferigen, sie durch einfache Vorrichtungen, z.B. durch Bolzenschlösser (Bild **3**.158), Dollen oder Federn (Bild **3**.156 und **3**.157) auf der Baustelle zu verbinden und sie so unter Einsparung eines Traggerüstes zu Wänden zusammenzufügen.

Die Tafeln bestehen meist aus einem Latten- oder Pfostenrahmen, der beidseitig Spanplatten trägt. Der Hohlrahmen zwischen den Schalungen ist entweder mit Dämmatten oder mit losen Dämmstoffen ausgefüllt. Die Tafelstöße sind an der Außenseite häufig durch Profilleisten gedeckt. Außenputz wird hier möglichst vermieden, um die Vorteile der trockenen Montage uneingeschränkt wahrzunehmen. Hinterlüftete Bekleidungen, z.B. mit Asbestzementtafeln o.ä., bieten u.a. weitere Gestaltungsmöglichkeiten. Die Innenseite der Wandtafeln wird meistens mit Faserplatten verkleidet. Den Innenputz ersetzen häufig Gipskartonplatten.

Die Tafeln stehen auf Schwellen, auf die sie aufgesattelt werden können. Dollen, Laschen oder Schraubenbolzen dienen zur weiteren Sicherung und Befestigung. Die Deckenbalken – hochkant gestellte Bohlen – sind auf den oberen Tafelrand aufgekämmt.

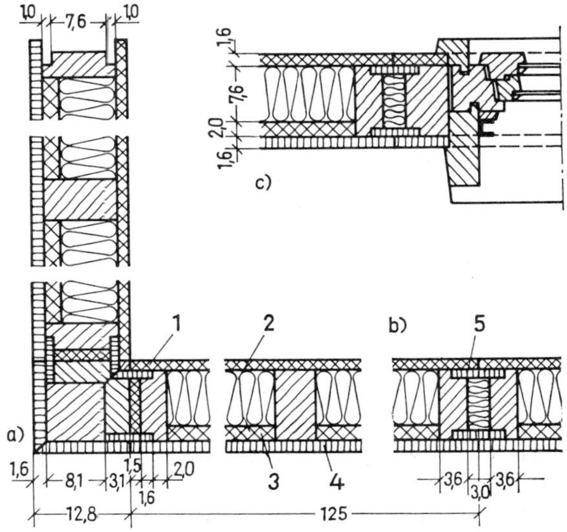

3.156
Holztafelwand

a) Eckstoß
b) Tafelstoß

1 Spannplatte
2 Wärmedämmatte
3 Holzfaserplatte
4 wetterfestes Sperrholz
5 Fugendichtung durch Sperrholzfedern[1])

Tafelbreite 1,25 m, Fenstertafeln 2,50 und 3,75 m breit
Jede Tafel besteht aus drei senkrechten Pfosten und vier waagrechten Riegeln. Deckenuntersicht Spanplatten. Vollmontage

[1]) Fertighauswandkonstruktion der Fa. Rud. Streif, Oberkirch/Bd.

Bei vielen Holztafelbauweisen bestehen auch die Decken und die Fußböden aus vorgefertigten Tafeln. Die unter sich gleich großen Wandtafeln sind ihrem Verwendungszweck entsprechend als geschlossene Wandtafeln, als Fenstertafeln oder als Türtafeln ausgebildet. Leicht können in diesen Tafeln schon in der Werkstatt die notwendigen Vorsorgungsleitungen untergebracht werden.

Bild **3**.156 zeigt eine Holztafel mit drei senkrechten Pfosten und vier waagrechten Riegeln. Die wetterfeste Sperrholzbekleidung außen kann durch einen zusätzlichen Kunststoffüberzug geschützt werden. Die Bilder **3**.157 u. **3**.158 zeigen die Wandanschlüsse zweier weiterer Holztafel-Bausysteme.

Betontafeln können ein- und mehrschichtig ausgebildet werden. Zur Gruppe der einschichtigen, geschoßhohen, schmalen Betontafeln gehören Gasbetontafeln. Senkrecht aufgerichtet, erhalten sie einen Fugenverguß aus Beton. Die Fuß- und Kopfenden werden durch eine Ringverankerung verbunden, die in eine waagerechte Nut oder eine trogförmige Vertiefung an den Stirnseiten der Platten oder Hohlkörper eingreift (Bild **3**.159).

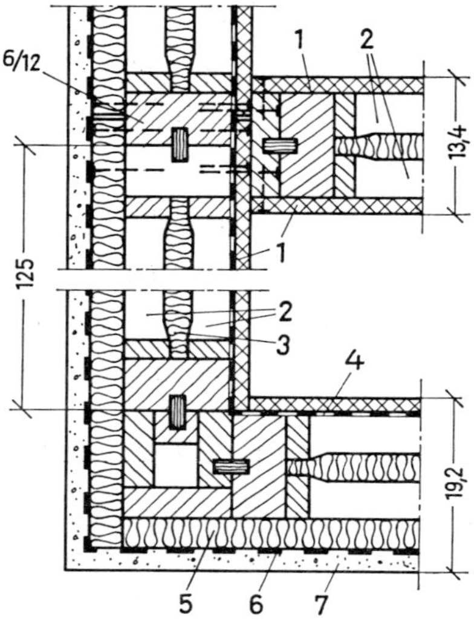

3.157 Holztafelverbindung durch Nut und Feder. Mit dem Fundament sind die Holztafeln mit Ankereisen verbunden, die die Dicke der Holzfeder haben und mit Stahldollen in die Tafelpfosten hineingreifen (Pfostenabstand 40 cm, Tafelbreite 125 cm, 3 Querriegel). Bis auf den Außenputz sind die Tafeln vorgefertigt

1 Spanplatte
2 Luftschicht
3 Steinwolle-Dämmfilz
4 Perkalor
5 Leichtbauplatte 35 mm dick
6 Putzträger
7 Putz

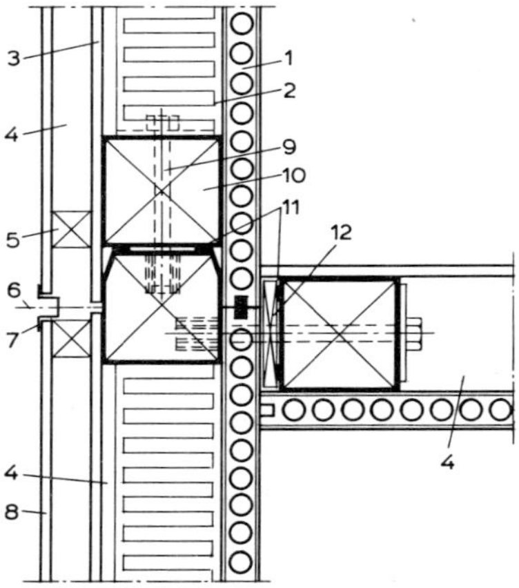

3.158 Holztafelverbindung mit Schraubenbolzen (OKAL). Verbindung von Außenwandtafeln und Anschluß einer Zwischenwand. Die Rampaschrauben werden durch Montageöffnungen hindurch angezogen, die danach verschlossen werden.

1 Röhrenspanplatte
2 Wärmedämmung
3 Flanschspanplatte
4 Luftraum
5 Abstandleiste
6 Rasterlinie
7 Aluminiumschiene
8 Asbestzementplatte mit Kunstharzputz
9 Rampaschraube
10 Wandstil
11 Dichtungsband
12 Hartholzfeder

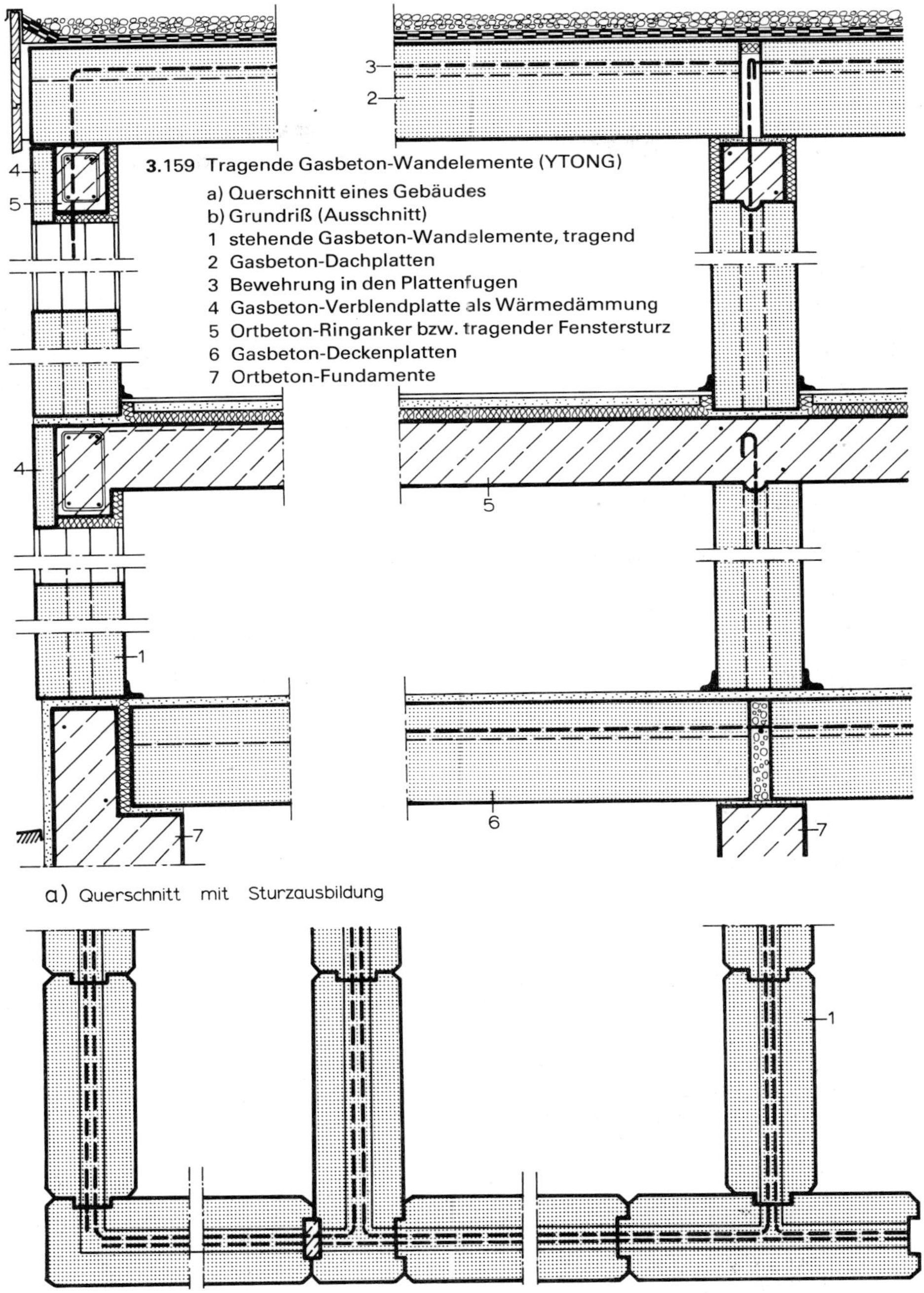

3.159 Tragende Gasbeton-Wandelemente (YTONG)

a) Querschnitt eines Gebäudes
b) Grundriß (Ausschnitt)

1 stehende Gasbeton-Wandelemente, tragend
2 Gasbeton-Dachplatten
3 Bewehrung in den Plattenfugen
4 Gasbeton-Verblendplatte als Wärmedämmung
5 Ortbeton-Ringanker bzw. tragender Fenstersturz
6 Gasbeton-Deckenplatten
7 Ortbeton-Fundamente

a) Querschnitt mit Sturzausbildung

b) Grundriss

Als tragende Außenwandplatten müssen die Tafeln bewehrt und mit einer wasserabweisenden Beschichtung o. ä. versehen sein.

Als Beispiel für Mehrschicht-Platten aus Beton zeigt Bild **3**.160 die Durisol-Fassadenelemente, zu deren besonderem Merkmal gehört, daß sie ohne Fugenverguß eingebaut und somit beschädigungs- bzw. zerstörungsfrei demontiert werden können. Der Kondensatbildung im wärmedämmenden Kern zwischen den Schwerbetonschalen wird durch Lüftungskanäle begegnet.

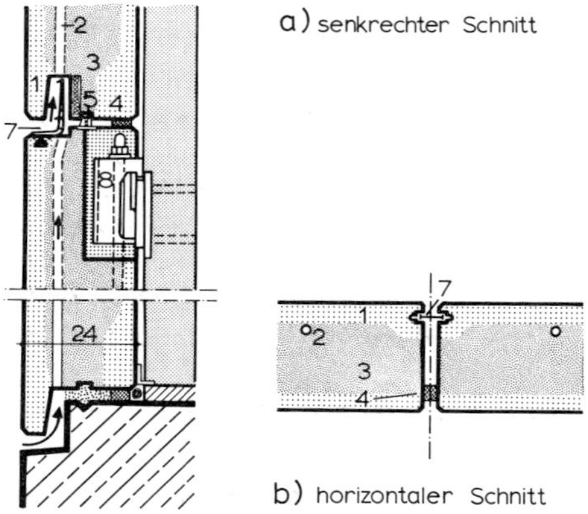

3.160 Belüftete Mehrschicht-Fassadenelemente (DURISOL)

1 äußere Betonschicht
2 Belüftungskanal
3 Holzspanbeton (Wärmedämmung)
4 Dichtung
5 Nockenprofil
6 Windsperre
7 Schwellenprofil der Horizontalfugen
8 Verankerung

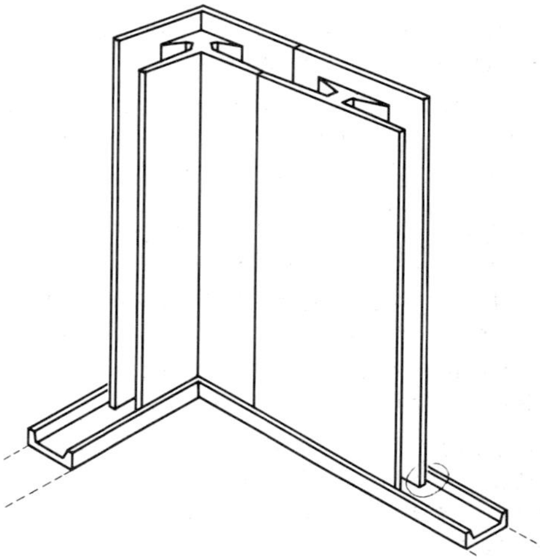

3.161 Zweischalige Schwerbeton-Wandelemente (BHN)

Schwerbeton-Fertigelemente kommen insbesondere für den Bau von Kellerwänden in Frage. Schmale, raumhohe Elemente sind wegen ihres hohen Gewichtes und der damit verbundenen Transportprobleme meistens gegenüber örtlich mit modernen Schaltungstechniken hergestellten Betonwänden unwirtschaftlich. Dagegen können – auch mit leichtem Hebezeug versetzbare – zweischalige Wandelemente vorteilhaft sein, die eigentlich als „verlorene Schalung" betrachtet werden müssen (Bild **3**.161).

3.6.2.2 Raumbreite Wandelemente

Sie sind das Ergebnis der konsequenten Entwicklung zur Schnellmontage. Sie werden vorwiegend aus Beton hergestellt und vor der Montage oft bis in alle Einzelheiten (Fenster, Türen, Installation, Putz, Anstrich, Verglasung) vollendet. Die Anfertigung in hochmechanisierten Werken, wo mit größter Genauigkeit und

Sparsamkeit sorgfältig ausgewählte Baustoffe von gleichbleibender Güte verarbeitet werden, verbessert die Fertigteile, die durch die große Serie und die damit verbundene straffe Rationalisierung bei Fertigung und Montage verbilligt werden können. Voraussetzungen für das Erreichen dieses Zieles sind frühzeitige Planung, Zusammenarbeit erfahrener Fachleute auf dem Gebiet des Entwurfs, der Fertigung und des Baustellenbetriebes, sowie – bei günstigen Transportbedingungen (weiteste Entfernung 50 bis 100 km) – ein gesicherter Umsatz, dessen Mindestumfang (etwa 300 Wohnungseinheiten) in der Hauptsache von dem in die Fertigung investierten Kapital abhängt.

Durch Deckenlasten beanspruchte große Beton-Außenwandplatten bestehen aus Normal- oder aus Stahlleichtbeton.

Außenwandplatten werden aus Beton zweischalig mit dazwischenliegender Dämmschicht hergestellt. Die äußere Betonschale bildet den Wetterschutz, die innere trägt die Deckenlast. Die Schalenverankerung sollte nur in der Tafelmitte starr sein, an den Tafelrändern muß sie thermische Bewegungen zulassen. Die Maßgenauigkeit wird durch die Fertigung in Metallformen erreicht und durch Dampfhärtung (Verhindern des Schwindens nach dem Einbau). Von der Ausbildung der Lagerfugen, der Stoßfuge und des Deckenauflagers hängt auch hier die Güte der Konstruktion wesentlich ab.

Wärmebrücken, Eindringen von Feuchtigkeit und Dehnungsrisse müssen verhindert werden.

Raumgroße lasttragende Innenwandplatten sind aus einschaligem Normal- oder Stahlleichtbeton. Sie enthalten meist Kanäle für Versorgungsleitungen aller Art. Schornsteine und Müllschächte werden ebenfalls in geschoßhohen Elementen hergestellt.

Für Typenwohnungen werden Installationswände vorgefertigt, in die Leitungen und Anschlüsse für Badewanne, Waschbecken, Abort, Spüle, Küchenausguß, Warmwasserbereitung, Gas- und Elektroherd, Lüftungsschacht, Schornstein und gegebenenfalls Fallrohre für Dachentwässerung fest eingebaut sind.

Bild **3**.162 zeigt eine in Frankreich auf dem Fließband gefertigte vielverwendete Wandplatte. Die beiden Betonschalen aus Schwerbeton werden durch betonumhüllte Stähle auf Abstand gehalten. Da hinter jeder Stoßfuge eine Trennwand anschließt, wird durch Vergießen ein sicherer Fugenverschluß und zugleich eine feste Verbindung der zusammenstoßenden drei Wandplatten erreicht, deren Rundstahlhaken in den Gußbeton hineinragen. Die entstehende senkrechte Säule wird zu einer Verbundtragwirkung mit herangezogen. Für die Eckausbildung gibt es anderwärts einfachere Lösungen.

Auch auf der Baustelle werden tragende, raumgroße Außenwandplatten hergestellt (z.B. Nya Asfalt AB, Schweden). Die in Bild **3**.163 gezeigten Platten werden u.a. für neungeschossige Häuser verwendet und bestehen aus einer 5 cm dicken randverstärkten Außenschale aus Schwerbeton, einer 12 cm dicken Steinwolleschicht mit Ventilationskanälen an der Außenseite und einer 10 cm dicken, randverstärkten, inneren Stahlbetonschale. Außen- und Innenschale sind miteinander verankert. Die Vertikal- und Horizontalfugen sind durch Profile der Außenschale gedeckt, die Gebäudeecke wird auf einfache Weise gebildet. Das größte Element wiegt 3,5 t. Die Innenwände bestehen aus Normalbeton.

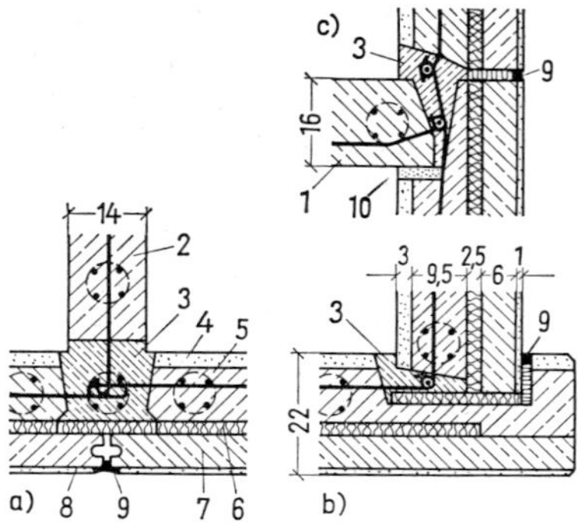

3.162 Tragende, raumbreite Wandplatten aus Stahlbeton (System Camus, Frankreich)

a) waagerechter Schnitt durch Innenwandanschluß
b) Gebäudeecke
c) senkrechter Schnitt durch Deckenauflager

1	Beton-Vollplatte 16 cm dick	
2	Beton-Innenwandplatte 14 cm dick	
3	Ortbeton	
4	Silikolanputz	3,0 cm dick
5	Stahlbeton	9,5 cm dick
6	Wärmedämmung	2,5 cm dick
7	Stahlbeton	6,0 cm dick
8	Kalkputz oder Platten	1,0 cm dick
9	dauerplastische Fugendichtung	
10	Mörtelfuge	

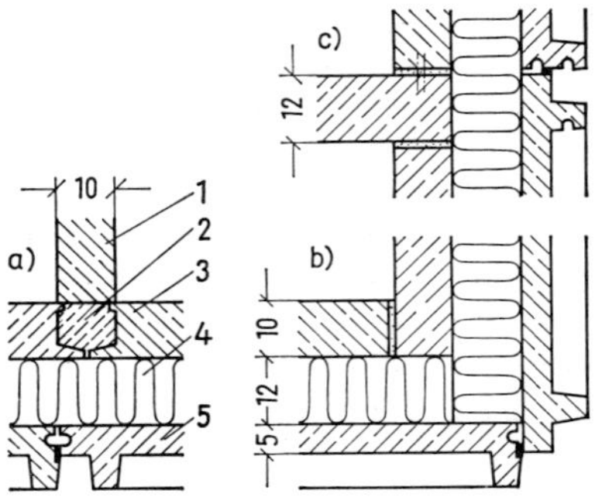

3.163 Tragende, raumbreite Wandplatten aus Stahlbeton (System Nya Asfalt, Schweden)

a) waagerechter Schnitt durch Innenwandanschluß (Innenwand 10 cm Betonvollplatte)
b) Gebäudeecke
c) senkrechter Schnitt durch Deckenauflager (Decke 12 cm Betonvollplatte)

1	Beton-Innenwandplatte	
2	Ortbeton	
3	Beton	10 cm dick
4	Steinwolle	12 cm dick
5	Beton	5 cm dick

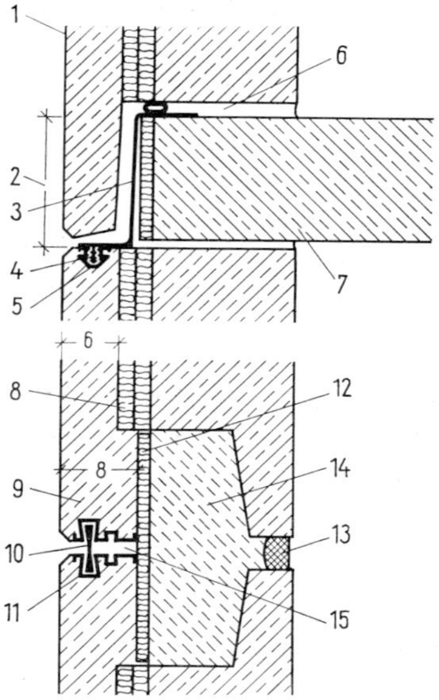

3.164 Prinzip der druckausgleichenden Vertikalfuge bei mehrschichtigen Beton-Außenwandplatten[1])

1 Außenschale
2 Schwellenhöhe $h \geqq 6$ cm
3 den Kreuzungspunkt überdeckendes Kunststoffprofil
4 Steckbefestigung des Kunststoffprofils
5 einbetoniertes PVC-Profil
6 Windsperre (Mörtel) im Wandinnern durch Dichtungsband abgeschlossen
7 Stahlbetondecke
8 Wärmedämmung (zweilagig)
9 verdickte Außenschale
10 Regensperre (Polychloropren)
11 Vertikalfugenprofil aus PVC
12 vor dem Ortbetonverguß einzubringende Wärmedämmung
13 Dichtungsmasse
14 Ortbeton
15 Druckausgleichsraum

---

[1]) nach Unterlagen der Firma Eurofit GmbH, Berlin

Umfangreiche Versuche mit mehrschaligen wandbreiten Betonplatten für Außenwände haben ergeben, daß Durchfeuchtungsschäden und Wärmeverluste an den Plattenfugen vermieden werden können, wenn den physikalischen Grundsätzen auf einfache Weise durch die Fugenform Rechnung getragen wird. Fertigungsfehler und Materialmängel scheiden dann als Schadensquellen weitgehend aus.

Die Horizontalfuge wird durch eine mindestens 6 cm hohe „Schwelle" geschützt, deren Höhe sich aus dem Staudruck des Windes herleitet. Die Windsperre bildet der Ortbetonverguß. Die Vertikalfuge erhält eine Regensperre aus einem Kunststoffprofil, hinter dem der vertikale Druckausgleichsraum liegt, aus dem etwa eingedrungenes Wasser in der Horizontalfuge nach außen abfließen kann (Bild **3**.164).

3.6.3 Vorgehängte Wände

Außenwände von Gebäuden mit Stahl- oder Stahlbetongerippen oder mit tragenden Querwänden (Zellenwerk, „Schotten") werden durch leichte, vorgefertigte Wandelemente gebildet, die entweder als Ausfachung zwischen die Tragkonstruktion (**3**.155d u. **3**.165) gesetzt oder davor aufgehängt werden (**3**.155d u. **3**.166).

Ausfachungen werden zwischen Deckenplatten oder Stützen so montiert, daß das Skelett des Bauwerkes ganz oder teilweise sichtbar bleibt (Bild **3**.165a bis c). Problematisch ist in jedem Fall die Einhaltung enger Maßtoleranzen bei der Ausführung des tragenden Skeletts, das Verhindern von Wärmebrücken in der Fassade und die Abdichtung zwischen Ausfachungselementen und Skelett.

Es ist deshalb meist einfacher, vorgefertigte Wandelemente vor die Tragkonstruktionen zu hängen (Bild **3**.165d).

Durch Verwendung vorgehängter und daher dünner, leichter Außenwände („curtain-wall" – Vorhangwand) wird außerdem eine Vergrößerung der Nutzflächen und eine erhebliche Verminderung der auf Stützen und Fundamente wirkenden Lasten erreicht.

Vorhangwände werden an Geschoßdecken oder, seltener, an den Stahl- oder Stahlbeton-Skelettstützen mit schon bei der Planung festgelegten, justierbaren, leicht zugänglichen, korrosionsgeschützten Winkeln, Konsolen oder Ankerschrauben (Bild **3**.166 u. **3**.167) befestigt. Dabei soll der Abstand zwischen Vorhangwand und Geschoßdecke möglichst klein gehalten werden (Fußboden- und Deckenanschlüsse, Schallbrücken, vgl. Bild **3**.185!). Die einzelnen Elemente sind an ihren Kanten miteinander verbunden und bilden beliebig große, ununterbrochene Wandflächen. Das dahinterliegende tragende Skelett tritt nicht unmittelbar in Erscheinung, kann aber durch die Anordnung von Konstruktionsteilen der Vorhangwände (Pfosten, Sprossen) in seiner Lage angedeutet werden.

Die Wandelemente werden statisch nur durch Eigengewicht und Windlast beansprucht, außerdem müssen sie dem Transport und der Montage standhalten. Bei hohen Gebäuden führt jedoch auch die Windlast zu beachtlichen Durchbiegungen der vorgehängten Elemente. Vor allem müssen unterschiedliche Durchbiegungen nebeneinander liegender Wandelemente vermieden werden, damit keine Undichtigkeiten an den einzelnen Fugen entstehen. Verminderte Durchbiegungen

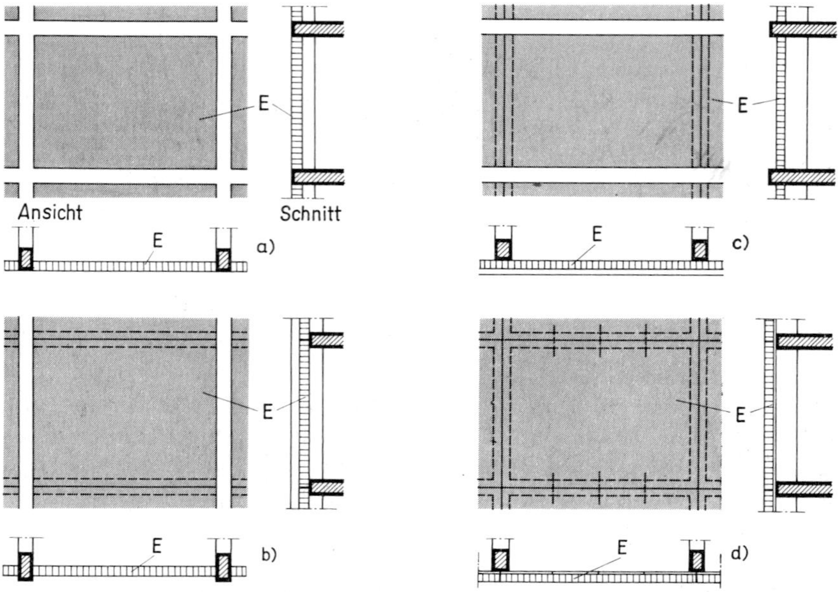

3.165 Anordnung vorgefertigter Außenwandelemente

a) Außenwandelemente *E* zwischen Deckenplatten und Stützen gehängt oder auf Deckenplatte aufgesetzt

b) Außenwandelement *E* vor Deckenplatten, hinter Stützenvorderfläche (Elemente sind an der Decke beliebig oft aufgehängt oder auf ihr abgestützt)

c) Außenwandelement *E* vor Stützen, hinter Deckenstirnflächen (Elemente sind auf die Deckenplatte aufgesetzt)

d) Außenwandelement *E* vor Stützen und vor Deckenplatten (Elemente sind an den Decken- und Stützenstirnflächen befestigt)

Nur b) und d) sind eigentliche Vorhangwände.

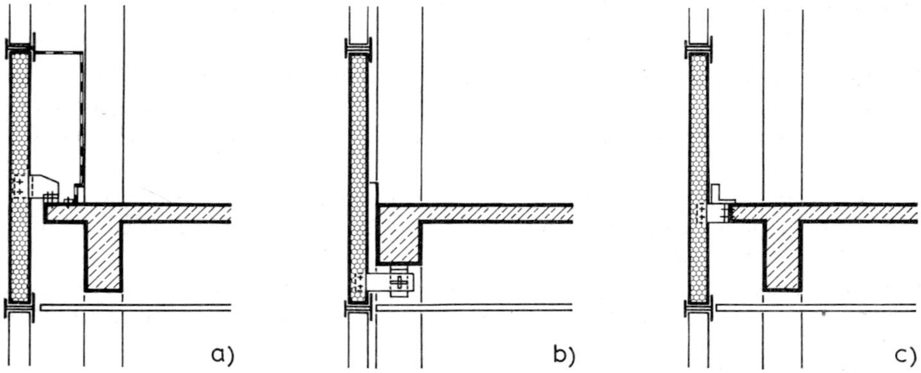

3.166 Vorgehängte Fassade (Vorhangwand), Befestigung am Rohbau

a) Befestigung auf der Deckenoberkante

b) Befestigung unter der Geschoßdecke

c) Befestigung an der Vorderkante der Geschoßdecke

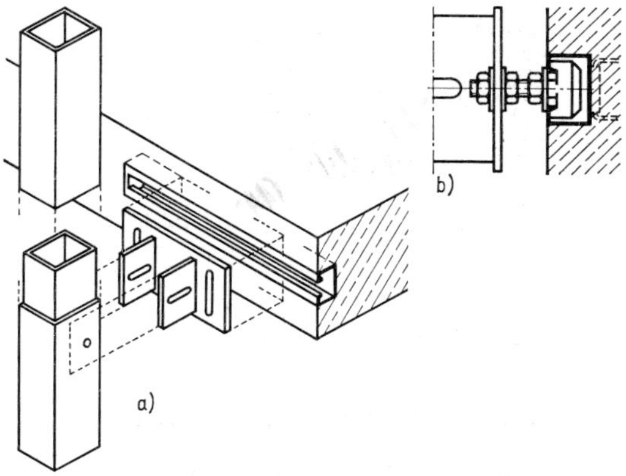

3.167 In jeder Richtung justierbarer Pfostenanschluß an Deckenvorderkante durch Ankerschiene und Winkel mit Langlöchern

a) Schema

b) Schnitt durch Ankerschiene

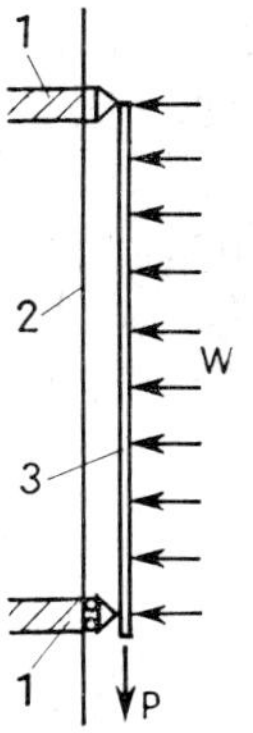

3.168 Beanspruchung einer Vorhangwand durch Windlast und Eigengewicht

1 Geschoßdecke

2 Vorderkante Stütze oder Querwand

3 Vorhangwand (Schema)

sind durch engere Stützweiten oder durch Verstärkung der Fugenkonstruktion, d.h. durch erhöhten Materialaufwand erreichbar. Unterschiedliche Durchbiegungen dagegen lassen sich kaum anders als durch exakten Versuch im voraus feststellen.

Es werden unterschieden:

- Sprossenkonstruktionen
- Tafelkonstruktionen

Sprossenkonstruktionen bestehen aus einem System senkrechter und waagrechter Sprossen, die an den tragenden Teilen des Bauwerks (vor allem den Dekkenplatten) befestigt sind. Das Sprossenwerk trägt die flächenbildenden Platten oder Tafeln aus Glas, Blech usw. einschließlich der Fenster.

Für die Beurteilung einer Sprossenkonstruktion müssen bekannt sein:

a) Art der Montage (aus Einzelbestandteilen oder aus vorgefertigten Rahmen). Daraus ergeben sich Art und Umfang der Arbeitsvorgänge in der Werkstatt und am Bau.

b) Spannrichtung (vertikal oder horizontal). Hieraus ergibt sich, wie die Befestigung am Skelett angeordnet und ausgebildet sein muß und wie die Sprossen zu bemessen sind (Bild **3.**169 a und b).

c) Fugenausbildung zwischen den Sprossen (Sprossenform) und zwischen den Sprossenrahmen sowie den Sprossen und Füllungen (einschließlich Fensterrahmen).

Die Tafelkonstruktionen werden gekennzeichnet durch den unmittelbaren Zusammenschluß der flächenbildenden, durch Faltung, Prägung, Wellung oder sonstwie ausgesteiften Tafeln zu einer vorgehängten Wandfläche ohne Sprossen oder Pfosten (Bild **3.**170).

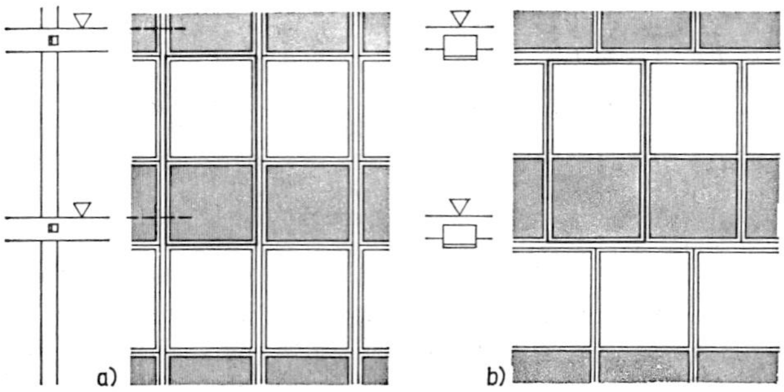

3.169 Vorhangwände in Sprossenkonstruktion
a) vertikalgespannt b) horizontalgespannt

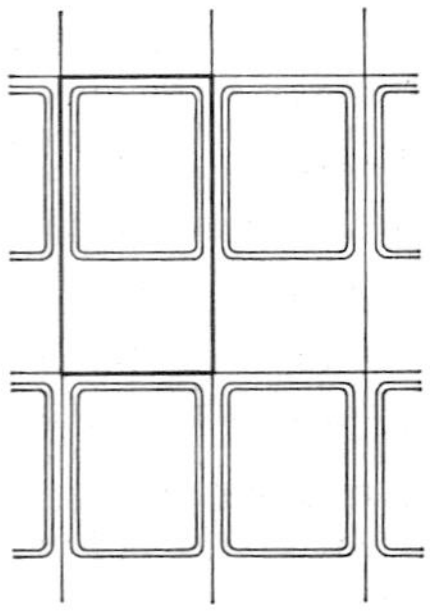

3.170 Vorhangwand Tafelkonstruktion

Verwendet werden

a) Tafeln mit Außenhaut aus gepreßten Blechen oder Kunststoffen
b) mechanisch verbundene, mehrschichtige Tafeln mit oder ohne aussteifende Unterkonstruktion
c) verleimte mehrschichtige Tafeln mit aussteifender Unterkonstruktion
d) Betontafeln verschiedenartigen Aufbaus.

Die vorgehängten Flächenelemente (entweder Sprossenrahmen oder Tafeln) umfassen meist ein Fenster und die darunterliegende Brüstungs- und Sturzverkleidung (Bild **3**.169). Sie werden bei Sprossenkonstruktionen zu einem Tragwerk aus Stahl- oder Leichtmetallsprossen zusammengesetzt (unmittelbar zusammengeschlossene Rahmen), dessen Dimensionen von den Geschoßhöhen und der Hauptstützenentfernung (Windlast) abhängen (Bild **3**.168).

Die Sprossenrahmen können zwischen vertikale Metallpfosten gehängt oder an horizontal gespannte Sattelsprossen angeschlagen werden; in jedem Falle sind vielerlei Variationen möglich (Bild **3**.171).

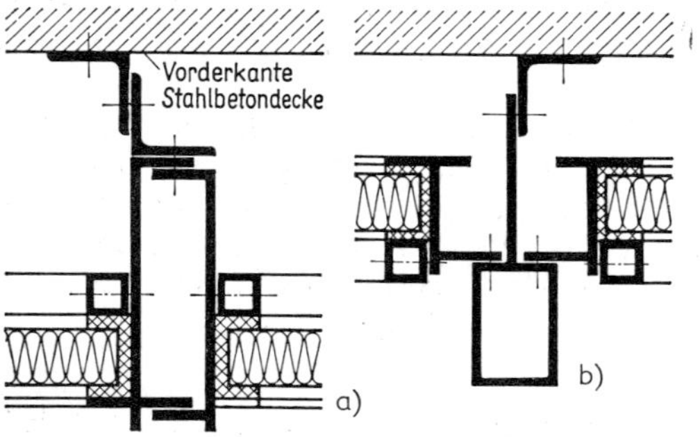

3.171 Querschnitt durch Vertikalsprossen (Schema)
a) Bildung einer Sprosse aus zwei Rahmenkanten; zugleich Beispiel für eine federnde Fuge
b) Anschluß zweier Rahmenkanten an senkrechten Pfosten

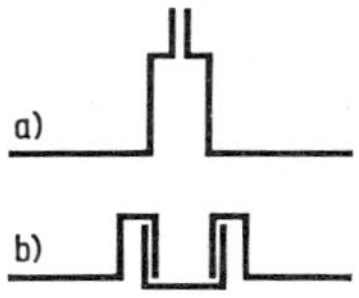

3.172 Querschnitt durch Blechtafelkanten
a) Fuge zwischen Blechtafeln
b) Fuge mit Deckleiste (Schema)

Tafeln aus Blechen oder Kunststoff werden meistens mit Falzkanten sprossenlos zusammengefügt (Bild **3**.172).

Tafeln aus Beton lassen die verschiedenartigsten Fugenanschlüsse zu:

- Überfälzungen
- offene Fugen
- dauerelastisch gedichtete Fugen
- Fugen mit Dichtungsprofilen ähnlich Bild **3**.160.

An Skelettkonstruktionen werden Betonplatten mit rost- und säurebeständigen, justierbaren Edelstahlaufhängungen an vorher einbetonierten Verankerungen montiert (Bild **3**.173).

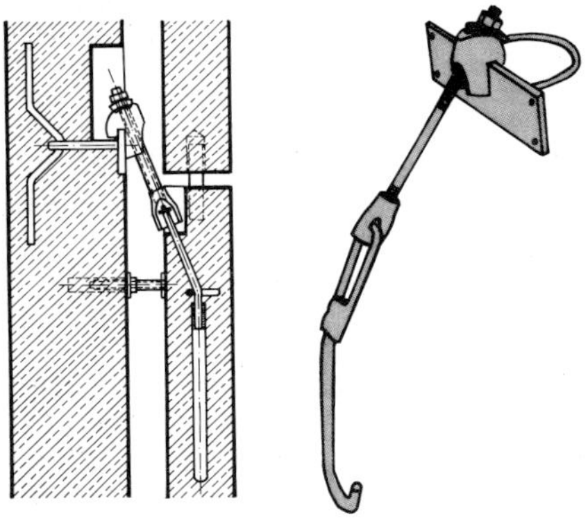

3.173 Fassadenplattenanker (deha)

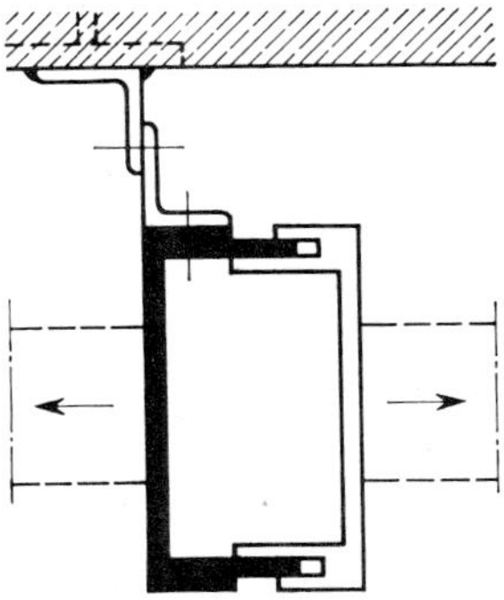

3.174 Verschiebliche Fuge im Pfosten einer Sprossenkonstruktion (Querschnitt)

Die Befestigung der Sprossen, Pfosten und Tafeln an den Stirnflächen der Geschoßdecken durch Ankerschienen und Edelstahlwinkel mit Langlöchern ermöglicht den Ausgleich der Maßungenauigkeiten des Rohbaues und Rücksichtnahme auf die sehr geringen Maßtoleranzen der vorgefertigten Sprossenrahmen oder Tafeln (Bild **3**.167).

Schwieriger ist es, die Sprossen oder die Tafeln so untereinander zu verbinden, daß Wärmedehnungen in horizontaler und vertikaler Richtung, ohne Lockerung des festen Wandgefüges möglich sind. Die Bewegungen können von den Vertikalsprossen aufgenommen werden, bei Tafelkonstruktionen von beiden Tafelkanten. Große Vertikalsprossen oder Pfosten sind daher in ihrer Längsrichtung geteilt.

Für Horizontalbewegungen gibt es im Grundsatz zwei Fugenformen:

verschiebliche Fugen federnde Fugen

Bild **3**.174 zeigt den Querschnitt durch ein zusammengesetztes Leichtmetallprofil mit senkrecht zur Pfostenachse verschieblicher Fuge.

Federnde Fugen, insofern vorteilhaft, als die Konstruktionsteile fest miteinander verschraubt werden können, zeigen Bild **3**.175 am Zusammenschluß zweier Blechtafeln und Bild **3**.176 bei Verwendung von schlanken, verhältnismäßig dünnen Pfostenprofilen (s. auch Bild **3**.171 a).

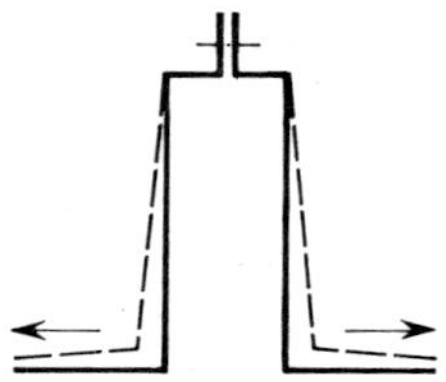

3.175 Federnde Fuge am Zusammenschluß zweier Blechtafeln

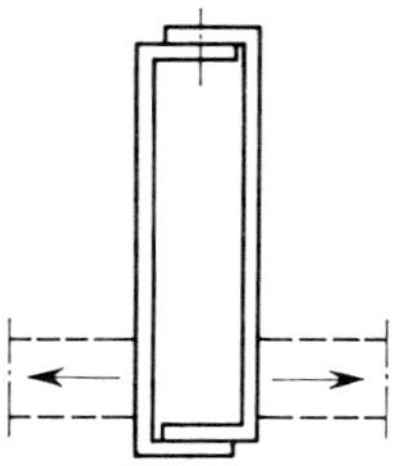

3.176 Federnde Fuge im Pfosten einer Sprossenkonstruktion (gestrichelte Linie = Lage der Vorhangwand)

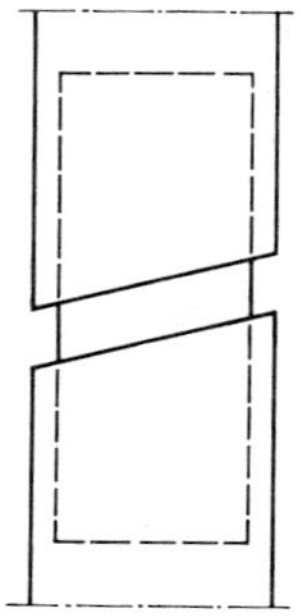

3.177 Senkrechter Pfostenstoß mit Paßstück als Führung (der obere Pfostenteil hängt über dem unteren; Seitenansicht)

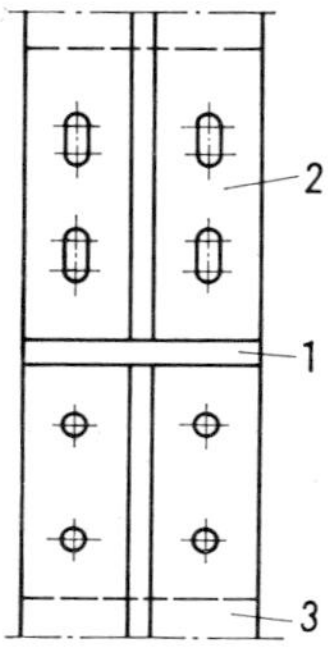

3.178 Walzprofil-Pfostenstoß mit Winkellasche
1 Dehnung
2 Lasche mit Langlochverbindung
3 Pfosten

3.179 Senkrechter Blechtafelstoß

Für Vertikalbewegungen werden in hohle Sprossen- oder Pfostenstöße Paßstücke als Führungsglieder eingesetzt (Bild 3.177). Massivsprossen bewegen sich am Vertikalstoß in Gleitschienen mit Langlochverbindungen (Bild 3.178), Blechtafeln erhalten Abkantungen (Bild 3.179), die die Bewegungen in einer Richtung begrenzen.

Der Wärmeschutz, den Außenwände bieten müssen, kann bei Vorhangwänden entweder durch einschalige oder zweischalige Konstruktionen dargestellt werden.

Bei einschaligen Wänden sind Witterungsschutz (Blech-, Glas-, Kunststoffplatten), Wärmedämmschicht und innere Dampfsperre zu einer mehrschichtigen Tafel zusammengefaßt und fugendicht in den Sprossenrahmen eingesetzt oder – bei Tafelkonstruktionen – fugendicht mit den übrigen Tafeln verbunden.

Hinterlüftung auf der Außenseite liegender dampfsperrender Schichten ist nicht erforderlich, wenn die Wärmedämmung dampfundurchlässig und mit diesen Schichten dicht verbunden ist – z. B. aufgegossenes Schaumglas (Foamglas) – oder wenn die Wärmedämmung auf der warmen Seite eine sichere Dampfsperre trägt.

Andernfalls müssen dampfdichte Bekleidungen (Glas, Metall, Keramikplatten, dichte Kunststoffe), hinter denen sich Wasserdampf niederschlagen könnte, hinterlüftet werden. Sie werden mit Abstand vor die Wärmedämmschicht gelegt und bilden mit dieser eine zweischalige Wand (Bild **3.**180; **3.**181; **3.**182). Das in dem Luftraum zwischen Wetterschutz und Wärmeschutz anfallende Tauwasser muß nach außen abgeleitet werden. Die über abgehängten Decken sich stauende warme Raumluft muß am Abfließen in den Luftraum hinter der vorgehängten Wand gehindert werden (ständiger Wärmeverlust, Eisbildung).

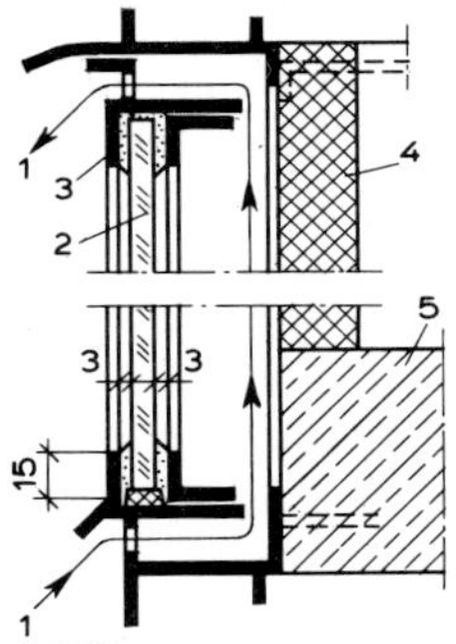

3.180
Hinterlüftung einer vorgehängten Wand (Schema)

1 Luftstrom
2 Fassadenplatte
3 Dichtung
4 Brüstung mit Wärmedämmung
5 Stahlbetondecke

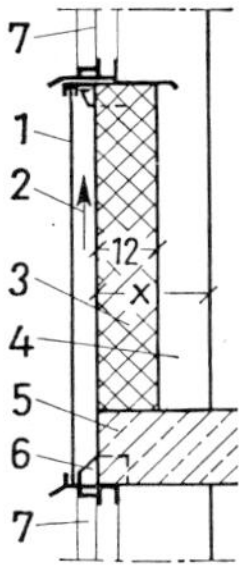

3.181
Vorgehängter Metallrahmen mit Glasplattenfüllung

1 Glasplatte
2 Luftzirkulation (Abstand 20 mm)
3 Brüstungsplatte (Porenbeton o. ä.)
4 Stütze (x) oder Querwand
5 Stahlbeton-Plattendecke
6 Verankerung des Rahmens für Glasplatte
7 Fenster

Die vorgefertigte innere Brüstungsplatte gewährleistet die Wärmedämmung, die Glasplattenbekleidung dient dem Wetterschutz. Etwaige Tauwasserbildung hinter der Glasverkleidung wird durch den Luftstrom (2) beseitigt, der durch Rahmenschlitze unten und oben ein- und austritt.

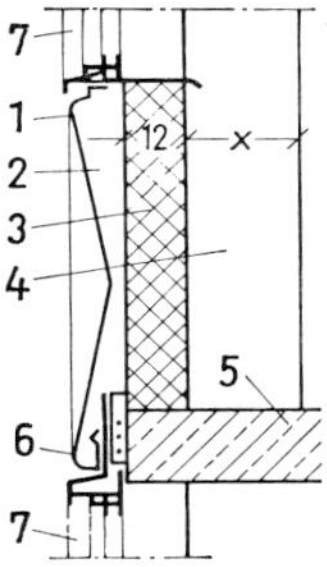

3.182
Vorgehängte, geschoßhohe Tafeln aus Blech mit Metallfensterrahmen verbunden (Schema)

1 Blech
2 Luftraum, offen
3 Wärmedämmung
4 Stütze (x)
5 Stahlbeton-Plattendecke
6 Stoß der Fassadenelemente und Befestigung an der Geschoßdecke, Kondenswasserabfluß
7 Fenster

Die Brüstungsflächen sind durch Prägen verformt (gegen Ausbeulen) und durch Fugen und Schlitze hinterlüftet. Die Leichtmetallelemente werden an den Geschoßdecken durch verzinkte Winkel befestigt. Der Wärmedämmung dienen auf den Geschoßdecken ruhende Brüstungsplatten, die nach der Montage der Blechtafeln aufgestellt werden.

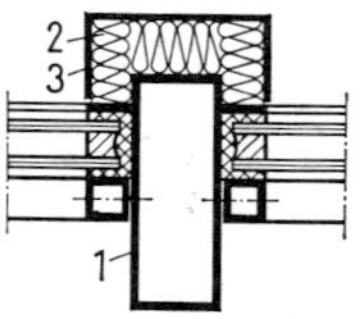

3.183 Wärmedämmung eines senkrechten Pfostens (Sprossenkonstruktion)
1 Pfosten
2 Wärmedämmung (Innenseite)
3 Blech- oder Asbestzementmantel

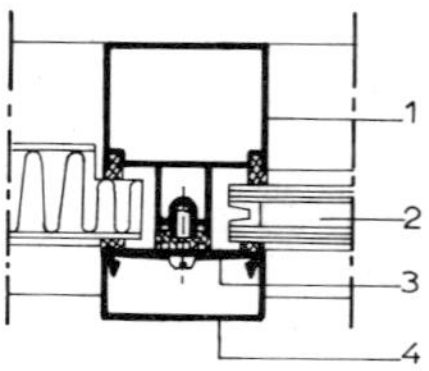

3.184 Geteilte (wärmegedämmte) Fassadensprosse (System Kawneer)
1 Innensprosse, tragend
2 Verglasung oder Fassadenelement in Dichtungen
3 Halteprofil, mit Dämmstreifen montiert
4 Abdeckprofil

Die Sprossen würden hinsichtlich der Wärmedämmung am günstigsten hinter oder vor – nicht zwischen – den Brüstungstafeln usw. liegen, damit Sperr- und Dämmschichten der vorgehängten Flächen ununterbrochen durchlaufen können. Das ist jedoch nur bei Tafelkonstruktionen möglich. Sprossen müssen deshalb besonders gedämmt werden (Bild **3**.183 u. **3**.184).

Die Feuerschutzbestimmungen für Außenwände (DIN 4102, Hochhaus-Richtlinien u. a.) erfordern im Zusammenhang mit Vorhangfassaden mindestens 90 cm hohe Brüstungen aus feuerbeständigen Baustoffen und an den Fensterstürzen Feuerschutzschürzen.

Bei Stahlbetonskeletten können Brüstungen auch statische Funktion als Längsträger haben.

Innenliegende Brüstungen werden in diesen Fällen meistens wärmedämmend ausgeführt, so daß die vorgehängte Außenwand dann lediglich den Wetterschutz übernimmt. Dabei sind die gleichen Regeln wie für mehrschichtige Außenwände hinsichtlich Tauwasserbildung zu beachten:

- Bei einschichtigen Wänden muß Feuchtigkeit an der Außenseite abgeführt werden können,
- bei mehrschichtigen Wänden sollen Baustoffe mit hohem Wasserdampfdiffusionswiderstand an der Raumseite liegen. Es muß raumseitig eine Dampfsperre vorgesehen oder für eine einwandfreie Hinterlüftung zwischen Brüstungselementen und Vorhangfassade gesorgt werden.

Haben innenliegende Brüstungen lediglich statische oder Feuerschutzaufgaben, muß die Vorhangfassade wärmedämmend nach den bereits erläuterten Regeln für mehrschichtige Bauteile konstruiert sein (Bild **3**.185).

Bei Sprossenkonstruktionen muß beachtet werden, daß Aluminium unter den in DIN 4102 aufgestellten Bedingungen schmelzen würde. Plattenteile von Vorhangwänden müssen daher direkt oder durch Stahlprofile mit dem tragenden Skelett verbunden sein. Aluminium-Profile können dann nur der Fugenabdeckung und Dichtung zwischen den einzelnen Elementen dienen.

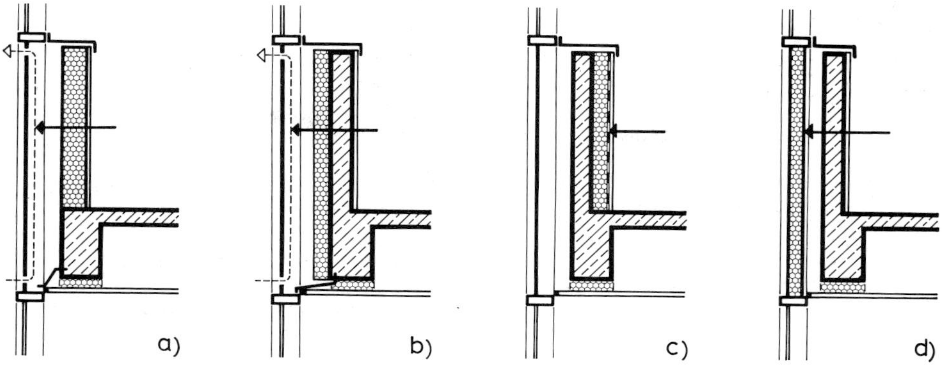

3.185 Brüstungen hinter Vorhangwänden

a) gemauerte Brüstung mit ausreichender Wärmedämmfähigkeit. Hinterlüftete Außenhaut als Wetterschutz
b) Stahlbetonbrüstung mit außenliegender Wärmedämmung und hinterlüfteter Außenhaut als Wetterschutz
c) Wärmedämmung auf der Raumseite der Brüstung mit Dampfsperre
d) Brüstung als Feuerschutz ohne Wärmedämmung. Wärmedämmschicht innerhalb der Vorhangwand

Dem Schallschutz von vorgehängten Wänden ist bisher verhältnismäßig wenig Aufmerksamkeit gewidmet worden. In der z.Z. noch gültigen Fassung der DIN 4109 sind keine besonderen Anforderungen für den Schallschutz von Vorhangwänden festgelegt, obwohl sie mit ihrem relativ niedrigen Eigengewicht eine wesentlich geringere Luftschalldämmung als herkömmliche, schwere Außenwandkonstruktionen haben.

Schallschutzmaßnahmen an vorgehängten Wänden müssen sich auf folgende Bereiche erstrecken:

– Schalldämmung gegen Lärm von außen

  Solange spezielle Normen oder Vorschriften fehlen, sollte mindestens die für hochwertige Fensterkonstruktionen erreichbare Schalldämmzahl von 20 bis 35 dB(A) als Maßstab gelten.

– Schallübertragung auf Nebenwegen

  Eine Schallübertragung zwischen verschiedenen Geschossen und innerhalb eines Geschosses zwischen verschiedenen Räumen kann durch die Fuge zwischen Geschoßdecke und Vorhangwand, zwischen Zwischenwand und Vorhangwand und zwischen massiver Brüstung und Vorhangwand erfolgen. Es muß daher auf abdichtende Anschlüsse mit biegeweichen Materialien, die auch bei den unvermeidbaren Bewegungen der Vorhangwand auf Dauer wirksam bleiben, geachtet werden (Bild **3**.186 und **3**.187).

– Maßnahmen gegen Geräuschquellen innerhalb der Vorhangwände

  Durch geeignete Kunststoff- oder Gummizwischenlagen (Bild **3**.188), auch durch Ausschäumen von Hohlräumen (Bild **3**.189), müssen Geräusche verhindert werden, die bei Temperaturschwankungen und Winddruck in beweglich miteinander verbundenen Teilen der Wandkonstruktion entstehen können (Knacken, Quietschen, Klappern).

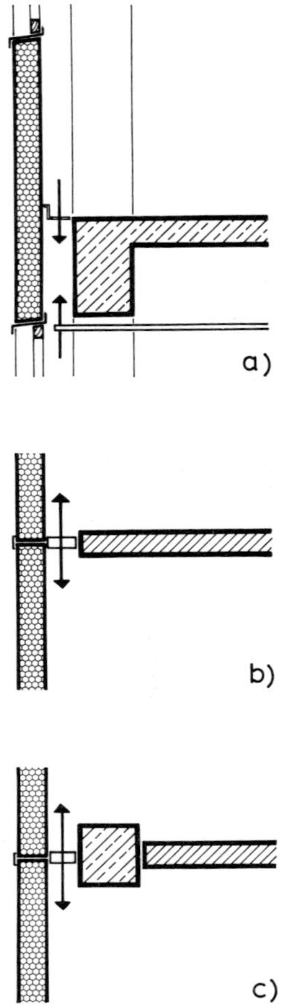

3.186 Luftschallbrücken bei Vorhangwänden

a) Schallübertragung am Deckenanschluß
b) Schallübertragung über dem Wandanschluß
c) Schallübertragung am Stützenanschluß

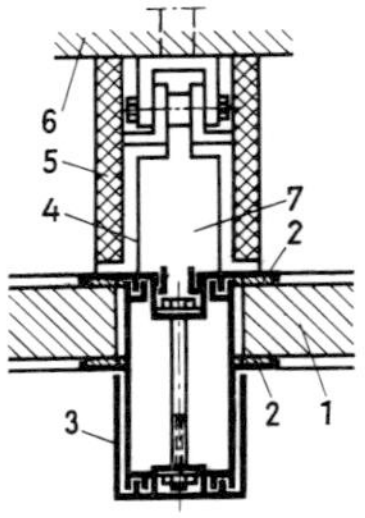

3.187 Befestigung von Tragwerkpfosten aus Leichtmetall an Stahlbetonstütze

1 Fassadenplatte, wärmedämmend, dampfdicht
2 Fugendichtung
3 Leichtmetall-Abdeckprofil (3,00 bis 6,00 m lang)
4 Anschlußwinkel
5 Dämmplatte
6 Stahlbetonstütze
7 Hohlraum, mit Schaumstoff ausgespritzt

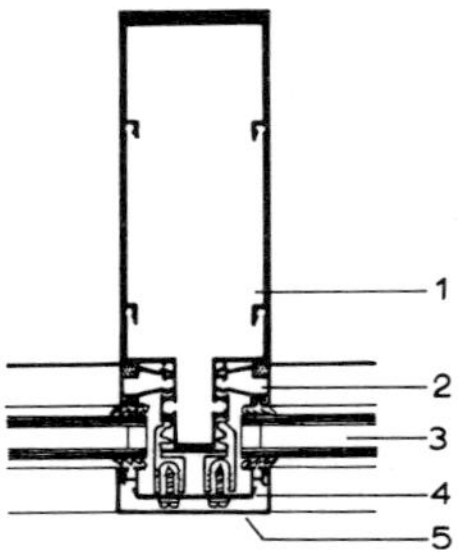

3.188 Sprossenprofil mit „Trocken"-Verglasung (WICONA)

1 Sprosse
2 Glashalteleiste
3 Isolierglas (oder Brüstungselement) in Dichtungsprofilen

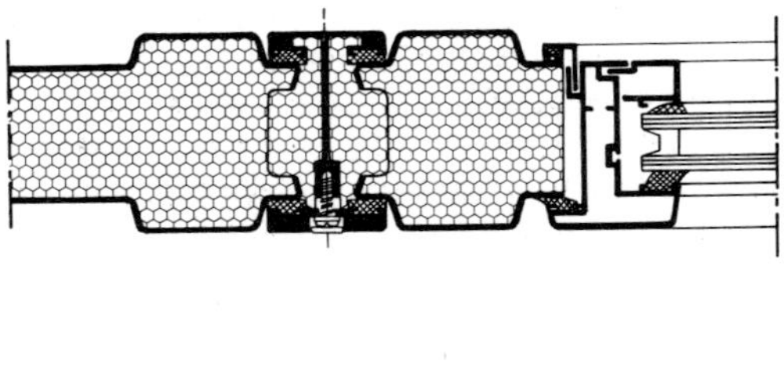

3.189 Ausgeschäumte Plattenelemente (WERTAL F 85)

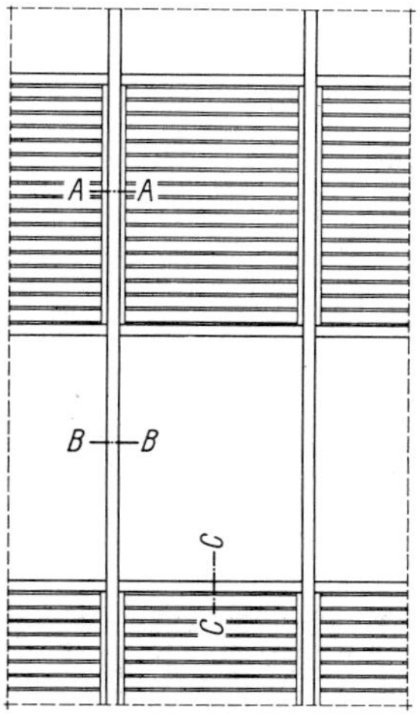

a)

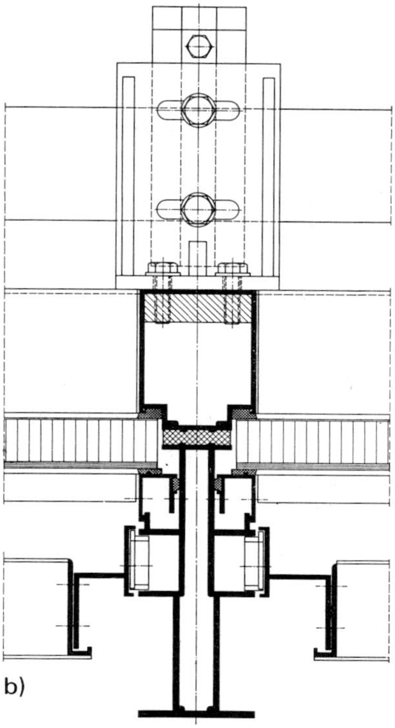

b)

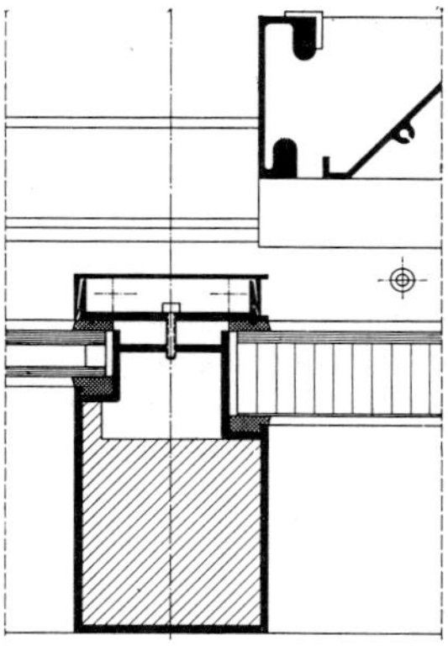

c)

3.190
Vorhangfassade mit senkrechten, verfahrbaren Sonnenschutzlamellen (Postscheckamt Essen)

a) Ansicht
b) Horizontalschnitt A–A durch den Pfosten mit justierbarer Befestigung, Brüstungselementen und den davorliegenden Rahmen der Sonnenschutzanlage
c) Vertikalschnitt B–B durch den Riegel, davor der obere Rahmen der Sonnenschutzanlage

1 justierbare Aufhängung
2 Trageprofil innen
3 Brüstungselement
4 verfahrbare Sonnenschutzlamellen
5 Tragprofil außen mit Fahrschiene für Fassadenreinigungskorb
6 Isolierverglasung
7 waagerechte Sprosse
8 Brüstungselement
9 Sonnenschutzlamellen

Weiterhin sind Sonnenschutzeinrichtungen und ggf. auch Vorrichtungen zur Fassadenreinigung bei der Planung der Außenwandkonstruktion zu berücksichtigen. Meistens werden heute außenliegende Jalousettenanlagen als wirksamer Sonnenschutz vorgesehen. Sie sind jedoch an Fassaden mit hoher Windbelastung (z. B. Hochhäuser) nicht unproblematisch. Einen interessanten Lösungsversuch mit Hilfe einer senkrecht verfahrbaren Lamellenkonstruktion zeigt Bild **3**.190.

3.6.4 DIN-Normen

DIN-Blatt Nr		Ausgabe-Datum	Titel
1050		6.68	Stahl im Hochbau; Berechnung und bauliche Durchbildung
1053	T1	11.74	Mauerwerk; Berechnung und Ausführung
1101		4.70[1])	Holzwolle-Leichtbauplatten; Maße, Anford., Prüfung
1102		4.70[1])	– nach DIN 1101; Richtl. f. d. Verarbeitung
1104	T2	4.70[1])	Mehrschicht-Leichtbauplatten aus Schaumkunststoffen und Holzwolle; Richtl. f. d. Verarbeitung
4102	T1	9.77	Brandverhalten von Baustoffen und Bauteilen; Begriffe, Anforderungen und Prüfungen (10)
4102	T2	9.77	Brandverhalten von Baustoffen und Bauteilen; Bauteile; Begriffe, Anforderungen und Prüfungen (7)
4102	T3	9.77	Brandverhalten von Baustoffen und Bauteilen; Brandwände und nichttragende Außenwände; Begriffe, Anforderungen und Prüfungen (6)
E 4102	T4	3.78	Brandverhalten von Baustoffen und Bauteilen; Zusammenstellung und Anwendung klassifizierter Baustoffe, Bauteile und Sonderbauteile
4102	T5	9.77	Brandverhalten von Baustoffen und Bauteilen; Feuerschutzabschlüsse; Abschlüsse in Fahrschachtwänden und gegen Feuer widerstandsfähige Verglasungen; Begriffe, Anforderungen und Prüfungen (6)
4102	T6	9.77	Brandverhalten von Baustoffen und Bauteilen; Lüftungsleitungen; Begriffe, Anforderungen und Prüfungen (5)
4102	T7	9.77	Brandverhalten von Baustoffen und Bauteilen; Bedachungen; Begriffe, Anforderungen und Prüfungen
4108		8.69[1])	Wärmeschutz im Hochbau
4108	Bbl	11.75	Wärmeschutz im Hochbau; Erläuterungen und Beispiele für einen erhöhten Wärmeschutz (9)
4108	Erg	10.74	Ergänzende Bestimmungen zu DIN 4108; Wärmeschutz im Hochbau (Ausgabe August 1969)
4164		10.51	Gas- und Schaumbeton; Herstellung, Verwendung und Prüfung, Richtlinien
18056		6.66	Fensterwände; Bemessung und Ausführung
18202	T1	3.69	Maßtoleranzen im Hochbau; zul. Abmaße für die Bauausführung, Wand- und Deckenöffnungen, Nischen, Geschoß- und Podesthöhen
18202	T2	6.74	Einheitstoleranzen für Oberflächen von Wänden, Massivdeckenunterseiten und Bauteilen
	T3	9.70	–; Toleranzen für die Ebenheit der Oberflächen von Rohdecken, Estrichen und Bodenbelägen
	T4	6.74	zul. Abmaße für Bauwerksabmessungen
18540	T1	10.73	Abdichten von Außenwandfugen zwischen Beton- und Stahlbetonfertigteilen im Hochbau mit Fugendichtungsmassen; konstruktive Ausbildung der Fugen
18540	T2	10.73	Abdichten von Außenwandfugen zwischen Beton- und Stahlbetonfertigteilen im Hochbau mit Fugendichtungsmassen; Anforderungen und Prüfung für Fugendichtungsmassen

Fortsetzung s. nächste Seite

DIN-Normen, Fortsetzung

DIN-Blatt Nr		Ausgabe-Datum	Titel
18540	T3	10. 73	Abdichten von Außenwandfugen zwischen Beton- und Stahlbetonfertigteilen im Hochbau mit Fugendichtungsmassen; Baustoffe, Verarbeiten von Fugendichtungsmassen
18545	T1	4. 75	Abdichten von Verglasungen mit Dichtstoffen; Anforderungen an Glasfalze
E 18545	T2	3. 75	Abdichten von Verglasungen mit Dichtstoffen; Verglasungsdichtstoffe, Prüfungen und Einteilung in Anforderungsgruppen

[1]) z. Z. in Neubearbeitung

3.7 Leichte Trennwände

3.7.1 Allgemeines

Innenwände teilen ein Gebäude in einzelne Räume. Sie können die Aufgabe haben, Treppen, Decken und Wände darüberliegender Geschosse zu tragen (tragende Mittelwände) oder ausreichenden Schallschutz zwischen Wohnungen (DIN 4102) zu bilden (Wohnungstrennwände). Hinsichtlich ihrer Bauart unterscheiden sich tragende Mittelwände, Treppenhaus- und Wohnungstrennwände, Brandwände und aussteifende Querwände kaum von Außenwänden.

Zwischenwände werden gemäß DIN 4103 als Leichte Trennwände bezeichnet, wenn ihr Eigengewicht einschließlich Putz- oder sonstiger Bekleidungen nicht größer als 150 kg/m^2 ist, sie überwiegend nur durch ihr Eigengewicht beansprucht werden und sie nicht zu statischen Aufgaben, wie z. B. Gebäudeaussteifung, herangezogen werden. Sie müssen jedoch auf ihre Fläche wirkende Lasten aufnehmen und auf tragende Bauteile (z. B. Wände oder Decken) abtragen können, und sie müssen zur Befestigung und Aufnahme senkrecht wirkender Wandlasten (z. B. Konsollasten) geeignet sein. Sie erhalten ihre Standfestigkeit erst durch Verbindung mit angrenzenden Bauteilen. Leichte Trennwände müssen einschließlich ihrer Anschlüsse an angrenzende Bauteile so konstruiert sein, daß sie statischen, überwiegend ruhenden Belastungen und stoßartigen Belastungen (z. B. gegenlehnende oder stolpernde Menschen, Menschengedränge, angehängte Konsollasten) und u. U. auch Windlasten (z. B. in Hallenbauten mit häufig offenstehenden Toren) standhalten können.

Hinsichtlich der Beanspruchungen werden unterschieden Trennwände für den

Anwendungsbereich I (Räume mit geringer Menschenansammlung, z. B. Wohnungen, Hotel-, Büroräume) und

Anwendungsbereich II (Trennwände für Räume mit großer Menschenansammlung, z. B. Versammlungsräume, Schulräume, Ausstellungsräume, ferner Trennwände zwischen Räumen mit Höhenunterschieden der Fußböden von mehr als 50 cm).

Nach DIN 1055 T3 ist es zulässig, leichte Trennwände ohne Wandträger oder besondere Verstärkungsstreifen auf die Geschoßdecken zu stellen, falls der Einfluß ihres Gewichtes bei der Deckenberechnung in Form von Zuschlägen zur Verkehrslast berücksichtigt wird. Der Zuschlag beträgt

0,75 kN je m^2 bei Wandgewichten $\leqq 100$ kg/m^2 einschl. Putz

1,25 kN je m^2 bei Wandgewichten $\geqq 100 \leqq 150$ kg/m^2 einschl. Putz

Bei Verkehrslasten von $\geqq 5{,}00$ kN/m^2 erübrigt sich ein Zuschlag. Serienmäßig hergestellte Trennwände wiegen durchschnittlich nicht mehr als 50 kg/m^2.

Für die Befestigung von leichten Trennwänden an angrenzenden Bauteilen werden in DIN E 4103 Abschn. 6 allgemeine Hinweise gegeben. So muß für die Anschlüsse neben dem Verwendungszweck (versetzbar, nicht versetzbar) und etwa gegebenen Anforderungen an den Brand- oder Schallschutz besonders die mögliche Formänderung der angrenzenden Bauteile berücksichtigt werden (z. B. Durchbiegung von Decken, Längenänderung von Flachdachplatten auf Gleitlagern). So sind gemauerte Zwischenwände nicht gegen die darüberliegenden Decken zu vermörteln, sondern z. B. durch Schaumstoffstreifen zu trennen. An abgehängte Dekken und Deckenbekleidungen können leichte Trennwände angeschlossen werden, wenn die aus der Beanspruchung der Trennwände resultierenden Horizontalkräfte sicher in die tragenden Bauteile abgeleitet werden können. Vorerst sind die dafür notwendigen Konstruktionen dem Ermessen der Hersteller von leichten Trennwänden überlassen, doch muß der Nachweis geführt werden, daß die Anforderungen der DIN E 4103 entsprechend den Anwendungsbereichen I oder II erfüllt werden. Ausführungsnormen für leichte Trennwände der verschiedenen Bauarten sind z.Z. in Arbeit (s. auch Zusammenstellung von Anforderungen an Wände in Abschn. 8, Bild **8**.1).

3.7.2 Vorwiegend auf der Baustelle hergestellte leichte Trennwände

Leichte Trennwände mit Flächengewichten $\leqq 150$ kg/m^2 können auf der Baustelle aus verschiedenen kleinformatigen Bauteilen mit entsprechend niedriger Rohdichte in Wanddicken von 52 bis 115 mm im Verband aufgemauert werden.

Als Baustoffe kommen in Frage:

Ziegel (DIN 105, Bild **3**.191), Kalksandsteine (DIN 106), Hüttensteine (DIN 398), Gasbetonblocksteine und -bauplatten (DIN 4165 und 4166), Leichtbetonsteine und -platten (DIN 18148 und 18149) sowie keramische Trennwandsteine (DIN 18167).

Bei besonders hoher Beanspruchung können gemauerte leichte Trennwände auch mit Bandstahl-Bewehrungen hergestellt werden (Bild **3**.192). Für leichte Trennwände kommen ferner zweischalige Holzwolle-Leichtbauplatten (DIN 1101 und 1102) und ein- oder mehrschalige Gips-Wandbauplatten (DIN 18163) in Frage (Bild **3**.193 und **3**.194).

Gips-Wandbauplatten werden im Verband in Gipsmörtel oder Spezialkleber versetzt oder nach trockenem Aufstellen der ganzen Wand durch Vergußöffnungen mit Gipsbrei vergossen. Fugen werden verspachtelt. Wenn Bewegungen in den angrenzenden Bauteilen zu erwarten sind, müssen gleitende Anschlüsse vor-

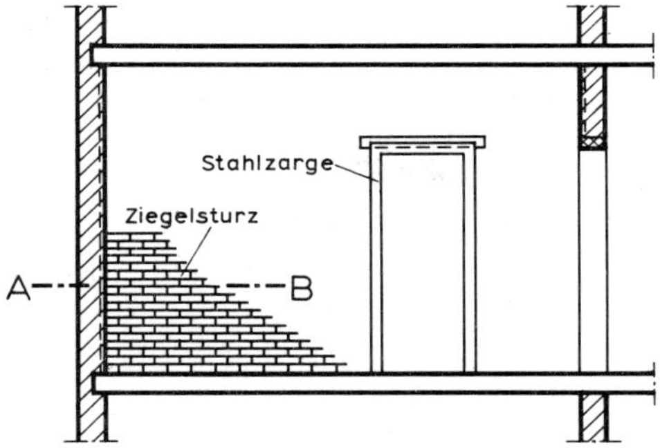

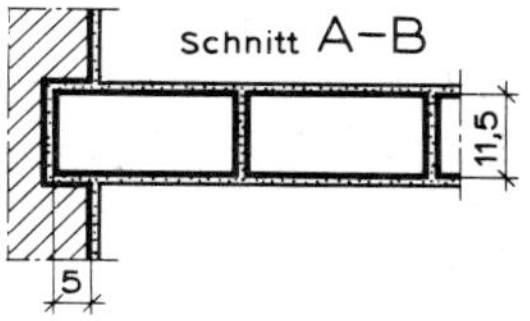

3.191 Gemauerte leichte Trennwand aus Hoch- oder Langlochziegeln
Anschluß an angrenzende Wände: 5 cm tiefer Schlitz oder Verzahnung oder 30 cm langer Stahlbolzen ∅ 5 mm im Abstand von 50 cm

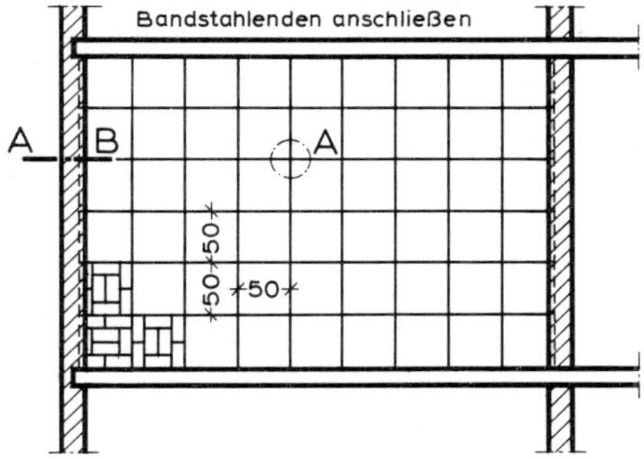

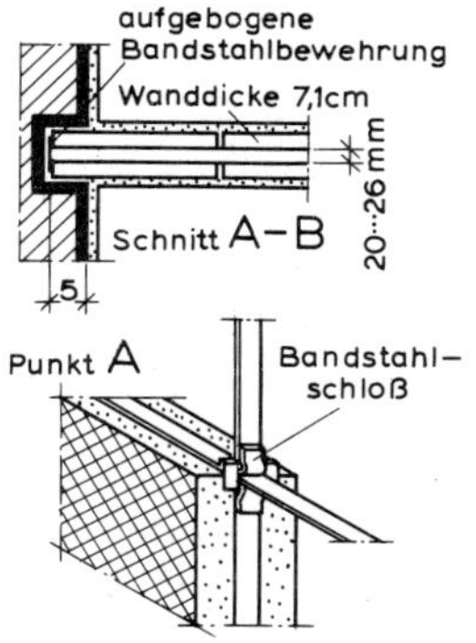

3.192 Stahlsteinwand, bandstahlbewehrt (waagrecht und senkrecht, Türöffnung zulässig, jedoch unwirtschaftlich)

gesehen werden (Bild **3.**193). Einen Überblick über die möglichen Abmessungen einschaliger Wände aus Gips-Wandbauplatten gibt die Tabelle Bild **3.**195. Die Wärme- bzw. Schalldämmung von Gipsplattenwänden kann durch Ansetzen von Vorsatzschalen oder durch die Verwendung mehrschaliger Elemente (Bild **3.**194) verbessert werden.

Glasbausteinwände nach DIN 4242 (Bild **3.**196 und **3.**197) dürfen außer ihrem Eigengewicht keine lotrechten Lasten aufnehmen und müssen frei von Zwängungskräften bleiben (Dehnfugen seitlich und oben, Gleitfugen unten). Waagerechte Kräfte aus Wind und Stoß müssen durch geeignete Maßnahmen aufgenommen werden (senkrechte ≧50 mm tiefe Schlitze in den seitlich begrenzenden Wänden, Maueranschläge oder Profilschienen nach Bild **3.**196, Punkt X).

Der allseitig herumgeführte Stahlbetonrandstreifen (Rahmen) darf nicht dicker als die Wand und – um die thermischen Zwängungen auf ein Mindestmaß zu beschränken – nicht breiter sein als 100 mm.

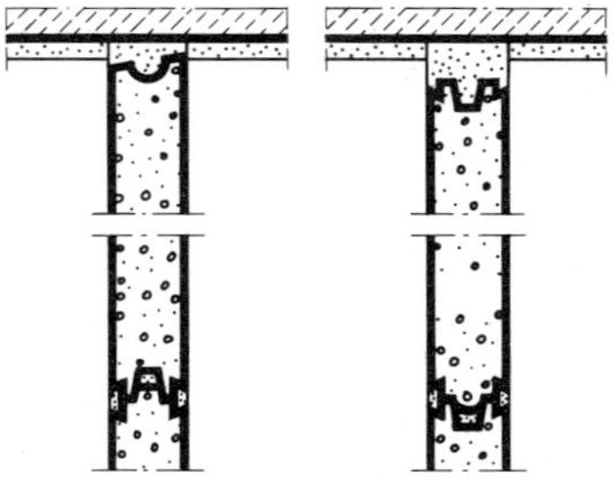

a)

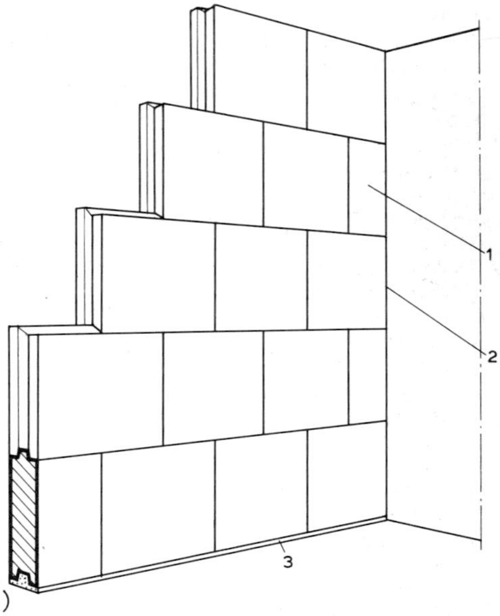

b)

3.193 Plattenwand aus Gips-Wandbauplatten nach DIN 18163

a) Decken- und Wandanschluß
b) Übersicht
1 Gips-Wandbauplatten
2 ggf. gleitender Wandanschluß
3 Ausgleichsschicht
4 Halteprofil mit Dichtung
5 Abdeckprofil

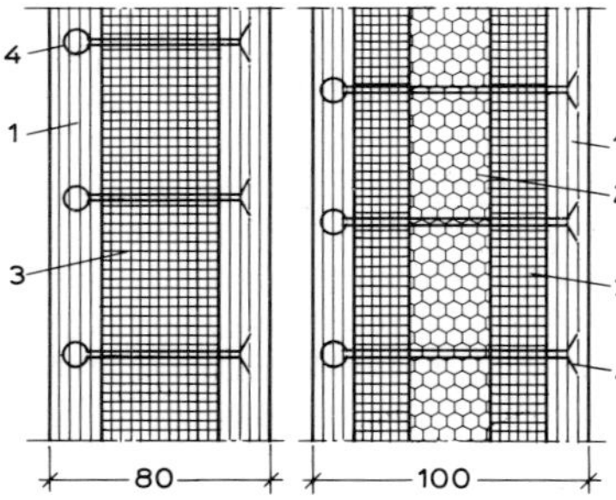

3.194
Mehrschalige Gips-Trennwandelemente (ATONA, Firma Grohmann)

1 Gipsplatten
2 Mineralfaserkern
3 Hartschaum
4 Kunststoff-Verbinder

	Zweiseitig angeschlossen* (Decke / Boden)		Vierseitig angeschlossen** (Decke / Wand / Wand / Boden)	
Wanddicke in cm	Wandhöhe/-länge in m Anwendungsbereich I	II	Wandhöhe/-länge in m Anwendungsbereich I	II
6	3,00/∞	–	3,00/ 6,00	3,00/ 4,00
8	4,00/∞	3,00/∞	4,00/ 8,00	4,00/ 7,00
10	5,00/∞	3,50/∞	5,00/10,00	5,00/10,00

3.195
Zulässige Abmessungen einschaliger Wände aus Gips-Wandbauplatten (nach Unterlagen der Fa. Knauf, Iphofen)

* mit beliebig vielen Türöffnungen,

** mit höchstens einer Türöffnung von 1,25 m Breite

3.196
Glasbausteinwand (nicht tragend, nach DIN 4242)

a) Ansicht (schematisch)
b) Schnitt A–B
Einbau und Verankerung von Glasbausteinwänden in Öffnungen mit glatten Leibungen; rechts Stahlzarge einer Glastür

1 Hohl-Glasbaustein 24/24 cm (nach DIN 18175)
2 Rahmen aus steifem, schwindarmem Zementmörtel 1:3, Korngrößen 0 bis 3 mm, Rahmenbreite ≦ 10 cm
3 Rundstahl ∅ ≧ 10 mm
4 Aluminium-Profil
5 Dehnfuge (Mineralwolle) ≧ 10 mm
6 Gleitfuge
7 elastische Dichtung
8 Zementmörtelfuge 10 bis 30 mm mit Rundstahleinlage
9 Stahlzarge
10 Ganzglastür
11 elastische Dichtung
12 Verankerung der Türzarge
13 Putz

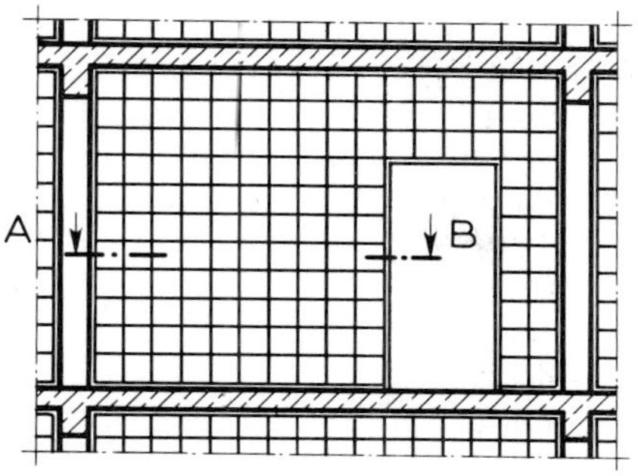

a)

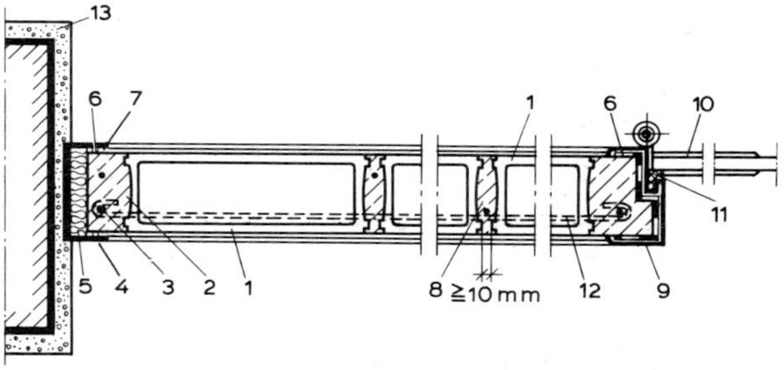

b)

3.197
Senkrechter Schnitt durch eine äußere Glasbausteinwand

1 Stahlbetonsturz
2 Putz
3 Holzwolle-Leichtbauplatte
4 Aluminium-Profil
5 Dehnfuge
6 Gleitfuge
7 dauerelastische Dichtung
8 Rahmen aus steifem, schwindarmen Zementmörtel 1:3 mit Bewehrung
9 Bodenbelag auf schwimmendem Estrich
10 Aluminiumfensterbank

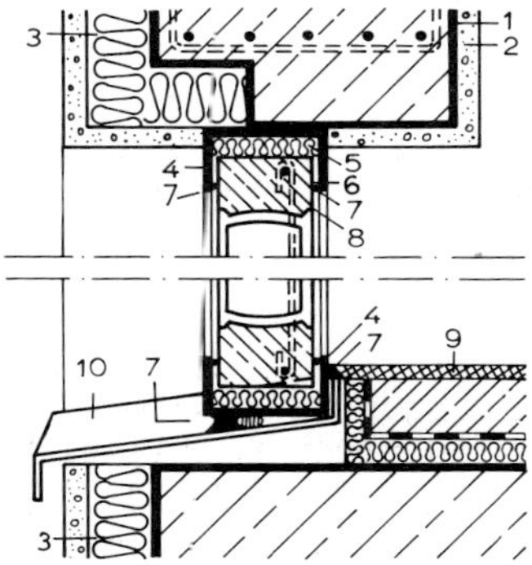

Bei durchgehenden Fugen (wie in Bild **3**.196) dürfen Glasbausteinwände, deren Seiten ≦ 1,50 m lang sind, bei Wanddicken > 80 mm und Windlasten ≦ 0,8 kN/m², unbewehrt ausgeführt werden. Das gleiche gilt für Glasbausteinwände mit versetzten Fugen, wenn die kleinere Seite ≦ 1,50 m beträgt und die größere Seite ≦ 6,00 m ausmacht. Werden diese Maße nicht eingehalten, sind die Wände zu bewehren und die Schubspannungen nach DIN 4242 Abschn. 4 nachzuweisen.

Es dürfen nur Zemente oder Traßzement nach DIN 1164 T1 bis 8 verwendet werden.

Monolithische Wände (DIN E 4103 Abschn. 5.1.2) können aus Normal- oder Leichtbeton bzw. mit Putz in mindestens 50 mm Dicke an Schalungen mit Bewehrung oder auf einem Putzträger hergestellt werden. Es werden Beton- und Mörtelwände (Anwurfwände) sowie Putzträgerwände unterschieden (Bild **3**.198). Für Drahtputzwände mit Gipsmörtel sind nur verzinkte Drahtgewebe und Bindedrähte zu verwenden. Mit Zementmörtel ausgedrückte Wände sind mit Kalkzementmörtel zu putzen.

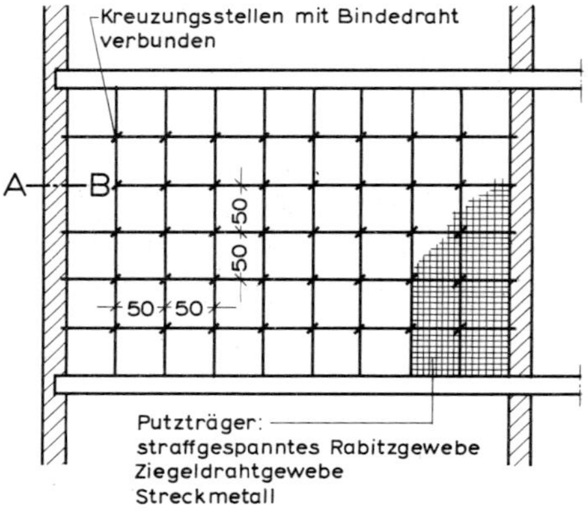

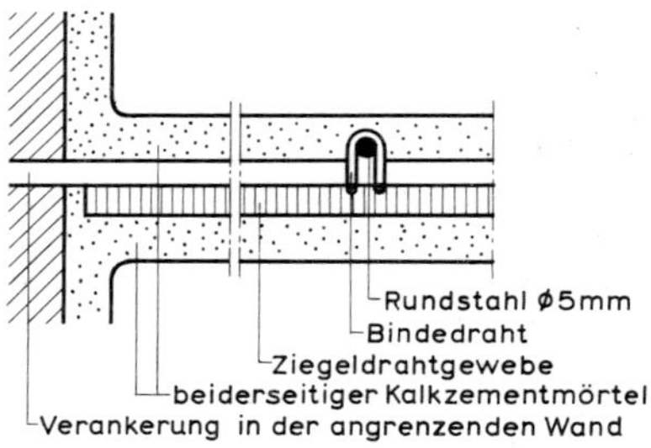

3.198 Drahtputzwand

3.7.3 Vorgefertigte leichte Trennwände

Einfache leichte Trennwände können als zweischalige Fachwerk- oder Skelettwände in zimmermannsmäßiger Ausführung aus Holz (Bild **3**.199 und **3**.200) oder mit Tragkonstruktionen aus Aluminium- oder korrosionsgeschützten Stahlblechprofilen hergestellt werden. Sie werden beidseitig mit Holzwolle-Leichtbauplatten (geputzt), Gipskartonplatten (Bild **3**.201), Profilbrettern, Sperrholzplatten, Spanplatten (Bild **3**.202), Asbestzementtafeln, beschichteten oder lackierten Stahlblechen u.ä. beplankt. Die Hohlräume können zur Verbesserung der Wärme- und Schalldämmung mit Dämmstoffen ausgefüllt werden.

Die Schalldämmung läßt sich entscheidend verbessern, wenn die Trennwände mehrschalig ausgeführt werden. Dabei werden entweder zwei voneinander unabhängige Schalen verwendet (Bild **3**.203a) oder federnd verbundene Zusatzschalen angebracht (Bild **3**.203b).

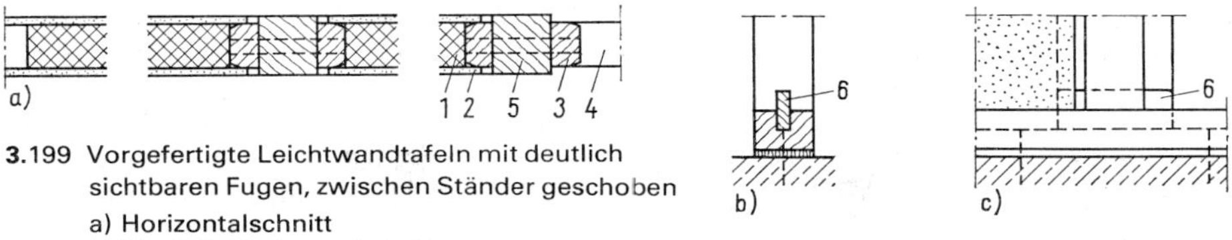

3.199 Vorgefertigte Leichtwandtafeln mit deutlich sichtbaren Fugen, zwischen Ständer geschoben

a) Horizontalschnitt
b) Vertikalschnitt durch Fußpunkt
c) Ansicht mit Feder zwischen Schwelle und Ständer (der Anschluß an der Decke ist dementsprechend ausgebildet) (rechts Tafel weggelassen)

1 Wabenkern, 2 Gipskartonplatte, 3 Feder, 4 Schwelle, 5 Ständer, 6 Feder

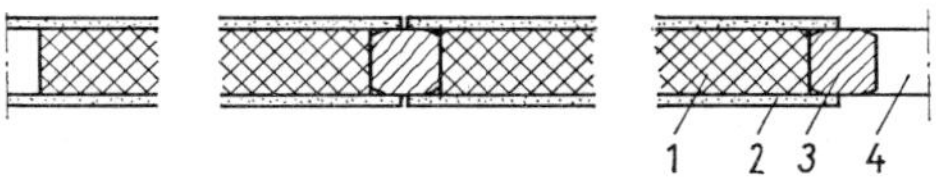

3.200 Vorgefertigte Leichtwandtafeln, wie mit Nut und Feder zusammengefügt (Schema)

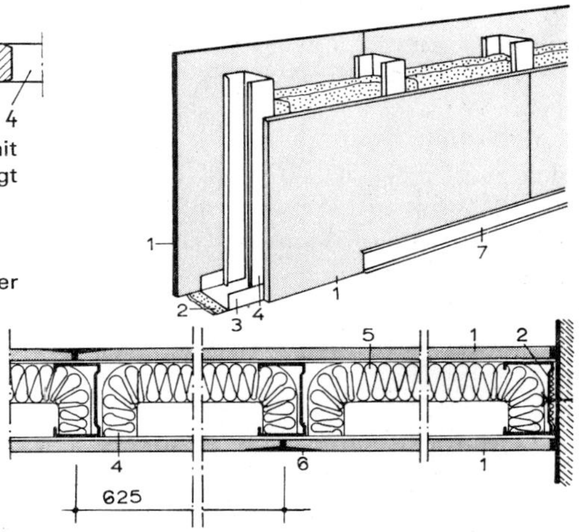

3.201 Montagewand (nach Unterlagen der Firma Rigips)

1 Plattendicke 12,5 mm
2 Anschlußdichtung
3 U-Profil-Schwelle
4 C-Profil-Ständer
5 Mineralfaser, Dicke mind. 40 mm
6 Fugenverspachtelung
7 Fußleiste

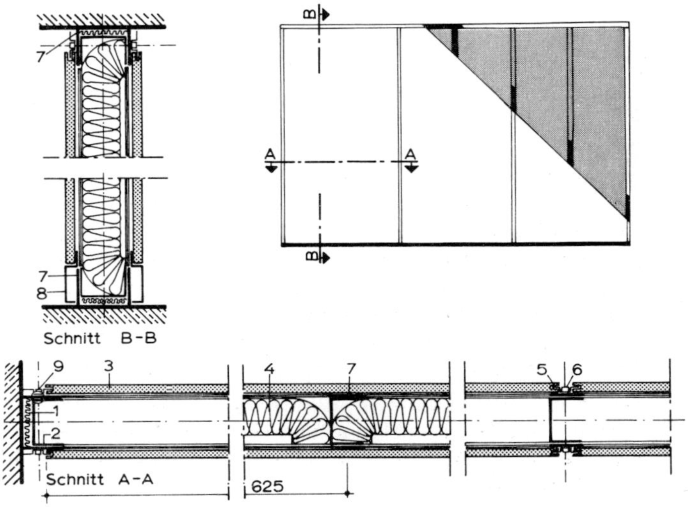

3.202
Montagewand, Beplankung mit Holzspanplatten (nach Unterlagen der Firma Richter-System)

1 Anschlußabdichtung mit 30 mm Mineralfaserfilz
2 Ständer sowie Wand- und Fußboden- und Deckenanschluß mit sendz. verz. Stahlblech-U-Profilen 40 × 74 × 40/0,63 mm
3 Holzspanplatten 13 mm
4 Mineralfaserfilz 50 mm dick
5 Hutprofil
6 Kederprofil
7 selbstklebender Filz, 3 mm dick
8 Sockelprofil
9 Befestigung mit Hutprofil und selbstschneidenden Schrauben auf dem Ständerprofil (2)

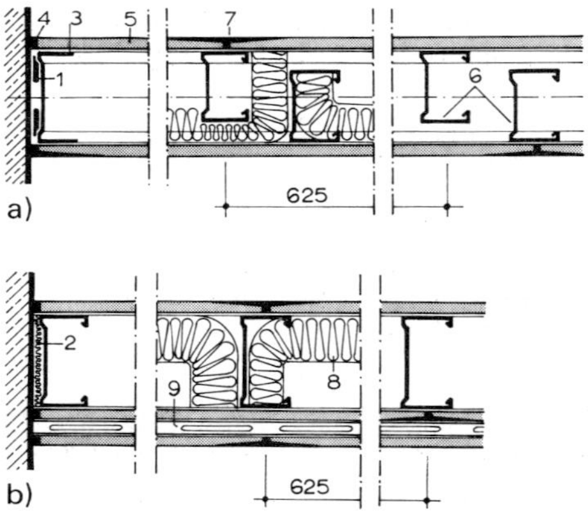

3.203 Zweischalige leichte Trennwand (nach Unterlagen der Firma Richter-System)

a) unabhängige Schalen
b) mit Vorsatzschale
1 Anschlußdichtung mit dauerelastischem Kitt
2 Anschlußdichtung mit 30 mm Mineralfaserfilz
3 Boden-, Wand- und Deckenanschluß mit Stahlblech-U-Profilen
4 Gipsmörtel
5 12,5 mm Gipskartonplatten
6 Ständer aus verz. Stahlblech-C-Profilen
7 Befestigung der Beplankung mit selbstschneidenden Schrauben, Verspachtelung gem. DIN 18181
8 40 mm Mineralfaserfilz
9 Federschiene

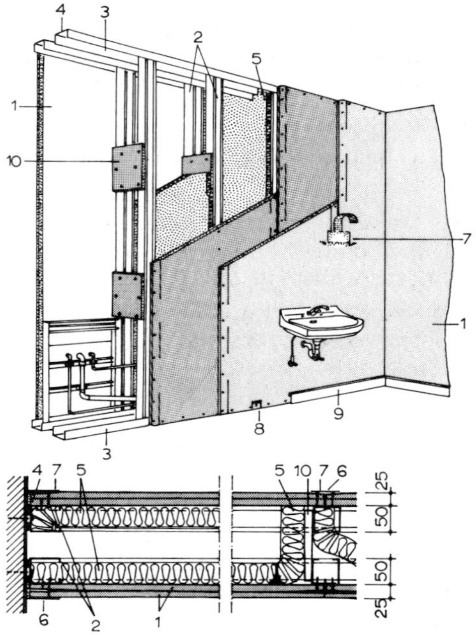

3.204 Vorgefertigte leichte Trennwand als Installationswand (nach Unterlagen der Firma KNAUF)

1 Gipskarton-Platte, 12,5 mm
2 C-Ständerprofil
3 U-Randprofil
4 Anschluß mit Trennwandkitt
5 Mineralfaserfilz, 40 mm
6 selbstschneidende Schraube
7 Fugendeckstreifen
8 Sockelklipp
9 PVC-Sockelprofil
10 Gipskartonstreifen

Zweischalige leichte Trennwände können auch als Installationswände gebaut werden (Bild **3**.204). Schwere Sanitärobjekte müssen dabei an eingearbeiteten Tragekonsolen aufgehängt werden.

Derartige Trennwandkonstruktionen sind bedingt demontierbar, wenn sie auf der Deckenauflage (z. B. schwimmender Estrich) stehen. Über den Estrich kann jedoch eine Schallübertragung zwischen den Räumen erfolgen, wenn nicht Teppichböden als Gehbelag verwendet werden. Die Schalldämmung des oberen Anschlusses von leichten Trennwänden an Geschoßdecken ist schwierig, wenn unter der Decke Installationen hängen oder keine ebenen, geschlossenen Deckenuntersichten (z. B. bei Stahlbetonrippendecken, Stahlleichtdecken mit Trapezblechen) vorhanden sind. In derartigen Fällen muß eine schalldämmende, abgehängte Unterdecke vorgesehen werden, die über die Trennwände hinwegläuft, wobei die Trennwandskelette nur punktweise mit der Rohdecke verankert werden.

Abmessungen des Traggerippes und der Beplankung von leichten Trennwänden hängen von Raumhöhe, Ständerabstand und Baustoff ab. Ausführungsnormen sind in Vorbereitung (z. B. DIN E 18183).

3.7.4 Elementwände

Für Verwaltungs- und Schulbauten und auch im modernen Wohnungsbau werden vielfach einfach auf- und abzubauende versetzbare leichte Trennwände benötigt, die oft auch hohen Anforderungen an den Schallschutz genügen sollen.

Derartige Elementwände bestehen aus vorgefertigten, raumhohen Tafeln, die auf Rastern errichtet werden können, die den jeweiligen Funktionen der unterteilten Räume entsprechen (s. hierzu auch Abschn. 8.3). Die Elemente sind konstruktiv

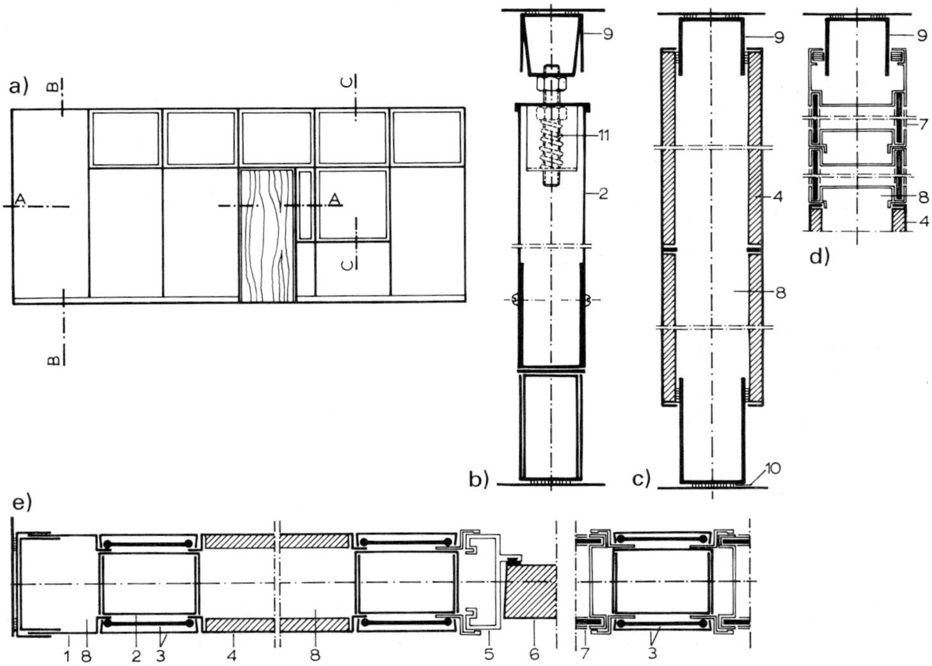

3.205 Versetzbare Elementwand (ELVA-INTERWAND) – vereinfachte Darstellung

a) Übersicht
b) Horizontalschnitt A–A
c) Schnitt B–B, Pfosten mit Schraubspindel
d) Schnitt B–B, geschlossenes Wandelement
e) Schnitt C–C, Deckenanschluß bei verglastem Oberlicht

1 Wandanschlußprofil
2 Pfostenprofil
3 Deckprofil auf Klemmfeder
4 Wandelement (beschichtetes Stahlblech mit Gipskarton)
5 Aluminium-Türzargenprofil
6 Türblatt
7 Verglasung in Aluminiumprofilen
8 Steinwolle-Füllung
9 Deckenanschlußprofil
10 elastischer Bodenanschluß
11 Schraubspindel

dem Gerippebau zuzurechnen. Die senkrechten, in der Regel aus Metallprofilen bestehenden Tafelplatten sind bei den meisten Trennwandsystemen gleichzeitig tragendes bzw. aussteifendes Konstruktionsgerüst sowie Anschluß- und Verbindungselement. Während ausreichender Schallschutz bei den beplankten oder verglasten Wandteilen relativ einfach erreicht werden kann, stellen die Verbindungselemente oft Schallbrücken dar, besonders, wenn sie – auch bei aufwendiger Detailkonstruktion – nicht sorgfältig montiert werden. Pfostenartige Verbindungselemente sind kombinierbar mit Türzargen und vielfach auch als Kanäle für Elektroinstallationen nutzbar.

Versetzbare Wandelemente werden in der Regel auf dem durchgehenden, meist textilen Gehbelag mit federnden, eventuell vorhandene Bodenunebenheiten ausgleichenden Auflageprofilen aufgesetzt und gegen die Rohdecke oder entsprechend abgesteifte abgehängte Unterdecken mit Schraubspindeln verspannt.

Schwimmende Estriche sind unter den Trennwänden durch einwandfrei ausgeführte Trennfugen zu unterteilen (s. auch Abschn. 5.3.1.1).

Aus der großen Zahl der auf dem Markt befindlichen Systeme versetzbarer Elementwände mit festen oder verglasten oder Tür-Elementflächen und auch Kombinationen von Schrank- oder Regelwänden mit sehr unterschiedlichen Schall- und Wärmedämmeigenschaften sowie Oberflächenausführungen ist in Bild **3.**205 ein Beispiel gezeigt, das den typischen konstruktiven Aufbau versetzbarer Trennwände in vereinfachter Darstellung erkennen läßt.

3.7.5 DIN-Normen

DIN-Blatt Nr		Ausgabe-Datum	Titel
105		7.69	Mauerziegel, Vollziegel und Lochziegel
105	T2	1.72	Leichtziegel
106		11.72	Kalksandsteine; Vollsteine, Lochsteine und Hohlblocksteine
278		4.38	Tonhohlplatten (Hourdis)
1052	T1	10.69	Holzbauwerke; Berechnung und Ausführung
	T2	10.69	Bestimmung für Dübelverbindungen besonderer Bauart
1055	T3	6.71	Lastannahme für Bauten; Verkehrslasten
1101		4.70[1])	Holzwolle-Leichtbauplatten; Maße, Anforderungen, Prüfung
1102		4.70[1])	Holzwolle-Leichtbauplatten nach DIN 1101; Richtlinien für die Verarbeitung
1104	T2	4.70[1])	Mehrschicht-Leichtbauplatten aus Schaumkunststoffen und Holzwolle; Richtlinien für die Verarbeitung
1164	T1 und T2	11.78	Portland-, Eisenportland-, Hochofen- und Traßzement
1164	T3 bis T8	6.70	
E 4103		12.74	Leichte Trennwände; Anforderungen, Arten
E 4165		2.79	Gasbeton-Blocksteine
4166		12.73	Gasbeton-Bauplatten, unbewehrt
4242		1.79	Glasbaustein-Wände; Ausführung und Bemessung
18148		10.75	Hohlwandplatten aus Leichtbeton

[1]) z.Z. in Neubearbeitung

Fortsetzung s. nächste Seite

DIN-Normen, Fortsetzung

DIN-Blatt Nr		Ausgabe-Datum	Titel
18149		3.75	Lochsteine aus Leichtbeton
18151		2.79	Hohlblocksteine aus Leichtbeton
18152		7.71[1]	Vollsteine aus Leichtbeton
E 18152		4.77	Vollsteine und Vollblöcke aus Leichtbeton
18153		2.79	Hohlblocksteine aus Beton
18162		8.76	Wandbauplatten aus Leichtbeton; unbewehrt
E 18163	T1	8.74	Wandplatten aus Gips; Eigenschaften, Anforderungen, Prüfungen
	T2		Wandbauplatten aus Gips; Leichtwände, Richtlinien für die Ausführung
18164	T1	12.72	Schaumkunststoffe als Dämmstoffe für das Bauwesen; Dämmstoffe für die Wärmedämmung
	T2		Dämmstoffe für die Trittschalldämmung
18175		5.77	Glasbausteine; Maße, Anforderungen, Prüfung
18180		8.78	Gipskartonplatten; Arten, Anforderungen, Prüfung
18181		1.69	Gipskartonplatten im Hochbau; Richtlinien für die Verarbeitung
E 18183	T1	1.75	Montagewände aus Gipskartonplatten; Richtlinien für die Ausführung
18184		6.77	Gipskarton-Verbundplatten
18350		9.76	VOB Teil C: Putz- und Stuckarbeiten
68705	T1	1.68	Sperrholz; allgemeine Anforderungen, Prüfung
	T2	9.68	Sperrholz für allgemeine Zwecke; Gütebedingungen
	T3	1.68	Sperrholz; Bau-Furnierplatten, Gütebedingungen
	T4	7.68	Sperrholz; Bau-Tischlerplatten; Gütebedingungen
E 68750		8.71	Holzfaserplatten; Gütebedingungen
68751		3.76	Kunststoffbeschichtete dekorative Holzfaserplatten; Begriff, Anforderungen
68763		9.73	Spanplatten; Flachpreßplatten für das Bauwesen; Begriffe, Eigenschaften, Prüfung, Überwachung
68764	T1	9.73	Spanplatten; Strangpreßplatten für das Bauwesen; Begriffe, Eigenschaften, Prüfung, Überwachung
	T2	9.74	Spanplatten; Strangpreßplatten für das Bauwesen; beplankte Strangpreßplatten für die Tafelbauart
68765		3.76	Spanplatten; Kunststoffbeschichtete dekorative Flachpreßplatten für allgemeine Zwecke; Begriffe, Anforderungen

[1]) z.Z. in Neubearbeitung

3.8 Literatur

[1] Balkowski, D.: Funktionsgerechte Wandkonstruktionen; Wandaufbau nach bauphysikalischen Eigenschaften. Köln 1971

[2] Berichte aus der Bauforschung, **76** (1972)

[3] Berndt, K.: Die Montagebauarten des Wohnungsbaus. In: Beton. Wiesbaden–Berlin 1969

[4] Cziesielski, E.: Konstruktion und Dichtung bei Außenwandfugen im Beton- und Leichtbetontafelbau. Berlin–München–Düsseldorf 1970

[5] Formänderungen und Schertragverhalten von Mauerwerk (Trautsch, W. u. Hage, D.)

[6] Grunau, E.: Verblendfassade. Köln–Braunsfeld 1972

[7] Fugen im Hochbau. Köln–Braunsfeld 1973

[8] Die Außenwand; Fassade, Wasserhaushalt, bauphysikalische Funktionen. Köln 1975

[9] Hart, F.; Henn, W.; Sontag, H.: Stahlbauatlas. München 1974

[10] Hebgen, H.; Heck, F.: Außenwandkonstruktionen. Gütersloh 1973

[11] Henn, W.: Außenwände. München 1975

[12] Kalksandsteine. Kalksandstein-Informationsreihen. Herausgegeben vom Bundesverband Kalksandsteinindustrie e. V. Hannover–Herrenhausen

[13] Koncz, T.: Handbuch der Fertigteilbauweise mit großformatigen Stahl- und Spannbetonelementen. Wiesbaden 1970/1971

[14] Krause, C.: Außenwandsysteme; Konstruktionsbeispiele, Fugen, Sichtflächen, Sonnenschutz. Köln 1969

[15] Mitteilungen des Instituts für Bauforschung e. V. Hannover

[16] Phleps, H.: Deutsche Fachwerkbauten. Königstein (Taunus) 1951

[17] Piepenburg, W.: Mörtel, Mauerwerk, Putz. 5. Aufl. Wiesbaden 1969

[18] Portmann: Stahlbausysteme und ihre Einsatzmöglichkeiten. Aufsatz in Deutsche Bauzeitung DBZ **7** (1977)

[19] Richtlinien für das Versetzen und Verlegen von Naturwerksteinen; 7. Aufl., Hrsg.: Deutscher Naturwerksteinverband e. V., Würzburg 1973

[20] Reichel, W.: YTONG-Handbuch Wiesbaden und Berlin 1974

[21] Schaupp, W.: Die Außenwand. 2. Aufl. München 1965

[22] Schild, E. u. a.: Bauschadensverhütung im Wohnungsbau – Schwachstellen – Bd. 2: Außenwände und Öffnungsanschlüsse. Wiesbaden und Berlin 1977

[23] Schmidt, H. Th.: Fertigungsplanung im Hochbau. Wiesbaden–Berlin 1965

[24] Schmidt, J.: Einschalen im Stahlbetonbau. Forschungsgemeinschaft Bauen und Wohnen, H. 74. Stuttgart 1964

[25] Schmitt, H.: Hochbaukonstruktion. Düsseldorf 1976

[26] Staufenbiel, G.: Normengröße und handwerksgerechte Mauerwerksverbände. In: Ziegelbautaschenbuch. Wiesbaden 1960

[27] –, und Otten, H.: So mauert man heute! Wiesbaden 1964

[28] Wendehorst/Muth: Bautechnische Zahlentafeln. 19. Aufl. 1979

[29] Wittmann, W., Drögsler, O.: Mauerfeuchtigkeit, Ursachen, Auswirkungen, Trockenlegung. Heidelberg 1967

[30] Zeeb, J.: Die umsetzbare Innenwand, Stuttgart 1978

[31] Zementmerkblätter. Hrsg. vom Fachverband Zement e. V., Köln

[32] Ziegel. Technische Informationsreihe: Ziegelbauberatung. Herausgegeben vom Bundesverband der deutschen Ziegelindustrie e. V. Bonn

4 Geschoßdecken

4.1 Allgemeines

Die Aufgabe, gebaute Räume nach oben abzuschließen und die Geschoße durch Decken zu trennen, kann auf verschiedene Weise gelöst werden. Zu unterscheiden sind nach den jeweiligen Hauptbaustoffen:

Decken aus natürlichen oder künstlichen Steinen

Decken aus Beton oder Stahlbeton

Decken aus Stahl

Decken aus Holz

Die Gewölbe stellen die älteste Form steinerner Decken dar; sie bilden mit steinernen Gebäudemauern ein festes Gefüge.

Decken aus Stahlbeton, Stahlbeton mit Füllkörpern oder aus Stahlblechen mit Aufbeton bilden die Gruppe der Massivdecken. Sie stellen heute für den weitaus größten Teil aller Bauvorhaben die übliche Geschoßdecke dar, weil nur so die notwendige Feuersicherheit und ausreichender Schallschutz erreicht werden können.

Holzbalkendecken genügen nur bei sehr sorgfältiger Ausführung den Anforderungen für den Schallschutz und kommen allenfalls noch für kleinere Bauvorhaben mit zwei Geschossen, z. B. Einfamilienhäuser, in Frage oder für Decken in Verbindung mit einem Dachstuhl aus Holz.

4.2 Gewölbe

Gewölbe sind bogenförmig gekrümmte steinerne Massivdecken, deren einzelne Steine sich gegenseitig so verspannen, daß sie, fast ausschließlich auf Druck beansprucht, den Raum überdecken und die Last in schräg gerichteten Auflagerdrükken auf die Widerlagermauern übertragen. Der Gewölbebau hat mit zunehmender Erkenntnis der auftretenden Kräfteeinwirkungen seit dem Altertum eine Entwicklung erfahren, die in dem gotischen Kreuzgewölbe mit der Zerlegung in starke, tragende Rippen und schwächere, füllende Kappen und in Verbindung mit einem klar durchdachten Strebensystem ihren Abschluß gefunden hat.

Als Geschoßdecken sind Gewölbe durch die ebenen massiven Decken verdrängt worden. Kreuz-, Stern- und Kuppelgewölbe werden heute fast nur noch in der Denkmalspflege ausgeführt.

Die Gewölbeteile werden wie die der Mauerbögen benannt. Bei den Umfassungsmauern überwölbter Räume werden Widerlagermauern, die das Gewölbe tragen, von Stirnmauern, die nur zum Raumabschluß dienen, unterschieden. Gewölbe ohne Stirnmauern nennt man offene Gewölbe.

Alle Gewölbeformen lassen sich im wesentlichen auf zwei Grundformen zurückführen:

Tonnengewölbe mit zylindrischer und Kuppelgewölbe mit kugelförmiger Wölbfläche.

Danach kann man die Gewölbe in zylindrische und kugelförmige (sphärische) einteilen. Zu den zylindrischen Gewölben gehören: Tonnengewölbe (mit „preußischer Kappe"), Klostergewölbe, Muldengewölbe, Spiegelgewölbe, römisches Kreuzgewölbe. Den Übergang zu den sphärischen Gewölben bilden: Kreuzgewölbe mit Bogenstich und Busung, Sterngewölbe, Netzgewölbe, Fächergewölbe. Zu den sphärischen Gewölben gehören: Kuppelgewölbe, Hängekuppel, Zwischenkuppel, böhmische Kappe.

Tonnengewölbe

Das Tonnengewölbe läßt nur eine beschränkte Ausnutzung seiner Raumhöhe zu. Die Gewölbefläche reicht an den Widerlagermauern tief herab und muß für die Anordnung von Fenstern und Türen Durchbrechungen erhalten, die durch sog. Stichkappen in Zylinder- oder Kegelform mit waagerechter oder geneigter Achse geschlossen werden. Die Wölbfläche ist im allgemeinen die eines halben geraden Kreiszylinders (Bild **4**.1).

Größere und stark belastete Gewölbe sind mit Hilfe des Stützlinienverfahrens statisch zu untersuchen.

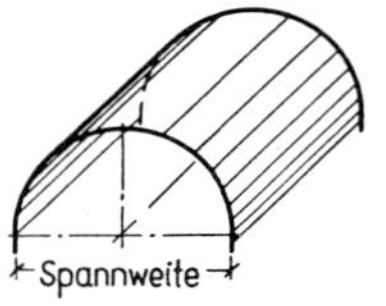

4.1 Gerades halbkreisförmiges Tonnengewölbe

4.2 Preußische Kappen

Preußisches Kappengewölbe

Der Form nach bildet das preußische Kappengewölbe einen Teil eines Tonnengewölbes (Bild **4**.1). Die Wölblinie ist ein Flachbogen mit einer Stichhöhe von $^1/_5$ bis $^1/_{10}$ der Spannweite.

Wegen der geringen Stichhöhe ist das preußische Kappengewölbe nur für kleinere Spannweiten anwendbar. Größere Räume müssen in kleinere Felder aufgeteilt werden (DIN 1055 Bl. 3). In Bild **4**.2 ist die Anordnung der Kappen zwischen I-Trägern dargestellt.

Klostergewölbe, Muldengewölbe, Spiegelgewölbe

Das Klostergewölbe (Bild **4**.3) entsteht durch Zusammensetzen von zwei Tonnengewölben. Der Diagonalbogen (Kehlbogen) ist eine Ellipse; sämtliche Umfassungswände sind Widerlager. Das Klostergewölbe eignet sich im allgemeinen nicht zur Überdeckung von niedrigen Räumen, da die allseitig tief herabreichenden Wölbflächen die Anlage der Tür- und Fensteröffnungen erschweren.

Das Muldengewölbe ist ein Tonnengewölbe über Rechteckgrundriß, das auf beiden Seiten durch halbe Klostergewölbe geschlossen wird.

Spiegelgewölbe sind Kloster- und Muldengewölbe, deren oberer Teil durch eine waagerechte Fläche, den Spiegel, ersetzt wird. Die verbleibenden Gewölbeteile nennt man Vouten.

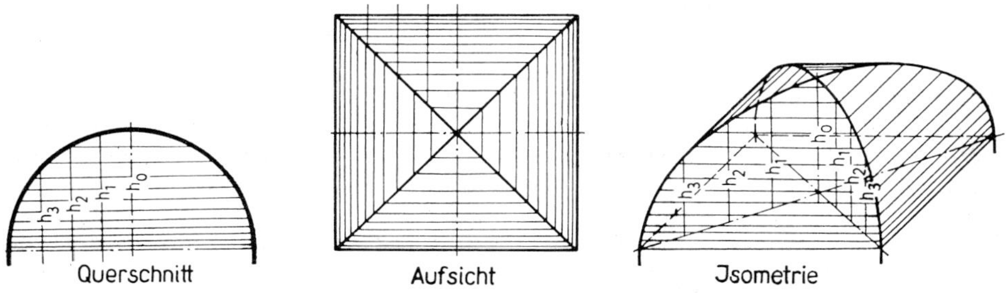

4.3 Klostergewölbe über quadratischem Raum (mit halbkreisförmigem Querschnitt)

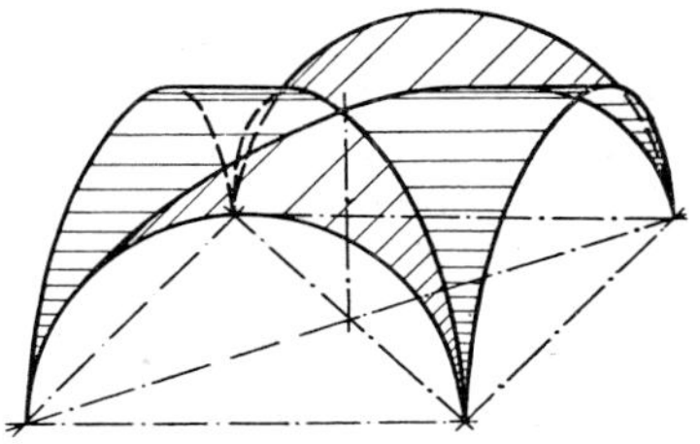

4.4
Kreuzgewölbe über quadratischem Raum (Römisches Kreuzgewölbe)

Kreuzgewölbe

Das Kreuzgewölbe entsteht als Durchdringung von 2 Tonnen (Bild **4.**4). Die Kappen können entweder zylindrisch oder gebust, d.h. allseitig (kugelartig) gekrümmt sein.

Schildbögen (Wandbögen) heißen die Linien, in denen die Kappen an die Umfassungswände anschließen; sie können Halbkreise, Spitzbögen oder elliptische Bögen sein. Gratbögen heißen die Linien, in denen sich die Kappen durchdringen; sie stellen sich im Grundriß als gerade Linien dar, und zwar beim Quadrat und Rechteck als die Diagonalen. Bei zylindrischen Gewölben (Bild **4.**5) sind die Gratbögen durch Vergatterung aus den Wandbögen zu bestimmen; bei gebusten Gewölben können Wand- und Gratbögen, wie z.B. beim gotischen Kreuzgewölbe, unabhängig voneinander angenommen werden (Bild **4.**6).

Die Scheitellinien der zylindrischen Kappen sind gerade oder wegen des Setzens mit geringer Steigung („mit Stich") nach dem Gewölbescheitel zu angeordnet. Die Scheitellinien der gebusten Kappen sind bogenförmig.

Das Kreuzgewölbe besitzt gegenüber anderen Gewölbeformen den statischen Vorzug, daß es die Gewölbelast durch die Grate fast ganz auf die Ecken des Raumes überträgt.

Das Widerlager an den Ecken wird durch Mauern, Pfeiler oder Säulen gebildet. Die Umfassungswände können durch Gurtbögen ersetzt werden (offene Gewölbe). Kreuzgewölbe ermöglichen eine günstige Beleuchtung des zu überwölbenden Raumes, da man in den ringsum hochgehenden Schildmauern große Fensteröffnungen anlegen kann.

Zur Überdeckung größerer Räume werden mehrere offene Gewölbe neben- oder hintereinandergereiht. Die einzelnen Felder nennt man Gewölbejoche; sie werden durch Gurtbögen (Quergurte) voneinander getrennt. Eine Jochreihe nennt

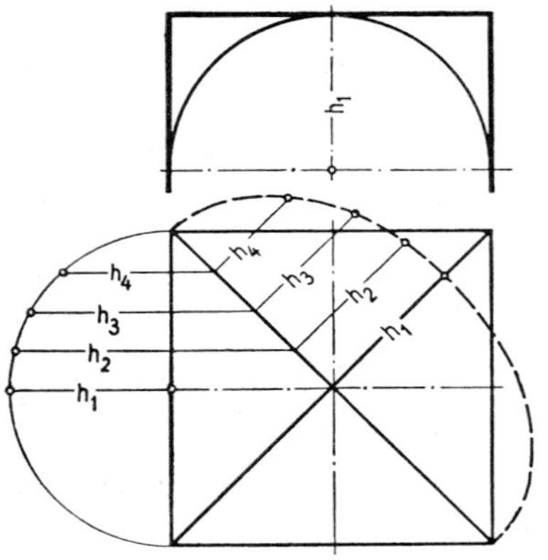

4.5 Römisches Kreuzgewölbe (zylindrische Kappenflächen, gerade, waagerechte Scheitellinie)

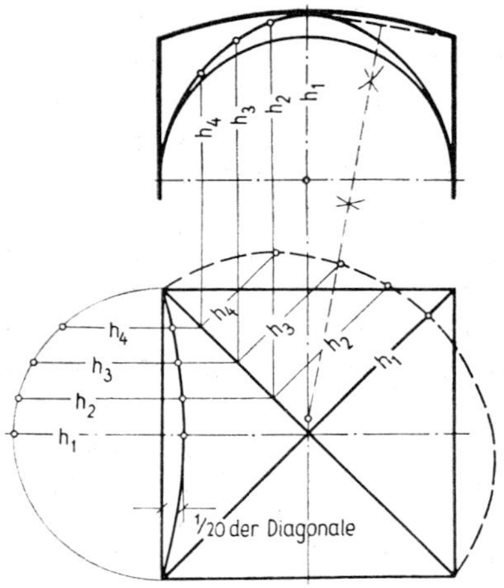

4.6 Kreuzgewölbe mit Bogenstich

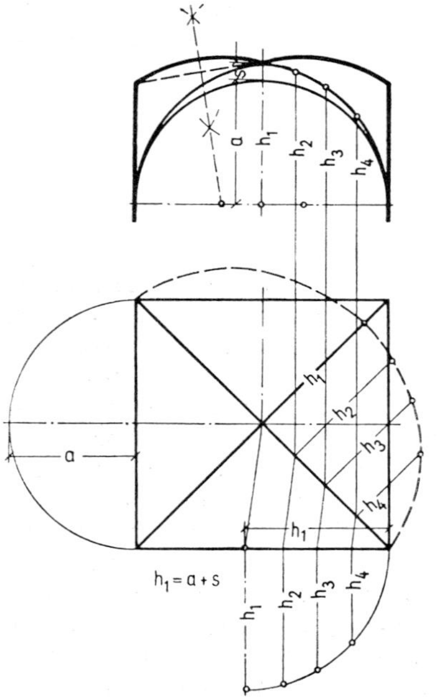

4.7 Kreuzgewölbe mit Busung und Stich

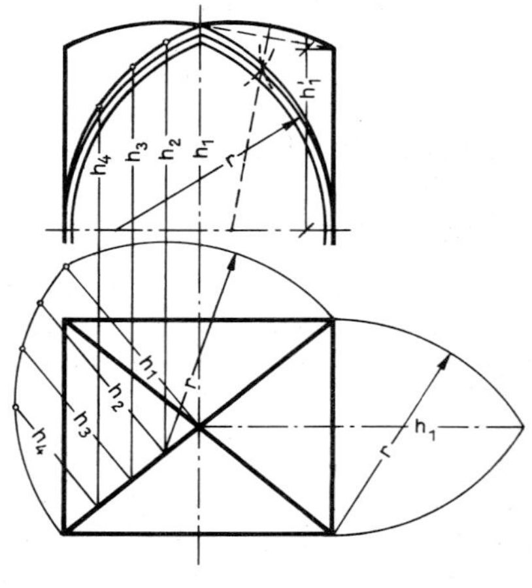

4.8 Gotisches Kreuzgewölbe

man ein Schiff; ein Raum mit 2, 3 oder mehr nebeneinanderliegenden Jochreihen heißt zwei-, drei- oder mehrschiffig.

Der historischen Entwicklung nach unterscheidet man:

1. Das römische Kreuzgewölbe (Bild **4**.5); es ist die Durchdringung zweier Tonnengewölbe gleicher Spannweite.
2. Das romanische Kreuzgewölbe; es ersetzt den flachelliptischen, stark schiebenden Gratbogen des römischen Kreuzgewölbes durch überhöhte Bogenformen, zuletzt durch den Halbkreis (Bild **4**.6 u. **4**.7).
3. Das gotische Kreuzgewölbe mit halbkreisförmigem oder stumpfspitzbogenförmigem Gratbogen (Bild **4**.8). Die Schildbögen sind Spitzbögen, die Kappenflächen gebust.

Kreuzgewölbe können auch mit selbständigen Rippenbögen ausgeführt werden, gegen die sich die Kappen seitlich stützen. Der größere Teil des Rippenquerschnitts tritt nach unten vor und endet in einem Profil (**4**.9). In den Gewölbescheitel wird ein Schlußstein gesetzt, gegen den die Gratrippen anlaufen.

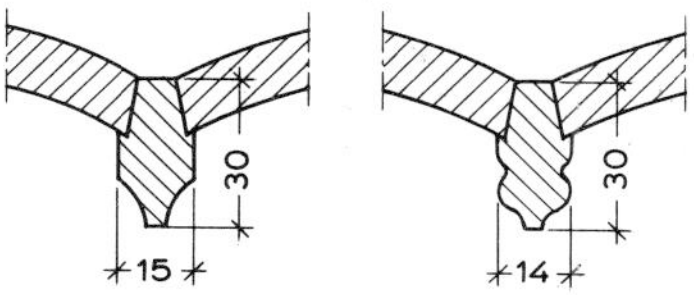

4.9 Gewölberippen

Eine Weiterentwicklung der Gewölbetechnik bilden in gewissem Sinne die sehr dünnwandigen Stahlbetonschalen, die infolge der monolithischen Eigenschaften des Werkstoffs (Aufnahme von Druck-, Zug- und Biegekräften) größte Spannweiten zulassen.

4.3 Ebene Massivdecken

4.3.1 Allgemeines

Die meisten Geschoßdecken und Flachdächer werden als ebene Massivdecken hergestellt. Ihre Baustoffe, Beton und Deckensteine, machen sie feuerbeständig, unempfindlich gegen Feuchtigkeit und Schädlinge und daher fast unbegrenzt dauerhaft. Die Verbindung von Massivdecke mit massiver Wand gibt dem Massivbau ein statisch günstig wirkendes einheitliches Gefüge, vorausgesetzt, daß durch geeignete Maßnahmen (z.B. Gleitfugen) Schäden als Folge von Wärmedehnungen, Kriechen und Schwinden des Stahlbetons (z.B. am Deckenauflager besonders der Dachdecken) verhindert werden. Gegenüber den gewölbten Decken haben die ebenen Decken u.a. den Vorzug geringerer Bauhöhe. Nachteile der Massivdecken sind ihre geringe Wärme- und Schalldämmfähigkeit (die zusätzliche bauliche Maßnahmen fordern), feuchter Einbau und hohes Eigengewicht. Ihre vielfältigen Formen verdanken die Massivdecken den verschiedensten Forderungen. So wurden u.a. immer wieder bauzeit-, lohn-, konstruktionshöhe-, schalungs- und stahlsparende Massivdeckenformen entwickelt. Ein großer Teil dieser Decken wird aus vorgefertigten Teilen hergestellt.

Die große Vielzahl von Einzelformen der Massivdecken läßt sich innerhalb von zwei Formengruppen, nämlich Platten und den Balken, ordnen und so in bezug auf Wirtschaftlichkeit und Eignung für bestimmte Aufgaben miteinander vergleichen (Bild **4.**10). Dabei ist zu beachten, daß der lasttragende Teil der Decke, die Rohdecke, noch zu ergänzen ist, und zwar durch die Deckenauflage, die aus dem Fußboden und seiner meist trittschalldämmenden Unterkonstruktion besteht, und durch die Unterdecke, die aus Gründen der Raumgestaltung oder auch des Schall-, Wärme- oder Brandschutzes aus einfachem Deckenputz oder einer Plattenverkleidung oder einer abgehängten Unterdecke bestehen kann. Erst bei einer Gesamtbetrachtung von Rohdecke, Deckenauflage und Unterdecke wird die für einen bestimmten Zweck optimale Deckenausbildung erkennbar (Bild **4.**11).

A Platten

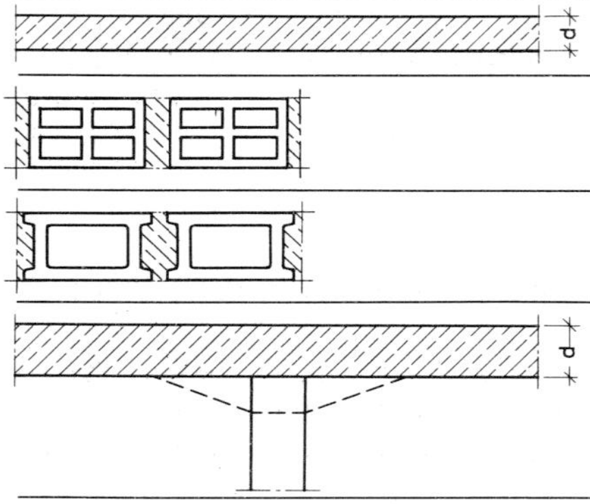

1 Stahlbetonplatte d ≧ 7 cm

2 Stahlsteindecke d ≧ 9 cm

3 Glasstahl-Betonplatte d ≧ 6 cm

4 Pilzdecke d ≧ 15 cm mit oder ohne Stützenkopf

B Balken

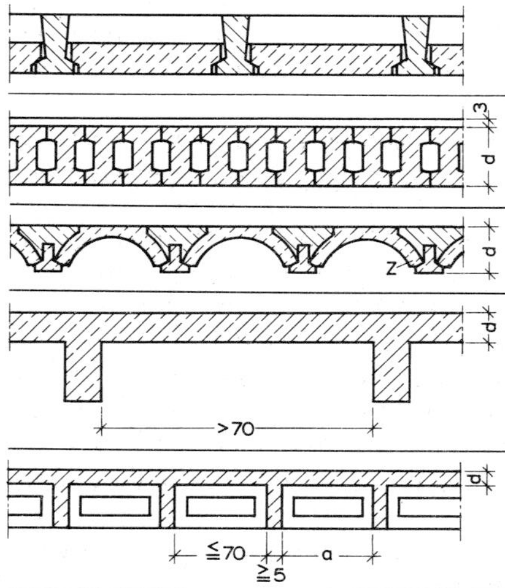

1 Stahlbetonbalken mit Einschub und aussteifenden Querrippen

2 dicht verlegte Stahlbetonbalken (d ≈ 16 cm) mit lastverteilendem Aufbeton (3 cm)

3 Stahlbetonbalken mit Ortbeton und statisch nicht mitwirkenden Zwischenbauteilen (Z)

4 Plattenbalkendecke d ≧ 7 cm

5 Stahlbetonrippendecke mit statisch nicht mitwirkenden Füllkörpern d ≧ 1/10 a ≧ 5 cm

4.10 Schematische Darstellung der Grundformen ebener Massivdecken

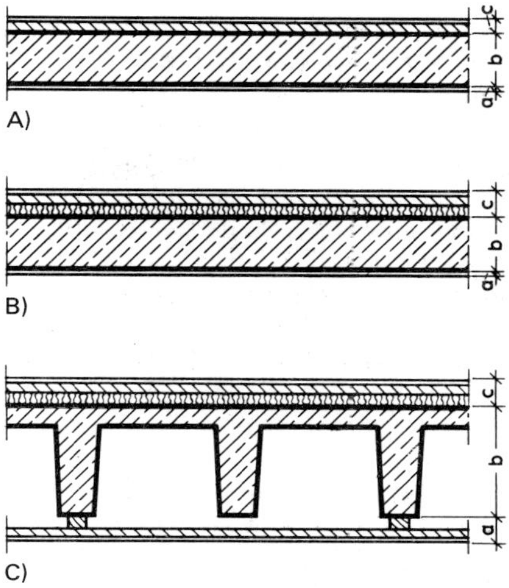

4.11
Beispiel für ein- und mehrschalige Geschoßdecken (Schema)

A) einschalige Decke
Unterdecke: Putz (a)
Rohdecke: Stahlbetonplatte (b)
Deckenauflage: Teppichboden (c)

B) zweischalige Decke
Unterdecke: Putz (a)
Rohdecke: Stahlbetonplatte (b)
Deckenauflage: schwimmender Estrich (c) (z. B. Zementestrich auf Dämm-Matten) mit Gehbelag

C) dreischalige Decke
Unterdecke: Gipskartonplatten auf Unterkonstruktion (a)
Rohdecke: Stahlbetonrippendecke (b)
Deckenauflage: schwimmender Estrich mit Gehbelag (c)

Die in Bild **4**.10 schematisch dargestellten Grundformen sind in DIN 1045 Abschn. 20, 21 und 22 definiert.

Platten sind danach ebene Flächentragwerke (**4**.10 A), die quer zu ihrer Ebene belastet sind; sie können linienförmig oder auch punktförmig gelagert sein. Je nach ihrer statischen Wirkung werden einachsig oder zweiachsig gespannte Platten unterschieden.

Zu den Platten gehören die Stahlsteindecken (**4**.10 A2). Das sind Decken aus Deckenziegeln, Beton oder Zementmörtel und Betonstahl, bei denen das Zusammenwirken der genannten Baustoffe zur Aufnahme der Schnittgrößen nötig ist. Der Zementmörtel muß wie Beton verdichtet werden. Stahlsteindecken dürfen nur einachsig hergestellt werden; Mindestdicke = 9 cm.

Weiterhin sind die Feststellungen, die für Stahlbetonplatten gelten, i. allg. auch auf den Glasstahlbeton anzuwenden, d. h. auf Platten aus Beton, Betongläsern (nach DIN 4243) und Betonstahl, bei denen ebenfalls das Zusammenwirken dieser Baustoffe zur Aufnahme der Schnittgrößen nötig ist (Bild **4**.10 A3). Glasstahlbeton darf nur als Abschluß gegen die Außenluft (Oberlicht, Abdeckung von Lichtschächten usw.) und i. allg. nur für überwiegend auf Biegung beanspruchte Teile, nicht für Durchfahrten und befahrbare Decken verwendet werden.

Pilzdecken sind Platten (Bild **4**.10 A4), die unmittelbar auf Stützen mit oder ohne verstärkten Kopf aufgelagert und mit den Stützen biegefest oder gelenkig verbunden sind (DIN 1045 Abschn. 22). Die Platten müssen mindestens 15 cm dick sein.

Balken sind überwiegend auf Biegung beanspruchte stabförmige Träger beliebigen Querschnitts.

Balkendecken sind Decken aus unmittelbar nebeneinander verlegten Stahlbetonfertigbalken (Bild **4**.10 B1 u. 2) oder aus Balken mit Zwischenbauteilen, die in der Längsrichtung nicht mittragen (Bild **4**.10 B3).

Zwischenbauteile sind mittragende oder nicht mittragende Beton- oder Stahlbeton-Fertigteile oder Deckensteine aus Beton, Leichtbeton oder gebranntem Ton, die zwischen die Balken oder Rippen von Balken- oder Rippendecken eingefügt oder auf ihnen gelagert werden (s. DIN 4158, DIN 4159 und DIN 4160). Sie können über die volle Höhe der Rohdecke oder nur einen Teil dieser Höhe reichen (DIN 1045 Abschn. 2.1.3.7).

Zwischenbauteile für Stahlbetonrippendecken müssen, falls sie aus Beton bestehen, DIN 4158, falls sie aus gebranntem Ton hergestellt sind, DIN 4159 entsprechen (DIN 1045 Abschn. 6.7.2.). Bei jeder Lieferung ist zu prüfen, ob sie die geforderten Abmessungen und Formen (Stoßfugenform) aufweisen (s. DIN 1045 Abschn. 7.6.3).

Plattenbalken sind stabförmige Tragwerke, bei denen kraftschlüssig miteinander verbundene Platten und Balken (Rippen) bei der Aufnahme der Schnittgrößen zusammenwirken (Bild **4.**10 B4).

Die Plattenbalkendecke kann aus einzelnen Trägern oder als geschlossene Plattenbalkendecke ausgeführt werden. Sie ist leichter als die Stahlbetonplatte und damit bei größeren Stützweiten wirtschaftlicher. Anschluß der Balken an die Platten durch Schrägen (Vouten) 1 : 3 spart Stahl, verteuert jedoch die Schalarbeit.

Stahlbeton-Rippendecken sind Plattenbalkendecken mit einem lichten Abstand der Rippen von ≦70 cm und beschränkter Verkehrslast ($p \leqq 5{,}0\ \text{kN/m}^2$), bei denen kein statischer Nachweis für die Platten erforderlich ist. Zwischen den Rippen können unterhalb der Platte statisch nicht mitwirkende Zwischenbauteile liegen. An die Stelle der Platte können ganz oder teilweise Zwischenbauteile treten, die in Richtung der Rippen mittragen (Bild **4.**10 B5).

4.3.2 Plattendecken

4.3.2.1 Stahlbeton-Vollplatten

Die Stahlbeton-Vollplatte wird aus Normal- oder Leichtbeton (s. Abschn. 3.4.1) auf eine Holz- oder Stahltafelschalung geschüttet und entweder in einer Richtung oder kreuzweise mit Rundstahl oder, häufiger, mit Betonstahlmatten bewehrt. Die Deckendicke ergibt sich aus Belastung, Spannweite, Art der Bewehrung und dem Eigengewicht (Bild **4.**12).

Die Mindestdeckendicke beträgt

d = 7 cm im allgemeinen
= 10 cm bei befahrenen Platten (PKW)
= 12 cm bei befahrenen Platten (schwere Fahrzeuge)
= 5 cm bei ausnahmsweise begangenen Platten (z. B. Dachplatten)

Stahlbetonplattendecken können – insbesondere im Fertigteilbau – aus raumgroßen Fertigplatten bestehen. Wegen des hohen Gewichtes solcher Platten bevorzugt man Plattendecken, die nur teilweise vorgefertigt sind. Sie bestehen aus vorgefertigten ca. 4 cm dicken und ca. 0,36 bis 1,50 m breiten Betonplatten mit Längs- und Querarmierung und einem zunächst freiliegenden Stahl-Gitterwerk, das die dünnen Platten für den Transport aussteift. Es bewirkt außerdem einen schubfesten Verbund, wenn an der Baustelle die Konstruktion durch Ortbeton auf ihre endgültige Dicke gebracht wird. Derartige Plattendecken können ohne Einschalung hergestellt werden. Lediglich in der Feldmitte und am Auflager der Platten ist eine Abstützung beim Betonieren erforderlich (Bild **4.**13).

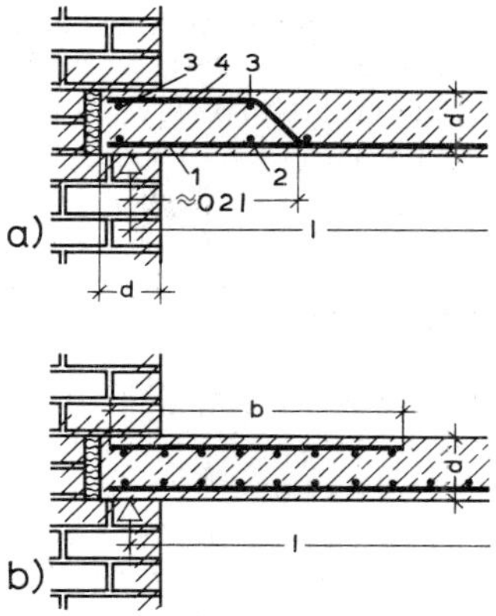

4.12
Stahlbetonplatte (Deckenauflager)

a) Bewehrung mit Stäben
   1 Hauptbewehrung (Feldbewehrung)
   2 Verteilungsstähle (Querschnitt ≧20% der Hauptbewehrung)
   3 Montagestähle
   4 $^1/_3$ bis $^1/_2$ *fe* der Feldbewehrung zur Aufnahme kleiner Einspannmomente aufgebogen
   l = Spannweite = Lichtweite + 1 Auflagerbreite
   d = Deckendicke = Auflagerbreite

b) Bewehrung mit Matten
   b ≧ 0,15 l (Randstreifenbreite, Abreißsicherung)

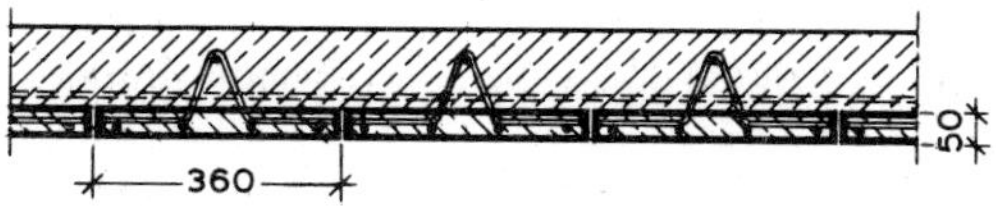

4.13
Plattendecke mit vorgefertigter Unterschale (OMNIA)

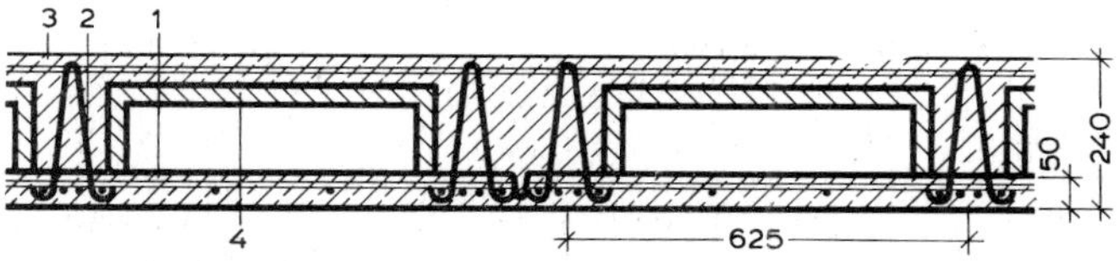

4.14
Stahlbetonhohlplatte (ABE-Bauelement)

1 Stahlbeton-Großformatplatte
2 Bewehrungs-Gitter
3 Ortbeton
4 Verdrängungskörper

4.3.2.2 Stahlbetonhohlplatten

Wenn bei großen Spannweiten Stahlbetonvollplatten wegen der erforderlichen großen Dicke ein zu hohes Gewicht haben würden, kann die Verwendung von Stahlbetonhohlplatten sinnvoll sein. Sie können auf üblicher Schalung an der Baustelle so betoniert werden, daß Hohlkörper aus Drahtgewebe, Schaumstoff, Hartfaserplatten o.ä. in den Querschnitt – in der Regel in Spannrichtung – eingebettet werden. Die Form der Bewehrung weicht z.T. wesentlich von der üblichen Plattenbewehrung ab. Eine Ausführungsmöglichkeit für eine Stahlbetonhohlplatte in Verbindung mit vorgefertigten dünnen Stahlbetonplatten (vgl. Abschn. 4.3.2.1) zeigt Bild **4**.14.

4.3.2.3 Stahlsteindecken

Stahlsteindecken sind Plattendecken mit mittragenden Ziegelhohlkörpern. Die Hohlkörper vermindern das Deckengewicht. Sie wirken nach DIN 4159 bei der Aufnahme der Druck- und Schubspannungen voll mit. Die Bewehrung liegt in den durch die Ziegel gebildeten Rippen oder in den Aussparungen (Bild **4**.15). Der Achsabstand der Bewehrung darf nicht größer sein als 25 cm. Der Fugenbeton muß mindestens die Festigkeit B 15 aufweisen. Eine Querbewehrung ist im Normalfalle ($p \leqq 3{,}50$ kN/m², DIN 1055 Bl. 3) nicht erforderlich.

4.15
Deckenziegel für Stahlsteindecken nach DIN 4159 (Maße s. nachstehende Tafeln)
a) für vollvermörtelbare Stoßfugen
b) für teilvermörtelbare Stoßfugen

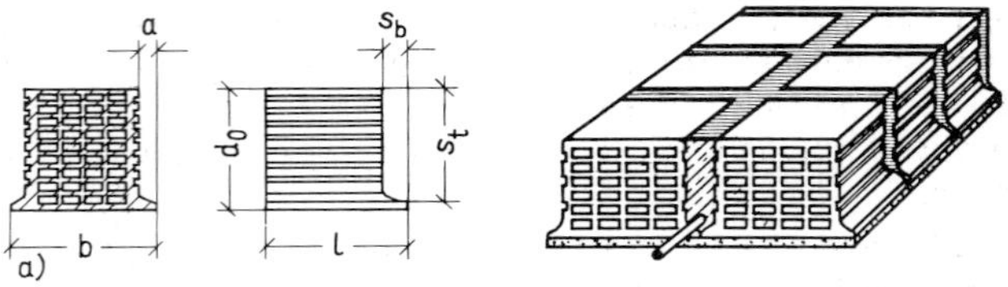

Maße der Ziegel für vollvermörtelbare Stoßfugen für Stahlsteindecken in mm

Breite	Länge	Dicke	Breite der Fußleisten	Stoßfugenaussparung Breite	Tiefe
b	l	d_o	$a \geqq$	$s_b \geqq$	$s_t \geqq$
250	166	90	20	40	80
	250	115	20	40	105
	333	140	20	40	130
	500[1])				
		165	25	40	155
		190	25	40	180
		215	25	40	205
		240	25	40	230
		265	25	50	255
		290	25	50	280

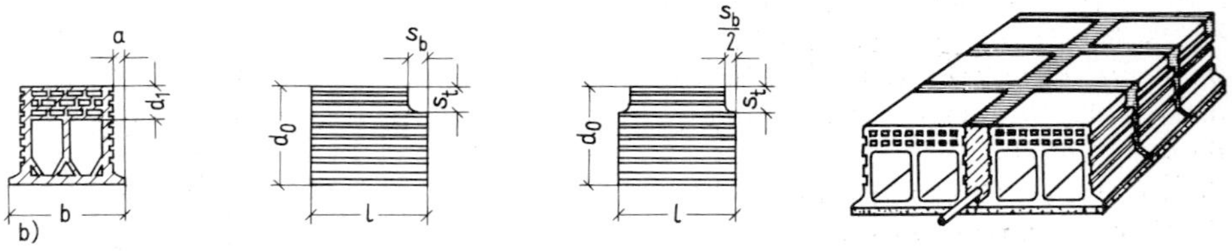

Querschnitt Ansicht mit einseitiger Stoßfugenaussparung

Maße der Ziegel für teilvermörtelbare Stoßfugen für Stahlsteindecken in mm

Breite	Länge	Dicke	Breite der Fußleisten	Stoßfugenaussparung Breite	Tiefe	Dicke der Druckplatte
b	l	d_o	$a \geqq$	$s_b \geqq$	$s_t \geqq$	$d_1 \geqq$
250	166	115	20	40	45	50
	250	140	20	40	50	55
	333	165	25	40	55	60
	500[1])					
		190	25	40	60	65
		215	25	40	65	70
		240	25	40	70	75
		265	25	50	75	80
		290	25	50	80	85

[1]) Nur bei Decken ohne Querbewegung

Die Deckenziegel sind mit durchgehenden Stoßfugen unvermauert auf Schalung zu verlegen. Sie müssen vor dem Einbringen des Betons so durchfeuchtet sein, daß sie nur wenig Wasser aus dem Beton oder Mörtel aufsaugen. Auf die volle Ausfüllung der Fugen und Rippen ist sorgfältig zu achten, besonders wenn die Druckzone unten liegt.

In Bereichen, in denen die Druckzone unten liegt, müssen Deckenziegel mit vollvermörtelbarer Stoßfuge nach DIN 4159 verwendet werden, soweit hier nicht an Stelle der Deckenziegel Vollbeton verwendet wird. Das Eindringen des Betons in die Hohlräume der Deckenziegel ist durch richtige Wahl dieser Ziegel zu verhindern.

Die Decken eignen sich für den Fertigteilbau und für Stützweiten, bei denen Stahlbeton-Volldecken nicht mehr wirtschaftlich sind.

Formänderungen durch Wärmedehnung, Kriechen und Schwinden, sind im Vergleich zur Stahlbetonvollplatte gering. Damit wird bei Verwendung von Stahlsteindecken die Gefahr der Rißbildung insbesondere zwischen Wand und Dachgeschoßdecke vermindert.

4.3.2.4 Glasstahlbeton

Glasstahlbeton-Decken (Bild **4**.16) ermöglichen die Abdeckung und Belichtung von Hofkellern, Lichtschächten u. ä. Die Betongläser müssen unmittelbar in den Beton eingebettet sein, so daß ein Verbund zwischen Glas und Beton gewährleistet ist. Hohlgläser müssen über die ganze Plattendicke reichen.

Die Betonrippen müssen bei einachsig gespannten Tragwerken ≧6 cm hoch, bei zweiachsig gespannten ≧8 cm hoch und in Höhe der Bewehrung ≧3 cm breit sein. Alle Haupt- und Querrippen müssen mindestens einen Bewehrungsstab mit einem Durchmesser von ≧6 mm erhalten.

Tragteile aus Glasstahlbeton müssen durch einen umlaufenden Stahlbeton-Ringbalken mit geschlossener Ringbewehrung verbunden sein. Der Ringbalken kann innerhalb eines anschließenden Stahlbeton-Bauteils liegen. Breite und Dicke des Balkens müssen mindestens so groß wie die Dicke des Tragteils selbst und die Ringbewehrung die gleiche wie die Bewehrung der Hauptrippen sein. Die Bewehrung aller Rippen ist bis an die äußeren Ränder des umlaufenden Balkens zu führen.

Tragteile aus Glasstahlbeton sind z. B. durch nachgiebige Fugen vor Zwängkräften aus der Gebäudekonstruktion zu schützen.

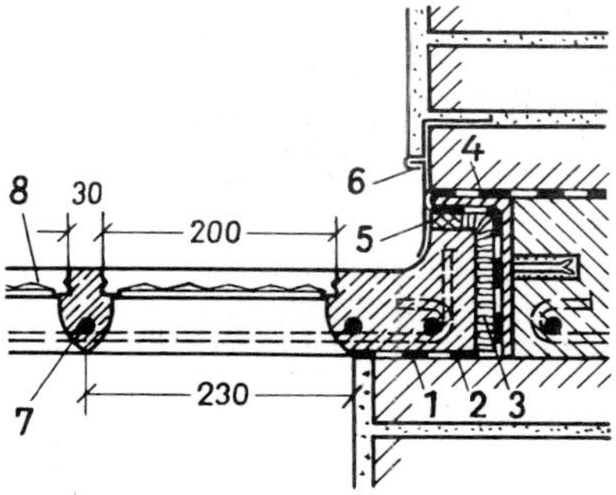

4.16 Glasstahlbeton-Decke mit Anschluß an Außenwand in Höhe einer Stahlbetondecke

1 Tragwerkauflager
2 Gleitfuge
3 Glaswolle
4 Winkelstahl 160 × 80 × 10
5 dauerelastische Dichtung
6 Abdeckprofil
7 Stahlbetonrippe $h \geqq$ 6 cm, $b \geqq$ 3 cm
8 Glaskörper (einbetoniert)

4.3.2.5 Pilzdecken

Pilzdecken – hier nur der Vollständigkeit wegen in der Reihe der Plattendecken erwähnt – werden meist über Räumen angewendet, die sehr großflächig, aber leicht überschaubar sein sollen und deren Decken daher nur gewissermaßen punktförmige Unterstützungen bei geringer Konstruktionshöhe zulassen (Bild **4**.17).

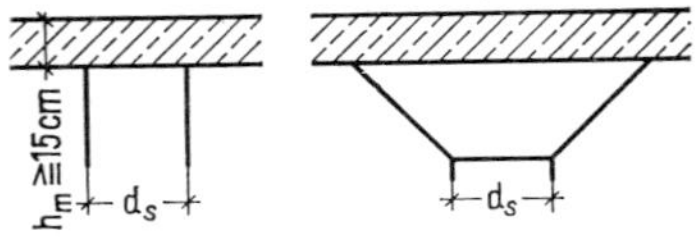

4.17
Pilzdecke, links ohne, rechts mit Stützenkopfverstärkung $h_m \geqq 15$ cm

Die ehemals außerhalb der Deckenplatte liegenden pilzkopfähnlichen Stützenkopfverstärkungen sind nicht erforderlich, wenn die Sicherheit gegen Durchstanzen rechnerisch nachgewiesen wird (DIN 1045 Abschn. 22.5). Die Schalarbeit wird in diesem Falle vereinfacht, die Bewehrung schwieriger. Die Stützen können runden, quadratischen oder rechteckigen Querschnitt haben.

4.3.3 Balkendecken

4.3.3.1 Massivbalkendecken

Die Suche nach Massivdecken, die ohne Schalung hergestellt werden können, hat zu Decken geführt, die von mehr oder weniger dicht nebeneinanderliegenden vorgefertigten Massivbalken getragen werden. Diese Massivbalken können u.a. die Form von Stahlbetonbalken, profilierten Stahlbetonträgern mit Steg und Flansch oder von Stahlbeton-Hohlbalken, von Ziegelhohlbalken oder von Stahlleichtträgern haben. Von Vorteil ist die meist hohe Tragfähigkeit dieser Decken und die geringe Baufeuchtigkeit, die bei ihrer Herstellung auftritt. Nicht zu unterschätzen sind jedoch Transport- und Montagekosten bei dicht verlegten massiven Stahlbetonfertigbalken (Bild **4**.18).

Sehr weit verbreitet sind Decken mit Fertigbalken, die aus auf mannigfache Art geformten Spezialhohlziegeln und Zwischenbauteilen aus großformigen Hohlziegeln bestehen (Bild **4**.19)[1]).

Die Ziegelbalken erhalten bei ihrer Herstellung die erforderliche, in Beton eingebettete Bewehrung. Die Zwischenbauteile (s. Abschn. 4.3.1) können, wie z.B. hier gezeigt, statisch mitwirken, oder sie beteiligen sich nicht an der Lastaufnahme (z.B. in DIN 4028, 4158, 4159, 4160). Im letzteren Falle würde die Druckschicht durch eine 5 cm dicke Ortbetonplatte gebildet werden müssen, um zu gewährleisten, daß an den Fugen aus unterschiedlicher Belastung der einzelnen Balken keine Durchbiegungsunterschiede entstehen. In dem hier gezeigten Beispiel stellt der Ortbeton die Verbindung zwischen dem Hohlziegelbalken und der besonders ausgebildeten Druckzone des Zwischenbauteils her. Bei nicht vorwiegend ruhen-

---

[1]) Der Bundesverband der Deutschen Ziegelindustrie e.V., Bonn, bringt in der Veröffentlichung „Ziegelbauberatung" u.a. einen sehr guten Überblick über Ziegelfertigteildecken aller Art und ihre bauliche Ausführung.

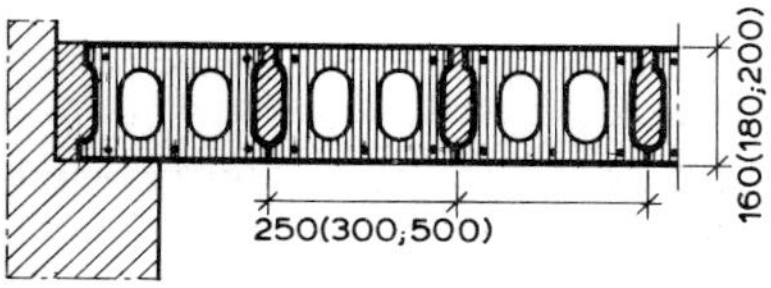

4.18 Bimsbeton-Balkendecke (RAAB)

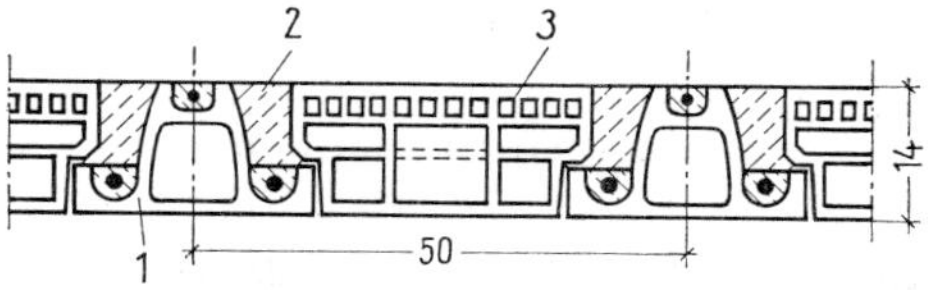

4.19 Massivbalkendecke mit bewehrten Hohlziegelbalken (ESTO-Decke)

1 vorgefertigter Hohlziegelbalken
2 Ortbeton
3 Druckzone des statisch mitwirkenden Zwischenbauteils

den Verkehrslasten wirken die Zwischenbauteile statisch nicht mit. Die Sicherung der Quersteifigkeit (s. Tabelle in Abschn. 4.3.3.3) muß dann die obenerwähnte, in der Regel 5 cm dicke Ortbetonplatte übernehmen (Übergang zur Rippendecke).

Das Balken- und damit das Deckengewicht kann durch Verwendung von Stahlleichtträgern, die in zahlreichen Formen auf dem Markt sind, weiter vermindert werden. Es gibt u.a. Rundstahl-Gitterträger, Stahlblech-Gitterträger und entsprechende Kombinationen. Der Untergurt wird meist durch eine Betonfußleiste bzw. durch eine Stahlbetonleiste im Ziegelschuh (Tonschalen) gebildet, die als Auflager für die statisch mitwirkenden oder nicht mitwirkenden Zwischenbauteile dient (Bild **4.20**).

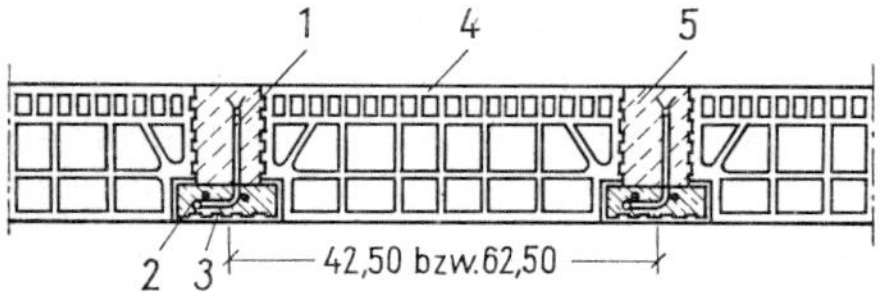

4.20 Massivbalkendecke mit fachwerkartigen Stahlleichtträgern[1])

1 Stahlleichtträger
2 Stahlbetonuntergurt
3 geschlossene Untersicht aus Ziegelmaterial
4 mitwirkender Zwischenbauteil (Ziegel)
5 Ortbeton

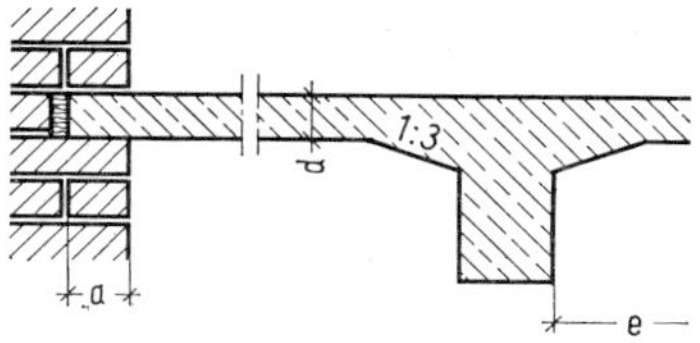

4.21 Plattenbalkendecke (Stahlbewehrung nicht gezeichnet)

a ≧ 10 cm
d ≧ 7 cm
e = lichter Balkenabstand ≧70 cm (i.d. Regel 2,0 bis 3,0 m)

---

[1]) Vogter Ziegeldecke-Filigranziegeldecke

4.3.3.2 Plattenbalkendecken

Wirtschaftlicher als eine Vollplatte ist bei größeren Stützweiten und Lasten die Plattenbalkendecke. Bei ihr wird der Beton der Zugzone auf das notwendigste Maß vermindert und die erforderliche Zugbewehrung in Balken zusammengefaßt (Bild **4.21**). Die Plattenbalkendecke besteht aus Rechteckbalken und monolithisch mit ihnen verbundenen Platten, die als beiderseitig über die Balken ragende Kragplatten oder als Durchlaufplatten ausgebildet werden können.

Die Verbindung zwischen Balken und Platte kann über Vouten erfolgen (stahlsparend). Möglich sind jedoch auch Plattenbalkendecken aus

Ortbetonbalken und vorgefertigten Platten

vorgefertigten Balken und Ortbetonplatten oder vorgefertigten Platten (Bild **4**.22)

vorgefertigten Balken und vorgefertigten nicht tragenden Füllkörpern und Oberbeton (Bild **4**.23)

(s. Tab. 26 aus DIN 1045 in Abschn. 4.3.3.3).

Möglich sind Balkenabstände von 2 bis 3 m. Bei engeren Abständen ergeben sich dünnere Platten und Balken von geringerer Höhe. Werden die lichten Abstände zwischen den Balken kleiner als 70 cm, spricht man von Stahlbeton-Rippendecken.

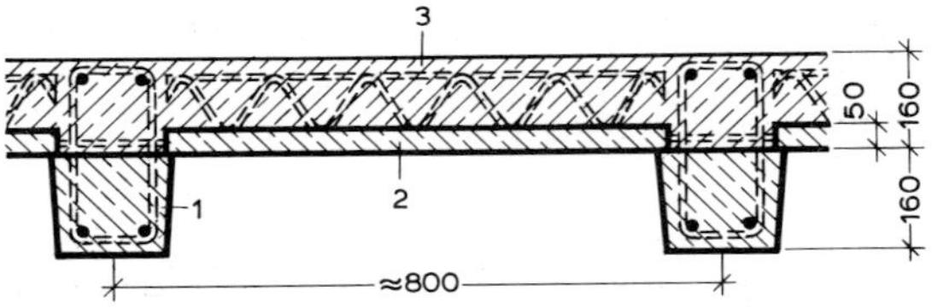

4.22
Plattenbalkendecke (vorgefertigt), System Kaiser
1 vorgefertigter Stahlbetonbalken
2 vorgefertigte Platte
3 Ortbeton

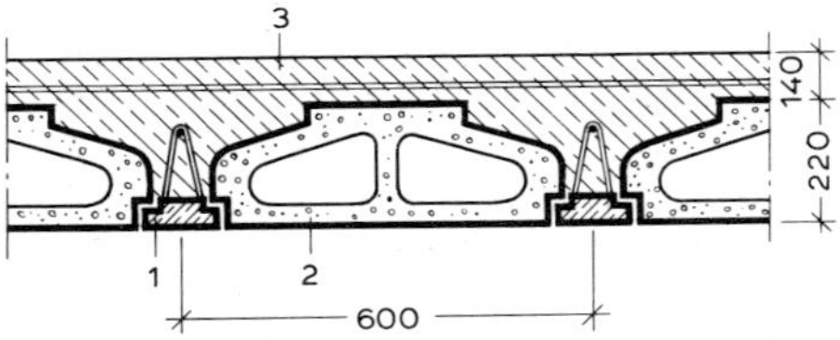

4.23
Plattenbalkendecke (vorgefertigt) mit nichttragendem Füllkörper, System OMNIA
1 vorgefertigte Balken mit Bewehrung
2 nichttragende Füllkörper aus Leichtbeton
3 Ortbeton, ggf. mit zusätzlicher Bewehrung

4.3.3.3 Stahlbeton-Rippendecken

Die Druckplatte der Stahlbeton-Rippendecke (≧ 1/10 des lichten Rippenabstandes, jedoch ≧ 5 cm dick) erhält nur eine einfache Querbewehrung[1]) zur Sicherung der Quersteifigkeit, die Zugbewehrung liegt in den Längsrippen, die mindestens 5 cm breit sein müssen. Die Stahlbeton-Rippendecke besteht statisch aus T-Balken, die quersteif untereinander verbunden sind (Bild **4**.24).

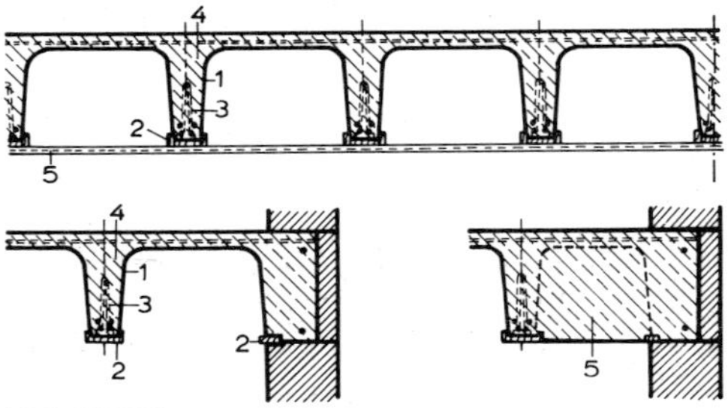

4.24
Stahlbeton-Rippendecke (OMNIA)
a) Deckenquerschnitt
b) Wandanschluß mit normalem Schalungskörper
c) Wandanschluß mit Massivbetonstreifen oder Paß-Schalungskörper
1 Schalungskörper
2 Holzleiste
3 vorgefertige Hauptbewehrung
4 Ortbeton
5 Ortbetonstreifen oder Paß-Schalkörper

[1]) bei BST 220/340 (I) 3 Bewehrungsstäbe ∅ 7 mm
bei BST 420/500 (III) 3 Bewehrungsstäbe ∅ 6 mm
bei BST 500/550 (IV) 4 Bewehrungsstäbe ∅ 4 mm

In besonderen Fällen sind Querrippen anzuordnen (DIN 1045 Abschn. 21.2.2.3).

Der Unterschied zwischen einer Stahlbeton-Rippendecke und einer Stahlsteindecke, die ihr äußerlich ähnelt (vgl. Abschn. 4.3.2.3 und DIN 4159 Abschn. 4), besteht darin, daß bei der Stahlbeton-Rippendecke unter Verwendung von hochwertigem Stahl mit hochwertigem Beton die entsprechenden zulässigen Spannungen voll ausgenutzt werden dürfen.

Stahlbeton-Rippendecken können mit statisch mitwirkenden Zwischenbauteilen (z.B. aus Ziegeln nach DIN 4159) hergestellt werden, aber auch mit statisch nicht mitwirkenden Füllkörpern, die zwischen den Rippen und unter der Platte nicht nur die Schalung ersetzen, sondern eine ebene Deckenuntersicht bilden (Bild **4**.25), gegebenenfalls der Schall- und Wärmedämmung dienen, über ihre Schalungsfunktion hinaus keine Festigkeit aufzuweisen brauchen und infolge ihres geringen Gewichts leicht und schnell zu verlegen sind. Sie bestehen meist aus Holzwerkstoffen, Schaumstoff o.ä. dort, wo erhöhtes Deckengewicht aus Gründen des Schallschutzes keine Rolle zu spielen braucht.

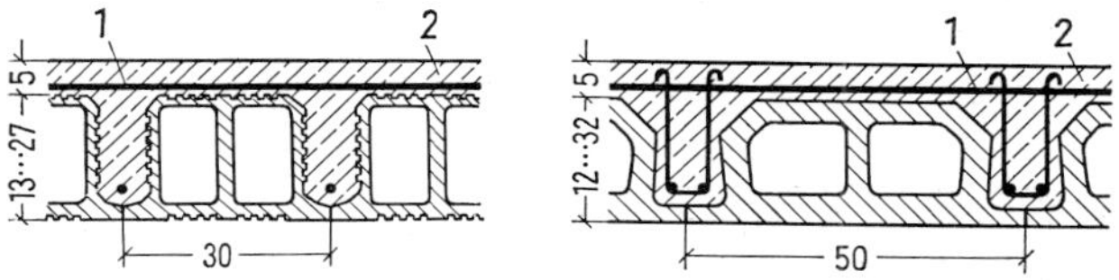

4.25
Stahlbeton-Rippendecken mit statisch nicht mitwirkenden Füllkörpern
1 Querbewehrung
2 Druckplatte

Wenn die Füllkörper statisch nicht mitwirken, besteht die Möglichkeit, die Schalkörper auf wiederholte Verwendung hin anzufertigen. So gibt es Schalbleche für Ortbeton-Rippendecken verschiedener Abmessungen, daneben zahlreiche andere Arten von wiederverwendbaren oder verlorenen Schalkörpern.

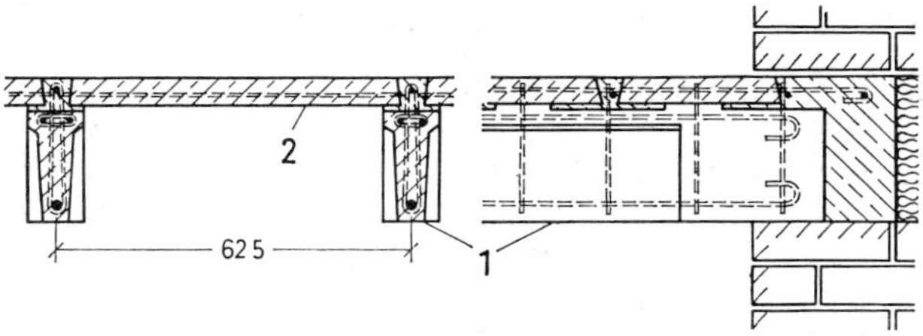

4.26
Stahlbeton-Rippendecke aus Fertigteilen (Decke ist unmittelbar neben Balkenauflager geschnitten)
1 Stahlbeton-Fertigbalken
2 vorgefertigte Druckplatte

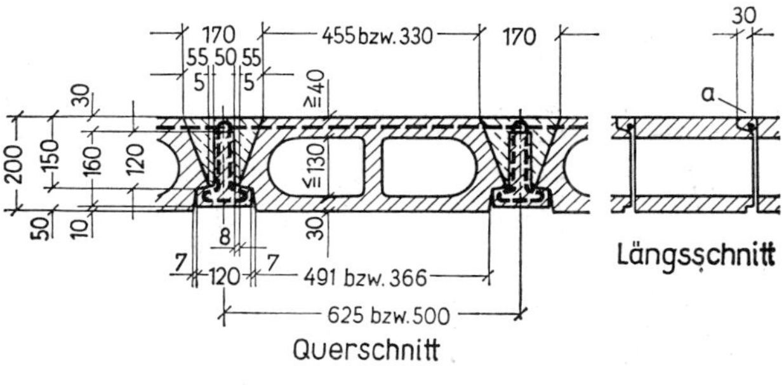

4.27
Stahlbeton-Rippendecke aus Stahlbeton-Fertigbalken mit Rippendecken-Füllkörpern. Der Fugenmörtel der besonders geformten Stoßfuge (bei a) gewährleistet die Druckübertragung zwischen den Füllkörpern. Querbewehrung in der Druckzone

Maßnahmen für die Querverbindung von Fertigteilen (nach DIN 1045 Abschn. 19.7.5 Tab. 26)

1	2	3	4	5
Deckenart	vorwiegend ruhende Verkehrslasten			vorwiegend ruhende und nicht vorwiegend ruhende Verkehrslasten
	$p \leqq 3{,}5$ kN/m² [1]	$p \leqq 5{,}0$ kN/m²	$p \leqq 10{,}0$ kN/m²	unbeschränkt
	nicht in Fabriken und Werkstätten	auch in Fabriken und Werkstätten mit leichtem Betrieb	nicht in Fabriken mit schwerem Betrieb	auch in Fabriken und Werkstätten mit schwerem Betrieb
1 dicht verlegte Fertigteile aller Art (Platten, Balken, Plattenbalken) mit Ausnahme von Rippendecken	I	II	nur mit Nachweis	
2 Fertigplatten mit stat. mitwirkender Ortbetonschicht (s. DIN 1045 Abschn. 19.7.6)	III	III	III	III nur mit durchlaufender Querbewehrung
3 Rippendecken mit ganz oder teilweise vorgefertigten Rippen und Ortbetonplatte oder mit statisch mitwirkenden Zwischenbauteilen und Rippendecken mit Ortbetonrippen und statisch mitwirkenden Zwischenbauteilen	IV	IV	nicht zulässig	
4 Balkendecken aus ganz oder teilweise vorgef. Balken im Achsabstand von $\leqq 1{,}25$ m mit statisch nicht mitwirkenden Zwischenbauteilen	V	V	nicht zulässig	
5 Plattenbalkendecken a) mit Balken aus Ortbeton und Fertigplatten b) mit ganz oder teilweise vorgefertigten Balken und Ortbetonplatten c) mit vorgefertigten Balken und Fertigplatten	keine Maßnahme, außer Nachweis der Durchlaufwirkung der Platte und ihrer biege- und schubfesten Verbindung mit dem Balken			
6 raumgroße Fertigteile aller Art ohne Ergänzung durch Ortbeton	Bestimmungen für Bauteile aus Ortbeton maßgebend			

[1]) Gilt auch für die dazugehörigen Flure.

Die Kurzzeichen I bis V der vorstehenden Tabelle bedeuten, geordnet nach ihrer Wirksamkeit für die Querverbindung, folgende Maßnahmen:

I ≧2 cm tiefe Nute in den Fertigteilen an der Seite der Fugen nach Bild **4**.28, die mit Mörtel nach Abschn. 6.7.1 oder mit Beton mindestens der Güte B 15 ausgefüllt werden, so daß die Querkräfte auch ohne Inanspruchnahme der Haftung zwischen Mörtel und Fertigteil übertragen werden können.

Bei $p \geqq 2{,}75$ kN/m² sind stets Ringanker anzuordnen.

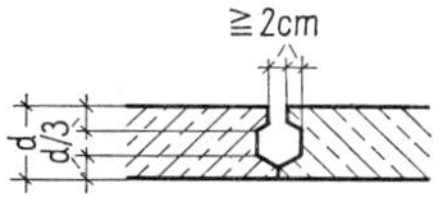

4.28
Beispiel für Fugen zwischen Fertigteilen

II Querbewehrung nach Abschn. 20.1.6.3, 3. Satz, in einer ≧4 cm dicken Ortbetonschicht (z.B. nach Bild **4**.29a) oder im Fertigteil mit Stoßausbildung (z.B. nach Bild **4**.29b).

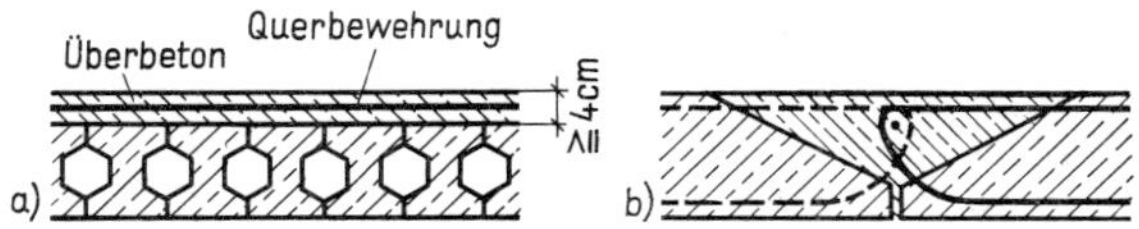

4.29
Beispiele für die Anordnung einer Querbewehrung
a) in ≧4 cm dickem Ortbeton
b) bei Stößen im Fertigteil

III Querbewehrung nach Abschn. 20.1.6.3, 1. Satz, im Ortbeton unter Beachtung des Abschn. 13.2 möglichst weit unten liegend (**4**.30a) oder nach Abschn. 19.7.6 gestoßen (**4**.30b).

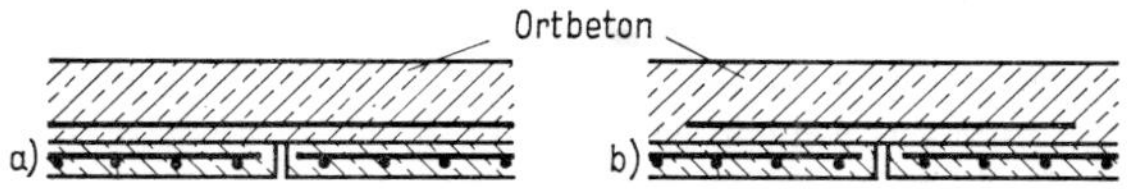

4.30
Beispiele für die Anordnung einer Querbewehrung

IV Querrippen nach Abschn. 21.2.2.3. Die Querrippen sind bei Verkehrslasten über 3,5 kN/m² für die vollen, sonst für die halben Schnittkräfte der Längsrippe zu bemessen. Sie sind etwa so hoch wie die Längsrippen auszubilden.

V wie IV, bei Stützweiten >4 m jedoch stets mindestens 1 Querrippe.

Wechselbalken für Auswechslungen von Balken bei Schornsteinen usw. sollen möglichst dadurch vermieden werden, daß die Schornsteine zwischen den Balken hochgeführt werden. Sind Wechsel notwendig, so ist die Schubsicherung besonders nachzuweisen.

4.3.4 Trapezstahl-Decken

Massive Geschoßdecken können mit Hilfe von Trapezblechen hergestellt werden, die aus bandverzinktem Stahlblech von 0,75 bis 2,00 mm Dicke kalt gefaltet werden in Breiten von ca. 0,60 bis 1,00 m, Längen bis 15,00 m und Höhen von ca. 50 mm bis 160 mm.

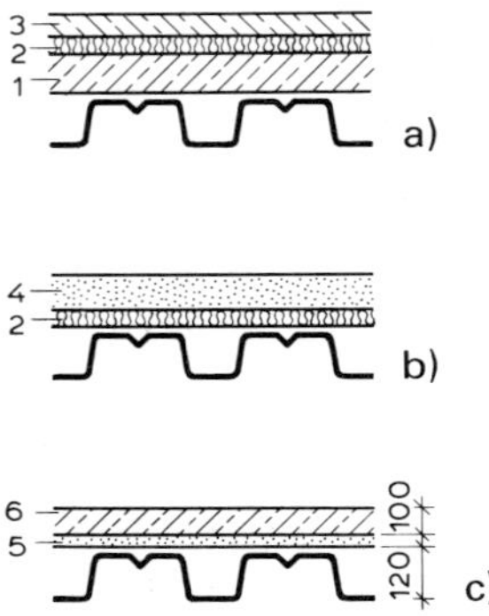

4.31 Trapezstahl-Decke (SAG), verschiedene Konstruktionsmöglichkeiten

1 Fertigbetonplatte
2 Trittschall- und Wärmedämmung
3 Estrich
4 mehrschichtige Preßplatte
5 Hartstoffplatte
6 Aufbeton

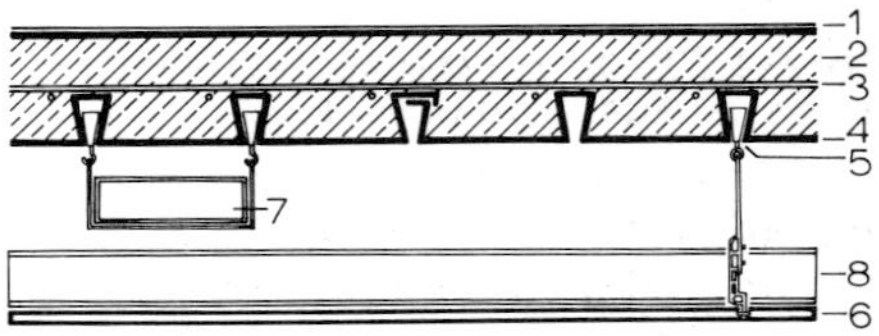

4.32 Stahlblech-Verbunddecke (HOESCH)

1 Bodenbelag
2 Ortbeton
3 Schwindbewehrung
4 Profilblech
5 Aufhängeschienen
6 abgehängte Decke
7 Installations- oder Klimakanal
8 Unterkonstruktion

Trapezbleche können als Ein- oder Mehrfeldplatten verlegt werden. Sie können als Tragwerk für die verschiedensten Trockenkonstruktionen dienen (Bild **4**.31 a bis c). An der seitlichen Überlappung werden die Profilbleche durch Niete, Schrauben oder Stanzung verbunden. Die Verbindung mit der Unterkonstruktion bilden Schrauben, Setzbolzen oder Punktschweißung. Für Stahlbetondecken bilden sie bei einigen Systemen gleichzeitig Schalungs- und Tragelement (Bild **4**.32).

An den Hohlstegen der Profile oder eingehängt in die Profilierung können leicht Installationen oder abgehängte Decken montiert werden.

Stahlblech-Deckenkonstruktionen können nach DIN 4102 den Feuerwiderstandsklassen F 90 bis F 120 zugeordnet werden (vgl. Abschn. 7).

4.4 Holzbalkendecken

Als Geschoßdecken sind Holzbalkendecken – auch im Wohnungsbau – nahezu völlig von Massivdecken verdrängt worden. Ihren Vorteilen (geringes Gewicht, Vorfertigung mit trockenem Einbau, gute Wärmedämmung) steht als Nachteil u.a. gegenüber: Gefahr von Fäulnis, Schädlingsbefall und Feuer, schwierige Schalldämmung. Holzbalkendecken kommen daher nur noch für einfache, kleinere Bauvorhaben, als Decken über dem obersten Geschoß oder auch im Zusammenhang mit Holzskelett-Fertigbauweisen vor. Sie werden im Rahmen dieses Abschnittes daher besonders im Hinblick auf die neuerdings wieder wichtiger werdenden Sanierungsaufgaben an Altbauten behandelt.

4.4.1 Baustoff Holz

Allgemeines

Für Zimmerarbeiten werden hauptsächlich Nadelhölzer verwendet:

Kiefer (sehr harzreich, daher dauerhaft)	Weißtanne (Edeltanne)
Fichte (Rottanne)	Lärche

Hölzer mit größeren Querschnitten (Balken, Dachverband) bestehen meist aus Kiefern- oder Fichtenholz.

Durch Anwenden der Gütevorschriften, volles Ausnutzen der Tragfähigkeit, sachgemäßen Einbau und geeigneten Holzschutz kann Holz gespart werden; ferner dadurch, daß alle Balken- und Dachverbandhölzer nach der DIN 1052 „Holzbauwerke, Berechnung und Ausführung" berechnet werden und die DIN 18334 „Zimmerarbeiten" beachtet wird.

Mängel und Fehler des Holzes

Nachteilig ist die Neigung des Holzes zum Quellen und Schwinden (bei Wasseraufnahme bzw. -abgabe), zum Reißen (bei ungleichmäßigem Austrocknen von Kern- und Splintholz) und zum Werfen (ungleichmäßiges Quellen oder Schwinden von Schnittholz mit einer Kernholz- und einer Splintholzseite).

Trocken- und Schwindrisse, von außen nach innen verlaufend und kaum zu vermeiden, beeinträchtigen die Holzfestigkeit nur wenig. Dagegen wird die Tragfähigkeit durch Kernrisse, von innen nach außen gehend, bedeutend vermindert. Auch Ringschäle, in der Richtung der Jahresringe verlaufende Risse, sowie Blitzrisse und Frostrisse sind für erstklassiges Holz nicht zulässig.

Gesunde, festverwachsene Äste sind kein Fehler, beeinträchtigen jedoch die Tragfähigkeit des Bauholzes, und zwar bei Zugbeanspruchung mehr als bei Druckbeanspruchung. Drehwüchsiges Holz, das ist solches, mit schraubenförmig verlaufenden Fasern, läßt sich schlecht bearbeiten und wirft sich leicht. Faserverlauf schräg zu den Längskanten vermindert die Festigkeit.

Bläue und harte rote Streifen sind bei Verwendung im Trockenen zulässig, nicht aber, wenn das Holz getränkt werden soll.

Rot- und Weißfäule, die den lebenden Baum befallen, beeinträchtigen die Güte des Holzes wenig. Befallenes trockenes Holz ist nur im Trockenen verwendbar. Das gleiche gilt für Holz mit Wurmfraß, falls die Bohrgänge der Käfer und Holzwespen sich nur an der Oberfläche befinden und das Holz sorgfältig mit Holzschutzmitteln imprägniert wird.

Holzschutz

Eingebautes Holz muß vor Fäulnis (Pilzwucherungen, insbesondere Hausschwamm), tierischen Schädlingen (Holzwurm, Hausbock, Meerwasserschädlingen usw.) und vor Entflammen geschützt werden (s. auch Abschn. „Besondere bauliche Schutzmaßnahmen"). Holzschutz ist unentbehrlich geworden, seit aus wirtschaftlichen Gründen tragende Hölzer in statisch errechneten Mindestabmessungen verwendet werden und verkürzte Bauzeiten hölzerne Bauteile besonderen Beanspruchungen unterwerfen. Die Güte des eingebauten Holzes darf während der gesamten Lebensdauer des Bauwerks nicht herabgemindert werden.

Der Holzschutz (s. DIN 68800 und 52175 sowie Teil 2, Abschn. „Schutzanstriche auf Holz“) unterscheidet Vorbeugung und Bekämpfung. Die insbesondere für Neubauten in Betracht kommenden vorbeugenden Maßnahmen sind baulicher und chemischer Art.

Zu den baulichen Maßnahmen zählen u. a. Wahl der zweckentsprechenden Holzart, Trockenhalten und Belüften hölzerner Bauteile sowie Auflagerung, Bemessung, Verbindung und Oberflächengestaltung der Hölzer.

Die chemischen Schutzmaßnahmen werden angewandt gegen Verfärben, Pilzbefall, tierische Holzzerstörer und gegen leichte Entflammbarkeit. Sie gliedern sich in der Hauptsache in wasserlösliche und ölige Mittel, Öl-Salzgemische und Emulsionen. Das Holz kann mit den Schutzmitteln behandelt werden u. a. durch

Streichen, Sprühen (Spritzen)

Kurztauchen (Sek. und Min.)

Tauchen (30 Min. bis mehrere Std.)

Trogtränkung (mehrere Std. bis Tage)

Kesseldrucktränkung (Schutzflüssigkeit wird in die Hohlräume des Holzes gedrückt)

Diffusionstränkung (Schutzpaste wandert durch monatelange Diffusion in saftfrisches Holz ein)

Je nach Schutzmittelverteilung entsteht

Deckschutz (an der Oberfläche)

Randschutz (Eindringtiefe < 1 cm)

Tiefschutz (Eindringtiefe > 1 cm)

Vollschutz (völlige Durchsetzung)

Teilschutz (Behandlung besonders gefährdeter Teile)

Einbringverfahren und Wirksamkeit der Mittel sind in DIN 68800 näher erläutert. Außerdem sind dort Vorschriften und Empfehlungen für den Holzschutz zusammengestellt.

Es dürfen nur Mittel verwendet werden, die ein Prüfzeichen erhalten haben. Es bedeuten:

P = wirksam gegen **P**ilze

Iv = **v**orbeugend wirksam gegen **I**nsekten

Ib = wirksam bei **I**nsekten**b**ekämpfung

S = geeignet zum **S**treichen, **S**prühen, Kurztauchen und Tauchen

W = geeignet für der **W**itterung ausgesetztes Holz

F = Holzschutz gegen **F**euer (durch Verkieselung der Holzfasern, Entwicklung einer Schutzzone aus sauerstoffabsperrenden Gasen oder Bildung von Schmelz- bzw. Schaumschichten auf der Holzoberfläche kann Holz schwerentflammbar gemacht werden)

Z. B. IvSW bedeutet: Mittel ist geeignet zum vorbeugenden Schutz gegen Insekten für Streich-, Sprüh-, Kurztauch- und Tauchverfahren und für der Witterung ausgesetztes Holz

Zurichten des Bauholzes

Nach dem Fällen sollte das Holz zwei bis drei Jahre lang austrocknen. Leider erzwingt die Marktlage oft kürzere Fristen. Deshalb wird häufig Holz verarbeitet, das nach dem Einbau durch Austrocknen noch stark schwindet. Dabei entstehen u. a. klaffende Fugen, Putzrisse und häufig Pilzbefall. Holz darf nur dann halbtrokken eingebaut werden, wenn es in Kürze für dauernd austrocknen kann. Hochwertiges Holz wird künstlich getrocknet.

Durch Schneiden des Stammes im Sägegatter entsteht Schnittholz verschiedener Abmessungen. Kanthölzer sind besonders günstig geschnitten, wenn das Kernholz im Schnittpunkt der Querschnittachsen liegt. Ebenso sind Bretter mit stehenden Jahresringen (Kernbretter, Herzdielen) wertvoller als Seitenbretter (Bild **4**.33).

Im gewöhnlichen Hoch- und Tiefbau genügt fehlkantiges Bauholz (Bild **4**.34), vollkantiges soll nur für besondere Ingenieurbauten verlangt werden. Für einfache Bauten (Schuppen, Scheunen u. ä.) sind Rund- und Halbrundhölzer ohne weiteres verwendbar.

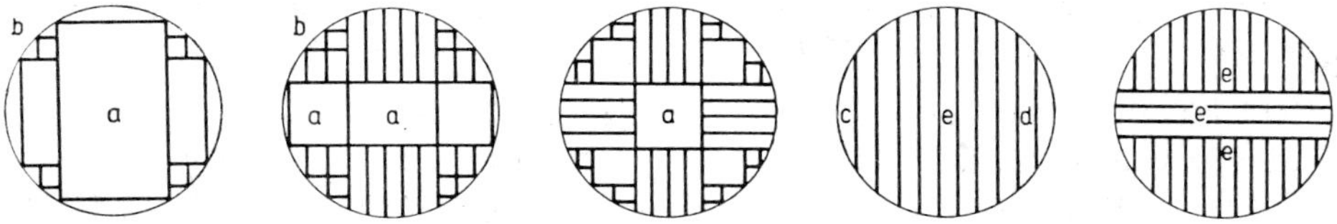

4.33 Sägeschnitte a Kanthölzer b Latten c Schwarten d Seitenbretter e Kernbretter (Herzdielen)

günstigstes Widerstandsmoment für Vollbalken bei Seitenverhältnis ≈5 : 7
günstigstes Trägheitsmoment für Vollbalken bei Seitenverhältnis ≈4 : 7

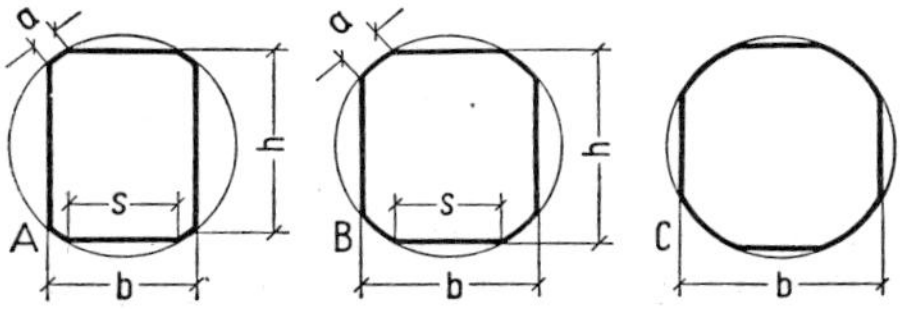

4.34 Bauschnittholz

Schnittklassen

S scharfkantig; Baumkanten nicht zulässig
A vollkantig; $a \leqq h/8$ $s \geqq {}^2/_3\, b$
B fehlkantig; $a \leqq h/3$ $s \geqq {}^1/_3\, b$
C sägegestreift; an allen Seiten durchlaufend gestreift

Holzabmessungen

In DIN 4070 bis 4073 sind die Schnittholzabmessungen festgelegt.

Holzabmessungen für Nadelschnittholz nach DIN 4070 T 1 (die Maße gelten für halbtrockenes [verladetrockenes] Holz in rauhem Zustande)

Kantholz cm/cm						Balken cm/cm				Latten mm/mm			
8/8	6/10	6/12	6/14	8/16	8/18	8/20	10/22	12/24	12/26	24/48	30/50	40/60	50/80*)
	8/10	8/12	8/14	10/16	10/18	10/20	16/22	16/24	20/26				
	10/10	10/12	10/14	12/16	14/18	12/20	18/22	18/24					
		12/12	12/14	14/16	18/18	14/20		20/24					
			14/14	16/16		16/20							
						20/20							

Längenstufung innerhalb eines Meters 0,0 0,25 0,50 0,75 1,00 m

*) Doppellatte

Bretterdicken

rauhe Bretter (besäumt und unbesäumt) nach DIN 4071:

Dicke 10 12 15 18 20 22 24 26 28 30 35 und 40 mm;

Längenstufung innerhalb eines Meters für Nadelholz wie vor, für Laubholz von 10 zu 10 cm

gehobelte Bretter (besäumt und unbesäumt) nach DIN 4073 für lufttrockenes Nadelholz:

Dicke 7 9 12 15 17 21 23 27 32 und 36 mm (Brett- und Bohlenbreiten ≧8 cm).

Bohlen

rauhe Bohlen (besäumt und unbesäumt) nach DIN 4071:

Dicke 45 50 55 60 65 70 80 90 und 100 mm; Längenstufung wie vor

gehobelte Bohlen (besäumt und unbesäumt) nach DIN 4073 für lufttrockenes Nadelholz:

Dicke 40 45 50 55 60 65 und 75 mm.

Wegen der Dicken der künstlich getrockneten gehobelten Bretter und Bohlen (Nadelholz und Laubholz) s. DIN 4073.

Gütebedingungen

Die Prüfung des Holzes erfolgt nach DIN 52180 bis DIN 52189.

Der Feuchtigkeitsgehalt ist von Einfluß auf das Volumen und auf die Festigkeit des Holzes. Es wird nach dem Feuchtigkeitsgehalt unterschieden:

frisches Holz	mit	>35% Feuchtigkeit
halbtrockenes (verladetrockenes) Holz		
bei Querschnitten ≧200 cm²	mit	35% Feuchtigkeit
bei Querschnitten ≦200 cm²	mit	30% Feuchtigkeit
lufttrockenes Holz (trockenes Holz)	mit 10 bis	20% Feuchtigkeit

(Prozentsätze bezogen auf das Darrgewicht, d.h. auf das Gewicht völlig ausgetrockneten Holzes)

Die Dichte in kg/dm³ des Holzes beträgt in lufttrockenem Zustand (s. DIN 52182)

bei weichen Hölzern (Fichte, Tanne)	0,55
halbharten Hölzern (Kiefer, Lärche)	0,60
harten Hölzern (Buche, Eiche)	0,75 bis 0,80

Die Beurteilung des Schnittholzes wird durch Einteilung in 3 Güteklassen erleichtert (DIN 4074 Bl. 1): Es besitzt Bauschnittholz der

Güteklasse I besonders hohe Tragfähigkeit

Güteklasse II gewöhnliche Tragfähigkeit

Güteklasse III geringe Tragfähigkeit

Beurteilt werden nach DIN 4074 allgemeine Beschaffenheit (Risse, Verfärbungen, Schädlingsbefall usw.), Schnittklasse, Maßhaltigkeit, Feuchtigkeitsgehalt, Mindestdichte, Jahrringbreite, Äste nach Durchmesser, Lage und Größenverhältnis zu Schnittholzabmessungen, Drehwuchs, Faserabweichungen und Krümmung des Schnittholzes. Bauschnittholz der Güteklasse I ist an sichtbar bleibender Stelle deutlich und einheitlich zu kennzeichnen.

Zulässige Spannungen

In Bauwerken aus Bauholz nach DIN 4074 sind im Lastfall H[1]) die Spannungen nach DIN 1052 T 1 Tab. 6 zulässig.

Die zulässige Spannung richtet sich nach der Güteklasse des Holzes und dem Lastfall gemäß DIN 1052 Abschn. 4.1.2. Nadelholz ist nach DIN 4074 auszuwählen

---

[1]) s. S. 207

und zu beurteilen. Für Zugglieder darf Holz der Güteklasse III nicht verwendet werden.

Bei aus einzelnen Teilen zusammengesetzten Verbundkörpern sind für die Einstufung in eine der Güteklassen nach DIN 4074 im allgemeinen die Eigenschaften des ganzen Bauteiles, nicht die der einzelnen Teile maßgebend. Jedoch müssen bei auf Biegung beanspruchten Bauteilen die in der Zugzone außenliegenden Teile, für sich betrachtet, ebenfalls der vorgesehenen Güteklasse entsprechen. Bei zusammengesetzten Zuggliedern müssen alle Einzelteile der vorgesehenen Güteklasse entsprechen.

Bei Sparren, Pfetten und Deckenbalken aus Kanthölzern oder Bohlen dürfen die zulässigen Spannungen der Güteklasse I nach Tab. 6 nicht angewendet werden, bei anderen Bauteilen nur dann, wenn die Anforderungen hinsichtlich Kennzeichnung, Auswahl usw. nach DIN 4074 erfüllt sind und Berechnung, Durchführung und Ausbildung den strengsten Anforderungen genügen.

Zulässige Spannungen für Bauholz im Lastfall H[1]) (nach DIN 1052 T 1 Tab. 6)

Zeile	Art der Beanspruchung		zulässige Spannungen in N/mm² für					
			Nadelhölzer (europäische) Güteklasse			Brettschichtholz (aus europäischen Nadelhölzern verleimt) nach Abschn. 11.5.5[2]) Güteklasse		Eiche und Buche
			III	II	I	II	I	mittlere Güte
1	Biegung	zul σ_B	7,0	10,0	13,0	11,0	14,0	11,0
2	Zug	zul $\sigma_Z \parallel$	0	8,5	10,5	8,5	10,5	10,0
3	Druck	zul $\sigma_D \parallel$	6,0	8,5	11,0	8,5	11,0	10,0
4	Druck	zul $\sigma_D \perp$	2,0 2,5*)	2,0 2,5*)	2,0 2,5*)	2,0 2,5*)	2,0 2,5*)	3,0 4,0*)
5	Abscheren	zul $\tau \parallel$	0,9	0,9	0,9	0,9	0,9	1,0
6	Schub aus Querkraft	zul $\tau \parallel$	0,9	0,9	0,9	1,2	1,2	1,0

*) Bei Anwendung dieser Werte ist mit größeren Eindrückungen zu rechnen, die erforderlichenfalls konstruktiv zu berücksichtigen sind. Bei Anschlüssen mit verschiedenen Verbindungsmitteln dürfen diese Werte nicht angewendet werden.

[1]) Lastfall H bezieht sich auf die Summe der Hauptlasten (H) = ständige Last, Verkehrslast (einschl. Schnee, aber ohne Windlast), freie Massenkräfte von Maschinen.
Lastfall HZ umfaßt die Summe der Haupt- und Zusatzlasten. Zusatzlasten (Z) = Windlast, Bremskräfte, waagerechte Seitenkräfte (z. B. von Kränen).

[2]) Abschn. 11.5.5 der DIN 1052 T 1 behandelt Gestaltung und Aufbau der Bauteile aus Brettschichtholz bei Leimverbindungen.

4.4.2 Holzbalkenlagen

Die Balkenlage ist der tragende Teil einer hölzernen Decke. Man unterscheidet:

Zwischen- oder Geschoßbalkenlagen, die zwei Geschosse voneinander trennen

Dachbalkenlagen über dem obersten Geschoß

Kehlbalkenlagen innerhalb des Dachgerüstes; sie bilden den oberen Abschluß der Dachgeschoßräume.

Die Balken dienen Fußböden als Auflager, an der Unterseite werden Putzdecken oder andere Unterdeckenflächen befestigt. Darauf ist bei der Balkenanordnung Rücksicht zu nehmen.

Nach Lage und Zweck unterscheidet man folgende Balken (Bild **4**.35):

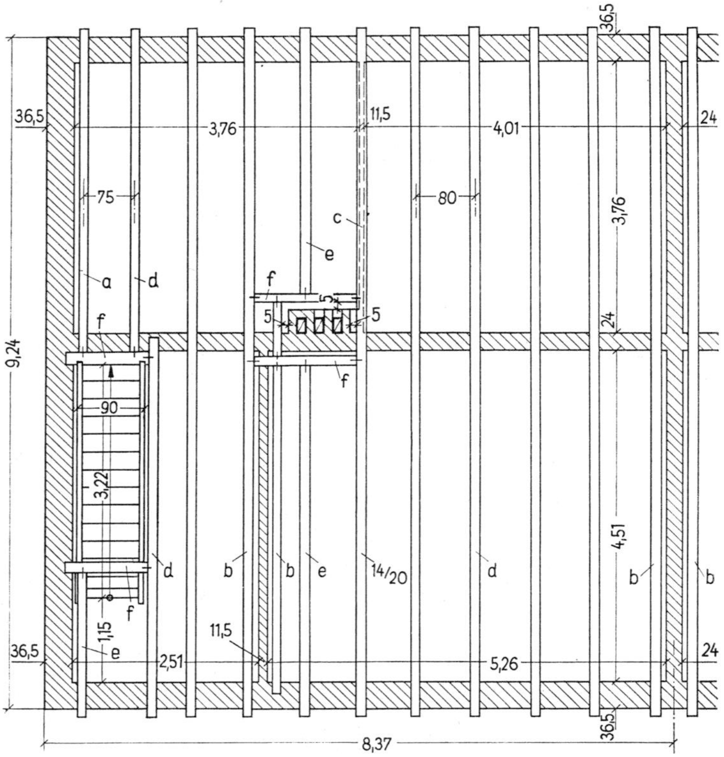

4.35
Dachbalkenlage für ein eingeschossiges Doppelhaus
a Giebelbalken
b Streichbalken
c Wandbalken
d Zwischenbalken
e Stichbalken
f Wechsel

Ort- oder Giebelbalken an den Giebeln. Erhält die Giebelmauer im folgenden Geschoß geringere Dicke, so ist der Giebelbalken nicht auf den Mauerabsatz zu legen (Bild **4**.36 und **4**.37).

Streichbalken an einer oder an beiden Seiten der nach oben weitergeführten massiven Wände. Die durchgehenden Wände sollen auf beiden Seiten feste Berührung mit den Balken haben; daher werden auf die Streichbalken Latten aufgenagelt (Bild **4**.38).

Wandbalken auf jeder unter dem Gebälk aufhörenden massiven Zwischenwand geringerer Dicke (Bild **4**.35c). Reicht der Überstand zum Befestigen der Deckenschalung nicht aus, so ist der Balken durch unten angenagelte Latten zu verbreitern (Bild **4**.39a und b). Müssen dünne Leichtwände zwischen Balken gestellt werden, so ist durch Füllhölzer und Schwellbrett ein Auflager zu schaffen (Bild **4**.40). Balken über Fachwerkwänden nennt man Bundbalken.

Zwischenbalken sollen möglichst durch die ganze Tiefe des Gebäudes gehen; sie heißen dann Ganzbalken oder Hauptbalken.

Stichbalken liegen mit einem Ende auf der Wand, mit dem anderen Ende in einem Balken; sie werden bei Balkenauswechslungen und bei Fachwerkbauten, die an den Giebelseiten Balkenköpfe zeigen sollen, verwendet.

Wechsel sind mit beiden Enden in andere Balken verzapft (Bild **4**.35f). Auswechslungen ergeben sich an den Schornsteinen und bei hölzernen Treppen.

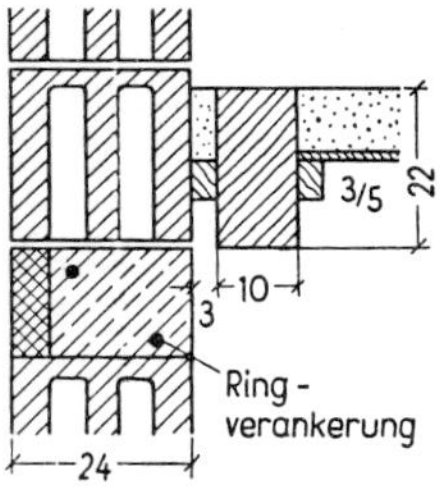

4.36 Ort- oder Giebelbalken neben 24 cm dicker Hohlblockstein-Mauer

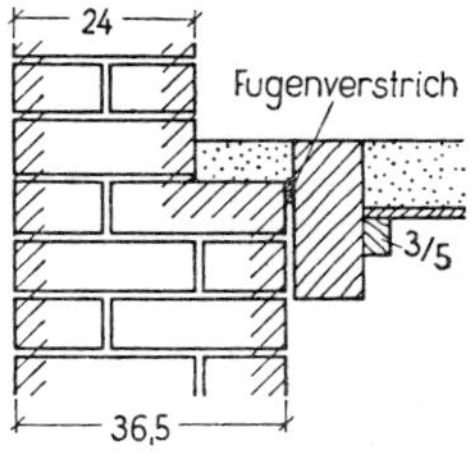

4.37 Ort- oder Giebelbalken neben Mauerabsatz

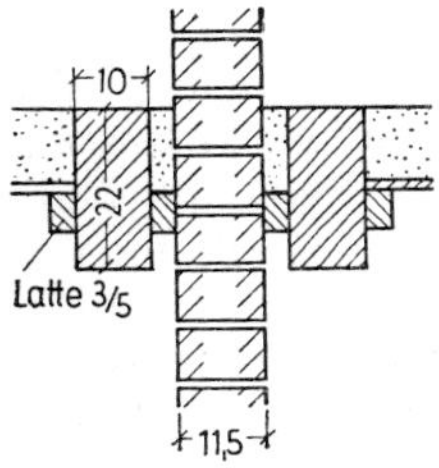

4.38 Streichbalken neben ½ Stein dicker Ziegelwand. Das Auflager für die Schalldichtung zwischen Balken und Mauer kann auch durch eine ausgekragte Ziegelschicht gebildet werden

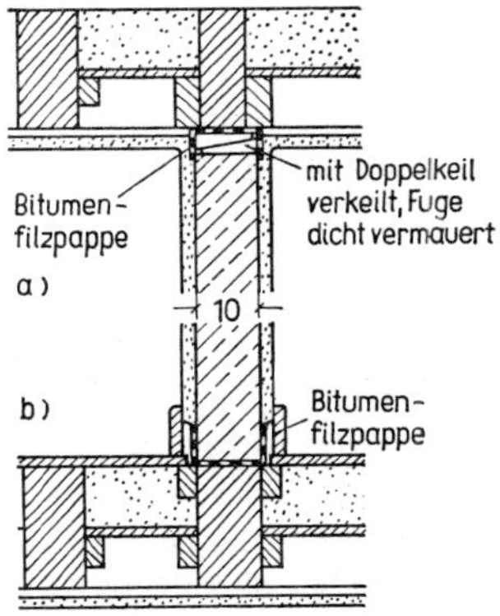

4.39 a) Wandbalken über 10 cm dicker Leichtkalkbeton-Plattenwand
b) Fußpunkt der auf der Balkendecke beginnenden leichten Trennwand

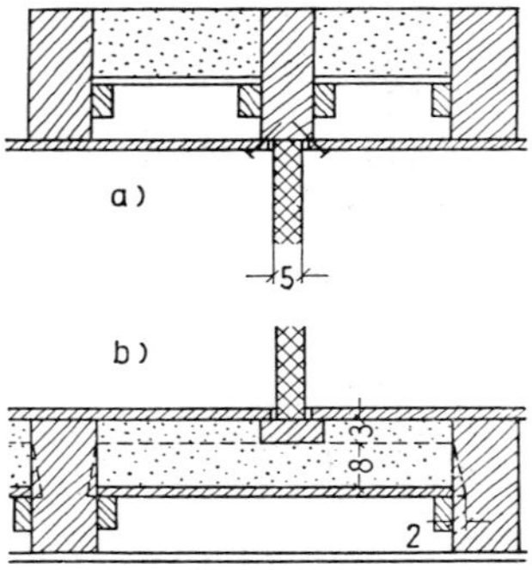

4.40

a) Wandbalken über einer 5 cm dicken leichten Trennwand. Einfaches Verkeilen der Wand unter der durchgehenden Putzschalung würde sich schalltechnisch ungünstig auswirken und ist allenfalls bei ganz kurzen Wänden (Speisekammern u.ä.) zulässig. Trittschalldämmung s. Abschn. 5.3.1.2

b) Leichtwand, auf Füllhölzer 5/8 gestellt, die in 60 bis 70 cm Abstand mit schrägem Anschnitt zwischen die Deckenbalken gesetzt und mit einem 3 cm dicken Schwellbrett verbunden sind. Bei unmittelbar auf die Balken genagelter Dielung muß die Decke untergehängt werden. Besser ist es, wenn die Fußbodenlager an den Kreuzungsstellen mit den Füllhölzern durch Schalldämmstreifen gegen unmittelbare Berührung gesichert werden.

Beim Entwerfen einer Zwischenbalkenlage werden zunächst alle Giebel-, Streich- und Wandbalken festgelegt. Alsdann verteilt man die Zwischenbalken, die in Wohngebäuden 0,60 bis 0,80 m von Mitte zu Mitte anzuordnen sind. Größere Balkenabstände sind unwirtschaftlich, weil dickere Dielen erforderlich werden. Möglichst alle Balken werden gleichlaufend zu den Giebeln gelegt, weil dadurch eine bessere Verankerung der Längswände erreicht wird und meist nur eine balkentragende Mittelwand erforderlich ist. Ergeben sich dabei freie Längen, die unwirtschaftliche Balkenquerschnitte verlangen, so ordnet man entweder Unterzüge an oder die Balken werden über den betreffenden Räumen parallel zur Schmalseite gelegt.

4.4.3 Konstruktive Einzelheiten

Balkenauflager

Bei Ziegelwänden sind die Balken auf eine volle waagerecht abgeglichene Ziegelschicht, bei Hohlblocksteinwänden auf die Ringverankerung aufzulegen. Die Länge des Balkenauflagers beträgt bei Balken bis 20 cm Höhe 15 cm, bei höheren Balken 20 cm.

Der gesamte Balken ist allseitig mit einem anerkannten Holzschutzmittel zu streichen und trocken zu vermauern. Zum Schutz gegen aufsteigende Feuchtigkeit liegt der Balken auf einem Dachpappestreifen. Das Mauerwerk soll seitlich, oben und vor allem vor dem Balkenkopf mindestens 2 bis 3 cm entfernt bleiben. Dieser Hohlraum ist mit dem Luftraum der Balkenfache zu verbinden. Es empfiehlt sich, zwischen Balkenkopf und äußerem Mauerteil zur Vermeidung von Tauwasser eine Wärmedämmplatte (z.B. Leichtbauplatte) einzuschieben, die gemeinsam mit dem äußeren Mauerteil dem Wärmeschutz der jeweiligen gesamten Mauerdicke entspricht (Bild **4**.41). Eine gute Belüftung des Balkenkopfes wird auch durch eine Umhüllung mit Falzpappe erreicht. Geschlossene Asphaltpappekappen sind nicht zweckmäßig, weil sie u.U. die Lüftung behindern. Auflager von Holzbalkendecken auf Hohlblockstein-Wänden müssen besonders sorgfältig ausgeführt werden, weil die Wände am Balkenauflager sehr geschwächt sind und hier erheb-

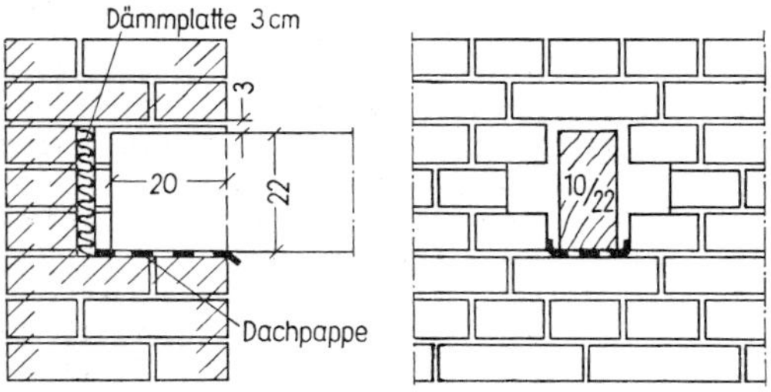

4.41 Einmauerung der Balkenköpfe

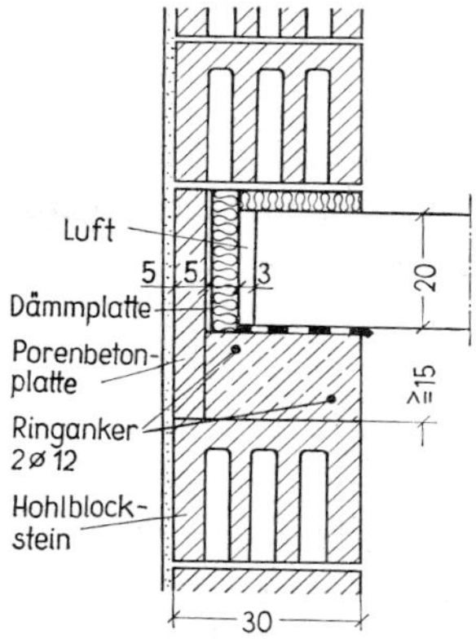

4.42 Holzbalken auf 30 cm dicker Außenwand aus Hohlblocksteinen

liche Wärmeverluste und Tauwasserbildung (s. Abschn. 7. „Besondere bauliche Schutzmaßnahmen") auftreten können. Es empfiehlt sich, bei noch dünneren Außenwänden (z. B. 24 cm), als in Bild **4**.42 gezeigt, nicht zuletzt auch im Hinblick auf die Festigkeit des gesamten Baugefüges, vom Einbau von Holzbalkendecken abzusehen und Massivdecken zu verwenden.

Balkenanker

Die Balkenlage muß eine wirksame Verankerung gegenüberliegender Außenwände ergeben. Zu diesem Zweck wird bei Geschoßbalkenlagen etwa jeder vierte Balken an den Enden durch Stahlanker mit dem Mauerwerk zugfest verbunden.

Wenn Ankerbalken gestoßen werden, müssen sie am Stoß zugfest miteinander verbunden werden. Die Anker sind in vollen Wänden oder unter Fensterpfeilern unterzubringen. Bei Bauten, die nach DIN 1053 Abschn. 3.4 Ringanker erhalten müssen, sind die Balkenanker so anzuordnen, daß sie die Ringanker fassen.

Balkenanker (Bild **4**.43) bestehen aus der 60 bis 80 cm langen Ankerschiene (Flachstahl 40 × 10 bis 50 × 10) und dem 50 bis 60 cm langen Splint (Flachstahl 50 × 15). Ein Ende der Ankerschiene ist zu einer Öse umgeschmiedet, durch die der Splint gesteckt wird. Der Splint muß von Innenkante Wand ≧ 24 cm entfernt sein. Statt des Splintes werden auch quadratische oder kreisrunde Scheiben verwendet, die auf der

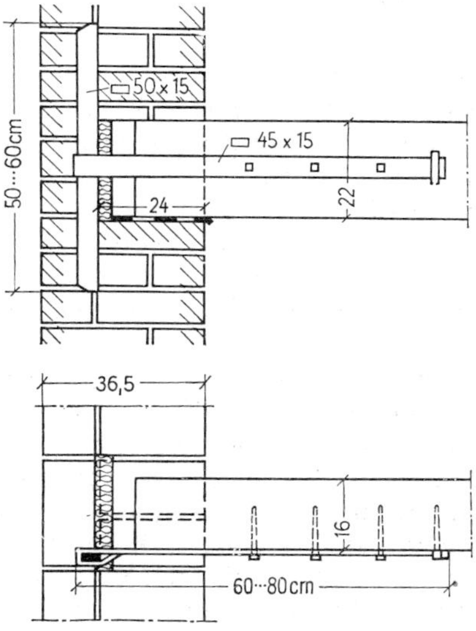

4.43 Balkenanker

Außenfläche der Wand liegen; sie werden mit dem Ankereisen verschraubt. Splinte sind mit Zementmörtel zu vermauern.

Giebelanker (Bild **4**.44) dienen zur Verankerung freistehender Giebelwände mit dem Gebäude; sie bestehen aus Ankerschienen aus Flachstahl 50 × 10, die über drei Balken hinwegreichen müssen. Durch das gedrehte Ankerende ist der ≈60 cm lange Splint gesteckt.

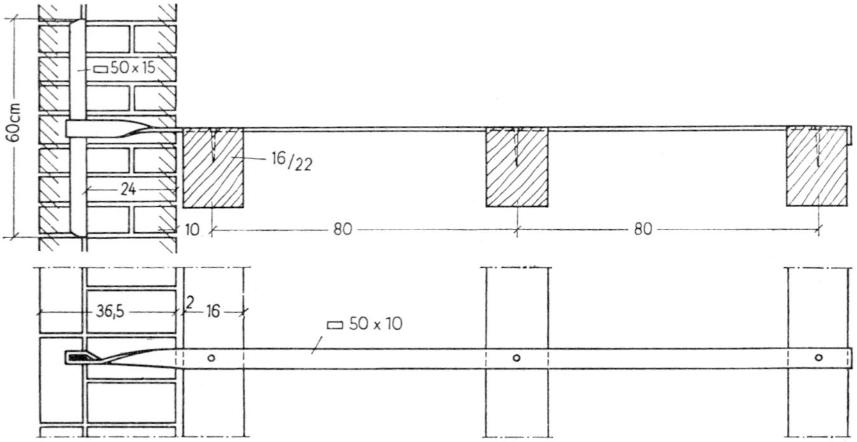

4.44 Giebelanker

Balkenstöße

Über die ganze Gebäudetiefe durchlaufende Balken (Balken auf 3 oder mehr Stützen) sind anzustreben, weil sie statisch günstig sind und Holz sparen helfen. Das Stoßen von Balken ist jedoch oft nicht zu vermeiden (Bild **4**.45 bis **4**.47).

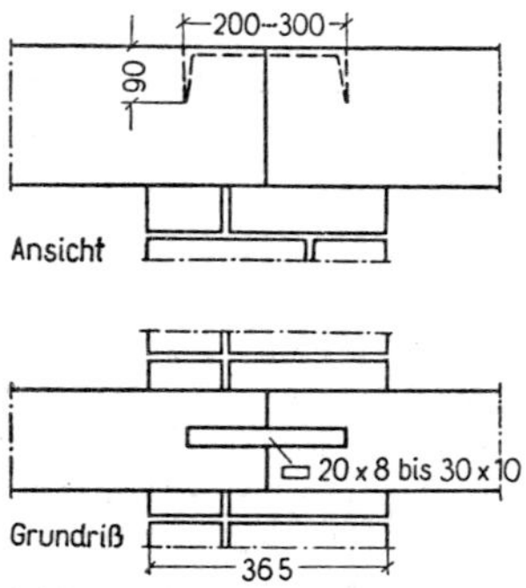

4.45
Gerader Balkenstoß mit Spitzklammer auf 36,5 cm dicker Mauer

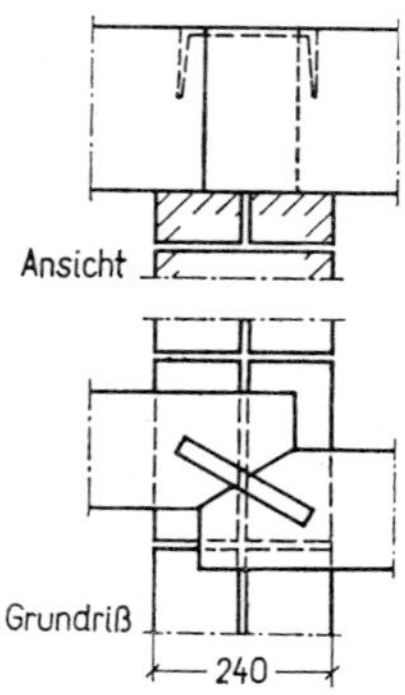

4.46
Balkenstoß auf 24 cm dicker Mauer
Es muß vermieden werden, das in Höhe der Balkenlage aufgehende Mauerwerk durch zu viele Balken zu unterbrechen

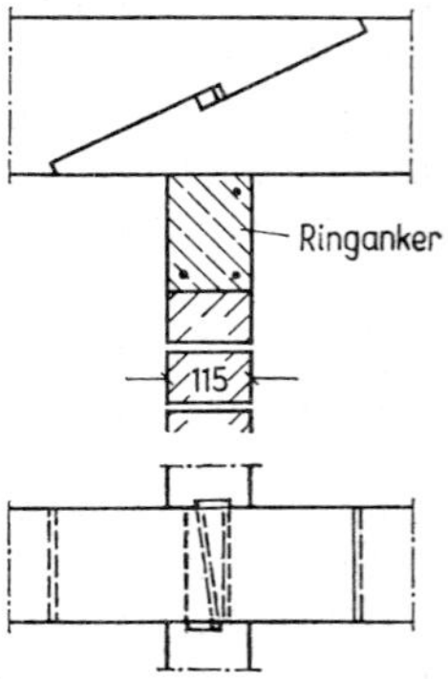

4.47
Balkenstoß auf 11,5 cm dicker Mauer mit schrägem Hakenblatt mit Keil

Für Zugbeanspruchungen müssen die Stöße gegebenenfalls durch Laschen und Bolzen gesichert werden (Bild **4**.48). Sollen gestoßene Balken statisch als Durchlaufträger wirken, so müssen sie durch seitliche Bohlenlaschen biegesteif verbunden werden. Stoßen Holzbalken und Massivdecken auf einer gemeinsamen Auflagerwand zusammen, so müssen die Balkenauflager einschließlich der seitlichen Luftschicht beim Schütten der Massivdecke ausgespart werden.

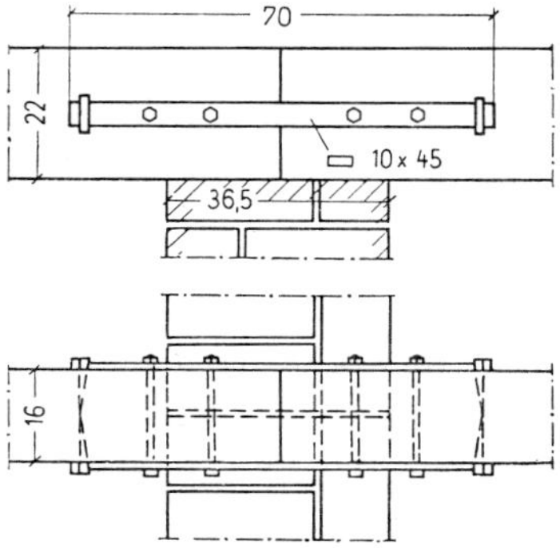

4.48 Zugfester Balkenstoß mit Laschen

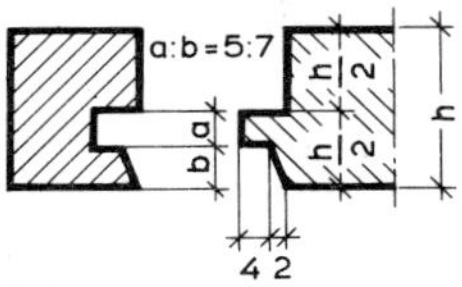

4.49
Brustzapfen
links: Wechselbalken
rechts: Stichbalken

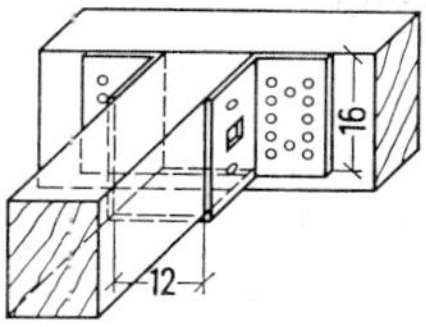

4.50
Anschluß mit Balkenschuh

Größen 6 × 14 | 8 × 14
10 × 16 | 12 × 16
bei Verwendung verzinkter Stahlstifte
19 × 50

Schornsteinwechsel

Schornsteine, ebenso wie Treppenöffnungen zwingen oft dazu, Deckenbalken auszuwechseln. Das geschieht bei Holzbalkendecken in einfacher Weise durch Einzapfen des unterbrochenen Balkens (Stichbalken) in einen Wechselbalken, der seinerseits in die benachbarten durchlaufenden Balken eingezapft ist. Bild **4**.49 zeigt die Zapfenverbindung. Beide Hölzer werden außerdem durch eine Spitzklammer verbunden. „Balkenschuhe", Stahlblechkonsolen (Bild **4**.50), vermindern den Arbeitsaufwand und die Schwächung des Holzquerschnitts.

Die Balkenhölzer müssen ≧5 cm von Außenkante Schornsteinwange entfernt bleiben. Der Zwischenraum zwischen Schornsteinwange und Balken kann durch Leichtbeton ausgefüllt werden (s. a. Bild **4**.35f).

Holzbalkenquerschnitte

Der Balkenquerschnitt richtet sich nach der freien Länge, der Balkenentfernung, dem Deckengewicht und der Verkehrslast. Zur wirtschaftlichen Verwendung des Bauholzes sind alle Balken statisch zu berechnen. Für Bauteile, die aus Erfahrung beurteilt oder deren Maße aus anderen Vorschriften entnommen werden können, ist kein Standsicherheitsnachweis erforderlich. Jeder Balken ist statisch voll auszunutzen. Das kann dadurch erreicht werden, daß bei gleicher Balkenhöhe die jeweils statisch notwendigen Balkenbreiten verwendet oder die Balkenabstände geändert werden. Das Eigengewicht der Decke kann bei leichten Zwischendecken zu 2,0 kN/m^2 angenommen werden. Die Verkehrslast ist bei allen Wohngebäuden mit 2,0 kN/m^2 anzusetzen.

Die folgende Tafel enthält die zulässigen freien Balkenlängen für die Balkenabstände von 60 bis 90 cm bei einer Gesamtbelastung von 4,0 kN/m^2.

Die nach DIN 4070 genormten Balken haben Querschnittsverhältnisse von 1:2,5 (8/20) bis 5:6 (20/24). Statisch am günstigsten sind schmale hohe Querschnitte. Zu empfehlen sind daher die Halbholzbalken (10/20 10/22 12/24 12/26) mit Abständen von 60 bis 70 cm. Bei diesen geringen Balkenabständen braucht die Dielung nur 24 mm im Rauhmaß dick zu sein (gehobelt 21 bis 22 mm).

Günstige Balkenquerschnitte und zulässige lichte Weiten *W* bei $q = 4{,}0$ kN/m², Nadelholz Gütekl. II im Lastfall H

Balkenquerschnitt	W_x	I_x	freie Balkenlänge *W* bei einem Balkenabstand *e* von Mitte zu Mitte in cm						
cm	cm³	cm⁴	60	65	70	75	80	85	90
10/20	667	6670	3,95	3,84	3,75	3,67	3,59	3,52	3,45
14/20	933	9333	4,41	4,29	4,19	4,10	4,01	3,93	3,85
16/20	1067	10667	4,61	4,49	4,38	4,30	4,19	4,11	4,03
10/22	807	8873	4,35	4,23	4,13	4,03	3,95	3,87	3,80
16/22	1291	14197	5,07	4,94	4,82	4,71	4,61	4,52	4,43
12/24	1152	13824	5,03	4,90	4,78	4,67	4,57	4,48	4,40
16/24	1536	18423	5,54	5,39	5,26	5,14	5,04	4,93	4,84
18/24	1728	20736	5,76	5,61	5,47	5,34	5,23	5,12	5,03
12/26	1352	17576	5,45	5,31	5,18	5,06	4,95	4,86	4,76

Balkenholz kann in erheblichem Umfange durch Verwendung zusammengesetzter Querschnitte an Stelle der Vollquerschnitte eingespart werden. Arbeits- und Kostenaufwand werden jedoch höher. Der Preisausgleich ist durch Massenherstellung und Massenabsatz zu erreichen.

Zusammengesetzte Querschnitte werden aus Brettern, Latten bzw. schwachen Kanthölzern in I-Form oder Kastenform gebildet. Die einzelnen Hölzer müssen auf das sorgfältigste durch Nageln oder besser durch Verleimen, gegebenenfalls auch durch Dübel, verbunden werden (näheres über Verleimen, Nageln und Verdübeln s. Teil 2 im Abschn. „Dächer“).

Die zusammengesetzten Querschnitte haben annähernd die selben Widerstandsmomente wie die Vollquerschnitte, aber wesentlich kleinere Querschnittsflächen.

Holz kann auch gespart werden, wenn alle Balken einer Decke durch Queraussteifung zu einer statisch zusammenwirkenden Platte (Scheibe) verbunden werden (Bild **4**.51 bis **4**.53). Die Querversteifung wird durch Brettstücke, Lattenkreuze, Blindböden oder kreuzweise gespannten Bandstahl erreicht.

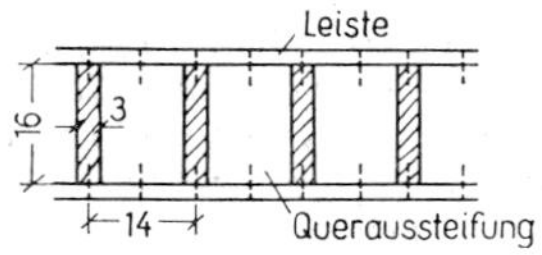

4.51
Bohlenlamellendecke Vollmar. Ersetzen der Balken durch Bohlen 3/12 bis 3/16, die in Abständen von 0,60 bis 1,00 m durch 11 cm breite Bohlenstücke querausgesteift werden

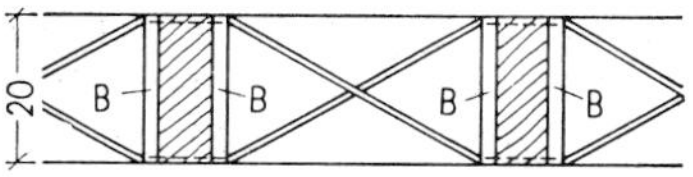

4.52 Durch Bandstahl querausgesteifte Holzbalkendecke. Die Stahlbänder sind in den Balken oben und unten eingelassen und werden durch senkrecht stehende Brettstücke *B* (geringes Schwindmaß!) straff gehalten. Queraussteifung erfolgt bis zu 5,00 m Spannweite einmal

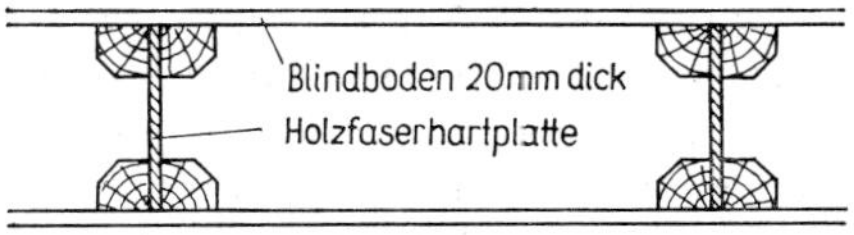

4.53 Decke aus verleimten Holzträgern mit Blindboden, auf den der eigentliche Fußboden erst noch aufgebracht wird

Zwischendecken

Die Balkenzwischenräume werden im allgemeinen zum Schutz gegen Wärmeverluste und Schall durch Zwischendecken ausgefüllt.

Die Einschubdecke ist die gebräuchlichste Zwischendecke, weil sie bei richtiger Ausführung noch einen gewissen Schallschutz bietet. Rauhe gesäumte Bretter von 18 mm Dicke oder sorgfältig entrindete imprägnierte Schwarten liegen auf seitlich an die Balken angenagelten Latten (3/5 cm). Die mindestens 8 bis 10 cm hohe Auffüllung besteht aus Leichtbeton. Dichtes Auffüllen mit Glaswolle oder Schlackenwolle ergibt leichte, warme Decken, die aber noch der Schalldämmung nach DIN 4109 bedürfen. Als guter Deckenfüllstoff gilt haufwerkporiger, wasserarmer Schlackenbeton, dessen Zementgehalt jede Pilzentwicklung verhindert (Bild **4**.54) und der bei Gewichten $\geqq 1800$ kg/m^3 noch Decken mit der erforderlichen Luftschalldämmung ergeben kann.

Anstelle der Einschubbretter können auch Leichtbauplatten (Gipsdielen, Holzwolle-Leichtbauplatten, Bimsdielen oder Bimsbetonhohldielen nach DIN 4078) verwendet werden. Leichtbauplatten können bei entsprechender Dicke eine schwere Auffüllung erhalten (Bild **4**.55).

Decken, bei denen ein Einschub nicht untergebracht werden kann (z.B. Bild **4**.51 bis **4**.53) müssen in der Querrichtung besonders ausgesteift werden, und zwar bis 5 m Spannweite einmal, bei größerer Spannweite zweimal. Die Aufgabe der Schalldämmung müssen hier gemäß DIN 4109 oberhalb des Blindbodens bzw. einer Schüttschalung die schwere Auffüllung und der schalldämmend verlegte Fußboden übernehmen.

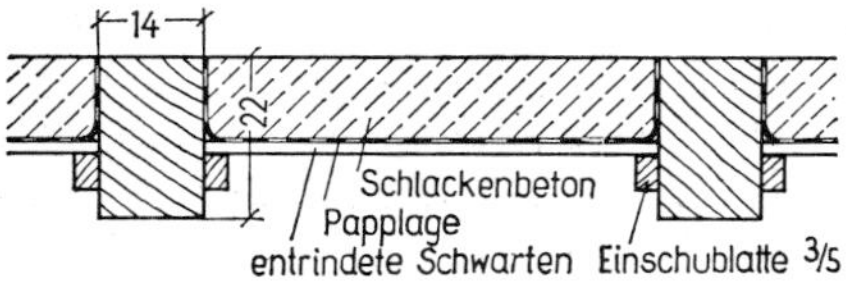

4.54 Einschubdecke mit Auffüllung aus Schlackenbeton (Sperrschicht: Falzpappe)

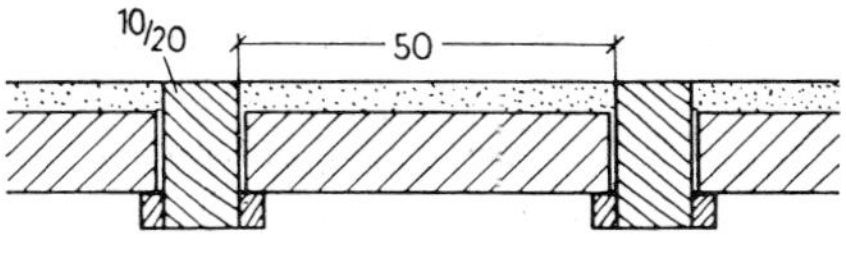

4.55 Einschubdecke mit 7 cm dicken Gipsdielen bzw. 11,5 cm dicken Bimsbauplatten o.ä. und entsprechend schwerer Auffüllung. Die Einschublatten verbessern bei richtiger Nagelung und dieser Anordnung die Tragfähigkeit des Balkens

4.5 DIN-Normen

DIN-Blatt Nr		Ausgabe-Datum	Titel
104	T 1	1. 52	Holzbalkendecken, Balken auf 2 Stützen; Berechnung
1045		12. 78	Beton- und Stahlbetonbau; Bemessung und Ausführung
1052	T 1	10. 69	Holzbauwerke; Berechnung und Ausführung
1053		11. 74	Mauerwerk; Berechnung und Ausführung
1055	T 3	6. 71	Lastannahmen für Bauten; Verkehrslasten
1101		4. 70[1])	Holzwolle-Leichtbauplatten; Maße, Anforderungen, Prüfung
1102		4. 70[1])	– nach DIN 1101; Richtlinien für die Verarbeitung
4028		10. 38	Stahlbetonhohldielen; Bestimmungen für Herstellung und Verlegung
4070	T 1 und 2	1. 58 10. 63	Nadelholz; Querschnittsmaße und statische Werte für Schnittholz; Vorratskantholz und Dachlatten
4071 E	T 1	7. 70 11. 75	Abmessungen ungehobelter Bretter und Bohlen aus europäischen (außer nordischen) Hölzern
4072	T 1	8. 70	Gespundete Bretter aus europäischen (außer nordischen) Hölzern
4073	T 1	7. 70	Abmessungen gehobelter Bretter und Bohlen aus europäischen (außer nordischen) Hölzern
4074	T 1	12. 58	Bauholz für Holzbauteile; Gütebedingungen für Bauschnittholz (Nadelholz)
4078		10. 65	Sperrholz; Maße
4109	T 4	9. 62	Schallschutz im Hochbau; schwimmende Estriche auf Massivdecken, Richtlinien für die Ausführung
4158		5. 78	Zwischenbauteile aus Beton für Stahlbeton- und Spannbetondecken
4159		4. 78	Ziegel für Decken und Wandtafeln, statisch mitwirkend
4160		8. 78	–, statisch nicht mitwirkend
4243		11. 70	Betongläser; Anforderungen, Prüfung
18334		9. 76	VOB Teil C; Zimmer- u. Holzbauarbeiten
52175		1. 75	Holzschutz; Begriff, Grundlagen
E 52180	T 1	10. 76	Prüfung von Holz
52182		9. 76	Prüfung von Holz (Rohdichte)
52185		9. 76	Prüfung von Holz (Druckfestigkeit)
68365		11. 57	Bauholz für Zimmerarbeiten; Gütebedingungen
68800		5. 74	Holzschutz im Hochbau
	T 1		–; allgemeine Voraussetzungen
	T 2		–; vorbeugende bauliche Maßnahmen
	T 3		–; vorbeugender chem. Schutz von Vollholz
	T 4		–; Bekämpfungsmaßnahmen gegen Pilz- und Insektenbefall
	T 5		Vorbeugender chemischer Schutz von Holzwerkstoffen

[1]) z. Z. in Neubearbeitung

5 Fußböden

Die Beschaffenheit des Fußbodens hat auf das Wohlbefinden des Menschen (z. B. Wohnbehaglichkeit, Hygiene) einen großen Einfluß und spielt bei der Beurteilung des Nutzwertes und der Qualität eines Gebäudes (z. B. Trittschall- und Wärmedämmung) eine große Rolle.

Fußböden müssen, in den zum dauernden Aufenthalt von Menschen vorgesehenen Räumen fußwarm, trittschalldämmend, sicher und angenehm begehbar, verschleißfest, wasserundurchlässig und einfach zu reinigen sein. Außerdem sollten sie gut aussehen, lichtecht, maßhaltig, maßbeständig und preisgünstig sein. Bei Schulen, Krankenhäusern, Industriebauten usw. werden oft noch darüber hinausgehende Anforderungen gestellt.

Die Auswahl eines Bodenbelages und die damit auf das engste verbundene Festlegung des gesamten Fußbodenaufbaues müssen mit großer Umsicht vorgenommen und bei der Planung rechtzeitig berücksichtigt werden (Konstruktionshöhen beachten). Da es bis heute keinen Bodenbelag gibt, der allen Anforderungen gleichzeitig gerecht wird, müssen die in Frage kommenden Fußböden unter Beachtung

- baukonstruktiver,
- bauphysikalischer,
- wirtschaftlicher und
- raumgestalterischer

Gesichtspunkte miteinander verglichen und je nach Zweckbestimmung der einzelnen Räume bzw. Art und Intensität der Beanspruchung eingestuft werden.

5.1 Fußbodenaufbau: Übersicht und Einteilung

Es gibt keinen Bauteil, an den so verschiedenartige Anforderungen gestellt werden, wie an den Fußboden. Kaum ein anderer Bauteil setzt sich daher auch aus so vielen übereinandergelagerten, jeweils ganz bestimmte Funktionen übernehmenden Schichten zusammen. Viele Eigenschaften eines Fußbodens lassen sich deshalb nur unter Einbeziehung des gesamten Fußbodenaufbaues (ggf. einschl. Deckenkonstruktion und Unterdecke) beurteilen. Man unterscheidet (s. Bild **5.1**):

Tragschicht (auch Deckenkonstruktion oder Rohdecke genannt)

Zwischenschichten (auch Unterboden-Konstruktion oder -Aufbau genannt)

- Ausgleichsschichten
- Gefälleschichten
- Feuchtigkeits-Sperrschichten
- Wärme- und Schalldämmschichten
- Trennschichten
- Druckverteilende Schichten
- Glätteschichten

Nutzschicht (auch Gehschicht, Verschleißschicht oder Belag genannt)

Unterdecke (abgehängte Decken, ggf. auch nur Sichtflächengestaltung).

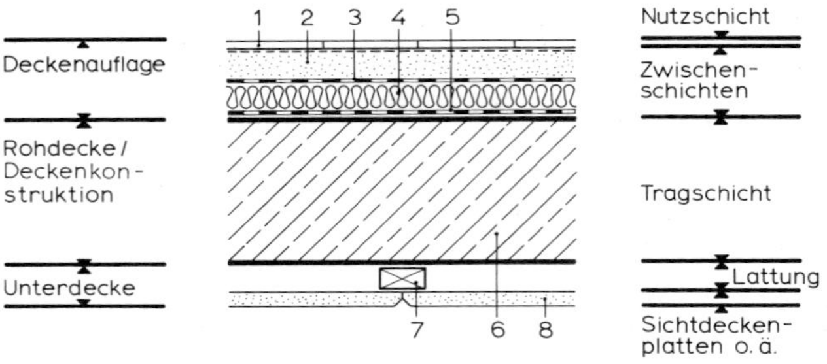

5.1
Schematische Darstellung eines Fußbodenaufbaues (einschl. Rohdecke und Unterdecke)
1 Bodenbelag
2 druckverteilende Schicht
3 Trennschicht
4 Dämmschicht
5 dampfbremsende Schicht
6 Tragschicht
7 Lattung
8 Sichtdeckenplatten o. ä.

5.2 Tragschicht

Die Tragschicht (Deckenkonstruktion) dient zur Aufnahme und Ableitung statischer und dynamischer Kräfte. Zu nennen sind:

1. Bodenplatte (Tragschicht) unmittelbar auf dem Erdreich
2. Deckenkonstruktion (Tragschicht) freitragend (s. Abschn. 4, Deckenkonstruktionen).

   Bei der Festlegung einer Decke sind neben dem Zweck und der zu erwartenden Beanspruchung vor allem wirtschaftliche und herstellungstechnisch bedingte Aspekte zu beachten.

   Um die notwendigen wärme- und schalltechnischen Anforderungen nach DIN 4108 und DIN 4109 erfüllen zu können, bedarf es jedoch immer der Zuordnung weiterer Schichten (z. B. Deckenauflage, Unterdecke).

Die Toleranzen für die Ebenheit (Ebenheitstoleranzen) der Flächen von Dekken (Ober- und Unterseite), Estrichen, Bodenbelägen und Wänden werden nach DIN-Entwurf 18202, T5 festgelegt. Die folgende Tabelle enthält 2 Genauigkeitsgruppen. Die Genauigkeitsgruppe **A** entspricht einer allgemein anerkannten Ausführungsgenauigkeit; sie soll vorzugsweise angewendet werden. Die Genauigkeitsgruppe **B** muß besonders vereinbart und funktionsbezogen angegeben werden (s. z. B. Zeile 7 der Tabelle **5**.2).

Ortsfest hergestellte Massivdecken eignen sich im allgemeinen nicht für die direkte Belegung mit einer Zwischenschicht (z. B. Dämmschicht) oder einem Bodenbelag. Eine Ausnahme bilden die an der Oberfläche geglätteten Vakuum- bzw. vorgefertigten Massivbetondecken. Im übrigen ist fast immer ein Ausgleichsestrich oder ein Schüttmaterial erforderlich.

Punktförmige Erhebungen und großflächige Unebenheiten führen unter Belastung zu Schwankungen und Bruch der darüberliegenden Schichten. Auch Rohrleitungen auf der Rohdecke müssen durch eine Ausgleichschicht ausgeglichen werden (z. B. mit Dämmplatten, Schüttungen). Sand darf hierfür nicht verwendet werden (DIN 4109, T4).

Die Ebenheit einer Oberfläche ist vor dem Verlegen der nächstfolgenden Schicht zu prüfen. Die Rohdeckenfeuchtigkeit soll üblicherweise bei max. 4% liegen.

Tabelle 5.2 Ebenheitstoleranzen nach DIN (Entwurf) 18202, Teil 5 (Ausg. 8.77)

Zeile	Genauigkeitsgruppe	Bauteile/Funktion	Ebenheitstoleranzen in mm bei Abstand der Meßpunkte bis				
			0,1 m	1 m	4 m	10 m	15 m
1	A	Nichtflächenfertige Oberseiten von Decken, Unterbeton und Unterböden ohne erhöhte Anforderungen	10	15	20	25	30
2	A	Nichtflächenfertige Oberseiten von Decken, Unterbeton und Unterböden mit Anforderungen, z. B. zur Aufnahme von schwimmenden Estrichen, Industrieböden, Fliesen- und Plattenbelägen, Verbundestrichen – auch ausreichend für fertige Oberflächen für untergeordnete Zwecke, z. B. in Lagerräumen, Kellern, Fabrikationshallen	5	8	12	15	20
3	A	Nichtflächenfertige Wände und Unterseiten von Rohdecken	5	10	15	25	30
4	A	Flächenfertige Wände und Unterseiten von Decken, z. B. geputzte Wände, Sichtbeton, Sichtmauerwerk, Wandbekleidungen, untergehängte Decken	3	5	10	20	25
5	B	– bei erhöhten Anforderungen	2	3	8	15	20
6	A	Estriche, Bodenbeläge	2	4	10	12	15
7	B	– bei erhöhten Anforderungen, z. B. bei verklebten Kunststoffbodenbelägen	1	3	8	12	15

5.3 Zwischenschichten

Die jeweils an einen Fußboden insgesamt gestellten Anforderungen bestimmen Anzahl, Ausbildung sowie die Anordnung der einzelnen Schichten innerhalb des Fußbodenaufbaues. Einzelne Schichten erfüllen dabei nur eine, andere Schichten mehrere Funktionen gleichzeitig.

5.3.1 Schalldämmung von Massivdecken und Holzbalkendecken[1])

In Abschn. 7.4 werden die allgemein gültigen physikalischen Grundbegriffe zum Thema „Schallschutz" dargelegt. Im folgenden sollen die für die Schalldämmung von Decken erforderlichen baulichen Maßnahmen kurz erläutert werden.

---

[1]) s. Fußnote S. 220

Anforderungen

Bauliche Schallschutzmaßnahmen müssen bereits bei der Planung (z. B. Grundrißplanung) berücksichtigt werden.

Für die Schalldämmung von Decken stellt die DIN 4109 (Ausg. 9.62)[1)] Anforderungen sowohl an die Luftschalldämmung als auch an die Trittschalldämmung. Ausgehend von der jeweiligen Deckengruppe sind die Schalldämm-Maßnahmen so zu wählen, daß immer beide Anforderungen erfüllt werden. Diese Anforderungen umfassen die gesamte Deckenkonstruktion: Tragschicht (Massivdecke oder Holzbalkendecke), einschließlich Deckenauflage (Zwischenschichten mit Bodenbelag) und Unterdecke.

Zur Bewertung des Schallschutzes von Decken (und Wänden) dienen das Luftschallschutzmaß *(LSM)* und das Trittschallschutzmaß *(TSM)*. Vgl. hierzu Abschn. 7.4.3.1 sowie [33].

Die Mindest-Anforderungen und Vorschläge für einen erhöhten Schallschutz von Decken (und Wänden) sind in der DIN 4109, T2, Tab. 1, festgelegt. Diese Mindestwerte dürfen nicht unterschritten werden (baurechtlich verpflichtend). Siehe umseitig Tab. **5**.3.

5.3.1.1 Massivdecken

Massivdecken werden nach DIN 4109, T3, Ziff. 1 in zwei Deckengruppen eingeteilt:

1. Massivdeckengruppe I: Luft- und Trittschalldämmung nicht ausreichend. Dabei handelt es sich um einschalige Decken mit einem Gesamtgewicht (ohne Deckenauflage) $\geqq 225$ kg/m^2 bis < 350 kg/m^2.
2. Massivdeckengruppe II: Luftschalldämmung ausreichend, Trittschalldämmung nicht ausreichend. Dabei handelt es sich um ein- und zweischalige Decken mit einem Gesamtgewicht (ohne Deckenauflage) $\geqq 350$ kg/m^2.

Daraus ergibt sich, daß eine Erhöhung des Deckengewichtes zwar die Luftschalldämmung, kaum jedoch den Trittschallschutz verbessert.

Alle Massivdecken müssen demnach mit geeigneten Deckenauflagen versehen werden. Diese müssen bei Decken der Massivdeckengruppe I die Luft- und Trittschalldämmung, bei Decken der Massivdeckengruppe II zumindest die Trittschalldämmung ausreichend verbessern.

Beispiele von Deckenauflagen zur Verbesserung der Luft- und Trittschalldämmung von Massivdecken der Gruppe I und II siehe DIN 4109, T3, Tab. 1 und Tab. 2.

Die jeweiligen luft- und trittschalltechnischen Eigenschaften einer Geschoßdecke ergeben sich einmal aus dem gewählten System der Deckenkonstruktion und der Befestigungsart der Unterdecke an der Rohdecke, zum anderen aus dem Unterbodenaufbau (Zwischenschichten) und dem darauf verlegten Bodenbelag. Wie in Bild **5.4** dargestellt, wird zwischen ein- und mehrschaligen Deckenausbildungen unterschieden:

[1)] DIN 4109 „Schallschutz im Hochbau" wird zur Zeit überarbeitet. Hinweise zum Norm-Entwurf (Ausg. 2.79), dessen Inhalt noch nicht die endgültige Fassung der beabsichtigten Norm darstellt und deshalb noch nicht für die Anwendung bestimmt ist, siehe Abschn. 7.4.4.

Tabelle **5.3** Luft- und Trittschallschutz von Decken, Luftschallschutz von Wänden. Mindestanforderungen und Vorschläge für einen erhöhten Schallschutz bei Aufenthaltsräumen (nach DIN 4109, T2, Tab., Ausg. 9.62)

Spalte		a	b	c_1	c_2	d	e_1	e_2
Zeile		Bauteile	Mindestanforderungen			Vorschläge für einen erhöhten Schallschutz		
			Luftschallschutzmaß *LSM* in dB	Trittschallschutzmaß *TSM* in dB		Luftschallschutzmaß *LSM* in dB	Trittschallschutzmaß *TSM* in dB	
				unmittelb. nach Fertigstellung des Baues	≧2 Jahre nach Fertigstellung des Baues		unmittelb. nach Fertigstellung des Baues	≧2 Jahre nach Fertigstellung des Baues
1.1		Geschoßhäuser mit Aufenthaltsräumen (Wohnungen und Arbeitsräume)						
1		Decken unter nicht nutzbaren Dachräumen		–			–	
2		Decken unter nutzbaren Dachräumen z. B. unter Trockenböden, Waschküchen, Bodenkammern und ihren Zugängen	0	3	0	≧3	≧13	≧10
3		Wohnungstrenndecken und Decken zwischen fremden Arbeitsräumen	0	3	0	≧3	≧13	≧10
4		Decken über Kellern, Hausfluren, Treppenräumen unter Aufenthaltsräumen	0	3	0	≧3	≧13	≧10
5	Decken	Decken über Durchfahrten, Einfahrten von Sammelgaragen u. ä. unter Aufenthaltsräumen	3	3	0	≧3	≧13	≧10
6		Decken unter Terrassen, Loggien und Laubengängen über Aufenthaltsräumen		3	0	–	≧13	≧10
7		Decken unter Laubengängen	–	3	0		≧13	≧10
8		Decken zweigeschossiger Wohneinheiten		3	0	0	≧13	≧10
9		Wohnungstrennwände und Wände zwischen fremden Arbeitsräumen	0			≧3		
10	Wände	Treppenraumwände und Wände neben Hausfluren	0	–		≧3	–	
11		Wände neben Durchfahrten, Einfahrten von Sammelgaragen u. ä.	3			≧3		
1.2		Einfamilienhäuser						
12		Decken in Einfamilien-Reihen- und Einfamilien-Doppelhäusern	–	3	0	≧0	≧13	≧10
13		Decken in frei stehenden Einfamilienhäusern				≧0	≧3	≧0
14		Haustrennwände (Wohnungstrennwände) zwischen Einfamilien-Reihen- und Doppelhäusern	3	–		≧3	–	
1.3		Gaststätten, Lichtspieltheater, Gewerbebetriebe und dgl., die an Wohnungen oder fremde Arbeitsräume grenzen						
15		Decken	10	20	20	>10	>20	>20
16		Wände	10	–		>10	–	
1.4		Hotels, Gasthäuser, Krankenhäuser						
17		Decken zwischen „ruhigen Räumen" (Übernachtungs- und Krankenräume) und „lauten Räumen" (Gasträume, Küchen und dgl.)	10	20	20	>10	>20	>20
18		Wände entsprechend Zeile 17	10	–		>10	–	
19		Decken zwischen „ruhigen Räumen" (Übernachtungs- und Krankenräume einschl. der zugehörigen Flure)	0	3	0	≧3	≧13	≧10
20		Wände entsprechend Zeile 19	–3	–		≧0	–	
1.5		Schulen						
21		Decken zwischen Unterrichtsräumen und dgl. einschl. der Flure	3	13	10			
22		Wände zwischen Unterrichtsräumen und dgl.	3			–		
23		Wände zwischen Unterrichtsräumen und Fluren bzw. Treppenräumen	0	–				

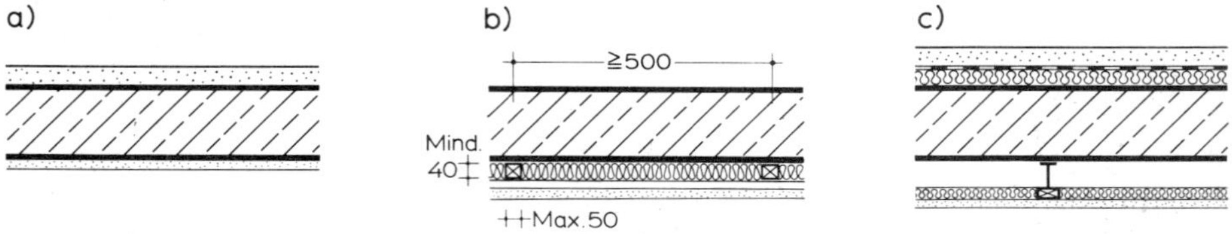

5.4 Schematische Darstellung von ein- und mehrschaligen Geschoßdecken (s. auch DIN 4109 T1 Ziff. 8.1 u. 8.2)

a) einschalige Decke: Massivdecke mit Verbundestrich und Putzschicht (alle Teile sind starr miteinander verbunden)

b) zweischalige Decke: Massivdecke entweder mit biegeweicher Unterdecke (z. B. auf Lattung mit schallschluckenden Einlagen) oder mit schwimmend verlegter Estrichschicht

c) mehrschalige Decke: Massivdecke mit abgehängter Unterdecke und schwimmend verlegter Estrichschicht (Trennung der Bauteile durch Luftschicht oder weichfedernde Dämmschicht). S. auch DIN 4109 T5 Flankenübertragung beim Luftschall und Trittschall

1. Luftschalldämmung bei Massivdecken: Die Luftschalldämmung einschaliger Decken (Bild **5**.4a) ist um so besser, je höher das Flächengewicht ist. Der Mindestluftschallschutz wird bei einem Flächengewicht (ohne Deckenauflage) von 350 bis 450 kg/m^2 erreicht. Größere Hohlräume in den Decken (z. B. bei Hohlkörperdecken) und vollflächig anbetonierte oder aufgeklebte Dämmplatten verschlechtern den Schallschutz einschaliger Decken[1]).

Bei zweischaligen Decken (Bild **5**.4b) wird die geforderte Luftschalldämmung auch mit geringeren Flächengewichten (≧200 kg/m^2) erreicht als bei einschaligen, wenn beispielsweise die Unterdecke bestimmte konstruktive Voraussetzungen erfüllt. Sie muß:

- fugendicht (elastischer seitlicher Anschluß) und biegeweich ausgebildet sein (Mindestabstand von zwei Befestigungsstellen ≧500 mm),
- einen genügend großen Abstand von der Rohdecke aufweisen (mind. 50, besser 100 mm) und der Deckenhohlraum mit einem ca. 50 mm dicken Dämm-Material gefüllt sein sowie
- eine möglichst geringe Berührungsfläche mit der Rohdecke aufweisen (punktförmig und nicht starr; möglichst federnde Blechbügel mit Dämmstreifen) s. Bild **5**.5 und **5**.8.

Die biegeweiche Unterdecke verbessert vor allem die Luftschalldämmung; sie dämmt aber auch gleichzeitig den von der Rohdecke nach unten abgestrahlten Trittschall, wenn sie die vorgenannten konstruktiven Bedingungen erfüllt. Die Unterdecke kann bezüglich der Trittschalldämmung aber niemals eine gute Deckenauflage voll ersetzen, da u. a. die Schwingungen der Massivdecke auf die angrenzenden (flankierenden) Wände übertragen werden (Verbesserung durch biegeweiche Vorsatzschalen bei leichten Wänden).

---

[1]) **Hinweis** Jede Art von Dämmstoffen in Form von vorgepreßten Platten (z. B. Holzwolle-Leichtbauplatten, Schilfrohrplatten oder Platten mit ähnlich hoher dynam. Steifigkeit), die zur Erhöhung der Wärmedämmung an der Unterseite von Massivdecken mit ihren ganzen Flächen anbetoniert und verputzt sind (verlorene Schalung), verschlechtern die Schalldämmung und sind deshalb nur an Kellerdecken zulässig (DIN 4109, Ausg. 9.62).

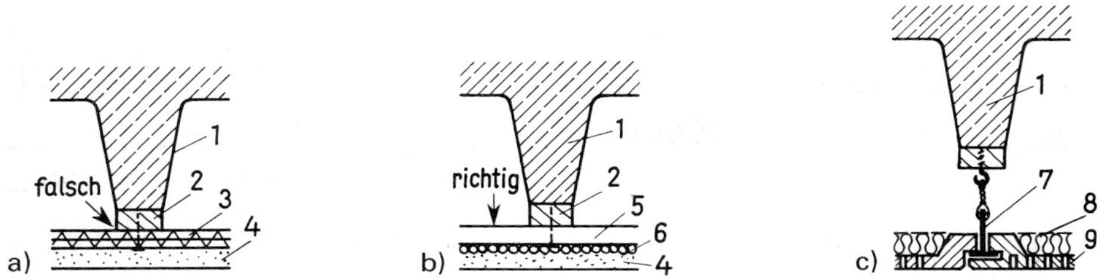

5.5 Befestigung von biegeweichen Unterdecken an Plattenbalken- oder Stahlbeton-Rippendecken (s. DIN 4109 T5)

a) Auflage der Unterdecke zu breit, starke Schallübertragung!

b) biegeweiche Unterdecke; punktförmige Befestigung der Putzdecke durch Querleisten im Abstand von ca. 250 mm. Entfernung der anbetonierten Holzlatten (Befestigungsstellen) ≧ 500 mm (ggf. nur an jeder zweiten Rippe angebracht). Vgl. auch Bild **5.**4b sowie **5.**6a bis c

c) abgehängte Montagedecke mit gelochten Gipskartonplatten und Mineralwolle-Einlage.

1 Stahlbetonrippendecke
2 anbetonierte Holzlatte
3 Putzträgertafeln (Stabilrohrgewebe, Streckmetall o. ä.)
4 Deckenputz
5 Querleiste 22/22 mm
6 Putzträgertafeln
7 Metallabhänger
8 Mineralwollefüllung
9 Schallschluckplatten

Auf Decken der Massivdeckengruppe I muß immer ein schwimmender Estrich aufgebracht werden, da weiche Bodenbeläge allein die Luftschalldämmung nicht verbessern können. Auch bei leichten Trockenunterboden-Konstruktionen ist auf Grund des fehlenden Flächengewichtes der Einfluß auf die Luftschalldämmung geringer als bei den wesentlich schwereren, schwimmend verlegten Estrichen. Ein ausreichender Luftschallschutz ist deshalb bei zu leichten Deckenauflagen nur in Verbindung mit Massivdecken der Gruppe II zu erzielen.

2. Trittschalldämmung von Massivdecken: Sie ist bei den Massivdecken zunächst einmal – wie bei der Luftschalldämmung – abhängig vom Flächengewicht der Rohdecke. Bei allen ein- und zweischaligen Decken (Massivdeckengruppen I und II) ist jedoch vor allem eine Deckenauflage zur Dämmung des Trittschalles erforderlich. Eine Rohdecke ohne Deckenauflage bietet keine ausreichende Trittschalldämmung.

   Die trittschalldämmende Wirkung von Deckenauflagen wird durch das Verbesserungsmaß (VM) des Trittschallschutzes gekennzeichnet. Der Trittschallschutz ist ausreichend, wenn die Deckenauflagen folgende Verbesserungsmaße ergeben:

– auf Decken der Massivdeckengruppe I: Verbesserungsmaß 24 dB (bei zusätzlicher Verbesserung des Luftschallschutzes; s. Abschn. 5.3.1.1, Massivdecken)

– auf Decken der Massivdeckengruppe II: Verbesserungsmaß 19 dB.

   Verbesserungsmaße (VM) verschiedener Deckenauflagen (Richtwerte) können DIN 4109, T5, Tab. 2, Ausg. 9.62, entnommen werden.

Als Deckenauflagen zur Verbesserung des Trittschallschutzes werden verwendet:

a) schwimmender Estrich und

b) weichfedernde Gehbeläge.

a) Schwimmender Estrich: Mit einem schwimmenden Estrich (s. Abschn. 5.3.4.2) kann man nicht nur die Trittschalldämmung, sondern auch die Luftschalldämmung einer Decke erheblich verbessern. Er besteht aus einer Estrichschicht, die auf eine weichfedernde Dämmschicht aufgebracht wird (Bild **5**.15). Die Dämmung einer solchen Deckenauflage ist um so besser, je schwerer die Estrichplatte und je weichfedernder die Dämmschicht ist (alterungsbedingten Zuschlag beachten!). Je weicher jedoch die Dämmschicht ist, um so dicker muß auch der Estrich sein, um entsprechende Lasten aufnehmen zu können (s. Tab. **5**.14 in Abschn. 5.3.4.2). Die dynamische Steifigkeit einer Dämmschicht ist demnach entscheidend für die Dämmwirkung eines schwimmenden Estriches (vgl. Abschn. 5.3.3, Dämmstoffe).

b) Weichfedernde Gehbeläge: Durch sie kann die Trittschalldämmung bei Massivdecken (und Holzbalkendecken), nicht aber die Luftschalldämmung verbessert werden. Sie dürfen als alleinige Verbesserungsmaßnahme daher nur für Massivdecken der Gruppe II eingesetzt werden, die auf Grund ihres hohen Flächengewichtes bereits eine ausreichende Luftschalldämmung besitzen.

Weichfedernde Bodenbeläge wie beispielsweise elastische Verbundbeläge auf PVC- und Linoleum-Basis (s. Abschn. 5.4.7), vor allem aber hochwertige Teppichböden (s. Abschn. 5.4.8) werden eingesetzt, wenn aus konstruktiven Gründen ein schwimmender Estrich nicht eingebracht werden kann [1]:

- Bei vorgefertigten Montagedecken mit geglätteten und gespachtelten Oberflächen, geeignet für eine direkte Verlegung eines Bodenbelages (Wärmedämmung beachten!).
- In Bauten mit aufgesetzten, versetzbaren Trennwänden (z. B. Bürobauten), wo ein durchgehender schwimmender Estrich wegen der horizontalen Schallübertragung nicht in Frage kommt (Verbundestrich bei ortsfest betonierten Decken).
  Da der schwimmende Estrich jedoch auch eine wärmedämmende Funktion hat, kann ein derartiger Bodenbelag den schwimmenden Estrich nur ersetzen, wenn nicht wärmetechnische Forderungen der DIN 4108 dagegen sprechen (s. Abschn. 5.3.2).

Hinweis Werden demontable Wände (Trennwände) – wie häufig üblich – auf durchgezogene Teppichböden gestellt, dann bildet der Teppichbelag selbst eine offene Fuge. Für die Zukunft sollte deshalb der unterseitige Wandanschluß der Trennwände als „Schalldämpfer" ausgebildet werden. Nach K. Gösele [2].

5.3.1.2 Holzbalkendecken

Ähnlich wie die Massivdecken müssen auch die Holzbalkendecken für eine ausreichende Schalldämmung konsequent mehrschalig ausgebildet werden. Da es bei Holzbalkendecken stets schwieriger ist, einen guten Trittschallschutz zu erzielen, als einen entsprechenden Luftschallschutz, wird im folgenden nur der Trittschallschutz besprochen.

Einschalig ausgebildete Holzbalkendecken, bei denen Fußboden und Unterdecke mit den Tragbalken fest verbunden sind (Bild **5**.6a), erreichen die erforderliche Luft- und Trittschalldämmung nach DIN 4109 T3 nicht, da der Schall vor allem über die Balken übertragen wird.

Ein ausreichender Schallschutz wird nur dann erreicht, wenn Balken und Fußboden (Bild **5**.6b) oder Balken und Unterdecke (Bild **5**.6c) voneinander getrennt werden. Erhöhter Schallschutz wird sogar erreicht, wenn sowohl der Fußboden als auch die Unterdecke von der Balkenlage getrennt werden.

Folgende Maßnahmen führen zur Verbesserung des Trittschallschutzes von Holzbalkendecken:

- Trennung von Balken und Fußboden (z. B. durch weichfedernde Dämmschicht)
- Erhöhung des Eigengewichtes der Deckenkonstruktion (z. B. durch Auflage oder Einschub von schweren Baustoffen wie Betonplatten, schweres Schüttgut o. ä.; ggf. auch Füllung des Hohlraumes mit geeignetem Dämm-Material)
- Vermeidung direkter Schallübertragung auf die angrenzenden Bauteile (Schall-Längsleitung!)
- Abdichtung aller Anschlüsse und Zwischenräume, vor allem zwischen Wand und Streichbalken (Luftschallübertragung!)
- Trennung von Balken und Unterdecke (z. B. durch biegeweiche und federnd abgehängte Unterdecke).

1. Trennung von Balken und Fußboden: Stellvertretend für eine Vielzahl von Möglichkeiten können hier nur einige Ausführungsbeispiele – unter Bezugnahme auf die schematischen Schnittzeichnungen Bild **5**.6 und **5**.7 – gezeigt werden [3] (s. a. Abschn. 5.3.4.3, Trockenunterboden-Konstruktionen sowie Bild **5**.19b und **5**.21):

   a) Lagerhölzer auf Dämmstreifen mit Holzdielen- oder Holzspanplattenabdeckung schwimmend auf der Balkenlage verlegt. Bild **5**.6b. Derart ausgebildete Decken entsprechen bei schwerem Schüttgut zwischen den Balken den in DIN 4109, T3 (Ausg. 9.62) gestellten Mindest-Anforderungen. Die im allgemeinen 22 mm dicken, ringsum profilierten Holzspanplatten (V 100) werden an den Stößen verleimt und mit den Lagerhölzern (z. B. 40/60 mm) verschraubt. Dabei

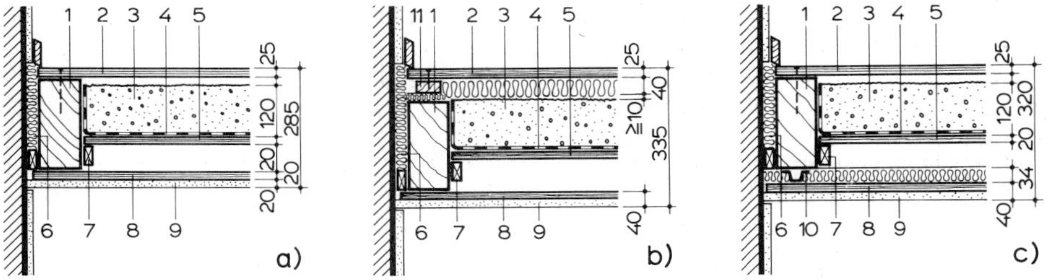

5.6 Schalldämmung von Holzbalkendecken

a) Fußboden und Unterdecke mit den Tragbalken fest verbunden: unzulängliche Schalldämmung nach DIN 4109 T3

b) Trennung von Balken und Fußboden. Die Schallschutzmaße entsprechen den Mindest-Anforderungen: ausreichende Trittschalldämmung nach DIN 4109 T3 (Ausg. 9.62)

c) Trennung von Balken und Unterdecke. Ähnliche Ergebnisse wie bei b). Auf die Schallübertragung von der Tragschicht (Holzbalken) auf die angrenzenden Wände ist zu achten. Erhöhter Schallschutz ist nur bei Trennung von Fußboden und Unterdecke von der Balkenlage zu erzielen. S. Bild **5**.7b und **5**.7c.

1 Holzbalken ≧ 100 × 200 mm
2 Holzdielen- oder Spanplattenboden
3 schwere Füllung oder schwerer Einschub (z. B. Gipskarton- oder Betonplatten)
4 Bitumenpapier
5 Einschub (auch Stakung genannt)
6 Abdichtung zwischen Wand und Balken
7 Latte
8 Lattung
9 Putz mit Trägerplatte
10 Federbügel (s. a. Bild **5**.8)
11 Lagerholz 40/60 mm

darf durch die Dämmstreifen (≧10 mm dick, Dämmschichtgruppe I) nicht hindurchgeschraubt werden (Schallbrücken!). Zwischen Wand und Spanplattenkanten sind Randdämmstreifen zu stellen (Hohlraumentlüftung beachten).

b) Holzspanplatten (V 100) vollflächig schwimmend verlegt auf eine Balkenlage mit Spanplatten. Diese Deckenauflage alleine bringt noch keine wesentliche Verbesserung des Trittschallschutzes. Will man dann noch die Balken von unten sichtbar lassen, so ist die Hohlraumdämmung besonders sorgfältig auszuführen (Bild **5**.7a). Bedingt durch das relativ geringe Flächengewicht der Spanplatten ist im Vergleich zu einem schwimmenden Estrich oder einer anderen schweren Deckenauflage, insgesamt mit einer geringeren Schalldämmwirkung zu rechnen. Ein weichfedernder Bodenbelag (z. B. Teppichboden) sollte in jedem Fall obenseitig noch aufgelegt werden.

c) Schwimmender Estrich auf Holzspanplatten (Bild **5**.7b). Ein gehobener Trittschallschutz kann erreicht werden, wenn die Dämmschichten genügend weichfedernd sind (Gruppe I ≦30 MN/m³) und die Unterdecke federnd befestigt wird (Bild **5**.8 und **5**.21). Wegen der bei den Mörtelestrichen auftretenden Feuchtigkeit (Einbringung in erdfeuchtem Zustand) kann diese Konstruktion nur dort empfohlen werden, wo auch eine sorgfältige Ausführung am Bau gewährleistet ist. Eine weitere Verbesserung des Trittschallschutzes kann auch hier durch die Auflage eines weichfedernden Gehbelages erzielt werden (u. a. auch Schallabsorption).

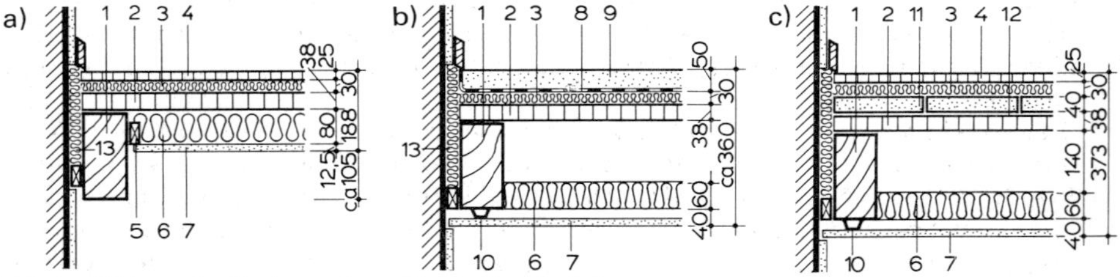

5.7 Ausbildung der Deckenauflage (Holzbalkendecke)

a) Holzspanplatten, vollflächig schwimmend verlegt, Balken von unten sichtbar. Die Verkleidung zwischen den Balken ist aus schalltechnischen Gründen in jedem Fall (auch bei mind. 50 mm dickem schwimmendem Estrich auf der Oberseite) erforderlich. Sie ist etwa ebenso wirksam wie eine Verkleidung unter den Balken mit Querleisten. Insgesamt ausreichende Trittschalldämmung. Weitere Verbesserung durch weichfedernde Bodenbeläge.

b) Schwimmender Estrich auf Holzspanplatten, Unterdecke federnd ausgebildet. Gehobene Trittschalldämmung bei weichfedernden Dämmschichten (Gruppe I ≦30 MN/m³). Die überhöhte Estrichdicke ist zu beachten.

c) Betonplatten lose auf Filzunterlage aufgelegt, darüber Holzspanplatten schwimmend angeordnet. Unterdecke federnd ausgebildet. Sehr gute Trittschalldämmung (hoch schalldämmende Wohnungstrenndecke).

1 Holzbalken ≧100 × 200 mm
2 Holzspanplatten V 100
3 Trittschalldämmung 30/25 mm
4 Holzspanplatten V 100
5 Lattung
6 Mineralwollefüllung
7 Gipskartonplatten
8 Abdeckung (z. B. 0,2 mm PE-Folie)
9 Estrichplatte
10 Federbügel mit Holzquerleiste und untergelegtem Dämmstreifen (s. auch Bild **5**.8)
11 Betonplatten
12 Filzunterlage 3 mm
13 Abdichtung zwischen Wand und Balken

Nach Vorlagen der Entwicklungsgemeinschaft Holzbau (EGH): Schalldämmende Holzbalkendecken. S. [3].

d) Betonplatten (u.ä. schwere Trockenestrich-Materialien) lose auf die Tragschicht (Filzunterlage) aufgelegt und darauf eine Holzspanplattenschicht schwimmend verlegt, ergeben sehr gute Trittschalldämmwerte (Bild **5**.7c). Diese Konstruktion erbringt ein hohes Flächengewicht bei gleichzeitiger trockener Verlegung (Nachteil: Große Konstruktionshöhen). Weiterentwicklungen sind auf diesem Gebiet zu erwarten. Auf die entsprechende Fachliteratur (Forschungsergebnisse) wird besonders hingewiesen [3].

2. Trennung von Balken und Unterdecke: Wird die Unterdecke direkt und starr an der Balkenlage befestigt, so erfolgt die Schallübertragung unmittelbar über den Balken. Wird die Unterdecke dagegen mittels Querleisten (Konterlattung) oder noch besser durch Federbügel mit Holzleiste und untergelegtem Dämmstreifen angebracht (Bild **5**.8 und **5**.21), so entfällt diese Übertragung weitgehend. Dem Schall verbleibt nur noch der Weg über den im allgemeinen wesentlich wirksamer und einfacher zu dämmenden Deckenhohlraum.
3. Hohlraumdämmung: Der Hohlraum zwischen den Balken wurde früher mit einem Einschub aus einer ca. 12 cm dicken Sand- oder Schlackenfüllung gefüllt. Heute werden eher Trockenschüttungen (s. Abschn. 5.3.4.3) oder Füllungen aus Dämm-Matten eingebracht. Die besten Schallschutzwerte erzielt man mit schwerem Einschub (z. B. Gips- oder Betonplatten).

   Werden weiche Dämmstoffe eingebracht (vorzugsweise mineralische Faserdämmstoffe), so kann der Hohlraum damit entweder weitgehend ausgefüllt (unwirtschaftliche Lösung bei großen Höhen) oder aber mit wesentlich dünneren Dämm-Matten (≧50 mm) wannenförmig ausgekleidet werden, indem diese auch seitlich an den Balkon hochgeführt werden (Hohlraumentlüftung beachten).

   Diese Maßnahmen lohnen sich jedoch nur, wenn die Unterdecke von der Balkenlage getrennt, die Deckenoberseite wie zuvor beschrieben ausgeführt und alle Anschlüsse und Fugen, vor allem zwischen Streichbalken und Wand (Bild **5**.8), luftdicht abgedichtet werden. Auf die mögliche Gefahr der Schallübertragung von der Tragschicht auf die angrenzenden Wände wurde bereits bei den Massivdecken hingewiesen (Schall-Längsleitung). Zusatzmaßnahmen, wie z. B. die Anbringung von biegeweichen Vorsatzschalen, werden empfohlen.

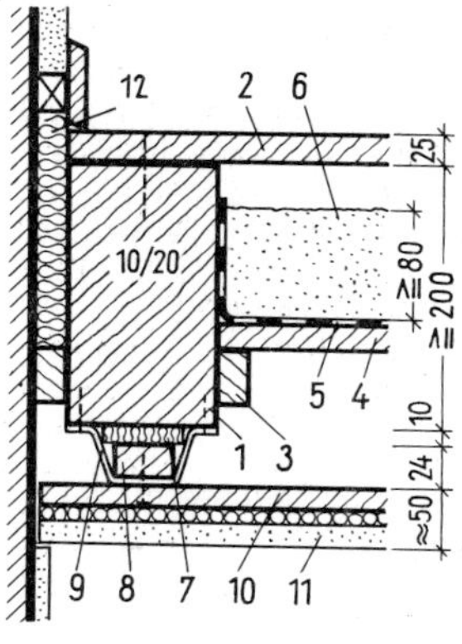

5.8
Federnde Aufhängung einer Unterdecke am Deckenbalken (s. auch Bild **5**.21).

1 Balken
2 Dielenbretter oder Holzspanplatten
3 Latte 40 × 60 mm
4 Einschub (auch Stakung genannt)
5 Bitumenpappe
6 schwere Füllung oder schwerer Einschub (z. B. Gipskarton- oder Betonplatten)
7 Dämmstreifen
8 Leiste 24 × 24 mm
9 Federbügel (alle 30 cm) mit Holzleiste und untergelegtem Dämmstreifen
10 Konterlattung
11 Putz auf Trägerplatte
12 Abdichtung zwischen Wand und Balken

5.3.2 Wärmedämmung von Böden und Decken[1])

In Abschn. 7.3 werden die allgemein gültigen physikalischen Grundbegriffe zum Thema „Wärmeschutz" dargelegt. Im folgenden sollen die für die Wärmedämmung von Decken erforderlichen baulichen Maßnahmen kurz erläutert werden.

Anforderungen

DIN 4108 (Ausg. 8.69) „Wärmeschutz im Hochbau" enthält Anforderungen an den Wärmeschutz, die erfüllt werden müssen, um ein hygienisch einwandfreies Innenraumklima zu gewährleisten und Bauschäden infolge Tauwasserbildung zu vermeiden (Mindestanforderung). Der Nachweis des Wärmeschutzes im Hochbau ist nach DIN 4108 und den dazugehörenden Ergänzungen rechnerisch zu führen (Wärmeleitfähigkeit von Bau- und Dämmstoffen s. DIN 4108, Tab. 1).[2])

Durch die „Ergänzenden Bestimmungen" zu DIN 4108 (Ausg. 10.74) wurden die bauaufsichtlichen und für den Hochbau verbindlichen Mindest-Anforderungen erhöht. Gegenüber der DIN 4108 (Ausg. 8.69), ergeben sich in bezug auf die Decken folgende Neuerungen [4]:

- Das Dämmgebiet I wurde dem Dämmgebiet II zugeschlagen. Die Bundesrepublik ist somit nur noch in zwei Dämmgebiete (II und III) aufgeteilt.
  Zukünftig sind für alle Bauteile von Aufenthaltsräumen Anforderungen einzuhalten, wie sie aus den Tab. 1 und 2 der „Ergänzenden Bestimmungen" zu DIN 4108 zu entnehmen sind (s. Tab. **5**.9).
- Bei Decken unter nicht ausgebauten Dachgeschossen, Kellerdecken sowie Decken, die Aufenthaltsräume nach unten und nach oben gegen die Außenluft abgrenzen, wurden die Mindest-Dämmwerte erhöht.
- Decken von belüfteten Dachschrägen und Abseitenwände von ausgebauten Dachgeschossen, für die bisher die niedrigeren Wärmedämmwerte der Außenwand galten, werden künftig wie Decken unter nicht ausgebauten Dachgeschossen behandelt.
- Beim unteren Abschluß nicht unterkellerter Räume dürfen bei der Berechnung des Wärmedurchlaßwiderstandes nur die Schichten berücksichtigt werden, die oberhalb der Feuchtigkeitssperre liegen.[3])

Im Rahmen weiterer umfassender Energieeinsparungsmaßnahmen trat am 1. Nov. 1977 die „Verordnung über einen energiesparenden Wärmeschutz bei Gebäuden" (Ausführungsverordnung zum Energieeinsparungsgesetz) in Kraft.

In dieser sog. „Wärmeschutzverordnung" sind die notwendigen Maßnahmen zur Reduzierung der Energieverluste bei der Gebäudebeheizung festgelegt (bei neu zu errichtenden Gebäuden).

Die Anforderungen beziehen sich auf eine Begrenzung des Wärmedurchgangs durch alle Bauteile, die beheizte Räume gegen die Außenluft, das Erdreich oder Gebäudeteile mit wesentlich niedrigeren Innentemperaturen abgrenzen. Der Nachweis erfolgt entweder

- über mittlere Wärmedurchgangszahlen (k_m), die in Abhängigkeit des Verhältnisses der Gebäude-Außenfläche zum Gebäude-Volumen (F/V) durch ausreichende Wärmedämmung der Wände, Fenster, Dach- und Kellerdecke eingehalten werden müssen (sog. „Hüllflächenverfahren"), wobei die Mindestwerte des Wärmeschutzes für Einzelteile nach Tab. 1 der „Ergänzenden Bestimmungen" zur DIN 4108 nicht unterschritten werden dürfen (s. Tab. **5**.9) oder
- über feste k-Werte für Wand- und Fensterflächen sowie Dach- und Kellerdecke (sog. „Teilflächenverfahren") [5].

Weitere Angaben über den rechnerischen Nachweis des Wärmeschutzes im Hochbau sind Abschn. 7.3.3 zu entnehmen.

---

[1]) Die den Wärmeschutz betreffende Normung befindet sich zur Zeit in Überarbeitung. Vgl. hierzu Abschn. 7.3.4.

[2]) Ergänzungen der Rechenwerte der Wärmeleitfähigkeit zu DIN 4108 werden im Bundesanzeiger bekanntgegeben.

[3]) s. Fußnote Seite 231

Tabelle **5.9** Mindestwerte des Wärmeschutzes bei Aufenthaltsräumen (Auszug aus der Tab. 1, „Ergänzende Bestimmungen" zu DIN 4108, Fassung Oktober 1974).

Zeile		Bauteile		Wärmedurchlaßwiderstand (Wärmedämmwert) 1/Λ in m^2 K/W¹) (m^2h grd/kcal) In den Wärmedämmgebieten II	III	Bemerkung
		1		2	3	4
1		Außenwände		0,47* (0,55)	0,56* (0,65)	an jeder Stelle
2	2.1	Wohnungstrennwände und Wände zwischen fremden Arbeitsräumen	in nicht zentralbeheizten Gebäuden	0,26* (0,30)		an jeder Stelle
	2.2		in zentralbeheizten Gebäuden	0,06* (0,08)		
3		Treppenraumwände		0,26* (0,30)		an jeder Stelle
4	4.1	Wohnungstrenndecken und Decken zwischen fremden Arbeitsräumen	in nicht zentralbeheizten Gebäuden	0,35* (0,40)		an jeder Stelle
	4.2		in zentralbeheizten Gebäuden	0,17* (0,20)		
5		Unterer Abschluß nicht unterkellerter Aufenthaltsräume (an das Erdreich grenzend)		0,86* (1,00)		an jeder Stelle
6	6.1	Decken unter nicht ausgebauten Dachgeschossen		0,86* (1,00)		im Mittel
	6.2			0,43* (0,50)		an der ungünstigsten Stelle (Wärmebrücke)
7	7.1	Kellerdecken		0,86* (1,00)		im Mittel
	7.2			0,43* (0,50)		an der ungünstigsten Stelle (Wärmebrücke)
8	8.1	Decken, die Aufenthaltsräume nach unten gegen die Außenluft abgrenzen		1,72* (2,00)		im Mittel
	8.2			1,29* (1,50)		an der ungünstigsten Stelle (Wärmebrücke)
9	9.1	Decken, die Aufenthaltsräume nach oben gegen die Außenluft abschließen		1,29* (1,50)		im Mittel
	9.2			0,77* (0,90)		an der ungünstigsten Stelle (Wärmebrücke)

¹) In den „Ergänzenden Bestimmungen" zu DIN 4108, Fassung Okt. 1974, sind die Wärmedurchlaßwiderstände noch in der seit 1.1.78 überholten Einheit m^2h grd/kcal angegeben. Die Umrechnung (Umrechnungsfaktor: 0,86) ergibt keine glatten Werte bei den neuen Einheiten. Es ist zu erwarten, daß in der Neufassung der DIN 4108 (z. Z. noch in Vorbereitung) endgültige Zahlenwerte eingeführt werden. Die in dieser Tabelle mit *) gekennzeichneten Werte wurden vom Verfasser umgerechnet.

Fußwärme

Mit dem Fußboden steht der Mensch, im Unterschied zu den anderen raumbegrenzenden Bauteilen, in beinahe ständiger direkter Berührung. Fußböden sollten daher in den zum dauernden Aufenthalt von Menschen vorgesehenen Räumen „fußwarm" sein, d.h. die Decken müssen insgesamt eine ausreichende Wärmedämmung und der Bodenbelag eine möglichst geringe Wärmeleitfähigkeit haben.

Nach DIN 52614 ist Wärmeableitung eines Fußbodens die auf die Fläche bezogene Wärmemenge, die in einer Zeiteinheit von einem warmen Körper auf den Fußboden übergeht. Bei einer schnellen Wärmeableitung erscheint ein Bodenbelag physiologisch als „fußkalt", bei einer langsamen Ableitung hingegen als „fußwarm".

Während beim unbekleideten Fuß vor allem die Wärmeableitung der obersten Gehschicht, die Belagdicke und ggf. Schichtenfolge eine Rolle spielen, ist beim bekleideten Fuß vornehmlich die Fußbodentemperatur und Lufttemperatur in unmittelbarer Bodennähe von Bedeutung. Auch die jeweilige Einwirkdauer und Beschaffenheit des Schuhwerkes sind zu beachten. Die Oberflächentemperatur des Fußbodens sollte nicht unter 18 °C absinken. Auf die entsprechende Fachliteratur wird verwiesen [6], [7], [59].

Als fußwarm werden vor allem Holzfußböden, elastische Bodenbeläge mit Schaumstoff- oder Filzunterlagen (Verbundbeläge) sowie Teppichbeläge mit einer hohen Nutzschichtdicke (Poldicke) gewertet. Als besonders fußwarm können verspannte Teppichböden mit Filzunterlage bezeichnet werden (s. Abschn. 5.4.8.4, Verlegemethoden).

5.3.2.1 Ausführungsbeispiele wärmegedämmter Decken

Grundsätzlich muß bei der Dämmung von Böden und Decken zwischen Wärme- und Trittschalldämmung unterschieden werden (vgl. Abschn. 5.3.3).

In Tab. 7 der DIN 4108 sind Beispiele für Rohdecken dargestellt (Massivdekken und Holzbalkendecken) und die dazugehörigen Wärmedurchlaßwiderstände $1/\Lambda$ angegeben.

Wie Tab. 1 (Zeilen 4 bis 9) der „Ergänzenden Bestimmungen" zu DIN 4108 zeigt (s. Tab. **5**.9), richtet sich die Höhe der jeweiligen Anforderungen beim Wärmeschutz ganz wesentlich nach der Lage der Decke im Gebäude.

Demgemäß werden nachstehend die wichtigsten Ausführungsbeispiele – unter Bezugnahme auf die schematischen Schnittzeichnungen Bild **5**.10a bis **5**.10e – kurz erläutert [8], [9]:

1. Unterer Abschluß nicht unterkellerter Aufenthaltsräume: (an das Erdreich grenzend, Bild **5**.10a)
   Geforderter Mindest-Wärmedurchlaßwiderstand $1/\Lambda$: 0,86 m^2K/W[1])

   Fußböden von Aufenthaltsräumen, die an das Erdreich grenzen, müssen besonders sorgfältig wärmegedämmt werden. Auf die Rohdecke ist immer eine Abdichtung (Sperrschicht) gegen aufsteigende Bodenfeuchtigkeit gem. DIN 4117 (künftig DIN 18195) aufzubringen. S. hierzu Abschn. 7.2.2.2 – Schutz gegen nicht drückendes Wasser. Die Wärmedämmschicht wird zwischen der Feuchtigkeits-

1) Die Erfordernisse nach der Wärmeschutzverordnung sind in jedem Fall zu beachten (s. Abschn. 7.3.3).

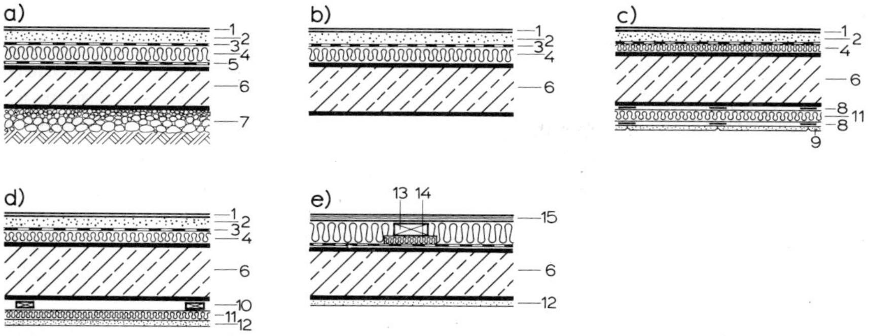

5.10 Schematische Schnittzeichnungen. Wärmedämmung von Massivdecken entsprechend der Gliederung nach Tab. **5.**9

a) Unterer Abschluß nicht unterkellerter Aufenthaltsräume (an das Erdreich grenzend)
b) und c) Decken über Untergeschossen (Kellerdecken)
d) Decken, die Aufenthaltsräume nach unten gegen die Außenluft abgrenzen
e) Decken unter nicht ausgebauten Dachgeschossen

1 Belag
2 Estrichplatte
3 Trennschicht
4 Trittschalldämmung (z. B. 2 × PS-Hartschaumplatten, Rohdichte ≧20 kg/m³)
5 Abdichtung gegen Feuchtigkeit (Sperrschicht)
6 Massivdecke
7 Grobschotter, Kies
8 Punktklebung
9 Deckensichtplatten-Verkleidung
10 Lattung
11 Wärmedämmung (z. B. 2 × PS-Hartschaumplatten, Rohdichte 15 kg/m³)
12 Putzschicht
13 Lagerholz
14 Dämmstreifen
15 Nut- und Federdielen, Holzspanplatten o. ä.

abdichtung und dem schwimmenden Estrich angeordnet. Die Dämmplatten sind vor dem Aufbringen des Mörtelestrichs mit einer Trennschicht (z. B. Bitumenpappe, Polyäthylenfolie) abzudecken.[1])

2. Decken über Untergeschossen (Kellerdecken) Bild **5.**10b, c.
Geforderter Mindest-Wärmedurchlaßwiderstand $1/\Lambda$: 0,86 m²K/W[2])

In der Regel sind Kellerräume unbeheizt (Wärmegefälle von oben nach unten). Im Winter rechnet man mit Kellertemperaturen von plus 3 bis plus 9 °C, im Sommer mit höchstens plus 15 °C. Um eine ausreichende Oberflächentemperatur des oberhalb der Untergeschoßdecke liegenden Fußbodens zu erzielen, und zur Minderung der Wärmeableitung, ist eine gute Wärmedämmung der Kellerdecke zwingend notwendig. Die Wärmedämmung kann, wie Bild **5.**10c zeigt, nicht nur oberhalb der Massivdecke, sondern auch auf der Unterseite der Decke angeordnet werden.

---

[1]) Ganz anders verhält es sich bei der sog. „Perimeter-Dämmung". Hier wird die Wärmedämmung außerhalb der Feuchtigkeitsabdichtung auf eine ebene Sauberkeitsschicht verlegt. Die Dichtungsbahn wird in diesem Fall auf den Wärmedämmplatten angeordnet. Für diese Verlegeart der Wärmedämmschicht eignet sich jedoch nur Wärmedämm-Material, das praktisch kein Wasser aufnimmt (z. B. extrudierter PS-Hartschaum) [60].

Auf die derzeit noch gültige Einschränkung durch die „Ergänzenden Bestimmungen zu DIN 4108" (10.74), wonach bei der Berechnung des Wärmedurchlaßwiderstandes nur die Schichten zu berücksichtigen sind, die oberhalb der Feuchtigkeitssperre liegen, wird verwiesen.

[2]) s. Fußnote S. 230.

Dies ist in Form einer verlorenen Schalung[1]) beim Betonieren der Kellerdecke (z. B. Holzwolle-Leichtbauplatten, Hartschaumplatten) und durch nachträgliches Aufkleben (z. B. Styropor-Sichtplatten) direkt unter die Decke oder auf einen Lattenrost möglich. Hierfür dürfen nur schwer entflammbare Dämm-Materialien verwendet werden.

3. Wohnungstrenndecken und Decken zwischen fremden Arbeitsräumen

   Geforderter Mindest-Wärmedurchlaßwiderstand $1/\Lambda$: 0,17 bzw. 0,35 m²/K/W

   Wohnungstrenndecken müssen vor allem einen ausreichenden Trittschallschutz nach DIN 4109 erhalten. Durch Verwendung geeigneter Trittschalldämmplatten nach DIN 18164 und DIN 18165 wird bei diesen Geschoßdecken gleichzeitig auch eine gute Wärmedämmung erzielt. Nach DIN 4109 T3 muß die Trittschalldämmung bei beiden Massivdeckengruppen (Gruppe I und II) verbessert und mit geeigneten Deckenauflagen versehen werden (s. Abschn. 5.3.1, Luft- und Trittschalldämmung bei Massivdecken).

4. Decken, die Aufenthaltsräume nach unten gegen die Außenluft abgrenzen (Bild **5.**10 d)

   Geforderter Mindest-Wärmedurchlaßwiderstand $1/\Lambda$: 1,72 m²K/W[2])

   Decken über einer offenen Durchfahrt, Garagen o. ä. stellen meist die kältesten Außenflächen eines Gebäudes dar. Wie Tab. **5.**9, Zeile 8, zeigt, ist für diese Decken ein besonders hoher Wärmedämmwert einzuplanen. An diese Decken werden jedoch gleichzeitig auch Anforderungen an den Trittschallschutz gestellt, vor allem wegen der waagerechten und schrägen Trittschallübertragung in angrenzende Aufenthaltsräume. Sie werden deshalb oberseitig meist durchgehend mit einem Trittschalldämmstoff belegt, der gleichzeitig auch dem üblichen Wärmeschutz für Geschoßdecken genügt. Die im Bereich der offenen Durchfahrt noch zusätzlich erforderliche Wärmedämmschicht ordnet man auf der Unterseite der Rohdecke an („kalte Seite" der Konstruktion), so daß die Rohdecke des gesamten Geschosses ohne Absatz betoniert werden kann.[3])

   Ein Anbetonieren der Wärmedämmung in Form einer verlorenen Schalung oder vollflächiges Ankleben sollte nach DIN 4109 auch hier unterbleiben (Schall-Längsleitung).[1]) Zu empfehlen ist dagegen ein nachträgliches punktweises Verkleben der Platten an die Rohdeckenunterseite, die Anordnung auf einem Lattenrost oder die Ausbildung als untergehängte Decke. Dabei ergibt sich eine zusätzliche Verlegemöglichkeit von Rohrleitungen. Es sind nur schwer entflammbare Dämm-Materialien zu verwenden.

---

[1]) s. Fußnote S. 222

[2]) s. Fußnote S. 230

[3]) Bei mehrschichtigen Außenbauteilen ist immer auf die sachgemäße Anordnung der einzelnen Schichten zu achten, da es sonst zur Bildung von Kondenswasser kommen kann, das die Wärmedämmung ungünstig beeinflußt (Bauschäden). S. dazu Abschn. 7.3.2.2.

Zu Bauschäden ähnlicher Art kann eine nachträglich angebrachte Wärmedämmung an Massivdekken unterhalb von Flachdächern, z. B. mit Hartschaum-Deckensichtplatten o. ä. führen (Taupunktverschiebung).

5. Decken unter nicht ausgebauten Dachgeschossen[1]) (Bild **5**.10e)

Geforderter Mindest-Wärmedurchlaßwiderstand $1/\Lambda$: 0,86 m^2K/W[2])

Wird der Raum zwischen der letzten Geschoßdecke und der eigentlichen Dachhaut belüftet, d.h. mit der Außenluft direkt verbunden (Kaltdachprinzip), dann kommt es in diesen Zwischenräumen im Winter zu einer starken Abkühlung von minus 10 °C und darunter und im Sommer durch Wärmestau zu Temperaturen von bis zu plus 60 °C und mehr. Decken unter nicht ausgebauten Dachgeschossen sind daher mit einer oberseitigen Wärmedämmung ebenfalls sorgfältig zu schützen. Bei nicht genutzten Dachräumen kann das Dämm-Material ohne Abdeckung verlegt werden (schwer entflammbar), bei benutzten Dachräumen (z.B. Trockenspeicher) ist eine normale Verlegung der Dämmplatten unter Estrich oder zwischen Lagerhölzern mit Nut- und Federdielenabdeckung o.ä. vorzusehen. Bei Mehrfamilienhäuser sind die Decken unter nutzbaren Dachräumen außerdem noch mit dem notwendigen Trittschallschutz zu versehen.

5.3.3 Dämmstoffe für die Wärme- und Trittschalldämmung[3])

Die Dämmschicht hat innerhalb eines Fußbodenaufbaues die Aufgabe, die Trittschallübertragung zu vermindern und eine ausreichende Wärmedämmung zu gewährleisten. Entsprechend den daraus sich ergebenden, unterschiedlichen Anforderungen unterscheidet man zwischen:

- Schaumkunststoffen nach DIN 18164
- Faserdämmstoffen nach DIN 18165.
  T1 jeweils Dämmstoffe für die Wärmedämmung
  T2 jeweils Dämmstoffe für die Trittschalldämmung.
  (Andere Dämmstoffarten bleiben hier unberücksichtigt.)

Zu bemessen ist die Dämmschicht bezüglich des

- Schallschutzes nach DIN 4109, des
- Wärmeschutzes nach DIN 4108, einschl. Wärmeschutzverordnung sowie des
- Brandschutzes nach DIN 4102

Dämmstoffe für die Trittschalldämmung

Wie in Abschn. 5.3.1, Trittschalldämmung von Massivdecken, bereits erwähnt, ist die dynamische Steifigkeit einer Dämmschicht, neben dem Flächengewicht der Estrichplatte ($\geqq 45$ kg/m^2), entscheidend für die Dämmwirkung eines schwimmenden Estrichs. Die Schaumkunststoffe und Faserdämmstoffe für die Trittschalldämmung werden deshalb nach ihrem Federungsvermögen (= dynamische Steifigkeit) gemäß nachstehender Tabelle in zwei Dämmschichtgruppen eingeteilt.[4])

---

[1]) Die Mindestwerte des Wärmeschutzes für leichte Decken (auch Außenwände) unter nicht ausgebauten Dachgeschossen (Unterdächer) mit Gewichten $\leqq 300$ kg/m^2 sind Tab. 2, „Ergänzende Bestimmungen" zu DIN 4108 zu entnehmen.

[2]) s. Fußnote S. 230.

[3]) Die die Dämmstoffe betreffende Normung befindet sich z.Z. in Überarbeitung; entspr. Norm-Entwürfe liegen vor.

[4]) DIN Entwurf 18164 T2 (Ausg. 3.78) sieht für Schaumkunststoffe (Trittschalldämmung) künftig 4 Steifigkeitsgruppen vor.

Nach DIN 4109, T3 (Ausg. 9.62), sind für Massivdecken ohne ausreichende Luft- und Trittschalldämmung (Massivdeckengruppe I) Trittschalldämmplatten der Dämmschichtgruppe I (dynam. Steifigkeit $\leqq 30$ MN/m³) vorgeschrieben. Für Decken der Massivdeckengruppe II mit ausreichender Luftschalldämmung dürfen Trittschalldämmplatten mit einer dynam. Steifigkeit >30 bis 90 MN/m³ (Dämmschichtgruppe I oder II) verwendet werden. S. dazu auch Abschn. 5.3.1 sowie Abschn. 5.3.4.2.

Tabelle **5**.11 Dämmschichtgruppen (nach DIN 18165 T2, Ausg. 1.75)

Dämmschichtgruppe	Dynamische Steifigkeit (Mittelwert) s' in MN/m³
I	bis 30
II	ab 30 bis 90
Zulässige Überschreitung der Einzelwerte 5%	

Für die Berechnung der Wärmedämmung nach DIN 4108 muß bei den Dämmstoffen für die Trittschalldämmung der vom Hersteller angegebene Wärmedurchlaßwiderstand $1/\Lambda$ eingesetzt werden.

Zur besseren Unterscheidung der verschiedenen Dämmstofftypen hat man eine Kennzeichnung der Dämmstoffe nach ihrer Verwendbarkeit eingeführt und jeweils besondere Typkurzzeichen festgelegt. Für die Trittschalldämmstoffe beider Normen wurde der Buchstabe **T** gewählt (Angaben über die Kennzeichnungspflicht jeder Verpackungseinheit und zur Güteüberwachung sind den Normen zu entnehmen).

Ein zusätzlicher Kennbuchstabe (z. B. **T-B1**) kennzeichnet das jeweilige Brandverhalten des Dämmstoffes (Baustoffklassen nach DIN 4102).

Nach der neuen DIN 4102 (Ausg. 9.77) dürfen Baustoffe, die im eingebauten Zustand in die Baustoffklasse B3 (= leicht-entflammbar) fallen, im Bauwesen nicht mehr eingesetzt werden.

Schaumkunststoffe nach DIN E18164 T1 u. T2 (Ausg. 3.78) müssen mindestens der Baustoffklasse B2 nach DIN 4102 T1 (= normal-entflammbar) entsprechen.

Schaumkunststoffe der Baustoffklasse B1 (= schwer-entflammbar) unterliegen der Prüfzeichenpflicht (Institut für Bautechnik, Berlin).

Die Vorzugsmaße der Platten und Bahnen sind in den entsprechenden Normen angegeben. Bezüglich der Nenndicken von Trittschalldämmstoffen ist zu unterscheiden zwischen

– Lieferdicken ohne Belastung und Dicken mit Belastung.

Beide Dicken sind stets gemeinsam anzugeben, z. B.: 19/15 mm.

Angaben über Dämmstoffe für die Wärmedämmung s. Abschn. 7.3.2.1, Dämmschüttungen (Trockenschüttung) s. Abschn. 5.3.4.3.

5.3.4 Druckverteilende Schicht

Druckverteilende Schichten müssen allen auf sie einwirkenden Belastungen sicher standhalten (z. B. Punktlasten durch schwere Möbel, Stöße durch herabfallende Gegenstände) und damit die darunterliegenden, meist nicht ausreichend festen

Zwischenschichten vor Verformungen schützen. Außerdem müssen sie die anfallenden Lasten, möglichst gleichmäßig verteilt, nach unten abgeben. Insbesondere unter dünnen Belägen (z. B. PVC-Beläge) dürfen sie weder am Rande noch in den Raumecken brechen. Darüber hinaus muß die Biegezug- und Druckfestigkeit der druckverteilenden Schichten so groß sein, daß sie auch alle von den Belägen bzw. deren Kleber selbst ausgehenden Belastungen (z. B. Schubkräfte beim verklebten Parkett) aufnehmen können, ohne zerstört zu werden.

Druckverteilende Schichten werden entweder als Estrich ausgebildet oder aus vorgefertigten, meist trocken verlegten Plattenelementen hergestellt.

Übersicht und notwendige Unterscheidungen

1. Estriche:[1]

- Hydraulische Estriche (sog. Mörtelestriche) wie z. B. Zement-, Anhydrit-, Magnesia- und Gipsestrich.
- Bituminöse Estriche wie z. B. Gußasphaltestrich.

Nach dem Anwendungszweck sind zu unterscheiden:

a) Verbundestrich (Bild **5**.12a): Der Estrich ist mit dem Untergrund (z. B. Rohdecke) fest verbunden, und zwar als
   - Verbundestrich zur Aufnahme von Belägen
   - Verbundestrich als Nutzestrich
   - Verbundestrich als Nutzestrich mit Hartstoffschicht (Hartstoffestrich) o. ä.

b) Estrich auf Trennschicht (Bild **5**.12b): Untergrund und Estrich sind durch eine Zwischenlage (z. B. Folie oder Pappe) getrennt.

c) Schwimmender Estrich (Bild **5**.12c): Zwischen Untergrund (Tragschicht) und Estrich liegt eine Dämmschicht. Die druckverteilende, biegesteife Estrichplatte kann sich darauf frei bewegen, d. h. „schwimmen" und hat keine unmittelbare Verbindung mit angrenzenden Bauteilen.

2. Trockenunterböden aus vorgefertigten Plattenelementen: (Trockenestriche)

a) Verlegung auf Lagerhölzern über Massivdecken und Holzbalkendecken (Bild **5**.19).

b) Vollflächig schwimmende Verlegung über Massivdecken und Holzbalkendecken (Bild **5**.20).

c) Verlegung auf vorhandenen Untergründen in Altbauten (z. B. Dielenboden, Fliesenbelag) (Bild **5**.22).

Spezialkonstruktionen wie zum Beispiel Schwingbodenkonstruktionen für Turnhallen o. ä. bleiben hier unberücksichtigt.

Konstruktionen mit Fußbodenheizungen s. Abschn. 5.3.6.

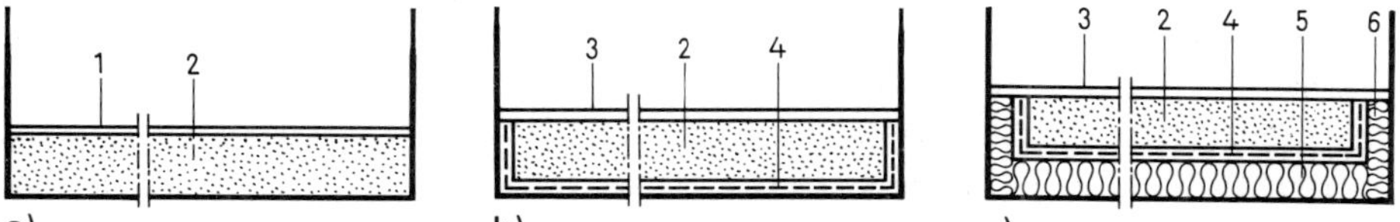

5.12 Schematische Schnittzeichnungen. Ausführungsarten von Estrichen nach DIN 18353 (s. auch DIN E 18560 T1).

a) Verbundestrich
b) Estrich auf einer Trennschicht
c) Schwimmender Estrich

1 begehbare Oberfläche (Nutzestrich)
2 Estrichschicht
3 Bodenbelag
4 Trennschicht (Abdekkung)
5 Dämmschicht
6 Randstreifen

[1]) s. Fußnote S. 237.

5.3.4.1 Estriche

Zementestrich[1])

Die Ausgangsstoffe sind Normenzement (DIN 1164), gemischt körniger Sand etwa im Mischungsverhältnis: 1 RTL Zement, 4 RTL Sand (Korngröße 0 bis 7 mm) und Wasser. Der Zementgehalt je m^3 fertigen Mörtels darf nicht größer als 400 kg sein; die erforderlichen Druck- und Biegezugfestigkeiten lassen sich jedoch auch schon mit 300 kg/m^3 Zementgehalt (= geringeres Schwindmaß) erreichen. Auch die Kornzusammensetzung des Zuschlages beeinflußt in hohem Maße die Festigkeit des Estrichs. Der Frischmörtel soll so beschaffen sein, daß er leicht verdichtet werden kann, wenig Hohlräume aufweist und nur wenig Wasser zur Verarbeitung benötigt; die Steife des Mörtels soll zwischen erdfeucht und weich liegen.

Nach seiner Fertigstellung ist der Zementestrich etwa 6 bis 10 Tage vor zu schnellem Feuchtigkeitsentzug durch beispielsweise Hitze und Zugluft zu schützen (ggf. durch Feuchthalten und Abdecken). Estrichflächen, die größer als 30 m^2 sind oder eine Seitenlänge von mehr als 6 m aufweisen, sind zur Vermeidung von Schwindrissen durch Fugen (meist Scheinfugen) zu unterteilen. S. auch Abschn. 5.3.4.2 Schwimmender Estrich.

Nach DIN 4109 T4 (Ausg. 9.62) ist die Verwendung von Zusatzmitteln gestattet, sofern diese nachweisbar keinen schädigenden Einfluß auf den Estrich ausüben. Zusatzmittel sind chemisch-physikalisch wirkende Stoffe. Man unterscheidet (s. auch AGI-Arbeitsblatt A 11) [10]:

- Betonverflüssiger (BV) zur Verbesserung der Verarbeitbarkeit
- Dichtungsmittel (DM) zur Verbesserung der Wasserundurchlässigkeit
- Erstarrungsbeschleuniger (BE) zur Beschleunigung des Erhärtungsvorganges
- Erstarrungsverzögerer (VZ) zur Verzögerung des Erhärtungsvorganges
- Frostschutzmittel (BE) zur Herabsetzung des Gefrierpunktes des Wassers.

Weitere Zusatzstoffe beeinflussen bestimmte Mörtel-Eigenschaften:

- Kunstharz-Dispersionen erbringen eine Wassereinsparung (kürzere Trockenzeit), eine Verbesserung des elastischen Verhaltens (geringere Schwindneigung), der Haftfestigkeit zum Untergrund und der Verarbeitbarkeit sowie eine Erhöhung der Biegezugfestigkeit.
- Bitumenemulsionen bewirken eine Herabsetzung des Wasserzementfaktors (kurze Erhärtungszeit), verhindern ein zu schnelles Austrocknen (feuchte Nachbehandlung kann ggf. entfallen), erbringen eine verbesserte Elastizität und eine wesentlich erhöhte Biegezugfestigkeit (Raumbeständigkeit). Sie ergeben jedoch keine Feuchtigkeitssperre.

Je nach Beanspruchung muß der Zementestrich eine ganz bestimmte Mindest-Druckfestigkeit aufweisen.

a) Verbundestriche (s. auch Abschn. 5.4.3 sowie VOB, DIN 18353):
  - Verbundestriche zur Aufnahme von Belägen: E 15 (d. h. Druckfestigkeit von mind. 15 N/mm^2)
  - Verbundestriche als Nutzestriche: E 25 (leichter bis normaler Fußgängerverkehr, leichter Fahrverkehr)
  - Verbundestriche als Nutzestriche: E 45 (Fußgängerverkehr, Fahrverkehr mit Staplern und Karren, Absetzen und Lagern leichter bis mittelschwerer Güter)
  - Verbundestriche als Nutzestriche mit Hartstoffschicht: E 80 (Hartstoffestriche – Industrieböden)

  Aus fertigungstechnischen Gründen müssen die Verbundestriche sowie Estriche auf Trennschichten mind. 30 mm (besser 40 mm) dick hergestellt werden.

---

[1]) s. Fußnote S. 237.

b) Schwimmender Zementestrich (s. auch Abschn. 5.3.4.2):

– Druckfestigkeit von mind. 22,5 N/mm² (Festigkeitsklasse schwimmender Estrich: E 20)[1])

Weitere Angaben über die Festigkeit und Dicken schwimmend verlegter Zementestriche s. DIN 4109 T4 Tab. 1 (Ausg. 9.62).

Zementestriche werden, im Vergleich zu den anderen Estricharten, am meisten verwendet. Er ist preisgünstig herzustellen und allen Beanspruchungen gewachsen. Seine Neigung zum Schwinden und damit zur Rissebildung kann durch eine entsprechende Fugenteilung, langsame Austrocknung und ggf. durch Verwendung von Zusatzmitteln aufgefangen werden [11] bis [13].

Anhydritestrich[1])

Die Ausgangsstoffe sind synthetischer Anhydrit oder natürlicher Anhydrit (wasserfreier natürlicher Gips) mit Anreger für schnelleres Erhärten, Zuschlagstoffe (gemischt körnige Sande der Körnung 0 bis 7 mm) und Anmachwasser. Nach DIN 4109 dürfen als Bindemittel nur Anhydritbinder (= Anhydrit und Anreger) nach DIN 4208 der Güteklasse AB 200 verwendet werden. Mischungsverhältnis des Anhydritestrichs: 1 RTL Anhydritbinder AB 200, 2,5 RTL Sand. Zur Erhöhung der Plastizität sowie zur Senkung des Wasserbindemittelfaktors können spez. Zusatzmittel (z.B. Anhyplast) eingearbeitet werden. Weitere Stoffe wie Gips, Kalk usw. dürfen ohne Zustimmung des Herstellerwerkes nicht zugesetzt werden.

Je nach Beanspruchung muß der Anhydritestrich eine ganz bestimmte Mindest-Druckfestigkeit aufweisen (s. auch VOB, DIN 18353):

– Verbundestriche zur Aufnahme von Belägen: 15 N/mm²
– Verbundestriche als Nutzestriche: 25 N/mm²
– Schwimmender Estrich: 25 N/mm².

Weitere Angaben über die Festigkeit und Dicke schwimmend verlegter Anhydritestriche s. DIN 4109 T4 Tab. 1 (Ausg. 9.62).

Aus fertigungstechnischen Gründen müssen Verbundestriche ≧20 mm, Estriche auf Trennschichten ≧25 mm (besser ≧30 mm) dick hergestellt werden.

Der Vorteil des Anhydritestrichs ist seine gute Raumbeständigkeit, die es ermöglicht, große Flächen (bis über 1000 m²) ohne Dehnungsfugen zu verlegen (Bewegungsfugen des Tragbetons beachten!). Außerdem weist er eine relativ kurze Trockenzeit und niedrige Wärmeleitzahl auf. Nachteil: Seine Empfindlichkeit gegen Nässe!

Anhydritestriche ohne wasserdichten Oberbelag sollten daher nicht in Räumen verlegt werden, in denen mit andauernder Wassereinwirkung von oben zu rechnen ist. Bei nicht unterkellerten Räumen muß eine wirksame Abdichtung gegen aufsteigende Bodenfeuchtigkeit, bei Decken über Räumen mit erhöhter Wärme bzw. Wasserdampfentwicklung (z.B. bei Bädern, Heizungskellern) eine Dampfsperre unter den Dämmschichten eingebracht werden. Außerdem müssen die Rohre von Warmwasserheizungen u.ä. eine geeignete Schutzummantelung erhalten. Elektr. Fußbodenheizungen können ohne Einschränkung verlegt werden. Mittlere Preisklasse.

---

[1]) Die die Estriche betreffende Normung befindet sich z.Z. in Überarbeitung. Auf den Norm-Entwurf DIN 18560 T1 (Ausg. 1.79) „Estriche im Bauwesen" (Grundlagennorm für alle Estriche) wird hingewiesen. Ein weiterer Normentwurf über die schwimmenden Estriche wird in Kürze erscheinen, Normentwürfe für die übrigen Estricharten werden folgen.

Gipsestrich[1])

Die Ausgangsstoffe sind Estrichgips nach DIN 1168 ohne Zuschlagstoffe (ungemagert) oder Estrichgips mit Zuschlagstoffen (gemagert) im Mischungsverhältnis von 1 RTL Estrichgips zu höchstens 1,5 RTL Zuschlagstoff (gemischt körnige Sande der Körnung 0 bis 7 mm) zuzüglich Anmachwasser.

Angaben über die Festigkeit und Dicken schwimmend verlegter Gipsestriche s. DIN 4109 T4 Tab. 1 (Ausg. 9.62).

Gipsestriche sind in beliebig großen Flächen ohne Fugen verlegbar, jedoch nicht geeignet für Feucht- und Naßräume. Gegenüber Stahl und Beton sind besondere Schutzmaßnahmen erforderlich. Gipsestriche werden nur noch relativ selten verwendet.

Magnesiaestrich (Steinholzestrich)[1])

Die Ausgangsstoffe sind Magnesiumoxyd (gebrannter und gemahlener Magnesit), Magnesiumchlorid als Anmachlösung und Zuschlagstoffe (mineralischer Art wie Quarzsand und Glimmer oder organischer, wie Sägemehl und Korkschrot). Alle Ausgangsstoffe müssen der DIN 273 entsprechen; die Estrichherstellung sowie die entsprechenden Schichtdicken und mechanischen Eigenschaften sind gemäß DIN 272 auszuführen.

Magnesiaestriche können als Verbundestriche, als Estriche auf Trennschicht oder als schwimmende Estriche verlegt werden. Verbundestriche sind in einer Dicke von 20 mm, Estriche auf Trennschichten von mind. 30 mm herzustellen.

Magnesiaestriche werden ein- und mehrschichtig ausgebildet: Mehrschichtige Beläge bestehen aus einer Unterschicht (≧15 mm) und einer dichteren Nutzschicht (= Bodenbelag 10 bis 15 mm). Dieser Belagschicht werden häufig noch Härtestoffe (z.B. Korund) beigemischt, so daß diese Böden auch hohen mechan. Beanspruchungen standhalten. Magnesiagebundene Beläge – Industrieböden s. AGI-Arbeitsblatt A 50 [10].

Je nach Beanspruchung muß der Magnesiaestrich eine bestimmte Mindest-Druckfestigkeit aufweisen (s. auch VOB, DIN 18353):

- Unterschicht bei mehrschichtigen Belägen: 10 N/mm^2
- Nutzschicht je nach Beanspruchung: 15 bis 22,5 N/mm^2
- Nutzschicht als Industrieboden: 35 N/mm^2
- Schwimmender Estrich (Unterestrich): ≧10 N/mm^2

Weitere Angaben über die Festigkeit und Dicken schwimmend verlegter Magnesiaestriche s. DIN 4109 T4 Tab. 1 (Ausg. 9.62).

Alle Eisenteile, die mit Magnesiaestrich in Berührung kommen könnten, müssen sorgfältig isoliert, d.h. beispielsweise mit Bitumenpappe umwickelt werden. Trennfugen im Belag sind genau über Dehnungsfugen des Untergrundes anzuordnen. Magnesiaestrich ist empfindlich gege Dauerfeuchtigkeit und daher nicht geeignet für Naßräume. Der Betonunterboden ist auch sorgfältig gegen aufsteigende Bodenfeuchtigkeit sowie Dampfdiffusion zu schützen (s. Abschn. 7.2.2.2).

Magnesiaestrich ist empfindlich gegen Dauerfeuchtigkeit und daher nicht geeignet er wird nur noch relativ selten als schwimmender Estrich eingesetzt. Mit der Ausführung sind in jedem Falle Spezialfirmen zu beauftragen.

---

[1]) s. Fußnote S. 237.

Gußasphaltestrich [1])

Die Ausgangsstoffe sind Bitumen als schmelzbares Bindemittel und Zuschlagstoffe in Form von Splitt, Sand (Körnung von 0,09 bis über 2 mm) und Füllstoffen. Bindemittel und Mineralgemisch werden so aufeinander abgestimmt, daß die Hohlräume des Minerals voll ausgefüllt werden und sich eine mechanische Verdichtung der im heißen Zustand plastischen Masse erübrigt.

Gußasphaltestrich ist ein absolut trockener Estrich, der in großen Flächen ohne Fugen, unabhängig von Witterungseinflüssen ausgeführt und sofort nach dem Erkalten belegt werden kann. Weitere Vorteile sind seine Unempfindlichkeit gegen Nässe, die geringe Einbaudicke und seine hohe elektrische Isolierfähigkeit. Gußasphaltestriche sind zwar relativ teuer (obere Preisklasse), in Anbetracht der vielen Vorteile jedoch durchaus als wirtschaftlich zu bezeichnen [14].

Die Gußasphaltmasse ist je nach dem Verwendungszweck und der zu erwartenden Beanspruchung zusammenzusetzen. Sie muß möglichst hart eingestellt werden, da die Eindringtiefe für Gußasphalt als schwimmender Estrich nach DIN 4109 T4 höchstens 1,0 mm betragen darf (Prüfung nach DIN 1996 T13). Erfahrungsgemäß lassen sich die Mischungen jedoch so einstellen, daß die Eindringtiefe um 0,5 mm bleibt (Firmenauskünfte bei schweren Punktlasten einholen).

Die Gußasphaltmasse wird in fahrbaren Motorkochern an die Baustelle gefahren und an der Verwendungsstelle mit einer Temperatur von 220 bis 250°C eingebracht. Wegen der hohen Gießtemperatur der Asphaltmasse sind nicht alle auf dem Markt befindlichen Dämmstoffe einsetzbar. An genormten Dämmstoffen werden in DIN 18354 – Asphaltbelagarbeiten (Neufassung z.Z. in Vorbereitung) genannt: Holzwolle-Leichtbauplatten (DIN 1101), Faserdämmstoffe für das Bauwesen (DIN 18165), harte und poröse Holzfaserplatten (DIN 68750), Bitumen-Holzfaserplatten (DIN 68752), Korkerzeugnisse als Dämmstoffe für das Bauwesen (DIN 18161), expandierte Korkplatten, Platten aus geblähten Mineralstoffen, Schaumglas, Schüttdämmstoffe u.a.

Trittschalldämmplatten aus Styropor dürfen unter Gußasphalt nicht, bzw. nur bei Beachtung besonderer Vorsichtsmaßnahmen, verlegt werden. Heiße Gußasphaltmasse darf auch nicht direkt auf bituminöse Anstriche oder Klebemassen, nackte Bitumen- oder Teerpappen und Dichtungsbahnen nach DIN 18190 aufgebracht werden; auch Kunststoff-Folien müssen unempfindlich gegen die hohen Einbautemperaturen sein.

Ausführungsbeispiele – Gußasphaltestriche

Gußasphalt kann entweder auf eine Trennschicht (z.B. aus Natronkraftpapier, Glasvlies) oder als schwimmender Estrich auf hitzebeständigen Dämmstoffen verlegt werden (s. auch Abschn. 5.4.4, Gußasphalt als Nutzboden – Industrieböden).

Nach DIN 4109 T4 (s. Tabelle **5**.14, Zeile 6), sind Dämmschichten, die sich unter der Last der Auflage mehr als 8 mm zusammendrücken, unter Gußasphaltestrichen nicht gestattet. Bei einer zu weichen Unterlage könnte es bei Belastungen zu Eindrücken im Asphaltestrich kommen. Es ist daher ratsam, bei Bauten mit erhöhten Trittschallanforderungen (z.B. bei Hotels, Krankenhäuser) die Dämmschicht

[1]) s. Fußnote S. 237, 270.

zweilagig auszubilden (Bild **5.**13a). Dabei sollte die unterste Schicht aus weichfedernden Dämmstoffen der Dämmschichtgruppe I in möglichst geringer Dicke (z. B. 7,5/5 mm), die obere dagegen aus Dämmplatten mit einer höheren dynamischen Steifigkeit bestehen (z. B. Holzwolle-Leichtbauplatten oder Platten aus geblähten Mineralstoffen als druckverteilende Schicht). Darauf wird ein mind. 25 mm dicker Gußasphalt verlegt; über 40 mm dicke Asphaltestriche müssen immer mehrlagig aufgetragen werden.

Da sich der Gußasphalt beim Erkalten zusammenzieht (Kontraktion), d. h. sich von den angrenzenden Bauteilen ablöst und somit eine Trittschallübertragung weitgehend vermieden wird, kann in bestimmten Fällen auf die Anordnung von senkrecht stehenden Randdämmstreifen verzichtet werden. Dies gilt jedoch nicht bei Parkett o. ä. Hier sind immer so dicke Randdämmstreifen aufzustellen, daß die Fuge zwischen Gußasphalt und Wand 15 mm beträgt.

Die Gefahr, daß sich Gußasphaltestrich bei zu weichfedernden Dämmschichten verformt, ist besonders entlang der Randzonen eines Raumes gegeben, wenn dort schwere, punktförmig einwirkende Lasten (z. B. Bücherregale, Schränke) aufgestellt werden. Um diesem Nachteil zu begegnen, verlegt man entweder härtere Dämmplattenstreifen entlang der Raumwände (z. B. Holzfaserplatten) oder man baut eine Asphalt-Randverstärkung ein, indem man die Dämmplatten etwa 10 cm vor der Wand enden läßt (Bild **5.**13b). Die dabei entstehenden „Schallbrükken" werden bewußt in Kauf genommen, da sie sich auf Grund der niedrigen Körperschall-Leitfähigkeit des Gußasphaltestriches (= hohe innere Dämpfung) hinsichtlich einer Trittschallminderung nicht nennenswert auswirken [15]. Die Zonen vor den Türen sind dabei natürlich auszunehmen. Werden keine schallübertragenden Bodenbeläge aufgebracht, kann der Randdämmstreifen u. U. ebenfalls entfallen. Das über der Dämmschicht liegende Natronkraftpapier o. ä. ist jedoch bis zur Wand weiterzuführen. Fußleisten müssen den Asphaltestrich mind. 10 mm überdecken. Werden für die Verklebung eines Belages bitumenlösende Klebestoffe[1]) verwandt, so ist die Asphaltschicht mit einer geeigneten Spachtelmasse zu spachteln.

Fußböden von nicht unterkellerten Aufenthaltsräumen sind gegen aufsteigende Bodenfeuchtigkeit besonders zu schützen. Zu diesem Zwecke ist auf der Bodenplatte – unterhalb der Wärmedämmschichten – eine durchgehende Abdichtung (Feuchtigkeitssperrschicht nach DIN 4117, künftig DIN 18195) aufzubringen und diese seitlich an eine waagerechte Wandabdichtung anzuschließen (Bild **5.**13c, s. auch Abschn. 7.2.2.2).

Der Gußasphaltestrich stellt eine weitere wirksame Feuchtigkeitssperre dar, da er nicht nur wasserdicht sondern sogar wasserdampfdicht ist und somit auch als Diffusionssperre wirkt. Er verhindert auch, daß beispielsweise in Naßräumen Nutzwasser von oben in die Zwischenschichten eindringen kann. In diesem Fall sind die seitlichen Anschlüsse besonders sorgfältig auszuführen (Randabdichtung mit eingeklebten Dichtungsbahnen). In Naßräumen ohne Dämmschichten wird der Gußasphaltestrich meist doppellagig verlegt: die Unterlage besteht dann aus Mastix, die obere aus dem standfesteren Gußasphalt. Das erforderliche Gefälle ist in der Rohdecke vorzusehen [14], [16].

---

[1]) In der Praxis wird Gußasphalt immer gespachtelt. Müssen Unebenheiten oder falsche Höhenlage ausgeglichen werden, so ist eine Ausgleichsmasse aufzubringen.

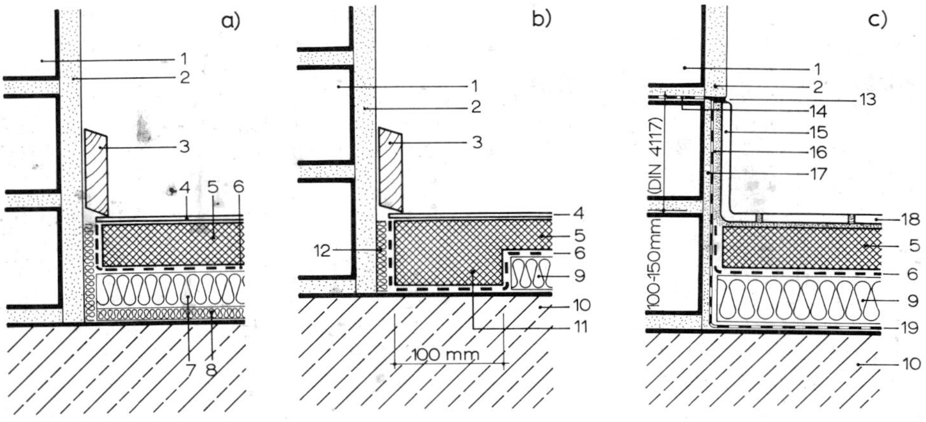

5.13 Gußasphaltestrich-Ausführungsbeispiele

a) Gußasphaltestrich schwimmend verlegt (Geschoßdecke mit erhöhter Trittschalldämmung)
b) Gußasphaltestrich mit Randverstärkung (z. B. bei schweren Lasten, am Rande eines Raumes)
c) Gußasphaltestrich mit Wärmedämmung in einem dauergenutzten Untergeschoßraum (die untere Abdichtung in der Außenwand soll ca. 100 mm über OF-Kellerfußboden liegen)

1 Mauerwerk
2 Wandputz
3 Fußleiste (Gußasphalt mind. 10 mm überdeckend)
4 Bodenbelag
5 Gußasphaltestrich (Doppellagig in Naßräumen: Mastix und Gußasphalt)
6 Abdeckung (z. B. Natronkraftpapier)
7 z. B. Holzwolle-Leichtbauplatte (25 mm)
8 Dämmstoff (7,5/5 mm, Dämmschichtgruppe I)
9 Dämmschicht
10 Massivdecke
11 Randverstärkung
12 Randdämmstreifen
13 dauerelastische Dichtmasse
14 waagerechte Mauerabdichtung (Sperrschicht)
15 Kehlsockel
16 Dünnbettverlegung
17 Glattputz (Zementbestich)
18 Bodenfliese
19 Abdichtung (Feuchtigkeitssperrschicht nach DIN 4117, künftig DIN 18195)

Nach Vorlagen der Beratungsstelle für Asphaltverwendung e. V., Braunschweig.

5.3.4.2 Schwimmender Estrich[1])

Ein schwimmender Estrich besteht aus einer biegesteifen, druckverteilenden Estrichplatte, die sich auf einer weichfedernden, wannenförmig ausgebildeten Dämmschicht ein Schwingungssystem (= zweischalige Deckenkonstruktion), das den oder sonstigen Deckendurchbrechungen –, frei bewegen, d. h. „schwimmen" kann. Die Masse des Estrichs bildet mit der darunter angeordneten federnden Dämmschicht ein Schwingungssystem (= zweischalige Deckenkonstruktion), das die Ausbreitung von Körperschall (Trittschall) weitgehend verhindert, die Luftschalldämmung verbessert und auch die Wärmedämmung erhöht. Estrich-

---

[1]) s. Fußnote S. 237.

platte und Dämmschicht sind daher immer als eine Einheit zu sehen (vgl. auch Abschn. 5.3.1 sowie Abschn. 7.4.2)

Anforderungen

Schwimmende Estriche müssen nach DIN 4109 T4 (Ausg. 9.62) ausreichend biegefest, möglichst gleichmäßig dicht und dick sein und eine ebene Oberfläche gem. DIN-Entwurf 18202 T5 haben (s. Tab. **5.2**). Sie müssen einen genügenden Eindruck-Widerstand aufweisen und sollen möglichst wenig schwinden und quellen. Bei der Auswahl und Festlegung schwimmender Estriche muß u.a. beachtet werden:

1. Nach DIN 4109 T3 müssen alle Massivdecken mit geeigneten Deckenauflagen versehen werden, die bei Decken der Massivdeckengruppe I die Luft- und Trittschalldämmung, bei Decken der Massivdeckengruppe II zumindest die Trittschalldämmung ausreichend verbessern (s. dazu Abschn. 5.3.1).

Tabelle **5.14** Anforderungen an schwimmende Estriche (Festigkeiten und Dicken) nach DIN 4109 T4 (Ausg. 9.62)[2])

Spalte	1	2	3	4	5	6	7
Zeile	Estricharten (einschichtig)	Festigkeiten nach 28 Tagen in N/mm^2 [3]) Mittelwerte mindestens			Estrichdicken in mm mindestens		
		Biegezugfestigkeit		Druckfestigkeit	bei einer Zusammendrückung der Dämmschichten $(d_L - d_B)$ in mm		
		am Prisma	im Bau	am Prisma	bis 7	über 7 bis 12	über 12
1	Zementestrich	4,0*)	2,5*)	22,5*)	35	40	45
2	Anhydritestrich	5,0*)	3,0*)	25,0*)	30	35	40
3	Gipsestrich ungemagert	5,0*)	3,0*)	25,0*)	30	35	40
4	Gipsestrich gemagert	4,0*)	2,5*)	18,0*)	35	40	45
5	Magnesiaestrich (s.a. DIN 272)	4,0*)	2,5*)	10,0*)	35	40	45
					$d_L - d_B$ in mm bis 5		über 5 bis 8
6	Gußasphaltestrich	s. Abschn. 5.3.5			20		25

[1]) s. Fußnote [4]) S. 233

[2]) s. Fußnote S. 237

[3]) Die in dieser Tabelle mit *) gekennzeichneten Werte wurden vom Verfasser umgerechnet.

2. Gemäß DIN 18164[1]) und DIN 18165[1]) werden die Dämmstoffe (hier für Luft- und Trittschalldämmung) entsprechend ihres Federungsvermögens (= dynamische Steifigkeit) in zwei Dämmschichtgruppen I und II eingeteilt (s. dazu Abschn. 5.3.3).
3. In DIN 4109 T3 Tab. 1 und 2 wurde festgelegt, daß Dämmstoffe der Dämmschichtgruppe I zur Anwendung auf sämtlichen Massivdecken (Deckengruppe I und II) zugelassen sind, während solche der Dämmschichtgruppe II nur auf den schalltechnisch günstigeren (d.h. schwereren) Decken der Deckengruppe II verlegt werden dürfen (s. dazu Abschn. 5.3.1).
4. Die zu wählende Dicke der einzelnen Estriche hängt ab von: deren Biegezug- und Druckfestigkeit, von den aufzunehmenden Einzellasten und von der Zusammendrückung der Dämmschichten unter Belastung. Der vorstehenden Tabelle **5**.14 (DIN 4109 T4 Ausg. 9.62) können die entsprechenden Werte entnommen werden (s. dazu auch Abschn. 5.3.4.1, Gußasphaltestrich).

Ausführung des schwimmenden Estrichs

Die Herstellung eines schwimmenden Estrichs setzt große Erfahrung und sorgfältiges Arbeiten auf seiten der Verlegefirmen voraus, weshalb mit der Ausführung nur Spezialfirmen beauftragt werden sollten. Richtlinien für die Ausführung schwimmender Estriche auf Massivdecken enthält DIN 4109 T4 (Ausg. 9.62). Auf die entsprechende Spezialliteratur wird besonders hingewiesen [17].

Die Wände müssen vor dem Verlegen der Dämmschichten bis zur Oberfläche Rohdecke verputzt sein, um eine sorgfältige Ausführung der Randdämmung vornehmen zu können. Ausgenommen sind Fliesenwände und nichtporige Rohbauwände bzw. Beton (Bild **5**.15a bis c).

Auch Türzargen, Anschlagschienen, Sanitär-, Elektro- und Heizungsinstallationen sowie Fenster müssen eingebaut bzw. die Öffnungen zumindest provisorisch verschlossen sein (z.B. mit Folien), um Dämmschicht und Estrich vor Kälte, Zugluft und Regen zu schützen.

Die Rohdecke muß ausreichend trocken sein, eine ebene Oberfläche haben und keine Erhebungen aufweisen, die zu Schallbrücken oder Schwankungen in der Estrichdicke führen können. Ebenheitstoleranzen siehe Tabelle **5**.2. Deckendurchbrüche müssen sorgfältig geschlossen und Bauwerksdehnfugen in der Rohdecke durch geeignete Spezialprofile im Estrich fortgeführt werden. Böden, die unmittelbar an das Erdreich angrenzen, oder Decken, bei denen die Gefahr einer Diffusionsfeuchte besteht, sind gegen Feuchtigkeit gem. DIN 4117 (künftig DIN 18195) zu schützen (s. Abschn. 7.2.2.2).

Die Verlegung der Dämmschicht(en) erfolgt im Verband mit dicht aneinander gestoßenen Fugen. Zweilagig verlegte Dämmschichten mit versetzt angeordneten Fugen lassen Schallbrücken sicherer vermeiden und sind den einlagig verlegten Schichten vorzuziehen. Auf die Hitzebeständigkeit der Dämmplatten muß ggf. geachtet werden, so zum Beispiel beim Heißverkleben von Dichtungsbahnen gegen Oberflächenwasser in Naßräumen sowie beim Einbringen von Gußasphaltestrich.

Der Randdämmstreifen zwischen Estrich und Wand sowie anderen Bauteilen (z.B. Türzargen, Stützen) verhindert Schwingungsübertragungen. Die Streifen müssen daher möglichst fugendicht gestoßen werden. Sie sind immer etwas breiter zu wählen als der gesamte Estrich-Aufbau hoch ist, da sie nach dem Erhärten des Estrichs bündig mit seiner Oberfläche abgeschnitten werden müssen. Alle durch Decke und Estrich geführten Rohrleitungen, Konsolen o.ä. müssen ebenfalls mit Dämmschalen ummantelt und immer bis Oberkante der fertigen Estrichschicht hochgezogen werden (Bild **5**.16).

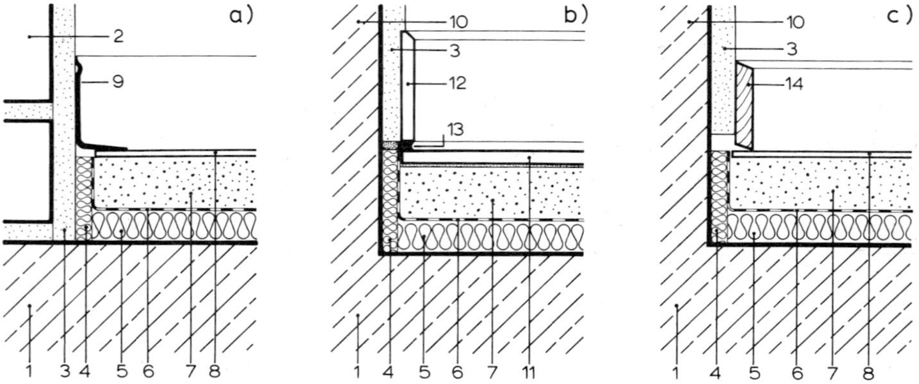

5.15 Schwimmend verlegter Mörtelestrich – Ausführungsbeispiele. Zur Vermeidung von Schallbrücken sind die Boden-Wandanschlüsse bei schallübertragenden Belägen (z. B. Keramikfliesen, Natursteinplatten) besonders sorgfältig auszubilden (weitere Beispiele s. [9])

a) Wandputz bis Oberfläche Massivdecke; Bodenanschluß: PVC-Belag an Kunststoff-Sockelleiste

b) Wandputz bis Oberfläche Fußboden; Bodenanschluß: Fliesenbelag an Sockelplatte

c) Wandputz bis Oberfläche Fußboden; Bodenanschluß: PVC-Belag an Holz-Sockelleiste (vgl. auch Bild **5**.13 und **5**.23)

1 Massivdecke
2 Mauerwerk
3 Wandputz
4 Randdämmstreifen (z. B. aus Styropor-Hartschaum)
5 Trittschalldämmplatten (z. B. aus Styropor)
6 Abdeckung
7 Schwimmender Estrich
8 PVC-Belag
9 Kunststoff-Sockelleiste
10 Betonwand
11 Bodenfliesen
12 Sockelfliese
13 Fuge mit dauerelastischer Dichtmasse zur Vermeidung von Schallbrücken, zugl. Abdichtung gegen Nutzwasser sowie Dehnfuge bei Fußbodenheizung
14 Holz-Sockelleiste

Als *Abdeckung* der Dämmstoffe muß vor dem Aufbringen des Estrichs eine mind. 250er nackte Bitumenpappe oder ein anderes gleichwertiges, *wasserundurchlässiges* Material (z. B. 0,2 mm dicke Polyäthylenfolie) aufgelegt werden. Bei Gußasphaltestrichen reicht ein Natronkraftpapier. Die Abdeckbahnen müssen an den Randstreifen hochgeführt werden und sich an ihren Stößen mind. 8 bis 10 cm überlappen. Dadurch wird das Eindringen von Mörtelschlämme oder Estrichmassen in die Dämmschicht verhindert (Schallbrücken!).

Estrichausführung (Mörtelestriche s. Abschn. 5.3.4.1): Bei der Estrichherstellung dürfen weder die Dämmschichten noch die Abdeckungen verschoben bzw. beschädigt werden (Bild **5**.17). Der erdfeucht angemachte Estrichmörtel wird in Karren (auf druckverteilenden Unterlagen wie z. B. Bohlen) herangefahren bzw. mechanisch gefördert, zwischen bereits vorher exakt ausgewogenen Lehren (z. B. Estrichstreifen) ausgebreitet, verdichtet, abgezogen und abgerieben.

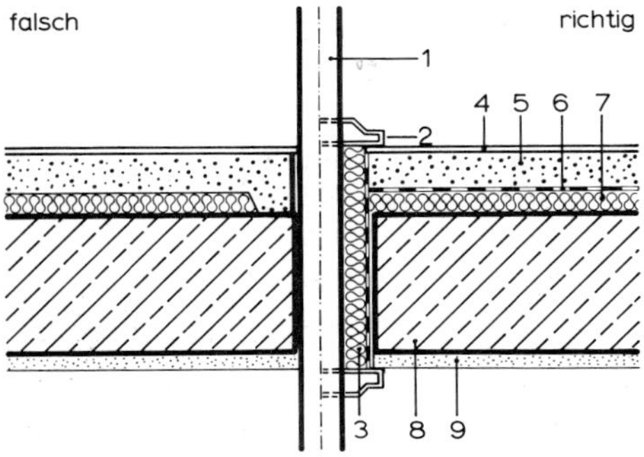

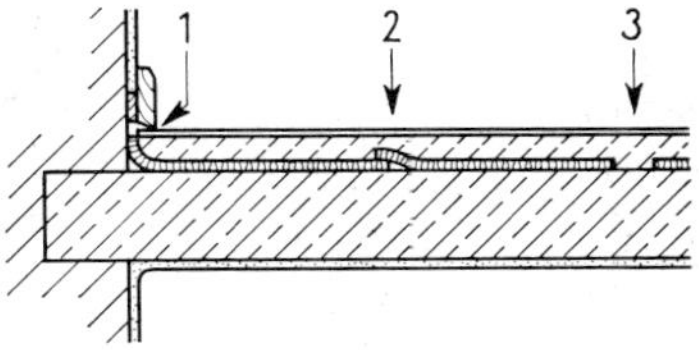

5.16 Rohrdurchführung durch schwimmenden Estrich. Rohre aller Art sind an Deckendurchführungen zu ummanteln, um Schallübertragungen, Geräusche durch Rohrausdehnung, Putzabsplitterung auf der Deckenunterseite usw. zu vermeiden.

1 Rohrleitung
2 Weichgummirosette o. ä.
3 Schalkörper (z. B. aus Styropor-Hartschaum)
4 PVC-Bodenbelag o. ä.
5 schwimmender Estrich
6 Abdeckung (z. B. 0,2 mm Polyäthylenfolie)
7 Trittschalldämmplatten (z. B. aus Styropor)
8 Massivdecke
9 Deckenputz

5.17 Fehler beim Verlegen von Dämmplatten

1 Durch rundes Aufbiegen der Dämmplatten wird der Estrichrand geschwächt. Folge: Estrichrisse bei punktförmiger Belastung (z. B. durch Schränke).
2 Durch überlappten Stoß der Dämmplatten wird die Estrichdicke unzulässig vermindert (Rißbildung).
3 Fugen zwischen den Dämmplatten verursachen Schallbrücken. Zweilagig verlegte Dämmschichten mit versetzt angeordneten Fugen sind daher den einlagig verlegten Schichten immer vorzuziehen. Alle Dämmplatten sind außerdem wasserdicht abzudecken. Die hierfür verwendeten Abdeckbahnen (z. B. Bitumenpappe, Polyäthylenfolie) sind an den Stößen mind. 80 bis 100 mm zu überlappen.

Bei größeren Estrichflächen (s. Zementestrich), ebenso bei Verengungen wie z. B. Einbauten, Türleibungen, Stützen sind Schwindfugen vorzusehen. Diese werden durch einen Schnitt mit der Kelle gebildet, der bis zur halben Estrichdicke geführt wird. Nach Trocknung des Estrichs werden sie vom Estrichleger wieder sorgfältig geschlossen. Die Nachbehandlung des Estrichs richtet sich nach der Art des verwendeten Bindemittels. Das Betreten frischverlegter Mörtelestriche darf erst nach Freigabe durch den Estrichleger erfolgen [17].

Mörtelestriche nach DIN 18353 benötigen eine gewisse Trockenzeit, bis sie mit einem Belag belegt werden dürfen. Eine gewisse Restmenge an Feuchtigkeit, die sog. Gleichgewichtsfeuchte (auch Haushaltsfeuchte genannt), verbleibt immer im Estrich und entweicht normalerweise nicht. Ein Mörtelestrich ist verlegereif, wenn er nicht mehr als die Gleichgewichtsfeuchte aufweist (lufttrocken). Der Feuchtigkeitsgehalt wird mit speziellen Feuchtigkeitsmeßgeräten ermittelt. Bei normaler Estrichdicke gelten folgende Erfahrungswerte:

Tabelle **5**.18 Ungefähre Trockenzeit von Estrichen (nach verschiedenen Angaben)

Estrichart	Trockenzeit in Wochen	Bleibende Feuchtigkeit in %
Zementestrich (ohne Zusatzmittel)	3 bis 4	2,5 bis 3,5
Zementestrich (mit Zusatzmittel)	2 bis 4	1,5 bis 2,5
Magnesiaestrich	1 bis 3	8,0 bis 12,0
Anhydritestrich	2 bis 4	unter 1
Gußasphaltestrich	belegreif nach Erkalten	keine

5.3.4.3 Unterböden aus vorgefertigten Plattenelementen (Trockenunterboden-Konstruktionen, Trockenestriche)

Steigende Qualitätsansprüche, die Forderung nach immer kürzeren Bauabwicklungszeiten sowie wirtschaftliche Überlegungen führen auf dem Gebiet der Unterboden-Konstruktionen zu neuartigen Baumethoden mit neuen Baustoffen. Altbewährte Baustoffe und über lange Zeiträume erprobte Konstruktionen werden von neuen Bauweisen langsam verdrängt.

So werden Fußbodenaufbauten in Trockenelement-Bauweise seit mehreren Jahren mit großem Erfolg – nicht nur bei Neubauten, sondern vor allem auch bei der Altbausanierung – verwendet. Die Böden können unter Verwendung vorgefertigter und geprüfter Plattenelemente, von einer Verlegefirma – von der Rohdecke bis zum fertigen Bodenbelag – in einem Arbeitsgang trocken und schnell eingebaut werden. Bei Altbaurenovierungen werden die vorhandenen Unterböden meist voll verwertet und dabei sehr günstige Trittschall- und Wärmeschutzwerte erzielt.

Stellvertretend für eine Vielzahl von Möglichkeiten können hier nur einige Fußbodenaufbauten in Trockenelement-Bauweise gezeigt werden [18], [19].

Die nachstehenden Ausführungen beschränken sich schwerpunktmäßig auf Unterboden-Konstruktionen aus Holzspanplatten nach DIN 68771.

Anforderungen

Die Anforderungen an den Wärmeschutz nach DIN 4108 lassen sich bei diesen Konstruktionen genauso erfüllen, wie die Anforderungen gemäß DIN 4109 T2 hinsichtlich eines erhöhten Trittschallschutzes, der vor allem in Verbindung mit geeigneten Rohdecken erreicht wird (s. Tabelle **5**.3). Auf die allgemeinen Maßnahmen zur Verbesserung des Schallschutzes bei Massivdecken und Holzbalkendecken wurde in Abschn. 5.3.1 hingewiesen.

Als Plattenelemente für die druckverteilende Schicht kommen vor allem in Frage: Holzwolle-Leichtbauplatten, Mehrschicht-Leichtbauplatten, Perlgips-Verbundelemente, Sperrholz-, Hartfaser- und Asbestzementplatten. Letztere werden vorwiegend in Naßräumen o. ä. verwendet (s. Bild **5**.23c sowie [20]).

Für Unterböden aus Holzspanplatten (DIN 68763) eignen sich die Plattentypen V 100, beständig gegen hohe Luftfeuchtigkeit, und V 100 G, zusätzlich geschützt mit einem Holzschutzmittel gegen holzzerstörende Pilze.

Geeignete weichfedernde Dämmstoffe (DIN 18164 u. DIN 18165) für die Wärme- und Trittschalldämmung von Decken s. Abschn. 5.3.3 sowie Abschn. 7.3.2.1.

Die Trockenschüttung unter den Plattenelementen (oder Estrichschicht) gleicht nicht nur die Unebenheiten der Rohdecke aus (Ebenheitstoleranzen s. Tab. **5**.2), sie verbessert auch ganz wesentlich die Schall- und Wärmedämmung einer Decke (Wärmeleitfähigkeit 0,052 W/mK).

Die körnigen, schüttbaren Dämmstoffe (z. B. Perlite) [21], sind hergestellt aus einem bei Temperaturen von mehr als 1100°C expandierten, vulkanischen Gestein. Das so gewonnene Basisprodukt wird weiterbehandelt, so daß die Staubteile gebunden werden bzw. der Kapillareffekt aufgehoben wird und das Schüttmaterial nicht mehr wassersaugend ist. Diese Vorbeugungsmaßnahme dient dem Schutz wasserführender Rohrleitungen, die in Ausgleichsschichten verlegt werden (ungeeignetes Schüttmaterial führt zu Korrosionsschäden an – ungeschützten – Leitungen). Die Einbauhöhen sind so zu wählen, daß Rohrleitungen, Kabel oder Unebenheiten der Rohdecke mit mind. 10 mm Schüttmaterial überdeckt sind. Schütthöhen über 40 mm Dicke werden mechanisch verdichtet (Flachrüttler auf Schaltafeln). Bei Verwendung von Mörtelestrichen wird die Schüttung mit bituminierter Wellpappe, bei Asphaltestrichen und Fertigelementen mit 8 mm dicken Abdeckplatten (= Holzfaser-Dämmplatten im Verband verlegt) abgedeckt.

Dem Feuchtigkeitsschutz ist besondere Aufmerksamkeit zu schenken. Vorgefertigte Plattenelemente bringen zwar keine Feuchtigkeit in den Bau und sind sofort benutzbar, sie sind jedoch selbst feuchtigkeitsempfindlich. Die Plattenelemente müssen daher geschützt werden (vgl. auch Abschn. 5.3.5 sowie 7.2.2):

- Gegen Feuchtigkeit aus angrenzenden Bauteilen (z. B. Restfeuchte in Neubauten, aufsteigende Bodenfeuchtigkeit usw.)
- Gegen Diffusionsfeuchte (z. B. in Decken über Naßräumen mit nahezu dichten Bodenbelägen)
- Gegen Feuchtigkeit von oben (z. B. Reinigungswasser u. ä.)

Nach DIN 68771 muß der bauphysikalische Feuchtigkeitsschutz so bemessen sein, daß eine Tauwasserbildung innerhalb des Fußbodens verhindert wird. Ferner darf keine Durchfeuchtung der Platten aus den zusätzlich eingebrachten Materialien, aus der Unterkonstruktion oder aus dem Untergrund erfolgen.

Nach der Art der Verlegung unterscheidet man [19]:

- Verlegung auf Lagerhölzern
- Vollflächig schwimmende Verlegung
- Verlegung auf vorhandenen Unterböden (Altböden)

Verlegung auf Lagerhölzern

Der Achsabstand der Lagerhölzer richtet sich nach der Art und Größe der Platten, der Belastung, der Plattendicke, der zulässigen Durchbiegung sowie dem gewählten statischen System. Man unterscheidet:

- Einfeldplatten mit 2 Auflagern
- Mehrfeldplatten mit mind. 3 Auflagern.

Einzelheiten können DIN 68771 Tab. 1 entnommen werden. So beträgt zum Beispiel der Achsabstand der Lagerhölzer bei 22 mm dicken Mehrfeldplatten 68 cm (Wohnbereich).

Nach DIN 68771 ist auf Massivdecken grundsätzlich eine Sperrschicht (Abdichtung) gegen Feuchtigkeit vollflächig anzuordnen (Bild **5**.19a). Sie ist an den Raumwänden und sonstigen festen Bauteilen so weit hochzuziehen, daß auch die Plattenränder geschützt sind. Verwendet werden z.B. 0,2 mm dicke Polyäthylenfolien (Stöße verschweißt oder mind. 30 cm überlappt) oder in Heißbitumen verklebte Dichtungsbahnen. Der Hohlraum zwischen den Lagerhölzern, ebenfalls mit Dämmstoffen gefüllt, ist über die Fußleisten (Lüftungsschlitze) zu entlüften. Alle Holzteile der Unterkonstruktion sind mit einem Holzschutzmittel zu imprägnieren.

Bei Holzbalkendecken reicht es nach DIN 68771 im allgemeinen aus, wenn der Hohlraum unter dem Fußboden (jedes Gefach an beiden Enden) belüftet ist (Bild **5**.19b). Eine zusätzliche Dampfbremse kann in speziellen Fällen noch erforderlich werden (s. Bild **5**.21).

Nach DIN 4109 T3 (Ausg. 9.62) sind die Lagerhölzer in ihrer ganzen Länge auf mind. 100 mm breite und ≧10 mm dicke, lose aufgelegte Streifen aus Faserdämmstoffen gemäß DIN 18165 zu legen. Ferner sind vor alle festen Bauteile (z.B. Wand-

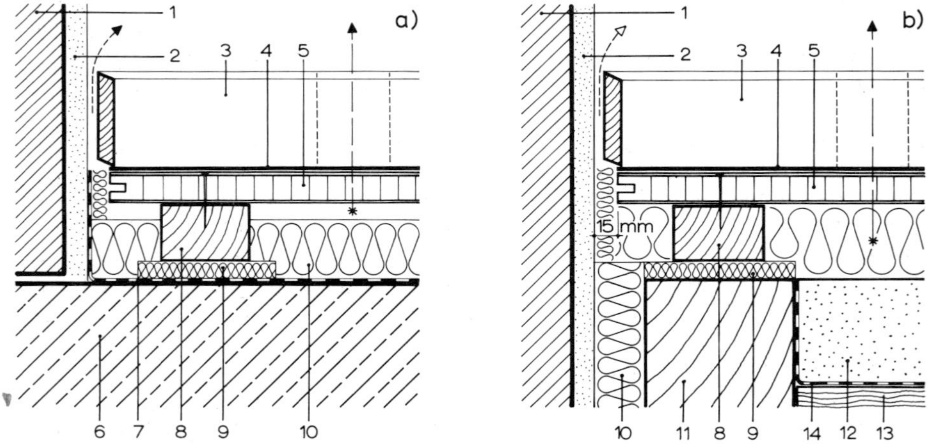

5.19 Trockenunterboden-Konstruktionen: Verlegung auf Lagerhölzern (vgl. auch Bild **5**.31)

a) auf Massivdecke

b) auf Holzbalkendecke (Mineralwolle als Hohlraumdämpfung)

1 Wand
2 Putz
3 Fußleisten mit Lüftungsschlitzen
4 Bodenbelag
5 Holzspanplatte V100, z.B. Phenapan-Platte, Plattendicke s. DIN 68771, Tab. 1
6 Massivdecke
7 Abdichtung gegen Feuchtigkeit (Sperrschicht)
8 Lagerhölzer (z.B. 40/60 mm), max. Achsabstand s. DIN 68771, Tab. 1
9 Faserdämmstreifen (DIN 18165, Ausg. 1.75) mind. 100 mm breit, Dicke ≧10 mm (Dämmstoffgruppe I, dynam. Steifigkeit ≦30 MN/m³)
10 Dämm-Material (Abdichtung zwischen Wand und Balken)
11 Balken (z.B. 100 × 200 mm)
12 schwere Füllung
13 Einschub (auch Stakung genannt)
14 Bitumenpappe

Nach Vorlagen der Deutschen Novopan-Gesellschaft, Göttingen.

und Pfeileranschlüsse) 15 mm dicke Randdämmstreifen zu stellen oder ein Abstand von mind. 15 mm vorzusehen.

Die mit Nut und Feder profilierten Holzspanplatten werden im Verband verlegt (Kreuzfugen vermeiden!), teilweise verleimt und in Abständen von 30 cm auf die Lagerhölzer geschraubt. Dabei dürfen die Schrauben keine Schallbrücken abgeben bzw. die dampfbremsende Sperrschicht unter den Auflagern auf keinen Fall beschädigen.

Vollflächig schwimmende Verlegung

Die Plattenelemente können vollflächig schwimmend verlegt werden auf:

1. Dämmschichten (bei hohen Anforderungen an den Wärme- u. Schallschutz)
   a) bei eben abgezogener Massivdecke ohne Trockenschüttung.
   b) bei roh belassener Massivdecke mit Trockenschüttung.
2. Trockenschüttungen (ohne besondere Anforderungen an den Trittschallschutz) [19].

Bei nicht unterkellerten Räumen ist die Betonplatte grundsätzlich gegen aufsteigende Bau- oder Bodenfeuchtigkeit – auch im Bereich der Wände – abzudichten. Auch hier kann in speziellen Fällen noch eine zusätzliche Dampfbremse auf der Zwischenschicht erforderlich werden (Feuchtigkeitsaufnahme bei ungeeignetem Schüttgut beachten!).

Bei Geschoßdecken wird die dampfbremsende Schicht unterhalb der Dämmplatten (Bild **5**.20a), bei vorhandener Ausgleichsschüttung oberhalb der Abdeckschicht angeordnet (Bild **5**.20b). In allen Fällen sind die Sperrschichten an den seitlichen Wänden mindestens bis Oberkante Fußboden hochzuziehen.

Wird bei roh belassenen Geschoßdecken keine besondere Trittschalldämmung, sondern nur ein Höhenausgleich und ein ausreichender Wärmeschutz verlangt, so kann in diesem Fall die Sperrschicht unmittelbar auf die Abdeckung der Trockenschüttung aufgebracht und die Holzspanplatte lediglich auf einer Wellpappunterlage verlegt werden (Bild **5**.20c).

Als Abdeckschicht der Trockenschüttung können entweder eine bituminierte Wellpappe (Rippen nach unten) oder dünne Holzfaserplatten eingesetzt werden. Die weichfedernden Dämmplatten werden im Verband verlegt und vor alle feststehenden Bauteile 15 mm dicke Randdämmstreifen gestellt. Dämmschicht und Plattenelement müssen sinnvoll aufeinander abgestimmt sein, d.h. der Dämmstoff muß in seiner Druckfestigkeit den Erfordernissen der Plattenelemente angepaßt werden (Verwendung spez. Trockenestrich-Dämmplatten).

Die druckverteilenden Plattenelemente (z.B. profilierte Nut- und Feder-Holzspanplatten V 100 bzw. V 100 G) werden ebenfalls mit versetzten Stoßfugen verlegt. Die Plattenstöße sind bei der schwimmenden Verlegung immer zu verleimen (zeitweiliger Preßdruck durch Randverkeilung). Bei normaler Belastung ist je nach Steifigkeit der Zwischenschicht eine Plattendicke von 19 bis 22 mm ausreichend (Faustregel: ohne Dämmplatten 19 mm, mit Dämmplatten 22 mm dicke Spanplatten). Bei der Wahl der Verlegetechnik von Teppichböden (s. Abschn. 5.4.8.4) ist zu beachten, daß textile Fußbodenbeläge auf schwimmend verlegten Plattenelementen keinesfalls verspannt werden können, da sich die Platten entlang den Randzonen hochziehen würden.

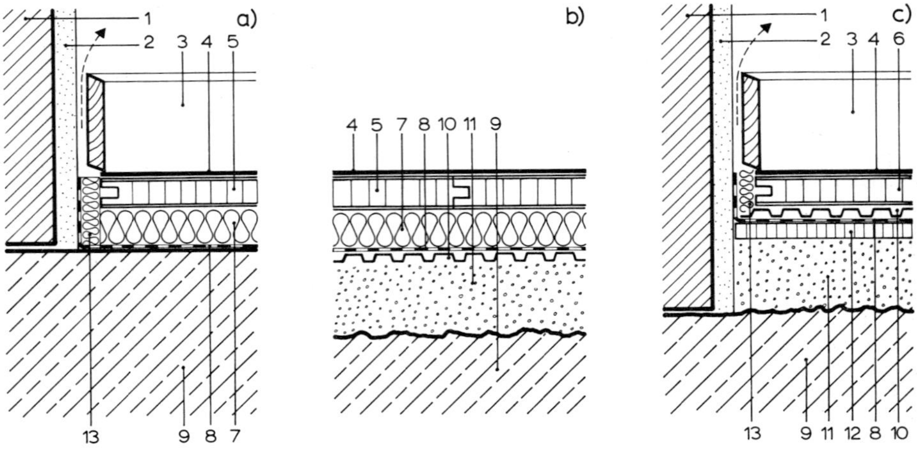

5.20 Trockenunterboden-Konstruktionen: Vollflächig schwimmende Verlegung

a) auf eben abgezogener Massivdecke mit Dämmschichten

b) auf roh belassener Massivdecke mit Trockenschüttung und Dämmschichten; (a) und b) jeweils mit Anforderungen an den Wärme- und Schallschutz nach DIN 4108 bzw. DIN 4109)

c) auf roh belassener Massivdecke mit Trockenschüttung (ohne besondere Anforderungen an den Trittschallschutz).

Bei nicht unterkellerten Räumen ist grundsätzlich auf die eben abgezogene Rohdecke eine Sperrschicht (Abdichtung) gegen Feuchtigkeit aufzubringen (s. Abschn. 7.2.2.2)

1 Wand
2 Putz
3 Fußleisten mit Lüftungsschlitzen
4 Bodenbelag
5 Holzspanplatte (V 100), 22 mm dick, z. B. Phenapan-Platte
6 Holzspanplatte (V 100), 19 mm dick
7 Dämmplatten, z. B. Tecto-Tel-Glasfaserplatten
8 Abdichtung gegen Feuchtigkeit (Sperrschicht)
9 Massivdecke
10 Wellpappe (Rippenpappe)
11 Trockenschüttung
12 Abdeckplatten (z. B. Holzfaser-Dämmplatten)
13 Randdämmstreifen ≧ 15 mm

Nach Vorlagen der Deutschen Novopan-Gesellschaft, Göttingen sowie Fa. Grünzweig + Hartmann und Glasfaser AG, Ludwigshafen.

Wie Bild **5**.21 zeigt, ist eine vollflächig schwimmende Verlegung eines Trockenunterbodens auch auf einer Holzbalkendecke möglich. Da der Hohlraum unterhalb der Plattenelemente dabei entfällt (Luftzirkulation), muß vorsorglich eine Dampfbremse (z. B. Polyäthylenfolie) unterhalb des Dämm-Materials eingezogen werden. Auf die sorgfältig vom Holzbalken abgesetzte Unterdecke wird besonders hingewiesen (s. Abschn. 5.3.1.2).

Verlegung auf vorhandenen Unterböden (Altböden)

Im Zuge der Altbausanierung kommt es immer häufiger vor, daß Trockenunterboden-Konstruktionen auf alte, jedoch noch verwendbare Unterböden aufgebracht werden. Vor dem Aufbringen neuer Schichten ist immer zu überprüfen:

5.21
Trockenunterboden-Konstruktionen: Vollflächig schwimmende Verlegung auf einer Holzbalkendecke

1 Bodenbelag
2 Holzspanplatte V 100 (z. B. Phenapan-Verlegeplatte)
3 Dämmplatten nach DIN 18165 (dynam. Steifigkeit ≦ 30 MN/m³; z. B. Tecto-Tel-Glasfaserplatten)
4 Bitumenpappe
5 Trockenschüttung
6 Deckenbalken
7 Lattung
8 Blindboden (auch Stakung genannt)
9 Dämmstoff
10 Konterlattung
11 Gipskartonplatten 12,5 mm
12 Dachpappenstreifen zur Verhütung von Schallbrücken
13 aufgehängte Lattung
14 Dämmstreifen
15 Federbügel

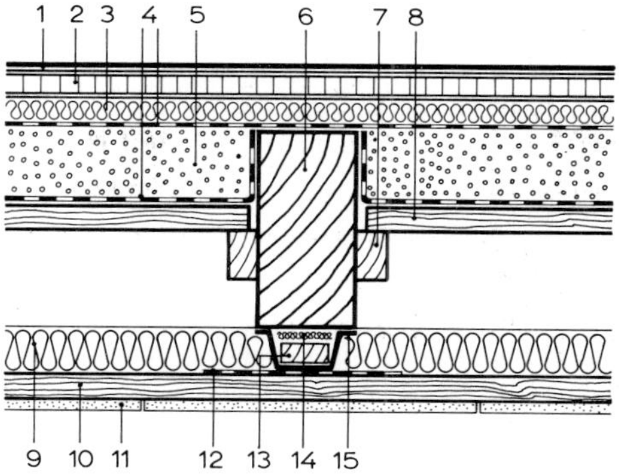

Nach Angaben der Deutschen Novopan-Gesellschaft, Göttingen sowie Fa. Grünzweig + Hartmann und Glasfaser AG, Ludwigshafen.

1. Wie sind die statischen bzw. verlegetechnischen Gegebenheiten (z. B. lose Holzdielen) einzuschätzen und notfalls zu verbessern?
2. Wie stellen sich die Feuchtigkeitsverhältnisse unter den alten Böden dar und wie lassen sich die ggf. vorhandenen Unzulänglichkeiten beheben (s. Abschn. 5.3.5 u. 7.2.2) und wie werden sich durch die Auflage weiterer, beispielsweise dampfbremsender Bodenbeläge, die Bedingungen zukünftig entwickeln bzw. welche weiteren Schutzmaßnahmen sind einzuplanen?
3. Wie kann die jeweils vorhandene Schall- und Wärmedämmung erhalten bzw. neuen Anforderungen entsprechend erhöht werden?

Im folgenden soll vor allem auf die bei alten Holzdielenböden notwendigen Maßnahmen näher eingegangen werden:

Zuerst ist zu klären, wie sich die oben erwähnten Feuchtigkeitsverhältnisse tatsächlich darstellen. Handelt es sich beispielsweise um Räume, die nicht unterkellert sind, so muß bei Altbauten in der Regel mit aufsteigender Feuchtigkeit aus dem Erdreich, Kellergewölbe, ungenügend belüftetem Kriechkeller o. ä. gerechnet werden. Auch bei Geschoßdecken (z. B. Holzbalkendecke mit Dielenboden) ist über Stallungen, Waschküchen o. ä. mit aufsteigender Luftfeuchtigkeit bzw. Dampfdiffusion zu rechnen, sofern die Deckenunterseite nicht entsprechend abgedichtet ist.

Werden nun derart gefährdete Holzböden mit neuen Bodenbelägen belegt (z. B. mit dampfdichten PVC-Belägen), so kann die Feuchtigkeit nicht mehr wie vorher durch die Dielenfugen, Randzone o. ä. nach oben entweichen, sondern verbleibt im Deckenhohlraum und bringt Holzbalken und Dielenboden langsam zum Faulen. Alte Holzböden dürfen deshalb nur dann mit neuen (dampfdichten) Bodenbelägen versehen werden, wenn gewährleistet ist, daß die Räume entweder unterkellert und/oder die Decken gegen aufsteigende Feuchtigkeit oder Dampfdiffusion (Diffusionsfeuchte) sorgfältig abgedichtet sind.

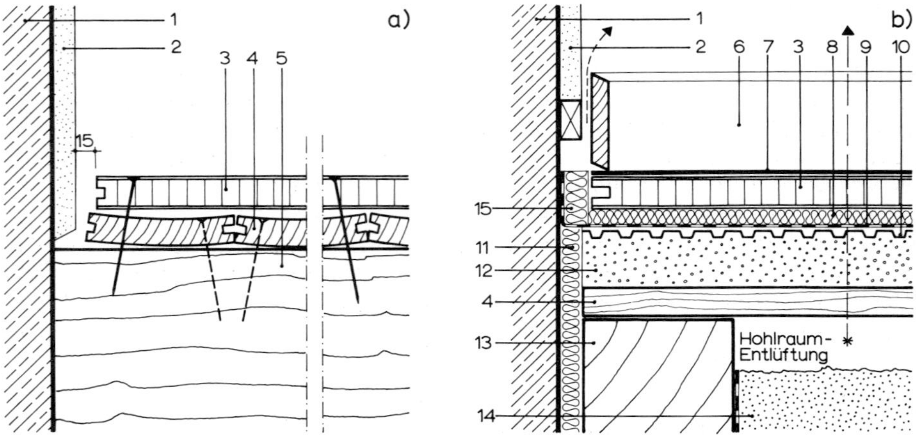

5.22 Trockenunterboden-Konstruktionen: Verlegung auf vorhandenen Unterböden (Altböden)
a) Ausgleichsplatte über altem Holzdielenboden
b) vollflächig schwimmend verlegt auf Dämmschicht und Trockenschüttung (Ausgleichsschicht) über altem Holzdielenboden. Hohlraumentlüftung beachten!

1 Wand
2 Putz
3 Holzspanplatten V 100, z. B. Phenapan-Platte
4 alter Dielenboden
5 Deckenbalken
6 Fußleisten mit Lüftungsschlitzen
7 Bodenbelag
8 Dämmplatten, z. B. Tecto-Tel-Glasfaserplatten
9 Dampfbremse (z. B. 0,2 mm Polyäthylenfolie)
10 Wellpappe (Rippenpappe)
11 Dämm-Material (Abdichtung zwischen Wand und Balken)
12 Trockenschüttung (Ausgleichsschicht)
13 Deckenbalken
14 schwere Füllung
15 Randdämmstreifen ≧ 15 mm

Nach Angaben der Deutschen Novopan-Gesellschaft, Göttingen sowie Fa. Grünzweig + Hartmann und Glasfaser AG, Ludwigshafen.

Will man über einem alten Dielenboden lediglich eine neue, planebene Ausgleichsplatte einbringen, ohne erhöhte Anforderungen an den Schall- oder Wärmeschutz zu stellen, so müssen der Zustand der Deckenbalken und die Qualität der Deckenfüllung überprüft, schadhafte Dielen ausgewechselt bzw. lose fest verschraubt werden. Darauf können unmittelbar die profilierten Holzspanplatten (V 100), im Regelfall 10 mm dick, aufgeschraubt werden (Bild **5**.22 a).

Bei erhöhten Anforderungen an den Schall- und Wärmeschutz und bei alten, stark ausgetretenen, ungleich hohen Dielenböden wird eine Ausgleich-Trokkenschüttung direkt aufgebracht und mit einer bituminierten Wellpappe abgedeckt. Da sich die Feuchtigkeitsverhältnisse innerhalb der Deckenkonstruktion durch dampfundurchlässige Beläge verändern können, ist es ratsam, über der Trockenschüttung (Wellpappe) eine entsprechende dampfbremsende Schicht anzuordnen. Darüber kann der Trockenunterboden vollflächig schwimmend verlegt werden. Bei einer Holzbalkendecke ist außerdem für eine ausreichende Entlüftung des Deckenhohlraums zu sorgen (Bild **5**.21 und **5**.22 b).

5.3.5 Feuchtigkeitsschutz von Fußböden

Fußböden von Aufenthaltsräumen müssen gegen jede Art von Feuchtigkeit geschützt werden. Dies gilt vor allem für Fußböden von genutzten Kellerräumen (z. B. Hobbyräume) und für Fußböden von nicht unterkellerten Räumen, bei denen die Gefahr besteht, daß aus dem Erdbereich Bodenfeuchtigkeit kapillar (= Saugfähigkeit von Baustoffen) aufsteigen kann (s. dazu Abschn. 7.2.2).

Abdichtungen gegen Feuchtigkeit (DIN 4117 und 4122, künftig DIN 18195) werden aufgebracht, um den Belag, die Zwischenschichten oder die jeweilige Deckenkonstruktion vor Feuchtigkeit zu schützen. Lage und Anzahl der Sperrschichten innerhalb eines Fußbodenaufbaues hängen davon ab, ob Feuchtigkeit

- von unten, wie z. B. durch aufsteigende Bodenfeuchtigkeit oder Dampfdiffusion in Geschoßdecken über Feucht- bzw. Naßräumen oder
- von oben, wie z. B. durch Nutzwasser in Bädern oder
- aus beiden Richtungen zu erwarten ist. Feuchtigkeit von oben kann entweder langanhaltend oder nur kurzfristig einwirken.

In Naßräumen müssen die Zwischenschichten gegen Feuchtigkeit von oben geschützt werden. Bereits die Nutzschicht (Belag) ist daher möglichst dicht auszubilden: dies wird beispielsweise erreicht durch das Verschweißen von Kunststoffbelägen mittels Schweißschnüren, durch Beigabe von Traßzement, Kunststoffzusätzen o. ä. in den Fugenmörtel von keramischen Fliesen, durch Verwendung neuartiger Klebwerkstoffe (Dichtkleber) usw. Zusätzlich ist jedoch oberhalb der Dämmschicht eine Abdichtung gegen Sickerwasser und nicht drückendes Oberflächenwasser vorzusehen.[1])

Nach DIN 4122 muß in Feucht- und Naßräumen die Abdichtung trogartig ausgebildet und in der Regel 15 cm über Oberkante Fußbodenbelag geführt werden (Bild **5**.23 a und b). Ist gleichzeitig mit Bodenfeuchtigkeit, Dampfdiffusion o. ä. von unten zu rechnen, so ist direkt auf der Rohdecke oder ggf. oberhalb einer Trockenschüttung eine weitere Sperrschicht anzuordnen.

Naßräume, die eine geringere Bodenhöhe als z. B. der Wohnflur haben sollen, können statt eines schwimmenden Estrichs auch eine lastverteilende Abdeckschicht aus hartgepreßten Asbestzementplatten erhalten (Bild **5**.23 c) [22].

5.3.6 Fußbodenheizung

Fußbodenheizungen werden entweder als Elektro- oder Warmwasser-Heizungen betrieben (meist als Niedertemperatur-Heizsysteme).

Dem Wunsch nach Heizkomfort und Behaglichkeit kommt die Fußbodenheizung weit entgegen: gleichmäßige Wärmeabgabe, großer Strahlungsanteil, keine Luft- und damit keine Staubumwälzung; außerdem gestattet sie eine großzügige Planung der Raumgestaltung, da keine Montageflächen für Heizkörper o. ä. gebraucht werden.

[1]) Die Trennschicht zwischen einem schwimmend verlegten Mörtelestrich und der Dämmschicht ist nicht als Sperrschicht gegen ständig von oben einwirkende Feuchtigkeit zu verstehen. Sie soll lediglich das Eindringen von Feuchtigkeit bzw. Mörtelschlämme aus dem Estrich in die Dämmschicht während des Einbringens bzw. Abbindevorganges verhindern.

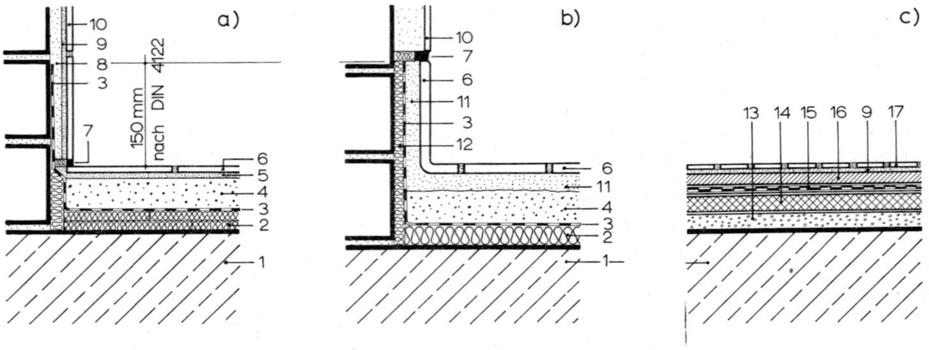

5.23 Boden-Wandanschlüsse in Naßräumen – Ausführungsbeispiele

a) Bodenanschluß: Fliesenbelag an Wandplatten

b) Bodenanschluß: Plattenbelag an Kehlsockel (weitere Beispiele s. [9])

c) Bodenaufbau für Naßräume: Asbestzementplatten als druckverteilende Schicht (nach Vorlage des Bundesverbandes Leichtbauplatten, München)

1 Massivdecke
2 Trittschalldämmplatten, zweilagig verlegt, je 12,5/10 mm
3 Feuchtigkeitsabdichtung nach DIN 4122 (künftig DIN 18195)
4 schwimmender Estrich
5 Dünnbettmörtel oder Kleber
6 Bodenbelag aus keramischen Platten
7 Dehnungsfuge mit dauerelastischer Dichtmasse, zugl. Abdichtung gegen Nutzwasser und zur Vermeidung von Schallbrücken
8 Unterputz
9 Dünnbettmörtel oder Kleber
10 Wandbelag aus keramischen Platten
11 Mörtelbett
12 Randdämmstreifen (z. B. aus Styropor)
13 Schüttmaterial
14 Leichtbauplatte 25 mm
15 Sperrschicht in Heißbitumen (500er Bitumenpappe)
16 hartgepreßte Asbestzementplatte (≧10 mm)
17 Mosaikfliesen

Fußbodenheizungen werden eingesetzt als Vollheizung, Grundlastheizung oder nur zur Erwärmung beispielsweise eines Steinfußbodens. Die Fußboden-Oberflächentemperatur sollte bei Deckung des maximalen Wärmebedarfs 26 bis 27 °C nicht übersteigen. Großflächenverglasungen müssen noch zusätzlich gegen Kaltluftabfall bzw. Kälteabstrahlung abgeschirmt und eine etwaige Differenz zum tatsächlichen Raumwärmebedarf durch eine Ausgleichsheizung (z. B. durch Unterflurkonvektoren, Randzonen-Heizung o. ä.) gedeckt werden.[1])

Beide Systeme (Elektro- und Warmwasserheizung) können ausgelegt werden als:

a) Fußboden-Direktheizung: Sie gibt die Wärme mit möglichst geringer zeitlicher Verzögerung ab; die Heizelemente liegen daher in einem relativ dünnen Heizkern (Estrichschicht ca. 4 bis 5 cm) dicht an der Oberfläche. Die Heizenergie steht bei diesem System jederzeit zur Verfügung. Als Elektro-Heizung nur wirtschaftlich bei kurzer Heizdauer (z. B. Kirchen, Versammlungsstätten) oder günstigen Tarifen des EVU.

Bei Direktheizung sollte der Fußbodenbelag die Wärme möglichst ungehindert durchlassen: maximaler Wärmedurchlaßwiderstand: ca. 0,12 m^2K/W.

[1]) s. DIN 4701, Regeln für die Berechnung des Wärmebedarfs von Gebäuden

b) Fußboden-Speicherheizung: Die Heizenergie steht nur während einer kurzen Zeit zur Verfügung: Bei einer Elektro-Heizung muß dann der gesamte Wärmebedarf während der Niedrigtarifzeiten (Nachtstrom) gespeichert werden (Aufheizung der Speichermasse auf Temperaturen von 40 bis 50 °C). Der Estrich wird daher dicker ausgeführt (bis zu 15 cm) und mit einer erhöhten Wärmedämmung gegen Rohdecke u.a. Bauteile versehen, damit die Wärme nicht nach unten entweichen kann. Der Fußbodenbelag ist hier ein wichtiger, konstruktiver Teil des Heizungssystems: Er muß dafür sorgen, daß der betreffende Raum während des Speichervorganges nicht überheizt und die Wärme während des ganzen Tages (eine mind. zweistündige Nachheizzeit am Tage sollte gewährleistet sein) gleichmäßig abgegeben wird. Er dient somit als Wärmebremse = beabsichtigte Verzögerung der Wärmeabgabe.

Angestrebter Wärmedurchlaßwiderstand des Fußbodenbelages: ca. 0,12 bis 0,18 m^2 K/W.

Bei den meisten Fußbodenheizungen ist der Unterbau gleich: Auf dem Rohfußboden werden in der Regel zwei Lagen Dämmplatten – die Fugen gegeneinander versetzt – aufgebracht und mit geeignetem Bitumenpapier oder Kunststoff-Folie (z.B. Polyäthylenfolie 0,2 mm dick, zugleich als Gleitschicht) abgedeckt. Randdämmstreifen verhindern die Trittschallübertragung und gestatten, daß sich der beheizte Estrich und ggf. Belag ausdehnen kann. Bei nicht unterkellerten Räumen ist eine Abdichtung gegen aufsteigende Bodenfeuchtigkeit auf der Rohdecke vorzusehen; ebenso müssen auf Decken über Räumen mit erhöhter Wasserdampfentwicklung Dampfsperren angeordnet werden. In Naß- bzw. Feuchträumen (z.B. Schwimmhallen) sind die Dämmschichten – ggf. auch Rohre und Kabelmatten – außerdem gegen Feuchtigkeitseinwirkung von oben (z.B. gechlortes Wasser) sehr sorgfältig zu schützen (s. Abschn. 5.3.5 sowie 7.2.2).

Besondere Aufmerksamkeit ist der Temperaturbelastbarkeit aller verwendeten Baumaterialien, wie Heizelement, Wärmedämm-Material, Bodenbelag und -kleber u.a.m. zu schenken.

Bei den Elektro-Heizungen werden spezielle Kabelmatten (Heizelemente) in den Zementestrich eingebettet. Das Wärmekabel besteht aus einem Heizleiter aus Metall, umhüllt mit einem wärmebeständigen Material. Je nach System (Speicher- oder Direktheizung) ist die Estrichdicke variabel [23], [61] (Bild **5.**24a).

Bei den Warmwasser-Heizungen werden die Rohre (aus Stahl, Kunststoff und Edelstahl) im oder unterhalb des Estrichs verlegt. Die Einbettung der Rohre unmittelbar in den „Heizestrich" ist nicht ganz problemlos, weil beide Werkstoffe sich bei Wärmeeinwirkung unterschiedlich ausdehnen (Gefahr von Rißbildung). Damit sich die Rohre bei entsprechenden Temperaturverhältnissen frei bewegen können, müssen sie noch einmal abgedeckt oder umwickelt werden; der Umlenkbogen ist außerdem immer auch zugleich Ausdehnungsbogen.

Eine Rißbildung ist weitgehend auszuschließen, wenn die Rohre unterhalb des Estrichs in fabrikfertige Profilplatten – mit darüberliegender Abdeckung (zugl. wasserdichte Schutz- und Gleitfolie) – eingelegt werden. Die Großflächenelemente sind wie ein Sandwich aufgebaut: sie enthalten die Rohrschlangen, die Wärmeleitbleche (= gleichmäßige Wärmeverteilung) und die Dämmung (z.B. Polyurethanschaum) gegen Wärmeverlust nach unten [24] (Bild **5.**24b).

Für Elektro- und Warmwasser-Heizungen (Speicher- u. Direktheizungen) können die Heizleiter bzw. Heizrohre wahlweise in Naßeinbettung oder in Trockenverlegung angeordnet werden:

- Bei der Naßeinbettung werden die Heizelemente unmittelbar in einen Estrich gelegt. Vor dem Verlegen der Belagschicht muß – trotz vorausgegangener ca.

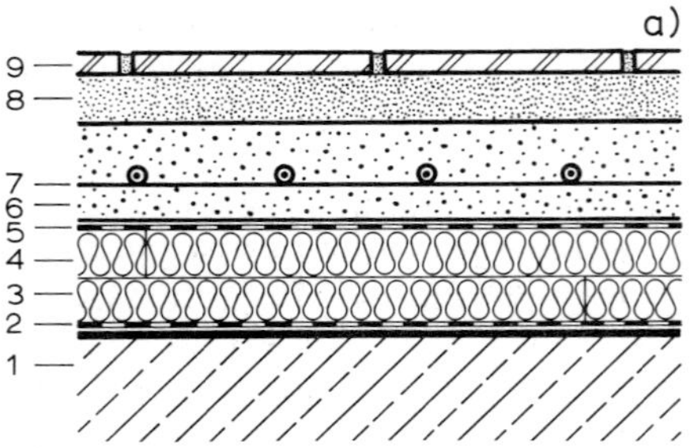

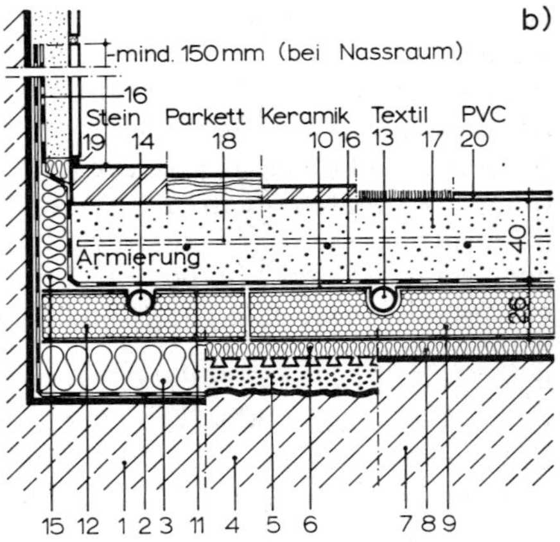

5.24
Schematischer Aufbau von Fußbodenheizungen

a) Elektro-Fußbodenheizung (Fa. Kabel- u. Metallwerke, Gutehoffnungshütte AG, Hannover. Flexwell-Elektro-Heizsystem)

1 Massivdecke oder Unterbeton
2 Abdichtung gegen Bodenfeuchtigkeit
3 20 mm Wärmedämmung (40 mm bei nicht unterkellerten Räumen o. ä.) z. B. Polystyrol-Hartschaumplatten ≧20 kg/m³ (Styropor-Typ PS 20)
4 20 mm Trittschall- und Wärmedämmung. Faserdämmstoff nach DIN 18165 (z. B. Sillan-SPT/N 25/20)
5 Feuchtesperre (z. B. Bitumenpappe)
6 schwimmender Zementestrich
7 Heizmatte mit Stahlwellmantel
8 Zementmörtel 20 mm
9 Bodenfliesen

b) Warmwasser-Fußbodenheizung (JOCO-Flächenstrahlungs-Heizung, Fa. John & Co., Achern)

1 Unterbeton (nicht unterkellert, eben)
2 Dampf- und Feuchtigkeitssperre
3 Wärmedämmplatten (z. B. Tecto-Tel-Platten)
4 Massivdecke (uneben)
5 Ausgleichsschüttung (z. B. Bituperl) mit Rippenpappe als Abdeckung
6 Trittschalldämmplatte soweit erforderlich
7 Massivdecke (eben abgezogen)
8 Trittschall- u. Wärmedämmplatten
9 JOCO-Großflächen-Element (fabrikvorgefertigt) mit Trägerplatte aus PUR-Schaum
10 Wärmeleitfläche aus Aluminiumblech mit eingeprägten Rohrführungsrillen
11 Aluminium-Folienkaschierung
12 JOCO-Randausbauplatte
13 Edelstahlrohr, als Rohrregister im JOCO-Element fabrikfertig eingelegt
14 Anschlußrohre vom Verteiler zum Element
15 Randdämmstreifen, 10 mm
16 JOCO-Fünfschicht-Folie, verschweißbar
17 Zementestrich, mind. 40 mm dick
18 Armierung (nur bei besond. Belastungen)
19 dauerelastische Verfugung zwischen Steinfußboden und Wand- oder Sockelplatten
20 Bodenbeläge

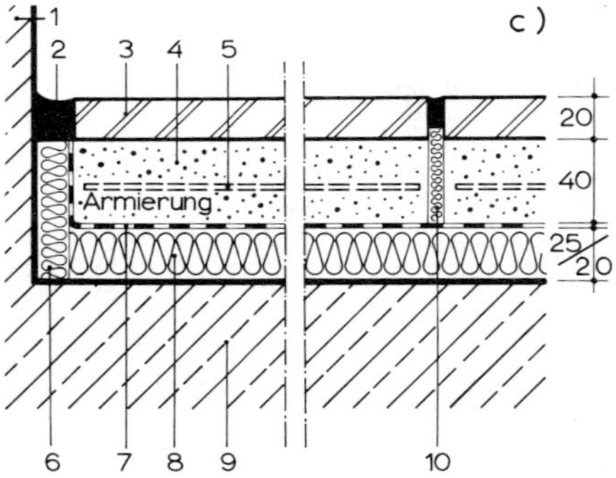

Naturwerkstein-Bodenbelag auf einem armierten, estrichgerechten Mörtelbett schwimmend verlegt (Bild **5.24**c). Dauerelastische Anschlußfuge an Sichtbetonwand. (Informationsstelle Naturwerkstein, Würzburg)

1 Sichtbetonwand
2 dauerelastische Anschlußfuge
3 Naturwerkstein
4 armiertes, estrichgerechtes Mörtelbett
5 Bewehrung
6 Randdämmstreifen
7 Abdeckung (z. B. 0,2 mm Polyäthylenfolie)
8 Dämmschicht
9 Massivdecke
10 Dehnfugen der Plattenfelder

4wöchiger Abbindezeit des Zementestrichs – der gesamte Fußbodenaufbau mind. 8 Tage, besser 14 Tage (anfangs nur wenige Stunden Heizdauer) mit $^2/_3$ der Leistung trocken geheizt werden. Besonders beim Aufbringen dampfdichter Beläge ist diese Regel zu beachten.

– Bei der Trockenverlegung werden die Heizelemente meist in fabrikvorgefertigten Trägerelementen (z. B. Anhydrit-Platten, Isolierschaumplatten mit geschlossener oder ohne geschlossene Wärmeleitfläche) eingelegt. Nach Auflegen einer Gleitfolie kann ein Naßestrich aufgebracht werden. Die freiliegenden Heizleiter oder Heizrohre unterliegen keiner mechanischen Beanspruchung.

  Ein vollkommenes Trockenbauverfahren ergibt sich, wenn auf den mit einer Gleitfolie abgedeckten Trägerelementen ein dünnschichtiger Trockenestrich in Plattenform aufgebracht wird. Dadurch wird eine trockene, rasche und saubere Verlegung von Fußbodenheizungen auch in Altbauten möglich. Nach dem Ausgleich der Oberfläche mit einer Spezialspachtelmasse können darauf die Bodenbeläge sofort verlegt werden.

Die Fußbodenheizung fordert (fast) keine Einschränkung bei der Wahl des Fußbodenbelages: nahezu alle Naturstein- [25], Keramik- [27], Kunststoff- [1], Textil- [28] und Holzfußböden [29] können verlegt werden. Eine Rückfrage bei den Herstellungsfirmen wird in jedem Fall empfohlen. Auf die Spezialliteratur wird besonders hingewiesen [30], [31].

5.4 Nutzschicht (Bodenbeläge)

An die Fußböden von Aufenthaltsräumen werden eine ganze Reihe von Forderungen – zum Teil widersprüchlichster Art – gestellt. Diesen unterschiedlichen Anforderungen, die sich vor allem aus der Zweckbestimmung bzw. Nutzart der einzelnen Räume und der Raumgestaltung ergeben, muß die oberste Schicht, der Bodenbelag, gerecht werden. Da es bis heute jedoch kaum einen Belag bzw. Fußboden gibt, der alle Anforderungen gleichermaßen erfüllt, müssen bei der Wahl von Bodenbelägen oft Kompromisse eingegangen werden. Nutzschicht (Bodenbelag) und Fußbodenaufbau (Zwischenschichten) bilden in mehrfacher Hinsicht eine Einheit. Diese Einheit gilt es bei allen vergleichenden Beurteilungen (z. B. Preisvergleiche) zu berücksichtigen.

Anforderungen an die Bodenbeläge

1. Gleitsicherheit/Trittsicherheit:
   Alle Fußböden müssen sicher und angenehm zu begehen sein. Diese Forderung kann durch eine Reihe von vorsorglichen, baulichen Maßnahmen (z. B. Vermeidung von Einzelstufen = Stolperstufe) sowie durch eine dem jeweiligen Nutzungszweck entsprechende Wahl der Belagstruktur bzw. Oberflächenbehandlung (z. B. Verwendung geeigneter Pflegemittel) weitgehend erfüllt werden.
2. Verschleißfestigkeit/Eindruckfestigkeit:
   In der Regel unterscheidet man nach AGI-Arbeitsbl. A 10 zwischen [10]:

– Art des Verkehrs (z. B. Fußgänger- und Fahrverkehr)
– Intensität des Verkehrs (z. B. Dichte und Häufigkeit des Verkehrs, Achsdruck der Fahrzeuge)

– Art der Beanspruchung (z.B. schleifende Beanspruchung beim Fußgängerverkehr, vorwiegend rollende Beanspruchung beim Fahrverkehr aller Art, Stoß- und Schlagbeanspruchung beim Absetzen von Gütern sowie ruhende oder punktförmig wirkende Einzellasten). Bei harten Bodenbelägen spielen Druckfestigkeit und Biegezugfestigkeit, bei elastischen Belägen Eindrucktiefe und Elastizität eine entscheidende Rolle für die Beurteilung der mechanischen Eigenschaften der Fußböden. Die Eindruckfestigkeit hängt vielfach nicht nur von der Beschaffenheit des Belages ab, sondern sehr oft auch von der mechanischen Beanspruchbarkeit der darunterliegenden Schichten. Die den jeweiligen Belagarten zugeordneten Prüfmethoden sind den entsprechenden DIN-Prüfnormen zu entnehmen [34].

3. Trittschalldämmung/Schallschluckvermögen:
Eine nennenswerte Schallabsorption wird vor allem durch Teppichbeläge erzielt (vgl. Abschn. 5.4.8.3, Schalltechnische Eigenschaften textiler Fußbodenbeläge). Aber auch elastische Bodenbeläge mit weichen Unterlagen (s. Abschn. 5.4.7.1) verhindern weitgehend die Entstehung von Trittschall, so daß sich der Geräuschpegel in einem Raum wirkungsvoll senken läßt. Vgl. auch Abschn. 5.3.1, Abschn. 7.4.3.1 sowie DIN 4109.

4. Wärmedämmung/Fußwärme:
S. dazu Abschn. 5.3.2, Abschn. 7.3.3 sowie DIN 4108.

5. Elektrostatisches Verhalten:
Bei innigem Kontakt und anschließender Trennung sowie bei Reibung zweier Gegenstände von unterschiedlicher Zusammensetzung und Oberfläche aneinander werden elektrostatische Aufladungen erzeugt. Infolge derartiger Trennungs- und Reibungsvorgänge (z.B. Teppichboden – Schuhsohle) kann es dann bei Berührung eines geerdeten Metalls o.ä. zu Entladungen in Form eines spürbaren, jedoch harmlosen elektrischen Schlages kommen (vgl. auch DIN 54345).

Bei den elastischen Bodenbelägen verhalten sich normalerweise PVC-Beläge ungünstiger als Linoleum und Vinyl-Asbest-Beläge. Durch den Zusatz von kristallinem Kohlenstoff (Graphit, Industrieruß) in die Grund- oder Schmuckfarbe des Belagmaterials können elastische Beläge leitfähig gemacht werden. Sie sind dann permanent antistatisch und ableitfähig verlegbar [1].

Störende Aufladungen entstehen – bedingt durch die starke Reibung beim Begehen – vor allem bei textilen Fußbodenbelägen. Das Aufladevermögen ist bei Teppichbelägen um so größer, je niedriger die relative Feuchte der Luft in einem Raum ist. Die Grenze für textile Fußböden kann man bei etwa 45% relativer Luftfeuchte ansetzen. Oberhalb von ca. 45% relativer Luftfeuchte ist praktisch mit keiner Schlagerscheinung mehr zu rechnen. Bei zu niedriger Luftfeuchte können noch weitere Einflußgrößen hinzukommen, wie z.B. stark isolierende Unterböden (Gußasphaltestrich), Art der Schuhbesohlung, Begehfrequenz, unterschiedliche Empfindlichkeit der Benutzer usw. Von der Teppichindustrie werden deshalb Teppichböden angeboten, die auch bei niedriger relativer Luftfeuchte in der Lage sind, elektrostat. Ladungen zu vermindern. Dies geschieht unter anderem durch:

Maßnahmen am Teppichbelag

a) Chemische Ausrüstung des Fasermaterials.
Die Leitfähigkeit des Polmaterials wird in diesem Fall durch das Auftragen chemischer Antistatika verbessert. Der Effekt kann je nach Präparat sehr unterschiedlich ausfallen. Da diese Ausrüstung meist in Form einer Nachbehandlung erfolgt, lassen sich bei Polteppichen zwar kurzzeitige Verbesserungen des elektrostatischen Verhaltens erzielen, in stark frequentierten Bereichen unterliegt diese Ausrüstung jedoch einem gewissen Verschleiß (Abtrageeffekt), so daß damit keine dauerhaft wirksame Verbesserung erreicht werden kann (erhöhte Anschmutzbarkeit beachten).

b) Beimischung von elektrisch leitfähigem Polmaterial bei der Garnherstellung, wie z.B. Metallfasern, metallisierte – oder kohlestoffbeschichtete Textilfasern, modifizierte Synthesefasern (leitfähige Masse wird in den Faserkörper eingesponnen) usw. Die Leitfähigkeit dieses Polmaterials geht auch bei starker Beanspruchung im allgemeinen nicht verloren. Ein wirksames, dauerhaftes antistatisches Verhalten wird jedoch nur in Verbindung mit einem leitfähigen Teppichgrund (z.B. leitfähige Rückenbeschichtung) erreicht.

c) Leitfähige Rückenausrüstung (Verfestigungsstrich)
Diese leitfähige Schicht wird auf bzw. in die Trägerkonstruktion vor allem von getufteter bzw.

gewebter Teppichware aufgebracht. Eventuell auftretende Ladungen fließen über das vorgenannte elektrisch leitfähige Polmaterial in den Teppichgrund ab und verteilen sich dort auf eine wesentlich größere, elektrisch wirksame Fläche. Eine derartige Vergrößerung der Kapazität bewirkt, daß die Schicht in ihrer Wirkung als praktisch geerdet angesehen werden kann. Damit wird ein mit leitfähigem Rücken versehener Teppichboden hinsichtlich seiner elektrostat. Merkmale auch weitgehend unabhängig von der Art der Verlegung gemacht.

Verlegemaßnahmen
Werden keine besonderen Ansprüche bezüglich ihres elektrostat. Verhaltens gestellt, so können alle – auch die antistatisch ausgerüsteten – textilen Fußbodenbeläge normal verlegt werden (vgl. Abschn. 5.4.8.4).

Die Verwendung leitfähiger Klebstoffe bewirkt, daß bei nicht leitfähigen Teppichböden nur eine geringe Verbesserung, bei Teppichen mit guten antistatischen Eigenschaften eine deutliche Verbesserung hinsichtlich der Personenaufladung zu verzeichnen ist.

Werden jedoch hohe Anforderungen an die antistatischen Eigenschaften eines Teppichbodens gestellt, so ist die ableitbare Verlegung zu empfehlen.[1]) In diesem Fall muß der textile Fußbodenbelag leitfähig sein und mit leitfähigem Kleber auf einem leitfähigen mit Erde verbundenen Untergrund verklebt werden.

Auf die entsprechenden Veröffentlichungen des Deutschen Teppich-Forschungsinstituts wird besonders hingewiesen [35], [36].

Nach Firmenangaben werden beispielsweise [1]: Kupferbänder (10 × 0,08 mm) bei textilen Fußbodenbelägen im Abstand von ca. einem Meter quer zur Bahn, bei elastischen Bodenbelägen unter jeder Fliesenreihe mit leitfähigem Kleber auf den Unterboden verklebt. Im Abstand von ca. 25 cm von der Wand werden die Bänder gitterförmig miteinander verbunden; je 40 m^2 ist das Kupferband zu erden. Der Belag selbst wird mit leitfähigem Kleber auf die Kupferbänder verlegt.

6. Reinigung und Pflege:
Bei der Auswahl eines Belages muß der zu erwartende Aufwand für die laufende Reinigung mit bedacht werden. Dabei spielt die optische Schmutzunempfindlichkeit eine entscheidende Rolle. Sie ist von der Farbe, der Musterung und von der Konstruktion (z. B. bei Teppichböden) des Belages abhängig. Einfarbige Beläge, vor allem extrem dunkle oder helle, sind empfindlicher (je nach Schmutzart) als kontrastreich gemusterte Beläge. Vgl. auch Abschn. 5.4.8.4, Reinigung und Pflege von textilen Fußbodenbelägen.

Vorbeugende bauliche Maßnahmen, wie z. B. der Einbau von Schmutzfangmatten, sind rechtzeitig einzuplanen. Innerhalb eines Geschosses (ggf. Gebäudes) ist sowohl aus raumgestalterischen Gründen (Großzügigkeit) als auch pflegetechnischen Überlegungen heraus (gleichartige Reinigungsverfahren) eine möglichst einheitliche Materialauswahl anzustreben. Je nach Art des Belages ist zu unterscheiden zwischen Erstreinigung, laufender Reinigung, Grundreinigung und allgemeinen Pflegemaßnahmen. Die immer wiederkehrenden Reinigungskosten sind bei der Wahl eines Belages in der Regel mindestens genauso hoch einzuschätzen wie die einmaligen Gestehungskosten (= Investitionskosten).

7. Raumgestalterische Aspekte:
Bei der Wahl des Fußbodenbelages sollten neben den zweckorientierten Überlegungen Fragen der Raumgestaltung niemals unberücksichtigt bleiben. Dabei müssen alle raumbegrenzenden Teile (z. B. Wand-, Deckenmaterialien) in die Betrachtungen mit einbezogen und zusammen mit dem milieubildenden Interieur (z. B. Textilien, Möblierung, Farbgebung, Oberflächenstruktur) aufeinander abgestimmt werden.

Weitere Anforderungen, die an einen Fußbodenbelag ggf. gestellt werden können, sind: Brandverhalten, Chemikalien-, Feuchtigkeits-, Form-, Frost- und Hitzebeständigkeit, Farb- und Lichtechtheit, Wiederverwendung und Reparaturmöglichkeit, Ansprüche an die Hygiene u. a. m.

---

[1]) Hersteller von besonders empfindlichen elektronischen Geräten (z. B. Computeranlagen) schreiben ebenso wie die Bauaufsicht für explosionsgeschützte Räume ableitfähige Fußbodenbelagskonstruktionen vor.

Einteilung der Bodenbeläge

Die weitgehende Ablösung der Holzbalkendecke durch die Massivdecke, die Entwicklung völlig neuartiger Baustoffe, Herstellungs- und Verlegetechniken, die Stellung neuer Forderungen an die Nutzschicht durch Industrie und Gewerbe, die Steigerung des Komforts bei allmählicher Änderung der Wohngewohnheiten sowie Einflüsse der Mode, des Geschmacks und vieles mehr haben zu einer Vielfalt und damit Produktschwemme auf dem Fußbodenmarkt geführt, die selbst von dem Fachmann kaum mehr überblickt werden kann.

Eine verbindliche Einteilung der Fußbodenbeläge gibt es noch nicht. In der Regel wird unterschieden zwischen folgenden Hauptgruppen: Hartbeläge, elastische Beläge, textile Fußbodenbeläge. Üblich ist auch die Einteilung:

Anorganische Beläge (z.B. Natursteinbeläge, Terrazzobeläge, keramische Beläge)

Organische Beläge (z.B. Holzbeläge, Linoleumbeläge, Kunststoffbeläge, textile Fußbodenbeläge u.a.).

Deutlicher ist die Ordnung nach den Baustoffen bzw. Rohmaterialien oder nach dem Herstellungsverfahren:

1. Bodenbeläge aus
   - natürlichen Steinen: Natursteinböden
   - Fliesen und Platten mit vorwiegend erdigen Bestandteilen: Keramische Böden
   - zementgebundenen Bestandteilen
   - bituminös gebundenen Bestandteilen.
2. Bodenbeläge aus
   - Holz oder holzähnlichen Stoffen: Holzfußböden
3. Bodenbeläge aus
   - ein- oder mehrschichtigen Bahnen- oder Plattenware: Elastische Bodenbeläge
   - fugenlose Kunststoffböden.
4. Bodenbeläge aus
   - natürlichen oder synthetischen Fasern: Textile Fußbodenbeläge
     (Weitere Beläge bleiben unberücksichtigt).

5.4.1 Bodenbeläge aus natürlichen Steinen

Unter Naturstein versteht man alle natürlich gewachsenen Gesteine. Die bearbeiteten Werksteine aus Naturstein bezeichnet man als Natur-Werk-Stein. Ihrer geologischen Entstehung nach können die Natursteine in drei Gruppen eingeteilt werden [26]:

1. Erstarrungs- oder Eruptivgesteine (Magmatische Gesteine)
   - Tiefengesteine (Granit, Syenit, Diorit, Gabbro)
   - Oberflächen- oder Vulkangestein (Basaltlava, Diabas, Trachyt, Porphyr)
2. Sedimentgesteine (Ablagerungsgesteine)
   - Lose Trümmer (Ton, Lehm, Sand, Kies, Geröll)
   - Verfestigte Trümmer (Tonschiefer, Mergel, Sandsteine, Grauwacke)
   - Ausscheidungsgesteine (Muschelkalk, Travertin, Solnhofer Platten, Dolomit)

3. Umwandlungsgesteine (Metamorphe Gesteine) Gneis, Kristalliner Schiefer, Quarzite, Marmor, Serpentin.

Die Verwendungseigenschaften der Natursteine lassen sich meist schon aus deren geologischer Entstehung ableiten. So werden für Bodenbeläge im Gebäudeinneren vor allem Marmor, Travertin, Solnhofer Platten, Quarzit, Schiefer, Basaltlava u.a. eingesetzt; im Außenbereich vorzugsweise Porphyre, Sandsteine, Granit, Basaltlava usw.

Je nach Gesteinsart, gewünschter Oberflächenstruktur und späterem Verwendungszweck werden die Platten manuell (z.B. bossiert, gestockt, scharriert) oder maschinell (z.B. geschurt, gefräst, gesandelt, geschliffen, poliert) bearbeitet. Vgl. auch Abschn. 3.3.1.

Natursteinplatten

Fußböden aus Natursteinplatten können, je nach Plattenformat, Verlegeart und Fugenbreite verschiedenartig gegliedert werden. Ausgangsformat ist meist die quadratische bzw. rechteckige Platte, mit den Norm-Abmessungen in der Breite zwischen 15 und 40 cm (jeweils um 5 cm springend), bei Plattendicken von 2 bis 3 cm. Die Druckfestigkeit (DIN 52105) der einzelnen Gesteinsarten schwankt zwischen 20 und 160 N/mm^2. Frost- und Wetterbeständigkeit (DIN 52106) sind jeweils zu überprüfen, ebenso sind die relativ ungünstigen Luftschall- und Wärmeableitwerte bereits bei der Planung vorsorglich zu berücksichtigen (vgl. auch Abschn. 5.3.2, Fußwärme sowie Abschn. 5.3.6, Fußbodenheizung). Muß in nicht unterkellerten Räumen mit aufsteigender Bodenfeuchtigkeit oder bei Geschoßdecken (z.B. über Naßräumen) mit Dampfdiffusion gerechnet werden, so sind entsprechende Abdichtungen (Sperrschichten) gegen Feuchtigkeit vorzusehen (s. dazu Abschn. 7.2.2.2).

Die Verlegung erfolgt – meist nach einem Verlegeplan – entweder direkt auf einer gut angenäßten Rohdecke in erdfeuchtem Mörtel oder auf einem vollständig erhärteten schwimmenden Zementestrich (Ebenheitstoleranzen s. Tab. **5**.2). Je nach Zementverträglichkeit der Steine werden sie in 2 bis 3 cm dicke Traßzement-, Traßkalk-, Kalkzement- oder hydraulische Kalkmörtel (Mörtelgruppe II) verlegt.

Eine wesentliche Verkürzung der Bauzeit und niedrigere Konstruktionshöhen lassen sich bei der Verlegung auf „estrichgerechtem Mörtelbett" erzielen. Auf ein frisch eingebrachtes Mörtelbett, das der geforderten Estrichdicke entsprechen muß (meist mit Bewehrung), werden die Bodenplatten „naß in naß" in eine nur 10 mm dicke Mörtelfeinschicht verlegt (Bild **5**.24c).

Bautrennfugen sind in jedem Fall zu berücksichtigen. Sie müssen in voller Breite in den Bodenbelag übernommen werden; geeignete Fugenprofile werden dafür verwendet. Dehnungsfugen sind vorzusehen z.B. bei zusammenhängenden Zement-Estrichflächen, die größer als 20 m^2 sind (Seitenlänge $\leqq$6 m). Anschlußfugen an andere Bauteile wie Metallrahmen o.ä. dürfen nur als elastische Fugen von mind. 5 mm Dicke ausgebildet werden. Die Fuge muß bis auf den Verlegegrund reichen; der untere Teil der Fuge wird mit elastischen Füllstreifen, der obere Teil mit einer trittfesten Dichtungsmasse oder Dichtungsprofil geschlossen. Die Wandfuge des Belages (mit Dämmstreifen) beträgt in der Regel ca. 10 mm; sie ist frei von Mörtelbrücken zur Wand zu halten.

Die Plattenbeläge sollen nach Möglichkeit mit offenen Fugen (2 bis 3 mm) austrocknen. Die Fugen von Belägen mit glatten Oberflächen werden eingeschlämmt (Fugenschlämme), diejenigen mit rauhen oder offenporigen Oberflächen werden ausgefugt (Fugeneisen). Die anschließende Reinigung erfolgt mit Hobelspänen und Wasser, die Entfernung eines ggf. noch vorhandenen Zementschleiers wird mit einem Spezialreinigungsmittel vorgenommen.

Die überstehenden Randdämmstreifen und die Abdeckfolie werden erst nach dem Einschlämmen des Bodens auf Belaghöhe abgeschnitten. Um eine direkte Trittschall-Flankenübertragung zu verhindern, werden die Wandsockelleisten auf ein Kittband gesetzt (zugl. Abdichtung gegen Nutzwasser sowie Dehnfuge bei Fußbodenheizung). Vgl. auch Abschn. 5.4.2 und Bild **5**.15b.

Verlegung, Aufmaß und Abrechnung erfolgt nach VOB Teil C, DIN 18332, Naturwerksteinarbeiten.

Natursteinpflaster

Mit Natursteinpflaster lassen sich dekorative Bodenbeläge im Innen- und Außenbereich herstellen (z.B. Gliederung von Freiflächen). Die Verlegung kann ungeordnet, in Reihen, diagonal oder im Bogen erfolgen. Nach DIN 18502 – Pflastersteine – unterscheidet man:

- Großpflastersteine 12/12 bis 16/16 cm, Höhe 13 bis 16 cm
- Kleinpflastersteine 8/8 bis 10/10 cm, Höhe 8 bis 10 cm
- Mosaikpflastersteine 4/4 bis 6/6 cm, Höhe 4 bis 6 cm

Pflasterungen im Außenbereich, meist lohnintensiv und relativ teuer, werden je nach Bodenart (ggf. mit Schotterschüttung) in eine Sand- oder Kiessandbettung versetzt, die nach dem Abrammen des Pflasters bei Kleinpflaster höchstens 3 cm und bei Großpflaster höchstens 6 cm betragen soll. Nach dem Versetzen wird die Pflastersteinfläche mit Wasser und Sand eingeschlämmt, gerammt oder auch eingerüttelt und mit Sand abgedeckt. Üblicherweise beträgt die Fugenbreite 1,5 cm. Bei Fahrverkehr sind die Fugen mit bituminöser Vergußmasse auszugießen [26].

5.4.2 Bodenbeläge aus Fliesen und Platten mit vorwiegend erdigen Bestandteilen: Keramische Böden

Die Qualität keramischer Bodenbeläge wird vor allem bestimmt durch eine sorgfältige Auswahl der Rohstoffe, den richtigen Brand, ggf. durch eine kratz- und verschleißfeste Glasur sowie eine fachgerechte Verlegung. Im Hinblick auf die Raumgestaltung spielen die Farbe (z.B. hell/dunkel, warm/kalt), die Dichte und die Art des Fugennetzes sowie die Oberflächenstruktur (z.B. hochglanz/matt, strukturiert/glatt) eine besondere Rolle.

Die Verwendungseigenschaften keramischer Produkte werden weitgehend von der Güte des Scherbens bestimmt. Dabei kommt der Brenntemperatur eine besondere Bedeutung zu [37].

Man unterscheidet (vereinfachte Zusammenstellung):

Tabelle **5**.25 Einteilung der keramischen Erzeugnisse

1. Steingut und Irdengut: Scherben porös und saugfähig (= mit hoher Wasseraufnahme), unterhalb der Sintergrenze gebrannt. Brenntemperatur 900 bis 1000 °C; Steingut auch über 1000 °C.	
1a Feinkeramische Erzeugnisse (glasiert, dadurch wasserdicht, nur für den Innenbereich von Bauten). „Glasierte feinkeramische Fliesen mit hoher Wasseraufnahme" (V – DIN 18155)[1]) z. B. Steingutfliesen (STG) z. B. Irdengutfliesen (IG)	1b Grobkeramische Erzeugnisse (unglasiert und wasserdurchlässig) z. B. Mauerziegel, Dränrohre z. B. Töpferwaren, Blumentöpfe
2. Steinzeug/Sinterzeug: Scherben wasserdicht, nicht saugend (= mit niedriger Wasseraufnahme), oberhalb der Sintergrenze gebrannt (= partielle Schmelzung des Gemenges, Scherben verglast). Brenntemperatur über 1000 °C.	
2a Feinkeramische Erzeugnisse (Innen- und Außenbereich von Bauten) „Feinkeramische Fliesen mit niedriger Wasseraufnahme einschl. Mosaik und Riemchen" (V – DIN 18155)[1]) z. B. Unglasierte Steinzeugfliesen (STZ – UGL) z. B. Glasierte Steinzeugfliesen (STZ – GL)	2b Grobkeramische Erzeugnisse (Innen- und Außenbereich von Bauten) z. B. Klinkerplatten, Riemchen z. B. Grobkeramische Platten, glasiert und unglasiert sowie Spaltplatten nach DIN 18166

[1]) Die in der DIN 18155 (Ausg. 1.62) angegebene Gliederung nach dem Verwendungszweck (z. B. als Wand- und Bodenfliesen) wurde in der neuen Vornorm DIN 18155 T1 bis 4 (Ausg. 3.76) aufgegeben und dafür eine Einteilung nach den Werkstoffeigenschaften vorgenommen.

Keramische Böden können demnach aus Feinkeramischen Fliesen oder aus Grobkeramischen Platten hergestellt werden.

Feinkeramische Fliesen

Die Rohstoffe, bestehend aus Hartstoffen (Quarz, Kaolin, Feldspat) und Weichstoffen (mehrere Sorten Ton bzw. Lehm) werden zerkleinert, unter Zusatz von Wasser gemischt, gesiebt, entwässert und das Granulat unter hohem Druck in Stahlformen gepreßt. Nach dem Aufsprühen der Glasur (ggf. auch erst in einem zweiten Brennvorgang aufgeschmolzen) werden die Erzeugnisse im Trockenkanal getrocknet und im Tunnelofen gebrannt.

1. Feinkeramische Fliesen mit hoher Wasseraufnahme (mehr als 10 Gew.-%) werden nach V-DIN 18155 T1 Abschn. 2.1 unterteilt in Steingutfliesen (weißer Scherben) und Irdengutfliesen (meist roter oder brauner Scherben). Auf Grund ihrer hohen Porosität lassen sich die Fliesen gut schneiden, bohren oder brechen, andererseits sind sie jedoch immer frostgefährdet. Ihre Anwendung beschränkt sich daher auf den Innenbereich. Hier werden sie fast ausschließlich als Wandfliesen für den Wohn- und gewerblichen Bereich eingesetzt (Ausnahme: Steingutfliesen mit besond. dickem Scherben für wenig strapazierte Flächen wie z. B. Badezimmerböden). Alle Fliesen mit hoher Wasseraufnahme sind glasiert. Von der Glasur wird Beständigkeit gegen alle üblichen Haushalts-Chemikalien gefordert.

2. Feinkeramische Fliesen mit niedriger Wasseraufnahme (weniger als 2,5 Gew-%) sind nach V-DIN 18155 T1 Abschn. 2.2 ausschließlich Steinzeugfliesen in glasierter und unglasierter Ausführung. Fliesen unter 90 cm^2 werden auch als Klein- oder Mittelmosaik bezeichnet. Die geringe Wasseraufnahmefähigkeit der Steinzeugfliesen ist die Voraussetzung für ihre Frostbeständigkeit.

a) Glasierte Steinzeugfliesen sind für Boden- und Wandbeläge innen und außen sowie zur Auskleidung von Schwimmbecken u. ä. geeignet. Sie sind beständig gegen Fleckenbildner sowie Haushalts-Chemikalien. Beständigkeit gegen Säuren und Laugen muß in jedem Fall besonders vereinbart werden.

Die glasierte Oberfläche von feinkeramischen Fliesen kann glänzend oder matt, eben oder verschiedenartig profiliert, dekoriert oder andersartig gestaltet sein. Glasierte Fliesen werden nach dem Oberflächenverschleißwiderstand (Verschleißbild) in 4 Gruppen eingeteilt [38]:

Tabelle 5.26 Beanspruchungsgruppen mit Einsatzbeispielen für glasierte Fliesen

Gruppe	Grad der Beanspruchung	Einsatzgebiet – Beispiele
1	sehr leicht	Schlaf- und Sanitärräume im privaten Wohngebrauch
2	leicht	Privater Wohnbereich, außer Küchen, Treppen, Terrassen
3	mittel	Gesamter Wohnbereich mit Dielen, Fluren, Balkonen, Hotelzimmer und -Bäder
4	stärker	Eingänge, Verkaufs- und Wirtschaftsräume; Hotels, Schulen, Verwaltungsgebäude

Hinweis: Da Quarz – Hauptbestandteil von Sand – schon bei geringem Abrieb hochglänzende Glasuren stumpf und unansehnlich werden läßt, sollten glänzende und unifarbene Fliesen nur für wenig begangene Flächen eingesetzt werden (z. B. Badezimmer). Bodenbeläge mit sehr starker mechanischer (rollender und schleifender) Beanspruchung sollten immer der unglasierten Fliese vorbehalten bleiben (z. B. Bahnhofshallen, Stehbierhallen).

b) Unglasierte Steinzeugfliesen sind für alle Boden- und Wandbeläge innen und außen sowie zur Auskleidung von Becken und Behältern mit hoher mechanischer und chemischer Beanspruchung geeignet. Unglasierte Steinzeugfliesen haben eine wesentlich höhere chemische Beständigkeit als glasierte (klassischer Werkstoff des Säurebaus). Anders verhält es sich bei fleckenbildenden Flüssigkeiten: sie dringen unter Umständen in die Poren tief ein und sind dann nur noch sehr schwer zu entfernen. Beständigkeit von unglasierten Steinzeugfliesen kann in dieser Hinsicht nicht erwartet werden.

Die gängigsten Fliesenformate sind: Klein- und Mittelmosaik 12 × 12 bis ca. 50 ×50 mm, quadratische Fliesen 100 × 100 bis 300 × 300 mm, rechteckige Fliesen 75 × 150 bis 200 × 400 mm (s. auch V-DIN 18155).

Mosaik wird auf einem Gewebeträger o. ä. in Form von vorgefertigten Tafeln (ca. 300 × 500 mm) geliefert. Das Deckpapier auf der Oberseite wird später entfernt. Darüber hinaus gibt es noch eine Vielzahl von Kombinationsbelägen.

Grobkeramische Platten

Wird grobkeramische Masse (Teilchen >0,09 mm), ähnlich wie bei den Fliesen, unter hohem Druck in Stahlmatrizen gepreßt, so erhält man die sog. Klinkerplatten oder Bodenklinker. Des weiteren werden grobkeramische Platten in Vakuum-Strangpressen geformt. Dabei wird ein plastischer Teig durch ein Mundstück gepreßt und den gewünschten Plattenformaten entsprechend zugeschnitten.

Keramische Spaltplatten nach DIN 18166 sind stranggepreßte Doppelplatten, die entweder nach dem Brennen oder erst beim Verlegen in Einzelplatten mit schwalbenschwanzförmigen Stegen auf der Verlegeseite gespalten werden. Sie sind wetterfest, frostsicher, säure- und laugenbeständig und von hoher Festigkeit [39].

Standardformate für Spaltplatten: 240/115 mm, in den Stärken 15, 20, 25 mm, glasiert und unglasiert. Sie werden angeboten in den Güteklassen I + II mit jeweils passenden Formstücken (z. B. Kehlsockel, Formteile für Schwimmbäder usw.).

Verlegung von keramischen Belägen

Die Verlegung von Fliesen und Platten darf gemäß DIN 18352 (Fliesen- und Plattenarbeiten) erst nach dem Anbringen von Fenster- und Türzargen, Anschlagschienen usw. erfolgen. Nach der Verlegeart unterscheidet man:

a) Verbundbeläge. Sie müssen vollflächig mit dem Untergrund verbunden sein. Um einen guten Verbund zu erreichen, wird gewöhnlich eine zementreiche Zwischenschicht als Haftbrücke auf den Untergrund (z. B. Rohdecke) aufgebracht. Auf diese frische Schlämme wird dann das Mörtelband aufgezogen. DIN 18352 sieht für das herkömmliche Mörtelbett (Dickbett bei Verbundbelägen) eine mittlere Dicke von 15 mm vor.

b) Beläge auf Trennschichten (z. B. in Form einer Gleit- bzw. Sperrschicht bei Naßräumen, Balkonen, schwimmenden Estrichen oder Flächen mit großen Temperatur-Wechselbeanspruchungen). Sie werden zwar durch ihr Eigengewicht an Ort und Stelle festgehalten, die Trennschicht ermöglicht jedoch das freie Gleiten des Belages auf dem Untergrund. Durch die Anordnung von elastischen Anschlußfugen an feststehenden Bauteilen (zugleich Trittschallschutz und Dichtungsmasse) und die Unterteilung größerer Flächen mit Dehnungsfugen wird dem Belag auch nach den Seiten ausreichend Bewegungsmöglichkeit gegeben. Fugen dieser Art müssen immer in voller Breite bis auf die Trennschicht durchgehen (s. Bild **5**.15 b, **5**.23 a sowie **5**.24 c).

c) Beläge auf zusammendrückbaren Dämmschichten (mit Abdeckfolie). Hierbei sollten die Fliesen nicht unmittelbar in ein Mörtelbett verlegt werden. Vielmehr sollte zuerst ein Zementestrich (mind. 35 mm dick) hergestellt und dieser ausreichend erhärtet sein, bevor die Fliesen im Dünn- oder Dickbettverfahren aufgebracht werden.

Keramische Beläge werden entweder nach der Dickbett- oder Dünnbettmethode (Klebemethode) verlegt:

1. Beim Dickbettverfahren werden die Fliesen und Platten auf ein verdichtetes und mit der Setzlatte abgezogenes, ca. 15 mm dickes Zementmörtelbett aufgebracht (1 RTL Normen-Zement, für 4 bis 5 RTL Sand). Vor dem Verlegen müssen poröse Fliesen kurz in Wasser getaucht (Anregung zum Saugen) und die Fliesenrückseite mit Zement (Pulverschicht) oder einer dünnen Zementschlämme angereichert werden (Haftverbesserung der Fliese)[1]).
2. Das Verlegen im Dünnbettverfahren setzt einen vollkommen ebenen, ausgehärteten Verlegeuntergrund (z. B. Schwimmenden Estrich, Holzspanplatten V 100 o. ä.) voraus. Die Dicke des Kleberbettes beträgt ca. 2 bis 4 mm. Grobkeramische Platten eignen sich für die Verlegung im Dünnbettverfahren weniger (Ausnahme: Dünnbett-Spaltplatten mit feiner Rückseitenprofilierung). Man unterscheidet [40]:

---

[1]) Die Zementpuder- oder Schlämmschicht wird in der Regel bei Bodenbelägen auf das abgezogene Mörtelband und nur bei Wandbelägen auf die Fliesenrückseite aufgetragen.

- Hydraulisch erhärtende Klebemörtel (Zement als Bindemittel, Sand als Füllstoff mit Kunststoffzusätzen). Nach dem Erhärten verhält sich der Klebemörtel wie ein normaler Zementmörtel. Nach DIN 18156 wird Wasser- und Frostbeständigkeit verlangt.
- Dispersionsklebstoffe (Kunststoffe, mineralische Stoffe, Wasser) sind nicht frost- bzw. wasserbeständig und sollten daher für Beläge mit starker, dauernder Feuchtigkeitseinwirkung nicht verwendet werden.
- Reaktionsharzklebstoffe (Epoxidharz- und Polyurethankleber) ergeben eine sehr feste, wasser- und frostbeständige Verbindung. Sie sind jedoch wesentlich teurer als die vorgenannten Klebearten.

Der Fugenmörtel (ggf. mit Kunststoffzusätzen) wird eingeschlämmt, der Belag mit feuchtem Sägemehl abgerieben und der verbleibende Zementschleier mit einem Spezialreinigungsmittel entfernt. Die Fugenbreite variiert je nach Plattengröße und Erzeugnis zwischen 2 bis 10 mm (s. auch V-DIN 18155) [41].

Verlegung, Aufmaß und Abrechnung nach VOB Teil C, DIN 18352, Fliesen- und Plattenarbeiten.

5.4.3 Bodenbeläge aus zementgebundenen Bestandteilen

Zementgebundene Böden gibt es in Form von Estrich-, Platten- und Pflastersteinbelägen. Da diese Böden meist fußkalt sind, keinerlei Eigenelastizität aufweisen und vermehrte Luft- und Trittschallbelästigungen zu erwarten sind, werden sie in Wohn- und Büroräumen weniger eingebaut (Ausnahme: Betonwerksteinplatten und Terrazzo-Estriche). Auf Grund ihrer hohen mechanischen Beanspruchbarkeit eignen sie sich jedoch in hohem Maße für Industrie-, Geschäfts- und Verkehrsbauten (Industrieböden).

Betonwerksteinplatten

Betonwerkstein nach DIN 18500 ist ein Kunststein, der unter Verwendung eines Bindemittels (Normen-Zemente DIN 1164), Zuschlagstoffen und ggf. Farbstoffen hergestellt wird. Als Zuschlagstoffe werden zerkleinerte Gesteinskrümel (Korngrößen zwischen 0,2 und 7 mm) meist in Verbindung mit wesentlich größeren Kieseln bzw. Gesteinsbruch aus natürlichen Weich- oder Hartgesteinen verwandt.

Die Platten können entweder einschichtig durchgehend aus derselben Mischung oder zweischichtig aus Kernbeton und Vorsatzbeton hergestellt werden.

Die Dicke der Vorsatzschicht liegt zwischen 10 und 15 mm. Die Sichtflächen der im Innenbereich eingesetzten Platten werden nach dem Erhärten mehrmals geschliffen und ggf. gespachtelt. Platten für den Außenbereich entstehen durch Auswaschen der obersten Mörtelschicht; dabei wird der Feinmörtel entfernt und das Grobkorn zu etwa einem Drittel seines Durchmessers freigelegt (Waschbetonplatten). Zwischen Herstellungs- und Verlegetermin sollten mind. 4 Wochen liegen (Druckfestigkeit). Die Gütewerte sind DIN 18500 Taf. 1 zu entnehmen.

Einschichtige, homogene Betonwerksteinplatten werden auch aus großen, gegossenen Blöcken (2 × 2 m aus Vorsatzbeton) gesägt. Diese Platten sind in jeder gewünschten Dicke lieferbar. Sie zeichnen sich durch einen absolut gleichmäßigen Aufbau und eine sehr dichte Oberfläche aus.

Die Verlegung erfolgt entweder direkt auf einer Massivbetondecke (Verbundbelag), vollflächig in einem 20 mm dicken Mörtelbett (Mörtelgruppe II mit Traßzementzusätzen) oder auf einer Dämmschicht mit Abdeckfolie, in einer Mörteldicke von 40 mm (zugleich Estrichschicht). Zur Aufnahme der Längenveränderungen des Belages bzw. Verhinderung von Trittschallübertragung müssen vor alle feststehenden Bauteile Randdämmstreifen gestellt werden. Zwischen Belag und Sockelplatten (= meist einschichtige Platten) ist ein dauerelastisches Kittband o.ä. vorzusehen (s. auch Abschn. 5.4.1, Abschn. 7.2.2.2 sowie Bild **5**.10b, **5**.17a und **5**.18c) [42].

Die Fugen, in der Regel 2 bis 3 mm breit, sollen erst 24 Stunden nach dem Verlegen mit (ggf. eingefärbtem) Fugenmörtel gefüllt werden. Der Belag ist nach 3 Tagen begehbar, nach 8 Tagen belastbar. Bei Plattenbelägen mit höherem Komfortanspruch (Innenbereich) ist ein zusätzlicher Naß-Schliff an Ort und Stelle möglich; dadurch werden Fugenabsätze und dgl. vermieden.

Die Reinigung erfolgt mit Wasser (evtl. Schmierseifenzusatz); das Aufbringen von Wachs sollte unterbleiben. Auch vor dem Aufbringen einer Fluatierung, Versiegelung o.ä. wird abgeraten, da der Abrieb meist zu groß ist, die Hauptlaufflächen blind werden oder vergilben.

Plattenabmessungen (nicht genormt): 25 × 25, 30 × 30 bis 50 × 50 cm; Plattendicke jeweils 1/10 der Plattenabmessungen. Andere Plattenformate sind möglich.

Terrazzo-Asphalt-Platten s. Abschn. 5.4.4. Verlegung, Aufmaß und Abrechnung nach VOB Teil C, DIN 18333, Betonwerksteinarbeiten.

Terrazzoestrich

Der Terrazzo-Boden setzt sich, ähnlich wie die zweischichtigen Betonwerksteinplatten, aus einem etwa 30 mm dicken Zementestrich (Kernbeton) und einer darauf aufgebrachten Terrazzo-Estrichschicht (Vorsatzbeton) zusammen. Diese Vorsatzschicht besteht ebenfalls aus schleif- und polierbaren Natursteinen, Normen-Zementen als Bindemittel und ggf. aus Farbstoffzusätzen.

Während jedoch die Betonwerksteinplatten seriell und damit wirtschaftlich in immer gleichbleibender Zusammensetzung im Betonwerk hergestellt und am Bau „relativ trocken" verlegt werden können, muß der Terrazzoestrich an Ort und Stelle angefertigt werden; außerdem bringen die Estrichmassen viel Feuchtigkeit in den Bau. Die Gefahr der Entmischung des Mörtelgutes während des Transportes und der Lagerung ist groß.

Metall- oder Kunststofftrennschienen unterteilen das unmittelbar auf die Rohdecke oder eine Trennschicht aufgebrachte Estrichgut in seiner gesamten Dicke in Einzelfelder von ca. 2 × 2 m. Dadurch wird das Reißen des Terrazzo-Belages an unerwünschten Stellen verhindert. Die Terrazzomasse wird nach dem Einbringen gleichmäßig ausgewalzt (verdichtet) und die freiwerdende Zementschlämme entfernt. Nach dem Erhärten wird der Belag mehrmals geschliffen (Grob- und Feinschliffe) und ggf. gespachtelt. Ausbildung der Wandanschlüsse ähnlich wie bei den Betonwerksteinplatten.
Herstellung, Aufmaß und Abrechnung nach VOB Teil C, DIN 18353, Estricharbeiten.

Zementestrich als Nutzboden (Industrieböden)

Zementestriche als Nutzböden für gewerbliche Zwecke eignen sich bis zu mittelschweren mechanischen Beanspruchungen. Die Estrichfestigkeitsklassen, die Ausgangsstoffe, Estrich-Zusatzmittel sowie ggf. -Zusatzstoffe können Abschn. 5.3.4.1, Zementestrich, entnommen werden.

Der Zementestrich wird im allgemeinen auf einen Betonuntergrund aufgebracht (Verbundbelag). Ist der Betongrund noch nicht erstarrt, so erübrigt sich die Aufbringung einer Haftbrücke. Bereits erhärteter Betongrund ist demgegenüber mind. 24 Stunden vorzunässen und unmittelbar vor dem Aufbringen des Estrichs mit einem breiigen, fetten Zementmörtel als Haftbrücke satt einzukehren.

Die Estrichdicke beträgt hierbei ca. 30 mm; Zementestrich auf einer Trennschicht (Pappe, Folie) muß mind. 40 mm dick sein. Bei noch größeren Dicken muß eine Bewehrung (Betonstahlmatten) eingelegt werden.

Die Mörtelmischung wird erdfeucht eingebracht, über Lehren abgezogen, maschinell verdichtet (Vibratoren) und die Oberfläche, je nach Bedarf mit einer Riffelwalze abgerollt. Große Flächen müssen in annährend quadratische Felder von 20 bis 30 m^2 in ganzer Dicke durch ca. 15 mm breite Dehnungsfugen aufgeteilt werden. Diese werden nach dem Austrocknen des Estrichs mit Fugenfüllmasse (bituminös oder/und auf Kunststoffbasis) ausgegossen. Der Belag ist mind. 7 Tage lang vor zu schnellem Austrocknen zu schützen und erst nach 3 Tagen begehbar (vgl. auch Abschn. 5.3.4.2 sowie AGI-Arbeitsblatt A 11) [10].

Für Nebenleistungen, Aufmaß und Abrechnung gilt VOB Teil C, DIN 18353, Estricharbeiten.

Hartstoffbeläge – Hartstoffestriche (Industrieböden)

Hartstoffestriche sind nach AGI-Arbeitsblatt A 10 Bl. 1 und 2 [10] Estriche mit Zuschlägen, die ganz oder teilweise aus Hartstoffen bestehen und die in einer oder zwei Schichten auf dem tragenden Untergrund aufgebracht werden. Die oberste Schicht (Nutzschicht) der Estriche enthält dabei immer die Zuschläge aus Hartstoffen.

Hartstoffe ergeben einen hohen Abriebwiderstand und dauerhafte, strapazierfähige Oberflächen (Industrieböden). Unterschieden werden folgende Hartstoffgruppen:

U: Hartstoffe aus Naturstein oder/und dichten Schlacken

M: Hartstoffe aus Metallen

KS: Hartstoffe aus Elektrokorund oder/und Siliziumkarbid

Die Belagdicken richten sich nach der Art und Größe der Beanspruchung und der zur Anwendung gelangenden Hartstoffe bzw. Hartstoffgruppen. Entsprechende Abmessungen können der Tabelle **5**.27 entnommen werden. Die Druckfestigkeit liegt für alle Belaggruppen bei mind. 80 N/mm^2 (s. auch Abschn. 5.3.4.1, Zementestriche).

Tabelle **5**.27 Belagdicken (Maße in mm) nach AGI-Arbeitsblatt A 10 Bl. 2 [10], Auszug.

Beanspruchung (vgl. AGI-Arbeitsblatt A 10 Bl. 1)	Belaggruppe					
	U		M		KS	
	Hartstoffschicht	Ausgleichsschicht	Hartstoffschicht	Ausgleichsschicht	Hartstoffschicht	Ausgleichsschicht
leicht	8	22	8	22	3 bis 4	24
mittel	10	20	10	20	4 bis 5	25
schwer	15	30	12	25	5 bis 6	25

Wie Bild **5**.28a zeigt, wird eine Ausgleichsschicht (z. B. Normen-Zement Z 35) erforderlich, wenn die Hartstoffschicht auf einen erstarrten Betonuntergrund aufgebracht werden soll. Diese Ausgleichsschicht soll die Unebenheiten der Oberfläche des Untergrundes ausgleichen und die ggf. auftretenden Spannungsunterschiede zwischen den einzelnen Schichten mindern (= zweischichtiger Aufbau).

Werden jedoch Betonuntergrund und Hartstoffschicht frisch auf frisch hergestellt, so entfällt diese Schicht (= einschichtiger Aufbau).

Für Nebenleistungen, Aufmaß und Abrechnung gilt VOB Teil C, DIN 18353, Estricharbeiten.

Hartbetonplattenbeläge (Industrieböden)

Hartbetonplattenbeläge werden anstelle von Hartstoffestrichen überall dort eingesetzt, wo der Bodenbelag immer wieder aufgenommen werden muß (z. B. zur Verlegung von Leitungen), kürzere Verlegezeiten gefordert werden oder weniger Feuchtigkeit in den Bau eingebracht werden soll.

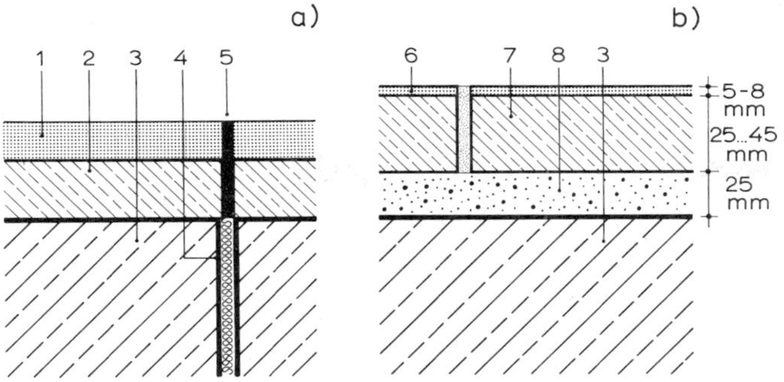

5.28
Zementgebundene Industrieböden
a) Hartstoffestriche
b) Hartbetonplattenbeläge
1 Hartstoffschicht
2 Ausgleichsschicht
3 Tragbeton
4 Fugeneinlage
5 Fugenfüllmasse
6 Hartbetonschicht
7 Grundbeton
8 Mörtelbett

Nach AGI-Arbeitsblatt A10, Arbeitsgemeinschaft Industriebau e. V., Braunschweig [10].

Hartbetonplatten werden maschinell hergestellt. Wie Bild **5.28** b zeigt, bestehen sie aus einem Grundbeton und einer Hartbetonschicht mit Zuschlägen aus Hartstoffen. Für diese Verschleißschicht gelten die im AGI-Arbeitsblatt A 10 Bl. 1 [10] gemachten Angaben.

Die Verlegung erfolgt in einem 20 bis 25 mm dicken Mörtelbett. Die 3 mm breiten Fugen werden mit einem Zementmörtelgemisch durchgehend ausgefüllt.

Standardabmessungen: 30 × 30 × 2,5 cm und 30 × 30 × 4,5 cm. Die Dicke der Hartbetonschicht liegt, je nach Beanspruchung, zwischen 0,5 und 1,0 cm. Weitere Angaben sind AGI-Arbeitsblatt A 10 Bl. 3 zu entnehmen.

Für Nebenleistungen, Aufmaß und Abrechnung gilt VOB Teil C, DIN 18353, Estricharbeiten.

5.4.4 Bodenbeläge aus bituminös gebundenen Bestandteilen

Bituminöse Beläge können durch die Wahl geeigneter Bindemittel (z. B. Bitumen) und mineralischer Zuschlagstoffe (z. B. Sand, Kies und Gesteinssplitt) so eingestellt werden, daß sie gegen chemische Einflüsse wie beispielsweise Säuren, Laugen, Fette, Öle und Lösungsmittel widerstandsfähig sind. Da sie den jeweiligen Beanspruchungen angepaßt werden können, eignen sie sich besonders als Industrieböden (z. B. Elektro-, Foto- und Filmindustrie, Laboratorien, Markthallen) sowie als Bodenbelag für Versammlungsstätten u. ä.

Bituminös gebundene Böden gibt es in Form von ein- und mehrschichtigen Estrich- oder Plattenbelägen.[1])

Gußasphalt als Nutzboden (Industrieböden)

Gußasphalt ist eine in heißem Zustand streichbare Masse, bestehend aus Bitumen und Mineralstoffen. Er zeichnet sich durch seine kurze Erstarrungszeit (begehbar 2 Stunden nach dem Einbau), fugenlose Verlegung, Dichtigkeit und Unempfindlichkeit gegen Wasser und aufsteigende Feuchtigkeit, weitgehende Wasserdampfundurchlässigkeit, geräuschdämmenden Eigenschaften, Trittsicherheit sowie seine Staubfreiheit (Hygiene) aus. Durch zusätzliche Kunststoffbeschichtungen

---

[1]) Bitumengebundene Massen können auch als Gußasphaltestriche über Dämmschichten – z. B. als schwimmende Estriche im Sinne der DIN 4108 und DIN 4109 – eingesetzt werden. Vgl. dazu Abschn. 5.3.4.1 sowie Fußnote S. 237.

kann er außerdem öl- und benzinfest, säure- und laugenbeständig gemacht werden [43]. S. auch AGI-Arbeitsblatt A 80.

Seine Härte wird nach DIN 1996 geprüft. Nach AGI-Arbeitsblatt A 61 [10] unterscheidet man drei Gußasphaltklassen:

A: Hart eingestellter Gußasphalt: < 1,5 mm,

B: Normal eingestellter Gußasphalt: 1,5 bis 4 mm,

C: Weich eingestellter Gußasphalt: > 4 mm Eindruckstiefe[1])

Bei sehr hohen Auflasten (z. B. punktförmig auftretende Lasten) sind besondere Maßnahmen zu treffen; auch für länger einwirkende thermische Beanspruchung (über 40 °C) muß der Belag in seiner Zusammensetzung besonders abgestimmt werden.

Die Verlegung von Gußasphalt als Nutzboden erfolgt – wenn keine Wärme- oder Schalldämmung vorgesehen ist – immer auf einer auf den Untergrund aufgelegten Trennschicht (Rohglasvlies, Natronkraftpapier o. ä.). Als Verbundestrich kann er nicht ausgeführt werden, da er nur ungenügend an anderen Bauteilen, wie z. B. Rohdecken, haftet. Ebenheitstoleranzen s. Tabelle **5**.2.

Da die Trennschicht der hohen Einbautemperatur von 220 bis 250 °C standhalten muß, dürfen keine nackten Bitumen- oder Teerpappen und Dichtungsbahnen nach DIN 18190 oder andere hitzeempfindlichen Dichtungsbahnen bzw. Dämmstoffe eingebaut werden.

Gußasphalt als Nutzboden wird je nach den zu erwartenden mechanischen Beanspruchungen in Dicken von mind. 20 mm bis 50 mm aufgebracht. Die Normaldicke beträgt 30 mm; Beläge über 40 mm Dicke müssen zweilagig eingebaut werden. Bei wasserdichten und säurefesten Belägen besteht die untere Schicht aus Asphaltmastix (8 bis 12 mm dick, zugleich als Sperrschicht), die obere Schicht aus Gußasphalt. Vgl. auch Abschn. 5.3.4.1, Gußasphaltestrich/Ausführungsbeispiele.

Nach dem Einbringen wird die Oberfläche üblicherweise mit feinem Sand abgerieben; ggf. kann sie mit allen üblichen Bodenbelägen belegt werden.

Verlegung, Aufmaß und Abrechnung nach VOB Teil C, DIN 18354, Asphaltbelagarbeiten.

Asphaltplattenbeläge

Asphaltplatten bestehen aus einem Gemisch aus Naturasphaltrohmehl oder gemahlenem Naturgestein (Zuschlagstoffe) und Bitumen (Bindemittel), das unter hohem Druck und Wärme zu Fußbodenplatten gepreßt wird. Sie werden fabrikmäßig hergestellt und als fertiges Bauelement eingebaut.

Asphaltplatten sind: maßhaltig, strapazierfähig, abriebfest, trittschalldämpfend, rutschsicher und vor allem fußwarm. Sie brennen nicht, lassen sich leicht aufnehmen und wieder verlegen, sind leicht zu reinigen und je nach Ausführung widerstandsfähig gegen Benzin, mineralische Öle und Säuren [42]. Vgl. auch AGI-Arbeitsblatt A 60.

---

[1]) Nach dem Norm-Entwurf DIN 18560 T1 (Ausg. 1.79) „Estriche im Bauwesen" wird Gußasphaltestrich in 4 Härteklassen (GE 10, GE 15, GE 40, GE 100) unterteilt.

Folgende Plattenarten werden hergestellt:

- Hochdruck-Asphaltplatten: Sie werden überall dort eingesetzt, wo der Bodenbelag vor allem rein mechanisch beansprucht wird und nicht mit Ölen, Fetten, Benzin, Säuren und Laugen in Berührung kommt. Auch soll er nicht in ausgesprochenen Feucht- bzw. Naßräumen verlegt werden. Die Platten sind verschleißfest und haben selbst bei stärkster Beanspruchung einen kaum meßbaren Abrieb. In bezug auf Einfärbung und Kornfarbe gibt es unterschiedliche Plattenprodukte.
- Hochdruck-Asphaltplatten (mineralölfest): Sie enthalten Steinkohlenteerpech anstelle von Bitumen als Bindemittel. Sonst haben sie die gleichen physikalischen Eigenschaften wie die Hochdruck-Asphaltplatten; sie sind jedoch widerstandsfähig gegen mineralische Öle und Benzin (ausgenommen Säuren und Laugen) sowie witterungs- und frostbeständig.
- Hochdruck-Asphaltplatten (säurefest): Durch Beimischung säurefester Mineralien (Quarz) als Zuschlagstoffe sind diese Platten beständig gegen nicht oxydierende Säuren und Laugen, jedoch nicht beständig gegen Teeröle, Mineralöle usw. Ein Bescheid über die Eignung der Platten ist beim Hersteller rechtzeitig einzuholen.
- Terrazzo-Asphaltplatten: Diese Verbundplatten bestehen aus einer Unterschicht (= Asphaltmaterial) und einer Vorsatzschicht (= Betonwerkstein-Terrazzo). Beide Schichten sind etwa gleich dick. Sie verbinden die guten Eigenschaften von Betonwerkstein (z. B. Farbenvielfalt, abriebfeste Oberfläche, einfache Pflege) mit den besonderen physikalischen Vorzügen der Asphaltplatten (z. B. niedrige Wärmeleitzahl, Trittschalldämmung). Bezüglich der Kornabstufung der Vorsatzschicht unterscheidet man Grob-, Mittel- und Feinkornplatten.

Terrazzo-Asphaltplatten werden nach DIN 18354 hergestellt. Die Betonwerkstein-Vorsatzschicht muß DIN 18500 entsprechen. Die Güteanforderungen für Hochdruck-Asphaltplatten wie Eindringtiefe nach DIN 1996 sowie Richtwerte für Plattendicken sind im AGI-Arbeitsblatt A 60 [10] und DIN 18354 aufgeführt.

Die Verlegung erfolgt in der Regel auf einem gut genäßten Betonuntergrund. Da Bodenfeuchtigkeit von den Asphaltplatten und Terrazzo-Asphaltplatten fernzuhalten ist, müssen entsprechende Sperrschichten (s. Abschn. 7.2.2) vorgesehen werden. Die Platten werden in erdfeuchtem, ca. 20 mm dickem Zementmörtel (Mörtelgruppe III nach DIN 1053 – ohne Kalkzusatz) verlegt.

Die in der Regel 2 bis 4 mm breiten Fugen werden mit (ggf. eingefärbter) Zementmörtelschlämme bzw. säurefesten Fugenfüllmassen ausgefüllt.

Auf die Anfälligkeit bestimmter Asphaltplatten gegenüber lösungsmittelhaltiger Pflegemittel wird besonders hingewiesen (Firmenauskünfte einholen).

Abmessungen von Hochdruck-Asphaltplatten: 25 × 25, 25 × 12,5, 20 × 10 cm. Dicken zwischen 2,0 bis 5,0 cm, je nach Verwendungszweck.

Abmessungen von Terrazzo-Asphaltplatten: Grobkorn-Format: 30 × 30 cm, Fein- und Mittelkorn-Format: 25 × 25 cm, Dicken zwischen 2,9 und 3,4 cm.

Passend zu den einzelnen Plattenarten werden Sockelstücke hergestellt.

Für Nebenleistungen, Aufmaß und Abrechnung gilt VOB Teil C, DIN 18354, Asphaltbelagarbeiten.

5.4.5 Bodenbeläge aus Holz oder holzähnlichen Stoffen

Holzfußböden haben sich über Jahrhunderte hinweg bewährt und werden nach wie vor geschätzt. Die weitgehende Ablösung der Holzbalkendecke durch die Betondecke sowie immer rationellere Verarbeitungs- und Verlegemethoden führten zu erheblichen Wandlungen auf dem Gebiet des Holzfußbodenbaues. Neue holztechnologische Erkenntnisse, verbesserte Klebstoffe und Versiegelungsmittel, die Mechanisierung der Verarbeitung sowie das Aufkommen neuartiger Trockenunterboden-Konstruktionen ermöglichten die Entwicklung des Holzfußbodens zu einem modernen Ausbauelement.

Wesentliche Eigenschaften des Holzfußbodens lassen sich aus dem Werkstoff Holz ableiten. Als Vorteile wären zu nennen: geringe Wärmeableitung (fußwarmer Belag), günstige Trittschall-Verbesserungswerte (abhängig von der gesamten Deckenauflage), gute Trittelastizität, geringe elektrische Leitfähigkeit (Isolationswirkung), hohe Abriebfestigkeit (Versiegelung) sowie eine Vielfalt von Holzarten, Farbtönungen und Verlegemuster (interessantes Gestaltungselement).

Nachteile können sich unter Umständen ergeben: aus dem „Arbeiten" (hygroskopisches Verhalten) des Holzes durch Einwirken von Feuchtigkeit sowohl von oben wie von unten, bei zu schwerer punktförmig auftretender Lasteinwirkung, bei zu intensiver mechanischer Beanspruchung (z. B. „Laufstraßen" in der Versiegelung) sowie durch relativ ungünstige Trittschallschutzwerte bei unsachgemäßer Verlegung.

Gebräuchliche Einteilung der Holzfußböden:

Dielen-Holzfußboden

Parkett-Holzfußboden
- Stabparkett
- Mosaikparkett
- Fertigparkett

Pflaster-Holzfußboden

5.4.5.1 Dielen-Holzfußboden

Dielen-Holzfußböden werden nur noch selten verlegt (Dachausbauten, Hobbyräume, Skihütten usw.). Sie eignen sich für leichten bis mittleren Fußgängerverkehr. Verwendet werden vor allem Fichte und Nordische Kiefer (manchmal auch Eiche) oder amerikanische Redpine und Pitchpine.

Nach DIN 68365 – Zimmerarbeiten/Gütebedingungen – sind für gehobelte Fußböden Bretter der Güteklasse II zu verwenden. Besonders geeignet sind Kernbretter mit stehenden Jahresringen; Seitenbretter sollten immer mit der Kernseite nach unten verlegt werden (geringere Splittergefahr). Die gehobelten und gespundeten Bretter (= Nut und Feder) werden quer über die Holzbalken oder die Lagerhölzer (bei Massivdecken) gelegt (Bild **5**.19 a und b, **5**.31). Die meist verdeckt ausgeführte Nagelung darf auf keinen Fall durch die unter den Lagerhölzern angeordneten Dämmstreifen bzw. Sperrschicht (bei Massivdecken) hindurchgehen. Der Deckenhohlraum (bei Holzbalkendecken) ist ausreichend zu hinterlüften (Sockelleisten mit Lüftungsschlitzen), die Zwischenräume zwischen den Lagerhölzern (bei Massivdecken) mit entsprechendem Dämm-Material auszufüllen und die Lagerhölzer mit einem geeigneten Holzschutzmittel zu schützen. Zwischen Dielenbelag und Wand oder anderen feststehenden Bauteilen ist ein genügend großer Abstand (ca. 20 bis 30 mm vorzusehen. Für die Randabdeckung werden meist Fußleisten aus Holz benutzt.

Die Abmessungen für gespundete Bretter sind in DIN 4072 T1 und T2 festgelegt. Oberflächenbehandlung von Holzfußböden s. Abschn. 5.4.6, Trockenunterboden-Konstruktionen Abschn. 5.3.4.3 sowie DIN 4109, T3, Trittschalldämmung von Holzfußboden auf Lagerhölzern.

Verlegung, Aufmaß und Abrechnung nach VOB Teil C, DIN 18334, Zimmerer- und Holzbauarbeiten.

5.4.5.2 Parkett-Holzfußböden

Parkett ist nach DIN 280 ein Holzfußboden, der aus Parkettstäben (T1), Tafeln für Tafelparkett (T1), Mosaikparkett-Lamellen (T2), Parkettriemen (T3), Parkettdielen (T4), Parkettplatten (T4) und industriell hergestellten Fertigparkett-Elementen (T5) besteht. Auf die entsprechende Spezialliteratur wird verwiesen [44] bis [47].

Die gebräuchlichsten Parkettarten sind:

- Stabparkett
- Mosaikparkett
- Fertigparkett

Der Aufbau der Parkettböden richtet sich nach den jeweiligen schall- und wärmetechnischen Anforderungen. Bei der Wertung der zu ergreifenden Verbesserungsmaßnahmen muß immer von der gesamten Deckenkonstruktion (Rohdecke, Deckenauflage und Unterdecke) ausgegangen werden.

Parkettfußböden auf schwimmendem Estrich mit weich federnder Dämmschichtunterlage (Dämmschichtgruppe I) verlegt, ergeben bei leichten Massivdekken der Gruppe I einen ausreichenden Tritt- und Luftschallschutz. In Verbindung mit schweren Massivdecken der Gruppe II lassen sich auch erhöhte Anforderungen nach DIN 4109 erfüllen.

Wird Parkett dagegen unmittelbar auf einer leichten Dämmschicht verlegt, so verbessert es zwar die Trittschalldämmung, kaum aber die Luftschalldämmung. Auf Grund des niedrigeren Flächengewichts der Deckenauflage ist der Einfluß auf die Luftschalldämmung geringer, als bei den wesentlich schwereren, schwimmend verlegten Estrichen. Ein ausreichender Luftschallschutz ist deshalb bei zu leichten Deckenauflagen (Trockenunterboden-Konstruktionen) in der Regel nur in Verbindung mit schweren Massivdecken der Gruppe II zu erzielen. Beispiele von Deckenauflagen zur Verbesserung der Luft- und Trittschalldämmung von Decken s. DIN 4109 T3. Vgl. auch Abschn. 5.3.1 sowie Abschn. 7.4.2.

Alle Parkettböden müssen vor größeren Feuchtigkeitseinwirkungen bewahrt werden (Neubau-, Bodenfeuchtigkeit usw.). Als Schutz gegen Feuchtigkeit von unten hat sich besonders der Estrich aus Gußasphalt bewährt, da er auf Grund seiner Beschaffenheit (= nahezu dampfdicht) alle in der Rohdecke ggf. vorhandene Feuchtigkeit vom gefährdeten Belag fernhält. Unter dem Gußasphalt verlegte Dämmschichten sind gegen aufsteigende Bodenfeuchtigkeit oder Dampfdiffusion von unten noch zusätzlich zu schützen (s. Abschn. 7.2.2).

Die Art der Verlegung von Parketthölzern auf der Unterkonstruktion und untereinander richtet sich nach der Parkettart und dem Unterboden. Zwischen dem Parkett und den angrenzenden, festen Bauteilen sind Dehnungsfugen vorzusehen. Die Breite ist je nach Holzart, Parkettunterlage, Verlegeart sowie Größe der Parkettflächen festzulegen (DIN 18356). Die abdeckenden Holzfußleisten werden in den Ecken auf Gehrung geschnitten und mit Stahlstiften oder ggf. sichtbaren Schrauben an der Wand befestigt.

Stabparkett (Vollholzparkett)

Parkettstäbe (DIN 280 T1) sind ringsum genutete Parketthölzer, die beim Verlegen durch Hirnholzfedern (Querholzfedern) verbunden werden (Bild **5**.29a).

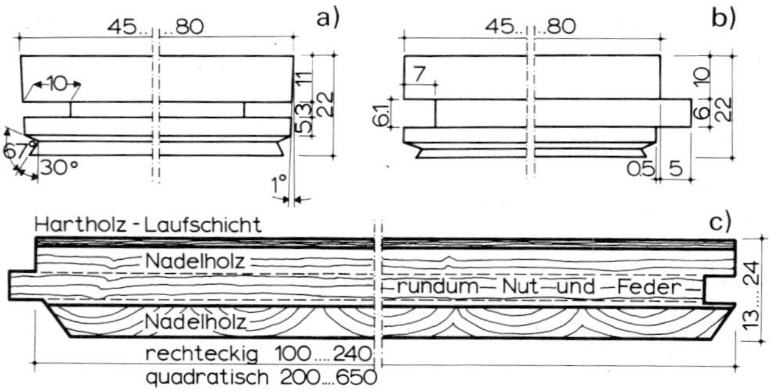

5.29
Parkett-Holzfußboden
a) Parkettstab (Vollholzparkett) nach DIN 280 T1
b) Parkettriemen (Vollholzparkett) nach DIN 280 T3
c) Fertigparkett (mehrschichtig abgesperrt)

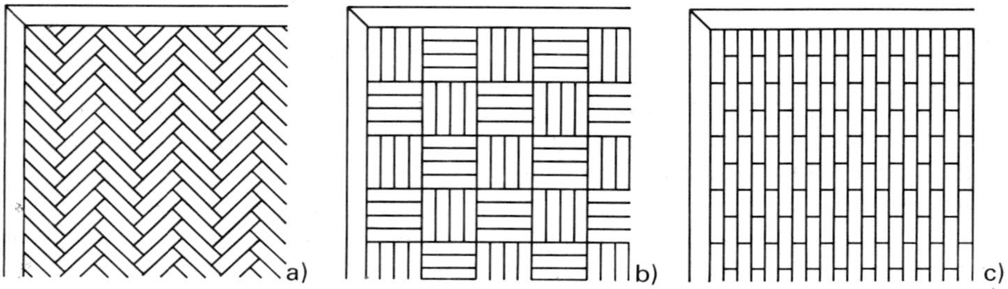

5.30 Parkettböden-Verlegemuster

a) Stabparkett-Fischgrätmuster b) Stabparkett-Würfelmuster c) Stabparkett-Schiffsbodenmuster

Parkettriemen (DIN 280 T3) sind Parketthölzer, die an einer Längskantenfläche eine angehobelte Feder, an der anderen eine Nut haben (Bild **5.**29 b).

Parkettstäbe und -riemen, in der Regel aus Eiche, Buche (gedämpft) und überseeischen Holzarten (Exoten) hergestellt, müssen an der begehbaren Oberseite riß- und splintfrei, die Kanten absolut parallel, rechtwinklig und scharfkantig bearbeitet sein. Der Feuchtigkeitsgehalt der fertigen Parkettstäbe soll zum Zeitpunkt der Lieferung 9% (bezogen auf das Darrgewicht) betragen [44].

Man unterscheidet nach DIN 280 3 Sortierungen (keine Güteklassen!) entsprechend den unterschiedlichen Wuchseigenschaften, Farben und Strukturen des natürlichen Rohstoffes Holz:

- „Exquisit" (E): Keine groben Struktur- und Farbunterschiede
- „Standard" (S): Fest verwachsene Äste und Farbunterschiede sind zugelassen
- „Rustikal" (R): Betonte Farben, Äste und lebhafte Struktur

Die üblichen Verlegemuster für Parketthölzer zeigt Bild **5.**30 a bis c.

Stabparkett kann nach DIN 18356 verdeckt genagelt (Lagerhölzer) oder vollflächig verklebt werden (Estrich, Holzspanplatten o. ä.).

Bei der Verklebung muß darauf geachtet werden, daß der einzelne Parkettstab in den Kleber satt eingeschoben wird. Der Kleber muß die Stäbe „hart elastisch" festhalten (schubfeste Verklebung), da dem Holz immer eine gewisse „Bewegungsfreiheit" (Quellen und Schwinden) eingeräumt werden muß.

Parkettunterlagen (z.B. Bitumenfilze), die auf Grund ihrer Beschaffenheit aufgeklebt werden müssen, sind auf den jeweiligen Untergrund vollflächig aufzukleben (DIN 18356).

Für die Verklebung werden spezielle Parkettkleber nach DIN 281 verwendet. Man unterscheidet Kunstharz-, Dispersions- und Bitumenkleber.

Abmessungen-Stabparkett: Länge 250 bis 600 mm, Langstäbe bis 1000 mm, Breite 45 bis 80 mm (jeweils um 5 mm gestuft), Dicke 22 mm.

Oberflächenbehandlung von Holzfußböden s. Abschn. 5.4.6.

Verlegung, Aufmaß und Abrechnung erfolgt für alle Parkettböden nach VOB Teil C, DIN 18356, Parkettarbeiten.

Mosaikparkett

Mosaikparkett-Lamellen (DIN 280 T2) sind dünne Parketthölzer von 20 bis 25 mm Breite, deren Kantenflächen gerade und glatt bearbeitet sind und die zu Verlegeeinheiten (Platten) zusammengesetzt werden, wobei sich Muster verschiedener Art (z.B. Schachbrettmuster) ergeben. Ähnlich wie beim Stabparkett sind auch für das Mosaikparkett drei Sortierungen (keine Güteklassen) festgelegt: Natur, gestreift und rustikal.

Mosaikparkett kann auf allen ebenen, festen Estrich- (DIN 18353) oder Trockenunterboden-Konstruktionen (DIN 68771) verlegt werden. Im Gegensatz zu den übrigen Parkettarten, die alle von Element zu Element mittels Federn miteinander verbunden sind, haftet das Mosaikparkett nur durch den Kleber auf dem jeweiligen Untergrund (Verklebung und Feuchtigkeitsgehalt s. Stabparkett). Das Schleifen wird nach dem Abbinden des Klebstoffes auf der Baustelle durchgeführt und anschließend sofort die Oberflächenbehandlung vorgenommen (s. Abschn. 5.4.6).

Abmessungen der Mosaikparkett-Lamellen: Länge von 120 bis 165 mm, Breite 20 bis 25 mm, Dicke 8 mm.

Beim Hochkant-Lamellenparkett, einer robusten, vielseitig einsetzbaren, preiswerten Sonderart des Mosaikparketts, werden die Lamellen hochkant aneinandergereiht und in vorgefertigten Einheiten (Streifen) von beliebiger Länge geliefert. Anwendungsbereiche: Fabrikationsräume, Labors, Kindergärten u.ä.

Fertigparkett

Fertigparkett-Elemente (DIN 280 T5) sind industriell hergestellte, fertig oberflächenbehandelte (z.B. geschliffene und versiegelte) Fußbodenelemente aus Holz oder einer Verbindung aus Holz und Holzwerkstoffen (mehrschichtig abgesperrt und verleimt), deren oberste Schicht immer aus Hartholz besteht (Bild **5**.29c). Sie bedürfen nach ihrer Verlegung keinerlei Nachbehandlung und können sofort begangen werden. Fertigparkett-Elemente haben quadratische oder rechteckige Formate. Sie können auf jedem trockenen Unterboden montiert werden [45].

Die Verlegung auf Estrich- und Trockenunterböden erfolgt immer schwimmend auf lose aufgelegter Bitumenfilzpappe (= flexible Verlegung) ohne feste Verbindung mit der Unterbodenkonstruktion. Die einzelnen bis zu 26 mm dicken Fertigparkett-Elemente werden in der Regel in Nut und Feder fest miteinander verleimt (Bild **5**.31a).

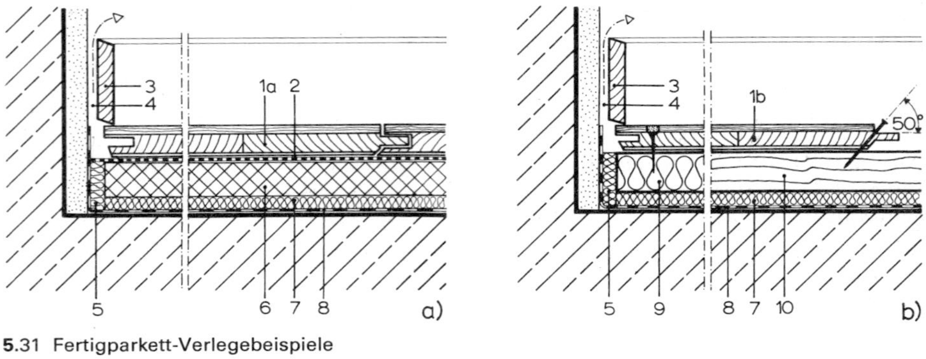

5.31 Fertigparkett-Verlegebeispiele

a) Fertigparkett schwimmend verlegt auf: Wollfilzpappe, 25 mm dicke Holzwolle-Leichtbauplatten (bei Decken der Gruppe II auch auf Weichfaserplatten) und Faserdämmstoffen der Dämmschichtgruppe I (z. B. 10/7,5 mm). Die Abdichtung gegen Feuchtigkeit (Sperrschicht) wird auf der eben abgezogenen Rohdecke oder ggf. oberhalb einer Ausgleichsschüttung angeordnet.

b) Fertigparkett auf Lagerhölzern schwimmend verlegt: Auf mind. 100 mm breiten Streifen aus Faserdämmstoffen nach DIN 18165 (Dämmstoffgruppe I). Hohlraumfüllung mit porigen Dämmstoffen oder Schüttmaterial.

1 a Fertigparkett fest miteinander verleimt
1 b Fertigparkett verdeckt genagelt
2 Wollfilzpappe
3 Holzsockelleiste
4 Lüftungsschlitz
5 Randdämmstreifen
6 Holzwolle-Leichtbauplatten 25 mm oder Weichfaserdämmplatten (ggf. zweilagig, versetzt verlegt)
7 Faserdämmstoffplatten 10 mm (dynam. Steifigkeit $\leqq 30$ MN/m^3)
8 Abdichtung gegen Feuchtigkeit (Sperrschicht)
9 Hohlraumdämmung
10 Lagerhölzer

Eine schwimmende Verlegung ist auch dann gegeben, wenn die Unterkonstruktion selbst schwimmend verlegt ist. Freitragende Fertigparkett-Elemente, im allgemeinen 20 bis 26 mm dick, können demnach auch auf 30 bis 40 cm weit auseinanderliegende, auf Dämmstreifen und Sperrschicht (bei Massivdecken) schwimmend verlegte Lagerhölzer verdeckt aufgenagelt werden.

Die Zwischenräume zwischen den Lagerhölzern werden mit entsprechendem Dämm-Material ausgefüllt. Vgl. auch Abschn. 5.3.4.3 sowie Bild **5**.19 u. **5**.31 b.

Die Abmessungen sind je nach Fabrikat unterschiedlich:

Quadratische Elemente (Tafeln)
Länge 200 bis 650 mm, Dicke (8), 13 bis 26 mm

Rechteckige Elemente (Dielen)
Länge (ca. ab 1200 mm) 1460 bis 3640 mm,
Breite 130 bis 200 mm, Dicke 10 bis 24 mm.

Für Nebenleistungen, Aufmaß und Abrechnung gilt VOB Teil C, DIN 18356, Parkettarbeiten.

5.4.5.3 Pflaster-Holzfußboden

Holzpflaster besteht aus scharfkantig geschnittenen Holzklötzen, die einzeln zu gepflasterten Flächen so verlegt werden, daß eine Hirnholzfläche als Lauffläche dient. Als Holzart kommen vor allem Kiefer, Lärche, Fichte und Eiche oder gleichwertige Holzarten in Betracht (DIN 68701).

Holzpflaster-Fußböden sind fußwarm, elastisch und lärmdämpfend, sie haben eine gute Wärme- und Trittschalldämmung, eine trittsichere und rutschfeste Oberfläche, hohe Verschleißfestigkeit sowie eine geringe elektrische Leitfähigkeit. Die besonderen Eigenschaften des Grundmateriales Holz, wie beispielsweise seine Fähigkeit, Feuchtigkeit aufnehmen und abgeben zu können (Quellen und Schwinden = Fugenbildung), gilt es immer zu beachten. Auch die bei stark beanspruchten Teilflächen u. U. immer wieder notwendig werdende Nachversiegelung der Oberfläche sowie die verhältnismäßig großen Konstruktionshöhen des Gesamtfußbodenaufbaues müssen bereits bei der Auswahl des Fußbodenmaterials bzw. bei der Planung berücksichtigt werden.

Hinsichtlich der Raumgestaltung ist zu beachten, daß Holzpflaster immer einen ausgeprägt rustikalen Charakter ergibt. Man unterscheidet:

- Holzpflaster-RE für Innenräume – gehobener Verwendungsbereich DIN 68702)
- Holzpflaster-GE für gewerbliche Zwecke – Industrieböden (DIN 68701)

1. Holzpflaster-RE für Innenräume mit gehobenen Ansprüchen wie z. B. Freizeitzentren, Versammlungsstätten u. ä. besteht nach DIN 6702 aus kammergetrockneten, vierseitig gehobelten, scharfkantigen – nicht imprägnierten – Einzelklötzen. Der Feuchtigkeitsgehalt der Klötze ist nach örtlichen Gegebenheiten festzulegen; er soll zum Zeitpunkt der Lieferung ca. 10% (bezogen auf das Darrgewicht) betragen. Als möglichst gleichbleibende, relative Luftfeuchte der Räume sind 55 bis 65% anzustreben. Auf die entsprechende Spezialliteratur wird besonders hingewiesen [46].

   Die Unterkonstruktion (Rohbetondecke) muß fest, glatt, vollkommen eben abgerieben, gut ausgetrocknet und sauber sein. Als Ausgleichsschicht wird meist ein Zement- oder Gußasphaltestrich eingebracht. Bei Gefahr von aufsteigender Feuchtigkeit muß eine Sperrschicht unter dem Estrich bzw. Dämm-Material eingebaut werden (DIN 4117 u. 4122, künftig DIN 18195). S. auch Abschn. 7.2.2, Feuchtigkeitsschutz von Fußböden sowie DIN 18367, Holzpflasterarbeiten.

   Die Verlegung des Holzpflasters-RE (Bild **5**.32a) erfolgt in Verband mit geradlinig durchgehenden Längsfugen. Es wird in der Regel mit schubfestem Spezial-Kunststoffkleber aufgeklebt. Die Klötze werden in das aufgebrachte Kleberbett eingedrückt und dicht aneinandergepreßt (Preßverlegung nach DIN 68702). Zwischen den Klötzen und den angrenzenden festen Bauteilen und zur Unterteilung größerer Flächen sind Dehnungsfugen (mind. 15 bis 20 mm breit) anzulegen und mit Randdämmstreifen bzw. mit plastischer Vergußmasse o. a. geeigneten Stoffen auszufüllen.

   Das verlegte Holzpflaster (gehobener Verwendungsbereich) wird gleichmäßig abgeschliffen und in der Regel versiegelt oder ggf. mit Heißwachs behandelt (vgl. Abschn. 5.4.6).

   Abmessungen – Holzpflaster-RE: Klotzhöhe 30 (nur bei Eiche u. Kiefer) 40, 50, 60 mm. Breite 40 bis 80 mm, Länge 40 bis 120 mm. Verlegung, Aufmaß und Abrechnung nach VOB Teil C, DIN 18367, Holzpflasterarbeiten.

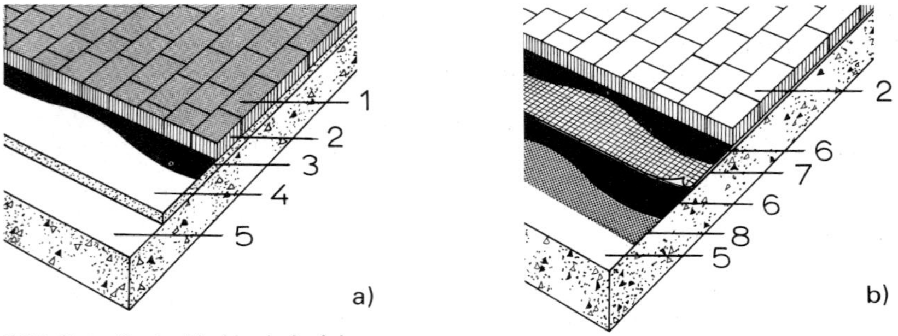

5.32 Holzpflaster-Verlegebeispiele

a) Holzpflaster-RE preßverlegt mit Oberflächenbehandlung (gehobener Verwendungsbereich)

b) Holzpflaster-GE preßverlegt, auf ebenem, glatt abgeriebenem Unterbeton (Industrie- und Gewerbebereich)

1 Oberflächenbehandlung
2 Holzpflasterklötze
3 Spezial-Kunststoffkleber (schubfest)
4 Verbundestrich (Ausgleichsschicht) oder schwimmender Zementestrich
5 Massivdecke (Unterbeton)
6 Klebemasse (z. B. auf Steinkohlenteerpechbasis)
7 Pappe (z. B. nackte Teerbahn 500 g/m^2)
8 Voranstrich

Nach Fachverband Holzpflaster e. V., Düsseldorf.

2. Holzpflaster-GE für gewerbliche Zwecke (Industrieböden) besteht nach DIN 68701 aus imprägnierten Holzklötzen. Das Holzschutzmittel (z. B. Steinkohlenteeröl) wird durch Tauch- oder Kesseldruckverfahren aufgebracht. Der Feuchtigkeitsgehalt der Klötze darf bei Anlieferung höchstens 16% betragen. S. auch AGI-Arbeitsblatt A 70 [10].

Holzpflaster-GE kann auf 2 Arten verlegt werden:

- Preßverlegung nach DIN 68701: Der Unterboden erhält einen Voranstrich; anschließend kann eine Unterlagspappe (z. B. nackte Teerbahn 500 g/m^2) eingeklebt werden. Die Holzklötze werden bis zur halben Höhe in heißflüssige Klebemasse getaucht und seitlich eng aneinander preßverlegt. Der Belag ist noch mit einem trockenen Sand abzukehren (Bild **5**.32 b).
- Lättchenverlegung nach DIN 68701: Die Klötze werden in dicht gesetzten Reihen mit 4 bis 6 mm dicken Fugenlättchen, die im unteren Drittel der Längsfugen eingefügt werden, verlegt. Die Fugen sind mit einer Vergußmasse auszugießen und mit trockenem Sand abzukehren. Industrieholzpflaster bedarf keiner besonderen Pflege.

5.4.6 Oberflächenbehandlung von Holzfußböden

Die Versiegelung von Holzfußböden bewirkt, daß die Poren des Holzes gefüllt und die Holzoberfläche durch einen haftfesten Film von hohem Verschleißwiderstand gegen das Eindringen von Schmutz aller Art geschützt wird. Gleichzeitig wird dadurch eine leichtere Pflege erreicht.

Nach dem Abbinden des Parkettklebstoffes wird der Holzfußboden geschliffen und die Oberflächenbehandlung unmittelbar anschließend vorgenommen. Bei der Wahl des jeweils anzuwendenden Versiegelungsmittels ist vor allem der Verwendungszweck des Raumes sowie die zu erwartende Beanspruchung des Bodens zu berücksichtigen. Die Versiegelungsmittel unterscheiden sich hinsichtlich ihrer chemischen Zusammensetzung, der anwendungstechnischen Eigenschaften sowie des optischen Effekts der versiegelten Oberfläche. Man unterscheidet:

1. Öl-Kunstharz-Siegel. Sie zeichnen sich durch ein gutes Eindringvermögen aus, ergeben einen hornartigen, i.d. Regel jedoch keinen geschlossenen Film und sind rutschhemmend. Sie eignen sich vor allem für Weichholz- und Turnhallenböden. Untere Preisklasse.
2. Säurehärtende Siegel. Sie haben ein gutes Haftvermögen, ergeben einen harten Film für normale Beanspruchung (Wohnungsbau) und sind nach dem Abbindeprozeß wasserbeständig. Mittlere Preisklasse.
3. Polyurethan-Siegel (DD-Siegel). Sie haben ebenfalls ein gutes Haftvermögen und ergeben einen sehr harten Film für höchste mechanische Beanspruchungen (chemikalienbeständig). Obere Preisklasse. Auf die entsprechende Spezialliteratur wird besonders hingewiesen [47].

Die Glanzwirkung der Oberflächen kann matt, seidenmatt, glänzend oder hochglänzend bestimmt werden. Im Regelfall werden 2 bis 3 Anstriche aufgetragen. Die von den Herstellern angegebenen Trocknungs- und Aushärtungszeiten müssen unbedingt beachtet und eingehalten werden. Auf eine rechtzeitige Nachversiegelung stark beanspruchter Teilflächen ist zu achten. Nach VOB Teil C, DIN 18356, Parkettarbeiten, muß die Schutzwirkung einer Versiegelung mindestens 2 Jahre andauern.

Fertigparkett-Elemente werden werkseitig mit einem Oberflächenschutz ausgerüstet und bedürfen nach ihrer Verlegung keiner Nachbehandlung mehr.

5.4.7 Bodenbeläge aus ein- oder mehrschichtiger Bahnen- oder Plattenware: Elastische Bodenbeläge

Die Gruppe der elastischen Bodenbeläge umfaßt die verschiedenartigsten Beläge mit zum Teil höchst unterschiedlichen Eigenschaften. Die Beläge werden vorzugsweise dort eingesetzt, wo große Flächen ohne erheblichen baulichen und zeitlichen Aufwand mit einem preiswerten, strapazierfähigen, industriell vorgefertigten, verhältnismäßig problemlos zu reinigenden Bodenbelag zu belegen sind.

5.4.7.1 Kunststoffbeläge Bahnen- und Plattenware

Neuartige Forderungen von seiten der Industrie, Technik, Hygiene, des Sozialen Wohnungsbaues u.a.m. führten zur Entwicklung der Kunststoffbeläge – der Beläge aus der „Retorte“ – mit veränderbaren, je nach Bedarf einstellbaren Eigenschaften. Man unterscheidet:

- PVC-Bodenbeläge ohne Trägerschicht
- PVC-Bodenbeläge mit Trägerschicht (Verbundbeläge)
- Vinyl-Asbest-Platten (Flex-Platten)[1]

Das Ausgangsmaterial für all diese Beläge ist Polyvinylchlorid, kurz PVC genannt. Die Rohstoffe – PVC, Weichmacher, Füllstoffe sowie Farbpigmente – werden gemischt, geknetet und unter Hitze und Druck auf Kalandern ausgewalzt. In der Temperanlage wird der Belag nochmals erhitzt und dann abgekühlt, so daß er weitgehend spannungsfrei ist [48].

---

[1]) Kunstharz-Asbest-Platten wurden aus dem Geltungsbereich der DIN 16950 gestrichen, weil diese Platten nicht mehr hergestellt werden.

Die Qualität eines PVC-Belages (z.B. Verschleißfestigkeit, Maßbeständigkeit) hängt in erster Linie von der Höhe des jeweiligen PVC-Anteiles ab. Reines PVC ist zwar außerordentlich widerstandsfähig, jedoch auch teuer und nicht maßbeständig. Daher müssen u.a. Füllstoffe beigesetzt werden. Hohe Füllstoffanteile senken zwar den Preis, aber auch die Qualität.

PVC-Beläge ohne Trägerschicht

PVC-Bodenbeläge ohne Träger werden nach DIN 16951 ein- oder mehrschichtig hergestellt.

- Homogene PVC-Beläge haben in ihrer ganzen Dicke eine durchgehend gleiche Materialzusammensetzung, Färbung und Musterung, so daß sie in ihrer gesamten Dicke genutzt werden können. Sie eignen sich daher für stärkste Beanspruchung.
- Heterogene PVC-Beläge sind dagegen mehrschichtig; die einzelnen Schichten sind in ihrer Materialzusammensetzung und in der Musterung unterschiedlich. Sie bestehen aus einer dünneren Nutzschicht mit hohem PVC-Anteil und stark gefüllten Unterschichten. Diese Beläge sind billiger und weniger strapazierfähig.

PVC-Bodenbeläge zeichnen sich aus durch eine dichte, geschlossene, trittsichere, verschweißbare Oberfläche mit hoher Abrieb- und Verschleißfestigkeit; sie sind beständig gegen Säuren und Laugen sowie unempfindlich gegen Feuchtigkeit von oben. Gegen Feuchtigkeit von unten (Bodenfeuchtigkeit, Dampfdiffusion) sind geeignete Sperrmaßnahmen vorzusehen (Abdichtungen s. Abschn. 7.2.2.2), da PVC-Beläge keine Feuchtigkeit nach oben entweichen lassen und somit als Dampfsperre wirken (Folge: Verquellungen, Fäulnis bei Holzkonstruktionen usw.). Vorsicht ist auch geboten bei Stempelfarben und Kopierstift. Die Oberfläche der Beläge kann glatt oder reliefartig (s. Reliefbeläge) ausgebildet werden. Viele Farbeinstellungen und Musterungen sind möglich.

Abmessungen – PVC-Beläge ohne Träger: Bahnenbreite zwischen 120 und 200 cm. Übliche Fliesenformate 30 × 30 bis 60 × 60 cm, jeweils um 10 cm gestuft. Dicke 1,5 bis 3,0 mm (Faustregel: im Wohnbereich ab 1,5 mm, im öffentlichen Bereich ab 2,0 mm).

PVC-Beläge mit Trägerschicht

PVC-Bodenbeläge mit Träger (Verbundbeläge) bestehen nach DIN 16952 aus einer PVC-Nutzschicht wie vor beschrieben (DIN 16951) und aus einem fest mit dieser Oberschicht verbundenen Träger. Dabei werden die Vorteile der strapazierfähigen Nutzschicht mit den Vorteilen der Unterschicht, wie z.B. verbesserte Elastizität, Trittschall- und Wärmedämmung (Fußwärme) in sinnvoller Weise miteinander verbunden. In der Regel werden sie als Bahnenware geliefert. Man unterscheidet:

- PVC-Nutzschicht mit genadeltem Jutefilz (gewebeverstärkt) als Träger (DIN 16952 T1). Häufig mit geprägter Oberfläche, verschweißbar. Wegen der feuchtigkeitsempfindlichen Trägerschicht wird eine Verlegung in Naßräumen nicht empfohlen.
- PVC-Nutzschicht mit Korkment als Träger (DIN 16952 T2). Diese Belagkombination ist starken Beanspruchungen gewachsen. Die Nähte müssen jedoch immer verschweißt werden.

- PVC-Nutzschicht mit Unterschicht aus PVC-Schaumstoff (DIN 16952 T3). Der Belag kann eine Gewebe- oder Vliesstoffschicht enthalten (Druckverteilungsschicht). Da Nutz- und Unterschicht verrottungsfest sind, werden diese Beläge in fugenverschweißter Ausführung auch für Naßräume aller Art verwendet.
- PVC-Nutzschicht mit Synthesefaser – Vliesstoff als Träger (DIN 16952 T4). Lieferformate und Belagstärken sonst wie vor.

PVC-Reliefbeläge (auch PVC-Strukturschaumbeläge oder Cushion Vinyl-Beläge genannt) gehören technologisch betrachtet sowohl zu den heterogenen PVC-Belägen als auch zu den PVC-Verbundbelägen. Sie bestehen aus einem Asbestträgermaterial sowie aus schäumbarer und nicht schäumender, glasklarer PVC-Paste. Die Höhe des Aufschäumens ist regulierbar [48]. Bahnenbreiten bis zu 4 m werden angeboten, in Dicken von 1,5 bis 5 mm.

Diese Reliefbeläge verzeichnen, im Gegensatz zu den meisten anderen Kunststoffbelägen, derzeit einen deutlichen Marktzuwachs. Auf die Forderung nach einer materialgerechten Oberflächengestaltung muß in Anbetracht der zahlreichen auf dem Markt befindlichen Formen – bzw. Material-Imitationen verwiesen werden.

Vinyl-Asbest-Platten

Vinyl-Asbest-Platten, auch Flex-Platten genannt, bestehen in der Regel aus PVC, Asbest und anderen Füllstoffen, Pigmenten und sonstigen Zusatzstoffen (homogene Belag-Platten nach DIN 16950). Sie haben insgesamt einen geringeren PVC-Gehalt, sind daher spröder, weniger elastisch und nicht so abriebfest wie PVC-Beläge. Dagegen sind sie weniger druckempfindlich und insgesamt recht preisgünstig. In Naßräumen sollte stehendes Wasser vermieden werden; die Fugen sind nicht verschweißbar. Da die Oberfläche nicht so dicht ist, muß mit einem höheren Reinigungsaufwand (vgl. PVC-Beläge) gerechnet werden. Ihr Marktanteil hat zugunsten anderer Beläge abgenommen.

Abmessungen Vinyl-Asbest-Platten: 25 × 25 und 30 × 30 cm. Dicke 1,6 bis 2,5 mm.

Verlegung von Kunststoffbelägen (elastische Bodenbeläge)

Die Verlegung der Kunststoffbeläge setzt absolut trockenen, rissefreien, völlig ebenen und sauberen Untergrund voraus. Schwimmende Mörtelestriche müssen mindestens 35 mm dick sein, schwimmende Gußasphaltestriche auf einer genügend druckfesten Dämmschicht aufliegen (Bild **5**.13c). Trockenunterböden aus Holzspanplatten (V 100) sind gegen Feuchtigkeit von unten (s. Abschn. 5.3 u. Abschn. 7.2.2.2) besonders sorgfältig zu sichern. Um einen völlig ebenen Untergrund zu erhalten, müssen die Estriche mit einer geeigneten Ausgleichs-Spachtelmasse egalisiert werden. Bei Gußasphaltestrichen ist eine geschlossene Spachtelschicht (2 mm) unerläßlich, um die teilweise asphaltlösenden Klebemittel von der Asphaltschicht zu trennen. Die Verklebung erfolgt immer vollflächig.[1]) Bezüglich der Kleberart sind die Angaben der Hersteller bzw. Verlegefirmen genauestens einzuhalten. Meist werden Dispersions- oder Kunstharzkleber verwendet. S. auch Abschn. 5.3.4.3, Verlegung auf Altböden.

Obwohl die unangenehme Eigenschaft der elektrostatischen Aufladung von Kunststoffböden durch Beimischung entsprechender Zusätze weitgehend gemindert werden konnte, müssen in besonders gefährdeten Räumen (z.B. Opera-

[1]) Cushion Vinyl-Beläge mit PVC-Schaumrücken können auch lose auf doppelseitigem Klebeband (im Wand-, Bahnenstoß- u. Türbereich) verlegt werden.

tionsräume, Computerräume) leitfähige PVC-Beläge auf Kupferbändern mit leitfähigem Neoprenkleber (Firmenauskünfte einholen) verlegt werden (s. Abschn. 5.4, Ziff. 5, Elektrostatisches Verhalten).

PVC-Fliesen und -Bahnen können mit Hilfe von PVC-Schweißschnüren, die in V-förmig ausgehobelten Fugen weichplastisch (Erhitzung) eingelegt werden, fugenlos und wasserdicht verschweißt werden (Bild **5**.33).

Kunststoffbeläge erhalten als Fußbodenabschluß meist PVC-Sockelleisten. In der Regel wird unterschieden zwischen: Sockelleisten zum Aufsetzen, Anpassen, Anschweißen und zum Einschieben. Darüber hinaus gibt es noch Einputz- oder Klemmsockelleisten, besonders geeignet zum nachträglichen Verlegen von Schwachstromkabel o. ä.

Reinigung und Pflege: Elastische Beläge sollten sofort nach der Verlegung als Erstpflege ein porenfüllendes, schmutzabweisendes Mittel – das zumeist auch einen Glanz verleiht – erhalten. Dieser Schutzfilm, der die tägliche Reinigung wesentlich vereinfacht, muß ständig erneuert werden: Vinyl-Asbest-Platten erhalten i. a. eine Emulsionswachs-Pflege, für PVC-Beläge wird die Naß-Wisch-Methode (Seifenwischpflegemittel im Reinigungswasser) empfohlen. Von Zeit zu Zeit müssen die alten Wachs- bzw. Seifenschichten entfernt werden. Für diese Grundreinigung gibt es neutrale Reiniger bzw. Selbstglanzentferner.

Verlegung, Aufmaß und Abrechnung nach VOB Teil C, DIN 18365, Bodenbelagarbeiten.

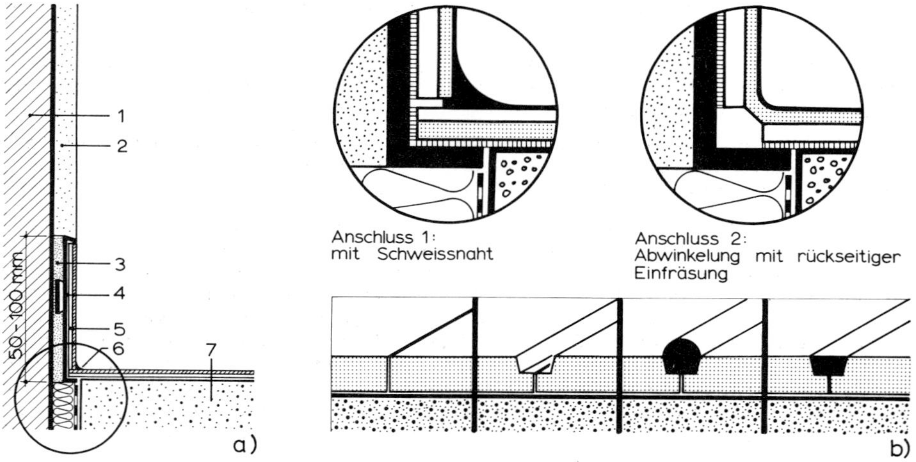

5.33 Wasserdichte Wandanschlüsse für PVC-Beläge, Linoleum, Gummibelag in Schulen, Krankenhäusern u. ä.

a) Wandanschluß mit PVC-Verbundbelag
Anschluß 1: mit Schweißnaht
Anschluß 2: Abwinkelung mit rückseitiger Einfräsung

b) Abdichtung der Nähte von Kunststoffbelägen aus PVC mit PVC-Schweißschnur. Belag und Schweißnaht können in Kontrastfarben oder Ton in Ton gearbeitet sein.

1 Wand
2 Putz
3 Haftmörtel
4 Einputzleiste (Stahl-Leiste)
5 PVC-Belag
6 Schweißnaht
7 Schwimmender Estrich

Aus Technische Informationen, DLW-Aktiengesellschaft, Bietigheim. Einputzleisten: Fa. P. Wilczek, Schwandorf-Krondorf.

5.4.7.2 Fugenlose Kunststoffböden (Industrieböden aus Kunstharzen)

Für den Kenner der Kunststoffe im Bauwesen – und erst recht für den Laien – gibt es kein Anwendungsgebiet, das so weit verzweigt und so wenig gesichert ist, wie das der Flüssig-Kunststoffe, die für Imprägnierung, Versiegelung, Beschichtung, Kunststoffestriche und Kunststoffputze empfohlen und verwendet werden [51]. Da sich in diesen Bereichen noch kein Ende der vielfältigen Entwicklungsmöglichkeiten abzeichnet, sollen hier nicht einzelne Produkte vorgestellt, sondern lediglich die wichtigsten Begriffe des Oberflächenschutzes genannt werden.

Mit der Oberflächenvergütung soll das Eindringen des Schmutzes in die Poren eines Belages verhindert sowie die Abnützung der Oberfläche und damit die Staubbildung auf ein Minimum reduziert werden. Gleichzeitig soll der Überzug die Unterschicht vor Chemikalien aller Art schützen und die Pflege erleichtern. Die verwendeten Grundstoffe sind flüssige Kunststoff-Vorprodukte (Reaktionsharze), Dispersionen von Kunstharzen in Wasser oder Kunstharz-Lösungen. Sie werden nach vielerlei Rezepten untereinander und mit gemahlenen Mineralien, Quarzen, Sanden sowie Pigmenten gemischt. Man unterscheidet:

- Die Imprägnierung, die in die Poren unter die Oberfläche des Stoffes eindringt und die Unterschicht tränkt, ohne sie diffusionsdicht zu verschließen. Die Struktur der Oberfläche bleibt erhalten.
- Die Versiegelung, welche die Poren des Untergrundes verschließt und die Oberfläche mit einem dünnen Schutzfilm von ca. 0,3 bis 0,5 mm abdeckt (vgl. auch Abschn. 5.4.6). Anstriche fallen ebenfalls unter diesen Begriff.
- Die Beschichtung ist ein Überzug bis zu 5 mm Dicke, wobei die Kunstharze 1 bis 3 Gewichtsteile Zuschlagstoffe enthalten. Es wird meist in mehreren Schichten aufgetragen und bildet eine stark beanspruchbare Verschleißschicht (zugl. Dampfsperre!) [51].
- Kunststoffestriche. Bei Dicken von etwa 5 bis 10 mm werden diese Art von Beschichtungen Kunstharzestriche genannt. Im Industrie- und Gewerbebau gehören sie heute zu den wichtigsten Bodenbelägen, die in der Regel als Verbundestriche verlegt werden. Kunstharzestriche sind gegen chemische und mechanische Beanspruchungen sehr widerstandsfähig, einfach einzubauen (fugenlos) und zu reinigen. Da sie sehr dünn aufgetragen werden können, lassen sie sich auch zur Reparatur (alter) schadhafter Böden einsetzen. Die Untergründe müssen immer sauber (Zementschlämme, Öle und Fette müssen entfernt werden), hart und trocken sein und eine Mindest-Festigkeit besitzen (Betonböden = B 25, Zementestriche = E 45). Liegen geringere Festigkeiten vor, so müssen Verfestiger (Grundierungsmittel) eingesetzt und Kunstharzestriche mit möglichst geringem Schwindmaß (Herstellerangaben beachten) aufgebracht werden.

  Die Eigenschaften der Kunstharzestriche ergeben sich wesentlich aus dem jeweiligen Bindemittel (Kunstharze). Während die mechanische Widerstandsfähigkeit der Estriche nahezu gleich ist, gibt es bezüglich ihrer Beständigkeit gegen chemische Angriffe größere Unterschiede. Sie werden sowohl einkomponentig als auch mehrkomponentig verarbeitet und hergestellt aus

  - Epoxidharzen (EP)
  - Polyesterharzen (UP)
  - Polymethacrylatharzen (PMMA)
  - Polyurethanharzen (PUR)

  unter Verwendung von natürlichen oder künstlichen Hartstoffzuschlägen (Mineralien). Vgl. hierzu auch AGI-Arbeitsblatt A 81 [10], BEB-Arbeitsblatt KH-5 [62] sowie die entsprechende Spezialliteratur [63].
- Kunststoffmörtel und -putze. Ähnlich in der Zusammensetzung wie Kunststoffestriche. Vgl. Teil 2 dieses Werkes, Abschn. 6.8.2, Kunstharzgebundene Putze.

5.4.7.3 Linoleum

Linoleum wurde vor ungefähr 100 Jahren erfunden; es war der erste „künstliche" Bahnenbelag, mit dem große Flächen durchgehend belegt werden konnten. PVC-Bodenbeläge, vor allem jedoch die (Nadelvlies-)Teppichböden, reduzierten die Verwendung von Linoleum deutlich, ohne die grundsätzlichen Vorzüge dieses Bodenbelages in Frage stellen zu können. Man unterscheidet:

- Linoleum
- Linoleum-Verbundbeläge
- Belagkombinationen

1. Linoleum besteht aus oxidiertem Leinöl, Harzen, Korkmehl, Holzmehl und Pigmenten (DIN 18171). Die teigartige Linoleumgrundmasse wird auf ein besonderes Jutegewebe aufgepreßt (anschließende Reifezeit ca. 2 bis 3 Wochen). Linoleum ist bis zum Unterlagsgewebe gleichmäßig zusammengesetzt und je nach Produkt gleichmäßig einheitlich und/oder unterschiedlich eingefärbt. Es wird in vielen Farben und Musterungen angeboten. Linoleum ist angenehm begehbar, elastisch, strapazierfähig, wärme- und trittschalldämend (vor allem als Verbundbelag), staubfrei und leicht zu reinigen. Eine elektrostatische Aufladung entsteht nicht.

   Linoleum ist vor lang anhaltender Feuchtigkeit bzw. chemischen Lösungen zu schützen. Bei aufsteigender Feuchtigkeit ist immer eine Sperrschicht vorzusehen. Punktlasten können bei Dauereinwirkung u. U. zu plastischen Verformungen führen. Im Gegensatz zu den PVC-Bodenbelägen ist Linoleum gegen Malfarben sowie Farb- und Filzstifte unempfindlich. Bei der Ausstattung von Kinderzimmern, Kindergärten, Heimen usw. ist darauf zu achten. Daß Linoleum ständig eingewachst werden müsse, ist ein weit verbreiteter Irrtum! Wird dem Wischwasser Selbstglanzwachs oder ganz einfach Schmierseife beigegeben, so kann in einem Arbeitsgang Reinigung und Pflege des Bodens erledigt werden.

   Die Verlegung (vollflächige Verklebung) erfolgt auf glattem, ebenen Untergrund. Ein dichter Nahtschluß (Fugendichtung) wird mit einer besonderen Linoleum-Dichtungsmasse erreicht [49].

   Abmessungen – Linoleum: Bahnenbreite 200 cm, von 20 bis 30 m Länge. Die Dicke liegt für den Wohnbereich i. a. bei 2,0 bzw. 2,5 mm, für Räume mit Publikumsverkehr bei 3,2–4,0 bzw. 4,5 mm.

2. Linoleum-Verbundbelag ist ein Bodenbelag in Bahnen oder Platten, der aus einer Linoleum-Nutzschicht, einer Trägerschicht aus Korkment (grob gemahlener Kork) und einem Unterlagengewebe (Jutegewebe) besteht (DIN 18173). Üblicher Aufbau: 2,0 mm dickes Linoleum auf 2,0 mm dickem Korkment. Über die Rollstuhleignung dieser Verbundbeläge sind immer Firmenauskünfte einzuholen.

3. Belagkombinationen zur Verbesserung der Elastizität, Fußwärme und Schalldämmung können auch dadurch erreicht werden, daß normales Linoleum (oder PVC-Beläge) auf einer selbst vollflächig verklebten Korkment-Unterlage verlegt und die Fugen dicht verschlossen werden (z. B. bei Turn- und Sporthallen).

Verlegung, Aufmaß und Abrechnung nach VOB Teil C, DIN 18365, Bodenbelagarbeiten.

5.4.7.4 Gummibeläge

Gummibeläge bestehen aus Natur- und/oder Synthesekautschuk, Schwefelzusätzen, Füll- und Farbstoffen. Sie zeichnen sich aus durch große Verschleißfestigkeit und Elastizität, Trittsicherheit und sehr dichte Oberfläche. Gummibeläge lassen sich nicht verschweißen. Ferner sind sie empfindlich gegen Öle, Fette, Säuren und Benzin. Der Pflegeaufwand ist bei hellmarmorierten Gummibelägen – ähnlich wie bei den Vinyl-Asbestplatten – verhältnismäßig hoch (Streifen durch Gummisohlen).

Gummibeläge gibt es in homogener und heterogener Ausführung, mit und ohne Unterschicht aus Schaumstoff oder Korkment, als Bahnen- und Plattenware.

Die Verlegung erfolgt auf glattem, ebenem Untergrund (Dispersionskleber) ähnlich wie bei den Kunststoffbelägen. Gußasphaltestriche sind gegen die Einwirkung der Klebstoffe mit einer Spachtelmasse abzusperren.

Abmessungen für Gummibeläge sind nicht verbindlich festgelegt. Bahnenbreiten: zwischen 100 bis 150 cm; Fliesenformate: zwischen 50 × 50 und 100 × 100 cm.

Genoppter Gummibelag wird zunehmend verwendet. Seine dekorative Noppenprägung, hervorragende Strapazierfähigkeit, Trittsicherheit, Schalldämpfung, Maßbeständigkeit, Farbechtheit und seine verhältnismäßig problemlose Reinigung (pflegeleichte, gedeckte Unifarben) gestatten eine mannigfache Verwendung. Sie reicht bis zu Messe- und Ausstellungshallen, Läden aller Art, Naßräume wie Duschen und Schwimmbäder. Ein sinnvolles Zubehörprogramm ermöglicht die Lösung von Verlegeproblemen in Randzonen, bei Treppenstufen usw. Die Anwendung von farbigen Gummibelägen in Bereichen mit starker Sonneneinstrahlung ist im allgemeinen nicht ratsam (Verfärbungen möglich – Firmenauskünfte einholen).

Die Verlegung kann im Außen- und Innenbereich erfolgen. Einzelne Firmen stellen bis zu 3, dem jeweiligen Verwendungszweck bzw. -ort angepaßte Beläge her:

- Innenbereich (unter Dach) mit leichtem bis mittelschwerem Verkehr: Dicke ca. 4 mm, mit glatter Unterseite zum Verkleben (z. B. Neopren- oder Dispersionskleber).
- Innen- und Außenbereich mit starkem Verkehr: Dicke ca. 4 bis 7 mm, mit glatter Unterseite zum Verkleben (z. B. Zweikomponenten-Epoxidkleber für Außen- und Naßbereiche).
- Innen- und Außenbereich mit extrem starkem Verkehr: Dicke ca. 10 mm, Unterseite mit schwalbenschwanzförmig ausgebildeten Stegen zur Verlegung in Zementmörtel (1 RTL Sand, 2 RTL Zement). Volle Nutzung erst nach 4 bis 7 Tagen.

Abmessungen für genoppten Gummibelag sind nicht verbindlich festgelegt. In der Regel werden großformatige Platten angeboten: 50 × 50, 50 × 100, 100 × 100 mm. Dicke: 4,4 bis 7 und 10 mm.

Die Anforderungen an Gummibeläge ergeben sich aus: RAL-RG 806, Güterichtlinien für festzuverlegende Bodenbeläge aus Gummi.

Nebenleistungen, Abrechnung und Aufmaß nach VOB Teil C, DIN 18365, Bodenbelagarbeiten.

5.4.8 Bodenbeläge aus natürlichen oder künstlichen Fasern: Textile Fußbodenbeläge

Kaum ein Bodenbelag hat die Verbrauchergewohnheiten im Laufe der letzten Jahre sowohl im öffentlichen wie privaten Bereich nachhaltiger beeinflußt als die textilen Fußbodenbeläge. Diese Entwicklung wurde ermöglicht durch das Vordringen neuartiger Rohstoffe (Syntheticfasern), die Einführung großindustrieller Herstellungs-Methoden (Tuftingverfahren), die Erfindung neuer Textilbelagtypen (Nadelvlies-Fußbodenbeläge) sowie die Einführung der Teppichfliesen zur Selbstverlegung. So wurde aus dem einstigen Luxusartikel ein Gebrauchsgut, das für jedermann erschwinglich ist.

Als Bauelement hat der Teppichboden so hervorragende Eigenschaften aufzuweisen wie: hohe Abriebfestigkeit, gute Trittschall- und Wärmedämmung, hohe Schallabsorption, Eigenelastizität, niedrige Konstruktionshöhe, weitgehende Unempfindlichkeit gegen Feuchtigkeit (synthetische Fasern), einfache Reinigung und Pflege.

Seine Vorzüge als Gestaltungselement liegen in der Vermittlung von Wohnlichkeit, Komfort und Behaglichkeit, Fußwärme, beinahe unbegrenzte Farbauswahl, passend zu jeder Einrichtung [52].

Die Neigung mancher Teppichböden zur elektrostatischen Aufladung (vgl. Abschn. 5.4, Ziff. 5) sowie Bedenken bezüglich ihrer hygienischen Eigenschaften werden als Nachteile angeführt. Durch wirksame antistatische bzw. antimikrobielle Ausrüstungsverfahren konnten diese Bedenken weitgehend ausgeräumt werden. Weitere Verbesserungen sind zu erwarten.

Bei der Verwendung textiler Fußbodenbeläge wird unterschieden zwischen Haushalts- und sogenanntem Objektbereich (z.B. Schulen, Banken, Verwaltungsbau). Teppichböden werden im Raum ganzflächig in Bahnen oder in Form von Fliesen verlegt. Die kennzeichnenden Merkmale sind in DIN 61 151 genormt.

5.4.8.1 Textile Fußbodenbeläge: Grundbegriffe

Qualität, Nutzwert und Preis eines Teppichbodens werden hauptsächlich bestimmt von:

- der Qualität der Teppichfaser
- dem Polgewicht (g/m^2), der Poldicke (mm), der Polrohdichte (g/cm^3)
- dem Trägermaterial (z. B. Grundgewebe)
- der Ausrüstung (z. B. Rückenbeschichtung)
- der Herstellungstechnik und
- der Verlegemethode.

Textile Rohstoffe (Teppichfasern)

Man unterscheidet Naturfasern und Chemiefasern [54].

1. Naturfasern werden unterteilt in pflanzliche (Baumwolle, Sisal, Kokos), tierische (Wolle, Haare) und mineralische Fasern (Metall- und Glasfasern).

   Von den natürlichen Fasern ist nur die Wolle auf dem Teppichbodensektor von Bedeutung. Als Vorteile wären zu nennen: hohe Elastizität, eleganter Glanz, geringe Entflammbarkeit, vorzügliche Wärmeisolation sowie ihre aktive Feuchtigkeitsregulierung (z. B. Abgabe von Feuchtigkeit bei trockener Raumluft). Ein Nachteil ist ihre nur bedingt befriedigende Abriebfestigkeit (s. auch Abschn. 5.4, Anforderungen an die Bodenbeläge).

2. Chemiefasern unterteilt man in cellulosische (bleiben hier unberücksichtigt) und synthetische Fasern. Die allgemeinen Vorteile der letzteren sind: hohe Abrieb- bzw. Strapazierfähigkeit, Elastizität, Verrottungs-, Motten- und Insektenbeständigkeit.

   Der Hauptunterschied zwischen Natur- und Synthetic-Fasern besteht darin, daß die Naturfasern Feuchtigkeit – z. B. Flüssigkeiten wie Fruchtsäfte und damit auch Schmutzpartikelchen – aufsaugen, während die synthetischen Fasern eine beinahe flüssigkeitsdichte Oberfläche besitzen. Bei den synthetischen Fasern ist jedoch die elektrostatische Aufladungserscheinung zu berücksichtigen, durch die Schmutzpatikelchen oft sehr viel fester an der Chemiefaser haften, als dies beispielsweise bei der Wolle der Fall ist (vgl. dazu Abschn. 5.4, Ziff. 5).

Die vier wichtigsten synthetischen Fasern sind (in der Reihenfolge ihrer Bedeutung):

- Polyamid (PA): sehr hohe Abriebfestigkeit bei guter Reinigungsfähigkeit (Perlon, Nylon)
- Polyacryl (PAC): feste Elastizität, wollähnliche Bauschigkeit, hohe Lichtbeständigkeit, geringere Abriebfestigkeit (Dralon, Orlon)
- Polypropylen (PP): große Feuchtigkeitsbeständigkeit, daher leichte Reinigung, geeignet für Feuchträume, geringe elektrostatische Aufladung; jedoch als Pol relativ geringes elastisches Verhalten (Meraklon)
- Polyester (PES): hohe Abriebfestigkeit und Bauschkraft, leicht zu reinigen, doch teuerste Faser (Diolen, Trevira).

Aus anwendungs- bzw. verarbeitungstechnischen Gründen werden sehr oft Fasermischungen verwendet (z. B. Synthetics/Synthetics sowie Wolle/Synthetics).

Konstruktiver Aufbau textiler Fußbodenbeläge

Textile Bodenbeläge werden entsprechend ihrem konstruktiven Aufbau (mehr oder weniger unabhängig vom jeweiligen Herstellungsverfahren) in 3 große Gruppen eingeteilt:

1. Pol- bzw. Flor-Teppichböden (gleichbedeutende Begriffe) bestehen aus einer Trägerschicht (ggf. mit Rückenbeschichtung) und einem senkrecht auf diesem Grundgewebe stehenden, fest verankerten Flor, meist Polschicht (= Nutzschicht) genannt. Diese Polschicht weisen gewebte, getuftete, gewirkte, gepreßte und beflockte Teppichböden auf (s. Herstellungsverfahren).

   Die Oberfläche dieser Polschicht kann verschieden ausgebildet werden: bei der Bouclé- oder Schlingenflorware (gleichbedeutende Begriffe) besteht die Oberfläche aus geschlossenen Polschlingen. Werden die Garnschlingen aufgeschnitten, so daß ein plüschartiger Flor entsteht, spricht man von einer Velours- oder Schnittflorware. Darüber hinaus gibt es noch eine Vielzahl von Möglichkeiten der Oberflächengestaltung wie beispielsweise Hoch-Tief-Strukturteppiche, Friséware u. a.

2. Flachgewebte Teppichböden bestehen nur aus Kette und Schuß, d. h. ohne zusätzliche Polschicht. Da der Marktanteil dieser Gruppe unbedeutend ist, bleibt sie hier unberücksichtigt.

3. Nadelvlies-Fußbodenbeläge haben im Gegensatz zu den Polteppichböden keine Garne als Nutzschicht, sondern waagerecht liegende Faserschichten, die zu einem Vlies verdichtet werden. Man unterscheidet einschichtige (= homogene Nutzschicht) und mehrschichtige Nadelvlies-Fußbodenbeläge (= Nutzschicht aus Fasern erster Wahl, Grundschicht aus Sekundärfasern). Beide Arten können zur zusätzlichen Stabilisierung einen Träger als Rückseite, ggf. auch als Zwischenlage erhalten [56]. Besonders beachtenswert ist, daß eine um so mindere Qualität zu erwarten sein dürfte, je schwächer die Nutzschicht aus Primärfasern ausgebildet wird.

Inzwischen sind die sog. Pol-Vlies-Fußbodenbeläge auf den Markt gekommen. Sie zeichnen sich – im Vergleich zu den „klassischen" Nadelvlies-Fußbodenbelägen, die immer eine gewisse Härte bzw. Brettigkeit haben – durch eine weichere, polartige Oberfläche aus (nicht zu verwechseln mit der „Polschicht" der gewebten, getufteten usw. Teppichböden). Weiterentwicklungen sind auf diesem Gebiet zu erwarten.

Textile Fußbodenbeläge (Einteilung nach G. Satlow, Deutsches Teppich-Forschungsinstitut, Aachen).

- Textile Fußbodenbeläge
  - Teppiche
    - Flachteppiche (Laufschicht)
    - Polteppiche (Polschicht)
  - Nadelfilz-Fußbodenbeläge
  - Nadelvlies
    - Faservliese (Mehrschichtig – einschichtig) (glatte – polartige Nutzschicht)
      - Pol-Vlies-Fußbodenbeläge

Trägermaterialien

Trägermaterialien, auch Grundgewebe genannt, werden in Form von Geweben, Vliesen, Gittern usw. eingesetzt. Sie dienen unter anderem als Träger des Polmaterials und tragen zur Flächenstabilisierung des jeweiligen Teppichbelages bei. Mehr und mehr werden die Jute-Träger (Nachteil: Schrumpfen bei Feuchtigkeit) von Synthetic-Trägermaterialien (Vorteil: verrottungs- und naßfest) verdrängt.

Ausrüstungen

Unter Ausrüstung versteht man die Werterhöhung eines Teppichs durch chemische und/oder mechanische Behandlung. Dazu gehören u. a. [55]:

– Rückenausrüstungen beeinflussen den Gebrauchswert eines Teppichs ganz wesentlich; sie haben Auswirkungen auf Qualität, Lebensdauer und Verlegetechnik.

  Während beim gewebten Teppichboden die Appretur (dünne Kunstharz- oder Latex-Masse) vornehmlich zur Verbesserung der Stabilität und Schnittfestigkeit führt, ist die Rückenbeschichtung bei der getufteten Ware (s. Herstellungstechniken) eine unerläßliche konstruktive Notwendigkeit. Das lose in das Grundgewebe eingenadelte Polgarn wird erst durch diese, auf die Rückseite aufgebrachte Schicht, absolut fest mit dem Trägermaterial verankert (sog. Verfestigungsstrich).

  Das Aufbringen einer glatten Kompaktschaum- oder geprägten Strukturschaumschicht in Form einer massiv-festen oder weich-porösen Masse bringt die Vorteile einer höheren Schnittfestigkeit, Schall- und Wärmedämmung, Trittelastizität und Bodenhaftung. Qualitäten mit Rückenbeschichtung können ggf. auch lose verlegt werden (nur in kleinen Flächen). S. Abschn. 5.4.8.4, Verlegemethoden.

– Färbe- und Druckverfahren. Neben den verschiedenartigsten Oberflächenstrukturen spielen Farbgebung und farbliche Musterung bei der Gestaltung von Teppichböden eine große Rolle. Verwendet werden vor allem die Spinndüsenfärbung (eingefärbte Spinnflüssigkeit bei den Chemiefasern), die Flocken-, Faser-, Garn-, Strang- und Stückfärbung (Einfärbung je nach Stand des Verarbeitungsprozesses) sowie das Schablonendruckverfahren.

– Weitere Ausrüstungsverfahren: Antistatische Ausrüstung (vgl. Abschn. 5.4, Ziff. 5), Antisoiling-Ausrüstung (reduzierte Schmutzanfälligkeit), Insektenschutzausrüstung (bei Wollprodukten), antibakterielle Ausrüstung, flammhemmende Ausrüstung u. a. m.

5.4.8.2 Herstellungsverfahren der textilen Fußbodenbeläge

Da das jeweilige Herstellungsverfahren qualitätsbestimmend und für das Aussehen des Teppichs von großer Bedeutung ist, werden textile Bodenbeläge danach eingeteilt. Man unterscheidet:

Gewebte Teppichböden

Das Grundgewebe und die Polschicht werden durch rechtwinklig sich kreuzende Fadensysteme (Kette und Schuß) in einem Arbeitsgang hergestellt. Die Garne der Polschicht (Nutzschicht) werden dabei über Metallstäbe (Ruten) gelegt. Durch sie wird die Höhe des Flors (Kurz-, Mittel-, Langflor) und die Dichte der Schußfolge bestimmt. Werden Ruten, deren Enden als Messer ausgebildet sind, herausgezogen, dann werden die Schlingen aufgeschnitten und es entsteht Veloursware. Bei Ruten ohne Messer bleiben die Schlingen erhalten und es entsteht Boucléware (Bild **5**.34).

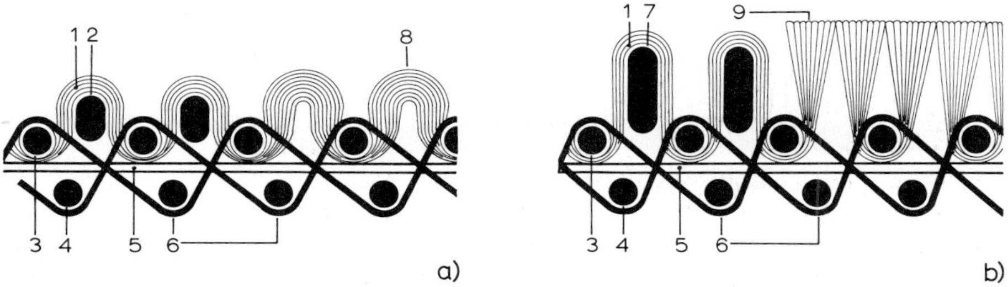

5.34 Schematische Darstellung des Aufbaues (Herstellung) eines gewebten Teppichbodens (Schaft-Ruten-Verfahren).

a) mit Bouclé-Oberfläche (Kurzflor)
b) mit Velours-Oberfläche (Langflor)

1 Pol-(Flor-)material als Nutzschicht
2 Zugrute (Metallstab) ohne Messer
3 Oberschuß
4 Unterschuß
5 Füllkette
6 Binder
7 Zugrute (Metallstab) mit Messer
8 Bouclé
9 Velours

Nach Vorlagen der Anker-Teppichfabrik Gebrüder Schoeller, Düren.

Tufting-Verfahren

Auf der nach dem Nähmaschinenprinzip arbeitenden Tuftingmaschine wird das Florgarn kontinuierlich von oben in ein vorgefertigtes Trägermaterial (Vliesstoff) eingenadelt und von Greifern auf der Unterseite so lange festgehalten (Nutzschicht entsteht auf der Unterseite), bis die Nadeln zum nächsten Stich ansetzen. Dadurch bilden sich Schlingen, es entsteht Schlingenflorware (= Bouclé). Wird die Schlinge durch ein Messer aufgeschnitten, so entsteht Schnittflorware (= Velours) (Bild **5**.35). Die anschließende Rückenbeschichtung (s. Ausrüstungen) ist aus konstruktiven Gründen notwendig. Soll Tuftingware bei der Verlegung verspannt werden, so muß darüber hinaus noch ein Zweitrücken aufkaschiert sein.

Die Herstellungsverfahren weiterer Pol- bzw. Flor-Teppichböden bleiben hier unberücksichtigt. Zu nennen wären noch: gewirkte-, beflockte-, gepreßte- und geklebte Teppichböden.

Nadelvlies-Verfahren

Mehrschichtig übereinanderliegende, watteartige Faservliesbahnen werden durch ein Nadelsystem (Millionen von Nadelstichen je m^2) mechanisch miteinander ver-

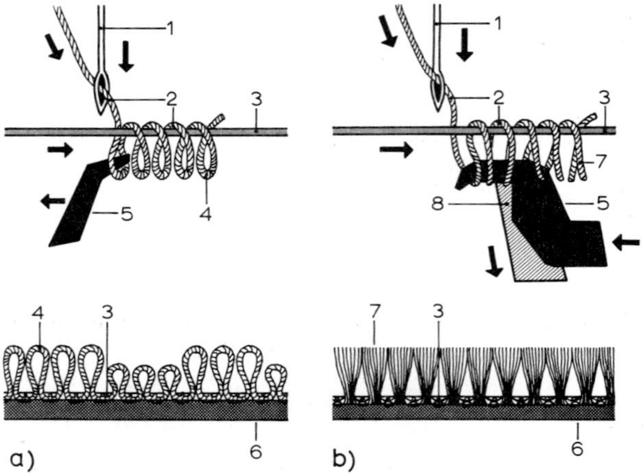

5.35
Schematische Darstellung des Aufbaues (Herstellung) einer Tuftingware (Tuftingverfahren).

a) mit Schlingenflor, Beispiel: Hoch-tief-strukturiert
b) mit Schnittflor, Beispiel: Flor aufgeschnitten

1 Nadel
2 Garn (Unterseite des Teppichs)
3 Trägergewebe
4 Schlingenflor (Nutzschicht)
5 Greifer
6 Rückenbeschichtung
7 Schnittflor (Nutzschicht)
8 Messer

Nach Vorlagen der Europäischen Teppichgemeinschaft für Deutschland e.V.

festigt. Im Anschluß an die Vernadelung (Nadeln mit Widerhaken) wird der Zusammenhalt des Materials durch chemische Bindemittel oder thermische Verschweißung (= angeschmolzene Faserkreuzungspunkte) erzielt, die Ware unter Druck verfestigt und in ihrer Dicke egalisiert [55], [56].

Ähnlich wie bei den PVC-Belägen sind auch hier ein- und mehrschichtige Belagkonstruktionen möglich. Bei Mehrschichtbelägen besteht die Nutzschicht aus besonders abriebfesten Fasern, während für die Füll- und/oder Trägerschichten weniger abriebfeste, preisgünstigere Materialien (z. B. Jute-Vlies) eingesetzt werden. Zusätzliche Rückenbeschichtungen (s. Ausrüstungen) werden meist nachträglich aufgebracht.

5.4.8.3 Eigenschaften der textilen Fußbodenbeläge

Textile Fußbodenbeläge werden zahlreichen Qualitäts- und Eignungsprüfungen unterzogen (Prüfbescheide für die einzelnen Teppichboden-Qualitäten beachten) [57]. Um die Eigenschaften und Merkmale eines Teppichbodens eindeutig erfassen und beurteilen zu können, sollte ein Leistungsverzeichnis (Ausschreibung) über textile Fußbodenbeläge folgende wesentliche Punkte einer Produktbeschreibung enthalten [53]:

1. Konstruktionsbeschreibung
   - Herstellungsart (DIN 61 151)
   - Material des Trägers bzw. Grundgewebes
   - Art der Rückenausrüstung (DIN 61 151)
   - Gestaltung der Oberseite/Nutzschicht (DIN 61 151)
   - Rohstoffgehaltsangabe (lt. Textilkennzeichnungsgesetz)
   - Gesamtdicke in mm (DIN 53855, T3)
   - Poldicke in mm (DIN-E 54325)
   - Polgewicht über Teppichgrund in g/m² (DIN-E 54325)

2. Funktionsmerkmale
   - Einstufung in die Eignungsbereiche (s. Tab. **5**.36)
   - Angaben über evtl. Zusatzeignungen (einschl. elektrostatisches Verhalten)
   - Bautechnische Daten:
     Schallabsorptionsgrad (DIN 52212)
     Trittschall-Verbesserungsmaß VM (in dB nach DIN 4109, T2)
     Wärmedurchlaßwiderstand in m^2 K/W (DIN 52612)
     Kennwerte für das Brennverhalten (DIN-E 66081)
   - Farb- bzw. Lichtechtheit (DIN 54004)
   - Wasserechtheit (DIN 54006)
   - Reibeechtheit (DIN 54021)
   - Sonstige Ausrüstungen

Dazu gehören noch Angaben (vgl. VOB Teil C, DIN 18365, Bodenbelagsarbeiten) beispielsweise über die Art der Verlegung, erforderliche Vorbereitung des Unterbodens, eventuelle Nebenarbeiten usw.

Schalltechnische Eigenschaften

Das schalltechnische Verhalten von textilen Fußbodenbelägen beruht auf 3 verschiedenen akustischen Wirkungen:

- Schallschluckende Wirkung. Der auftreffende Luftschall wird von der Teppichfläche nur noch zu einem Bruchteil reflektiert, ein überwiegender Teil der auftreffenden Schallenergie wird absorbiert, die Nachhallzeit dadurch verkürzt und die Lautstärke im Raum gemindert
- Gehschallmindernde Wirkung. Der beim Gehen auf harten Fußböden in der Regel entstehende Luftschall tritt beim Gehen auf textilen Fußbodenbelägen in kaum mehr meßbarer Lautstärke auf.
- Trittschalldämmende Wirkung. Der beim Gehen über den Teppichboden entstehende Körperschall wird gedämmt und die in die darunterliegenden Räume durchdringende Lautstärke gemindert [58].

Wie in Abschn. 5.3.1 und 7.4.2 erläutert, werden die Massivdecken nach DIN 4109 (Ausg. 9.62) in die Gruppen I und II eingeteilt. Da die textilen Fußbodenbeläge nur den Trittschall verbessern können (ganz unwesentlich nur die Wärme- und Luftschalldämmung einer Geschoßdecke), reichen sie als alleinige Verbesserungsmaßnahme bei der Massivdeckengruppe I nicht aus. Dagegen ist die erforderliche Verbesserung des Trittschalls beim Deckentyp II durch einen textilen Fußbodenbelag – auch ohne schwimmenden Estrich – zu erzielen (s. DIN 4109 T3 Tab. 2). Zu beachten ist jedoch, daß für den jeweiligen textilen Belag ein Prüfzeugnis über seine Trittschalleigenschaft (Trittschall-Verbesserungsmaß) vorliegen muß. Die Verbesserung des Trittschallschutzes ist bei textilen Belägen abhängig von der Dicke des Teppichbodens, der Polrohdichte, der Rückenausrüstung und von der gewählten Verlegemethode (s. Verlegetechniken).

Angaben über die Wärmeableitung eines Fußbodens nach DIN 52614 s. Abschn. 5.3.2 sowie Abschn. 7.3.1.

Brennverhalten

Grundlagen für die Definition der Anforderungen ist die DIN 4102 (Ausg. 9.77). DIN 66081 beinhaltet Kennwerte für das Brennverhalten textiler Erzeugnisse bzw. textiler Fußbodenbeläge. Die Bereiche werden in 3 Brennklassen T–a, T–b, T–c (= ungünstigste Klasse) eingeteilt. T–a bedeutet, daß ein Belag sich bei einer Beflammungszeit von 5 und 15 Sekunden nicht entzündet hat oder glimmt. T–c besagt, daß Beläge dieser Gruppe bereits durch kleinere Zündquellen entzündet werden und ggf. einen Entstehungsbrand auch weitertragen können.
Nach DIN 4102 entspricht die Brennklasse T–b der DIN 66081 der Klasse B2-DIN 4102. Die Klasse T–c entspricht B3.

Textile Fußbodenbeläge, die in die Klasse T–c eingeordnet sind, dürfen nicht eingebaut werden. Beläge der Gruppe T–b können überall da eingebaut werden, wo keine besonderen Anforderungen bestehen. Eine Prüfmethode für Fußbodenbeläge der Baustoff-Klasse B1 ist neuerdings in den „Prüfungsgrundsätzen für die Beurteilung schwerentflammbarer Baustoffe" des Instituts für Bautechnik in Berlin angegeben. Danach müssen Fußbodenbeläge der Klasse B 1 im dort beschriebenen Radiant-Panel-Prüfverfahren einen Grenzwert von 0,35 Watt/cm^2 einhalten. Zusätzlich dürfen sie bei der Prüfung nach DIN 54332, bei einer Beflammungszeit von 30 s, nicht entflammen.

Eignungs- und Verwendungsbereiche

Die Einstufung textiler Fußbodenbeläge in 3 Verwendungsbereiche mit entsprechenden Zusatzeignungen zeigt Tabelle **5**.36. Sie wird nach einem vom Deutschen Teppich-Forschungsinstitut (TFI) erarbeiteten Prüfungsprogramm vorgenommen (Teppichsiegel mit Kontrollnummer). Das Testverfahren umfaßt insbesondere die Beurteilung von Elastizität, Abnutzungsverhalten sowie Oberflächenveränderung der Pol- bzw. Nutzschicht. Dadurch wird eine Aussage über die Art der Eignung des betreffenden textilen Fußbodenbelages möglich.

Auch bei Nadelvlies-Fußbodenbelägen sind die Nutzschichtdicke und das Nutzschichtgewicht neben der Einstufung die entscheidenden Beurteilungskriterien. Vergleichbar sind immer nur Beläge gleicher Konstruktion.

Tabelle **5**.36 Eignungssymbole für Teppichböden mit Erläuterungen des Deutschen Teppich-Forschungsinstituts, Aachen.

Eignungs-Bereich	Symbol	Beanspruchung	Einsatzbeispiele
Ruhebereich		leicht/mittel	Schlafzimmer, Gästezimmer, Hotelzimmer
Wohnbereich		stark	Wohnzimmer, Eßzimmer, Kinderzimmer, Dielen, Konferenzräume, Gänge, Aufenthaltsräume, Krankenhauszimmer, Sprechzimmer, Einzelbüros, Bibliotheken, Seniorenheime
Arbeitsbereich		sehr stark	Großraumbüros, Schulen, Hotelhallen, Ladengeschäfte, Wartezimmer, Zuschauerraum im Theater, Versammlungsräume, Restaurants, Schalterhallen
Zusatzeignung			
Stuhlrollen			Räume mit Rollstühlen oder -sesseln
Treppen			Treppen in Wohnhäusern bzw. Treppen für Publikumsverkehr
Feuchtraum			Badezimmer
Antistatik			Ableitung elektrostatischer Aufladung

5.4.8.4 Verlegung der textilen Fußbodenbeläge

Teppichböden sollten immer erst nach Abschluß aller anderen Innenausbauarbeiten verlegt werden. Bei der Wahl der Verlegemethode müssen berücksichtigt werden: die jeweilige räumliche Situation, die Beschaffenheit des Unterbodens, der Verwendungsbereich (vgl. Tab. **5**.36), die Teppichkonstruktion – insbesondere die Rückenausbildung – die jeweiligen Preisvorstellungen sowie besondere Forderungen bezüglich der Wiederaufnahmefähigkeit. Man unterscheidet folgende Verlegemethoden [54]:

1. Das Verspannen auf Nagelleisten ist eine besonders teppichgerechte Verlegemethode, geeignet für alle Unterböden mit ausreichender Festigkeit (Prüfung gemäß VOB DIN 18365). Längs der Wände werden die Leisten auf den Unterboden genagelt, verschraubt oder verklebt (Bild **5**.37). Sie bestehen aus einer flachen Holz- oder Metalleiste mit 2 hintereinander schräg zur Wand stehenden Nagelreihen, in die unter Spannung – von Wand zu Wand – der Teppichboden aufgehakt wird. Besteht der Teppichboden aus mehreren Bahnen, so müssen diese vorher miteinander verbunden (konfektioniert) werden. Die Teppichunterlage, ein Spannfilz besonderer Art, muß dauerelastisch, mottenecht ausgerüstet, reißfest und ggf. rollstuhlfest sein. Er entspricht der Dicke der Nagelleiste (ca. 6 mm) und wird den Rändern bzw. Nähten entlang auf den Unterboden aufgeklebt. Verspannbar sind alle gewebten Teppichbeläge. Tufting-Qualitäten müssen i.a. einen Zweitrücken aufweisen. Bei Estrichen mit Fußbodenheizung ist ein Verspannen von Teppichen auf Haarfilz nicht zulässig (Wärmestau nach oben = Wärmeverlust nach unten). Möglich sind nur Unterlagen mit geringerem Wärmedurchlaßwiderstand wie z.B. PVC-Schäume u.ä. (Firmenauskünfte einholen). S. auch Abschn. 5.3.6.

Besonderheiten: Verspannte Teppichböden erbringen eine bis zu 50% längere Gebrauchsdauer (reduzierte Scheuerwirkung). Durch die Verwendung einer Filzunterlage ergibt sich außerdem eine wesentlich verbesserte Schall- und Wärmedämmung sowie Trittelastizität. Verspannte Ware kann leicht ausgewechselt werden, bei Wiederverwendung der Nagelleisten und ohne Beschädigung des Untergrundes (vgl. Verklebung).

Zunächst teuerste Verlegemethode, die sich jedoch im Laufe der Jahre, vor allem beim Einsatz hochwertiger Teppichböden (z.B. im Objektbereich) voll bezahlt macht.

5.37
Verlegetechniken textiler Fußbodenbeläge
a) Verspannen auf Nagelleisten b) vollflächige Verklebung mit Teppichsockelleiste

1 Nagelleiste
2 Befestigung auf dem Unterboden durch Schrauben oder Kleber
3 Teppichbelag mit Velours-Oberfläche
4 Teppichunterlage (Spannfilz besond. Art)
5 Kunststoff-Sockelleiste
6 Wandputz
7 Randdämmstreifen
8 Trennschicht (Abdeckung)
9 Schwimmender Estrich

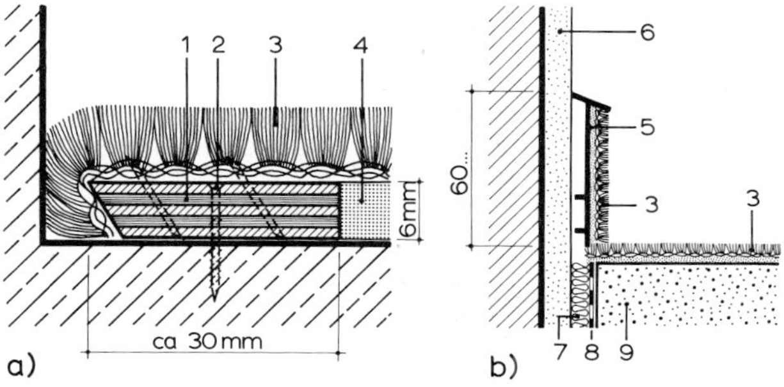

2. Vollflächiges Verkleben stellt die relativ einfachste Verlegeart dar. Der Unterboden muß eben, fest, trocken, risse- und staubfrei sein (VOB DIN 18356). Gußasphaltestriche müssen grundsätzlich abgespachtelt, alte Holzdielenböden ausgeglichen und ggf. mit Spanplatten (V 100) belegt werden (s. Abschn. 5.3.4.3). Auf den vorbereiteten Unterboden wird ein geeigneter Kleber (z. B. Kunstharz-Kleber) aufgetragen, die Auslegeware darin eingelegt und angerieben.

Beim rollstuhlgeeigneten Verkleben ist eine besonders sorgfältige Prüfung des Unterbodens unerläßlich. Unterlagen aus normalen Korkfilzpappen und Filzpappen sind nicht zulässig, da diese auf Grund der starken Walkbewegung der Stuhlrollen mit der Zeit zerstört werden. Müssen Unterlagen eingesetzt werden, dann eignen sich dazu z. B. rollstuhlfeste Spezial-Spannfilze o. ä. Neben der rollstuhlgeeigneten Verlegung und der Wahl eines geeigneten Teppichbelages (s. Zusatzeignungen Tab. **5**.36) ist darauf zu achten, daß auch die Drehstuhlrollen mit genormten Hartkunststoffrollen ausgestattet sind (DIN 68131, Rollentyp: H).

Besonderheiten: Preiswerte Verlegemethode. Der vollflächig verklebte Teppichboden kann jedoch kaum ohne Beschädigung des Unterbodens (z. B. schwimmender Estrich) bzw. der Teppichware selbst wieder herausgenommen werden. Immer häufiger wird daher bei einem Belagwechsel der gebrauchte Teppichboden liegengelassen und als Unterlage für die darüber verspannte, neue Teppichware mit verwendet. Sogenannte „Wiederaufnahmekleber" sind nur bedingt einsatzfähig und nicht immer zu empfehlen (Probeverlegung veranlassen).

3. Die Verlegung mit doppelseitigen Klebebändern ist relativ einfach auszuführen. Die Bänder werden längs der Wände und unterhalb der Bahnenstöße angebracht. Der Teppichboden kann ohne Beschädigung des Unterbodens wieder herausgenommen werden.

4. Die lose Verlegung erfolgt in der Regel nur im Wohnbereich. Es eignen sich hierfür Teppichböden mit bestimmten Rückenbeschichtungen wie z. B. Waffel- oder Kompaktschaum. An besonders kritischen Stellen wie z. B. Türschwellen ist die Ware durch ein doppelseitiges Klebeband zu sichern.

   Die Verlegung von Teppichfliesen erfolgt immer von der Raummitte aus (1. Fliese). Der Abstand zu den Hauptwänden sollte immer ein Vielfaches einer Fliese betragen (Parallelverlegung). Soll ein gleichmäßiger Farbstrich bzw. Struktureffekt erzielt werden, so muß auf die Verlegemarkierung auf der Fliesenrückseite geachtet werden. Man unterscheidet:

   – selbstliegende Fliesen = SL-Fliesen: lose verlegt
   – selbsthaftende Fliesen = SH-Fliesen: mit streifenförmig aufgetragener Haftmasse
   – selbstklebende Fliesen = SK-Fliesen: mit Kleber auf der Unterseite.

Pflege und Reinigung

Die sachgemäße Pflege und Reinigung textiler Fußbodenbeläge trägt viel dazu bei, den Gebrauchswert und das gute Aussehen eines Teppichbelages über einen langen Zeitraum zu erhalten. Bereits bei seiner Auswahl sind – entsprechend der zu erwartenden Beanspruchung und Verschmutzung – folgende Punkte zu berücksichtigen:

– Einstufung in den geeigneten Verwendungsbereich
  (Eignungsbereiche sowie Zusatzeignungen s. Tab. **5**.36).
– Farbwahl, Teppichdessin, Oberflächenstruktur
  Im allgemeinen gilt: Gebrauchswert (Zweckmäßigkeit) und Repräsentationswert (Aspekte der Raumgestaltung) sind gegenüberzustellen und sorgfältig abzuwägen. Bezüglich der sichtbaren Verschmutzung verhalten sich melierte oder gemusterte Beläge günstiger als einfarbige; bei hellen Farbtönen ist die sichtbare Verschmutzung größer, bei dunklen (gedeckten) Farben ist sie geringer (Schmutzfarbe beachten).
– Sonstige vorbeugende Maßnahmen
  Fachgerechte Verlegung, d. h. vollflächige Verklebung mit wasserunempfindlichem Kleber, sach-

gemäße Verspannung, Einbau von Schmutzfangzonen (Grobschmutzabstreifer o.ä.). S. auch Abschn. 5.4, Allgem. Anforderungen.

Bei der Wahl der Reinigungsverfahren und -geräte ist Rücksicht zu nehmen auf die Teppichbodenbeschaffenheit (z.B. Synthetics/Wolle – Velours/Bouclé), Verlegeart, Unterbodenbeschaffenheit und die zu erwartende Verschmutzungsart. Man unterscheidet:

1. Unterhaltsreinigung (tägliche Reinigung):
   Aufnahme des losen Schmutzes durch Bürsten- oder Staubsauger.
2. Zwischenreinigung (Teilreinigung): Aufnahme des losen und verklebten Schmutzes (oberflächlich), z.B. durch Reinigen mit flüssigen Teppichschaumreinigern, mit vorgefertigtem Schaum (Sprays) oder mit schmutzbindendem Reinigungspulver; ggf. örtliche Fleckenentfernung. Gründliches Absaugen ist in jedem Fall erforderlich; während der Trockenzeit darf der Belag nicht begangen werden.
3. Grundreinigung: Sie wird dann notwendig, wenn der Teppichboden großflächig verschmutzt ist. Die Grundreinigung muß Tiefenwirkung haben, d.h. der Teppichgrund wird mit gereinigt. Geeignete Verfahren: Shamponierung und Sprühextraktion (Spezialreinigungsfirmen beauftragen).

Anfallende Flecken sind sofort zu entfernen: wasserlösliche Flecken (z.B. Kaffee, Marmelade, Fruchtsäfte) mit etwas Wasser anfeuchten, abtupfen oder absaugen, – niemals reiben! Bei öl- und fetthaltigen Verschmutzungen (z.B. Teer, Farben, Nagellack) sind lösungsmittelhaltige Fleckentferner einzusetzen. Am schwierigsten zu beseitigen sind Kaugummireste: Sie sind mit Kühlspray zu vereisen, die mit einem kleinen Hammer o.ä. zersplitterten Teilchen sofort abzusaugen und die Fleckstelle anschließend mit lösungsmittelhaltigem Fleckenentferner nachzubehandeln.

Auf die vom Deutschen Teppich-Forschungsinstitut herausgegebenen Merkblätter für die Pflege und Reinigung textiler Fußbodenbeläge wird besonders hingewiesen [64].

5.5 DIN-Normen

DIN-Blatt Nr		Ausgabe-Datum	Titel
272		3.78	Magnesiaestriche; Estriche aus Magnesiamörtel
E 273	T1	2.77	Ausgangsstoffe für Magnesiaestriche; Kaustische Magnesia
280	T1	12.70	Parkett; Parkettstäbe und Tafeln für Tafelparkett
	T2		–; Mosaikparkettlamellen
	T3		–; Parkettriemen
	T4	6.73	–; Parkettdielen, Parkettplatten
	T5		–; Fertigparkett-Elemente
281		12.73	Parkettklebstoffe kalt streichbar; Anforderungen, Prüfung
1100		5.79	Hartstoffe für zementgebundene Hartstoffestriche
E 1101		4.78	Holzwolle-Leichtbauplatten; Maße, Anforderungen, Prüfung
E 1102		4.78	Holzwolle-Leichtbauplatten nach DIN 1101; Richtlinien für die Verarbeitung
E 1104	T1	4.78	Mehrschicht-Leichtbauplatten aus Schaumkunststoffen und Holzwolle; Maße, Anforderungen, Prüfung
	T2		–; Richtlinien für die Verarbeitung
1164	T1 bis T8	11.78	Portland-, Eisenportland-, Hochofen- und Traßzement
1168	T1	5.75	Baugipse; Begriff, Sorten und Verwendung, Lieferung und Kennzeichnung
	T2	7.75	–; Anforderungen, Prüfung, Überwachung

Fortsetzung s. nächste Seiten 296 bis 298

DIN-Normen, Fortsetzung

DIN-Blatt Nr		Ausgabe-Datum	Titel
4072		8. 77	Gespundete Bretter aus Nadelholz
4078		3. 79	Sperrholz; Maße
4102	T1	9. 77	Brandverhalten von Baustoffen und Bauteilen; Baustoffe; Begriffe, Anforderungen und Prüfungen
	T2		–; Bauteile; Begriffe, Anforderungen und Prüfungen
4108		8. 69	Wärmeschutz im Hochbau
		Bbl. 11. 75	–; Erläuterungen und Beispiele für einen erhöhten Wärmeschutz
		Erg. 10. 74	Ergänzende Bestimmungen zu DIN 4108; Wärmeschutz im Hochbau (Ausg. August 1969)
4109	T1	9. 62	Schallschutz im Hochbau; Begriffe
E		2. 79	–; Einführung und Begriffe
	T2	9. 62	–; Anforderungen
E		2. 79	–; Luft- und Trittschalldämmung in Gebäuden; Anforderungen und Nachweise; Hinweise für Planung und Ausführung
	T3	9. 62	–; Ausführungsbeispiele
E		2. 79	–; Luft- und Trittschalldämmung in Gebäuden; Ausführungsbeispiele für Massivbauarten
	T4	9.62	–; Schwimmende Estriche auf Massivdecken;
	T5	4. 63	–; Erläuterungen
			Richtlinien für die Ausführung
E		2. 79	–; Schallschutz gegenüber Geräuschen aus haustechnischen Anlagen und Betrieben; Anforderungen und Nachweise; Hinweise für Planung und Ausführung
E	T6	2. 79	–; Bauliche Maßnahmen zum Schutz gegen Außenlärm
4117		11. 60	Abdichtung von Bauwerken gegen Bodenfeuchtigkeit; Richtlinien für die Ausführung
4122		3. 78	Abdichtung von Bauwerken gegen nichtdrückendes Oberflächenwasser und Sickerwasser mit bituminösen Stoffen, Metallbändern und Kunststoff-Folien; Richtlinien
4207		2. 72	Mischbinder
4208		10. 62	Anhydritbinder
4211		12. 76	Putz- und Mauerbinder
E 4701		3. 78	Heizungen; Regeln für die Berechnung des Wärmebedarfs von Gebäuden
16860		9. 78	Klebstoffe für Bodenbeläge; Klebstoffe für Polyvinylchlorid (PVC)-Beläge ohne Träger; Anforderungen, Prüfung
16950		4. 77	Bodenbeläge; Vinyl-Asbest-Platten; Anforderungen, Prüfung
16951		4. 77	–; Polyvinylchlorid-(PVC-)Beläge ohne Träger; Anforderungen, Prüfung
16952	T1	4. 77	–; Polyvinylchlorid-(PVC-)Beläge mit Träger; PVC-Beläge mit genadeltem Jutefilz als Träger; Anforderungen, Prüfung

DIN-Normen, Fortsetzung

DIN-Blatt Nr		Ausgabe-Datum	Titel
	T2	1.79	–; –; PVC-Beläge mit Korkment als Träger; Anforderungen, Prüfung
	T3	4.77	–; –; PVC-Beläge mit Unterschicht aus PVC-Schaumstoff; Anforderungen, Prüfung
	T4		–; –; PVC-Beläge mit Synthesefaser-Vliesstoff als Träger; Anforderungen, Prüfung
E	T5	7.78	–; –; PVC-Schaumbeläge mit strukturierter Oberfläche und heterogenem Aufbau; Anforderungen, Prüfung
E	T5	8.77	–; Ebenheitstoleranzen für Flächen von Decken und Wänden
V 18155	T1	3.76	Feinkeramische Fliesen; Begriffe, Werkstoffe, Anwendung
	T2		–; Formen, Maße, Kennzeichnung, Bezeichnung
	T3		–; Glasierte Fliesen mit hoher Wasseraufnahme; Güteanforderungen, Prüfung
	T4		–; Fliesen mit niedriger Wasseraufnahme (Steinzeugfliesen); Güteanforderungen, Prüfung
18156	T1	4.77	Stoffe für keramische Bekleidungen im Dünnbettverfahren; Begriffe und Grundlagen
	T2	3.78	–; Hydraulisch erhärtende Dünnbettmörtel
E	T3	1.79	–; Dispersionsklebstoffe
V 18158		12.78	Bodenklinkerplatten
V 18164	T1	12.72 12.72	Schaumkunststoffe als Dämmstoffe für das Bauwesen; Dämmstoffe für die Wärmedämmung
E		3.78	–; –;
	T2	12.72	–; Dämmstoffe für die Trittschalldämmung
E		3.78	–; –;
18165	T1	1.75	Faserdämmstoffe für das Bauwesen; Dämmstoffe für die Wärmedämmung
	T2		–; Dämmstoffe für die Trittschalldämmung
18166		10.74	Keramische Spaltplatten
18171		2.78	Bodenbeläge; Linoleum; Anforderungen; Prüfung
18173		2.78	–; Linoleum-Verbundbelag; Anforderungen, Prüfung
18190	T1 bis T5	7.75	Dichtungsbahnen für Bauwerksabdichtungen;
E 18195	T2	11.77	Bauwerksabdichtungen; Stoffe
	T4		–; Abdichtungen gegen Bodenfeuchtigkeit; Ausführung und Bemessung
	T6		–; Abdichtungen gegen von außen drückendes Wasser; Ausführung und Bemessung
E	T9	1.79	–; Durchdringungen, Übergänge, Abschlüsse
18201		4.76	Maßtoleranzen im Bauwesen; Begriffe, Grundsätze, Anwendung, Prüfung
18202	T1	3.69	Maßtoleranzen im Hochbau; Zulässige Abmaße für die Bauausführung; Wand- u. Deckenöffnungen, Nischen, Geschoß- u. Podesthöhen
V	T3	9.70	–; Toleranzen für die Ebenheit der Oberflächen von Rohdecken, Estrichen und Bodenbelägen

DIN-Normen, Fortsetzung

DIN-Blatt Nr	Ausgabe-Datum	Titel
18332	8.74	VOB Teil C; Allgem. Techn. Vorschriften für Bauleistungen; Naturwerksteinarbeiten
18333	9.76	–; –; Betonwerksteinarbeiten
18336	10.65	–; –; Abdichtung gegen drückendes Wasser
18337	2.61	–; –; Abdichtung gegen nichtdrückendes Wasser
18352	8.74	–; –; Fliesen- und Plattenarbeiten
18353	9.76	–; –; Estricharbeiten
18354	2.61	–; –; Asphaltbelagarbeiten
18356	8.74	–; –; Parkettarbeiten
18365	8.74	–; –; Bodenbelagarbeiten
18367	9.76	–; –; Holzpflasterarbeiten
18500	8.76	Betonwerkstein; Anforderungen, Prüfung, Überwachung
18502	12.65	Pflastersteine; Naturstein
E 18560 T 1	1.79	Estriche im Bauwesen; Begriffe, Bezeichnung, Allgemeine Anforderungen, Prüfung
E 51043	8.77	Traß; Anforderungen, Prüfung
V 51097	11.77	Prüfung keramischer Bodenbeläge; Bestimmung der rutschhemmenden Eigenschaft, naßbelastete Barfußbereiche
51960	8.75	Prüfung von organischen Bodenbelägen (außer textilen Bodenbelägen); Prüfung des Brennverhaltens
E 51961	10.78	Prüfung von organischen Fußbodenbelägen; Einwirkung glimmender Tabakwaren
52100	7.39	Prüfung von Naturstein; Richtlinien zur Prüfung und Auswahl von Naturstein
52103	11.72	–; Bestimmung der Wasseraufnahme
52105	8.65	–; Druckversuch
52106	11.72	–; Beurteilungsgrundlagen für die Verwitterungsbeständigkeit
52210 T 1	7.75	Bauakustische Prüfungen; Luft- und Trittschalldämmung, Meßverfahren
52614	12.74	Wärmeschutztechnische Prüfungen; Bestimmung der Wärmeableitung von Fußböden
61151	12.76	Textile Fußbodenbeläge; Begriffe, Einteilung, Kennzeichnende Merkmale
66081	9.76	Kennwerte für das Brennverhalten textiler Erzeugnisse; Textile Fußbodenbeläge
E 66090	7.78	Textile Fußbodenbeläge; Anforderungen an den Aufbau; Brandverhalten
68701	6.76	Holzpflaster GE für gewerbliche Zwecke
68702	5.76	Holzpflaster RE für Räume in Schulen, Verwaltungsgebäuden, Versammlungsstätten und ähnlichen Anwendungsgebieten
68750	4.58	Holzfaserplatten; poröse und harte Holzfaserplatten; Gütebedingungen
68752	12.74	Bitumen-Holzfaserplatten; Gütebedingungen

DIN-Normen, Fortsetzung

DIN-Blatt Nr		Ausgabe-Datum	Titel
68760		9.73	Spanplatten; Nenndicken
68761		9.73	–; Flachpreßplatten FPY für allgemeine Zwecke; Begriffe, Eigenschaften, Prüfung
68771		9.73	Unterböden aus Holzspanplatten
68800	T1	5.74	Holzschutz im Hochbau; Allgemeines
	T2		–; vorbeugende bauliche Maßnahmen
	T3		–; vorbeugender chemischer Schutz von Vollholz
	T4		–; Bekämpfungsmaßnahmen gegen Pilz- und Insektenbefall
E	T5	5.78	–; vorbeugender chemischer Schutz von Holzwerkstoffen
EEN 87		1.77	Keramische Fliesen und Platten; Grundlagen
EEN 98		9.77	–; Prüfung der Maße und der Oberflächenbeschaffenheit

5.6 Literatur

[1] Technische Informationen (DLW-Bautechnik). Hrsg.: DLW-Aktiengesellschaft, Bietigheim

[2] Gösele, K.: Schalldämmung in Bauten mit demontablen Wänden. Technik am Bau (TAB) **5** (1976)

[3] Gösele, K.: Schalldämmende Holzbalkendecken. Hrsg.: Entwicklungsgemeinschaft Holzbau i.d. Deutschen Gesellschaft für Holzforschung, München in Zusammenarbeit mit: Arbeitsgemeinschaft Holz e.V., Düsseldorf (Informationsdienst Holz), Bund Deutscher Zimmermeister, Bonn.

[4] Beiblatt zur DIN 4108, Wärmeschutz im Hochbau. Z. f. Wärme-, Kälte-, Schall- u. Brandschutz (wksb) **2** (1976). Hrsg.: Grünzweig + Hartmann und Glasfaser AG

[5] Überwachungsverordnung zur Wärmeschutzverordnung – eine einfache Nachweismethode. Z. f. Wärme-, Kälte-, Schall- und Brandschutz (wksb) **12** (1977). Hrsg.: Grünzweig + Hartmann und Glasfaser AG

[6] Bobran, H.W.: Handbuch der Bauphysik. 3. Aufl. Braunschweig 1976

[7] Grandjean, E.: Wohnphysiologie; Grundlagen gesunden Wohnens. Zürich 1973

[8] Styropor-Informationsblätter: Wärmedämmung von Böden und Decken

[9] Styropor-Informationsblätter: Trittschalldämmung mit Styropor-Schaumstoff in Geschoßtrenndecken. Hrsg.: Informationszentrum Styropor, Ludwigshafen

[10] AGI-Arbeitsblätter (Industrieböden): Hrsg. Arbeitsgemeinschaft Industriebau e.V. Bezug: C.R. Vincentz Verlag, Hannover

[11] Schütze, W.: Der schwimmende Estrich. 4. Aufl., Wiesbaden–Berlin 1974

[12] Schütze, W.: Estrichmängel. 2. Aufl., Wiesbaden–Berlin 1975

[13] Estriche im Industriebau. Forschungsgemeinschaft Bauen und Wohnen. **101** (1976)

[14] Informationen über Gußasphalt im Hochbau. Gußasphalt **1** (1974) u.f.; Gußasphalt in Naßräumen **7** (1977). Hrsg.: Beratungsstelle für Asphaltverwendung e.V., Braunschweig.

[15] Cremer, L.: Akustische Versuche an schwimmend verlegten Asphaltestrichen. Hrsg.: Beratungsstelle für Asphaltverwendung e. V., Braunschweig. S.-Druck aus: Bitumen **5** (1963)

[16] Peter, J.: Trockene Fußböden im Keller – Gußasphalt in nicht unterkellerten Räumen. Hrsg.: Beratungsstelle für Asphaltverwendung e. V., Braunschweig. S.-Druck aus: Fußbodenzeitung

[17] Technische Richtlinien für die Verlegung schwimmender und im Verbund hergestellter Estriche. Hrsg.: Bundesverband Estriche und Beläge e. V., Bonn. Ausg. 1 (1976)

[18] Mensch, A., Dittrich, H.: Handbuch für den Fußbodenbau mit Trockenelementen. Stuttgart 1974

[19] Technische Informationen: Trockenunterboden-Konstruktionen aus Phenapan-Holzspanplatten. Deutsche Novopan Gesellschaft, Göttingen

[20] Schwimmende Holzböden und Trockenestriche auf Leichtbauplatten. S.-Druck Nr. 4. Hrsg.: Bundesverband Leichtbauplatten, München

[21] Technische Informationen: Perlite-Dämmstoff GmbH, Dortmund

[22] Kappler, H. P.: Feuchträume – Naßräume. Deutsche Bauzeitung (db) **3** (1974)

[23] Arbeitsblätter FLEXWELL Elektro-Heizung. Hrsg.: Kabel- und Metallwerke (Kabelmetal), Gutehoffnungshütte AG

[24] Arbeitsblatt-Sammlung (JOCO-Flächenstrahlungs-Heizung). Hrsg.: Fa. John + Co., Achern

[25] Konstruktionsbeispiele: Naturwerkstein-Bodenbeläge über warmwasserbeheizten und elektrischen Fußbodenheizungen. Hrsg.: Informationsstelle Naturwerkstein, Würzburg

[26] Bautechnische Informationen (Naturwerkstein: Außen- und Innenarbeiten). Hrsg.: Informationsstelle Naturwerkstein, Würzburg

[27] Bautechnische Mitteilungen: Verarbeitung von keramischen Platten für Bodenbeläge – Konstruktionsbeispiele. Hrsg.: Fa. Gail, Gießen

[28] Erfordernisse von textilen Fußbodenbelägen für Fußbodenheizung. Hrsg.: Deutsches Teppich-Forschungsinstitut e. V., Aachen, 1978

[29] Fertigparkett auf Fußbodenheizung (Informationsdienst Holz). Hrsg.: Arbeitsgemeinschaft Holz e. V., Düsseldorf

[30] RWE Bau-Handbuch 1979/80 (Technischer Ausbau). Hrsg.: RWE-Hauptverwaltung, Abt. Anwendungstechnik, Essen

[31] Estendorfer, H.: Die elektr. Fußbodenheizung. Deutsches Elektrohandwerk **44** (1969), Heft 21

[32] Arbeitsunterlage-Fußbodenheizungssysteme. Hrsg.: Thermo-Apparatebau GmbH, Mühlheim a. d. Ruhr

[33] Schulz, P.: Handbuch für den Schall- und Wärmeschutz im Innenausbau. 2. Aufl., Stuttgart 1976

[34] Henn, W.: Fußböden. München 1964

[35] Satlow, G., Schröer, S.: Antistatische Ausrüstung und leitfähige Verlegung von Teppichboden. Hrsg.: Deutsches Teppich-Forschungsinstitut, Aachen. S.-Druck aus: Heimtex **1** (1978)

[36] Satlow, G., Schröer, S.: Wirkung leitfähiger Kleber bei der Verlegung textiler Fußbodenbeläge auf ihr elektrostatisches Verhalten. Hrsg.: Deutsches Teppich-Forschungsinstitut, Aachen. S.-Druck aus: Chemiefasern / Textilindustrie **26** (1978)

[37] Piltz – Härig – Schulz: Technologie der Baustoffe. 5. Aufl., Heidelberg 1977

[38] Keramische Fliesen (Gesamtkatalog 1977/78): Anwendungstechnik. Hrsg.: Villeroy & Boch, Mettlach

[39] Baukeramik. Hrsg.: Fa. Gail, Gießen

[40] Christmann: Feinkeramische Fliesen und Beläge (Versuchsanstalt Anwendungstechnik, Mettlach). Deutsche Bauzeitschrift (DBZ) **7** (1977)

[41] Fliesentips für Architekten: Keramik am Bau. Hrsg.: Verband der Keramischen Fliesenindustrie e. V., Frankfurt

[42] Technische Schriftenreihe: Verlegung und Behandlung von Betonwerkstein-, Asphalt- und Terrazzo-Asphaltplatten. Deutsche Naturasphalt GmbH, Eschershausen/Holzminden

[43] Informationen über Gußasphalt: Gußasphalt als Industrieboden. Hrsg.: Geschäftsstelle der Beratungsstelle für Asphaltverwendung e. V., Braunschweig

[44] Informationsdienst Holz: Parkett – Techn. Informationen

[45] Informationsdienst Holz: Fertigparkett-Elemente

[46] Informationsdienst Holz: Holzpflaster – Techn. Informationen

[47] Informationsdienst Holz: Versiegelung und Pflege von Holzfußböden. Hrsg. [44] bis [47]: Arbeitsgemeinschaft Holz e. V., Düsseldorf

[48] Technische Informationen (DLW-PVC-Belag)

[49] Technische Informationen (DLW-Linoleum-Belag)

[50] Technische Informationen (DLW-Teppich-Belag) aus DLW-Planungs-Cooperation (Objektmappen). Hrsg. [48] bis [50]: DLW-Aktiengesellschaft, Bietigheim

[51] Schwabe, A.: Beschichtungen – Wahrheit und Dichtung. Bauen mit Kunststoffen (B. m. K.) **6** (1976). Fachdokumentation des Institutes für das Bauen mit Kunststoffen e. V. (IBK)

[52] Wentz, D.: Teppichboden-Kolloquium. S.-Druck moebel interior design (md)

[53] Lehnen, A., Satlow, G.: Zweckmäßige Ausschreibung von textilen Bodenbelägen (Deutsches Teppich-Forschungsinstitut, Aachen). S.-Druck aus: Boden – Wand – Decke, **12** (1975)

[54] Teppiche erfolgreich verkaufen (Autorenteam)-Fachbroschüre. Hrsg.: Europ. Teppichgemeinschaft für Deutschland e. V., Kontaktstelle Frankfurt, 1. Aufl. 1973

[55] Teppichboden im Objekt: Kompaktinformationen (Folge A–D). Anker-Illustrierte (1975/76). Hrsg.: Anker-Teppichfabrik, Gebr. Schoeller, Düren

[56] Satlow, G.: Nadelvlies- und Polvlies-Fußbodenbeläge. Hrsg.: Deutsches Teppich-Forschungsinstitut, Aachen. S.-Druck aus: Melliand, Textilberichte **59** (1978).

[57] Scheewe, H.-J.: Prüfung und Qualitätssicherung textiler Bodenbeläge. DLW-Nachrichten **61** (1977). Hrsg.: DLW-Aktiengesellschaft, Bietigheim

[58] Kraege, R., Wilmsen, G., Satlow, G.: Schalltechnische Eigenschaften von textilen Fußbodenbelägen. Hrsg.: Dt. Teppich-Forschungsinst., Aachen

[59] Hebgen, H.: Neuer baulicher Wärmeschutz. 1. Aufl., Braunschweig 1978

[60] Balkowski, F. D.: Die Nutzung der Schaumstoffeigenschaften. Deutsches Architektenblatt (DAB) **10** (1978)

[61] Elektro-Fußbodenheizungen (Konstruktions- u. Verlegebeispiele, Lieferprogramme): Technik am Bau (TAB) **11** (1978)

[62] BEB-Arbeitsblätter: Industriefußböden aus Kunstharzen (KH 1 – KH 5). Hrsg.: BEB Bundesverband Estriche und Beläge e. V., Bonn 7/1977

[63] Seidler, P.: Industriefußböden. Hrsg.: Technische Akademie Esslingen (Kontakt + Studium). 1. Aufl. Grafenau/Württ. 1978

[64] Merkblätter für die Pflege und Reinigung textiler Fußbodenbeläge im Objektbereich (Nr. R 01) und im Haushaltsbereich (Nr. RH 1). Hrsg.: Deutsches Teppich-Forschungsinstitut, Aachen

6 Schornsteine (Kamine) und Lüftungsschächte

6.1 Allgemeines

Hausschornsteine dienen dazu, Verbrennungsgase fester oder flüssiger Brennstoffe („Rauchschornsteine") oder gasförmiger Brennstoffe („Abgasschornsteine") über Dach abzuführen. Die beim Verbrennungsvorgang entstehenden heißen Abgase haben ein geringeres spezifisches Gewicht als die umgebende Außenluft. Sie erhalten dadurch nach dem Archimedischen Prinzip einen Auftrieb mit einer Strömungsgeschwindigkeit, die abhängig ist von

- Temperaturdifferenz zwischen Abgassäule und entsprechender Außenluftsäule
- Höhe der Luftsäulen
- Frischluftzustrom zur Feuerungsanlage
- Druckverlusten (Strömungs- und Reibungswiderstände in Feuerungsraum und Schornstein)
- Abkühlung der Abgase innerhalb des Schornsteins.

Daraus folgt, daß bei der Planung von Schornsteinen besonders beachtet werden müssen:

- Abgasart (Art der Brennstoffe)
- Abgasmenge (abhängig von der Wärmeleistung der Heizungsanlage)
- Abgastemperatur (thermische Beanspruchung des Schornsteinmaterials)
- Betriebsart (z. B. gleichmäßiger Dauerbetrieb oder Intervallbetrieb – Anlage arbeitet nur bei Wärmebedarf)
- Lage (Beeinflussung der Abgasführung durch Dachform, benachbarte Gebäude u. ä.)
- Überwachung und Reinigung.

Die Schornsteinhöhe wird im allgemeinen von der Gebäudehöhe bestimmt, wenn nicht freistehende Schornsteinanlagen (s. z. B. Abschn. 6.4) eine unabhängige Höhe ermöglichen. Die Mindesthöhe (Abstand Feuerungsebene–Schornsteinmündung) beträgt 4,50 m nach DIN 18160. Sie ist im übrigen abhängig von der Wärmeleistung der Heizanlage sowie der Querschnittsgröße und -form des Abgasrohres. Die Schornsteinmündung ist für geneigte Dächer möglichst am First vorzusehen und muß diesen um mindestens 40 cm überragen. Von geneigten Dachflächen muß die Schornsteinmündung einen Mindestabstand von 1,00 m haben und bei Flachdächern mindestens 1,50 m über der Dachfläche liegen (Bild **6**.1). Liegen Schornsteinmündungen nicht im freien Windstrom, müssen

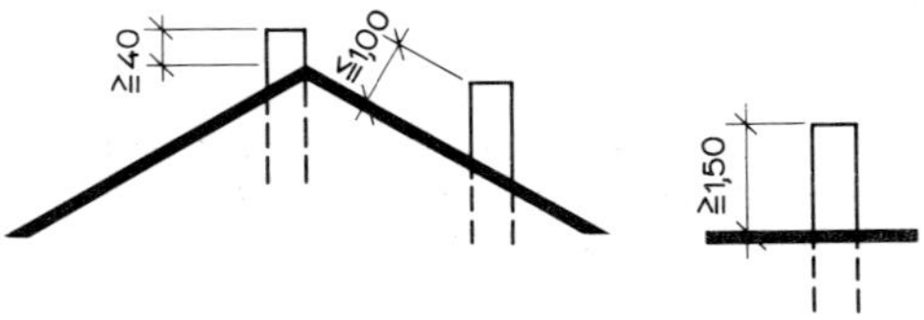

6.1
Schornsteinmündungen: Abstand von Dachflächen

diese Mindestabstände erhöht werden. Besondere Bestimmungen gelten für sog. „weiche Bedachungen" (z. B. Stohdeckungen).

Der lichte Schornstein-Querschnitt ist rund, quadratisch oder – nicht so günstig – rechteckig (Seitenverhältnis ≧ 1 : 1,5). Für Einzelfeuerstätten in Wohnungen werden Schornsteine mit Rohrquerschnitten 13,5/13,5 cm, 13,5/20 cm und 20/20 cm gemauert oder aus Formstücken mit einem Mindestquerschnitt von 140 cm² hergestellt. Für Regelfälle kann der erforderliche Schornstein-Querschnitt bauaufsichtlich geprüften Tabellen oder Diagrammen der Hersteller von vorgefertigten Schornsteinen oder der DIN 18160 entnommen werden (Bild **6**.2).

Die Schornsteine sind ohne Querschnittsänderungen senkrecht hochzuführen. Ein „Ziehen" (bis zu 60° gegen die Waagerechte) ist nur einmal zulässig. Bei Schornsteinen aus Formstücken nach DIN 18150 dürfen für die Knickstellen nur besonders geformte Winkelstücke verwendet werden. Bei gezogenen Schornsteinen wird die Schornsteinleistung verringert, der Rußansatz begünstigt und die Brandgefahr erhöht (Bild **6**.3 bis **6**.6).

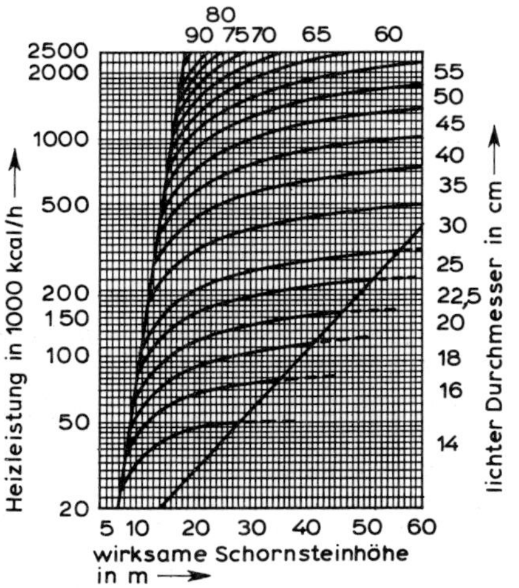

6.2
Querschnittstabelle für vorgefertigte Schornsteine (nach Unterlagen der Firma Schiedel)
Querschnittsbemessung für Kessel mit Zugbedarf nach DIN 4702 bei Öl- und Gasfeuerung

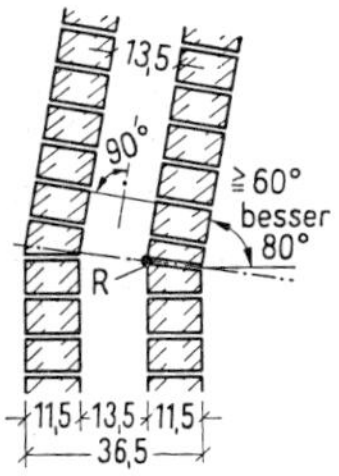

6.3 Gezogener Schornstein mit gleichbleibendem Rohrquerschnitt

Rundstahl *R* verhindert das Einschneiden der Besenleine

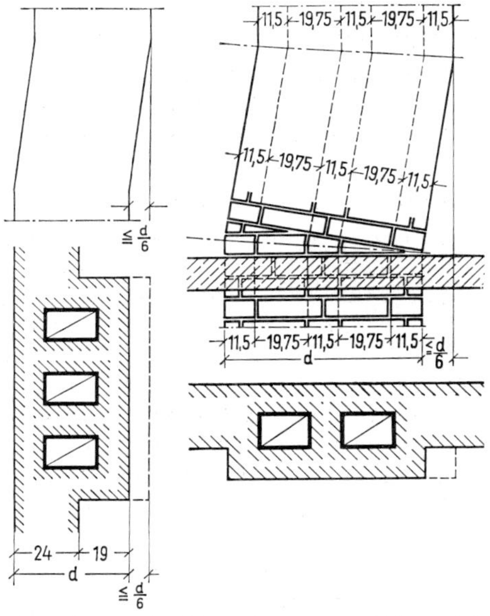

6.4 Ohne Unterstützung gezogene Schornsteine. Die Binderschichten tragen die Last der auskragenden Mauervorlage

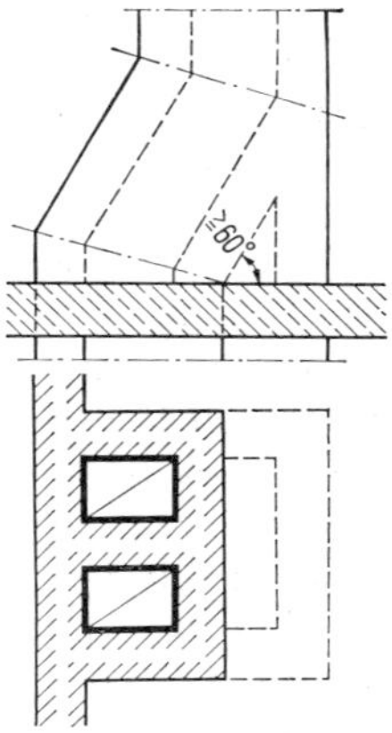

6.5 Unterstützung durch Schulterwange, die auf der für die Last besonders berechneten Decke ruht. Ausrundungen mit $r = 6 \times$ Rohrdurchmesser sind besser als scharfe Knicke

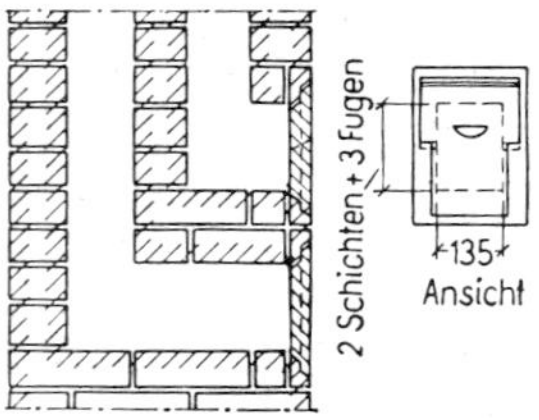

6.6 Übereinanderliegende Schornstein-Reinigungsöffnungen
lichte Höhe ≧ 18 cm (Vertikalschnitt)

Ausreichende Wärmedämmung der Schornsteine ist notwendig, um Auftriebsverluste („schlechtes Ziehen") und Kondensatbildung zu verhindern („Versotten" – Niederschlag eines säurehaltigen Gemisches von Wasser, Teer, Ruß und Schwefel, der zu Schornsteinbränden führen kann oder durch die Schornsteinwandungen hindurch zu dunkelbraunen, nur schwer zu beseitigenden Verfärbungen führt).

Gegen Abkühlung sind die Schornsteine in Gruppen zusammenzufassen und möglichst nicht an Außenwänden zu legen. Die Schornsteinwandungen sind entweder ausreichend dick zu mauern (s. Abschn. 6.2) oder mit wärmedämmendem Material zu umkleiden (s. Abschn. 6.3 und 6.4). Ausreichender Wärmeschutz ist besonders für Schornsteinabschnitte in nicht beheizten Gebäudeteilen (z. B. Dachraum) und oberhalb der Dachfläche („Schornsteinkopf") zu berücksichtigen (s. Abschn. 6.2ff.).

Zur Reinigung müssen Schornsteine an der Rauchrohrsohle und – wenn eine Reinigung von der Mündung aus nicht vorgesehen werden kann – im Dachraum mindestens 12 × 18 cm große, dicht verschließbare, wärmegedämmte Reinigungsöffnungen mit bauaufsichtlichem Prüfzeichen haben (Bild **6**.6). Für die Reinigung vom Schornsteinkopf aus muß ein entsprechender, sicherer Zugang mit einer mindestens 42 × 52 cm großen, seitlich zu öffnenden Ausstiegsklappe in der Dachfläche vorhanden sein. Neben der Schornsteinmündung sind sicher begehbare Standroste oder -bohlen gemäß DIN 18160 T5 Abschn. 4.2, auf dem Dach notwendig. (Konstruktive Einzelheiten s. Teil 2, Abschn. 1.8.1, dieses Werkes.)

Einbau und Konstruktion von Schornsteinen sind im übrigen in DIN 18160 und den Landesbauordnungen durch verschiedene Einzelvorschriften geregelt, die im Rahmen dieser Abhandlung nur in den wichtigsten Teilen erwähnt werden können.

Schornsteine sind aus feuerbeständigen Baustoffen herzustellen, und die über Dach oder unverputzt im Freien liegenden Schornsteinteile müssen frostbeständig sein. Schornsteine müssen auf tragfähigem Baugrund mit entsprechenden Fundamenten gegründet oder auf feuerbeständigen Bauteilen aufgesetzt sein. Für dünnwandige Abgasschornsteine genügt eine Unterstützung aus nicht brennbaren Baustoffen. Müssen Schornsteine oder Feuerungsanlagen auf bindigen Böden gegründet werden, muß durch Wärmedämmung ein Austrocknen und die damit verbundene Volumenverringerung des Untergrundes verhindert werden, weil es sonst zu erheblichen Setzungen der Fundamente kommen kann.

Außenflächen der Rauchschornsteine innerhalb des Gebäudes sind bis unter die Dachhaut mindestens mit einem Rapputz von 5 bis 10 mm Dicke zu versehen. Schornstein-Mauerwerk aus Mauersteinen nach DIN 105, 106 und 398 braucht auch im Gebäudeinnern nur ausgefugt zu werden.

Nach DIN 18160 T1 müssen die Außenflächen von Schornsteinen ≧5 cm von Bauteilen aus brennbaren oder schwer entflammbaren Baustoffen (z.B. Konstruktionshölzern) entfernt bleiben (Bild **6**.7). Bei dünnwandigen Abgas-Schornsteinen ist der Abstand auf ≧10 cm zu erhöhen, wenn nicht ein besonderer Schutz gegen strahlende Wärme vorgesehen wird. Nicht tragende Bauteile aus brennbaren oder schwer entflammbaren Baustoffen (z.B. Fußböden, Fußleisten, Dachlatten) können mit kleinen Flächen an frei zugänglichen Stellen bis auf 1 cm an die Schornstein-Außenfläche herangeführt werden, wobei die Dicke des Putzes nicht berücksichtigt wird.

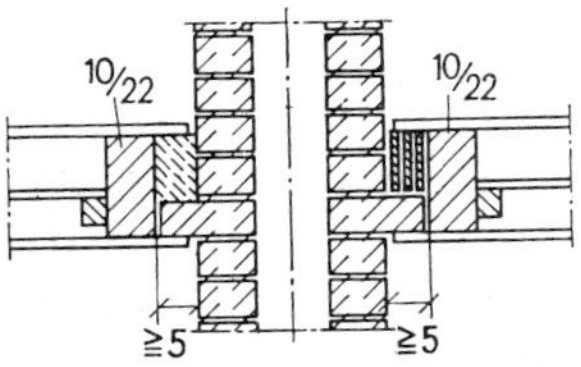

6.7 Schnitt durch Schornstein und Holzbalkendecke
links: Schlackenbetonfüllung des Zwischenraums
rechts: in Lehmmörtel vermauerte Dachsteine

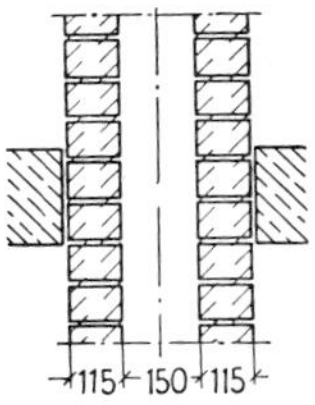

6.8 Schornsteinführung durch Stahlbeton-Plattendecke; zweckmäßig ist Dämmplatte in senkrechter Fuge

Bauteile aus nicht brennbaren Baustoffen dürfen an Schornstein-Außenflächen unmittelbar anstoßen. Von nicht im Verband gemauerten Schornsteinen müssen sie ≧2 cm entfernt bleiben, Zwischenräume bis zu 10 cm und Zwischenräume in den Deckendurchbrüchen sind mit nicht brennbaren, dicht und ausreichend wärmedämmenden Baustoffen voll auszumauern oder auszufüllen (Bild **6**.8); das gilt auch für Zwischenräume gegenüber Bauteilen aus nicht brennbaren Baustoffen. Bei nicht im Verband gemauerten Schornsteinen (z.B. Bilder **6**.12 bis **6**.14) sind die Zwischenräume (z.B. mit mineralischen Faserdämmstoffen nach DIN 18165) fest und so auszustopfen, daß insbesondere Höhenänderungen der Schornsteine nicht behindert werden, die oben erwähnte Aussteifung aber wirksam bleibt.

Schornsteine dürfen in tragende oder aussteifende Wände nur dann eingreifen, wenn dadurch die statische Wirksamkeit dieser Wände nicht beeinträchtigt wird. In Brandwände dürfen Schornsteine, Luftleitungen usw. nur so weit eingreifen, daß 24 cm Brandwanddicke verbleibt (DIN 1053).

Schornsteine in Hochhäusern müssen von Decken und Wänden durch mindestens 3 cm dicke Fugen getrennt sein, die mit elastischen, nicht brennbaren Baustoffen ausgefüllt sind.

Die Schornsteinwangen dürfen durch andere Bauteile, wie Decken und Unterzüge, nicht unterbrochen oder belastet werden. Bei Schornsteinen, die mit einer feuerbeständigen und feuerbeständig unterstützten Wand im Verband gemauert sind, dürfen Massivdecken mit Querversteifung aufgelagert werden, wenn die Wange in $\geqq$11,5 cm Dicke im Deckendurchbruch erhalten bleibt.

Schornsteine sind unter Dach in Abständen von $\leqq$5 m Höhe auszusteifen, wenn sie nicht mit anschließenden Wänden aus denselben Baustoffen gleichzeitig im Verband hochgeführt werden. Falls sie ohne Verband mit anschließenden Wänden errichtet und nicht mindestens alle 5 m ausgesteift sind, müssen Schornsteine aus Mauersteinen 24 cm dicke Wangen erhalten.

Schornsteine sind $\geqq$40 cm, bei Weichdächern $\geqq$80 cm über First hochzuführen. Das am besten aus Mauerziegeln VMz 12 oder 20 nach DIN 105 gemauerte und mit Mörtel der Gr. II verfugte Mauerwerk des Schornsteinkopfes wird mit einer $\approx$8 bis 10 cm dicken Betonplatte abgedeckt. Gesimse und vorspringende Abdeckplatten am Schornsteinkopf verursachen Luftwirbel und Stauungen und sind daher zu vermeiden.

6.2 Gemauerte Schornsteine

Wegen des hohen Arbeitsaufwandes werden Hausschornsteine heute nur noch selten aus Mauerwerk ausgeführt. Schornstein-Mauerwerk ist unbedingt dicht auszuführen. Die Mauersteine sind innen bündig zu vermauern, die Fugen sind im Inneren glatt zu verstreichen.

Die Wandungen gemauerter Schornsteine nennt man Wangen, die Zwischenwände Zungen. Wangen und Zungen gemauerter Schornsteine müssen mindestens 11,5 cm dick sein. Zur besseren Wärmehaltung und zur Erleichterung des Dachanschlusses müssen die Wangen am Schornsteinkopf auf mindestens 17,5 cm verstärkt werden. Besonders beanspruchte Schornsteinwangen aus Mauersteinen, insbesondere freiliegende Wangen in Außenwänden müssen mindestens 24 cm dick sein. Sie sollten zusätzlich durch Dämmschichten vor Abkühlung geschützt werden. Wangen dürfen nicht durch Schlitze, Dübel, Anker, Mauerhaken usw. geschwächt oder sonst unzulässig beansprucht werden.

Schornsteine aus Mauersteinen dürfen nur mit Wänden aus den gleichen Baustoffen gleichzeitig im Verband hochgeführt werden.

Für den Mauerverband der Schornsteine gelten folgende Regeln:

1. Alle Zungen müssen in die Wangen eingebunden werden.
2. Die durchgehenden Stoßfugen von einem Schornstein zum anderen und die Gesamtstoßfugen eines Schornsteins sind auf die kleinste Anzahl zu beschränken.
3. Es sind möglichst viele ganze Steine zu verwenden; abfallende Viertelsteine sind außen in das Wangenmauerwerk einzufügen.

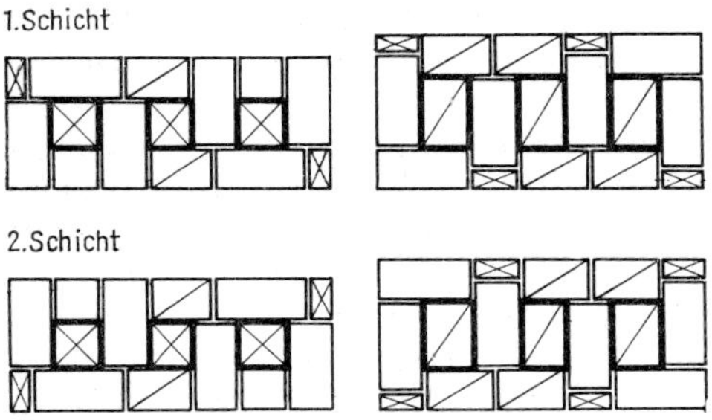

6.9 Freistehende Schornsteine

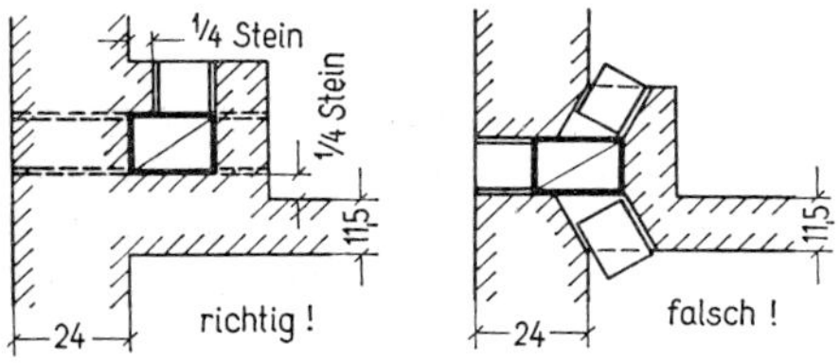

6.11 Schornsteinrohr in Mauerecke
links: ungeschwächter Maueranschluß, bequeme Ofenanschlüsse
rechts: Maueranschluß durch Rauchrohr geschwächt, schlecht sitzende Rohrfutter

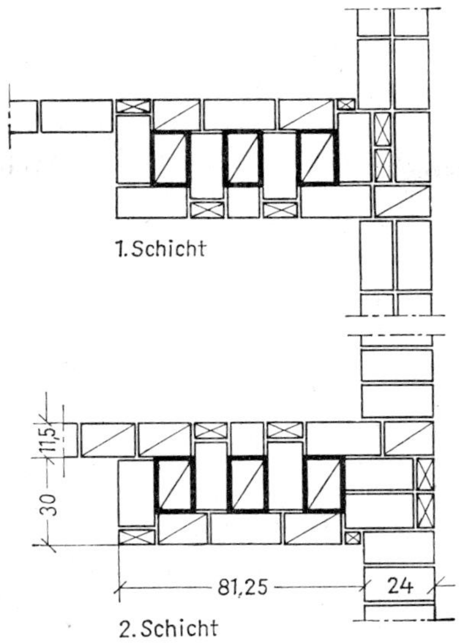

6.10 Schornsteingruppe am Maueranschluß
Die an der Ecke liegenden Viertelsteine sind besonders sorgfältig zu vermauern.

Bild **6**.9 zeigt einen Schornsteinverband, bei dem die abfallenden Viertelsteine mit verwendet worden sind. Liegen die Schornsteine in einem Mauerzusammenstoß, so sind die Verbandregeln für den Maueranschluß zu beachten (Bild **6**.10).

Bei der Anordnung von Schornsteinrohren in den Ecken sich kreuzender Mauern dürfen tragende Mauern nicht geschwächt werden; es ist im Gegenteil zweckmäßig, die Schornsteinrohre mindestens 1/4 Stein vor die durchgehende Wand zu setzen, um einfache, rechtwinklige Rauchrohranschlüsse zu ermöglichen (Bild **6**.11).

6.3 Schornsteine aus Formsteinen

Aus Rationalisierungsgründen und weil die heute fast durchweg üblichen Zentralheizungsanlagen mit Öl- oder Gasfeuerung durch höhere Abgastemperaturen und Intervallbetrieb (s. Abschn. 6.1) die Schornsteinanlagen wesentlich stärker belasten als die früheren Zimmeröfen, werden fast nur noch Schornsteine aus hochbeanspruchbaren, vorgefertigten Formsteinen gebaut.

Schornsteine aus Formsteinen werden ohne Verband neben tragenden oder nicht tragenden Wänden errichtet und in der Regel durch die Geschoßdecken ausgesteift. Je nach Fabrikat sind Richtungsänderungen entweder überhaupt nicht oder nur für größere Querschnitte und in Gebäuden mit nicht mehr als 5 Geschossen zugelassen. Dabei sind besondere Formstücke zu verwenden, und die Schornsteine müssen von feuerbeständigen Bauteilen sicher unterstützt sein. In Fertigteilschornsteine dürfen keine Aussparungen für Feuerungsanschlüsse nachträglich gestemmt werden (allenfalls ist Bohren, Fräsen, Einsatz von Schleifscheiben zulässig). Es müssen für Reinigungsöffnungen u. ä. Formteile verwendet werden.

Formstein-Schornsteine werden als ein- oder mehrschalige Konstruktionen hergestellt mit rundem, quadratischem oder rechteckigem Rauchrohrquerschnitt, letztere mit ausgerundeten Ecken.

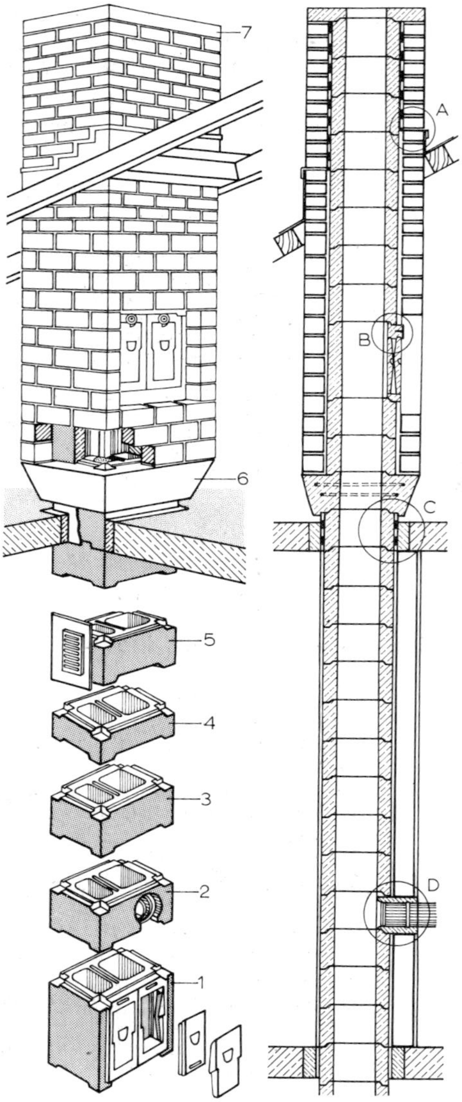

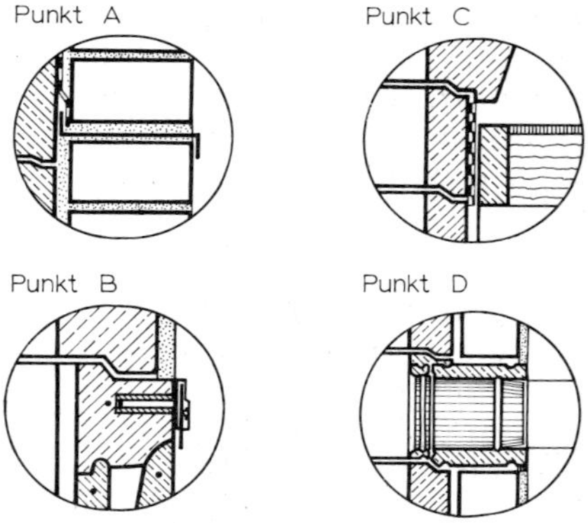

6.12 Einschaliger Formstein-Schornstein (System SCHWENDILATOR)

1 Trommel mit eingeformten Beton-Kamintüren
2 Trommel mit eingeformtem Kombistein DBP für Rauchrohranschluß
3 Normaltrommel, 20 cm hoch
4 Ausgleichstrommel
5 Trommel mit Abluftöffnung
6 Podesttrommel (ermöglicht die Ummantelung an der Schornsteinendung)
7 Abdeckplatte

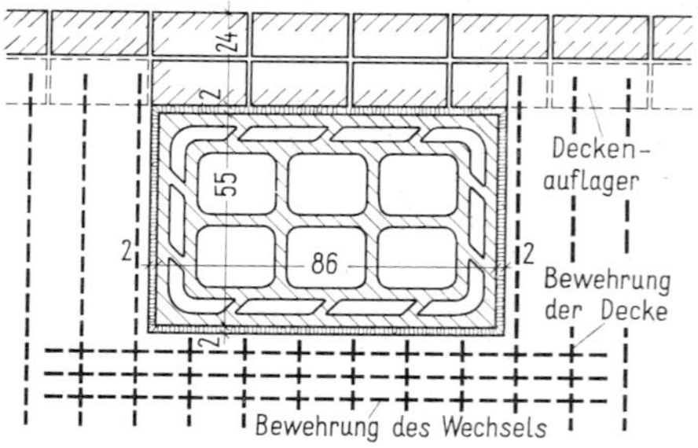

6.13 Zweischaliger Formsteinkamin (System SCHOFER) mit Massivdeckenauswechslung (Fuge durch 2 cm dicke, nicht brennbare Dämmplatte gefüllt)

Einschalige Formsteine bestehen meistens aus Ziegelsplittbeton und werden in verschiedenen Kombinationen von Rauchrohren und Entlüftungschächten mit muffenartigen Querfugen als Einzeltrommeln mit vermörtelten Stoßfugen (MG II) aufgebaut (Bild **6**.12).

Wenn größere Querschnitte erforderlich sind oder die thermische Belastung der Schornsteine höher ist, werden mehrschalige Schornstein-Konstruktionen vorgezogen. Sie bestehen aus zweischaligen Beton-Formsteinen (Bild **6**.13) oder aus einem hoch hitze- und chemikalienbeständigen Schamotte-Innenrohr, einer Wärmedämmschicht und einer Ummantelung (Bild **6**.14). Die Wärmedämmung besteht aus einer erdfeucht eingebrachten Mischung aus Perlite oder Vermiculite und Zement (Mischungsverhältnis 12 : 1 Raumteile) oder aus hoch temperaturbeständiger, nichtbrennbarer Mineralwolle. Die Ummantelung kann mit Mauerwerk hergestellt werden, besteht in der Regel jedoch aus Beton-Formsteinen, in die auch Lüftungszüge für die Entlüftung der Zentralheizungsräume eingearbeitet sind.

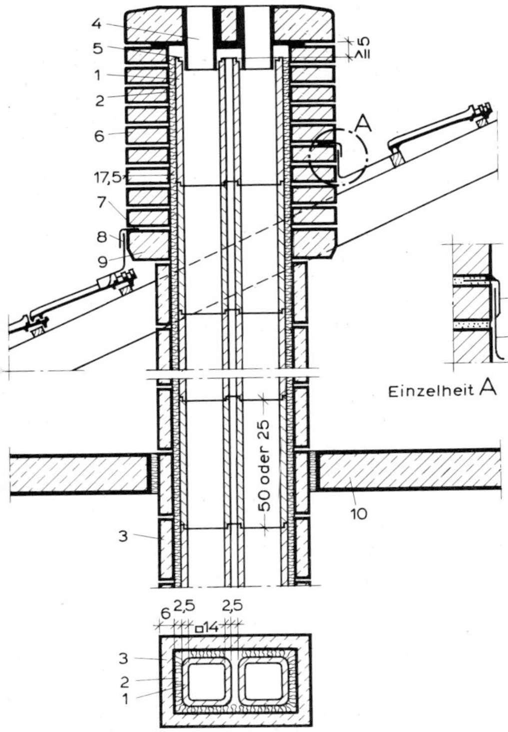

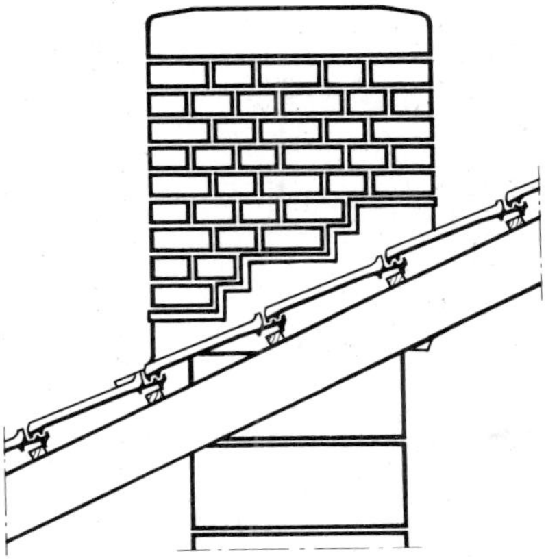

6.14 Mehrschaliger Montageschornstein (PLEWA)

1 Schamotte-Innenrohr
2 Wärmedämmschicht 25 mm
3 Ummantelung aus 6 cm dicken Formsteinen
4 Dehnfugenmanschette aus Edelstahl
5 Ausdehnungsraum für Schamotte-Innenrohr
6 frostbeständige Ummantelung
7 Kappleiste mit dauerelastischer Eindichtung
8 Walzblei-Einfassung
9 Beton-Kragstein für Ummantelungsmauerwerk
10 Stahlbetondecke (Decke darf sich nicht auf Ummantelung abstützen, Anschlußfuge mit nicht brennbarem Wärmedämmstoff verfüllt)

Schornsteine aus Fertigteilen können entweder stufenweise aus Rauchrohr, Wärmedämmung und Schale errichtet werden (Bild **6.**15), oder sie werden aus vorgefertigten geschoßhohen Elementen zusammengesetzt (Bild **6.**16). Die Formstücke sind mit Mörtel MG II gasdicht zu vermauern und so zu versetzen, daß die außenliegende Falzaufkantung nach oben zeigt, damit Kondensat- oder Regenwasser nicht in die Wärmedämmschicht eindringen kann. Bei Schornsteingruppen müssen die Fugen der Innenrohre gegeneinander versetzt sein.

Schornsteinköpfe werden entweder als komplette Fertigteile aufgesetzt oder auf eingebauten auskragenden Formteilen aufgemauert (Bild **6.**17).

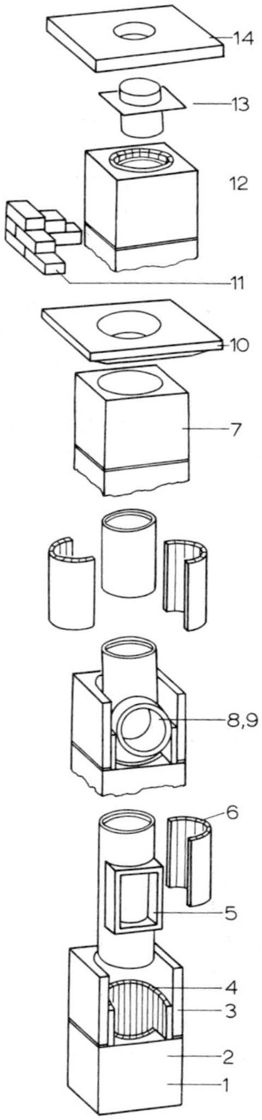

6.15 Aufbauen eines Montageschornsteines (nach Unterlagen der Firma Schiedel)

1 Mantelstein in Mörtel versetzen
2 Mantelstein bis zur Hälfte mit Beton ausfüllen
3 Öffnungsstein in Mörtel versetzen
4 Dämmplatten biegen und einbringen
5 Schamotterohr mit angeformtem Putztüranschluß versetzen
6 Dämmplatten biegen und einbringen
7 Mantelstein in Mörtel versetzen
8 Schamotterohr mit angeformtem Rauchrohranschluß
9 Heizraumentlüftung
10 Kragplatte
11 Ummauerung
12 Bewegungsfuge vorsehen
13 Dehnfugenmanschette einsetzen
14 Schornsteinkopfabdeckplatte betonieren oder als Fertigteil in Mörtel versetzen

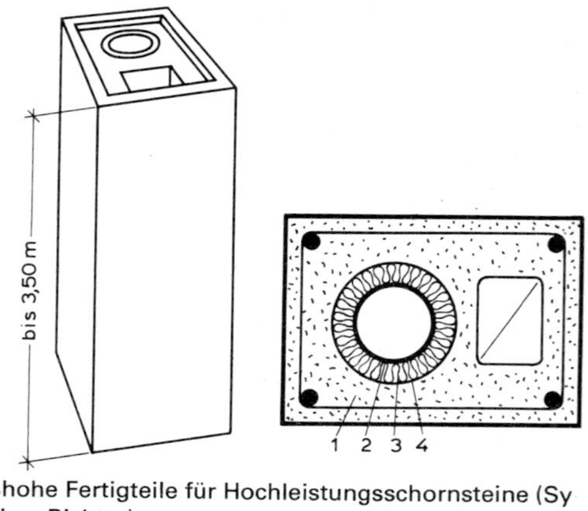

6.16 Geschoßhohe Fertigteile für Hochleistungsschornsteine (System Dr. Ing. Richter)

1 statisches Mantelformstück: Ziegelsplittbeton bzw. Konstruktions-Leichtbeton
2 Innenrohr: Schamotte oder Ziegelsplittbeton
3 primäre Isolierschale: Tel-Filz-Mineralwolle 30 mm
4 Reflexionsschicht: Alufolie
sekundäre Isolierschale: rechnerisch erforderliche Dicke des Mantelformstückes (1)

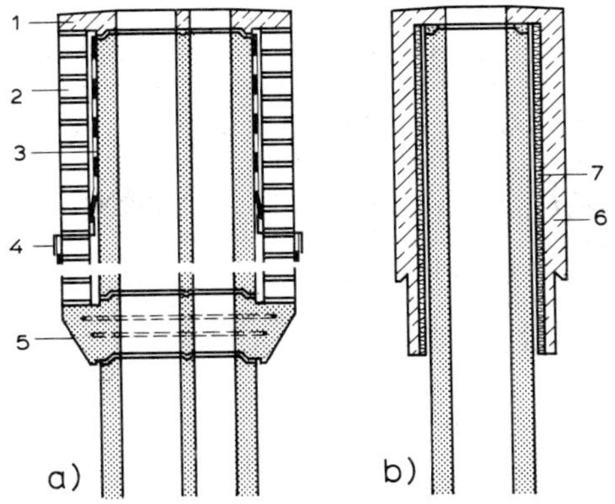

6.17
Schornsteinköpfe für einschalige, geschoßhohe Fertigteilkamine (Schwendilator)
a) Schornsteinkopf mit Vormauerziegeln und vorgefertigter Abdeckplatte
b) Schornsteinkopf aus vorgefertigtem Stahlbetonaufsatz
1 Beton-Abdeckplatte
2 Vormauerziegel
3 Isolierfolie, nicht brennbar, wasserabweisend
4 Walzblei-Überhangstreifen
5 Podesttrommel
6 Sichtbeton
7 Wärmedämmung

Insbesondere bei Intervallbetrieb der Heizanlage kommt es zu ständig wechselnden Bewegungen zwischen Rauchrohr und Außenschale wegen der unterschiedlichen Wärmeausdehnungskoeffizienten. Die Rauchrohre müssen daher eine ausreichende Bewegungsfuge gegenüber der Schornsteinkopf-Betonabdecäkung haben, die durch Dehnfugenbleche aus Edelstahl zu sichern ist (Bild **6**.14 und **6**.15).

Auch sehr große, hohe oder hoch beanspruchte sowie auch freistehende Schornsteine können in Montagebauweise hergestellt werden. Bei derartigen Schornsteinen muß die besondere thermische Beanspruchung durch mehrlagige Wärmedämmung, durch Alufolien als zusätzlicher Abstrahlungsschutz und durch Leichtbetonmantelsteine mit zusätzlichem Wärmeschutz berücksichtigt werden. Die Hohlräume der Mantelsteine nehmen bei freistehenden Schornsteinen die erforderliche, bei der Montage fortlaufend einbetonierte, Stahlbewehrung auf. Darüber

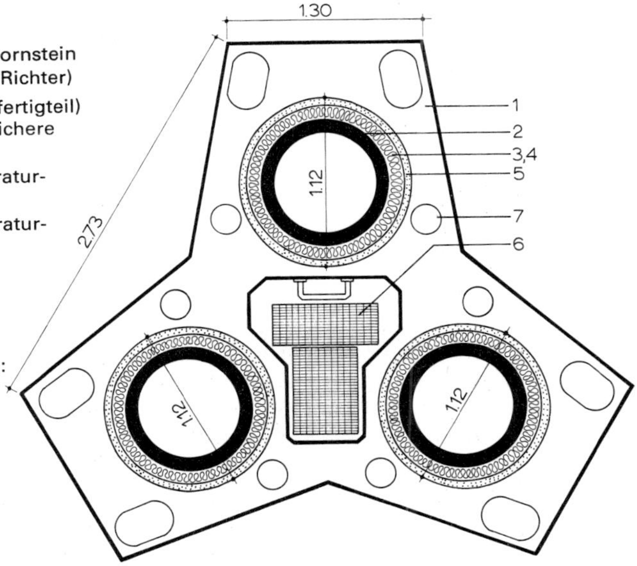

6.18
Freistehender Hochleistungsschornstein (Schwendilator, System Dr. Ing. Richter)
1 Mantelformstück (Stahlbetonfertigteil)
2 hitzebeständige, innendrucksichere Abgasrohre
3 Mineralwolle, bis 750° temperaturbeständig auf Drahtgewebe
4 Mineralwolle, bis 250° temperaturbeständig auf Alufolie
5 Leca-Einkorn-Isolierbeton
6 Kontrollschacht
7 örtlicher Betonverguß
8 örtlicher Betonverguß
Höhe der einzelnen Formstücke: 1,00m.

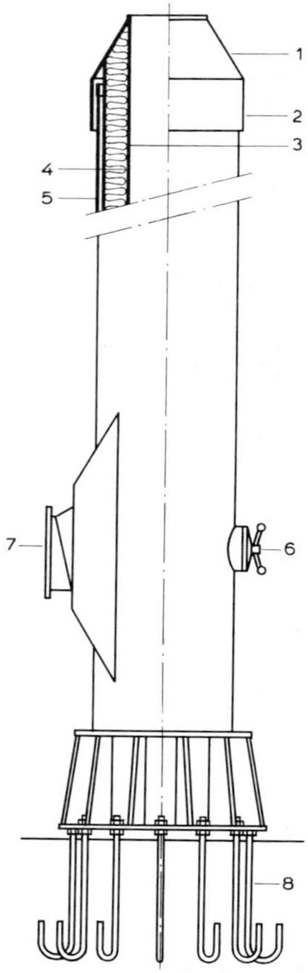

hinaus muß die Gesamtkonstruktion in der Lage sein, Explosionsschlägen standzuhalten, die durch Verpuffungen in Folge von Unregelmäßigkeiten in der Feuerungsanlage in großen Schornsteinen immer wieder auftreten. Die Rauchrohre derartiger Schornsteine werden daher meistens aus armiertem Ziegelsplittbeton (Bild **6.**18) oder aus Edelstahlrohr hergestellt.

Vollständig vorgefertigte Schornsteine mit Höhen von 40 bis 120 m werden auch aus Stahlrohren hergestellt. Bei ihnen besteht das Rauchrohr aus korrosionsträgem (Corten-) oder säurefestem Stahl, das äußere Mantelrohr aus sandgestrahltem korrosionsbeständigem oder angestrichenem Stahlrohr (Bild **6.**19).

6.19
Freistehender Stahlschornstein (Sempar)
1 Schornsteinkopf (teilweise aufgeschnitten)
2 Abdeckhaube
3 Rauchrohr
4 Wärmedämmung
5 äußere Schale (Stahlrohr)
6 Reinigungsöffnung
7 Kesselanschluß
8 Verankerung im Fundament

6.4 Abgasschornsteine

Nach den „Technischen Vorschriften und Richtlinien für die Einrichtung und Unterhaltung von Niederdruckgasanlagen in Gebäuden und Grundstücken DVGW-TVR-Gas" sind für Gasgeräte (z.B. Haushaltsgasherde, Kleinwasserheizer) keine besonderen Abgasanlagen erforderlich. Für größere Gasfeuerstätten sind jedoch die Abgase durch besondere Abgasschornsteine abzuführen, die ähnlich wie die bereits in Abschn. 6.2 und 6.3 besprochenen Schornsteine in Abhängigkeit von der Wärmeleistung der angeschlossenen Gasfeuerstätten zu dimensionieren sind. Bei der Verbrennung von Gas fällt neben den übrigen Abgasen relativ viel Wasserdampf an. Auch bei gutem Wärmeschutz der Schornsteinwandungen kommt es daher meistens zu erheblicher Kondensatbildung. Abgasschornsteine werden daher mit wasserundurchlässigen Wandungen (z.B. aus Asbestzementrohren) her-

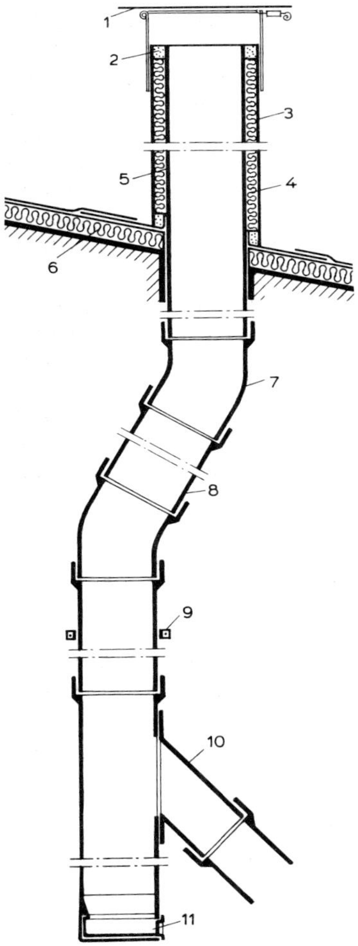

6.20
Abgasschornstein aus Asbestzementrohr (Fulgurit)

1 Meidinger Scheibe (aufklappbar)
2 dauerelastische Abdichtung
3 Stulprohr aus Asbestzement
4 Wärmedämmung
5 Einfassung aus Zinkblech, in Dachhaut eingeklebt
6 Wärmedämmung u. Dampfsperre auf Stahlbetonplatte
7 Bogen-Formstück
8 gezogener Schacht, feuerfest zu unterstützen
9 Rohrschelle
10 aufgeschraubter Anschlußstutzen (Formteil)
11 Schwitzwasserschale, herausziehbar

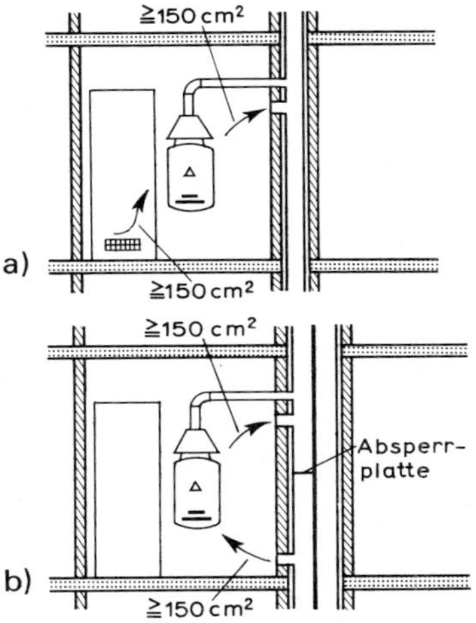

6.21 Belüftung von innenliegenden Räumen mit Gasfeuerstätten (vgl. Bild **6.**23)
a) Zuluft durch Türöffnung aus benachbartem Raum mit Außenfenster
b) Zuluft aus Belüftungsschacht

gestellt, bei denen am Schornsteinfuß die Möglichkeit zur Sammlung und Ableitung des anfallenden Kondensatwassers vorzusehen ist (Bild **6.**20).

Bei allen Gasfeuerstätten ist zwischen Gerät und Anschluß an den Abgasschornstein eine Strömungssicherung einzubauen, die bei Sauerstoffmangel oder Störungen bei der Gasverbrennung gefährliche Anreicherungen von unverbranntem Gas, Kohlenmonoxyd oder Kohlendioxydgas verhindert. Außerdem sind für innenliegende Räume und ggf. nach DIN 18017 für Räume mit größeren Gasfeuerstätten Be- und Entlüftungsöffnungen mit mindestens 150 cm^2 freiem Querschnitt vorzusehen. Die obere Belüftungsöffnung muß möglichst dicht unterhalb der Decke, mindestens jedoch 1,80 m über dem Fußboden, die untere in Fußbodennähe liegen (Bild **6.**21). Belüftungsöffnungen dürfen nicht verschließbar sein. Die erforderliche Größe der Öffnungen richtet sich im übrigen auch nach den Landesbauordnungen und beträgt im allgemeinen für die untere Zuluftöffnung mindestens 50%, für die obere Belüftungsöffnung mindestens 25% des vorhandenen Schornsteinquerschnittes.

6.5 Lüftungsschächte

Können Räume nicht durch Fenster ausreichend be- und entlüftet werden (z. B. innenliegende Bäder) muß Frischluft und Abluft durch Schächte und Kanäle in die Räume geleitet werden. Dabei kann die notwendige Luftströmung durch thermischen Auftrieb in Verbindung mit Winddruck bzw. -sog oder mechanisch durch Ventilatoren bewirkt werden.

Richtlinien zur Ausführung derartiger Lüftungseinrichtungen für innenliegende Sanitärräume, für deren Benutzung höchstens 6 Personen in Betracht kommen, enthält DIN 18017. Danach müssen die erforderlichen Lüftungsschächte glattwandig sein (z. B. Asbestzementrohr) und einen Mindestquerschnitt von 140 cm^2 haben (gemauerte Schächte mindestens 180 cm^2). Um Schallbelästigungen und Geruchsübertragungen von Geschoß zu Geschoß zu verhindern, ist entweder für jeden Raum ein eigener Schacht (Bild **6**.22) oder ein Sammelschacht mit Nebenschächten für jeden Raum (Bild **6**.23) vorzusehen, der über Dach zu führen ist. Die Lüftungsschächte sind so gegeneinander zu versetzen, daß zwei benachbarte Rohre nicht zu aufeinanderfolgenden Geschossen gehören. Die Abluftöffnungen in den Schächten sollen möglichst nahe unter der Decke liegen und einen freien Querschnitt von mindestens 150 cm^2 haben. Wird ein verschließbares Abluftgitter vorgesehen, beträgt der Mindestquerschnitt 180 cm^2. Am tiefsten Punkt jedes Schachtes ist ein Kondensatwasserfang vorzusehen (vgl. Bild **6**.20). Die Belüftung kann über direkt belüftete, benachbarte Räume (z. B. durch unverschließbare Schlitze in den Türen – mindestens 150 cm^2 Querschnitt – s. Bild **6**.22) oder durch einen Sammelkanal erfolgen, an den alle Luftschächte angeschlossen sind und der möglichst an zwei Seiten des Gebäudes mit der Außenluft in Verbindung steht (Bild **6**.23).

Derartige Lüftungssysteme reichen unter normalen klimatischen Verhältnissen im allgemeinen zwar aus und sind praktisch wartungsfrei, sie erfordern jedoch bei mehrgeschossigen Bauten einen hohen Platzbedarf und sind nur schwer gegen Schallübertragung ausreichend zu sichern.

Belüftungsanlagen mit zentralen Absaug-Ventilatoren müssen wegen des Geruchsschutzes ständig betrieben werden. Sie entziehen daher den Gebäuden große Luftmengen, was im Winter entsprechend höhere Heizleistungen nötig macht.

Sehr wirtschaftlich können dagegen Einrohrsysteme sein, bei denen jeder Raum einen separaten elektrischen Entlüfter hat, der bei Bedarf (z. B. durch Koppelung mit dem Lichtschalter, meist in Verbindung mit Nachlaufeinrichtungen) betrieben wird (Bild **6**.24).

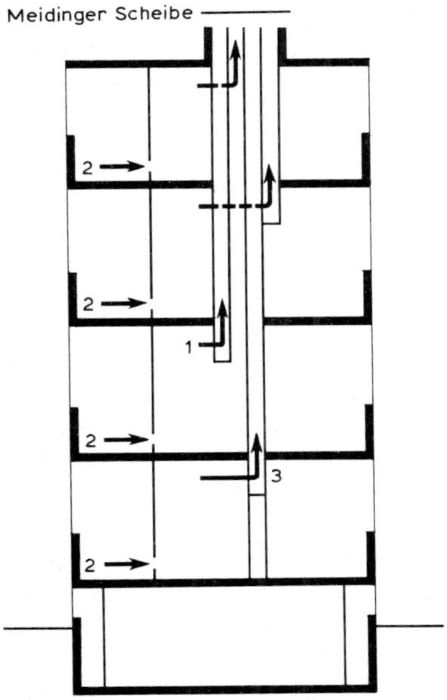

6.22 Entlüftung durch Einzelschächte (Berliner Lüftung)

1 Abluftöffnung (freier Querschnitt ≧70 cm^2)

2 Zuluftöffnung ≧150 cm^2

3 Kondensatsammler

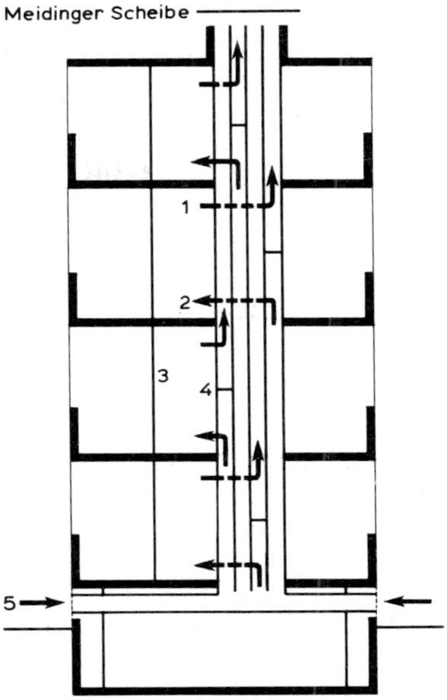

6.23 Entlüftung durch Sammelschacht (Kölner Lüftung)

1 Abluftöffnung (freier Querschnitt ≧70 cm^2)

2 Frischluftöffnung (keine zusätzlichen Zuluftschlitze notwendig)

3 Innenbänder ≧6 cm^3

4 Trennböden (dienen auch als Kondensatsammler)

5 Frischluftkanal (Querschnitt ≧80° der Summe aller Schachtquerschnitte)

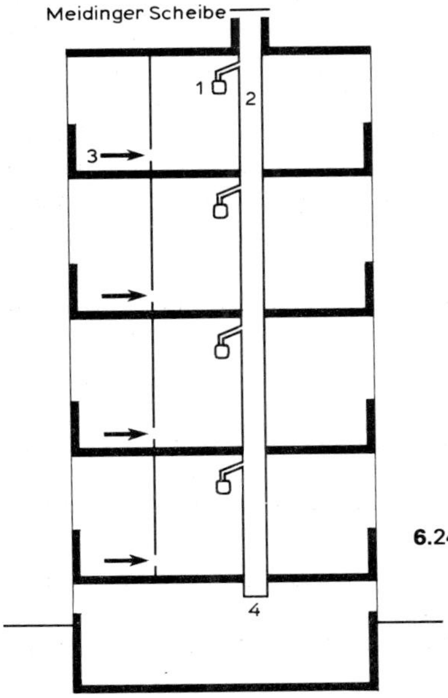

6.24 Einrohr-Lüftungssystem

1 elektrisches Lüftergerät, Einschaltung über Lichtschalter, mit Nachlaufrelais

2 Sammelschacht

3 Zuluftöffnung ≧150 cm^2

4 Kondensatsammler

6.6 DIN-Normen

DIN-Blatt Nr		Ausgabe-datum	Titel
285		1. 70	Feuerungsanlagen, Dampferzeuger, Industrieöfen u. Schornsteine
1056	T 1	8. 69[1])	Freistehende Schornsteine in Massivbauart; Grundlagen für Berechnung und Ausführung
1057		8. 69	Mauersteine für freistehende Schornsteine
1058		8. 69	Säureschornsteine in Massivbauart; Berechnung und Ausführung
4133		8. 73	Schornsteine aus Stahl; statische Berechnung und Ausführung
4705		4. 44	Schornsteine für Zentralheizungen; Berechnung der lichten Weite
E 4705	T 1	4. 71	Berechnung von Schornsteinabmessungen; Begriffe, ausführliche Berechnungsverfahren
	T 2		Berechnung von Schornsteinabmessungen; Näherungsverfahren für einfach belegte Schornsteine
18017 E 18017	T 1 T 1	3. 60 12. 77	Lüftung von Bädern und Spülaborten ohne Außenfenster durch Schächte u. Kanäle ohne Motorkraft; Einzelschachtanlagen
	T 2	8. 61 *	Lüftung von Bädern und Spülaborten ohne Außenfenster durch Schächte, ohne Motorkraft, Sammelschachtanlagen
	T 3	8. 70	Lüftung von Bädern und Spülaborten ohne Außenfenster mit Ventilatoren
	T 4	6. 74	Lüftung von Bädern und Spülaborten ohne Außenfenster mit Ventilatoren; Rechnerischer Nachweis der ausreichenden Volumenströme
18150		1. 64	Hausschornsteine; Formstücke aus Leichtbeton mit Querschnitten bis 700 cm^2
E 18150	T 1 bis T 4; T 7	8. 75	Hausschornsteine; Formstücke
18160	T 1	12. 62	Feuerungsanlagen; Formsteine; Bemessung und Ausführung
18160	T 5	2. 63 *	Feuerungsanlagen; Einrichtungen für das Reinigen von Hausschornsteinen
	T 6	8. 68	Feuerungsanlagen; Prüfgrundsätze für Hausschornsteine
18379		9. 76	VOB Verdingungsordnung für Bauleistungen; Teil C: Allgemeine Technische Vorschriften für Bauleistungen; Lüftungstechnische Anlagen
18380		9. 76	VOB Verdingungsordnung für Bauleistungen; Teil C: Allgemeine technische Vorschriften für Bauleistungen; Heizungs- und zentrale Brauchwassererwärmungsanlagen
			Ferner: Technische Vorschriften und Richtlinien für die Einrichtung und Unterhaltung von Niederdruckgasanlagen in Gebäuden und Grundstücken DVGW-TVR-Gas

[1]) z. Z. in Neubearbeitung

7 Besondere bauliche Schutzmaßnahmen

7.1 Allgemeines

Die Innenräume guter alter Gebäude mit dicken Wänden und schweren Decken haben, falls sie gut belichtet und belüftet sind, zumeist ohne weiteres drei schätzenswerte Eigenschaften: Sie sind trocken, sie sind im Winter warm, im Sommer kühl, und sie sind lärmdicht. Neuzeitliche Gebäude benötigen zwar infolge der genaueren Bemessungsverfahren einer hochentwickelten Baustatik und Baustoffkunde erheblich geringere Mengen von Baustoffen für tragende Bauteile, wie Wände und Decken. Dafür müssen jedoch erhöhte Aufwendungen für sorgfältige Maßnahmen, die dem Schutz vor Feuchtigkeit, vor Wärmeverlusten und vor Lärm dienen, gemacht werden, wenn der Wohnwert nicht herabgemindert werden soll.

7.2 Schutz gegen Niederschlagwasser, Bodenfeuchtigkeit und Grundwasser

Räume zum dauernden Aufenthalt von Menschen und Haustiere gelten als zuträglich für die Gesundheit, wenn sie trocken und angemessen warm sind. Feuchtigkeit schadet auch den meisten Baustoffen und der Gebäudeeinrichtung. Steine werden beim Gefrieren des in die Poren eingedrungenen Wassers zersprengt, wasserlösliche Bestandteile von Mörteln werden ausgelaugt, Stahl rostet bei Feuchtigkeit, nasses Holz wird von Fäulnis oder von Pilzen befallen. Es ist daher ein wichtiges Ziel der Baukonstruktion, die Räume und Bauteile eines Gebäudes vor jeder Art von Feuchtigkeit zu schützen. Feuchtigkeit am Bauwerk entsteht:

a) durch Niederschläge

b) durch aus dem Baugrund aufsteigendes Wasser sowie Grund- und Stauwasser

c) durch Tauwasserbildung auf der Oberfläche und im Inneren von Bauteilen.

Es gibt an Bauwerken unserer Klimazone kaum Konstruktionsteile, die in Form und Gefüge n i c h t mitbestimmt werden von dem Bestreben, das Bauwerk vor Wasser zu schützen. An dieser Stelle des Leitfadens sollen Schutzmaßnahmen betrachtet werden, an denen sich das Grundsätzliche besonders deutlich erkennen läßt.

7.2.1 Schutz gegen Niederschlagwasser

Außer Dächern (s. Teil 2 dieses Werkes) müssen Bauteile, die Niederschlägen unmittelbar ausgesetzt sind, so geformt sein, daß das Wasser schnell und restlos von ihnen abläuft (Gefälle, keine muldenförmigen Vertiefungen, keine nach oben offenen Fugen). Außerdem müssen sie aus Baustoffen bestehen, bei denen – allgemein ausgedrückt – die Eindringgeschwindigkeit des Wassers geringer ist als dessen Verdunstungsgeschwindigkeit (wenig saugfähig, dicht oder wasserabweisend). Werden Bauteile verwendet, die an sich diesen Bedingungen nicht entsprechen, so müssen sie durch Überdachungen, Abdeckungen, Verkleidungen, Anstriche o. ä. geschützt werden.

Die Bilder **7**.1 und **7**.2 zeigen Abdeckungen von Mauern durch Platten aus Beton oder wetterbeständigem Naturstein. Die Platten, und vor allem auch die Stoßfugen, müssen vollkommen dicht sein. Der Plattenüberstand muß so groß sein, daß das Tropfwasser den Putz nicht durchnäßt. Überstände unter 5 cm sind wirkungslos. Einseitig geneigte Platten haben Gefälle nach der Wetterseite, jedoch muß auch das obere Ende einen genügend großen Überstand und eine Tropfkante haben. Dachsteine sind sehr stoßempfindlich und daher nur bedingt als Abdeckplatten geeignet.

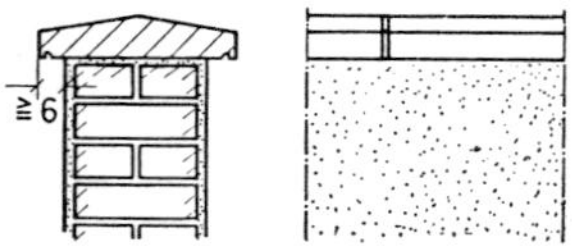

7.1 Betonabdeckplatte für geputzte Mauer.
Zu beachten: reichlicher Überstand, scharfkantige Tropfnase, dichte Stoßfuge

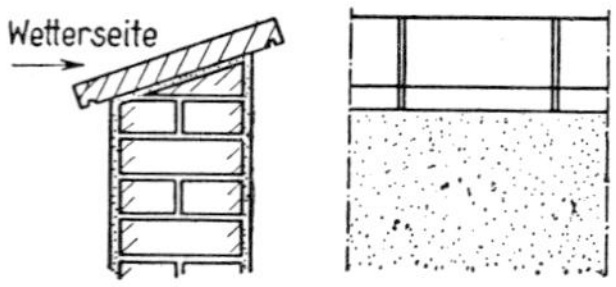

7.2 Natursteinabdeckplatte, einseitig geneigt.
Zu beachten: Neigung nach der Wetterseite, beiderseitiger Überstand mit Tropfkante

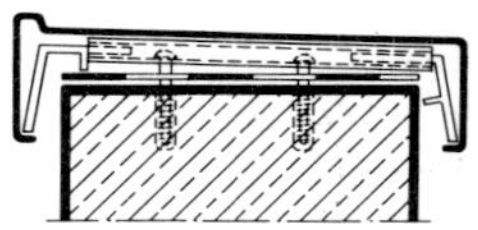

7.3 Mauerabdeckung (ALWITRA)

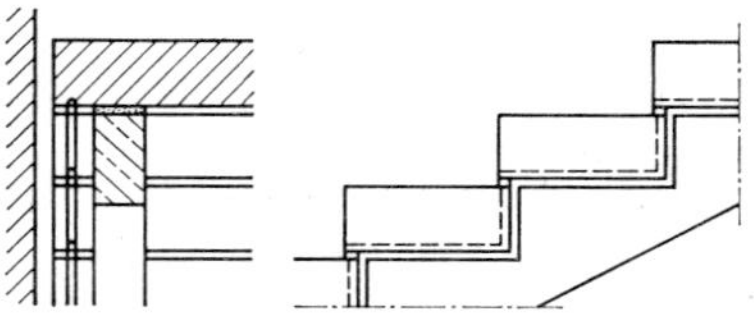

7.4 Freitreppe auf Stahlbetonwange parallel zur Hauswand.
Zu beachten: Zwischenraum zwischen Stufen und Hauswand

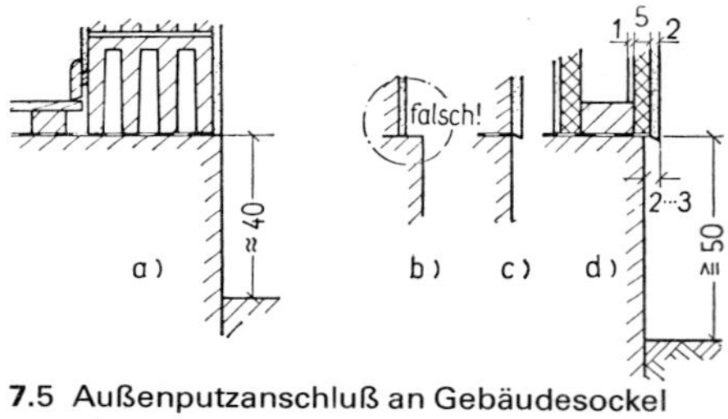

7.5 Außenputzanschluß an Gebäudesockel
a) Putz- und Sockelfläche bündig
b) falsche Anordnung
c) Putzfläche vor Sockelfläche vorspringend
d) Leichtbau-Plattenwand mit Maßen nach DIN 1102 (Abtropfkante durch Putzabschlußprofil)

Abdeckungen aus Blechen sind für breite Mauern weniger geeignet, weil sie unter Temperatureinwirkung leicht zum Verbeulen neigen. Bewährt – allerdings auch teurer – sind Mauerabdeckprofile aus Aluminium (Bild **7**.3).

Bei Bauteilen aus Beton, besonders aus wasserdichtem Beton, kann auf Abdekkungen zwar oft verzichtet werden, doch kommt es durch ablaufendes Regenwasser zu häßlichen Verschmutzungen, wenn nicht durch entsprechende Profilierungen für geplante Wasserableitung gesorgt wird.

Angrenzende Bauteile, z.B. Freitreppenstufen (**7**.4) werden zum Schutz des Mauerwerks, insbesondere wenn es geputzt ist, von der parallel laufenden Hauswand nach Möglichkeit abgerückt und mit Tropfkanten versehen, falls sie starken Niederschlägen ausgesetzt sind.

Besonders gefährdet ist Putz dort, wo er häufig und für längere Zeit durchnäßt wird, z.B. oberhalb von vorspringenden Gebäudesockeln, Freitreppenpodesten usw. Auf jeden Fall ist zu vermeiden, daß Putzflächen zeitweilig in stehengebliebenes Regenwasser eintauchen, wie das auf dem Sockelvorsprung in Bild **7**.5b der Fall sein würde. Entweder liegen Putz- und Sockelfläche miteinander bündig (Bild **7**.5a) oder der Putz steht vor der Sockelfläche vor, wie das z.B. in DIN 1102 für verputzte Holzwolle-Leichtbauplatten vorgeschrieben ist (Bild **7**.5c und d).

Einbindende Werksteinteile (Bild **7**.6) erhalten einen kleinen Steinsockel, über dem erst der Putz anschließt (bei Kunststeinstufen leicht durchführbar, bei Natursteinstufen teuer).

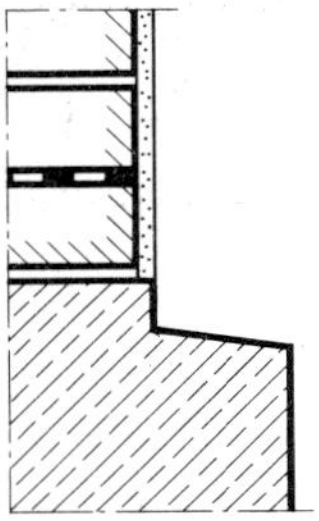

7.6 Putzanschluß oberhalb von einbindenden Werksteinteilen

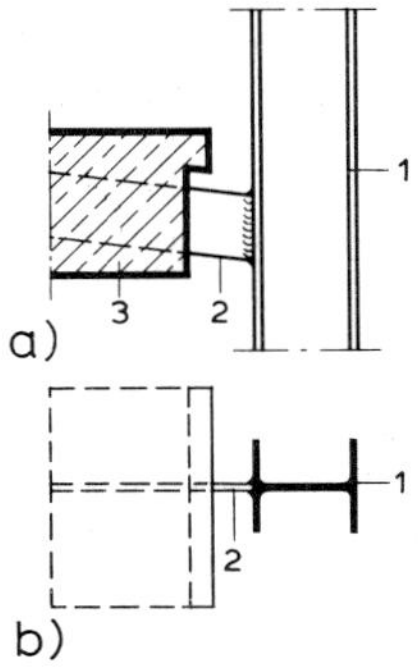

7.7 Anschluß einer Stahlstütze an einen Bauteil aus Stahlbeton

a) Seitenansicht bzw. Schnitt
b) Grundriß
1 Stahlstütze
2 angeschweißter Flachstahlsteg mit Gefälle
3 wasserdichter Beton

Vom Regen bespritzte Putzflächen, deren unterste Kante trocken liegt, trocknen schnell wieder aus.

Häufig entstehen Schäden dadurch, daß schlecht eingebaute Stahlteile durch Niederschläge oder Luftfeuchtigkeit zum Rosten gebracht werden (Korrosion). Dabei vergrößert sich das Volumen der Stahlteile, und das wasserdurchlässige Mauerwerk (bzw. Beton oder Putz), in dem sie sich befinden, wird zersprengt. Im Gegensatz zu manchen anderen Metallen schützt hier die Korrosionsschicht nicht vor weiterem Rosten, sondern dieses setzt sich bei ungehindertem Feuchtigkeitszutritt bis zur völligen Zerstörung des Stahlteils fort.

Das sicherste Mittel, teilweise eingemauerte Metallteile vor Rost zu schützen, ist neben einwandfreier Rostschutz-Oberflächenbehandlung (Anstrich mit Rostschutzfarben, Verzinkung) ein Einbau, bei dem durch entsprechendes Gefälle und Abdeckprofile eine gute Wasserableitung von den Übergangsstellen der Bauteile gewährleistet wird (Bild **7**.7).

Gegen den Angriff der gewöhnlichen Luftfeuchtigkeit können Stahlteile durch Einbetten in dichten Beton geschützt werden. Den Niederschlägen ausgesetzte, Ummantelungen, deren Wasserdichtheit nicht gesichert ist (z.B. bei Balkonträgern aus Walzstahl), sind nutzlos und sogar besonders gefährlich, weil sie nur die Beobachtung der umhüllten Stahlteile verhindern.

Daß Gips auf ungeschützten Stahlteilen Rost erzeugt, sei der Vollständigkeit wegen erwähnt. Gegen den Angriff des Gipses schützt ein Kalkmilchanstrich der Stahlteile.

Rohrleitungen, die durch Gipsputze oder Beton hindurchführen, sind gegen Korrosion durch Mantelrohre oder Wicklungen aus Filz oder ähnlichem Material zu schützen, das gleichzeitig den Schutz gegen Schallübertragung bildet.

Beton ist nicht unbedingt wasserdicht. Daher sind dünne, im Freien liegende Stahlbetonplatten (Balkonplatten, weit ausladende Gesimsplatten) je nach Form und Zweck durch Blechabdeckungen vor Niederschlagwasser sorgfältig zu schützen, damit die Stahleinlagen nicht rosten.

Bauteile aus Holz leisten, auch wenn sie dem Wasser ausgesetzt sind, der Fäulnis lange Zeit Widerstand, wenn sie entweder dauernd vollständig vom Wasser bedeckt bleiben (z. B. Pfahlroste unter alten Fundamenten) oder nach Niederschlägen sofort wieder völlig austrocknen können (z. B. Holzschindelverkleidungen). Bei Wahl besonders widerstandsfähiger Holzarten und Anwendung von Holzschutzmitteln läßt sich die Lebensdauer hölzerner Bauteile weiter verlängern (s. auch DIN 52175 und DIN 68800). Ganz besonders wichtig ist es jedoch, diese Bauteile so zu formen und zusammenzufügen, daß die Nässe nicht in Fugen und Löcher eindringen kann, in denen sie kein trocknender Luftzug trifft.

Wenn die Vorzüge hölzerner Bekleidungen von Außenwänden (warm, luftig, trocken) voll wirksam werden sollen, muß das Niederschlagwasser schnell von ihnen abgeleitet werden. Geeignet für Bekleidungen sind Stülpschalungen, die sich mit voller Brettdicke in einem Falz oder durch Nut und Feder überdecken (Bild **7**.8 und **7**.9). Dabei ist zu beachten, daß das Wasser von den unterschnittenen Vorderkanten der unteren Brettränder abtropft und nicht Gelegenheit findet, sich in die Fugen hineinzuziehen. Das unterste Brett schützt durch den Überstand Schwelle und Sockel. Gehobelte Bretter trocknen schneller als sägerauhe. Nute sind stets nach unten offen, damit kein Wasser hineinlaufen kann. Waagerechte Schalung ist vorteilhafter als senkrechte, weil der untere Teil der Verschalung, der häufiger und längerdauernd feucht wird, eher fault als der obere und bei der waagerechten Anordnung der Bretter mit geringem Kostenaufwand ausgewechselt werden kann.

Alle Holzverschalungen außen und auch innen müssen hinterlüftet werden, weil sich die Schalbretter sonst wegen der unterschiedlichen Feuchtigkeitsverhältnisse an Vorder- bzw. Rückseite verziehen.

Waagerechte Schalungen werden daher auf senkrechter Lattung, verlegt, die auf dem Untergrund am besten aufgedübelt wird.

Bei senkrechter Schalung ist eine Konterlattung nötig, bei der zunächst eine senkrechte Lattung auf dem Untergrund aufliegt und eine darüberliegende Querlattung zur Befestigung der Schalung dient (Bild **7**.10).

Wenn für eine derartige doppellagige Konterlattung nicht genügend Platz vorhanden ist, dienen waagerechte Lattenstücke als Schalungsauflager, die seitlich so gegeneinander versetzt sind, daß in jeder Höhe je m Wandbreite $\geqq 25$ cm² Lüftungsöffnungen zwischen den Lattenstücken vorhanden sind, d. h., bei 2 cm Lattendicke müßten die Auflagerlatten auf $\geqq 12{,}5$ cm Länge je Meter Wandbreite unterbrochen werden (Bild **7**.11).

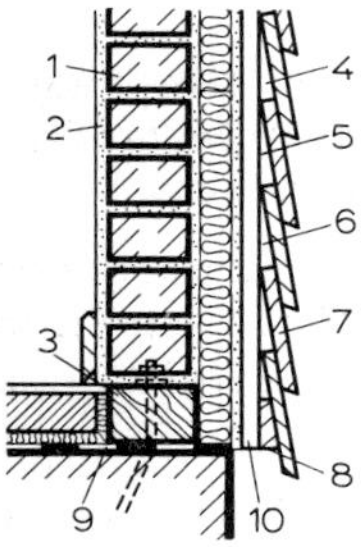

7.8 Außenwand mit Stülpschalung

1 Schwemmsteinausmauerung
2 Innenputz 15 mm
3 Fachwerkschwelle
4 Fuge aus Kalkzementmörtel (s. DIN 1102 Ziff. 2.121)
5 Leichtbauplatte, waagerecht verlegt
6 Außenputz 10 mm (s. DIN 1102 Ziff. 2.13
7 Stülpschalung
8 Unterkante Leichtbauplatte ≧50 cm über Gelände (s. DIN 102 Ziff. 2.13)
9 Sperrschicht
10 Latten (senkr.)

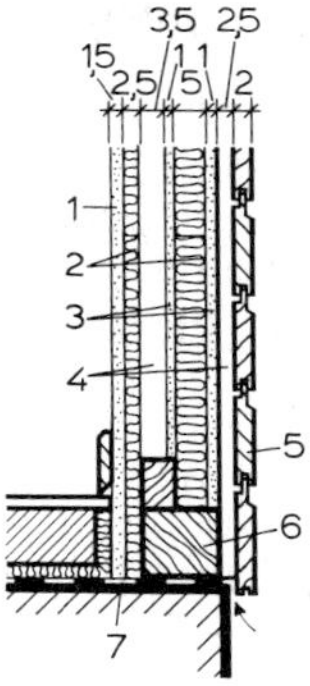

7.9 Außenwand mit gefalzter Schalung. Dichter ist die Schalung mit Nut und Feder (rechts oben)

1 Innenputz
2 Holzwolle-Leichtbauplatten
3 Putz 10 mm
4 Luftschichten (Lattung)
5 Stülpschalung
6 Fußschwelle
7 Sperrschicht

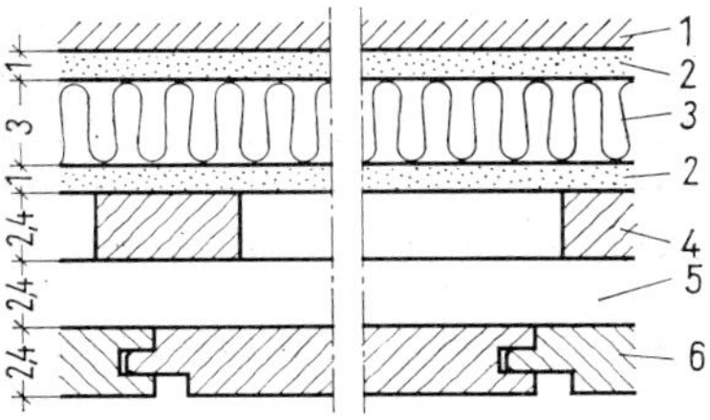

7.10 Horizontalschnitt durch verbretterte Außenwand mit Konterlattung

1 Mauerwerk
2 Mörtel (Porenverschluß)
3 Wärmedämmung
4 senkrechte Lattung
5 Konterlattung
6 Schalung
7 Lattenstücke
8 Luftöffnungen

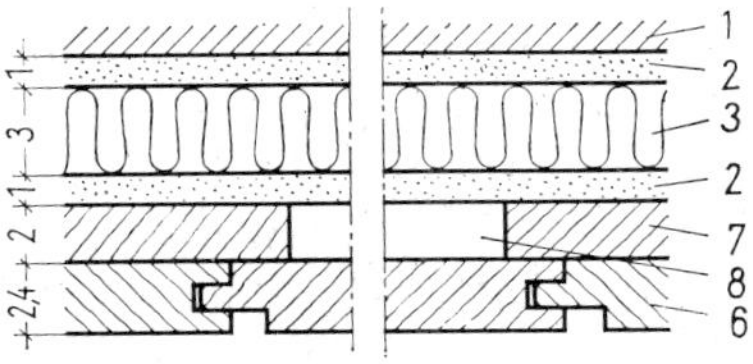

7.11 Horizontalschnitt durch verbretterte Außenwand mit Lattenstücken als Schalungsauflager

1 Mauerwerk
2 Mörtel (Porenverschluß)
3 Wärmedämmung
4 senkrechte Lattung
5 Konterlattung
6 Schalung
7 Lattenstücke
8 Luftöffnungen

Sämtliche Holzteile sind mit Holzschutzmitteln mindestens zu streichen, besser zu tränken, die Stahlteile vor Rost zu schützen.

Hirnholzflächen saugen besonders heftig Feuchtigkeit auf. Sie sollen daher nicht unmittelbar auf Mauerwerk gesetzt werden. Leichte Stützen für Vordächer, Pergolapfetten o.ä. stellt man auf Stahlstelzen, wobei darauf zu achten ist, daß der hölzerne Stützenfuß allseitig gut belüftet bleibt (Bild **7**.12).

Holzteile, die unmittelbar auf Betonteilen oder Mauerwerk aufliegen, erhalten eine Zwischenlage aus 333er Bitumenpappe (Bild **7**.13). Diese schützt die Hölzer vor Feuchtigkeit, die in den angrenzenden Bauteilen enthalten sein kann, verhindert aber auch das unmittelbare Eindringen der meistens stark gefärbten Holzschutzmittel in andere Rohbauteile.

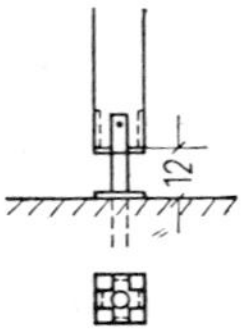

7.12 Fuß eines im Freien stehenden Holzpfostens mit stählerner Stelze

Der Fuß darf nicht in unterseitig geschlossenem Blechkasten stehen

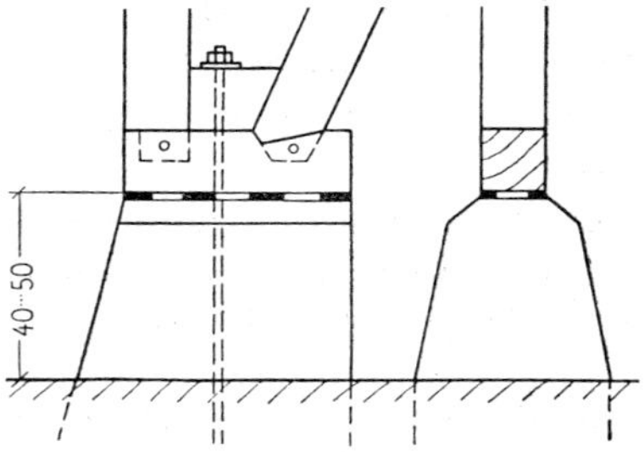

7.13 Stützenfuß eines hölzernen Scheunenbinders

Das Hirnholz ist durch die darunterliegende Schwelle und die Sperrschicht gegen aufsteigende Feuchtigkeit geschützt (keine waagerechten Mauervorsprünge!)

7.2.2 Schutz gegen Bodenfeuchtigkeit und Grundwasser

7.2.2.1 Allgemeines

Versickerndes Niederschlagswasser und als Saugwasser aus dem Grundwasser aufsteigende Feuchtigkeit beanspruchen die erdanstoßenden Teile von Bauwerken als nicht drückendes Wasser (DIN 4031 und 18337).

Wenn sich – besonders bei Hanglagen – zwischen bindigen oder sonst wasserundurchlässigen Bodenschichten Schichtenwasser sammelt, kann es als Sickerwasser Bauteile auch unter Druckeinwirkung beanspruchen, wenn nicht durch Filterschichten und Drainagen für Ableitung gesorgt werden kann.

Durch drückendes Wasser (DIN 18336) wird ein Bauwerk beansprucht, wenn sich Stauwasser bei bindigem Untergrund rund um ein Gebäude in der früheren, später verfüllten Baugrube ohne Abflußmöglichkeit sammeln kann oder wenn ein Bauwerk bis in den Grundwasserbereich hinabreicht.

Darüber hinaus können in Wasser gelöste Bodenbestandteile, Beimischungen des Grundwassers (z.B. freie organische Säuren, Kohlensäure) aber auch Moor- und Meerwasser, vor allem aber auch viele Industrieabwässer schädigend auf Bauteile, insbesondere auf ungeschützten Beton, einwirken.

Die für Schutzmaßnahmen z.Z. gültigen Normen DIN 4031, 4117 und 4122 überschneiden sich teilweise und werden künftig in DIN 18195 zusammengefaßt (Entwurf liegt vor).

7.2.2.2 Schutz gegen nicht drückendes Wasser

Gegen nicht drückendes Wasser und Bodenfeuchtigkeit müssen Bauwerke nach DIN 4117 und 4122 (künftig DIN 18195) waagerecht und senkrecht abgedichtet werden.

Zur Abdichtung werden verwendet:

- Bituminöse Voranstrichmittel,
- Klebemassen und Deckaufstrichmittel, heiß oder kalt zu verarbeiten,
- Spachtelmassen, heiß oder kalt zu verarbeiten,
- nackte Bitumenbahnen (DIN 52129, – Trägerstoff Rohfilzpappe, mit Bitumen getränkt)
- Bitumendachbahnen und Bitumendachdichtungsbahnen (DIN 52128 und DIN 52130 T1, – Trägerstoff Rohfilzpappe, Jute- oder Glasgewebe, mit Bitumen getränkt, beiderseits mit Bitumendeckmasse beschichtet und mit mineralischen Stoffen bestreut)
- Bitumen-Schweißbahnen (DIN 52131, mit Einlagen aus Jutegewebe, Glasgewebe oder Glasvlies)
- Elastomer-Bitumenbahnen (mit Einlagen aus Kunstfaservliesen, Tränk- und Deckmassen aus kunststoffmodifiziertem Elastomerbitumen)
- Kunststoffdichtungsbahnen (DIN 16935 und DIN 16937)

Die für Abdichtungen nach DIN 4122 zu verwendenden Symbole zeigt Bild **7**.14.

Allgemeine Darstellung:

Einzeldarstellungen:

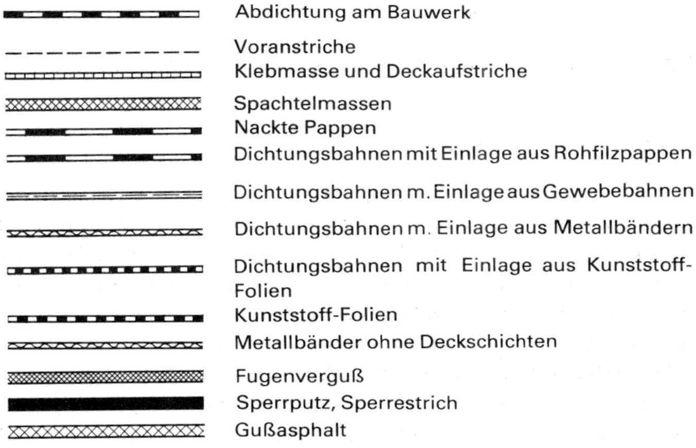

7.14
Symbole für die Darstellung von Abdichtungen

W a a g e r e c h t e A b d i c h t u n g e n in Wänden liegen in den Lagerfugen des Mauerwerks, und zwar die unterste ca. 10 cm über Kellerfußboden, damit die Wände auch bei vorübergehend feuchtem Kellerfußboden trocken bleiben, und die oberste – die verhindern soll, daß Spritzwasser das Mauerwerk der Außenwände und Kellerdecken durchfeuchtet – ca. 30 cm über Gelände (Bild **7**.15).

Die waagerechten Abdichtungen bestehen meistens aus einlagigen Bitumendachpappen nach DIN 52128, Teerdachpappen nach DIN 52121 oder Teerdachpappen mit mineralischer Bestreuung nach DIN 52140. Es ist sicherer und nicht viel teue-

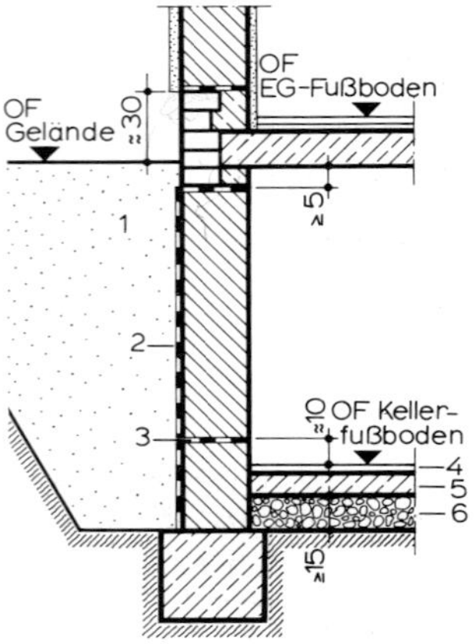

7.15 Abdichtung eines Kellers bei geringen Anforderungen

1 waagerechte Abdichtung (z. B. 500er besandete Bitumenpappe)
2 senkrechte Abdichtung (z. B. 2 cm Zementputz und dreilagiger kalt aufgebrachter Abdichtungsanstrich)
3 waagerechte Abdichtung (wie 1)
4 Glattstrich
5 Stahlbeton
6 Grobkies

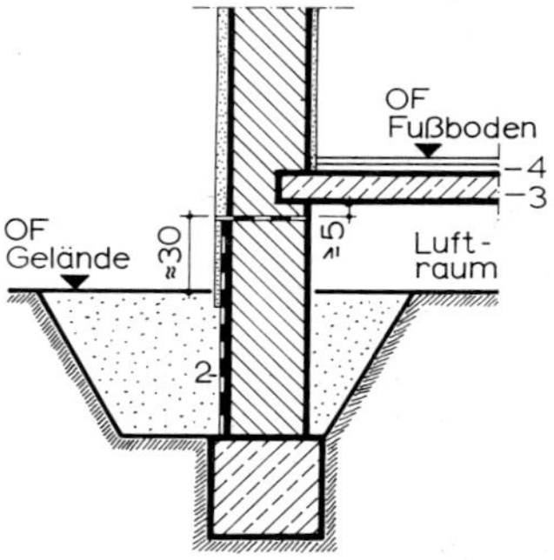

7.16 Abdichtung eines nicht unterkellerten Bauwerkes mit freitragender unterster Decke

1 waagerechte Abdichtung
2 senkrechte Abdichtung
3 tragende Decke
4 Deckenauflage (z. B. schwimmender Estrich)
5 Luftraum mit Querlüftung

rer, 2 Lagen 333er Dachpappe anstelle einer Lage 500er Dachpappe zu verwenden. Nach DIN E 18195 T 4 sind Abdichtungen auf einer ebenen, waagerechten, aus Mörtel der Mörtelgruppe II oder III hergestellten Auflagefläche lose zu verlegen. Die Stöße der Bahnen müssen sich um mindestens 20 cm überdecken, können aber auch verklebt werden. Die Bahnen selbst dürfen weder aufgeklebt noch vollflächig miteinander verklebt werden.

Bei Kellerwänden aus Beton ist eine waagerechte Abdichtung zwischen Wand- und Fundamentkörper auszuführen. Wenn das wegen der Lage von Bewehrungseisen nicht möglich ist, sind die Bauteile aus wasserdichtem Beton (s. Abschn. 3.4), ggf. unter Verwendung von Arbeitsfugenbändern herzustellen.

Waagerechte Abdichtungen von Bodenflächen in nicht unterkellerten Gebäuden können entfallen, wenn zwischen unterster Geschoßfläche und Erdreich ein belüfteter Zwischenraum liegt (Bild **7**.16). Eine derartige Lösung ist besonders bei nicht zu großen Deckenspannweiten wirtschaftlich, wenn der Zwischenraum hoch genug ist, um als bekriechbarer Installationsraum zu dienen.

In Gebäuden mit geringen Anforderungen können Bodenplatten lediglich als Stahlbetonplatten auf einer kapillarbrechenden Schicht aus grobkörnigem Material ausgeführt werden, das vor dem Betonieren mit einer PE-Folie abgedeckt wird (Bild **7**.17).

In allen anderen Fällen ist eine durchgehende Abdichtung oberhalb der Bodenplatte anzuordnen, die an eine zusätzliche waagerechte Wandabdichtung heranreichen muß (Bild **7**.18).

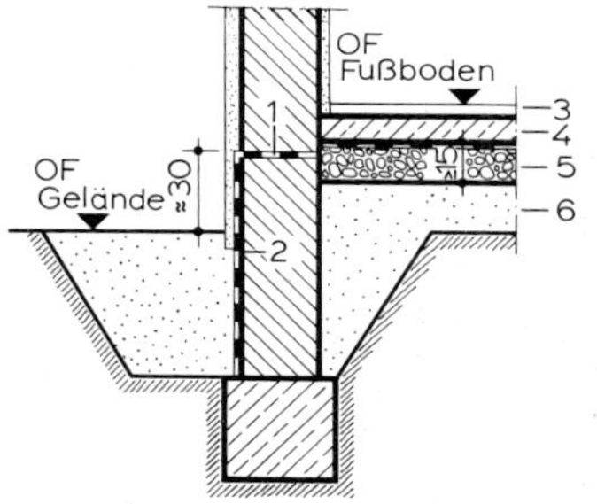

7.17 Abdichtung eines nicht unterkellerten Bauwerkes, Bodenplatte ohne Abdichtung auf dem Untergrund aufliegend

1 waagerechte Abdichtung
2 senkrechte Abdichtung
3 Glattstrich
4 Stahlbetonplatte (auf PE-Folie betoniert. Keine Abdichtung!)
5 Grobkiesschüttung
6 verdichteter Untergrund

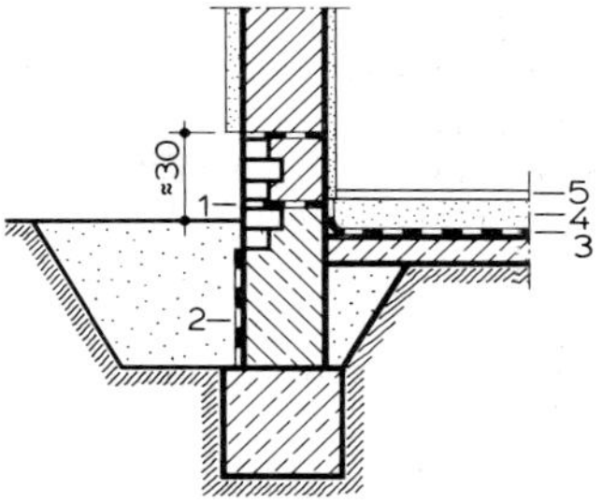

7.18 Abdichtung eines nicht unterkellerten Bauwerkes, Bodenplatte abgedichtet

1 waagerechte Abdichtungen
2 senkrechte Abdichtung
3 Sauberkeitsschicht
4 waagerechte Abdichtung der Bodenplatte, an waagerechte Abdichtung des Mauerwerkes anschließend
5 Stahlbeton
6 Deckenauflage (z.B. schwimmender Estrich)

W a a g e r e c h t e A b d i c h t u n g e n v o n F u ß b o d e n f l ä c h e n sind auf mindestens 7 cm dicken Betonschichten oder ähnlichem standfestem Untergrund auszuführen. Bituminöse Bahnen werden mit mindestens 10 cm Stoßüberdeckung vollflächig auf den Untergrund aufgeklebt bzw. -geschweißt. Kunststoff-Dichtungsbahnen werden lose mit mind. 5 cm Stoßüberdeckung verlegt. Die Bahnen werden durch Quell-, Heißluft- oder Hochfrequenzschweißung untereinander verbunden.

Alle Kanten, Ecken und Kehlen müssen mit einem Halbmesser von etwa 4 cm ausgerundet werden. Fertiggestellte Abdichtungen sind gegen Beschädigungen durch Schutzschichten oder Estriche zu sichern.

S e n k r e c h t e A b d i c h t u n g e n v o n W a n d f l ä c h e n unterhalb des Geländes bestehen meistens aus heiß oder kalt aufgetragenen Anstrichen gegen Erdfeuchtigkeit. Der Untergrund von senkrechten Abdichtungen muß eben, fest, gereinigt und in der Regel trocken sein. Betonflächen müssen eine ebene und geschlossene Oberfläche aufweisen. Wandflächen aus porigen Baustoffen sind mit einem Mörtel der Mörtelgruppe II oder III zu ebenen und abzureiben, der vor dem Herstellen der Aufstriche ausreichend erhärtet und trocken sein muß, wenn nicht für feuchten Untergrund geeignete Aufstrichmittel verwendet werden. Vollfugig gemauerte Flächen mit glattgestrichenen Fugen sind als Untergrund u.U. sicherer als ein nicht sehr sorgfältig ausgeführter Putz, der sich zusammen mit der Abdichtung unbemerkt ablösen kann. Bituminöse Anstriche bestehen aus einem kaltflüssigen Voranstrich und mindestens 2 heiß- oder 3 kaltflüssig aufgebrachten Abdichtungsanstrichen. Abdichtungen können auch durch Streichen, Rollen oder Spritzen hergestellt werden, wenn die Mindesteinbaumengen nach DIN E 18195 T 4 Abschn. 7 eingehalten werden.

Alle senkrechten Abdichtungen müssen an die waagerechten Abdichtungen so herangeführt werden, daß keine Feuchtigkeitsbrücken (Putzbrücken) entstehen können.

Über Gelände sind bituminöse senkrechte Abdichtungen des Aussehens wegen nicht zu verwenden. Die Anstriche werden zwischen Gelände und oberster Sperrschicht ersetzt durch Verblendungen mit Hochbauklinkern (Mörtelgruppe III) (Bild **7**.18), Verblendung mit Spaltplatten u. ä. oder durch mindestens 20 mm dicken, zweilagigen Sperrputz, der als Waschputz ausgeführt werden kann oder eine weitere Oberflächenbehandlung mit Kunstharzputzen oder Anstrichen erhält (s. Band 2 dieses Werkes, Abschn. 6). Bei nicht unterkellerten Bauwerken sind die senkrechten Außenabdichtungen bis auf die Fundamente herabzuziehen (Bild **7**.17 und **7**.18).

Bei Hanglagen werden senkrechte Abdichtungen durch gestautes Sickerwasser besonders beansprucht. In diesen Fällen ist auf der Bergseite zunächst durch entsprechende Gestaltung der Geländeoberfläche dafür zu sorgen, daß Niederschlagwasser vom Bauwerk abgeleitet wird. Darüber hinaus ist auf jeden Fall vor der senkrechten Abdichtung eine Filterschicht anzuordnen, die durch eine vor den Fundamenten verlegte Dränage entwässert wird. Filterschichten können aus Asbestzementwellplatten, PVC-Noppenfolien, grobkörnigen Schaumstoffplatten o. ä. bestehen oder sie werden aus zweischaligen Hohlkörpern aufgemauert (Bild **7**.19 und **7**.20). Der obere Abschluß derartiger Filterschichten wird am besten durch

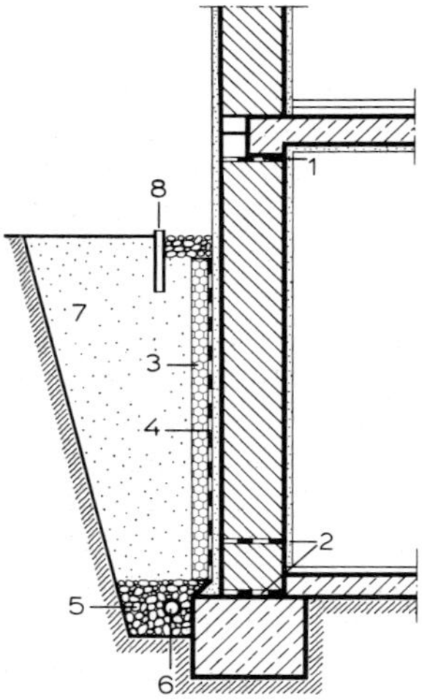

7.19 Filterschicht aus Kunststoffplatten (G + H Exporit-Unidrän)

1 horizontale Abdichtungen
2 Zementputz
3 senkrechte Abdichtung (z. B. zweimaliger Anstrich mit heißflüssig aufgebrachtem Abdichtungsmittel)
4 EXPORIT-UNIDRÄN
5 Sickerpackung aus Grobkies oder Schotter
6 Dränagerohr
7 Auffüllmaterial
8 Kantenstein und Traufstreifen aus Grobkies

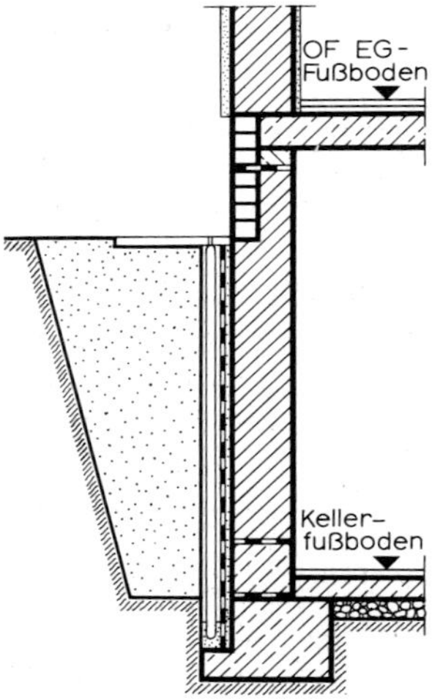

7.20 Filterschicht aus Bims-Hohlkörpern (POR-Wand)

eine Grobkiesschüttung gebildet, die gleichzeitig einen guten Spritzschutz für den Gebäudesockel darstellt.

Abgedichtete Außenwandflächen dürfen erst hinterfüllt werden, wenn die Abdichtungen völlig trocken sind. Dabei muß genauestens darauf geachtet werden, daß die Abdichtungen nicht beschädigt werden. Auf keinen Fall darf das Hinterfüllungsmaterial scharfkantige Bestandteile wie z. B. Bauschutt oder Schotter enthalten. Je nach Ausführung der Hinterfüllung sollten Schutzschichten vorgesehen werden, die aus Folien, geschlossenen oder porigen Platten bestehen können, welche entweder durch den Erddruck gehalten oder aufgeklebt werden.

Wichtig ist ferner, daß in den Hinterfüllungen keine Hohlräume verbleiben, in denen sich Niederschlagwasser ansammeln und als Stauwasser die Abdichtungen unvorhergesehen beanspruchen kann.

Bei Baugruben in bindigen Böden besteht die Gefahr, daß sich in den mit nicht bindigem Material hinterfüllten Räumen Sickerwasser so stark ansammelt, daß auf die Abdichtungen eine Beanspruchung wie durch drückendes Wasser ausgeübt wird. Den damit gegebenen Gefahren für das Bauwerk kann nur durch ausreichende Dränagen in Verbindung mit Filterschichten begegnet werden.

7.2.2.3 Abdichtung gegen drückendes Wasser

Zwingen besondere Umstände dazu, Gebäudeteile in unmittelbarer Nähe oder unterhalb des Grundwasserspiegels anzulegen, oder wenn durch Stauwasser, Überschwemmungen usw. die Gefahr der Einwirkung von drückendem Wasser besteht, müssen die betroffenen Bauteile entweder wannenartig aus wasserdichtem Beton hergestellt werden (s. Abschn. 3.4) oder eine wasserdruckhaltende Dichtung gem. DIN 4031 bzw. E 18195 T 6 erhalten.

Wasserdruckhaltende Dichtungen müssen Bauwerke gegen hydrostatischen Wasserdruck schützen und gegen natürliche oder durch Lösung aus Beton und Mörtel entstandene aggressive Wässer unempfindlich sein. Sie dürfen ihre Wirksamkeit auch nicht bei üblichen Formänderungen der geschützten Bauteile infolge Schwinden, Temperatureinwirkung und Setzen verlieren, und sie müssen Spannungsrisse in bestimmten Grenzen elastisch überbrücken können. Durch konstruktive Maßnahmen (z. B. besonders abgedichtete Bauwerksfugen) muß sichergestellt werden, daß Setzungen des Bauwerkes die Abdichtungen nicht zerstören.

Als Baustoffe für die Ausführung wasserdruckhaltender Abdichtungen dürfen verwendet werden:

- Bituminöse Voranstrichmittel,
- Klebemassen und Deckaufstrichmittel, heiß zu verarbeiten,
- nackte Bitumenbahnen (DIN 52129, – Trägerstoff Rohfilzpappe, mit Bitumen getränkt)
- Bitumendachbahnen und Bitumendachdichtungsbahnen (DIN 52128 und DIN 52130 T 1, – Trägerstoff Rohfilzpappe, Jute- oder Glasgewebe, mit Bitumen getränkt, beiderseits mit Bitumendeckmasse beschichtet und mit mineralischen Stoffen bestreut)
- Bitumen-Schweißbahnen (DIN 52131, mit Einlagen aus Jutegewebe, Glasgewebe oder Glasvlies)

- Elastomer-Bitumenbahnen (mit Einlagen aus Kunstfaservliesen, Tränk- und Deckmassen aus kunststoffmodifiziertem Elastomerbitumen)
- Kunststoffdichtungsbahnen (DIN 16935 und DIN 16937)
- Metallbänder.

Wasserdruckhaltende Abdichtungen sind in der Regel auf den äußeren, dem Wasser zugekehrten Bauteilen aufzubringen, mind. 30 cm über den höchsten, langjährig beobachteten Grundwasserstand hochzuführen und ggf. an die darüberliegenden Abdichtungen gegen nichtdrückendes Wasser anzuschließen (Bild **7**.23).

Bei der Planung des Gebäudes soll auf möglichst einfache äußere Umrisse geachtet werden, da erfahrungsgemäß bei der Abdichtung komplizierter Vor- und Rücksprünge die meisten Ausführungsfehler vorkommen. Unvermeidliche Ecken sind sorgfältig auszurunden und mit zusätzlichen, passenden Materialzwickeln abzudichten. Insbesondere bei größeren Eintauchtiefen in das Grundwasser ist selbstverständlich für alle Bauteile bei der statischen Berechnung der Wasserdruck und der Auftrieb zu berücksichtigen. Dabei ist zu beachten, daß Abdichtungen keine Kräfte in ihrer Ebene aufnehmen können und die Übertragungsmöglichkeit von Druckspannungen senkrecht zur Abdichtungsfläche abhängig ist von der Art der Abdichtung.

Für Bauteile, bei denen Abdichtungen mit Gefälle eingebaut werden müssen, ist der Gleitgefahr in der Abdichtungsfuge durch stufenartige Ausbildung der wasserdruckhaltenden Wanne zu begegnen (Bild **7**.21). In jedem Fall müssen die abgedichteten Bauwerksteile und die S c h u t z s c h i c h t e n so ausgebildet sein, daß die Abdichtung durch gleichmäßige Übertragung des Erd- oder Wasserdruckes vollflächig eingepreßt wird. Nur dann sind Abdichtungen hinreichend gegen Zugbeanspruchung durch Auftrieb oder Seitendruck des Wassers geschützt.

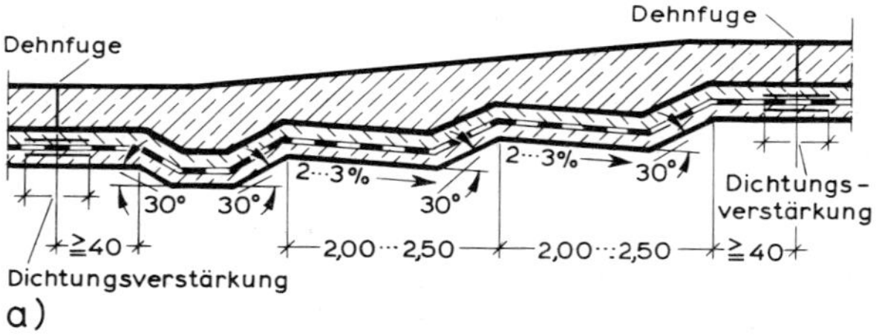

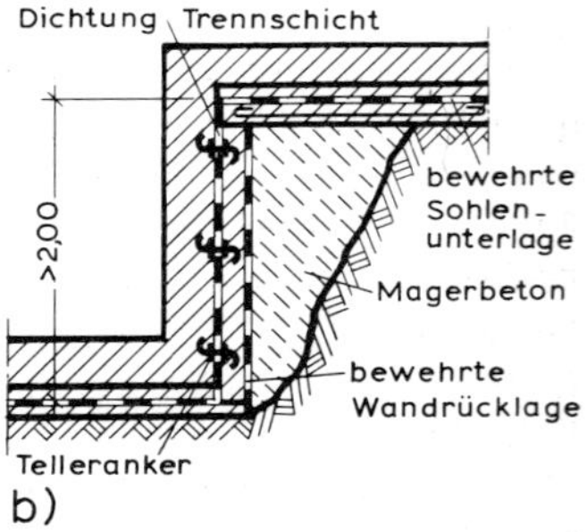

7.21 Abdichtung bei Höhenunterschieden im Bauwerk (nach Lufsky [11])

a) Abdichtung einer Rampe

b) Verankerung von Abdichtungen bei großen Höhenunterschieden

Die senkrechten Schutzschichten (Ziegel- oder Betonwände) sind daher durch senkrechte Fugen (mit eingelegten doppelten Pappstreifen) in Einzelflächen geteilt, die unabhängig voneinander durch den jeweils auftretenden Erd- oder Wasserdruck gegen Dichtung und Bauwerk gepreßt werden (Bild **7**.22). Enthält das Grundwasser Stoffe, die Beton schädigen können, so sind die senkrechten und waagerechten Schutzschichten aus Ziegeln mit Zementmörtel oder, bei hoher Angriffsgefahr, aus Klinkermauerwerk mit Sperrmörtel auszuführen (DIN 4117).

Während der D i c h t u n g s a r b e i t e n wird das Grundwasser aus der Baugrube entweder durch offene Wasserhaltung oder durch Absenken des Grundwasserspie-

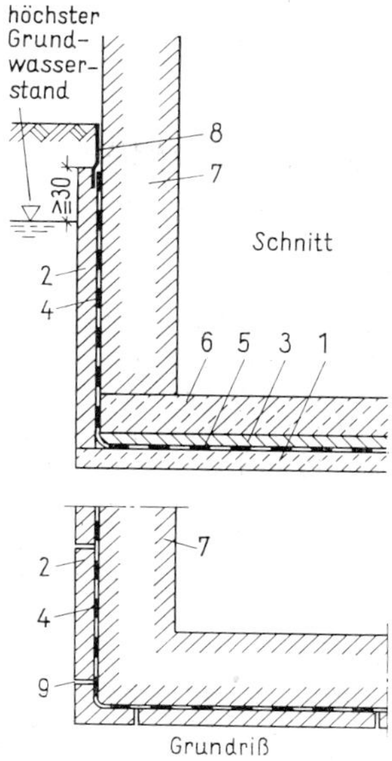

7.22
Schema einer wasserdruckhaltenden Abdichtung

1 Unterbeton } Schutzschichten
2 Ziegelmauer }
3 Feinbeton
4 senkrechte Dichtung } Sperrschicht
5 waagerechte Dichtung }
1 bis 5 wasserdichter Trog
6 Kellerfußboden (bei starkem Wasserdruck Stahlbetonplatte)
7 Kellermauer
8 Sperrschicht gegen Sickerwasser, sichert gleichzeitig gegen Eindringen von Sickerwasser in die Fuge zwischen Dichtung und Kellermauer
9 senkrechte Trennfugen in der Schutzmauer

gels entfernt. Zunächst wird, gegebenenfalls zusammen mit den Fundamenten, die unterste, waagerechte, 10 bis 20 cm dicke Schutzschicht betoniert – in aggressivem Wasser ggf. mit Spezialzement. Auf ihr bzw. auf den nach außen verbreiterten Fundamenten können sodann die $^1/_2$-Stein dicken senkrechten Schutzwände errichtet werden. Daraufhin wird die Sohlenabdichtung (3- bzw. 4lagig) geklebt und in einem Arbeitsgang an der senkrechten Schutzwand hochgeführt. Die waagerechte Dichtung wird fortlaufend mit der Herstellung durch eine mindestens 5 cm dicke Feinbetonschicht geschützt, in die Stahldrahtgewebe von 1,2 bis 2,5 mm Drahtdicke einbetoniert werden kann. Anschließend daran werden Kellerbodenplatte (bzw. Fundamentplatte) und danach die Kellermauern errichtet.

Der mindestens 4 cm breite Zwischenraum zwischen Kellermauer und senkrechter Dichtung wird beim Hochmauern mit erdfeuchtem Feinbeton 1 : 5 vorsichtig verfüllt. Die 30 cm über Grundwasserspiegel hochgeführte Dichtung wird oben so abgeschlossen, daß kein Sickerwasser zwischen Dichtung und Kellermauer eindringen kann (Bild **7**.23).

Bei dieser Ausführungsart einer wasserdruckhaltenden Abdichtung (von innen geklebte Wanne) ist zwar im allgemeinen bei beengten Platzverhältnissen ein weniger umfangreicher Arbeitsraum (s. Abschn. 1.2) erforderlich, doch ist schwer kontrollierbar, ob das Mauerwerk mit der Hinterfüllung die Abdichtung wirklich überall vollflächig einpreßt. Schon relativ kleine Hohlräume führen dazu, daß der Wasserdruck die Abdichtung vom Untergrund abreißt, in den Hohlraum preßt und sie dabei meistens zerstört (Bild **7**.24).

Es ist daher in den meisten Fällen vorteilhafter, die senkrechte Abdichtung von außen auf die Umfassungswände aufzukleben. Diese Ausführung erfordert zwar eine etwas längere Grundwasserhaltungszeit und breitere Arbeitsräume, doch können etwa vorhandene Hohlräume in den abzudichtenden Wänden vor der Aus-

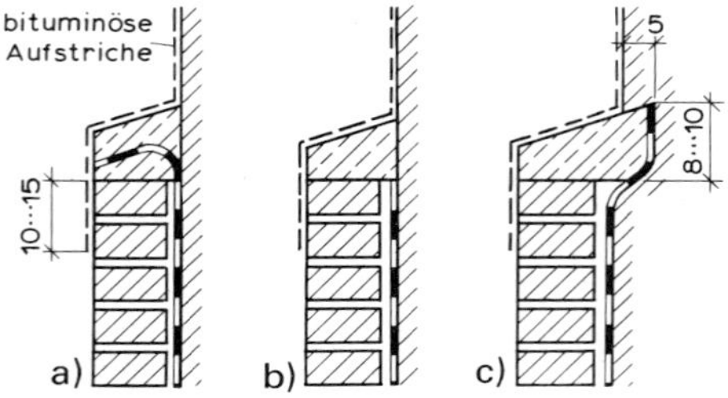

7.23 Oberer Abschluß wasserdruckhaltender Abdichtungen mit Anschluß an die senkrechte Wandabdichtung (nach Lufsky)

a) meist anwendbare Lösung
b) falsch angeordneter Abschluß
c) beste Art der Dichtungsendigung

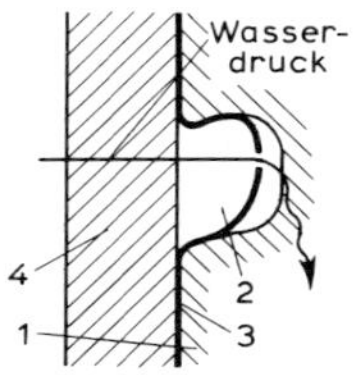

7.24 Zerstörung einer wasserdruckhaltenden Abdichtung durch Wasserdruck gegen Hohlraum

1 tragender Bauteil
2 Hohlraum
3 aufgeklebte Abdichtung
4 Schutzwand

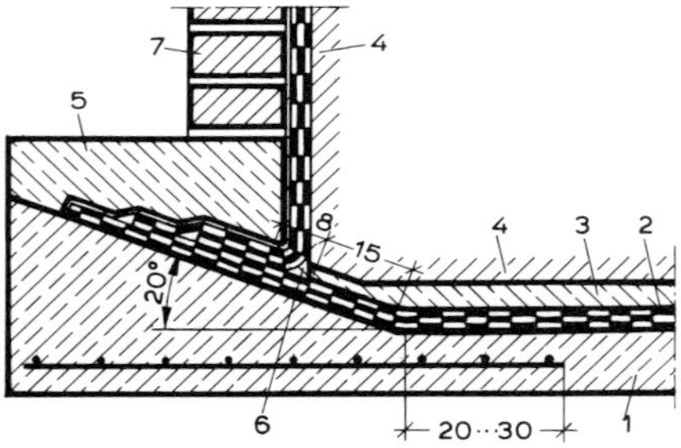

7.25 Anschluß zwischen senkrechter und waagerechter Abdichtung einer von außen geklebten wasserdruckhaltenden Dichtung

1 Sauberkeitsschicht mit Bewehrung
2 Abdichtung, mehrlagig
3 Schutzbeton
4 tragender Bauteil (z.B. Plattenfundament und tragende Außenwand)
5 Betonkeil
6 Hohlkehle
7 Schutzmauer

führung der Abdichtung leicht beseitigt werden. Außerdem ist es möglich, die Abdichtung nach Entfernen der Schutzwände jederzeit von außen zu kontrollieren oder notfalls auch instandzusetzen. Besondere Aufmerksamkeit bei der Ausführung erfordert bei der von außen geklebten Abdichtung der Übergang von horizontaler zu vertikaler Abdichtungslage. Die Ausführung zeigt Bild **7**.25.

Wenn Keller bestehender Bauwerke nachträglich eine wasserdruckhaltende Abdichtung erhalten, so werden die Sperrschichten auf die Oberfläche des Kellerfußbodens und die Innenseite der Kellermauern aufgeklebt. Danach werden die waagerechten und senkrechten Schutzschichten in Form eines stahlbewehrten Betontrogs so in den Kellerraum hineingestellt, daß die Dichtung fest gegen Unterbeton und Kellermauern gepreßt wird. Damit die Dichtung mit dem Stahlbetontrog vom Wasserdruck nicht hochgetrieben wird, werden unmittelbar oberhalb der seitlichen Trogwände Stahlkonsolen in die Kellermauern eingesetzt (**7**.26). Es empfiehlt sich, die senkrechte Sperrschicht vor Ausführung der Stahlbetonarbeiten durch einen Zementputz zu schützen. Müssen Kellerräume, durch welche Trennungsfugen hindurchgehen, gedichtet werden oder werden durch Wände mit wasserdruckhaltenden Dichtungen Rohrleitungen durchgeführt, so müssen Sondermaßnahmen getroffen werden, die im Rahmen dieses Leitfadens nicht näher besprochen werden können[1]).

[1]) s. Literaturverzeichnis Abschn. 7.7

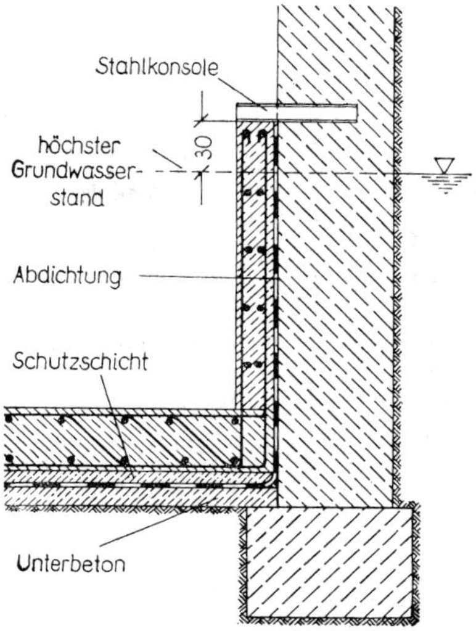

7.26
Nachträglich eingebaute Kellerabdichtung mit Stahlbetontrog als Schutz gegen Druckwasser

7.3 Wärmeschutz

7.3.1 Allgemeines

Gebäude und Räume, die zum dauernden Aufenthalt von Menschen vorgesehen sind, müssen aus verschiedenen Gründen vor Wärmeverlusten geschützt werden:

- Erhaltung von bestimmten wohnklimatischen Verhältnissen zum Schutz der Gesundheit der Bewohner
- Verhinderung des unkontrollierten Abflusses von Heizenergie (Heizleistung) um Heizkosten einzusparen und die Forderungen des Energieeinsparungsgesetzes (EnEG vom 22. Juli 1976) zu erfüllen
- Schutz des Gebäudes vor Schäden durch klimatische Einflüsse (thermische Spannungen, Feuchtigkeit, Frost, Fäulnis, Korrosion usw.)

Die Schutzmaßnahmen betreffen im wesentlichen Wände, Decken, Dächer, Fußböden, Fenster und Türen, die bezüglich des Wärmedurchgangs, ihrer Luftdurchlässigkeit und ihres Wärmespeichervermögens bewertet werden müssen.

Der Wärmedurchgang durch ein Bauteil hängt ab von

- der Wärmeleitfähigkeit der Grundstoffe
- der Größe und Verteilung der Luftporen in den Baustoffen
- der Dicke der Baustoffe
- dem Feuchtigkeitsgehalt der Baustoffe (Wasser ist gut wärmeleitend!)

Die Luftdurchlässigkeit guter Wände und Decken ist so gering, daß z.B. ein Luftaustausch durch solche Bauteile hindurch nicht stattfindet. Wärme- und Feuchtigkeitsdurchlässigkeit (Dampfdiffusion) sind jedoch in der Regel vorhanden. Spezielle Dampfsperren vermindern allerdings die Dampfdiffusion häufig auf unmeßbar kleine Werte.

Der Luftdurchlässigkeit von Fenstern und Türen muß jedoch erhöhte Aufmerksamkeit zugewandt werden: Durch die ausgetauschte Luft wird (Heiz-)Energie in u. U. starkem Maße transportiert und geht damit dem Gebäude verloren (Lüftungsverluste Q_L). Einen Luftaustausch vollständig zu unterbinden verbietet sich aus hygienischen und Behaglichkeitsgründen; Probleme kann es auch bei offenen Feuerstellen (Kamine, Gasbrenner) geben, die Frischluft benötigen.

Die Wärmespeicherfähigkeit der Wände und Decken bewirkt eine größere Konstanz der Gebäudetemperaturen und verhindert zu schnelles Aufheizen und Abkühlen (z. B. bei gedrosselter Heizung).

In Sonderfällen (Versammlungsräume) ist eine geringe Wärmespeicherfähigkeit der begrenzenden Bauteile von Vorteil (Energieeinsparung beim Aufheizen!).

Gebäude und ihre Bauteile sollten wegen des Wohnkomforts nicht mehr allein in Hinblick auf einen optimalen winterlichen Wärmeschutz konstruiert werden. Die wohnklimatischen Verhältnisse sollten durch stärkere Berücksichtigung des sommerlichen Wärmeschutzes auch bei hohen Außentemperaturen im Behaglichkeitsbereich gehalten werden.

Die z. Z. in Neubearbeitung befindliche DIN 4108 wird neben den Anforderungen für den winterlichen Wärmeschutz auch Forderungen, die den sommerlichen Wärmeschutz betreffen, enthalten. Dabei sollen Höchstwerte für die Wärme- und Luftdurchlässigkeit der Bauteile bzw. des gesamten Gebäudes festgelegt (s. auch Abschn. 7.3.3) und voraussichtlich Forderungen über die Wärmespeicherfähigkeit der Innenbauteile von Gebäuden formuliert werden.

Die wärmeschutztechnische Konstruktion von Gebäuden wird z. Z. wesentlich von der Wärmeschutzverordnung zum Energieeinsparungsgesetz und (in geringerem Maße) von der noch gültigen Fassung der DIN 4108 und deren Ergänzungen bestimmt.

Die erforderlichen rechnerischen Nachweise für einen ausreichenden Wärmeschutz werden in Abschn. 7.3.3 erläutert.

Neben der Erfüllung der Forderungen an den Wärmeschutz des gesamten Gebäudes müssen zur Vermeidung von „Wärmebrücken" bzw. Kältebrücken (Bereiche größerer Wärmedurchlässigkeit neben Flächen besserer Wärmedämmung) besonders gefährdete Stellen in Außenwänden zusätzlich wärmegedämmt werden (s. DIN 4108 u. Ergänzende Bestimmungen). Das ist nicht nur aus energiewirtschaftlichen Gründen, sondern auch zur Vermeidung von Bauschäden notwendig.

Gefährdete Stellen dieser Art sind z. B. Ringverankerungen in Außenwänden (s. Abschn. 3.1), Betonstürze über Fenstern (s. Abschn. 3.4.6.3), Stahl- und Stahlbetonstützen im Innern von Leichtbetonwänden (Bild **7**.27 a und b) bzw. in Platten- oder Tafelwänden aus Fertigteilen (s. Abschn. 3.6), Balkonplatten (Bild **7**.28), Normalbetonquerwände (Bild **7**.27 c), Dach- und Geschoßdeckenauflager (s. Abschn. 4.3), Installationsschlitze (Bild **7**.29). Bei Heizkörpernischen muß nach der Wärmeschutzverordnung die durch geringere Wandstärken verminderte Wärmedämmung durch zusätzlich innen angebrachte Dämmplatten ausgeglichen werden (Dampfsperre beachten!).

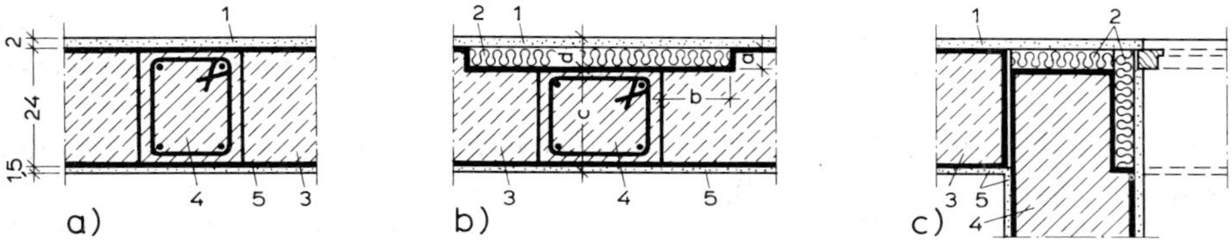

7.27 Einbindende Stahlbetonteile in Außenwänden

a) Stahlbetonstütze ohne zusätzliche Wärmedämmung (falsche Anordnung): Die Stahlbetonstütze wirkt als Wärmebrücke. Ihr Wärmedurchlaßwiderstand ist mit $0{,}17 \frac{m^2 K}{W}$ zu gering

b) Stahlbetonstütze mit zusätzlicher Wärmedämmschicht (Leichtbauplatte) (richtige Anordnung): Der Wärmedurchlaßwiderstand an der Stütze beträgt $0{,}52 \frac{m^2 K}{W}$ und entspricht damit dem einer 1¹/₂ Stein dicken Ziegelwand. Es ist darauf zu achten, daß die Dämmplatte die Fuge zwischen Stütze und Wand links und rechts soweit überdeckt, daß die Summe der Wärmedurchlaßwiderstände der Schichten a, b und c = ist der Summe der Wärmedurchlaßwiderstände der Schichten c und d.

c) Wärmedämmung einer tragenden Querwand aus Stahlbeton mit Anschluß an vorgefertigte, nicht tragende Fensterwand (Horizontalschnitt, in Wandmitte versetzt)

1 Außenputz
2 Leichtbauplatte
3 Leichtbeton
4 Stahlbeton
5 Innenputz

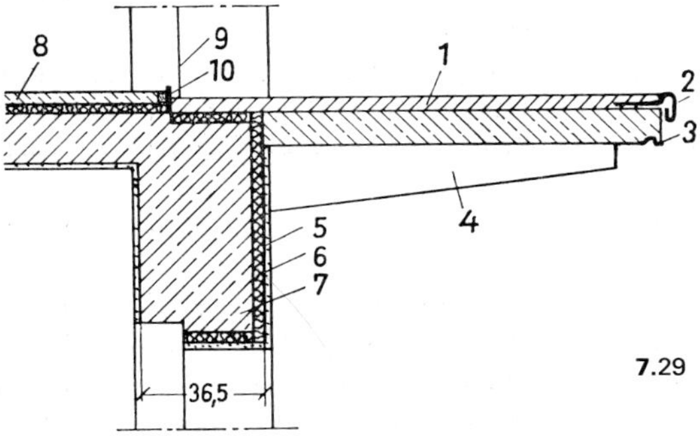

7.28 Balkonplatte durch Wärmedämmschicht von Decke und Sturz getrennt[1])

1 Gußasphaltestrich
2 Kantenschutz (schematisch)
3 Balkonplatte (Fertigteil, Gefäll nach außen, Schallschluckmaterial unterseits)
4 Kragbalken
5 Schallschluckmaterial
6 Dämmplatte 3,5 cm
7 Türsturz
8 schwimmender Estrich
9 Balkontüranschlag
10 Anschlagschiene

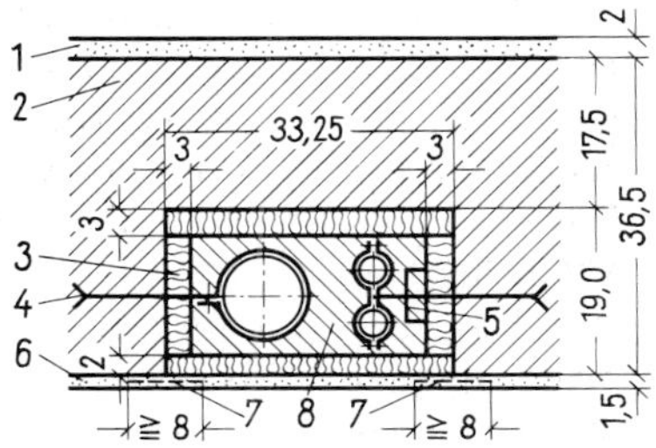

7.29 Wärmedämmung von tiefen[1]) Rohrschlitzen, Heizkörper- und Zählernischen in Außenmauern[2])

1 Außenputz 2 cm
2 Ziegelmauerwerk 36,5 cm
3 Wärmedämmplatte
4 Rohrschellenanker
5 Halteschiene für verstellbare Rohrschellen (Schema)
6 Innenputz 1,5 cm
7 Korrosionsgeschützter Drahtnetzstreifen über Anschlußfuge
8 Dämmstoff-Ausschäumung

---

[1]) Standsicherheit s. DIN 1053 Abschn. 2.5 usw.

Die bauphysikalisch vorteilhafte Außendämmung von Wänden und an Außenluft grenzende Decken erfordert besondere Aufmerksamkeit bei der Ausführung von Putz, damit Risse, die zur Durchfeuchtung und weiteren Schäden führen würden, vermieden werden. Außendämmschichten werden am besten durch eine hinterlüftete Bekleidung geschützt (s. Abschn. 3.6.3).

Ausreichende Wärmedämmung auf der Außenseite kann auch Schubrisse vermeiden helfen, da wegen der verringerten Temperaturdifferenzen in der statisch wirksamen Schicht die aus Wärmedehnungen resultierenden Schubkräfte gering bleiben werden. Gefahrenstellen sind Auflager massiver Dachdecken mit geringer Auflast, besonders auch bei Garagendecken. Gesicherte Auflager (Ringanker), Gleitschichten (aus Polychloroprene-Kautschuk oder Polytetrafluoräthylen-Folie) und eine richtige Fugengestaltung (s. Abschn. 1.9 in Teil 2 dieses Werkes) sollten diese Maßnahmen unterstützen.

Ist z. B. bei Altbausanierungen eine Innendämmung nicht zu vermeiden, so ist auf eine ausreichende Behinderung der Wasserdampfdiffusion durch die Dämmschicht (Dampfsperrschichten oder Verwendung von Dämmstoffen mit großer Dampfdiffusionszahl μ!) zu achten (s. auch Abschn. 6.12 in Teil 2 dieses Werkes).

Bei Flachdächern werden durch Wärmedämmschichten auf der Oberseite nicht nur die darunterliegenden Räume vor Abkühlung im Winter und übermäßiger Erwärmung im Sommer geschützt, sondern auch stärkere Temperaturdehnungen der Unterkonstruktion (z. B. Stahlbeton, s. Abschn. 1.9. in Teil 2 des Werkes) vermieden. Darüber hinaus wird bei ausreichender Dimensionierung der Dämmung Korrosion der Bewehrungsstähle o. ä. verhindert, da der Taupunkt nicht mehr im Bereich dieser Konstruktionsteile liegen wird. Die Dämmung sollte besonders bei großflächigen Massivdecken so gestaltet werden, daß die Oberflächentemperatur innen an allen Punkten annähernd gleich ist (Berechnung s. Abschn. 7.3.2.2). Andernfalls bilden sich auf dem Deckenputz durch ungleichmäßige Staubablagerung bei der Luftumwälzung dunkle Streifen an den jeweils kälteren Deckenflächen (z. B. unter den Rippen). Diese Erscheinung ist als „Fugenabbildung" auch an Wänden mit unzureichender Wärmedämmung im Fugenbereich bekannt.

In diesem Zusammenhang muß die Bedeutung ausreichend hoher Oberflächentemperaturen von Decken, Wänden und Fußböden zur Erzielung einer ausreichenden Behaglichkeit bei dauerndem Aufenthalt von Menschen hervorgehoben werden. Wegen des Wärmestrahlungsaustausches zwischen allen Körpern kann es bei zu stark unterschiedlichen Oberflächentemperaturen von menschlicher Haut und den Raumumfassungsflächen zu lokalen Wärmeaustauschdefiziten an der Hautoberfläche kommen, die als unbehaglich („kühl") empfunden werden. Als grober Annäherungswert kann bei ständig bewohnten Räumen eine Temperaturdifferenz zwischen Lufttemperatur und mittlerer Oberflächentemperatur der Umfassungsflächen von ca. 3 °C als ausreichend gering angenommen werden.

Ein Fußboden wird als ausreichend „fußwarm" empfunden, wenn die Temperatur der (unbekleideten) Fußsohle bei Berührung nicht unter 22 °C sinkt. Das kann durch Fußbodenbeläge geringer Wärmeleitfähigkeit (s. Abschn. 5.3.2), durch ausreichende Wärmedämmung und nicht zuletzt durch Beheizung des Fußbodens erreicht werden (s. auch Abschn. 5.3.6).

In DIN 4108 wird z. Z. – das sei noch einmal betont – nur an wenigen Stellen (s. Ergänzende Bestimmungen zu DIN 4108) ein in gesundheitlicher und wirtschaftlicher Hinsicht ausreichender Wärmeschutz bei Gebäuden gefordert. Bei Erfüllung der Forderungen des „erhöhten Wärmeschutzes" der Wärmeschutzverordnung werden häufig dagegen schon beide Belange berücksichtigt.

Neben den statischen Nachweisen (Standfestigkeit und Dauerhaftigkeit von Gebäuden) muß – allerdings von Bundesland zu Bundesland in unterschiedlicher Form – seit dem 1.11.1977 der Nachweis der Begrenzung des Wärmedurchgangs durch die Umfassungsflächen eines Gebäudes (an Außenluft, das Erdreich oder Gebäudeteile niedrigerer Innentemperaturen grenzend) erbracht werden. Das geschieht durch die rechnerische Feststellung (s. Abschn. 7.3.3), daß die in der Wärmeschutzverordnung vorgegebenen Wärmedurchgangskoeffizienten k_{max} nicht überschritten werden. Darüber hinaus werden zur Begrenzung der Wärmeverluste bei Undichtheiten Forderungen an der Fugendurchlaßkoeffizienten außenliegender Fenster und Fenstertüren gestellt (s. Abschn. 4.2 in Teil 2 dieses Werkes) und die luftundurchlässige Abdichtung sonstiger Fugen gefordert.

7.3.2 Physikalische Erläuterungen

Zur Beschreibung des Wärmedurchgangs durch Bauteile wird heute meistens die Angabe des Wärmedurchgangskoeffizienten *k* (Wärmedurchgangswert, Wärmedurchgangszahl) gefordert. Er gibt an, wie groß die Wärmeleistung (auch Wärmefluß, gemessen in Watt, früher in kcal/h; 1 kcal/h = 1,163 W) ist, die durch 1 m² Bauteilfläche bei einer Lufttemperaturdifferenz zwischen beiden Außenflächen von 1 K (≙ 1 °C) hindurchgeht:

Aus der Kenntnis des *k*-Wertes eines Bauteils heraus ist die Berechnung der durch dieses Teil hindurchfließenden Wärmemengen bei Kenntnis der Bauteilfläche *F* und der wirklichen Lufttemperaturen möglich:

$$\text{Wärmefluß} \quad Q_T = \frac{Q}{t} = k \cdot F(\vartheta_{Li} - \vartheta_{La}) \quad \text{in Watt (W)}$$

Q Wärmemenge in Joule (Wattsekunden Ws)

t Zeit in Sekunden

$\vartheta_{Li} - \vartheta_{La}$ Lufttemperaturdifferenz in K bzw. °C

Auf diese Formel gründet sich die Berechnung der Wärmetransmissionsverluste und damit des wesentlichen Teils des Wärmebedarfs (s. DIN 4701).

Die Errechnung von *k* geschieht bei den meistens aus mehreren Schichten bestehenden Bauteilen aus den Wärmeleitfähigkeiten λ (Wärmeleitzahl) der Schichtmaterialien, deren Dicke *d* und den Wärmeübergangszahlen α_i, α_a, die die Wärmeaufnahmefähigkeit bzw. Wärmeabgabefähigkeit der Bauteiloberflächen innen und außen beschreiben.

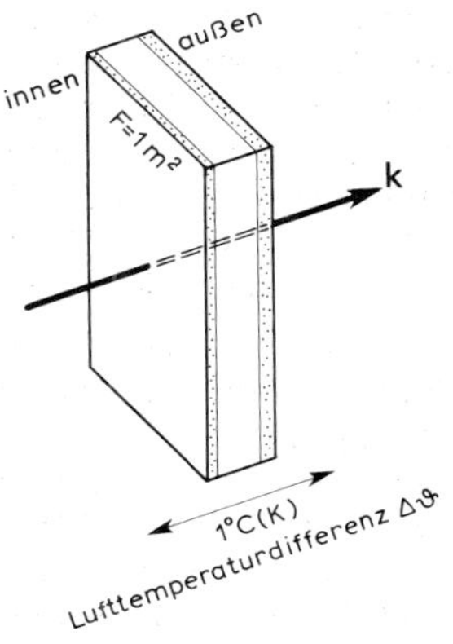

7.30 Anschauliche Bedeutung des Wärmedurchgangskoeffizienten *k*

Der Zahlenwert des Wärmedurchgangskoeffizienten *k* ist gleich dem des Wärmeflusses Q_T (in Watt), der durch 1 m² Bauteilfläche bei 1 K (≙ 1 °C) Lufttemperaturdifferenz $\Delta\vartheta$ hindurchgeht

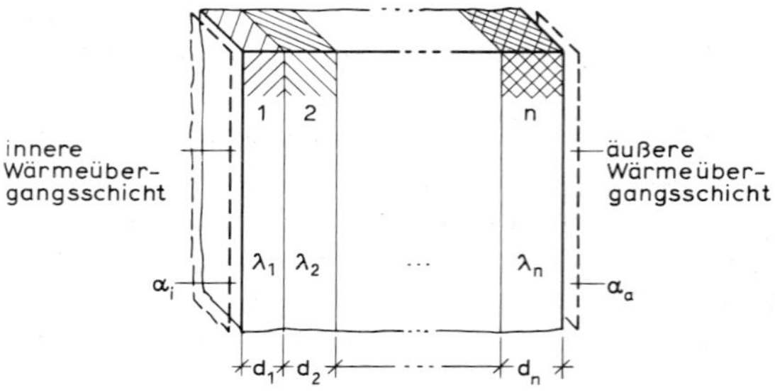

7.31 Wärmeübertragendes Bauteil aus *n*-Schichten

Für die Wärmeübertragung entscheidend ist der Wärmedurchgangswiderstand $1/k$, der sich additiv aus den Wärmedurchlaßwiderständen d/λ der Einzelschichten und den Wärmeübergangswiderständen $1/\alpha_i$, $1/\alpha_a$ der Luft-Wand-Grenzschichten des Bauteils zusammensetzt

$$\frac{1}{k} = \frac{1}{\alpha_i} + \frac{d_1}{\lambda_1} + \frac{d_2}{\lambda_2} + \cdots + \frac{d_n}{\lambda_n} + \frac{1}{\alpha_a} \quad \text{in m}^2\text{K/W}$$

Den Wert $1/k$ bezeichnet man auch als Wärmedurchgangswiderstand; die Werte für $\lambda_1 \ldots \lambda_n$ sind die Wärmeleitfähigkeiten und die Werte für $d_1 \ldots d_n$ die Dicken der Einzelschichten des Bauteils.

Der innere Teil dieser Summe heißt der Wärmedurchlaßwiderstand $1/\Lambda$ des Bauteils:

$$\frac{1}{\Lambda} = \frac{d_1}{\lambda_1} + \frac{d_2}{\lambda_2} + \cdots + \frac{d_n}{\lambda_n} \quad \text{in m}^2\text{K/W}$$

Er muß nach der noch gültigen DIN 4108 für alle Bauteile eine Mindestgröße aufweisen (s. Abschn. 5.3.2, Tabelle **5**.9).

Die Wärmeleitfähigkeiten λ von Baustoffen sind in DIN 4108 (Tab. 1), deren Ergänzungen und in Veröffentlichungen im Bundesanzeiger (z. B. Nr. 205 vom 29. Oktober 1977) zusammengefaßt. Bei Berechnungen zum Nachweis ausreichenden Wärmeschutzes dürfen nur diese zugelassenen Rechenwerte der Wärmeleitfähigkeit zugrundegelegt werden.

Als Besonderheit bei der Berechnung von Wärmedurchgangskoeffizienten bzw. von Wärmedurchlaßwiderständen ist zu bemerken, daß bei Luftschichten wegen einer großen Abhängigkeit der Wärmeleitfähigkeit von der Luftschichtdicke nach DIN 4108 bestimmte Rechenwerte für den Einzelwärmedurchlaßwiderstand ($1/\Lambda = d/\lambda$) der Luftschicht eingesetzt werden müssen (s. Beispiel in Abschn. 7.3.3).

Die zu benutzenden Werte der Wärmeübergangszahlen α_i, α_a bzw. der Wärmeübergangswiderstände $1/\alpha_i$, $1/\alpha_a$ sind ebenfalls aus DIN 4108 zu entnehmen. Sie sind von der Geschwindigkeit der Luftbewegung an den Übergangsflächen (Bauteiloberflächen) und deren Lage (horizontal, vertikal, Wärmedurchgangsrichtung) abhängig.

7.3.2.1 Wärmedämmstoffe

Der Wärmedurchgang durch Stoffe wird wesentlich durch 3 Vorgänge bewirkt:

- Wärmeleitung (Weitergabe der Wärmebewegungsenergie der Moleküle im Stoff durch Stoßprozesse)
- Wärmestrahlung
- Wärmemitführung oder Konvektion

Alle 3 Effekte wirken sowohl bei der Wärmeweitergabe in den Stoffen als auch bei der Wärmeaufnahme und -abgabe des betreffenden Bauteils mit. Bei einer Bestimmung des λ-Wertes (Wärmeleitfähigkeit) für einen Baustoff werden sie nicht getrennt bestimmt (was sehr schwierig wäre), sondern dieser Wert ist das Resultat des Zusammenwirkens aller Wärmeübertragungsvorgänge.

Gase setzen der Wärmeleitung einen größeren Widerstand entgegen als flüssige und feste Stoffe. Deshalb ist ein großer Luftgehalt in einem Baustoff in der Regel ein Kennzeichen für eine geringe Wärmeleitfähigkeit. Als Wärmedämmstoffe bezeichnet man porige und deshalb spezifisch leichte Stoffe mit besonders geringer Wärmeleitfähigkeit (z.B. $\lambda < 0{,}1$ W/mK). Ihre Poren sind in der Regel mit Luft, seltener mit außergewöhnlich wenig wärmeleitenden Gasen gefüllt.

Stoffe hoher Dichte (Metalle, Naturstein, Keramik) haben große Wärmeleitfähigkeiten und müssen deshalb zur Erzielung ausreichenden Wärmedämmvermögens mit Dämmstoffen kombiniert eingesetzt werden.

Wärmedämmung als Maßnahme gegen zu großen Wärmedurchgang durch Bauteile kann deshalb heute entweder durch Verwendung von Massivbaustoffen relativ geringer Wärmeleitfähigkeit (z.B. Gasbeton, Porenziegel, Beton mit porigen Zuschlägen, Leichtbetonsteine mit porigen Zuschlägen, Holz) oder durch eine Kombination beliebiger statisch wirksamer Stoffe mit Dämmstoffen betrieben werden.

Diese Dämmstoffe können nach Herkunft (aus organischen oder anorganischen Grundstoffen), nach der Zusammensetzung (Stoffname) oder dem Herstellverfahren (z.B. Schäumen) unterschieden werden.

Man kann auch wie folgt einteilen (s. auch Abschn. 5.3.3):

- Mineralische und pflanzliche Faserdämmstoffe (DIN 18165 T1)
- Korkdämmstoffe (DIN 18161 T 1)
- Schaumkunststoffe (DIN 18164 T 1 und DIN 18159 „Ortschaum")
- Schaumglas (DIN 18174)
- Holzwolle-Leichtbauplatten und Mehrschicht-Leichtbauplatten (DIN 1101 bzw. 1104)

Die Wärmeleitfähigkeit von Stoffen – auch von anderen Baustoffen – wird an ebenen Platten nach DIN 52612 (am „Plattengerät") bestimmt und der gemessene Mittelwert verschiedener Messungen bei 10 °C mit einem Zuschlag zur Berücksichtigung von Alterung und praktischem Feuchtigkeitsgehalt versehen. Für den rechnerischen Nachweis ausreichenden Wärmeschutzes dürfen nur zugelassene Rechenwerte (λ_R) der Wärmeleitfähigkeit verwendet werden.

In Tabelle **7**.32 sind wichtige Baustoffe und Dämmstoffe mit ihren Rechenwerten der Wärmeleitfähigkeit angegeben.

Es kann hier nicht auf die speziellen Eigenschaften der verschiedenen Dämmstoffe eingegangen werden, jedoch sind neben der Wärmeleitfähigkeit für den Anwender noch (neben allgemeiner Beschaffenheit und Maßen)

- Festigkeitswerte
- Brandverhalten (Brennbarkeits- und Feuerwiderstandsklasse, s. Abschn. 7.5)
- Formbeständigkeit

Tabelle **7**.32 Rechenwerte der Wärmeleitfähigkeiten (λ_R)

Baustoffe	Rohdichte kg/m³	Wärmeleitfähigkeit W/mK
Kalkmörtel, Kalkzementmörtel	1800	0,87
Zementmörtel	2000	1,4
Kalkgipsmörtel, Gipsmörtel	1400	0,70
Normalbeton nach DIN 1045	2400	2,1
Leichtbeton (je nach Zuschlag)	600 bis 2000	0,23 bis 1,2
Gasbeton nach DIN 4223	400 bis 800	0,14 bis 0,23
Gipskartonplatten nach DIN 18180	900	0,21
Wandbauplatten aus Gips	600 bis 1200	0,29 bis 0,58
Vollklinker-Mauerwerk	2000	1,0
Ziegel-Mauerwerk	600 bis 2000	0,35 bis 1,0
Kalksandstein-Mauerwerk	1000 bis 2000	0,50 bis 1,1
Leichtbeton-Hohlblocksteine	500 bis 1400	0,30 bis 0,91
Gasbetonstein-Mauerwerk	500 bis 800	0,22 bis 0,29
Faserdämmstoffe (je nach Wärmeleitfähigkeitsgruppe)	8 bis 500	0,035 bis 0,050
Polystyrol-Hartschaum	15 bis 30	0,041
Polyurethan-Hartschaum		0,029 bis 0,035
Schaumglas	110 bis 150	0,055
Holzwolle-Leichtbauplatten	400 bis 600	0,093
Wärmedämmender Putz (DIN 18550)	600	0,20
Eichenholz	800	0,21
Fichte, Kiefer, Tanne	600	0,14
Holzspanplatten	700	0,14 bis 0,17
Kunststoffe (PVC)	1500	0,23
Asphalt	2000	0,70
Bitumen	1200	0,17
Fliesen	2000	1,0
Glas	2500	0,81
Granit, Basalt, Marmor	2800	3,5
Außenwandverkleidung aus Keramik	2000	1,2
Stahl	7800	60
Aluminium	2700	200
Kupfer	8900	380

bei allen Dämmstoffen wesentlich. Für Faserdämmstoffe sind in DIN 18165 T1 (Wärmedämmung) und T2 (Trittschalldämmung) noch

- Zusammendrückbarkeit
- Abreißfestigkeit
- dynamische Steifigkeit (für Luft- und Trittschalldämmung)
- Strömungswiderstände (für raumakustische Anwendungen der Stoffe)

erwähnenswert.

Wegen der Wichtigkeit für die Anwendung werden Wärmedämmstoffe je nach Druckbeanspruchbarkeit noch mit folgenden Typkurzzeichen versehen:

W	nicht druckbelastbar
WD	druckbelastbar, z.B. unter druckverteilenden Böden
WDS	druckbelastbar, mit besonderer Formbeständigkeit
WZ	leicht zusammendrückbar
WV	auf Abreiß- und Scherfestigkeit beanspruchbar

Im Bauwesen verwendete Dämmstoffe sollten mindestens schwer entflammbar sein (Baustoffklasse B1, Kennzeichnung mit den jeweiligen Kennbuchstaben der Baustoffklasse).

Sonderkennzeichen z. B. bei gasdiffusionsdichten Oberflächen (M), für besonders weichfedernde Faserdämmstoffe des Typs WV (s), für Faserdämmstoffe für Schallschluckzwecke (w) usw. sind möglich.

7.3.2.2 Temperaturverhältnisse an und in Wänden, Tauwasserbildung

Der heute geforderte erhöhte Wärmeschutz wirkt sich bei richtiger Anwendung auch auf eine verringerte Gefahr von Kondensationswasserbildung (Tauwasser, Kondenswasser) an und in den Außenbauteilen aus. Bei bestimmten Dämmmethoden (z. B. Innendämmung) und in diesem Zusammenhang besonders bei nachträglichen Dämmaßnahmen (z. B. Altbausanierung) kann es jedoch zu Kondensationswasserbildung bei winterlichen Wetterverhältnissen kommen, wobei Folgeschäden nicht auszuschließen sind.

Tauwasser entsteht immer dann, wenn sich feuchte Luft unter eine bestimmte Temperatur, den Taupunkt ϑ_s abkühlt. Die Taupunkttemperatur hängt von der Lufttemperatur ϑ_L und der in der Luft enthaltenen Wasserdampfmenge, also der Luftfeuchtigkeit ab. Aus den Werten des „Sättigungsdampfdrucks" (Sattdampfdruck) (s. Tabelle **7**.33) ist zu entnehmen, daß warme Luft mehr Wasserdampf enthalten kann als kalte. Bei Abkühlung ausreichend feuchter Luft wird die Überschußfeuchtigkeit als Kondensationswasser ausgeschieden (Unterschreiten des Taupunktes). Typische Entstehungsorte von Tauwasser sind kühle Keller im Sommer, unzulänglich belüftete Neubauwohnungen, Bäder, Küchen, Waschküchen und Viehställe sowie die Oberflächen guter Wärmeleiter wie Naturstein, Normal- und Schwerbeton, Zementputz, Fliesen, Glas und Metall, wenn sie kühler als die Umgebungsluft sind. Bei Außenbauelementen wie Fenstern, Türen und Wänden kann sich dementsprechend auch Kondensationswasser bilden, wenn die Wärmedämmung zu gering ist, d. h. die Oberflächentemperatur (s. Bild **7**.34) innen die gültige Taupunkttemperatur ϑ_s für die Innenluft unterschreitet.

Wände sollen luftundurchlässig sein, sind in der Regel aber durchlässig für Wasserdampf. Eine Wasserdampfwanderung durch eine solche Trennwand hindurch nennt man W a s s e r d a m p f d i f f u s i o n. Sie erfolgt nach physikalischen Gesetzen

Tabelle **7**.33 Wasserdampfsättigungsdruck p_s und Temperatur ϑ

ϑ °C	p_s Pa	ϑ °C	p_s Pa	ϑ °C	p_s Pa	ϑ °C	p_s Pa	ϑ °C	p_s Pa
−20	103	−10	260	0	611	+10	1227	+20	2339
−19	114	− 9	283	+1	657	+11	1312	+21	2486
−18	125	− 8	310	+2	705	+12	1402	+22	2644
−17	137	− 7	337	+3	759	+13	1497	+23	2809
−16	150	− 6	368	+4	813	+14	1598	+24	2984
−15	165	− 5	401	+5	872	+15	1705	+25	3168
−14	180	− 4	436	+6	935	+16	1817	+26	3361
−13	198	− 3	476	+7	1001	+17	1937	+27	3565
−12	217	− 2	517	+8	1073	+18	2064	+28	3779
−11	237	− 1	562	+9	1147	+19	2197	+29	4005
								+30	4242

immer dann, wenn der Wasserdampf**druck** auf beiden Seiten der Wand unterschiedlich ist. Der Wasserdampfdruck ist proportional zu den in gleichen Luftmengen enthaltenen Wasserdampfmengen; d.h. in einem beheizten Innenraum wird wegen der größeren Dampfmenge pro m^3 gegenüber der kühleren Außenluft meist ein Wasserdampf-**Über**druck herrschen, die Dampfdiffusion geht von innen nach außen. Bei sommerlichen Verhältnissen gibt es auch vorübergehend umgekehrt verlaufende Diffusionsvorgänge.

Neben der Oberflächenkondensation kann es auch im Innern von Außenbauteilen zu Kondensation kommen, wenn irgendwo der Taupunkt unterschritten wird. Es stellt sich allerdings meist innerhalb der Wände – in Abhängigkeit von der Wasserdampfdurchlässigkeit der Wandmaterialien ein niedrigerer Dampfdruck ein als im Innenraum, so daß bei genügend hohen Wandtemperaturen (z.B. durch äußere Wärmedämmung) nicht mit Kondensation gerechnet werden muß.

Niedrige Wandtemperaturen können also die Gefahr von Kondensationen andeuten. Es ist deshalb vorteilhaft, sich bei von der Konstruktion her bedenklichen Wänden zuerst einen Überblick über die Temperaturverhältnisse an und in der Wand zu verschaffen. Der Rechenvorgang wird hier und im Rechenbeispiel Abschn. 7.3.3.3 beschrieben:

Der Berechnung werden **konstante** Lufttemperaturen innen und außen zugrundegelegt. Diese Temperaturen ϑ_{Li} und ϑ_{La} sollten so gewählt werden, daß die ungünstigsten Verhältnisse im Winter damit beschrieben werden; d.h. innen wird eine Lufttemperatur von 20 bis 24°C angenommen und außen von −10°C. In Ausnahmefällen, in denen auch eine nur vorübergehende Tauwasserbildung mit Sicherheit vermieden werden muß, können auch niedrigere Außentemperaturen eingesetzt werden.

Aus diesen angenommenen Lufttemperaturen werden dann nacheinander zuerst die Oberflächentemperatur auf der Innenseite des Bauteils (ϑ_{oi}) und dann die weiteren Temperaturen der Trennflächen in der *n*-schichtigen Wand (s. Bild **7**.34) berechnet:

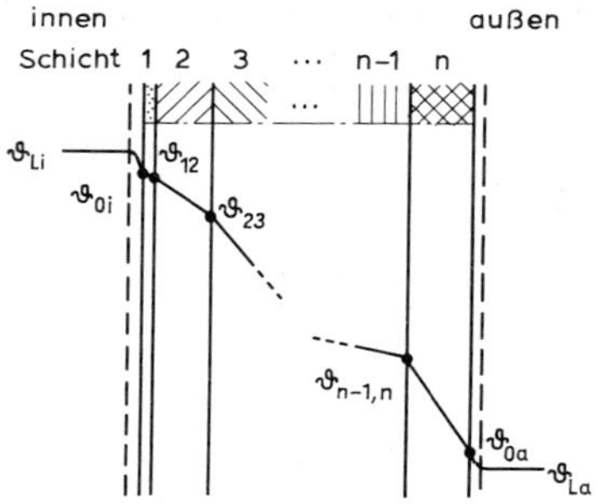

7.34 Temperaturverlauf in einer *n*-schichtigen Wand (Schema)

$$\vartheta_{oi} = \vartheta_{Li} - k\,(\vartheta_{Li} - \vartheta_{La})\,\frac{1}{\alpha_i}$$

(Oberflächentemperatur innen)

$$\vartheta_{12} = \vartheta_{oi} - k\,(\vartheta_{Li} - \vartheta_{La})\,\frac{d_1}{\lambda_1}$$

$$\vartheta_{23} = \vartheta_{12} - k\,(\vartheta_{Li} - \vartheta_{La})\,\frac{d_2}{\lambda_2}$$

bis

$$\vartheta_{oa} = \vartheta_{n-1,n} - k\,(\vartheta_{Li} - \vartheta_{La})\,\frac{d_n}{\lambda_n}$$

dabei sind

k	Wärmedurchgangskoeffizient (zu errechnen nach Abschn. 7.3.2)	in W/m^2K
α_i, α_a	Wärmeübergangszahlen (nach DIN 4108)	in m^2K/W
d	Schichtdicken der Wandschichten	in m
λ	Wärmeleitfähigkeit des Schichtmaterials	in W/mK

Bei Luftschichten muß statt des Quotienten d/Λ der Wärmedurchlaßwiderstand $1/\Lambda$ der Luftschicht nach DIN 4108 eingesetzt werden.

Damit sind alle Temperaturwerte zum Zeichnen des Temperaturverlaufs (Bilder **7**.34 und **7**.35) ermittelbar. Eine letzte Gleichung

$$\vartheta_{La} = \vartheta_{oa} - k\,(\vartheta_{Li} - \vartheta_{Li})\,\frac{1}{\alpha_a}$$

erlaubt – da ϑ_{La} bekannt ist – eine Kontrolle der Temperaturberechnungen.

Die Ermittlung der Oberflächentemperatur auf der Bauteil-Innenseite (ϑ_{oi}) hat eine besondere Bedeutung, da ϑ_{oi} nach Abschn. 7.3.1 über ein Bauteil hinweg möglichst gleichmäßig sein soll, um Schmutzstreifen („Fugenabbildung") nicht erst entstehen zu lassen. Außerdem tritt Oberflächenkondensat immer dann auf, wenn die Oberflächentemperatur ϑ_{oi} niedriger als die Taupunkttemperatur der Innenluft ist!

Wenn der Temperaturverlauf an und in der Wand bekannt ist, kann durch Werteübertragung aus der Sättigungsdampfdrucktabelle (Tabelle **7**.33) in eine Wandquerschnitts-Skizze (Bild **7**.35) der Verlauf des maximal zulässigen Wasserdampfdrucks eingezeichnet werden (Sättigungsdampfdruckkurve p_s). Nun müssen nur noch die wirklichen Dampfdrücke p an und in der Wand ermittelt werden, damit durch Vergleich der Sättigungskurve mit der Dampfdruckkurve (ohne Kondensation) festgestellt werden kann, ob der Taupunkt überschritten wird. Das würde durch Berührung oder Schnitt beider Kurven angezeigt werden.

Für die Berechnung der Dampfdrücke p ist die Kenntnis der Klimadaten notwendig:

ϑ_{Li}, ϑ_{La} Lufttemperatur innen und außen (in °C, wie oben)
φ_i, φ_a Relative Luftfeuchtigkeiten innen und außen (in %)

Aus ihnen werden dann zuerst die Wasserdampfdrücke vor (d. h. innen) und hinter der Wand (d. h. außen), p_i und p_a ermittelt:

$$p_i = \frac{\varphi_i}{100}\,p_s(\vartheta_{Li}) \quad \text{in Pa}$$

$$p_a = \frac{\varphi_a}{100}\,p_s(\vartheta_{La}) \quad \text{in Pa}$$

Die Werte für $p_s(\vartheta)$ werden dabei wieder aus der Sättigungsdampfdrucktabelle (Tabelle **7**.32) entnommen.

Ähnlich wie bei der Berechnung des Temperaturverlaufs in der Wand könnten nun durch analoge Formeln die Wasserdampfdrücke in den Grenzflächen zwischen den Wandschichten ermittelt werden, wobei dann statt der Wärmeleitfähigkeiten λ die Wasserdampfleitfähigkeiten λ_{Do} der Schichtmaterialien berücksichtigt werden müßten. Nach Glaser läßt sich jedoch auf zeichnerischen Weg der Dampfdruckverlauf leichter bestimmen. Dazu muß nur der Wandquerschnitt nicht in den wirklichen Dicken aufgetragen (gezeichnet) werden, sondern passend verzerrt; dann kann der Dampfdruck p als Gerade in den Querschnitt eingezeichnet und mit dem Sättigungsdampfdruckverlauf verglichen werden (Bild **7**.35).

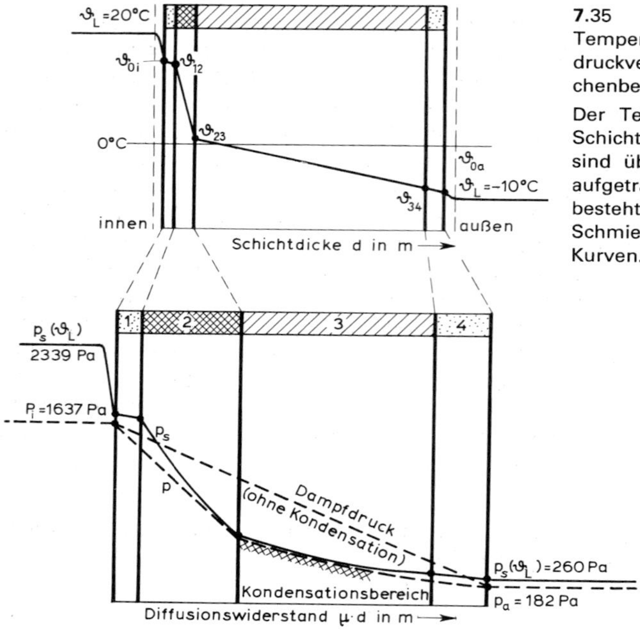

7.35
Temperaturverlauf (oben) und Dampfdruckverhältnisse (unten) zum Rechenbeispiel

Der Temperaturverlauf ist über der Schichtdicke, die Dampfdruckkurven sind über dem Diffusionswiderstand aufgetragen (Glaser-Diagramm). Es besteht Kondensationsgefahr im Schmiegungsbereich der p- und p_s-Kurven.

Tabelle **7**.36 Diffusionswiderstandsfaktoren μ von Baustoffen (nach verschiedenen Literaturangaben)

Baustoffe	Rohdichte ϱ kg/m³	μ	Baustoffe	Rohdichte ϱ kg/m³	μ
1. Mauerwerk			4. Wärmedämmstoffe		
Klinker	1800	100	Styropor-Platten	15 bis 30	20 bis 60
Vollziegel u. Lochziegel	1000 bis 1800	10	Holzwolle-Leichtbauplatten (DIN 1101)		
Kalksand-Vollsteine	1800 bis 2000	15	2,5 bis 3,5 cm dick	400	6
Leichtbeton-Vollsteine	800 bis 1200	5	5,0 bis 10 cm dick	400	4
2. Mauer- und Putzmörtel			5. Sperrstoffe		
			Bitumen-Dachpappe	–	$3 \cdot 10^3$
Kalkmörtel	1800	20	Bitumenpappe mit Alu-Einlage 0,1 mm	–	$7 \cdot 10^5$
Kalkzementmörtel	2000	35	Kunststoffbahnen aus Oppanol		$3{,}6 \cdot 10^5$
Zementmörtel	2100	40			
3. Betonarten			6. Wandbekleidungen aus Glasmosaik oder Spaltklinkern	–	200
Beton ≧ Bn 250	2300	75			
Betonfertigteile	2300	100			
Bimsbeton	800 bis 1200	6			
Gas- und Schaumbeton	400 bis 800	7			

In der einschlägigen Fachliteratur gibt es zahlreiche Angaben über die Größe von Diffusionswiderstandsfaktoren. Sie unterscheiden sich jedoch teilweise stark voneinander, da die Diffusionswiderstände in beträchtlichem Maße vom Wassergehalt der Baustoffe und damit von der Höhe der relativen Luftfeuchten abhängen und im allgemeinen mit wachsenden Luftfeuchten als Folge von Oberflächendiffusion sowie kapillaren Wassertransport mehr oder weniger abnehmen. Eine „reine" Wasserdampfdiffusion ohne zusätzliche Einwirkungen gibt es nur bei kleinen, relativen Luftfeuchten. Bei Beton werden die Diffusionswiderstandszahlen obendrein durch die Nachbehandlung auf der Baustelle und den Wasserzementwert beeinflußt. Die Durchführung und Auswertung von Versuchen zur Bestimmung der Wasserdampfdurchlässigkeit von Bau- und Dämmstoffen hat die DIN 52615 Bl. 1 (Ausg. 6.73) zum Gegenstand. Da in bewohnten Räumen die Innentemperatur in der Nähe von +20 °C, die relative Raumluftfeuchte zwischen 40 und 100% und die relative Luftfeuchte in der Natur gewöhnlich zwischen 50 und 100% liegen, ist die Diffusionswiderstandszahl bei Diffusionsberechnungen dann wirklichkeitsnahe, wenn sie im Feuchtigkeitsbereich von 50 bis 100% und nicht im Trockenbereich von 0 bis 50% gemessen wurde.

Rechenbeispiel zur Ermittlung des Temperaturverlaufs und der Dampfdruckverhältnisse an einer Außenwand (zeichnerische Darstellung in Bild **7**.35)

Gegeben: Raumtemperatur = 20 °C
Außentemperatur = −10 °C
rel. Luftfeuchte d. Innenluft = 70%
rel. Luftfeuchte d. Außenluft = 70%
Wärmeübergangszahl innen = 6 W/m²K
Wärmeübergangszahl außen = 24 W/m²K
Wasserdampfdruck der Innenluft p_i = 0,7 · 2339 = 1637 Pa
Wasserdampfdruck der Außenluft p_a = 0,7 · 260 = 182 Pa

Schichtfolge	Schichtdicke d m	Wärmeleitzahl λ W/mK	Temperatur ϑ °C	Diffusionszahl μ	Diffusionswiderstände $\mu \cdot d$ m	Sättigungsdampfdruck p_s Pa	Dampfdruck p Pa
1. Luftgrenzschicht innen	–	–	+20,0	–	–	2339	1637
			+15,2			1726	
2. Innenputz	0,015	0,87		20	0,30		
			+14,7			1682	
3. Wärmedämmschicht	0,020	0,041		60	1,20		
			+ 0,6			637	
4. Ziegelmauerwerk	0,24	0,79		10	2,40		
			− 8,1			307	
5. Außenputz	0,020	0,87		35	0,70		
			− 8,8			288	
6. Luftgrenzschicht außen	–	–		–	–		182
			−10,0			260	

Die Wasserdampfdurchlässigkeit eines Materials wird meist durch Angabe der Diffusionszahlen (Diffusionswiderstandsfaktoren) μ gekennzeichnet, die aussagen, wieviel mal weniger das Material Wasserdampf leitet, d.h. hindurchdiffundieren läßt, als eine gleichdicke Luftschicht. Die Diffusionszahlen μ sind also reine Verhältniszahlen, die ohne Einheit angegeben werden (s. Tabelle **7**.36). Das Produkt aus Schichtdicke d und Diffusionszahl μ bezeichnet man als Diffusionswiderstand dieser Materialschicht ($\mu \cdot d$, häufig auch als $\mu \times s$, μ_d, s_d o.ä. geschrieben). Diese Größe hat die Einheit Meter (m) und wird in ihrer Bedeutung durch den weiteren Namen „äquivalente Luftschichtdicke" als die in Metern gemessene Luftschicht gleichen Diffusionswiderstandes erkennbar.

Für eine aus mehreren Schichten zusammengesetzte Wandkonstruktion ergibt sich als Gesamt-Diffusionswiderstand dann einfach die Summe der Einzelwiderstände $\mu \cdot d$, zuweilen kurz als $\Sigma \mu d$, s_d oder (mißverständlich) nur mit $\mu \cdot d = \mu_d = (\mu d)$ bezeichnet. Für dünne Schichten wie Dampfsperrfolien aus Kunststoffen oder Aluminium ist die Angabe der μ-Werte häufig irreführend (sehr hohe Werte, siehe Tabelle **7**.36), da erst der Diffusionswiderstand $\mu \cdot d$ über die dampfbremsende Wirkung der Schicht etwas aussagt!

Im Glaser-Diagramm (s. Bild **7**.35) trägt man den Wandquerschnitt nun statt dickenmaßstäblich im Maßstab der Diffusionswiderstände $\mu \cdot d$ auf, zeichnet die Sättigungsdampfdruckwerte ein[1]) und verbindet die an beiden Wandaußenseiten vorhandenen Dampfdruckwerte p_i und p_a durch eine Gerade miteinander (gestrichelte Kurve in Bild **7**.35). Falls sich – anders als im Rechenbeispiel – die Gerade mit der Sättigungskurve nicht schneidet, kann die Wandkonstruktion als nicht kondensationsgefährdet (bei den angenommenen Klimadaten) angesehen werden.

Findet sich ein Schnittpunkt in der Nähe der Wandinnenseite, d.h. liegt die Oberflächentemperatur ϑ_{oi} niedriger als der Taupunkt ϑ_s der Innenluft, so haben wir den relativ häufigen Fall von Oberflächenkondensat. Findet im Innern der Wandskizze eine Berührung beider Kurven nur in einem Punkt statt, so kann in der betroffenen Grenzschicht mit Kondensat gerechnet werden. Bei mehreren Schnittpunkten könnte man annehmen, daß in gewissen Bereichen der Wand der Dampfdruck höher wäre als (durch den Sättigungseffekt) physikalisch erlaubt; der wirkliche Dampfdruckverlauf entspricht jedoch nach Glaser jener Lage, die ein Seil annehmen würde, das zwischen p_i und p_a ausgespannt wird, so daß es sich der Sättigungsdampfdruckkurve anschmiegen muß. Der ganze Berührungsbereich beider Kurven kann dann Kondensationsbereich sein (s. Bild **7**.35).

Über die z.B. nach dem Ende einer Durchfeuchtungsperiode (Winter) vorliegende Wassermenge und -verteilung lassen sich ohne Kenntnis von Wasseraufnahmevermögen, Kapillarität usw. keine Aussagen machen. Immerhin ist es relativ leicht möglich, die ungefähre Kondensatmenge aus dem Glaser-Diagramm zu ermitteln.

Hier kann nur soviel mitgeteilt werden, daß die Steigung der Dampfdruckkurve im Glaser-Diagramm proportional zur Wasserdampfmenge pro m² und Zeiteinheit ist, so daß man aus einer Änderung der Steigung (z.B. an Knickpunkten der Seilzugkurve) schließen kann, daß die Differenzmenge des Wasserdampfstromes im Knickbereich ausfallen wird.

---

[1]) u.U. sind auch noch Zwischenwerte, die man aus den Schichtmittentemperaturen ermittelt, bei der Zeichnung der gekrümmten p_s-Kurven notwendig!

Ähnliche Untersuchungen lassen sich mit dem Glaser-Diagramm auch für Trocknungsvorgänge (z. B. im Sommer) durchführen, und damit ist es möglich, näherungsweise festzustellen, ob eine kondensatgefährdete Konstruktion wenigstens im Sommer wieder austrocknen kann und somit keinen bleibenden Schaden erleidet. Im sogenannten „Fertighausverfahren" (das der Ländersachverständigenausschuß für neue Baustoffe und Bauten bei der Überprüfung von Fertighäusern zwecks Aufnahme in das Fertighausverzeichnis benutzt) werden Annahmen über zulässige Kondensatmengen gemacht.

Innere Kondensation kann besonders leicht bei

- Konstruktionen mit innenliegender Wärmedämmung
- Konstruktionen mit Kerndämmung (s. Abschn. 3.4.2.1 und 3.6)
- beim nichtdurchlüfteten Flachdach (s. Abschn. 1.9.2 in Teil 2 dieses Werkes)
- beim unzureichend durchlüfteten zweischaligen Flachdach (s. Abschn. 1.9.3 in Teil 2 dieses Werkes)

auftreten. In allen diesen Fällen ist die Gefahr durch auf der warmen Seite der Wärmedämmung anzubringende dampfbremsende Schichten („Dampfsperren") zu beseitigen (Kunststoffolien, Metallfolien, Beschichtungen mit hohem $\mu \cdot d$-Wert). Diese Schichten verhindern hohe Dampfdrücke in den kühlen Wand- oder Dachbereichen, so daß sie unterhalb der Sättigungsdampfdrücke bleiben. Die gleiche Wirkung kann auch schon erreicht werden, wenn die alte Regel bei der Konstruktion befolgt wird, daß die Diffusionswiderstände $\mu \cdot d$ nach außen hin abnehmen und die Wärmedurchlaßwiderstände $\frac{d}{\lambda}$ zunehmen sollten.

Da die innenliegende Wärmedämmung in mancherlei Hinsicht Vorteile bietet (Dämmung gegen klimatische Einflüsse geschützt, wirtschaftlich bei nur vorübergehend beheizten Räumen durch geringe Anheizzeit), sollte sie – notfalls nach überschlägiger Berechnung der Kondensationsgefahren – nicht einfach verworfen werden. Bei der Altbausanierung wird sie in vielen Fällen die einzig vertretbare Möglichkeit zur Verbesserung des Wärmeschutzes sein. In jedem Fall sollte dann die Anbringung einer lückenlosen inneren Dampfsperre in Erwägung gezogen werden, die u. U. in Verbindung mit feuchtigkeitsspeicherndem Putz Kondensationsprobleme lösen kann (s. auch Abschn. 6.8.2 sowie Abschn. 6.12.1).

Man beachte auch die Gefahren, die durch Schichten mit hohem Diffusionswiderstand entstehen, wenn sie an der Außenseite von mehrschichtigen Konstruktionen liegen: Die dampfbremsende Wirkung einer solchen Schicht kann zum Dampfstau mit Dampfdruckerhöhung und damit zur Kondensatbildung führen. Dieser Vorgang ist vielfach die Ursache für die Ablösung von Putzen und Anstrichen.

In der Wärmeschutzverordnung wird weiterhin die Verwendung von Fenstern mit einem Wärmedurchgangskoeffizienten $k_F \leq 3{,}5\ W/m^2K$ (3,0 kcal/m^{2}h K) – außer bei großflächigen Verglasungen – verlangt. Außerdem wird – zur Begrenzung der Lüftungswärmeverluste – die Fugendurchlässigkeit von Fenstern und Fenstertüren beschränkt (s. Abschn. 4.2 in Teil 2 dieses Werkes).

Wegen zahlreicher Sonderregelungen (Gebäude mit niedrigeren Innentemperaturen, Sport und Versammlungsgebäude, k-Wert in der Nähe von Heizkörpern, große Gebäudegrundflächen, aneinandergereihte Gebäude, usw.) muß im übrigen für weitergehende Einzelheiten auf die Wärmeschutzverordnung und DIN 4108 selbst verwiesen werden.

7.3.3 Erfüllung der gesetzlichen Anforderungen an den Wärmeschutz

Forderungen an den Wärmeschutz von Gebäuden werden in der DIN 4108 und im Energieeinsparungsgesetz formuliert. Die DIN 4108 („Wärmeschutz im Hochbau") sollte in der ursprünglichen Fassung vorrangig der Vorbeugung gegen Bauschäden durch zu geringe Wärmedämmung dienen. In den Ergänzenden Bestimmungen zu DIN 4108 (Fassung Oktober 1974) wurden erhöhte Forderungen schon in Hinblick auf Heizenergieeinsparung und einen verbesserten sommerlichen Wärmeschutz aufgestellt.

Das Energieeinsparungsgesetz (EnEG) verlangt, neu zu errichtende Gebäude wärmeschutztechnisch so auszustatten, daß unnötige Heizenergieverluste vermieden werden (die Energieeinsparungsvorschriften gelten sinngemäß auch für zu kühlende Gebäude!). Mit der Wärmeschutzverordnung zum EnEG (vom 11. 8. 1977) und den zugehörigen Überwachungsvorschriften der Bundesländer sind dann auch – neben einer neuen Zusammenstellung geforderter Werte – die Formen des Nachweises für den ausreichenden Wärmeschutz für neuzuerrichtende Gebäude festgelegt worden. Die Forderungen der DIN 4108 und ihrer Ergänzungen gelten jedoch weiterhin und werden wirksam, wenn sie z.B. bei Einzelbauteilen über die der Wärmeschutzverordnung hinausgehen.

Wesentlich ist die Einhaltung der Forderungen der Tab. 1 (s. Abschn. 5.3.2 Tab. **5**.32) und 2 der Ergänzenden Bestimmungen zu DIN 4108, die den Wärmedurchlaßwiderstand von Bauteilen betreffen und der Forderungen nach Begrenzung der Wärmedurchgangskoeffizienten von Gebäuden bzw. Bauteilen in der Wärmeschutzverordnung.

Die Wärmeschutzverordnung läßt zwei Möglichkeiten („Verfahren") zum Nachweis des ausreichenden Wärmeschutzes zu:

- Einhaltung bestimmter Werte des mittleren Wärmedurchgangskoeffizienten k_m des Gebäudes in Abhängigkeit vom Verhältnis der wärmeübertragenden Umfassungsfläche eines Gebäudes (F) zum davon eingeschlossenen Volumen (V) („F/V-Verfahren" oder „Verfahren 1"),

oder

- Einhaltung bestimmter Werte der Wärmedurchgangskoeffizienten k für einzelne Außenbauteile („abgekürztes Verfahren" oder „Verfahren 2").

7.3.3.1 *F/V*-Verfahren (Verfahren 1)

In Abhängigkeit vom Verhältnis der wärmeübertragenden Umfassungsfläche F zum eingeschlossenen Volumen V wird ein maximaler Mittelwert des Wärmedurchgangskoeffizienten ($k_{m,\,max}$) vorgeschrieben (s. Tabelle **7**.37). Dabei müssen kompakte Gebäude (kleinere Werte von F/V) geringere Ansprüche an den k_m-Wert erfüllen als weniger kompakte (schlanke hohe oder stärker strukturierte), bei denen mehr Wärmedurchgangsfläche (im Verhältnis zum Volumen) vorhanden ist.

Die Berechnung des mittleren Wärmedurchgangskoeffizienten k_m geschieht dabei nach folgender Formel

$$k_m = \frac{k_W F_W + k_F F_F + 0{,}8 \cdot k_D F_D + 0{,}5 \cdot k_G F_G + k_{DL} F_{DL}}{F} \quad \text{in } \frac{W}{m^2K}$$

wobei k_W, k_F, k_D, k_G und k_{DL} die zu wählenden Wärmedurchgangskoeffizienten folgender Flächenanteile bedeuten:

F_W die Fläche der an die Außenluft grenzenden Außenwände. Es gelten die Gebäudeaußenmaße. Gerechnet wird von der Oberkante Gelände oder, falls die unterste Decke über Oberkante Gelände liegt, von Oberkante dieser Decke bis Oberkante der obersten Decke oder der Oberkante der wirksamen Dämmschicht.

F_F die Fensterfläche (Fenster, Fenstertüren); sie wird aus den lichten Rohbaumaßen ermittelt.

F_D die wärmegedämmten Dach- oder Dachdeckenflächen.

F_G die Grundfläche des Gebäudes, sofern sie nicht an die Außenluft grenzt; sie wird aus den Gebäudeaußenmaßen bestimmt. Gerechnet wird die Bodenfläche auf Erdreich oder bei unbeheizten Kellern die Kellerdekke. Werden Keller beheizt, sind in der Gebäudegrundfläche F_G neben der Kellergrundfläche auch die erdberührten Wandflächenanteile zu berücksichtigen.

F_{DL} die Deckenfläche, die das Gebäude nach unten gegen die Außenluft abgrenzt.

Tabelle **7**.37 Maximale mittlere Wärmedurchgangskoeffizienten $k_{m,max}$ in Abhängigkeit vom Verhältnis F/V

F/V[1]) in m^{-1}	$k_{m,max}$[1]) in W/m^2K	(in $kcal/m^2h\,°C$)
0,24	1,40	(1,21)
0,30	1,24	(1,07)
0,40	1,09	(0,94)
0,50	0,99	(0,85)
0,60	0,93	(0,80)
0,70	0,88	(0,76)
0,80	0,85	(0,73)
0,90	0,82	(0,71)
1,00	0,80	(0,69)
1,10	0,78	(0,67)
1,20	0,77	(0,66)

[1]) Zwischenwerte sind nach folgender Gleichung zu ermitteln:

$$k_{m,max} = 0{,}61 + 0{,}19 \cdot \frac{1}{F/V} \quad \text{in W/m}^2\text{K}$$

Bei angrenzenden Gebäudeteilen mit wesentlich niedrigerer Raumtemperatur (z.B. außenliegende Treppenräume, Lagerräume) dürfen die abgrenzenden Flächen durch ein besonderes Glied $0{,}5 \cdot k_{AB} F_{AB}$ im Zähler und F_{AB} im Nenner erfaßt werden. Diese Gebäudeteile werden bei der Ermittlung von F/V nicht berücksichtigt.

Als Zusatzforderung wird verlangt, daß geschoßweise bei jedem Gebäude der Wert

$$k_{m,W+F} = \frac{k_W F_W + k_F F_F}{F_W + F_F} = 1{,}85 \text{ W/m}^2\text{K} \; (1{,}59 \text{ kcal/m}^2\text{h K})$$

nicht überschritten werden darf.

7.3.3.2 Abgekürztes Verfahren (Verfahren 2)

Da der Nachweis des gesetzlich ausreichenden Wärmeschutzes nach dem F/V-Verfahren u.U. etwas aufwendig sein kann, reicht alternativ der Nachweis ausreichend kleiner Wärmedurchgangskoeffizienten k der wärmeübertragenden Außenbauteile aus (s. Tabelle **7**.38). Dieses vereinfachte Verfahren läßt – in Abhängigkeit von der Art des Gebäudegrundrisses – verschiedene maximale Werte für $k_{m,W+F}$, k_D und k_G zu, wobei bei Gebäuden bis zu 3 Vollgeschossen in Zeile 1.1 eine Sonderregelung gilt (s. Anmerkung 2 in Tabelle **7**.38).

Tabelle **7**.38 Wärmedurchgangskoeffizienten für einzelne Außenbauteile

Zeile		Bauteile	max. Wärmedurchgangskoeffizient in W/m^2K ($kcal/m^2h\,°C$)
1	1.1	Außenwände einschl. Fenster und Fenstertüren 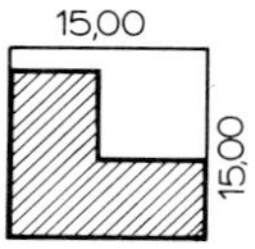 Gebäude, deren Grundriß[1]) von einem Quadrat mit einer Seitenlänge von 15 m umschrieben werden kann.	$k_{m,W+F}$ $\leqq 1{,}45$[2]) (1,25)[2])
	1.2	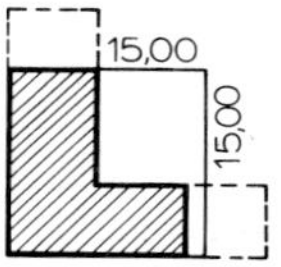 Gebäude, deren Grundriß[1]) nicht vollständig von einem Quadrat mit 15 m Seitenlänge umschrieben werden kann.	$k_{m,W+F}$ $\leqq 1{,}55$ (1,34)
	1.3	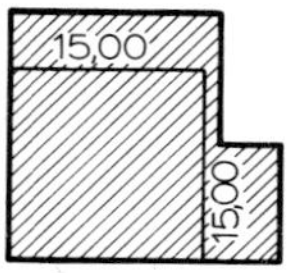 Gebäude, deren Grundriß[1]) ein Quadrat mit einer Seitenlänge von 15 m umschreibt.	$k_{m,W+F}$ $\leqq 1{,}75$ (1,51)
2		Decken unter nicht ausgebauten Dachräumen und Decken, die Räume nach oben und unten gegen die Außenluft abgrenzen.	$k_D \leqq 0{,}45$ (0,39)
3		Kellerdecken sowie Wände und Decken gegen unbeheizte Räume.	$k_G \leqq 0{,}80$ (0,69)
4		Decken, Wände die an das Erdreich grenzen	$k_G \leqq 0{,}90$ (0,78)

[1]) Für die Einordnung in die Zeilen 1.1 bis 1.3 ist das Vollgeschoß zugrundezulegen, das den kleinsten Wert k_{W+F} ergibt. Bei geschoßweise unterschiedlichen äußeren Grundrißabmessungen darf geschoßweise verfahren werden.

[2]) Wird für Gebäude nach Zeile 1.1 bis zu 3 Vollgeschossen in die Zeile 2 $k_D \leqq$ 0,38 W/m^2k (0,33 $kcal/m^2h\,°C$) gewählt, und in Zeile 3 oder 4 $k_G \leqq$ 0,70 W/m^2K (0,60 $kcal/m^2h\,°C$) gewählt, darf in Zeile 1.1 $k_{m,W+F}$ 1,55 W/m^2K (1,34 $kcal/m^2h\,°C$) gesetzt werden.

7.3.3.3 Rechenbeispiel (*F*/*V*-Verfahren und vereinfachtes Verfahren gemäß Wärmeschutzverordnung)

Gewählt: Beispiel 1 aus dem Beiblatt zur DIN 4108

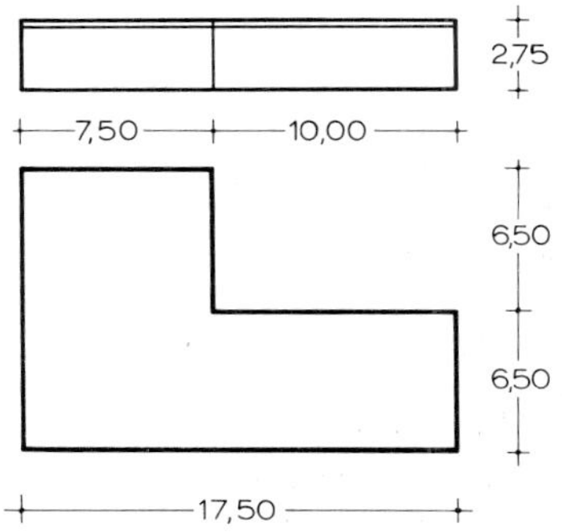

Fensterflächenanteil:

angenommen 30%
Aus der Architektenzeichnung zu entnehmende Werte:

$F_W + F_F = 167{,}8\ m^2$
$F_F = 50{,}3\ m^2$
$F_W = 117{,}5\ m^2$
$F_D = F_G = 162{,}5\ m^2$
$F = 492{,}8\ m^2$
$V = 446{,}9\ m^3$
$F/V = 1{,}10\ m^{-1}$

Nachweis nach Verfahren 2

Der Wärmedurchgangskoeffizient für einzelne Außenbauteile ist aus der Wärmeschutz-V, Anlage 1, Tab. 2, Zeile 1.2 zu entnehmen.

$k_{m,W+F} \leqq 1{,}55\ W/m^2K$

Fenster gewählt:
Holzfenster mit Isolierverglasung, 12 mm Luftzwischenraum
$k_F = 3{,}0\ W/m^2K$

Dachdecke gewählt:
$k_D = 0{,}38\ W/m^2K$

Kellerdecke gewählt:
$k_G = 0{,}70\ W/m^2K$

Wandaufbau gewählt:
Zweischaliges Ziegelverblendmauerwerk mit Luftschicht

	Innenputz
24,0 cm	Leichtziegel, 0,8 kg/dm³, $\lambda = 0{,}41$ W/mK
6,0 cm	Luftschicht
11,5 cm	Verblendziegel, $\leqq 1{,}6$ kg/dm³
41,5 cm	

$k_W = 0{,}90\ W/m^2K$

$$k_{m\,W+F} = \frac{0{,}9 \cdot 117{,}5 + 3{,}0 \cdot 50{,}3}{167{,}8}$$
$$= 1{,}53\ W/m^2K < 1{,}55\ W/m^2K$$

Nachweis nach Verfahren 1

Anforderungen an den maximalen Wärmedurchgangskoeffizienten $k_{m,max}$ in Abhängigkeit von F/V

$F = 492{,}8\ m^2$
$V = 446{,}9\ m^3$
$F/V = 1{,}10\ m^{-1}$

Nach Wärmeschutz-V, Anlage 1, Tab. 1 $k_{m,max} \leqq 0{,}78\ W/m^2k$ (s. Tab. **7.37**)

$$k_m = \frac{0{,}9 \cdot 117{,}5 + 3{,}0 \cdot 50{,}3 + 0{,}8 \cdot 0{,}38 \cdot 162{,}5 + 0{,}5 \cdot 0{,}70 \cdot 162{,}5}{492{,}8}$$

$= 0{,}736\ W/m^2K < 0{,}78\ W/m^2K$,

(Flächenmaße s. o.)

Alternative Wandausführungen:

	Innenputz
24,0 cm	Hochlochziegel, 1,0 kg/dm³, $\lambda = 0{,}47$ W/mK
6,0 cm	Luftschicht
11,5 cm	Verblendziegel, $\leqq 1{,}6$ kg/dm³
41,5 cm	

$k_W = 0{,}97\ W/m^2K$

oder

	Innenputz
30,0 cm	Leichtziegel, 0,8 kg/dm³, $\lambda = 0{,}41$ W/mK
	Außenputz

$k_W = 1{,}06\ W/m^2K$

oder

	Innenputz
36,5 cm	Hochlochziegel, 1,0 kg/dm³, $\lambda = 0{,}47$ W/mK
	Außenputz

$k_W = 1{,}01\ W/m^2K$

Nachweis erfolgt für den ungünstigsten *k*-Wert der Wand $k_W = 1{,}06\ W/m^2K$,

$$k_m = \frac{1{,}06 \cdot 117{,}5 + 3{,}0 \cdot 50{,}3 + 0{,}8 \cdot 0{,}36 \cdot 162{,}5 + 0{,}5 \cdot 0{,}7 \cdot 162{,}5}{492{,}8}$$
$$= 0{,}775\ W/m^2K < 0{,}78\ W/m^2K$$

$$k_{m\,W+F} = \frac{0{,}9 \cdot 117{,}5 + 3{,}0 \cdot 50{,}3}{167{,}8} = 1{,}53\ W/m^2K < 1{,}55\ W/m^2K$$

7.3.4 Weiterentwicklung der Normung

Die den Wärmeschutz betreffende Normung befindet sich zur Zeit in Überarbeitung. Dabei ist neben der Zusammenfassung der jetzt gültigen Teile der DIN 4108 mit den Ergänzungen und Beiblättern insbesondere die Einarbeitung der Bestimmungen der Wärmeschutzverordnung zu erwarten. Dadurch können die im vorliegenden Werk an verschiedenen Stellen erwähnten Grenzwerte sowie die in Abschn. 7.3.3 gegebene kurze Anleitung zur Erfüllung der gesetzlichen Anforderungen an den Wärmeschutz eventuell betroffen werden. Es sind auch neue Bestimmungen hinsichtlich des sommerlichen Wärmeschutzes zu erwarten.

Die in den vorstehenden Abschnitten erläuterten allgemeinen physikalischen Grundlagen des Wärmeschutzes bleiben jedoch unberührt.

7.4 Schallschutz

7.4.1 Allgemeines

Durch die zunehmende Verkehrsdichte und Verkehrsgeschwindigkeit und durch das Zusammenwohnen vieler Menschen auf immer enger werdendem Raum und in Gebäuden, deren Wände und Decken aus Gründen der Kosteneinsparung auf die statisch erforderliche Mindestdicke beschränkt werden, ist die Störung durch Verkehrs-, Arbeits- und Wohngeräusche so angewachsen, daß besondere Maßnahmen zur Lärmbekämpfung und zum baulichen Schallschutz getroffen werden müssen.

Seit es gelungen ist, den störenden Schall objektiv zu messen (Störungen durch gleichen Lärm können trotzdem *subjektiv* verschieden empfunden werden) und auch die Fähigkeiten von Baustoffen und Bauteilen, den Schall weiterzuleiten oder zu dämmen, mit wissenschaftlichen Methoden zu ermitteln, ist es möglich, Schallschutzmaßnahmen durchzuführen, die im Rahmen bestimmter Anforderungen (DIN 4109, DIN 18005) wirkungsvoll und zugleich wirtschaftlich sind.

Das Schalldämmaß eines Bauteils ergibt sich durch Vergleichsmessungen an fertigen Teilen. Schallschutzmaßnahmen beruhen in der Regel deshalb nicht auf Vorausberechnungen, sondern auf Benutzung von Erfahrungswerten (Meßergebnissen) aus Tabellen. Die Anforderungen richten sich nach der Gebäudenutzung. So wird z. B. in Krankenhäusern, Schulen, Hotels, usw. ein quantitativ und qualitativ höherer Schallschutz nötig und wirtschaftlich tragbar sein als in Wohnungen für durchschnittliche Wohnansprüche.

Ein Teil der Schallschutzmaßnahmen kommt gleichzeitig der Wärmedämmung zugute, jedoch hat keineswegs jede Wärmedämmung Schallschutzwirkung (s. Abschn. 5.3.1.1).

Wenn Schallschutzmaßnahmen voll wirksam und *preiswert* sein sollen, müssen sie rechtzeitig geplant, d. h. schon mit dem Entwurf sorgfältig vorbereitet werden. Guter Schallschutz ist nicht wesentlich teurer als knapp ausreichender. Auch im Einfamilienhausbau sollte heute zur Verbesserung des Zusammenlebens der Bewohner ein ausreichender Schallschutz vorgesehen werden.

7.4.2 Regeln und Erfahrungen

Die Luftschalldämmung (s. Abschn. 7.4.3.1) einer einschaligen Wand oder Decke hängt in erster Linie von ihrer Masse je Flächeneinheit ab (Bergersches Massengesetz 1911). Sie steigt stetig mit der Flächenmasse an (s. auch DIN 4109). Beiderseits 15 mm dick geputzte einschalige Wände mit Flächenmassen $\geqq 400$ kg/m^2 reichen – ohne besondere Anforderungen an angrenzende Wände und Decken (Schall-Nebenwege!) – nach DIN 4109 Bl. 3 bei normalen Ansprüchen an die Schalldämmung gerade aus.

Daneben hängt – besonders bei leichten Wänden – die Luftschalldämmung auch von der Biegesteifigkeit ab (Cremer 1942): Biegeweiche Wände sind in der Regel günstiger als gleich schwere biegesteife. Das gilt auch für ihre Verwendung als Vorsatzschalen bzw. Einzelschale bei mehrschaligen Wänden.

Die Luftschalldämmung mehrschaliger Wände wird maßgeblich durch die Flächenmasse der Schalen, deren Biegesteifigkeit, den Schalenabstand und – damit zusammenhängend – die dynamische Steifigkeit des zwischen den Schalen befindlichen Stoffes (Luft, Mineralfasermatten) bestimmt (s. Abschn. 7.4.3): Hohe Schalenmassen, porige Wandbaustoffe (dicht verputzt!) sind ebenso von Vorteil wie großer Schalenabstand und Schallschluckstoff zwischen den Schalen. Leichtere Wände mit ausschließlich biegesteifen Schalen bieten keinen hinreichenden Luftschallschutz, eine biegeweiche Schale kann aber dabei schon eine erhebliche Verbesserung der Schalldämmung bewirken.

Wesentlich bei der Konstruktion und Ausführung von mehrschaligen Konstruktionen ist die sichere Verhinderung von starren Verbindungen („Schallbrücken“) zwischen den Wandschalen.

Bei allen Wänden und Decken wird die Luftschalldämmung durch Öffnungen aller Art stark beeinträchtigt. Es hat keinen Sinn, eine Wand wesentlich schalldichter zu machen als z. B. die Tür in dieser Wand. Fugen an Wand- und Deckenanschlüssen, Risse, Löcher, fehlerhafte Fugenvermörtelung, auch flächenmäßig geringe Schwächungen der Trennkonstruktion verschlechtern die Schalldämmung (s. Rechenbeispiele in DIN 4109, Bl. 5, Abschn. 2.1.4).

Wirksamen Schallschutz bieten im mehrgeschossigen Wohnungsbau Wohnungstrennwände oder Treppenhauswände, wenn sie wenigstens 24 cm dick, vollfugig, aus Vollsteinen oder Vollziegeln hergestellt und an keiner Stelle durch Schornsteine, Rohrschlitze, Schächte oder Nischen geschwächt sind. Steine geringerer Dichte (Lochsteine o. ä.) bieten erst bei Wänden größerer Dicke gleichen Schutz.

Außenwände werden in ihrer Schalldämmung wesentlich durch das Schalldämmaß der Fenster und Türen (s. Abschn. 4 und 5 in Teil 2 dieses Werkes) bestimmt. Nur bei sehr leichten Außenwänden kommt deren Schalldämmung in den Bereich der geringen Dämmfähigkeit üblicher Fensterkonstruktionen.

Alle Reihen- und Doppelhäuser sind vom Fundament bis zur Unterkante der Dachhaut durch eine Trennfuge einwandfrei zu trennen.

Schallbrücken können bei schlechter Ausführung (z. B. Mörtel in der Trennfuge) die Schalldämmung in solchen Fällen stark vermindern. Sie treten bei schlechter Ausführung z. B. von schwimmenden Estrichen (nicht nur bei der Trittschalldämmung, s. Abschn. 5.3.4.2) störend hervor, wenn Berührungsstellen des Estrichs mit der Rohdecke oder den raumbegrenzenden Wänden vorhanden sind. Auch gemeinsame Pfosten mehrschaliger Wände und durchgehende Befestigungselemente (Schrauben, Nägel usw.) können als Schallbrücken wirken.

Trittschallschutz (s. Abschn. 5.3.1 und 7.4.3.2) wird am besten durch „schwimmende" Fußböden bewirkt (s. auch DIN 4109 Bl. 4). Eine weich federnde Dämmschicht zwischen Rohdecke und Fußboden verhindert bei richtiger Ausführung die Übertragung des Trittschalls auf die Rohdecke und die mit ihr in Verbindung stehenden Wände. Hohe Deckenmassen erhöhen den Trittschallschutz kaum, die Luftschalldämmung aber merklich.

Durch weichfedernde Gehbeläge kann die Erzeugung von Trittschall vermindert werden. Dicke Teppichauflagen können also gut zur Trittschalldämmung beitragen, leisten aber umgekehrt keinen Beitrag zur Luftschalldämmung (s. Abschn. 5.4.8.3).

Stahlbetonplatten von mindestens 16 cm Dicke mit sorgfältig ausgeführtem schwimmendem Estrich bieten einen sicheren Luft- und Trittschallschutz. Die tatsächliche Dämmwirkung von Stahlbeton-Rippendecken mit Füllkörpern, Hohldekken u.ä. ist infolge ihrer Empfindlichkeit gegen Ausführungsfehler unsicher. Unterdecken können in begrenztem Umfang den Trittschallschutz verbessern (s. Abschn. 5.3.1.1). Auch Holzbalkendecken, die in ihrer alten Form keinen ausreichenden Schallschutz bieten, lassen sich heute als zweischalige Decken ausbilden (s. Abschn. 5.3.1.2).

Schallschutzmaßnahmen dürfen nicht für sich allein betrachtet werden. So wären z.B. Wände, die zwar schalldämmend, aber infolge der Biegeweichheit ihrer Schalen nicht hinreichend stoßfest sind oder keine Nägel, Haken oder Dübel halten können, praktisch unbrauchbar. Ebenso sollten nur solche Schallschutzmaßnahmen gewählt werden, die nicht nur im Laboratorium, sondern auch im rauheren Baustellenbetrieb fehlerlos ausgeführt werden können.

Ähnlich wie auf Tritt- und Luftschall ist die Aufmerksamkeit auf Erschütterungsgeräusche zu richten, die durch Wasserrohrleitungen, Lüftungsanlagen, Aufzüge u.ä. hervorgerufen werden. Durch richtig geformte („geräuscharme") Armaturen, Rohrstöße und Biegungen lassen sich Schallquellen im Sanitärbereich fast immer vermeiden. Wasserrohre aller Art müssen bei Deckendurchführungen und Wandbefestigungen weichfedernd umkleidet werden (vgl. Bild **5**.16). Badewannen, Waschbecken usw. sollten auf elastische Lager gesetzt werden und elastische Wandanschlüsse aufweisen.

Motoren, Pumpen, Schalter sind ebenfalls abzufedern. Rohrkanäle, Abgasrohre, Lüftungs-, Luftheizungs- und Müllabwurfschächte sind schallgedämmt zu montieren und schalldicht abzuschließen.

Bei mehrgeschossigen Wohnbauten ist auf die Gefahr der Luftschallübertragung durch Lüftungsschächte u.ä. zu achten. Notfalls können solche Schächte schalldämpfend ausgekleidet werden; direkt übereinanderliegende Räume (Baderäume!) sollten nicht an gleiche Schächte angeschlossen werden (s. Abschn. 6.5).

Im Bereich des Schallschutzes kann mit der weiteren Entwicklung von preiswerten und praktisch verwendbaren schalldämmenden Baustoffen, Bauteilen und Konstruktionen gerechnet werden. Die richtige Auswahl und der richtige Einsatz neuer Mittel ist in diesem Bereich ohne fundierte bauphysikalische (akustische) Kenntnisse kaum möglich. Es empfiehlt sich, in allen schwierigeren Fällen die Sonderfachleute zu Rate zu ziehen.

7.4.3 Physikalische Erläuterungen

Schall ist eine in elastischen Medien sich fortpflanzende Wellenbewegung und entsteht durch mechanische Schwingungen bzw. Bewegungen. Nach dem den Schall fortleitenden Stoff unterscheidet man Luft- und Körperschall. Trittschall wird als Körperschall erzeugt, weitergeleitet und gelangt (nach Umwandlung) als Luftschall zum menschlichen Ohr.

Jeder Schall und jedes Geräusch setzen sich aus einfachen Tönen verschiedener Frequenz f (Schwingungsanzahl der Schallwellen pro Sekunde) zusammen. Die Frequenz wird in Hertz (Hz) gemessen (1 Hz = 1 Schwingung/Sekunde). Mit der Frequenz nimmt die Tonhöhe zu. Ihrer Verdopplung entspricht eine Oktave. Der Hörbereich des menschlichen Ohres liegt etwa zwischen 16 und 20000 Hz. Messungen und Untersuchungen in der Bauakustik erstrecken sich vorwiegend auf den 5 Oktaven umfassenden Bereich von 100 bis 3200 Hz.

Schallquellen (Saiten, Platten, schwingende Massen) erzeugen durch das Hin- und Herschwingen Druckschwankungen, die sich in der Luft als Druckwellen fortpflanzen. Die Druckschwankungen (Schallwechseldruck) überlagern sich dem konstanten, wesentlich größeren atmosphärischen Luftdruck. Als Schalldruck p (genauer: effektiver Schalldruck p_{eff}) bezeichnet man den quadratischen Mittelwert des Wechseldrucks. Er dient als ein Maß für die Stärke des Schalls. Da der menschliche Gehörsinn Lautstärke nicht proportional zum Schalldruck, sondern eher proportional zum Logarithmus des Schalldrucks empfindet, hat man als weiteres Maß für die Stärke des Schalls den Schallpegel L eingeführt:

$$L = 20 \lg \frac{p}{p_o} \quad \text{mit } p_o = 2 \cdot 10^{-4} \mu\text{bar} = 2 \cdot 10^{-5}\,\text{Pa}$$

dabei ist p = jeweiliger Schalldruck in μbar oder Pascal Pa = N/m²

p_o = Bezugsschalldruck, der etwa der Hörschwelle des menschlichen Ohres für einen 1000-Hz-Ton entspricht

Der Schallpegel wird in Dezibel (dB) angegeben.

Schalldruck und Schallpegel werden mit einem (im wesentlichen) aus Mikrophon, Verstärker und Anzeigegerät bestehendem Gerät gemessen („Schallpegelmesser").

Für die Frequenzabhängigkeit der Schallausbreitung spielen Resonanzerscheinungen eine wesentliche Rolle. Mehrschalige Wände sind zum Beispiel schwingfähige Gebilde aus Massen (Schalen) und Federn (elastische Zwischenschichten). Sie lassen Schall im Bereich ihrer Eigenfrequenzen (Resonanzfrequenzen) besonders stark durch, und daraus resultiert eine Verringerung der Schalldämmung in bestimmten Frequenzbereichen. Bei zweischaligen Konstruktionen ist die Eigenfrequenz einfach zu ermitteln:

$$f_o \approx 160 \sqrt{s' \left(\frac{1}{g_1} + \frac{1}{g_2}\right)} \quad \text{in Hz}$$

Dabei sind g_1, g_2 die flächenbezogenen Massen (Flächengewichte) der Wandschalen in kg/m²

s' die dynamische Steifigkeit der (elastischen) Zwischenschicht in N/cm³ = MN/m³ (1 kp/cm³ = 10 n/cm³)

Die dynamische Steifigkeit s' von Materialien zur Schalldämmung ist ein Maß für ihre Elastizität (s. Abschn. 5.3.3).

Für ausreichende Schalldämmung sollte die Resonanzfrequenz f_o einer doppelschaligen Wand oder Decke unter 100 Hz liegen. Das gilt auch für die Trittschalldämmung bei der zweischaligen Konstruktion Rohdecke mit schwimmendem Estrich!

7.4.3.1 Luftschalldämmung, Schalldämmaße, Luftschallschutzmaß

Bei der Messung der Luftschalldämmung DIN 52210 werden im Senderaum S Lautsprecher, die so angeordnet sind, daß sie ein gleichmäßiges Schallfeld aufbauen, über einen Verstärker mit Rauschen gespeist, das aus Frequenzen innerhalb einer Drittel-Oktave besteht („Terzrauschen"). Nacheinander werden diese Terzbänder bei Variation der Mittenfrequenzen von 100 bis 3200 Hz ausgestrahlt und mit einem Pegelmesser im Senderaum und auch im Empfangsraum E die Pegel L_S und L_E bestimmt (Bild **7**.39).

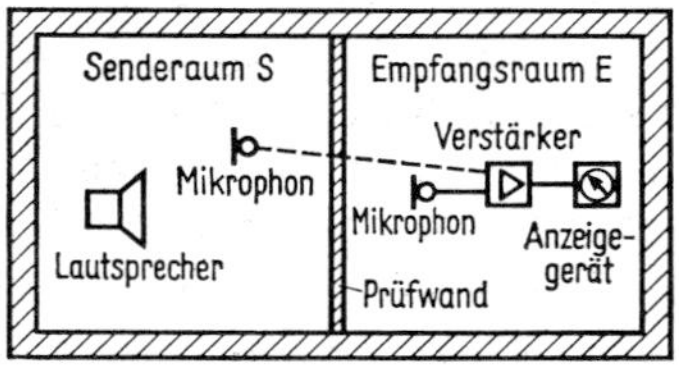

7.39 Messung der Luftschalldämmung einer Wand

Schallpegeldifferenz $D = L_S - L_E$ in dB

Daraus bestimmt man für jede Meßfrequenz (Mittenfrequenz) f das

Schalldämmaß $R = D + 10 \lg \frac{S}{A}$ in dB

wobei das Korrekturglied die Einflüsse der Größe der Trennfläche S (in m^2) und der äquivalenten Schallschluckfläche A (ebenfalls in m^2) ausschalten soll.

Die äquivalente Schallschluckfläche eines Raumes ist ein Maß für die Schallschluckung (etwa gleichbedeutend mit Schallabsorption, Schalldämpfung) in diesem Raum. Ein Schallereignis klingt bei starker Schallschluckung in einem Raum schneller, d.h. mit kürzerer Nachhallzeit T (in s) ab als in „halligen" großen Räumen. Der Zusammenhang zwischen äquivalenter Schallschluckfläche und Nachhallzeit wird durch die

Sabinesche Formel $A = 0{,}163 \frac{V}{T}$ in m^2 mit V = Raumvolumen in m^3

beschrieben. Für die Korrektur der gemessenen Schallpegeldifferenz wird also für jede Meßfrequenz auch noch eine Nachhallzeitmessung benötigt. Da man bei allen Messungen wegen unvermeidlicher Ungleichmäßigkeiten der Schallverteilung in den Räumen die Pegelmessungen an verschiedenen Stellen in den Räumen durchführen muß, ergibt sich, daß alle einzusetzenden Werte aus Mittelungen hervorgehen müssen.

Bei Schalldämmessungen am Bau wird der Schall vom Sende- zum Empfangsraum nicht nur über die gemeinsame Wand oder Decke, sondern im allgemeinen auch auf Nebenwegen über flankierende Bauteile übertragen. Das ermittelte Schalldämmaß wird dementsprechend kleiner als bei Labormessungen mit ausgeschalteten Nebenwegen ausfallen. Man bezeichnet am Bau gemessene Dämmmaße mit R' zur Unterscheidung von Labor-Schalldämmaßen R.

Zur vollständigen Beschreibung der Dämmeigenschaften von Bauteilen sind die Kurven $R(f)$ bzw. $R'(f)$ notwendig. Es hat sich aber als für die Praxis in vielen

Fällen wünschenswert herausgestellt, die Bauteile mit einem Zahlenwert zu beschreiben (für Vergleiche von Wänden usw.). Ein Mittelwert R_m kann z.B. nach DIN 52210 aus den 16 Schalldämmaßen zwischen 100 und 3200 Hz durch arithmetische Mittelung bestimmt werden, wobei allerdings die Schalldämmaße bei 100 und 3200 Hz nur mit ihrem halben Wert eingesetzt werden dürfen. Diese Mittelwertbildung berücksichtigt nicht die unterschiedliche Empfindlichkeit des Ohres für verschiedene Frequenzen. Als dem Ohr erheblich besser angepaßt hat sich folgendes Verfahren zur Bestimmung des Luftschallschutzmaßes *LSM* (bzw. des bewerteten Schalldämmaßes R_w) bewährt:

Man bestimmt – nach dem in der Beschreibung zur Tabelle **7**.40 angegebenen Verfahren – die mittlere Abweichung („Ablage") der gemessenen Schalldämmaßkurven $R(f)$ bzw. $R'(f)$ von vorgegebenen Sollkurven $R_o(f)$ bzw. R'_o (nach DIN 4109 Bl. 2, Abschn. 2.2) und gibt sie in Größe (in dB) und Richtung (Vorzeichen) als Kenngröße für das Luftschallschutzmaß *LSM* an.

Da das *LSM* mit seinen Werten um 0 herum oft falsch gedeutet wurde (es ist ja ein Maß für die Abweichung der Schalldämmung von der Schalldämmung einer „Normalwand") wird in Zukunft das Bewertete Schalldämmaß R_w (bzw. R'_w) an Bedeutung zur Kennzeichnung von Bauteilen gewinnen. Es wird nach dem gleichen Verschiebeverfahren (s. Bild **7**.41 und Tab. **7**.40) ermittelt:

$$R_w = LSM + 52\text{ dB} \qquad \text{in dB}$$

Tabelle **7**.40 Ermittlung des Luftschallschutz-Maßes (*LSM*)

	Frequenz	Schalldämmaß Sollkurve	Meßkurve	Abweichung zwischen Meßkurve *R* und verschobener Sollkurve bei ihrer Verschiebung um	
	f Hz	R'_o dB	R' dB	−5 dB	−6 dB
1	100	33	34	0/2	0/2
2	125	36	36	0	0
3	160	39	36	0	0
4	200	42	38	0	0
5	250	45	37	3	2
6	315	48	37	6	5
7	400	51	39	7	6
8	500	52	43	4	3
9	630	53	44	4	3
10	800	54	45	4	3
11	1000	55	46	4	3
12	1250	56	48	3	2
13	1600	56	51	0	0
14	2000	56	54	0	0
15	2500	56	56	0	0
16	3200	56	57	0/2	0/2
	mittlere Abweichungen			35/15 = 2,33	25/15 = 1,67 <2,0 also **LSM = −6 dB**

Beschreibung des Rechnungsvorgangs zur Ermittlung des Luftschallschutz-Maßes *LSM*: Man schätzt die mittlere Abweichung von Sollkurve R_o und Meßkurve *R* ab (hier z.B. 5 dB) und verschiebt „zur Probe" die Sollkurve um diesen Wert (hier: nach unten). Nun bildet man in jeder Zeile die Wertedifferenz zwischen verschobener Sollkurve und Meßkurve, wobei nur *R*-Werte, die unter der verschobenen Sollkurve liegen, berücksichtigt werden (Grund: Eine schlechte Schalldämmung – niedrige Werte – bei bestimmten Frequenzen läßt sich nicht durch bessere Werte bei anderen Frequenzen kompensieren). Die Abweichungen werden addiert (Werte bei 100 und 3200 Hz nur mit halbem Wert eingesetzt) und durch 15 dividiert. Die nun erhaltene mittlere Abweichung soll nicht über 2 dB, aber möglichst dicht an diesem Wert liegen. Hier ergibt sich als Mittelwert 2,33 > 2,0 dB, also muß eine weitere Probeverschiebung der Sollkurve (z.B. um 6 dB) erfolgen, die eine mittlere Abweichung von 1,67 < 2 dB liefert. Da nur ganzzahlige Verschiebungen bei diesem Verfahren zugelassen sind, ist damit das Luftschallschutzmaß zu

$$LSM = -6\text{ dB}$$

ermittelt!

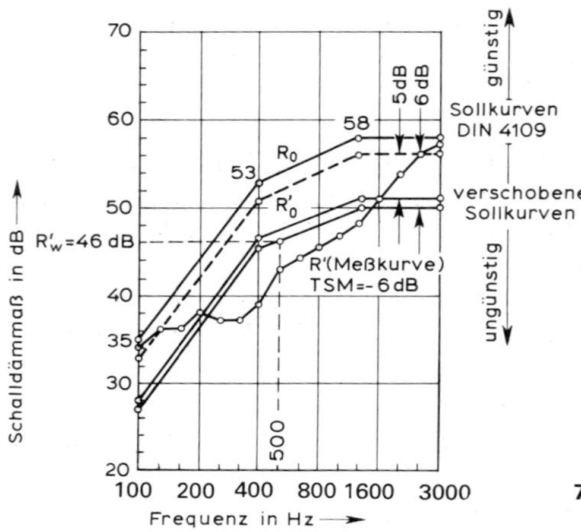

7.41 Zur Ermittlung des Luftschallschutzmaßes (*LSM*) einer Wand

7.4.3.2 Trittschalldämmung, Normtrittschallpegel, Trittschallschutzmaß

Bei der Messung der Trittschalldämmung wird im Senderaum *S* Körperschall durch ein genormtes Hammerwerk (DIN 52210) erzeugt und der Schallpegel im darunterliegenden Empfangsraum *E* gemessen (s. Bild **7.**42). Üblich ist die Messung in 10 oktavbreiten (sich überlappenden) Frequenzbändern mit Mittenfrequenzen von 125 bis 2800 Hertz. Die gemessenen Oktavpegelwerte L_T (Trittschallpegel) werden unter Berücksichtigung der äquivalenten Schallschluckfläche *A* im Empfangsraum korrigiert; es ergibt sich der

Normtrittschallpegel

$$L_n = L_T - 10 \lg \frac{A_o}{A} \quad \text{in dB}$$

$A_o = 10\ m^2$ (Bezugsschallschluckfläche)

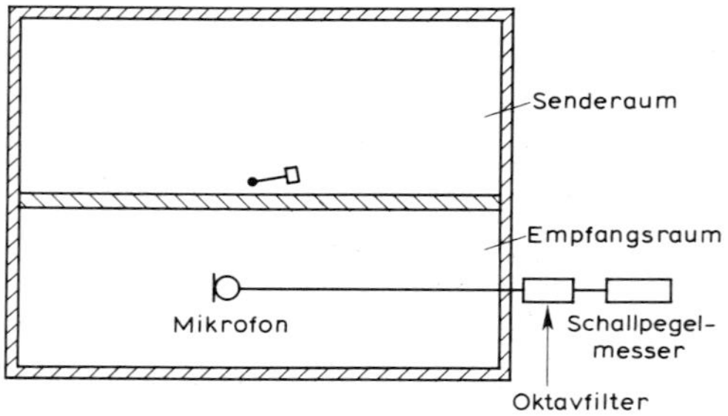

7.42 Trittschallmessung an einer Decke

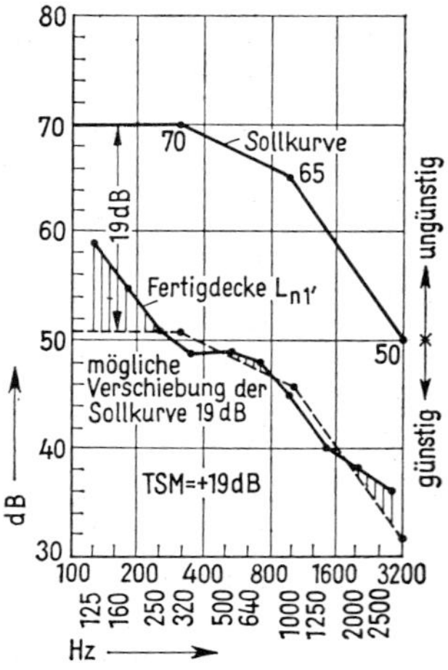

7.43 Zur Ermittlung des Trittschallschutzmaßes (*TSM*) einer Decke

Sind die Normtrittschallpegel unter üblichen Baubedingungen ermittelt worden, werden sie mit $L'_n(f)$ bezeichnet. Im Gegensatz zu den Luftschalldämmaßen R sind bei den Normtrittschallpegeln L_n niedrige Werte günstig.

Ähnlich wie bei der Ableitung des Luftschallschutzmaßes *LSM* aus den Dämmaßkurven kann man zur Beschreibung von Decken bezüglich des Trittschallschutzes ein Trittschallschutzmaß *TSM* aus den Normtrittschallpegeln L_n bzw. L'_n ermitteln. Die dazu notwendige Sollkurve (Bild **7**.43) nach DIN 4109 Bl. 2 gilt für Labor- und Baumeßwerte der Normtrittschallpegel gemeinsam.

In Tabelle **7**.44 ist an einem Beispiel die Ermittlung des *TSM* dargestellt. Da sie von der *LSM*-Bestimmung abweicht, sollten dabei folgende Einzelheiten beachtet werden:

- es werden nur 10 Meßwerte $L_n(f)$ bzw. $L'_n(f)$ verwendet
- die Werte an den Bereichsgrenzen (L_{n125} und L_{n2800}) werden voll in die Rechnung einbezogen
- eine Sollkurvenverschiebung nach oben ergibt negative, nach unten positive *TSM*-Werte
- entsprechend darf die mittlere Überschreitung der verschobenen Sollkurve durch die Istkurve hier nur 2 dB betragen. Unterschreitungen werden nicht gewertet, da sie Überschreitungen nicht kompensieren können.

Der Veranschaulichung und Erläuterung soll folgendes Rechenbeispiel dienen:

Gegeben: 1. Der Norm-Trittschallpegel L'_n einer Fertig-Decke gemäß durchgeführter Messung
2. Die Sollkurve nach DIN 4109 Bl. 2 Bild 2

Verlangt: Das Trittschallschutzmaß der Decke

Die Lösung der Aufgabe ist in der folgenden Tabelle durchgeführt und das Ergebnis in Bild **7**.42 dargestellt.

Tabelle **7**.44 Ermittlung des Trittschallschutz-Maßes *(TSM)*

Zeile	Frequenz f Hz	Norm-Trittschallpegel Sollkurve L_{n0} dB	Fertigdecke L'_n dB	Abweichung zwischen Meßkurve L'_n und verschobener Sollkurve bei ihrer Verschiebung um 18 dB	19 dB	20 dB	– dB
1	125	70	59	7	8	9	
2	180	70	55	3	4	5	
3	250	70	51	0	0	1	
4	355	69,5	49	0	0	0	
5	500	68	49	0	0	1	
6	710	66,5	48	0	0,5	1,5	
7	1000	65	45	0	0	0	
8	1400	60,5	40	0	0	0	
9	2000	56	38	0	1	2	
10	2800	51,5	36	3	3,5	4,5	
		mittlere Abweichungen		$\frac{13}{10}=1{,}3$	$\frac{17}{10}=1{,}7$	$\frac{24}{10}=2{,}4$	
		maßgebend			1,7 < 2,0		
		Trittschallschutzmaß			***TSM* = +19 dB**		

Die Trittschalldämmung kann durch Deckenauflagen (schwimmender Estrich, weichfedernde Gehbeläge) verbessert werden (s. Abschn. 5.3.4.2 und 5.4.8.3). Die Trittschallminderung durch solche Maßnahmen wird durch das Verbesserungsmaß *VM* des Trittschallschutzes gekennzeichnet. Nach DIN 4109 T1 ist das Verbesserungsmaß die Differenz der Trittschallschutzmaße einer in ihrem Normtrittschallpegel festgelegten Bezugsdecke ohne und mit Deckenauflage. Es beschreibt also die Verbesserung des *TSM* durch die getroffene Maßnahme (in dB) bei einer bestimmten (gedachten) Bezugsrohdecke, die etwa einer 12 cm dicken Massivplattendecke des Trittschallschutzmaßes −14 dB entspricht. Man kann deshalb nicht unbedingt davon ausgehen, daß eine Deckenauflage auf einer beliebigen Rohdecke eine Veränderung der Trittschalldämmung um genau den Wert des Verbesserungsmaßes erbringt.[1])

Bei der gleichzeitigen Anwendung mehrerer Maßnahmen zur Verbesserung der Trittschalldämmung (z. B. Teppichboden auf schwimmendem Estrich) ergibt sich für das resultierende Verbesserungsmaß ein Wert in der Nähe des *VM* der Maßnahme, die schon allein die stärkste Verbesserung gebracht hätte. Auf keinen Fall sind Verbesserungsmaße einfach addierbar!

7.4.4 Weiterentwicklung der Normung

Die DIN-Norm 4109 „Schallschutz im Hochbau" wird zur Zeit überarbeitet und ist in einigen Teilen als Entwurf erschienen.
Gegenüber der noch gültigen Fassung (Ausg. 1962) müssen in Zukunft höhere Anforderungen an den Schallschutz erwartet werden. Insbesondere wird künftig neben dem Schallschutz gegen Außenlärm der Schallübertragung auch zwischen Räumen zusammengehöriger Bereiche sowie dem Schallschutz gegen Geräusche haustechnischer Anlagen und von Maschinen und Einrichtungen von Betrieben in stärkerem Maß Rechnung getragen.

Obwohl die Einführung einiger neuer Begriffe und Definitionen zu erwarten ist, werden die im Abschn. 7.4 erläuterten allgemeinen physikalischen Grundlagen von den Änderungen nicht berührt.

7.5 Baulicher Brandschutz

Im Brandfalle müssen, bis Löschhilfe eintrifft, die tragenden Bauteile vor den heißen Brandgasen abgeschirmt werden, z. B. durch Ummantelung mit nicht brennbaren Stoffen, die sich im Feuer möglichst wenig verändern, rissefrei bleiben und einen hohen Wärmedurchlaßwiderstand besitzen. So können Bauteile aus brennbaren oder entflammbaren Stoffen eine gewisse Zeit lang unterhalb ihrer Entflammungstemperatur gehalten oder Bauteile aus nicht brennbaren Stoffen für eine bestimmte Zeit vor den Temperaturerhöhungen geschützt werden, die zu Strukturveränderungen, Verminderungen der Festigkeit und Standsicherheit, Rißbildungen oder Verformungen führen würden.

---

[1]) Der Nachweis des Verbesserungsmaßes erfolgt nach DIN 4109 T2, Abschn. 4.123 und T5, Abschn. 2.52.

In den Landesbauordnungen der einzelnen Bundesländer und den dazugehörigen Durchführungsverordnungen sind Bestimmungen über den vorbeugenden Brandschutz enthalten. Zwar bestehen zwischen den verschiedenen Bauordnungen Unterschiede in Einzelvorschriften, doch gilt allgemein der in der Musterbauordnung (MBO) § 19 formulierte Grundsatz: „Bauliche Anlagen sind so anzuordnen, zu errichten und zu unterhalten, daß der Entstehung und der Ausbreitung von Schadenfeuer vorgebeugt wird und bei einem Brand wirksame Löscharbeiten und die Rettung von Menschen und Tieren möglich sind."

Beim baulichen Brandschutz unterscheidet man:

Planerische Maßnahmen

z. B. Planung ausreichend bemessener Fluchtwege und von Zugängen und Zufahrten für die Feuerwehr,

Aufteilung von Gebäuden in vertikale und horizontale Brandabschnitte.

Technische Vorkehrungen

z. B. Einbau von Feuerwarn- und Meldeeinrichtungen, von Feuerlöscheinrichtungen (Löschwasserleitungen, Hydranten, Feuerlöscher, automatische Feuerlöschanlagen [„Sprinkler-Anlagen"]),

Einbau von Qualm- und Rauchabzugsanlagen.

Konstruktive Maßnahmen

z. B. Auswahl geeigneter Baustoffe und Bausysteme,

Schutzmaßnahmen für gefährdete Bauteile.

Neben den Einzelvorschriften der Landesbauordnungen gelten dabei besondere Bestimmungen u. a. für Hochhäuser, Versammlungsräume, Schulen und im Industriebau (DIN E 18230).

Als Technische Vorschrift ist die Neufassung der DIN 4102 in Kraft getreten. Dabei besteht z. Z. eine gewisse Unsicherheit, weil die in den meisten Bauordnungen enthaltenen Begriffsbestimmungen wie z. B. „feuerhemmende" bzw. „feuerbeständige Bauteile" in DIN 4102 nicht mehr verwendet werden.

Grundlage des Brandschutzes für Baustoffe und Bauteile ist die Kenntnis ihres Brandverhaltens. DIN 4102 teilt daher ein:

die Baustoffe in **Brennbarkeitsklassen**

A nicht brennbare Baustoffe	B brennbare Baustoffe	
A 1 (ohne oder fast ohne organische Bestandteile)	B 1 schwer	entflammbar
A 2 (oft mit organischen Bestandteilen)	B 2 normal	entflammbar
	B 3 leicht	entflammbar

Die Einreihung der Baustoffe erfolgt auf Grund genormter Prüfverfahren. Für alle am Bau verwendeten Baustoffe besteht künftig Kennzeichnungspflicht hinsichtlich der Baustoffklasse gem. DIN 4102.

Baustoffe der Klasse B 3 müssen besonders als „leicht entflammbar" gekennzeichnet sein.

In Teil 4 der DIN 4102 sind alle wichtigen Baustoffe und Bauteile in die jeweils zutreffenden Brennbarkeits- bzw. Feuerwiderstandsklassen eingeordnet. Für alle Baustoffe, Bauteile und Sonderbauteile, die hier erfaßt sind, gilt der Nachweis des Brandverhaltens als erbracht.

Wenn eine günstigere Beurteilung im Einzelfall möglich erscheint, neuere Erkenntnisse vorliegen oder wenn nicht genormte Teile verwendet werden sollen, ist eine Prüfung des Brandverhaltens gem. 4102 T1 bis 3 und 5 bis 7 erforderlich.

Bauteile (wie z.B. Wände, Decken, Stützen, Unterzüge, Treppen usw.) werden nach DIN 4102, T2, hinsichtlich ihres Brandverhaltens auf Grund genormter Brandversuche in Feuerwiderstandsklassen eingeteilt:

Feuerwiderstandsklassen F

Feuerwiderstands-klasse	Feuerwiderstandsdauer in Minuten
F 30	≧ 30
F 60	≧ 60
F 90	≧ 90
F 120	≧ 120
F 180	≧ 180

In den einzelnen Bundesländern wird in den Erlassen zur Einführung der DIN 4102 in die bauaufsichtlichen Bestimmungen festgelegt, welche Feuerwiderstandsklassen den bisherigen Begriffen (z.B. „feuerbeständig“) entsprechen. Einheitlich ist dabei festgelegt, daß die Feuerwiderstandsklasse F 90 dem bisherigen Begriff „feuerbeständig“ entspricht. Es ist ferner festgelegt, daß Bauteile, bei denen statisch wesentliche Bestandteile aus brennbaren Baustoffen (Baustoffklasse B) bestehen, nicht als „feuerbeständig“ angesehen werden.

Im übrigen ist bei der Kennzeichnung aller Bauteile die Angabe für die Bauteilklassen und die Baustoffklassen zu koppeln. Ein Bauteil, das in allen Teilen aus Baustoffen der Klasse A besteht und der Feuerwiderstandsklasse F 90 entspricht wird z.B. mit F 90–A bezeichnet.

Außerdem werden unterschieden:

Bauteil	Feuer-widerstands-klasse	vgl. DIN 4102
für nichttragende Wände, Brüstg., Feuerschürzen o.ä.	W 30 bis W 180	T3
Türen	T 30 bis T 180	T5
Verglasungen	G 30 bis G 180	T5

Besondere Bestimmungen gelten für Lüftungsleitungen und -schächte (DIN 4102 T6).

Wesentliches Merkmal aller Prüfungen für die Einordnung von Bauteilen in bestimmte Feuerwiderstandsklassen ist: Temperaturmessung an und hinter (auf der feuerabgewandten Seite) dem Prüfkörper, die Prüfung der Rauch- und Qualmdichtigkeit, der statischen Standfestigkeit, des Verhaltens beim Auftreffen von Löschwasser sowie u.U. die Entwicklung giftiger Gase.

In den Landesbauordnungen sind für alle in Frage kommenden Bauteile von allgemeinen Bauvorhaben ins einzelne gehende Bestimmungen aufgestellt, die hier nur in den wichtigsten Punkten zusammengefaßt werden können.

So muß der Ausbreitung eines Brandes der in größeren Bauwerken oder bei Häuserreihen durch Brandwände (DIN 1053) und Massivdecken entgegengewirkt werden. Diese Bauteile, die die Gebäude horizontal und vertikal in Brandabschnitte teilen, müssen den Durchgang des Feuers verhindern und so wärmedämmend sein, daß Stoffe, die auf der dem Feuer abgekehrten Seite lagern, sich nicht entzünden. Außerdem dürfen Umfassungen von Brandabschnitten die Standfestigkeit im Feuer nicht verlieren.

Ganz besonderes Augenmerk wird auf die Ausführung von Treppen im Hinblick auf den Brandschutz gerichtet, stellen sie doch im Brandfall den Hauptrettungsweg dar. Treppen müssen vor allem auf kürzesten Wegen (≦35 m) erreichbar sein und müssen direkt ins Freie führen. Notwendige Treppen dürfen keine brennbaren Materialien aufweisen und müssen gegen Verqualmen (z. B. durch fernbedienbare Abzugsöffnungen, Brandabschnitte) gesichert sein. Die – insbesondere für Hochhäuser notwendigen – sog. „Sicherheitstreppen" dürfen nur über offene loggienartige Zugänge erreichbar sein, um dem Eindringen von Rauch und dem Feuerüberschlag zwischen den Geschossen entgegenzuwirken.

Von Schornsteinen müssen alle brennbaren Bauteile einen ausreichenden Sicherheitsabstand haben. Der Mindestabstand hölzerner Bauteile wie Deckenbalken und Dachsparren von Rauchrohren und Abgasrohren ist durch bauaufsichtliche Bestimmungen vorgeschrieben. Die gleichen Abstände gelten für Holzwolle-Leichtbauplatten und vergleichbare Baustoffe. In der nachstehenden Tabelle sind die wichtigsten, im wesentlichen übereinstimmenden Anforderungen an Bauteile zusammengestellt, die in den Landesbauordnungen erhoben werden.

Schematische Übersicht über geforderte Feuerwiderstandsklassen von Bauteilen im normalen³) Hochbau (Unterschiede nach Landesrecht sind möglich)

Bauteil	Geschoßzahl			Hochhäuser
	≦2	3 bis 5	>5	
tragende Wände und Wohnungstrennwände²)	F 90	F 90	F 90	F 90
Treppenraumwände²)	F 90	F 90 oder Brandwände		
nichttragende Außenwände²)	–	je nach Brandgefahr W 30 bis W 90		
nichttragende Wände in Fluren (Fluchtwegen)	je nach Brandgefahr ≧ F 30¹)			
Kellerdecken	F 30¹)	F 90	F 90	F 90
sonstige Decken	F 30	F 30¹)	F 90	F 90

¹) bei Verwendung von Baustoffen der Klasse A (je nach Brandgefahr auch F 90).
...nze und zwischen Gebäuden sind in der Regel Brandwände (F 90) erforderlich.
³) Feuerwiderstandsklassen im Industriebau s. DIN E 18230.

Stahlteile, an sich nicht brennbar, verformen sich erheblich bei den Temperaturen, die bei Bränden meist auftreten. Dabei verlieren sie nicht nur ihre Tragfähigkeit, sondern richten auch infolge heftiger Verdrehungen und Verbiegungen im

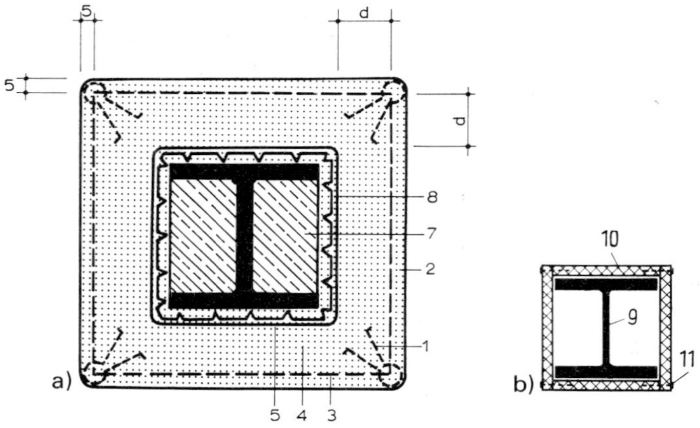

7.44
Stahlstützenummantelung (Feuerwiderstandsklasse F90)

a) Ummantelung durch Putz
b) Ummantelung durch Feuerschutz-Bauplatten

1 Kantenschutz
2 ≧5 mm geglätteter Kalk- oder Kalkzementputz, Mörtelgruppe I oder II nach DIB 18550
3 Drahtgewebe
4 Putz nach DIN 4102, Tabelle 52
5 Bindedraht *a* ≦500
7 Kern ggf. ≧1,5 m über Fußboden gemauert oder ausbetoniert
8 Rippenstreckmetall
9 Stahlstütze
10 Feuerschutz-Bauplatte, 25 mm dick
11 Flachkopfschrauben, Abstand ≦20 m

Feuer an benachbarten Bauteilen durch Zug und Schub schwere Schäden an. Träger und Stützen aus Stahl (DIN 4102 T4, Abschn. 7.7.2) müssen daher mit Beton, Mauerwerk, Wandbauplatten oder Putz (s. Abschn. 6.10 in T2 des Werkes) ummantelt werden (Bild **7**.44). Die Dicke *d* der Ummantelung ist abhängig von der zu erreichenden Feuerwiderstandsklasse und von dem Verhältnis *U/F* (Umfang/Querschnittsfläche) der Stütze (Tab. 51 bis 53 in DIN 4102 T4).

Brandgefährdete Bauteile aus Holz werden, soweit baupolizeilich vorgeschrieben, verputzt. Putz gilt infolge seiner schlechten Wärmeleitfähigkeit als feuerhemmend. Solange er rissefrei bleibt, verhindert er das Entflammen des verputzten Holzwerks. Spritzasbestummantelung hat sich ebenfalls in Brandversuchen sehr gut bewährt. Die Entflammbarkeit von Holz kann innerhalb gewisser Grenzen durch Schutzanstriche herabgesetzt werden, die beim Erhitzen Stickstoff, Schäume o.ä. entwickeln (DIN 68800).

Mit Hilfe von Spezialbaustoffen ist es möglich, eine außerordentliche Verbesserung der Feuerwiderstandswerte von Bauteilen zu erreichen. Aus der großen Zahl konstruktiver Anwendungsmöglichkeiten dieser meist asbesthaltigen, verschieden dicken Schutzplatten in Verbindung mit Spezial-Wärmedämmplatten können im Rahmen dieser Abhandlung nur wenige Beispiele gezeigt werden.

Durch derartige, ggf. mehrlagig montierte Verkleidungen können z.B. relativ brandempfindliche Trapezblech-Leichtdachkonstruktionen bis zur Feuerwiderstandsklasse F 90 verbessert werden (Bild **7**.45).

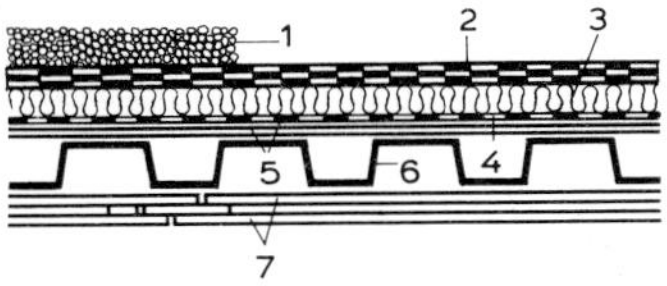

7.45 Trapezblechdach, Feuerwiderstandsklasse F90

1 Kiesschüttung, $d = 50$ mm
2 mehrlagige Dachhaut mit Dampfdruckausgleichschicht
3 Wärmedämmung
4 Dampfsperre (falls erforderlich)
5 Feuerschutzplatten-Abdeckung (z.B. PROMABEST), $d = 2 \times 5$ mm
6 Trapezblech-Dachprofil
7 Feuerschutzplatten-Verkleidung (z.B. PROMABEST) mit 10 mm Luftzwischenraum, $d = 2 \times 10$ mm

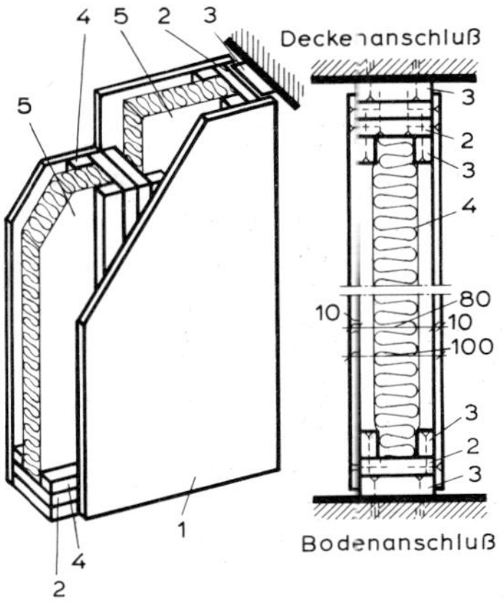

7.46 Versetzbare leichte Trennwand, Feuerwiderstandsklasse F120 (Modell der Fa. PROMABEST)

1 PROMABEST-Platten Typ H $d = 10$ mm
2 Stege $d = 20$ mm
3 Anschlußstreifen $d = 20$ mm
4 PROMALAN-Platten, Raumgewicht 35 kg/m³ $d = 50$ mm

In Bild **7**.46 ist eine leichte, versetzbare Trennwand gezeigt, die auf Grund entsprechender Normprüfung in die Feuerwiderstandsklasse F 120 eingeordnet werden darf.

Anschließend sei erwähnt, daß im Brandfall der Schutz von Elektrokabeln außerordentlich wichtig sein kann um den Betrieb stromabhängiger Rettungseinrichtungen (z.B. Notbeleuchtungen, Aufzüge) zu gewährleisten. Dabei muß unterschieden werden zwischen Elektroleitungen, die beim Betrieb Eigenwärme entwickeln, die ständig abgeleitet werden muß, und solchen, bei denen diese Wärmeentwicklung vernachlässigbar gering ist (z.B. Schwachstrom-, Steuer- u.ä. Kabel). Durch Versuche ist festgestellt worden, daß Kabelkästen aus Feuerschutzplatten (z.B. PROMABEST, ISOTERNIT u.a.) ohne obere Abdeckung relativ guten Schutz bieten ohne die Wärmeableitung zu behindern (Bild **7**.47). Längere Feuerwiderstandszeiten lassen sich jedoch nur mit geschlossenen, auf den Einzelfall abgestimmten Verkleidungen erreichen.

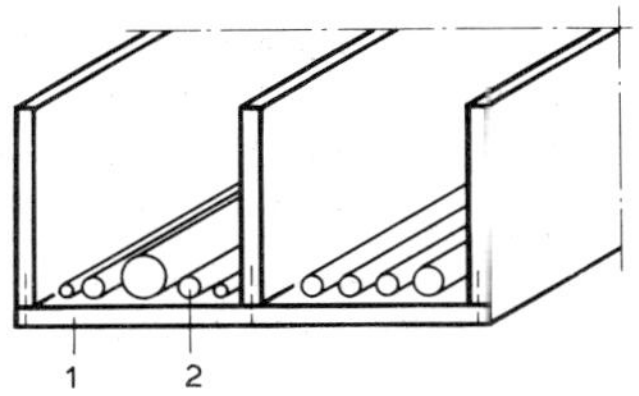

7.47 Brandschutz von Elektrokabeln

7.6 DIN-Normen

DIN-Blatt Nr		Ausgabe-Datum	Titel
4031		3. 78[1])	Wasserdruckhaltende bituminöse Abdichtungen für Bauwerke; Richtlinien für Bemessung und Ausführung (wird ergänzt und später ersetzt durch DIN E 18195 s. u.)
4102	T 1	9. 77	Brandverhalten von Baustoffen und Bauteilen; Baustoffe; Begriffe
	T 2	9. 77	–; Bauteile; Begriffe
	T 3	9. 77	–; Brandwände und nichttragende Außenwände; Begriffe
	T 4	2. 70[1])	–; Einreihung in die Begriffe
	T 5	9. 77	–; Feuerschutzabschlüsse; Abschlüsse in Fahrschachtwänden und gegen Feuer widerstandsfähige Verglasungen; Begriffe, Anforderungen und Prüfungen
	T 6	9. 77	–; Lüftungsleitungen; Begriffe, Anforderungen und Prüfungen
	T 7	9. 77	–; Bedachungen; Begriffe, Anforderungen und Prüfungen
4108		8. 69[1])	Wärmeschutz im Hochbau
	Bbl.	11. 75[1])	Wärmeschutz im Hochbau; Erläuterungen und Beispiele für einen erhöhten Wärmeschutz
	Erg.	10. 74[1])	Ergänzende Bestimmungen zu DIN 4108; Wärmeschutz im Hochbau (Ausg. Aug. 69)
4109	T 1	9. 62[1])	Schallschutz im Hochbau; Begriffe
	T 2	9. 62[1])	Schallschutz im Hochbau; Anforderungen
	T 3	9. 62[1])	Schallschutz im Hochbau; Ausführungsbeispiele
	T 4	9. 62[1])	Schallschutz im Hochbau; Schwimmende Estriche auf Massivdecken; Richtlinien für die Ausführung
	T 5	4. 63[1])	Schallschutz im Hochbau; Erläuterungen
E 4109	T 1	2. 79	Schallschutz im Hochbau; Einführung und Begriffe
	T 2	2. 79	–; Luft- u. Trittschalldämpfung in Gebäuden; Anforderungen und Nachweise; Hinweise für Planung und Ausführung
	T 3	2. 79	–; Luft- u. Trittschalldämpfung in Gebäuden; Ausführungsbeispiele für Massivbauarten
	T 5	2. 79	–; Schallschutz gegenüber Geräuschen aus haustechnischen Anlagen und Betrieben; Anforderungen und Nachweise; Hinweise für Planung und Ausführung
	T 6	2. 79	–; Bauliche Maßnahmen zum Schutz gegen Außenlärm
4117		11. 60[1])	Abdichtung von Bauwerken gegen Bodenfeuchtigkeit; Richtlinien für die Ausführung
4122		3. 78	Abdichtung von Bauwerken gegen nichtdrückendes Oberflächenwasser und Sickerwasser mit bituminösen Stoffen, Metallbändern und Kunststoff-Folien; Richtlinien
E 14095	T 1	5. 78	Feuerwehr-Einsatzpläne für bauliche Anlagen
16935		5. 71	Polyisobutylen-Bahnen für Bautenabdichtungen; Anforderungen, Prüfung

Fortsetzung nächste Seite

DIN-Normen (Fortsetzung)

DIN-Blatt Nr		Ausgabe-Datum	Titel
16937		5.71	PVC weich (Polyvinylchlorid weich)-Bahnen, bitumenbeständig, für Bautenabdichtungen; Anforderungen, Prüfung
16938		5.71	PVC weich (Polyvinylchlorid weich)-Bahnen, nicht bitumenbeständig, für Abdichtungen; Anforderungen, Prüfungen
V 18005	T 1	5.71	Schallschutz im Städtebau; Hinweise für Planung, Berechnungs- und Bewertungsgrundlagen
E 18005	T 1	4.76	Schallschutz im Städtebau; Berechnungs- und Bewertungsgrundlagen
	T 2	1.76	Schallschutz im Städtebau; Richtlinien für die schalltechnische Bestandsaufnahme
18161	T 1	12.76	Korkerzeugnisse als Dämmstoffe für das Bauwesen; Dämmstoffe für die Wärmedämmung
18164	T 1	12.72	Schaumkunststoffe als Dämmstoffe für das Bauwesen; Dämmstoffe für die Wärmedämmung
	T 2	12.72	Schaumkunststoffe als Dämmstoffe für das Bauwesen; Dämmstoffe für die Trittschalldämmung
18165	T 2	1.75	Faserdämmstoffe für das Bauwesen; Dämmstoffe für die Trittschalldämmung
E 18195	T 2	11.77	Bauwerksabdichtungen; Stoffe
E 18195	T 4	11.77	Bauwerksabdichtungen; Abdichtungen gegen Bodenfeuchtigkeit; Ausführung und Bemessung
E 18195	T 6	11.77	Bauwerksabdichtungen; Abdichtungen gegen von außen drückendes Wasser; Ausführung und Bemessung
E 18195	T 9	1.79	Bauwerksabdichtung; Durchdringungen, Übergänge, Abschlüsse
E 18230	T 1	8.78	Baulicher Brandschutz im Industriebau; Erforderliche Feuerwiderstandsdauer
	T 2	8.78	–; Ermittlung des Abbrandfaktors m
E 18232	T 1	8.78	Baulicher Brandschutz; Rauch- und Wärmeabzugsanlagen; Begriffe und Anwendungen
18336		10.65	VOB Verdingungsordnung für Bauleistungen; Teil C: Allgemeine Technische Vorschriften für Bauleistungen; Abdichtungen gegen drückendes Wasser
18337		2.61	VOB Verdingungsordnung für Bauleistungen; Teil C: Allgemeine Technische Vorschriften für Bauleistungen; Abdichtungen gegen nichtdrückendes Wasser
18421		9.76	VOB Verdingungsordnung für Bauleistungen; Teil C: Allgemeine Technische Vorschriften für Bauleistungen; Wärmedämmarbeiten an betriebstechnischen Anlagen
52130		9.78	Bitumen-Dachdichtungsbahnen; Begriff, Bezeichnung, Anforderungen
52131		9.78	Bitumen-Schweißbahnen; Begriff, Bezeichnung, Anforderungen
52210		3.60	Bauakustische Prüfungen; Messungen zur Bestimmung des Luft- und Trittschallschutzes
52210	T 1	7.75	Bauakustische Prüfungen; Luft- und Trittschalldämmung; Meßverfahren

Fortsetzung s. nächste Seite

DIN-Normen (Fortsetzung)

DIN-Blatt Nr		Ausgabe-Datum	Titel
52210	T2	12.74	Bauakustische Prüfungen; Luft- und Trittschalldämmung; Prüfstände für Schalldämm-Messungen an Bauteilen
52210	T3	7.75	Bauakustische Prüfungen; Luft- und Trittschalldämmung; Eignungs-, Güte- und Baumuster-Prüfungen
	T4	7.75	Bauakustische Prüfungen; Luft- und Trittschalldämmung; Ermittlung von Einzahl-Angaben
	T5	10.76	Bauakustische Prüfungen; Luft- und Trittschalldämmung; Messung der Luftschalldämmung von Fenstern und Außenwänden am Bau
52217		9.71	Bauakustische Prüfungen; Flankenübertragung; Begriffe
52218	T1	12.76	Bauakustische Prüfungen; Prüfung des Geräuschverhaltens von Armaturen und Geräten der Wasserinstallation im Laboratorium; Meßverfahren und Prüfanordnung
52218	T2	12.76	Bauakustische Prüfungen; Prüfung des Geräuschverhaltens von Armaturen und Geräten der Wasserinstallation im Laboratorium; Armaturenanschluß und Durchführung der Prüfung
52219		3.72	Bauakustische Prüfungen; Messung von Geräuschen der Wasserinstallation am Bau
52611	T1	10.71	Wärmeschutztechnische Prüfungen; Bestimmung des Wärmedurchlaßwiderstandes von Wänden und Decken; Prüfung im Laboratorium
	T2	6.76	– Weiterbehandlung der Meßwerte für die Anwendung im Bauwesen
52612	T1	8.72	Wärmeschutztechnische Prüfungen; Bestimmung der Wärmeleitfähigkeit mit dem Plattengerät; Versuchsdurchführung und Versuchsauswertung
	T2	3.73	– Wärmeleitfähigkeit für die Anwendung im Bauwesen
	T3	1.73	– Wärmedurchlaßwiderstand geschichteter Materialien für die Anwendung im Bauwesen
52614		12.74	Wärmeschutztechnische Prüfungen; Bestimmung der Wärmeableitung von Fußböden
52615	T1	6.73	Wärmeschutztechnische Prüfungen; Bestimmung der Wasserdampfdurchlässigkeit von Bau- und Dämmstoffen; Versuchsdurchführung und Versuchsauswertung
68800	T1	5.74	Holzschutz im Hochbau; Allgemeines
	T2	5.74	–; vorbeugende bauliche Maßnahmen
68800	T3	5.74	–; Vorbeugender chemischer Schutz von Vollholz
	T4	5.74	–; Bekämpfungsmaßnahmen gegen Pilz- und Insektenbefall
	T5	9.78	–; Vorbeugender chemischer Schutz von Holzwerkstoffen

[1]) z.Z. in Neubearbeitung

7.7 Literatur

[1] Berber, J.: Bauphysik. Hamburg 1973

[2] Bobran, H.W.: Handbuch der Bauphysik. Braunschweig 1976

[3] Eichler, F.: Bauphysikalische Entwurfslehre. Berlin 1969

[4] Glaser, H.: Graphisches Verfahren zur Untersuchung von Diffusionsvorgängen. Kältetech. (1959) S. 345ff.

[5] Gösele, K.; Schüle, W.: Schall, Wärme, Feuchtigkeit. Wiesbaden–Berlin 1977

[6] Grassnik, A.; Holzapfel, W.: Der schadenfreie Hochbau. Köln–Braunsfeld 1976

[7] Haeder, W.; Gärtner, E.: Die gesetzlichen Einheiten in der Technik. Berlin–Köln 1971

[8] Hartmann, G.: Praktische Akustik, Bd. 1. München–Wien 1964

[9] Klopfer, H.: Wassertransport durch Diffusion in Feststoffen. Wiesbaden–Berlin 1974

[10] Kordina, K. u. Meyer-Ottens, C.: Feuerwiderstandsklassen von Bauteilen aus Holz und Holzwerkstoffen, in: Informationsdienst HOLZ (1977)

[11] Lufsky, K.: Bauwerksabdichtung. Stuttgart 1970

[12] Meyer-Bohe, W.: Planungsgrundlagen Bauphysik. Stuttgart 1977

[13] Neufert, E.: Styropor-Handbuch. Wiesbaden 1971

[14] RWE Bau-Handbuch, Technischer Ausbau. Essen 1977

[15] Sälzer, E.: Städtebaulicher Schallschutz. Wiesbaden 1975

[16] Seiffert, K.: Wasserdampfdiffusion im Bauwesen. Wiesbaden 1974

[17] Weber, H.: Ausbauhandbuch. Stuttgart 1976

[18] Wiese, G.: Wasserdampfdiffusion. Stuttgart 1975

8 Industrialisiertes Bauen

8.1 Allgemeines

Schon sehr früh wurden typisierte Bauten, z. B. Wohnungen, errichtet. Die Wohnbedürfnisse bestimmter Bevölkerungsgruppen ähneln einander so, daß sie ohne spürbaren Anpassungszwang in derselben Weise befriedigt werden können. Bewährtes wird wiederholt, z. B. Wohnraumgrößen, Wohnraumfolgen, ganze Gehöftanlagen in der gleichen Landschaft usw. Wahrscheinlich wurde auch schon früh erkannt, daß die häufige Wiederholung der gleichen Arbeitsleistung technische, organisatorische, vielleicht auch wirtschaftliche Erleichterungen zur Folge hat. Die Veränderungen, die Verfeinerung und die zunehmende Verschiedenartigkeit der Bedürfnisse durch immer bessere Anpassung an die örtlichen Gegebenheiten forderten jedoch allmählich zahllose Sonderlösungen, so daß der individuelle Hausbau, das Einzelhaus, zur Regel wurde. Die handwerkliche Herstellung der Bauten ermöglichte das ohne weiteres.

Inzwischen hat die jährliche Bauleistung ein solches Ausmaß erreicht, daß sie mit den herkömmlichen Mitteln kaum noch bewältigt werden kann. Rationalisierung und Mechanisierung einzelner Arbeitsvorgänge allein werden bald nicht mehr ausreichen. Angestrebt wird die Industrialisierung, d. h. die lückenlos maschinelle Serienfertigung von Bauelementen oder ganzen Bauwerken. Für die Industrialisierung spricht vor allem, daß die Verminderung des schwerwiegenden Lohnkostenanteils zu einer Baukostensenkung wesentlich beitragen kann. Als Ziel gilt, schneller, billiger und wenn möglich besser[1]) zu bauen als bisher. Wege, auf denen dieses Ziel erreichbar sein könnte, müssen ständig von neuem erforscht werden, weil allein der schnelle Zuwachs an technischem Wissen ununterbrochen zu Korrekturen der angewandten Bauverfahren zwingt. Endgültige technische Bestlösungen für industrialisiertes Bauen gibt es daher nicht. Erreichbar sind günstigstenfalls optimale Lösungen für bestimmte Fälle innerhalb von Grenzen, die z. B. durch Zeitpunkt, Ort, Kosten usw. festgelegt sind. Jede optimale Lösung setzt die klare Abgrenzung des jeweiligen Problems voraus. Die Tabellen **8**.1 und **8**.2 zeigen eine solche „Abgrenzung" am Beispiel der Wand und die genaue Bestimmung der verschiedenen Anforderungen an Hand umfassender Kriterienprüfung. Bei der industrialisierten Fertigung im Hochbau sind außerdem Besonderheiten zu beachten, von denen hier einige genannt sein mögen:

– Es ist schwer, sich bei der Unübersichtlichkeit des vielfältigen Angebots von Baustoffen und Bautechniken ein langfristig gültiges Urteil über das günstigste Angebot zu bilden.

---

[1]) Der Begriff „besser" ist nicht eindeutig, wenn er mehr bedeuten soll als technisch fehlerfrei bauen. Die Frage, ob z. B. eine bessere Wohnung als die von gestern mehr flexibel als dauerhaft, mehr praktisch als schön, der Kommunikation mehr förderlich sein sollte als der Abgeschlossenheit, ist – wie viele andere ähnliche Fragen – offen. Die Antwort richtet sich hier nach der durchaus nicht einheitlichen Auffassung von der Rolle, die die Wohnung für den Bauherrn oder die Gesellschaft spielen soll. Die Wertordnung, die für den Bauherrn gilt, oder die „situationsspezifische Information", die der Planer erhält und die mehr oder weniger umfassend sein kann, beeinflussen Entwurf und Konstruktion entscheidend.

Tabelle **8**.1 Übersicht über Anforderungen an Innenwände (zur Ermittlung optimaler Lösungen)

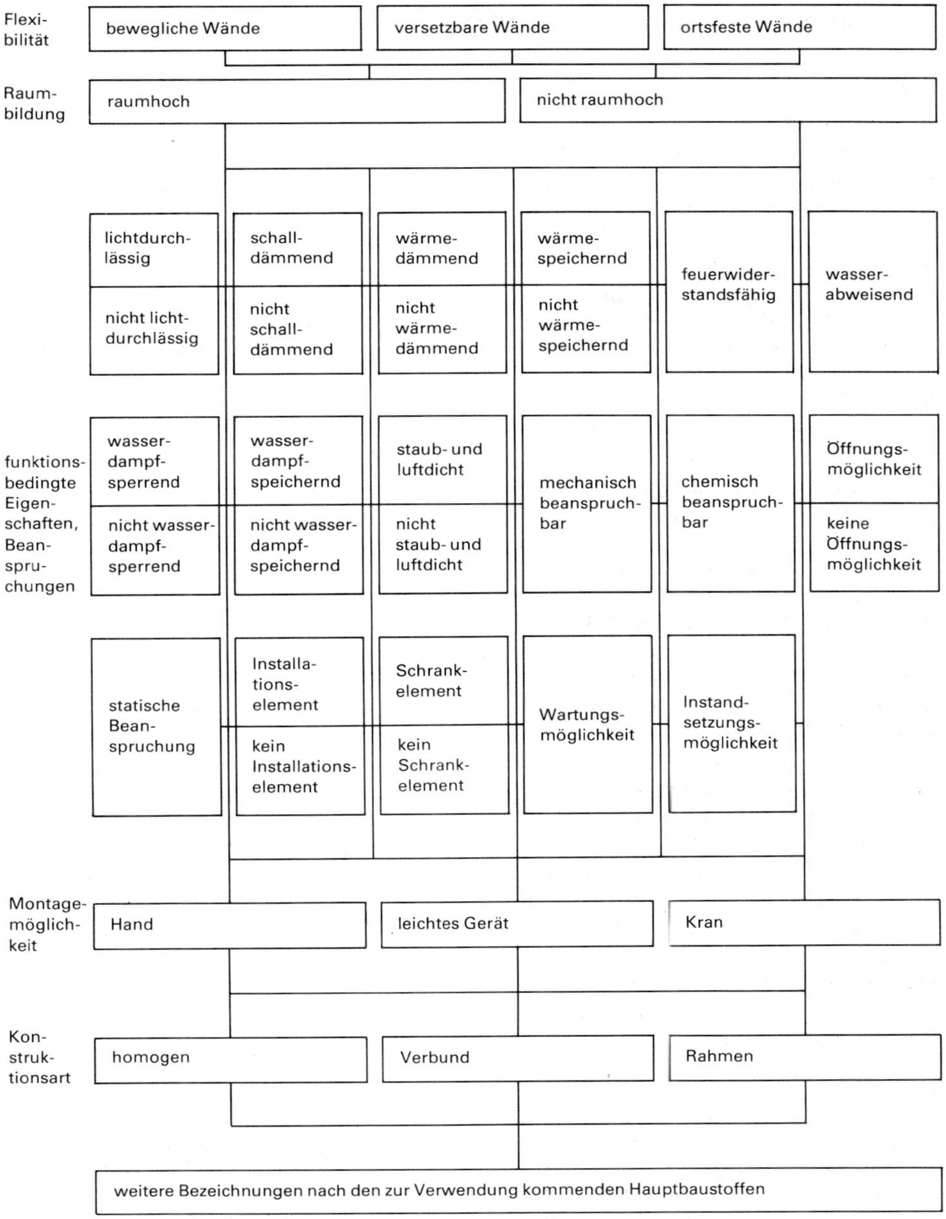

Tabelle **8.2** Übersicht über Anforderungen an Außenwände[1])

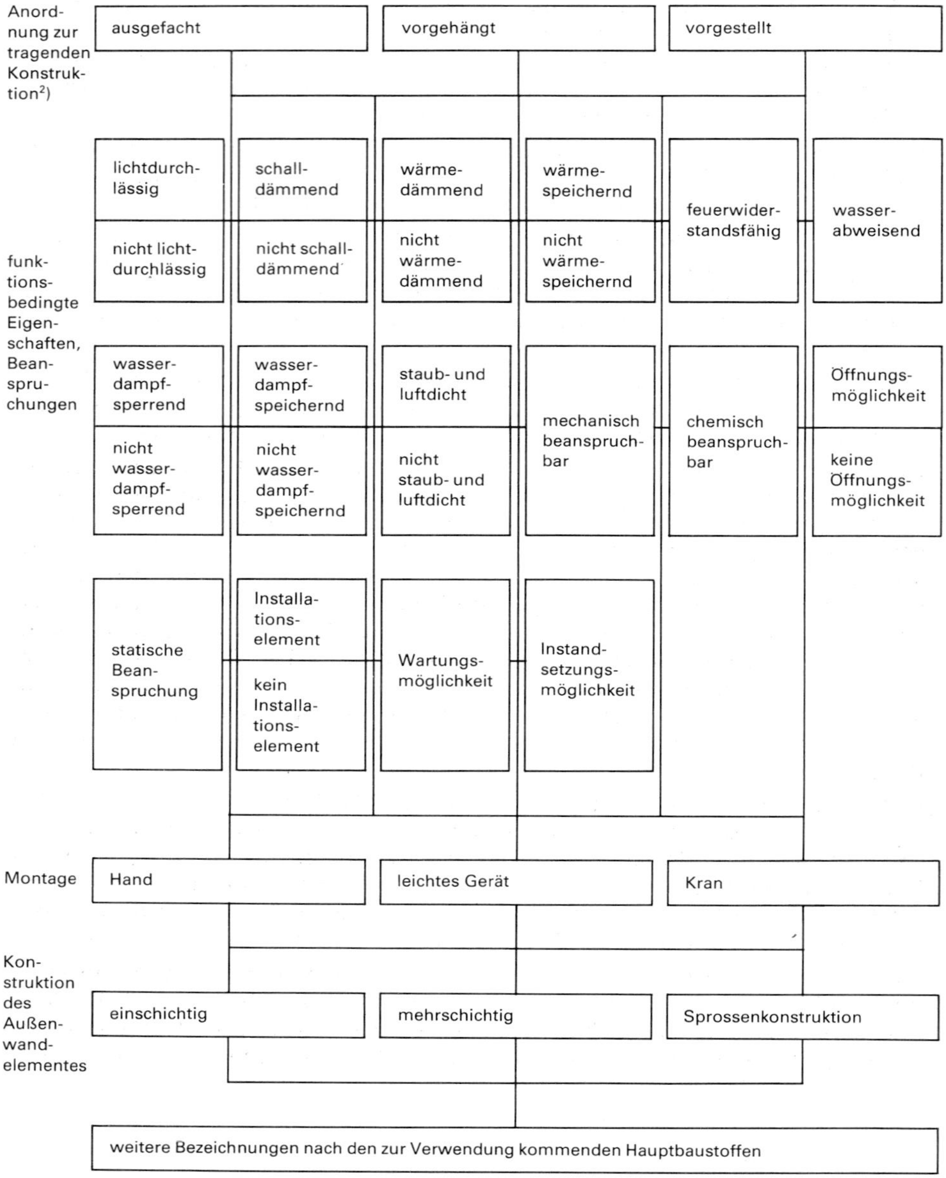

[1]) Nach: Ausbautechnik u. Vorfertigung. Studiengemeinschaft f. Fertigbau e. V., Wiesbaden.

[2]) Nichttragende Außenwände haben keine statische Funktion im Traggefüge, werden aber durch Eigengewicht und Windlast beansprucht, die kontinuierlich oder punktweise auf die Tragkonstruktion übertragen werden.

- Wenn ständig Verbesserungen erwartet werden müssen und Baustoffe und -techniken, wenn auch nur bei hohem Zeit- und Geldaufwand, beliebig machbar sind, enthält jeder Entschluß, sich für ein System, eine Technik oder einen Baustoff zu entscheiden, ein mehr oder weniger großes Wagnis. Bei dem ständigen Zuwachs an neuen Stoffen und Techniken ist der Umfang des wirtschaftlichen Risikos einer falschen Entscheidung schwer abzuschätzen.
- Für viele Baustoffe oder Bauteile wird nach 10 oder 15 Jahren (angenommen eine aufwendige Fassadenkonstruktion sei zu 15% schadhaft geworden, zu 85% intakt geblieben) aus Lagerbeständen kein Ersatz mehr zu beschaffen sein.
- Auch für Planung und Entwurf sind Zielvorstellungen um so schwerer zu formulieren, je weniger begrenzt die Auswahl der Techniken ist, je mehr der Zwang wegfällt „werkstoffgerecht" zu konstruieren, je weniger klar bei der schnellen gesellschaftlichen Entwicklung sich der Bedarf und Bedürfnisse festlegen lassen.
- Es ist damit zu rechnen, daß sich die Entwicklung des industrialisierten Bauens in kleinen Schritten vollzieht und daß daneben, noch lange oder vielleicht immer, verbesserte Verfahren zur Einzelanfertigung angewandt werden.

Ein Teil dieser Überlegungen spielt bei der Produktion kurzlebiger Verbrauchsgüter keine Rolle. Ein Haus jedoch wird vorläufig noch als ein auf ungewöhnlich vielfältige Weise beanspruchtes, sehr kostspieliges und daher möglichst langlebiges Gebrauchsgut betrachtet, das aus gewichtigen Gründen in der Regel auf Bestellung eines Auftraggebers errichtet und nur für einfache Zwecke in Serien auf Vorrat produziert wird. Bauplanungs- und Baufertigungsproblemen ist nicht allein durch Beachtung technischer und wirtschaftlicher Grundsätze und Daten beizukommen, sondern gleichzeitig und zu einem beträchtlichen Teil sind immer auch gesellschaftspolitische Forderungen zu beachten. Deshalb kann nur auf sehr breiter Basis untersucht werden, welche Voraussetzungen erfüllt sein müssen, um, mindestens zur Beschleunigung und Verbilligung des Bauens, industrialisiertes Bauen zu ermöglichen.

In diesem Leitfaden müssen sich verständlicherweise Informationen über den Problemkreis des industrialisierten Bauens auf dessen technische Fragen beschränken und auf die Andeutung der Tatsache, daß die Industrialisierung im Bauen keineswegs nur eine technische Aufgabe ist. Aber auch die Angaben zu den technischen Fragen sollen und können hier – weil vieles im Fluß ist – nur grundsätzlicher Art sein mit dem Ziel, die Urteilsbildung zu erleichtern und zu objektivieren.

Es scheint nicht zweckmäßig zu sein, das industrialisierte Bauen zum selbständigen Lehrfach zu machen. Es ist Teil der Baukonstruktionslehre, der Entwurfslehre und einer großen Zahl verschiedener und verschiedenartiger anderer Fächer, die an geeigneter Stelle in ihre planmäßigen Betrachtungen auch das industrialisierte Bauen einzubeziehen haben.

8.2 Begriffe

Der Begriff „Industrialisiertes Bauen" kennzeichnet Fertigungsverfahren, bei denen im Idealfalle alle Teile eines Gebäudes in Serien industriell hergestellt und möglichst maschinell zu Elementen und Bauteilen und mit Hilfe besonderer Montageverfahren zu Gebäudeteilen oder ganzen Gebäuden zusammengesetzt werden.

Die Montage, das Zusammensetzen der vorgefertigten Teile, wird zum Teil in der Fabrik oder – bei sehr großformatigen Teilen – am endgültigen Standort des Bauwerks vorgenommen. Sie umfaßt, streng genommen, keinerlei handwerkliche Tätigkeiten im ursprünglichen Sinne (mauern, putzen, hobeln, anstreichen usw.).

Das Bauen mit industriell hergestellten Fertigteilen ist seit sehr langer Zeit üblich. Jedes Gebäude ist heute zu 10 bis 75% teilvorgefertigt.

Ein Fertigbauwerk ist ein Sonderfall industrialisierten Bauens, nämlich ein typisiertes, serienmäßig hergestelltes, nach Katalog abrufbares, gebrauchsfertig zu einem Festpreis angeliefertes Gebäude. Seiner Produktion liegt meist ein sogenanntes geschlossenes System (s. unten) zugrunde. Aber auch hier entfallen zur Zeit nur 70 bis 80% des Gesamtarbeitsaufwandes auf die industrielle Fertigung in der Fabrik, den Rest bilden Arbeiten auf der Baustelle oberhalb der Kellerdecke. Keller und Fundamente werden oft noch handwerklich hergestellt.

Unter der Bezeichnung Bauelement werden allgemein kleinere Einheiten mit sehr unterschiedlichem Fertigungsgrad verstanden, wie z.B. Wandplatten, Deckenplatten, Treppenläufe, Stützen, Träger, aus denen Bauteile, z.B. Treppen, Wände, Decken, gebildet werden. Der Fertigungsgrad z.B. von Wandelementen kann von der kahlen Betonplatte bis zu dem mit einem komplizierten Fenster ausgestatteten Wandteil (Fensterelement) reichen, der auch Leitungsrohre oder -kanäle, Halterungen für Heizkörper oder für Wandbekleidungen usw. enthält. Je geringer der Fertigungsgrad, desto umfangreicher sind die Montage- und Ausbauarbeiten auf der Baustelle. Die Idealform des Elements dürfte der möglichst große Bauteilabschnitt sein, der unmittelbar nach der Montage gebrauchsfertig ist, in seinen Hauptmaßen dem Planungsmodul (Baurichtmaß) entspricht, in kürzester Zeit trocken montierbar und auch austauschbar ist.

Teile eines Elements sind Halbzeuge, z.B. das Schloß in einem Türelement (d.h. in einem Wandelement mit Tür) oder Dichtungsstreifen, Deckenprofile, Schrauben usw.

Aus Elementen werden Bauteile, aus Bauteilen werden Gebäudeteile (Einzelräume, Raumgruppen) oder ganze Gebäude zusammengefügt. (Die Terminologie auf diesem Gebiet ist bisher nicht einheitlich.)

Mit System oder Bausystem wird mehr oder weniger eindeutig die Gesamtheit der ein Bauwerk bildenden Konstruktionselemente bezeichnet, deren bis in alle Einzelheiten vorgeplantes Zusammenwirken, z.B. durch einheitliche Planungsregeln, eine klare Maßordnung, eindeutig zugewiesene Funktionen, einheitliche Verbindungsmittel, passende Dichtungen, einfache Auswechselbarkeit, Serienproduktion, Lagerhaltung u.ä. gesichert ist. Als System sind u.a. verwendbar

der Beton-Großplattenbau aus wandgroßen Platten mit raumbegrenzender und tragender Funktion der Tafelbau (Leichtbau) mit raumhohen aus Leichtbaustoffen (z. B. Holz) bestehenden Tafeln mit raumbegrenzender und tragender Funktion (s. auch Abschn. 3.7)

der Skelettbau aus tragenden Beton-, Leichtbeton-, Stahl- oder Holzelementen, die keine raumabschließende Funktion haben; hierzu gehören ihrem Wesen nach auch räumliche Tragwerke aus Stahl und Leichtmetall und das Holzfachwerk

der Zellenbau aus raumgroßen Zellen, die raumbildend und tragfähig sind.

Schwersysteme werden Systeme genannt, die Elemente mit Gewichten $\geqq 1000\ kg/m^3$ (Beton, Ziegel) verwenden,

Leichtsysteme sind solche mit Elementen $\leqq 1000\ kg/m^3$ (Holz, Leichtmetalle, Kunststoffe).

Ein Bausystem kann sich in Teilsysteme gliedern, die funktionsgebundene Gruppen von Elementen umfassen, wie

die tragenden Elemente, die die Standsicherheit gewährleisten und eine lange Lebensdauer haben müssen

die raumbildenden Elemente für Wärme-, Feuchtigkeits- und Schallschutz, die auswechselbar sein sollten

die fußboden-, decken- und wandbekleidenden Elemente, die der Raumgestaltung dienen und kurzlebig sein können

die raumerschließenden Elemente wie Treppen, Rampen, Aufzüge

die Versorgungselemente für Installationen aller Art, die auswechselbar sein müssen.

Die Zusammenfassung von Elementgruppen zu Teilsystemen ist zweckmäßig, wenn die Elemente dieser Gruppe enger miteinander zusammenhängen als mit dem Hauptsystem, u. U. sogar einer anderen Modularordnung angehören und geschlossen eingebaut werden (z. B. Heizungs- und Lüftungsanlagen).

Der Begriff offenes System bedeutet, daß das System, im Gegensatz zum geschlossenen System nicht nur einen Bauwerkstyp derselben Herstellerfirma, sondern mit Hilfe austauschbarer Teilsysteme oder Ausbausysteme oder Elemente verschiedener Produzenten fast unbegrenzt Variationen zuläßt. Das setzt jedoch neben der für alle Elemente einheitlichen Maßordnung hochentwickelte Verbindungs- und Dichtungstechniken voraus.

Bevor ein Produkt in Serie hergestellt wird, muß ein Prototyp, ein Einzelstück als Muster entwickelt werden. Der Prototyp wird dann einer Nullserie zugrunde gelegt, an der Fertigungsablauf und praktische Bewährung erprobt werden. Erst nach der Auswertung der mit der Nullserie gemachten Erfahrungen und nach Beseitigung aller Mängel ist ein Industrieprodukt serienreif. Hier wird die schwache Stelle der Einzelanfertigung von Bauwerken als Bauprinzip deutlich: Der „Prototyp“ ist im traditionellen Hausbau gleichzeitig das Gebrauchsobjekt. Andrerseits ist die sorgfältige Entwicklung zur Serienreife unter allen Umständen kostspielig und nicht ohne geschäftliches Risiko.

8.3 Maßordnung

Rationelles Arbeiten ist ohne Ordnung der Arbeitsmittel nicht möglich. Für die Produktion von so komplizierten, viele Halbfabrikate umfassenden und beziehungsreichen Gebilden, wie sie Bauwerke darstellen, sind neben Verständigungsnormen, Stoff- und Gütenormen, Prüf- und Sicherheitsnormen, wie sie die deutschen Normen (DIN) enthalten, in erster Linie Abmessungsnormen unentbehrlich. Sie verringern die Anzahl der Bauteilgrößen und ermöglichen das „passende" Zusammenfügen aller Teile.

Die DIN 4172, Maßordnung im Hochbau, geht mit Rücksicht auf das Ziegelmaß (12,5 = 100/8, Oktametersystem) von dem Grundmaß 100 cm aus (das übrigens weniger oft in volle Zentimeter unterteilbar ist als z. B. das Grundmaß 60 cm). Der internationalen, westeuropäischen Maßordnung[1]) liegen, auf dem Grundmodul M = 10 cm fußend, die Multimoduln 30 cm (3M) und 60 cm (6M) zugrunde, d. h., Baunormmaße (s. Bild **8**.3) sind ganzzahlige Vielfache der Multimoduln 3M und 6M, um die Anzahl der Baunormmaße einzuschränken. Je größer der Bauteil, um so größer soll der Maßsprung sein. Es springen z. B.:

Türmaße	um M	zwischen 60 und 120 cm
Geschoßhöhen	um 3M	zwischen 270 und 360 cm
Stützweiten	um 3M oder 6M	zwischen 300 und 600 cm
Raumtiefen	um 6M	zwischen 480 und 600 cm

Die wichtigsten Begriffe sind:

Modulordnung	in internationaler Zusammenarbeit entstehendes System der Maßordnung im Bauwesen
Grundmodul	M = 10 cm = 100 mm = kleinstes Planungsmaß
Baunormmaße	ganzzahlige Vielfache des Grundmoduls M (Großmoduln oder Multimoduln) oder ganzzahlige Teile davon (Kleinmoduln oder Submoduln)
Systemmaße	Abstandsmaße des Tragsystems (z. B. Achsabstände von Stützen, ferner Geschoßhöhen, das sind die Abstände von Fußbodenoberfläche bis Fußbodenoberfläche [OFF] usw.)
Baurichtmaße	Elementmaße von Fugenmitte bis Fugenmitte (d. h. einschließlich Fuge)
Konstruktionsmaße	theoretische Elementmaße ohne Fugenanteil (früher „Nennmaße"); diese Maße sind nicht Baunorm- oder Baurichtmaße
Istmaße	gemessene Elementmaße, aus denen hervorgeht, ob die Maßabweichungen sich innerhalb der festgelegten – möglichst kleinen – Toleranzen bewegen

Die Moduln werden durch Raster dargestellt. Es gibt zahlreiche Möglichkeiten, den Entwurf, d. h. die Tragkonstruktion, die raumumschließenden Elemente und die Ausbauelemente in den Raster, der in gleicher Weise für Grundriß und Aufriß gilt (Bild **8**.4), zweckmäßig einzuordnen.

---

[1]) Vereinbarungen des „Komitee für Wohnungswesen, Hochbau und Planung" (in der Europäischen Wirtschaftskommision ECE) über den „Europamodul" (Mai 1966).

Tabelle **8**.3 Maßkoordinierung mit Grundmodul M = 100 mm („Europamodul" und ISO-Modul[3])) Baunormmaße (Baurichtmaße) in cm

Submoduln[1])				Modul	Multimoduln[2])						
M/10	M/5	M/4	M/2	M	3M	6M	12M	(15M)	(18M)	30M	60M
1											
2	2										
		2.5									
3											
4	4										
5		5	5								
6	6										
7											
		7.5									
8	8										
9											
10	10	10	10	**10**							
			15								
			20	20							
			25								
			30	30	**30**						
				40							
				50							
				60	60	**60**					
				70							
				80							
				90	90						
				100							
				110							
				120	120	120	**120**				
								(150)			
					180	180			**180**		
					210						
					240	240	240				
					270						
					300	300		300		**300**	
						360	360		360		
						420					
								(450)			
						480	480				
						540			540		
						600	600	600		600	**600**
							720		720		
								(750)			
							840				
								900	900	900	
							960				
								(1050)			
							1080		1080		
							1200	1200		1200	**1200**
									(1260)		
									(1440)		
								1500		1500	
									1800	1800	**1800**
										2100	
										2400	2400
										2700	
										3000	**3000**
											3600

[1]) Ob oder inwieweit Submoduln z.B. für Fugen, Toleranzen, Ausbaudetails usw. festzulegen sind, ist vorläufig ungeklärt.
[2]) Über die internationale Einführung der Multimoduln 15M und 18M ist noch nicht entschieden.
[3]) Seit 1951 ist Deutschland Mitglied der Internationalen Organisation für Normung (ISO), seit 1961 arbeitet das Europa-Komitee für Normung (CEN); vgl. DIN 18000 T1 Ausg. 11.73.

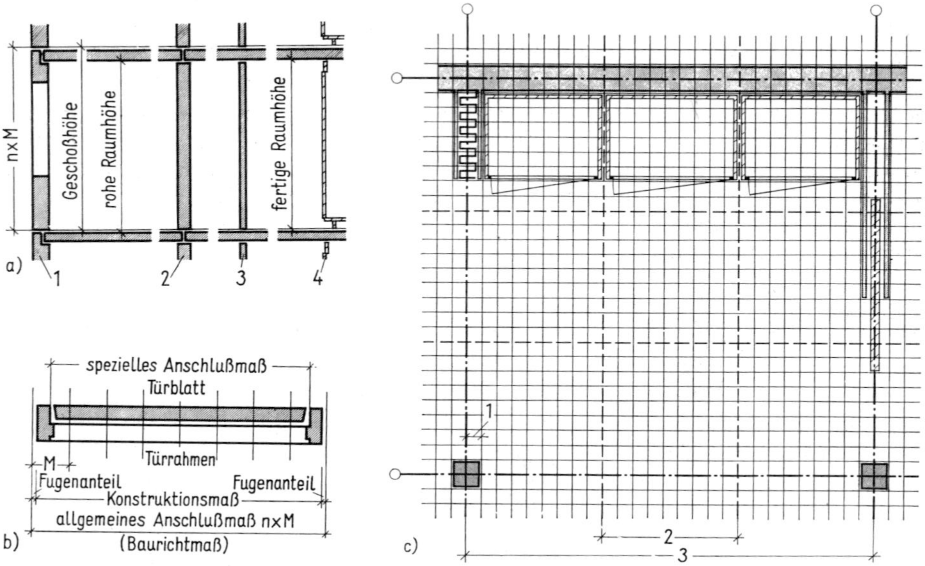

8.4 Einordnung von Ausbauelementen in modulare Raster

a) Höhenmaße im Modularraster
- 1 Außenwand
- 2 tragende Innenwand
- 3 nichttragende Innenwand
- 4 Einbauschrank

b) Türelement im Modularraster

c) Ausbauelemente (Faltwand, Wandschränke, Schiebetür) im Modularraster[1])
- 1 Grundmodul M (Basis der modularen Zahlenreihe, z. B. 10 cm)
- 2 Planungsmodul $n \times M$
- 3 Strukturmodul $a \times n \times M$ (Abstandsmaße des Tragsystems – Systemmaße)

---

[1]) nach Schmid-Testa [6]

Entweder bilden die Modul-Rasterlinien die Elementachsen, oder sie liegen an Elementflächen an, oder sie liegen in einer bestimmten Entfernung neben Elementflächen (Bild **8**.5, s. auch Bild **3**.149).

Sind mit Rücksicht auf die wirtschaftliche Bemessung von Elementen Abmessungen, die zwischen den Modularmaßen liegen (Submoduln 2, 5, 18, 24 od. ä.), nicht zu umgehen, so müssen „neutrale Zonen" eingeführt werden, die den Planungsraster unterbrechen (Bild **8**.5; 7). Zwischen den neutralen Zonen werden die Flächen dem Grundmodul gemäß gegliedert. Die Gefahr besteht, daß allzu weitgehende Differenzierungen der Einordnungsmöglichkeiten bis an die Grenzen der angestrebten Ordnung, d. h. der Übersichtlichkeit führen. Wenn die große Zahl der möglichen Abweichungen zu notwendigen Abweichungen von der Regel wird, dann wird die Wirksamkeit der Ordnung fraglich. Um das Optimum zu erreichen, ist jeweils zu entscheiden, ob die Modularordnung, die die Serienherstellung ermöglicht, Vorrang hat oder die Materialersparnis, oder die Flexibilität (die meist aufwendig ist) oder die Einhaltung von Minimal- oder Maximalmaßen für Grundflächen und Raumhöhen. Sinnvoll ist die Bindung an ein Modularsystem auf jeden

Fall dort, wo sie sich auf die für die Montage wichtigen, also hauptsächlich auf die äußeren Maße und alle Anschlußmaße des möglichst großformatigen montagefertigen und austauschbaren Elements bezieht (s. auch Abschn. 8.4).

Schwierigkeiten ergeben sich ohnehin beim Zusammenfügen der Wandelemente an den Außen- und Innenecken von Räumen infolge des asymmetrischen Wandaufbaus der meist mehrschichtigen Wandelemente. Diese Schwierigkeiten sind wahrscheinlich erst dann in befriedigender Weise zu überwinden, wenn es gelingt, einen Baustoff herzustellen, der alle guten und keine der weniger guten Eigenschaften des Holzes besitzt (s. H. Rettig in Fertigbau **3** (1970)).

8.5 Lage der Stützen und Wandelemente im Modularraster[1])

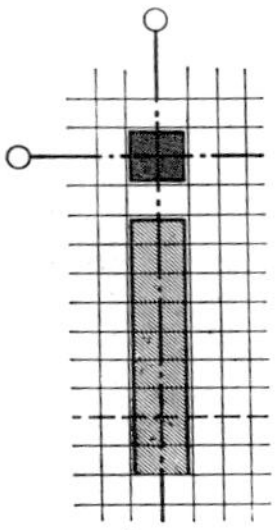

1

1) Elementachse deckt sich mit Modulrasterlinie

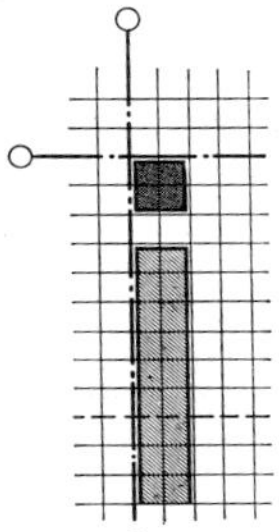

2

2) Elementseite liegt an der Modulrasterlinie

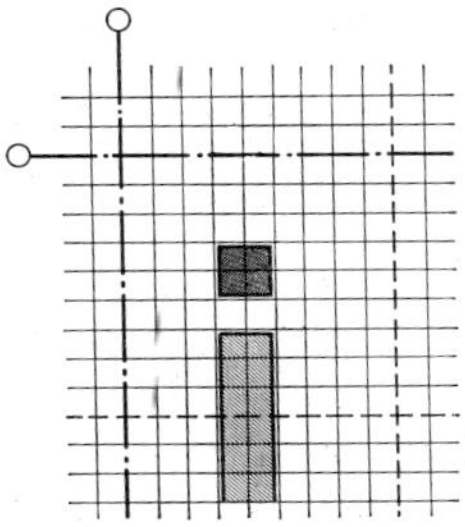

3

3) Element liegt neben der Modulrasterlinie

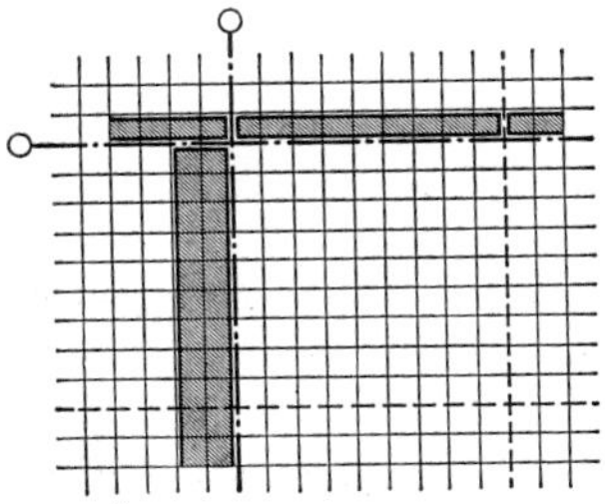

4

4) Wände verschiedener Dicke an der Modullinie

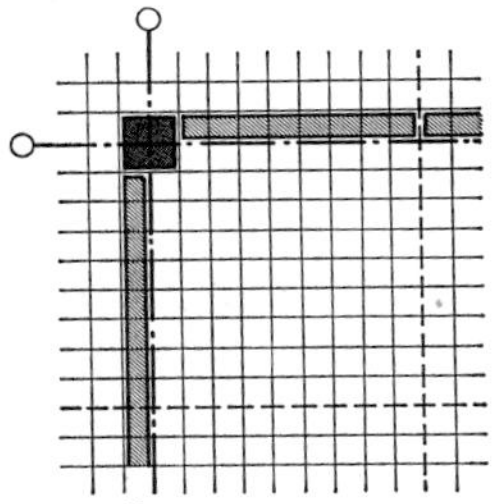

5

5) Auch Wandelemente, die dem Grundmodul nicht entsprechen, liegen mit einer Fläche an einer Modullinie.

Stützen im Skelettbau liegen in der Regel im Schnittpunkt der Konstruktionsachsen.

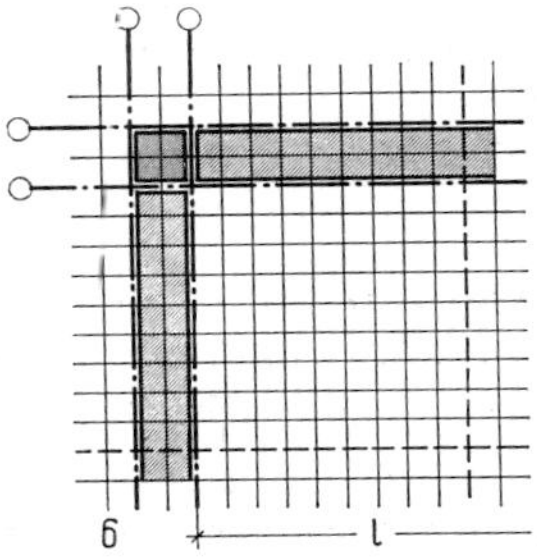

6

6) Bilden Wände, deren Dickenmaß durch den Grundmodul teilbar ist, das Tragsystem, so ist es oft zweckmäßig, die Entfernungen (l) zwischen den tragenden Wandelementen modular zu gliedern (Lichtmaßmodul).

(Fortsetzung s. nächste Seite)

(Fortsetzung von Bild **8**.5)

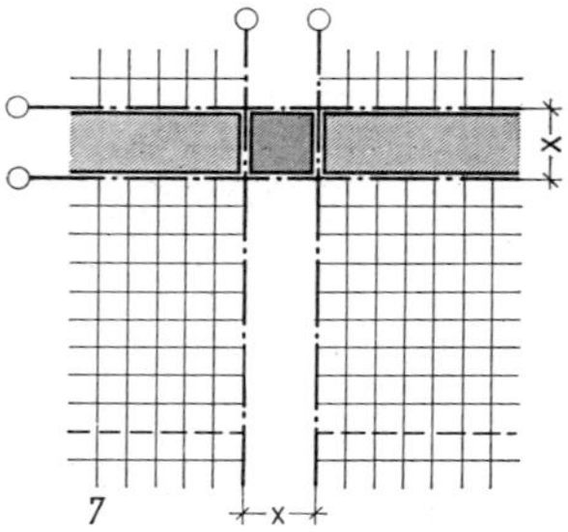

7

7) Ähnlich wird verfahren, wenn aus zwingenden wirtschaftlichen Gründen das tragende System sich nicht in die Modularordnung einfügen läßt. Dann bilden die Flächen, die der Modularordnung nicht unterworfen sind – hier mit der Breite *x* –, sog. neutrale Zonen, zwischen denen die Modularordnung gilt.

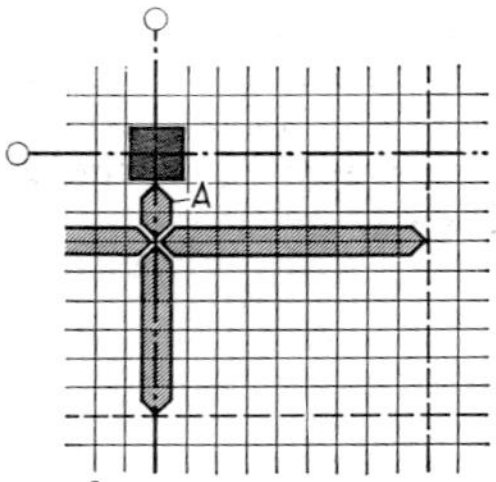

8a

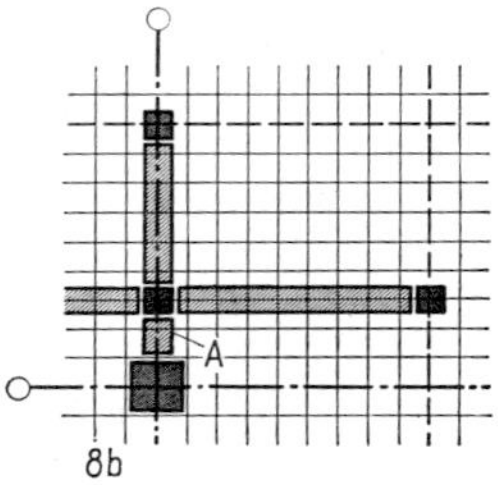

8b

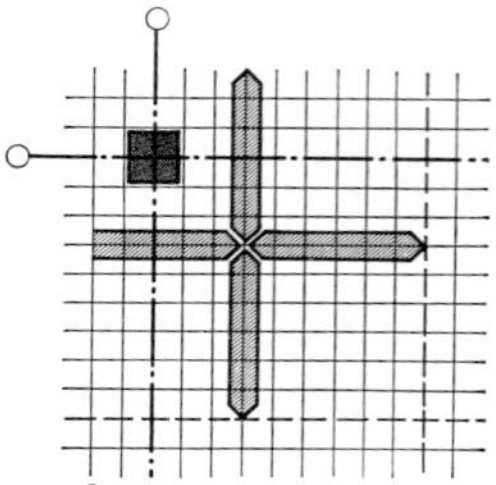

8c

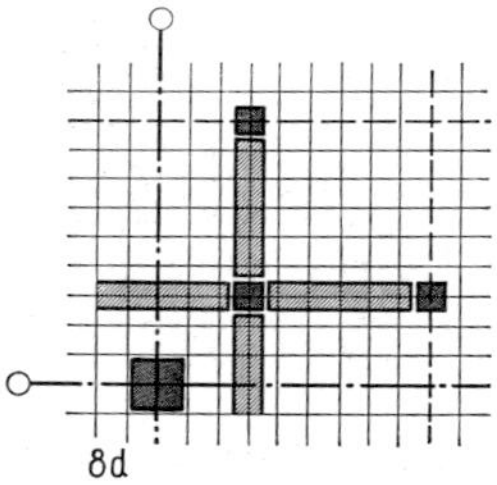

8d

8) Decken sich Wandelementachsen mit dem Konstruktionsraster, so werden Anschlußelemente (A) erforderlich sowohl bei Tafelkonstruktionen (a) als auch bei Pfostenkonstruktionen (b).

Werden Wandraster und Konstruktionsraster getrennt, so erübrigen sich in beiden Fällen (c + d) Anschlußelemente.

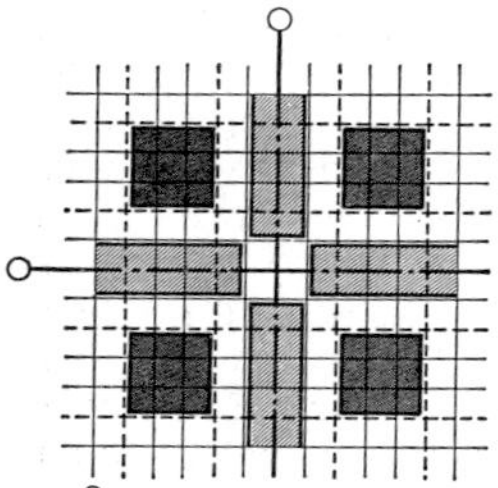

9

9) Beim Universitätsneubau in Marburg sind die Wandachsen auf den Konstruktionsraster gelegt worden. Das Stützensystem liegt unabhängig davon, jedoch auf diesen Planungsraster bezogen, neben dem Raster auf einem sogenannten Rasterband.

Auf diese Weise erübrigen sich kostenaufwendige Anschlußstücke für die Wandelemente.

(Fortsetzung s. nächste Seite)

(Fortsetzung von Bild **8.5**)

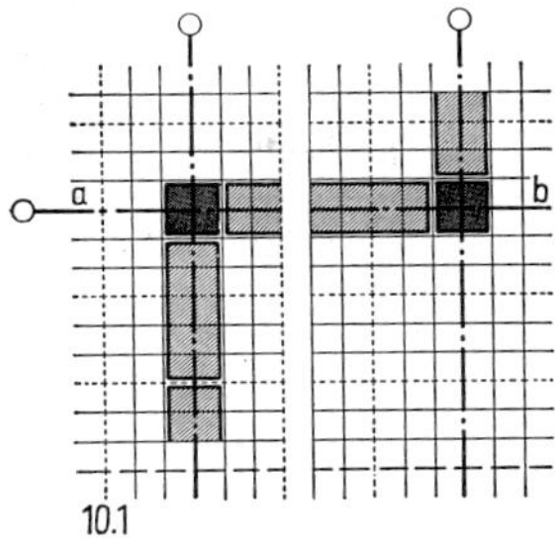

10.1) Wandachse und Planungsraster decken sich. Eckelemente bei Außenecke (a) und Innenecke (b) haben gleiche Außenmaße. Wandelemente ungleich breit.

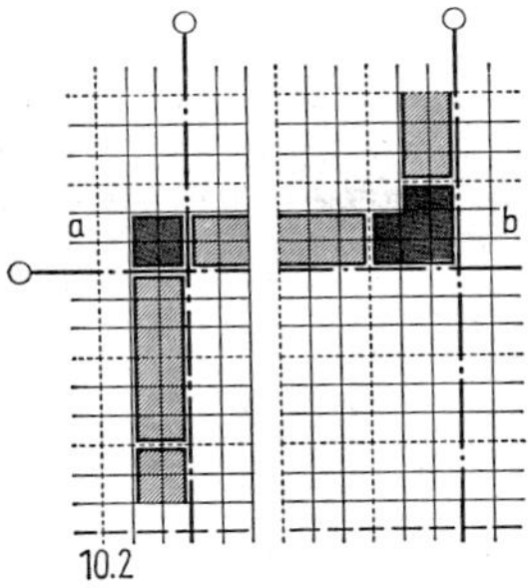

10.2) Wandelemente liegen an dem Planungsraster. Zwei verschiedene Eckelemente für Außen- und Innenecke erforderlich. Wandelemente gleich breit.

10) Innenecke und Außenecke
Ein Problem, das für jede Wandkonstruktion eine besondere Lösung erfordert, ist die Raumecke [4]. Angestrebt wird außer Festigkeit, dichten Fugen, einwandfreier Wärmedämmung und einfacher Verbindung eine möglichst geringe Zahl verschiedener Wandelementformen und -breiten.

Von Bedeutung ist dabei die Lage der Wandachse zum Planungsraster (s. 10.1–4). Außerdem besteht konstruktiv ein Unterschied zwischen Innenecken und Außenecken (a, b und c) allein im Hinblick auf den Einfluß von Wärmebrücken.

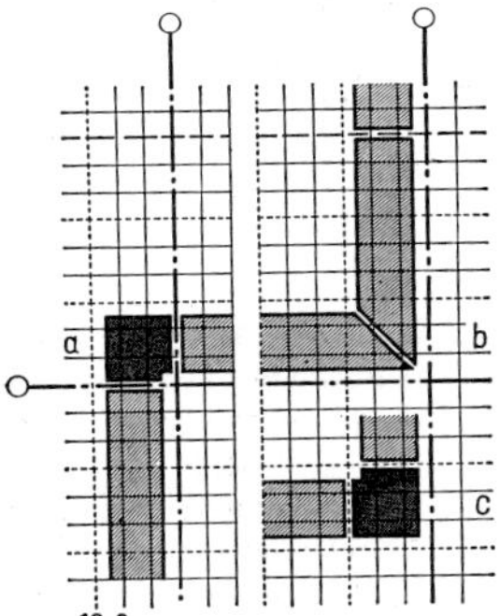

10.3) Wandelemente liegen neben dem Planungsraster. Gleich große Eckelemente (a und c) möglich, ebenso gleich breite Wandelemente. Für Lösung b sind rechte und linke Wandelemente nötig (transportempfindliche Ecke).

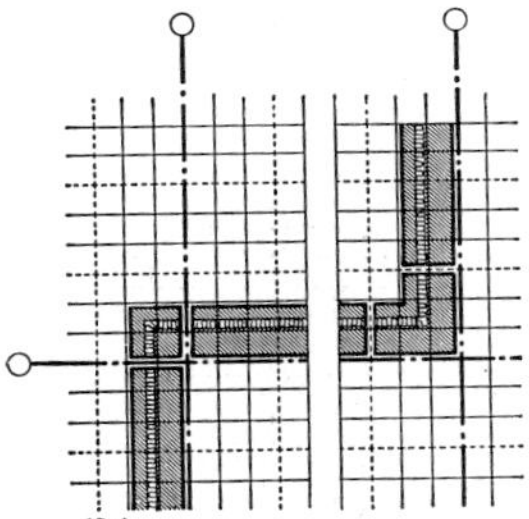

10.4) Das Problem der Innen- und Außenecke wird hier schon bei der schematischen Darstellung mehrschichtiger Wandelemente mit verschiedenen Schichtdicken und Schichtbaustoffen deutlich. Bei der hier angedeuteten Fugenteilung wird nur je ein Innen- und ein Außeneckelement benötigt. Alle Wandelemente sind gleich breit (vgl. Bild **3**.156).

Die Maße für Elemente und Elementteile werden noch durch andere Gegebenheiten beeinflußt, z. B. durch

das Material (Walzprofil, Betonplatte, Holzspanplatte usw.)

den Produktionsvorgang (einzuhaltende Maße und Formen beim Walzen, Gießen, Ziehen, Pressen usw.)

die Transportbedingungen (Transportmittel, -mengen und -gewichte, Entfernungen, Zustand der Transportwege)

die Art und Größe der Versorgungsleitungen (maximale Rohr-, Kabelkanal-, Dichtungsabmessungen usw.)

die Art und Größe der zu verwendenden Ausbauelemente (Aufzüge, Faltwände, Schränke usw.).

Diese Gegebenheiten sind bei der Einordnung in den Planungsraster zu beachten. Andrerseits ist für die Dimensionierung nicht unbedingt der zulässige Mindestaufwand an Material maßgebend, sondern oft haben die rationelle Fertigung und Montage Vorrang. Oder mit anderen Worten, eine Stütze 26 cm/26 cm, die statisch ausreichen würde, kann sich als teurer erweisen als eine an sich unnötig dicke Stütze 3M/3M, die aber infolge ihrer Einordnung in das Maßsystem ein Maximum an rationeller Produktion, Montage und Ausbauleistung zuläßt.

Automatische Fertigungseinrichtungen für Bauelemente werden auf Abstufungen von 1 Millimeter eingerichtet sein, weil einerseits die Abstufbarkeit auf Bruchteile von Millimetern eine erhebliche Verteuerung der Fertigungseinrichtungen bewirken, andrerseits eine Auf- oder Abrundung von Maßen zu vollen Zentimetern auf Fertigungsstraßen zu viel zu großen M a ß t o l e r a n z e n führen würde.

Für die Serienfertigung von Hochbauteilen sind nach Ansicht der Fertigungstechniker Maßtoleranzen von wenigen Millimetern, bei Verbindungsmitteln von Zehntelmillimetern zu fordern. Sie sind erwiesenermaßen auch auf Baustellen erreichbar.

So sind 35000 m^2 vorgefertigte Stahlbeton-Deckenplatten mit einem Stahlskelett durch hochfeste Schrauben so verbunden worden, daß die Platten mit einem Druck von 10 Mp/Schraube auf die Stahlträger gepreßt werden, damit die Schubkräfte eines Verbundquerschnitts durch die entstehenden Reibungskräfte aufgenommen werden können. Die Oberseiten der Platten haben nur Abweichungen von ± 1 mm auf 2 m (Genauigkeitsklasse GK3). Die Stahlträger werden in einer Bohrstraße nach Schablonen mit 0,1 mm Genauigkeit gebohrt (GK1). Das Spiel der Schrauben in ihren Löchern beträgt 1 mm, so daß Längsverschiebungen eines Trägers in seiner Achse kleiner als ± 1 mm sein müssen, d. h., das ganze System muß den Bedingungen der Genauigkeitsklasse GK2 entsprechen.

Von den Rohbautoleranzen sind die Ausbautoleranzen abhängig. Die Grobschlächtigkeit oder die Feinheit der „Nahtstellen" bestimmen Charakter und Gebrauchswert des ausgebauten Raumes. Die geforderten geringen Rohbautoleranzen setzen viel genauere Verfahren der Baustellenvermessung und der Maßüberwachung voraus, als bisher üblich. Für die Markierung von Fixpunkten werden auf Baustellen auch Laserstrahlen angewandt.

Bei der Bestimmung von Maßtoleranzen für Montageteile ist von Mindestfugenbreiten auszugehen, die ihrerseits wegen des verschiedenartigen Charakters voraussehbarer Volumenänderungen der Elemente (Wärmedehnungen, Setzungen,

Kriechen, Schwinden usw.) vom gewählten System, von Art, Größe, Baustoff und Verwendungsort der Elemente und von der Verbindung der Elemente miteinander und mit dem Tragwerk abhängen; bei großflächigen Außenwand- oder Dachelementen ist, wegen der verschieden starken Wärmestrahlenreflexion, auch die Farbe in Betracht zu ziehen. Im Beton- oder Leichtbeton-Plattenbau z. B., in dem oft noch der Fugenverguß den nötigen statischen Verbund zwischen Platte, Decke und Fundament herstellt, ergeben sich andere Toleranzen als bei der Trockenmontage im Holztafelbau oder etwa beim Bauen mit metallgerahmten Kunststofftafeln usw. Die Abhängigkeit der Fugenbreite von den materialspezifischen Maßtoleranzen bildet ein schwieriges Problem bei Montage und Austausch von Elementen verschiedener Stoffkombinationen und Herkunft.

Auf jeden Fall bestimmt die Größe der Toleranzen das Ausmaß der kostspieligen Handarbeit bei der Montage der Ausbauelemente. Vermutlich werden einige der in der Einzelherstellung sehr brauchbaren Baustoffe für das industrialisierte Bauen besonders im Wohnungsbau an Bedeutung verlieren, wenn ihre Verwendung die Serienproduktion oder die Montage vor allem der Ausbauelemente so sehr kompliziert, daß sie unwirtschaftlich wird.

Die Entwicklung international gültiger Maßnormen, Toleranzmaße und einfacher Modularordnungen ist nicht abgeschlossen.

8.4 Fertigungsgerechtes Planen

Der alte Ziegelbau setzte fertigungsgerechtes Planen voraus. Wanddicken und Wandlängen wurden durch Ziegelmaß und -festigkeit, Raumgrößen und Öffnungsmaße durch die Wölbtechniken bestimmt. Ähnliches gilt für den Holzfachwerkbau und den Blockbau. Die wenigen Regeln, die zu beachten waren und die aus langer Erfahrung stammten, konnten leicht gelernt und bei der Planung berücksichtigt werden. Die Kombination neuer Baustoffe mit diesen alten und an sich guten Techniken (diese Techniken ließen fast unbegrenzte Formabwandlungen [Variabilität] zu und waren innerhalb gewisser Grenzen auch anpassungsfähig [flexibel], soweit diese Eigenschaft in Zeiten weniger turbulenter Entwicklungen überhaupt von Bedeutung war), kompliziert ganz allmählich das Planen und Bauen so, daß die Aufgabe gar nicht mehr zu bewältigen ist, in unzähligen Variationen das Zusammenfügen von Bauteilen verschiedenster Art, Form und Stoffeigenschaften in einem Punkt (wie z. B. die Verbindung von Metallfenster, Betonsturz, Ziegelwand, Stahlbetonrippendecke und Warmdach an der Traufe) zeichnerisch und fertigungstechnisch immer von neuem zu klären. Das „Detail" wird vernachlässigt und die Einzelausführung komplizierter Punkte in allzu vielen Fällen schwer zu koordinierenden Facharbeitern überlassen, die sich nicht mehr auf einfache, leichtverständliche Handwerksregeln stützen können, so daß es ganz am Ende dem Improvisationsvermögen des Bauführers überlassen bleibt, Schäden zu verhindern. Diese Schwierigkeiten entstehen dadurch, daß die Bauplanung, die in der Regel richtig mit oft zeitraubenden Bedarfsprognosen, Trendanalysen, Untersuchungen der Standort- und Finanzierungsfragen sowie Formulierungen des Bauprogramms und anderer Zielvorstellungen beginnt. Sie führt dann über Vorentwürfe zum Entwurf, ohne daß die – mindestens die Kosten, die Bauzeit und die

Gesamtqualität des Bauwerks beeinflussenden – Entscheidungen über alle Einzelheiten der Ausführung getroffen werden. Selten oder nie haben sich bis zu diesem Zeitpunkt die Sonderingenieure (Statiker, Haustechnikingenieure, Bauphysiker, Ausbauspezialisten aller Art) maßgeblich über die Planung geäußert. Dieses Verfahren, Planen und Ausführen voneinander zu trennen, ist in jedem Falle mangelhaft, weil es zeit- und kostenaufwendige Plan- und Ausführungsänderungen zur Folge hat.

Für die Vorbereitung industrieller Ausführung von Bauwerken – gleichgültig ob in Form von offenen Systemen oder von abgeschlossenen Typen – muß aus folgenden Gründen die Entscheidung über das Fertigungsverfahren unbedingt vorliegen, wenn die Planung beginnt:

Das System, das der Ausführung zugrunde gelegt werden soll, liefert alle Daten, die für die Ausführungspläne erforderlich sind.

Die vorgegebenen Werte für System und Element enthalten für den Planer grundlegende Anregungen für die Baugestaltung, die gerade für – oftmals wiederholte – industrialisierte Bauausführungen von höchster Qualität sein sollte.

Grundriß und Gesamtaufbau richten sich innerhalb gewisser Grenzen nach den Maßen und konstruktiven Einzelheiten der vorgefertigten Elemente, die vor Beginn der Serienherstellung auf ihre Einzeleigenschaften und ihr Zusammenwirken hin erprobt worden sind.

Die fertigungsgerechte oder produktbezogene Planung muß sich die Auswertung aller Erfahrungen, die vorher schon in anderen Fällen bei Planung, Ausführung und Produktion gemacht worden sind, zunutze machen. Nur wenn auf diese Weise gesichert ist, daß die Errichtung des Bauwerks, ungestört durch verspätete Informationen, planmäßig ablaufen wird, können auch die veranschlagten Baukosten und vereinbarten Termine eingehalten werden.

Eine Schwierigkeit ergibt sich aus dieser Reihenfolge insofern, als in vielen Fällen die wichtigste Entscheidung, nämlich die Wahl des Systems, wird getroffen werden müssen, ohne daß konkurrierende Angebote in vollem Umfange mit der gewählten Lösung verglichen werden können. Um eine Wertung zu ermöglichen, müßten unter Zugrundelegung anderer Systeme weitere Entwürfe so weit ausgearbeitet werden – ein kostspieliges und langwieriges Verfahren, das mit Hilfe der elektronischen Datenverarbeitung zu vereinfachen wäre –, daß mindestens Kostenvergleiche zulässig sind.

Daß das fertigungsgerechte Planen als Grundlage für industrialisiertes Bauen erhebliche Auswirkungen auf die Planungsorganisation (Privatarchitekten, Werksarchitekten, Planungsteams, Planungsämter usw.), auf das Vergabewesen und die Struktur der Bauwirtschaft, ebenso auf die Architekten- und Bauingenieurausbildung und nicht zuletzt auf die Baurichtlinien haben muß, kann hier nur angedeutet werden.

Im Zuge der Umstrukturierung der Handwerksbetriebe in Zulieferer-, Montage-, Wartungs- und Reparaturbetriebe wird auch ein neuer Facharbeitertyp herangebildet werden müssen. An die Stelle des Bauhandwerkers wird mehr und mehr der das neuzeitliche Transportgerät und die baustoffgerechten Verbindungsmittel beherrschende Monteur treten, der – mit einer Sonderausbildung – auch allein in der Lage sein wird, bestimmte Instandsetzungsarbeiten auszuführen und Demontagen vorzunehmen.

8.5 Fertigung und Montage

Bei der Serienfertigung von Bauteilen werden seit langem wertvolle Erfahrungen gemacht. Ein großer Teil der gewonnenen Erkenntnisse bleibt Firmengeheimnis. Aber auch der Überblick über eine übersichtliche, systematische, auf dem letzten Stand gehaltene Sammlung von Ergebnissen derjenigen Untersuchungen, die durch wissenschaftliche Institute, Fachausschüsse, Arbeitskreise, Verbände usw. angestellt werden, ist schwierig.

Die wirtschaftliche Elementgröße hängt ab von Art und Baustoff, von Herstellungsverfahren, Fertigungsrad und Transportgewicht des Elements. Die Wirtschaftlichkeit der Serienherstellung z.B. von Außenwandelementen aus Beton wächst mit der Größe der Elemente. Die geringe Zahl der Fugen senkt die Kosten der Fugendichtung, die statischen Verhältnisse werden günstiger (z.B. hoher Gleitwiderstand schwerer Bauplatten), außerdem läßt das verhältnismäßig grobe Fertigungsverfahren die transportkostensparende Feldfertigung zu. Auch die Dämmfähigkeit gegen Luftschall begünstigt die Verwendung großer Betonplatten (Bild **3**.155). Nachteilig sind der Aufwand an Hebezeugen sowie die geringe Anpassungsfähigkeit und Demontierbarkeit. Solange auf eine, die Maßgenauigkeit beinträchtigende Verwendung von Ortbeton für Fugenverguß, Deckenauflager und Beton-Ringanker nicht verzichtet werden kann, gehört der Betongroßplattenbau nicht eigentlich in die Reihe der Systeme des industriellen Bauens. Auch unmittelbar aus dem Fertigungsverfahren ergeben sich Unzuträglichkeiten. So sind z.B. die Kanten der schweren Platten nur schwer lunkerfrei aus der Form zu bringen. Bei Transport und Montage sind sie stets gefährdet. Die Festigkeit von Ausbesserungsstellen kann nicht gewährleistet werden. Dabei hängt die Dichtheit der Fuge weitgehend von Form und Maßen sowie von der Fehlerfreiheit der Fugenkante ab (Dichtungsmassen haften nicht auf ausgebesserten, feuchten Betonflächen). Da nach der Montage die schadhaften Stellen nicht mehr zugängig sind (Fertigungstoleranzen sowie Feuchtigkeits- und Wärmedehnung erfordern auf 4,0 m Betonplattenbreite etwa 18 bis 20 mm Fugenbreite), lassen sich Fehler später kaum mehr beseitigen.

Der Beton-Großplattenbau ist keine ideale Lösung, solange bei der Montage Ortbeton verwendet werden muß. Besser wäre der statisch wirksame Verbund der trocken versetzten Platten durch Spannkeile und die Verwendung von Leichtbeton (mögliche Demontage, bessere Wärmedämmung, geringeres Transportgewicht).

Ein besonderes Problem sind die Wärmebrücken, die beim unsorgfältigen Einlegen der Dämmschichten im Plattenkern entstehen. Dieser Mangel und andere ähnliche lassen sich nur dann vermeiden, wenn für die Fertigung von Betonteilen Methoden angewendet werden, die genauer und zuverlässiger sind. Damit steigt der Preis. Für kleinere Bauten, z.B. für Eigenheime, eignen sich Betongroßtafeln wenig, schon weil sie nicht in wirtschaftlich ausreichenden Stückzahlen nötig sind.

Von der Raumhöhe als Platten- und Tafelhöhe und von Breiten zwischen 60 und 125 cm gehen fast alle anderen Wandsysteme aus. Die Tafelkanten sind meist statisch zu nutzen. Tragende schmale Außenwandtafeln werden unten und oben in der Regel meist durch Nute, Dübel, Ringanker o.ä. gesichert. Die Vertikalfuge bietet in bezug auf Verbindung und Dichtung kaum Schwierigkeiten. Andrerseits sind Schall- und Wärmedämmung sowohl der Fugen als auch der Tafeln oft unzulänglich, jedoch nicht infolge des Fertigungsvorganges, sondern wegen der

Nichtbeachtung der physikalischen Grundlagen, besonders bei der Schalldämmung. Fugendichtung und -dämmung dürfen nicht das Ergebnis unkontrollierbarer Baustellenimprovisation sein, sondern sind Teil eines bis in jede Einzelheit vorbereiteten Montagevorganges.

Ein- und mehrschichtige Außenwandtafeln, die seit langem in zahlreichen Variationen verwendet werden, und zwar aus Holz-, Stahl- oder Aluminiumrahmen, mit Blech, Asbestzement, kunststoffbeschichteten Sperrholz-, Spanholz- oder Faserholzplatten o.ä. beplankt und innen mit Wärmedämmstoffen gefüllt bzw. ausgeschäumt, lassen sich mit höchster Maßgenauigkeit in Serie herstellen und miteinander oder auch mit den Tragsystemen verbinden. Die Fließbandfertigung umfaßt oft auch Fenster oder Türen als Teil des Wandelements. Spezialtransportgerät kann Transportschäden vermeiden helfen.

Die Außenwand ist wesentlicher Teil der Baugestaltung. Es vereinfacht den Fertigungs-, den Montage- und einen etwaigen Demontagevorgang, wenn die Außenflächenelemente (Vorhangwände s. Abschn. 3.6.3) einerseits und die raumumschließenden Wandelemente mit Wärme- und Schallschutzfunktion andrerseits unabhängig voneinander gefertigt und montiert werden.

Ist eine Teilaufgabe des Außenwandelements der Schutz gegen Witterungseinflüsse, so ist das – oft überschätzte – Sonderproblem des Innenwandelements die Flexibilität. Preisgünstiger als bewegliche oder auch nur versetzbare Wände sind einfache – auch schalldämmende – Wände, die sich ohne großen Verlust gänzlich beseitigen lassen, falls der oft nur vermutete Bedarfsfall überhaupt einmal eintritt.

Auch beim Innenwandelement läßt sich eine optimale Lösung nur durch klare Abgrenzung der Anforderungen erreichen. Die Tabellen **8**.1 und **8**.2 fassen die Fragen systematisch zusammen, die geklärt sein müssen, bevor zu Entwurf, Fertigung und Verwendung z.B. nichttragender Außenwand oder Innenwandelemente geschritten werden kann.

Bild **8**.5 1) bis 10.4) deutet an, wie abhängig die wirtschaftliche Serienfertigung der Wandelemente von der Einordnung der Ausbausysteme in das (tragende) Hauptsystem ist. Schwache Punkte, wie z.B. die Gebäudeecken, die Winkel zwischen Stütze und Wänden oder die aus der Wandfläche vorspringenden Stützen, lassen sich ohne zusätzlichen Aufwand nicht vermeiden (s. auch Bild **8**.5 8) und 9)). Die hygienischen Probleme der jeder Reinigung unzugänglichen Hohlräume zwischen Teilen der Hauptsysteme und solchen Ausbausystemen (Krankenhäuser!) seien hier nur am Rande erwähnt.

Die Kosten für vorgefertigte Deckenplatten sind bei zweiseitiger Auflagerung im allgemeinen höher als bei allseitig gelagerten Betondecken. Trotzdem wird es oft wirtschaftlicher sein, für die gesteigerte Anpassungsfähigkeit höhere Kosten in Kauf zu nehmen (die Anwendung mathematischer Optimierungsverfahren bei der Bemessung von Elementen wird in Betracht zu ziehen sein).

Anzustreben ist auch hier trockene Montage aller Teile. Die Gestaltungsmöglichkeiten lassen sich vermehren, Schall-, Wärme- und Brandschutz lassen sich verbessern. Weiterhin lassen sich alle Leitungen verdeckt unterbringen, wenn vorgefertigte, maßgenaue Unterdecken-Tafeln oder Unterdecken-Platten verwendet werden. Ob die erforderlich werdende Vergrößerung der Gebäudehöhe durch die obengenannten Vorteile gerechtfertigt wird, ist jeweils zu untersuchen.

Die Unterbringung von Installationsleitungen in tragenden Betonelementen kann sich als unzweckmäßig erweisen (mangelhafte Zugängigkeit, Gefährdung der Standsicherheit und Tragfestigkeit, schwere Beeinträchtigung der Schalldämmung, Frost- und Korrosionsgefahr, begrenzte Austauschbarkeit). Steige- und Fallleitungen werden daher besser schallgedämmt in Schachtelementen (Installationszellen) mit Kontroll- und Anschlußöffnungen zusammengefaßt, Verteilungs- und Schleppleitungen in Gruppen zwischen Deckenplatte und Unterdecke (oft können hierfür Flure oder Nebenräume mit geringerer lichter Raumhöhe [z. B. in Bürohäusern, Schulen] benutzt werden), oder in Sockelkanälen aufgehängt. Die Verwendung montagefertiger Verbindungen ist in der Hausinstallation seit langem üblich. Auf diese Weise werden auch einfache, schnelle und sichere Instandsetzungsmaßnahmen ermöglicht.

Beim Zusammenfügen der Elemente sind die meisten Verbindungstechniken für ihren üblichen Anwendungsbereich erprobt. Schwierigkeiten entstehen beim Verbinden von Elementen verschiedener Stoffart, Form und Funktion miteinander, deren Größe und Ausdehnungskoeffizienten, Festigkeit und Formstabilität verschiedene Toleranzmaße zur Folge haben. Gefordert wird außerdem für viele Arten von Elementen Austauschbarkeit und maximale Auswahlmöglichkeit.

Löt- und Schweißverbindungen bei Metallen und Kunststoffen müssen bei der Demontage zerstört werden. Vorläufig bietet nur das Dübeln, Schrauben, Spannen, Verhaken (Verzahnen, Einhängen) und das Festklemmen brauchbare Montageverbindungen, da sie die trockene Montage und zerstörungsfreie Demontage gewährleisten und sich zum Teil und in gewissen Grenzen selbsttätig den Volumenänderungen bzw. den Objektbewegungen anpassen können.

Insbesondere auf dem Gebiet der Kraftübertragung in Fugen und durch Verbindungsmittel ist eine ständige Forschungs- und Entwicklungsarbeit zu leisten.

8.6 Fertigung und Absatz

Die Auffassungen über die entscheidenden Fragen der Fertigung und des Absatzes, die eng miteinander verknüpft sind, sind geteilt.

Einerseits wird angenommen, daß der überwiegende Teil aller Gebäude wie jedes andere Gebrauchsgut zu behandeln sei und vollständig gebrauchsfertig produziert und verkauft werden könne und müsse.

Auf der anderen Seite erwartet man, daß in erster Linie die Anwendung offener Bausysteme (s. Abschn. 8.2), für die von vielen Produzenten systembezogene, entwicklungsfähige Teilsysteme, Elemente und Halbzeuge geliefert werden sollen, nicht nur jede Massenerzeugung bewältigen, sondern unerwünschte Entwicklungen verhindern und stetige Verbesserungen reibungslos ermöglichen wird.

Für die erstere Auffassung sprechen Erfahrungen, die mit der schlüsselfertigen Herstellung von Hallen aller Art für Industrie und Handel, von Sportbauten, z. B. Hallenbädern, von Schulbauten, gewissen Bürogebäuden, Großgaragen, Polizeistationen, Pförtnerhäusern usw. gemacht worden sind.

Die Hersteller spezialisieren ihre Produktion, die wie bei jeder anderen Gütererzeugung auf Marktanalysen und anderen wirtschaftlichen und technischen Untersuchungen beruht. Für den Käufer ist es bei der Wahl eines Spezialtyps leicht, sich zu entscheiden. Das Angebot ist überschaubar und vergleichbar, das Produkt meist innerhalb gewisser Grenzen variabel. Möglich ist z. B. das Hinzufügen oder Wegnehmen von Elementen oder Elementgruppen. Fraglich ist aber, über welche Zeitspanne hinweg nach der Errichtung noch Ersatz- oder Ergänzungslieferungen erfolgen können. Da in weiten Kreisen für unbestimmte Zeit mit der Einführung und Beachtung einer allgemeinen anerkannten internationalen Maßordnung nicht gerechnet wird, sondern von sog. Hausnormen der Produzenten ausgegangen wird, ist der Käufer später u. U. nicht in der Lage, das Objekt – z. B. durch Austausch von haustechnischen Einrichtungen – nach eigenem Ermessen schnell, billig und reibungslos zu verändern, ein Umstand, der bei Konsumgütern keine, bei einem Gebäude jedoch eine erhebliche Rolle spielen kann. Abgesehen wird hier von geplant kurzlebigen Behausungen (etwa aus Pappe oder in Form von Traglufthallen), die z. B. für Katastrophenfälle, Expeditionen, Ausstellungen oder einen ähnlichen kurzzeitigen Einsatz sehr brauchbar sind, aber nicht das Entwicklungsziel des Bauens darstellen, solange die unbegrenzte Mobilität des Menschen ein umstrittenes Ideal ist.

Zu bedenken ist ferner bei Verwendung dieser nach Katalog beziehbaren Groß-Gebrauchsgüter das Problem ihrer Gestaltung und städtebaulichen Einordnung, das allein mit Farb- und Baustoff-Variationen der Sichtflächen kaum zu lösen ist.

Wenn weiterreichende Variabilität und Anpassungsfähigkeit erreicht werden soll, wird die Anwendung des anderen Prinzips, des Prinzips der offenen Systeme, die aber auch bei der Produktion von Spezialtypen möglich sein dürfte, nicht zu vermeiden sein.

Gegen die offenen Systeme wird vor allem eingewandt:

> Die Idee, Elemente für Bausysteme und ihre Teilsysteme durch viele voneinander unabhängige Produzenten herstellen, sie von den Architekten bei Bedarf abrufen und nach dem Baukastenprinzip zusammensetzen zu lassen, sei nicht realisierbar, weil die Zahl der nicht erfüllten Voraussetzungen für ihre Verwirklichung zu groß sei. So sei z. B. mit einer brauchbaren Koordinierung der Elementproduktion vieler selbständiger Firmen nicht zu rechnen.
>
> Es müsse bezweifelt werden, daß sich Firmen finden, die mit sehr hohem Kostenaufwand Systeme entwickeln, für deren Absatz nicht unmittelbar beim Verbraucher (der in den meisten Fällen sachunkundig ist), sondern nur bei Mittelsmännern (Architekten, Generalunternehmern usw.) geworben werden könne, die am Ende über die Verwendung entscheiden.
>
> Vielfältig verwendbare Elemente insbesondere aus der Gruppe der Versorgungselemente seien zwar herstellbar, aber die vielen in ihnen enthaltenen kostspieligen Einrichtungen, die ihre Anpassungsfähigkeit bewirken, würden immer nur teilweise ausgenutzt werden können, oder es müßten zahlreiche Elementvariationen produziert werden, die dann zu sehr teurer Lagerhaltung zwingen würden. (Demgegenüber ist oft festgestellt worden, daß Einsparungsversuche durch Differenzierung, aufs Ganze gesehen, teurer gewesen sind als die je Stück aufwendigere Vereinheitlichung.)

Ein Teil der Vorbehalte gegenüber der einen oder der anderen Methode industrialisierten Bauens beruht auf Vermutungen, ein Teil auf Erfahrungen, die in nicht ohne weiteres vergleichbaren Produktionsbereichen (z. B. der Kraftwagenherstellung) gemacht worden sind. Unbestritten dürften folgende Feststellungen sein:

Industrielle Produktion erfolgt ihrem Wesen nach nicht auf einen Auftrag hin. Sie kann nur durch Marktforschung und Güte des angebotenen Produkts gesichert werden. Gegenwärtig werden notgedrungen auch kleine Serien auf jeweils einen Auftrag hin produziert, sofern dieser einen die Rentabilität gerade gewährleistenden Umfang hat (d.h. meist, daß mit Investitionen gespart wird und damit auch die Qualität des Produkts begrenzt bleibt).

Das Angebot an Systemen und Elementen muß, ebenso wie bisher bei allen anderen Gebrauchsgütern üblich, durch Werbung, d.h. hier durch ernsthafte Kundeninformation unterstützt werden. Daß zu Festpreisen angeboten und termingerecht geliefert werden kann, wirkt sich vorteilhaft aus.

Die notwendigen Investitionen haben einen beträchtlichen Umfang. Die Kosten der Fertigungsstraßen hängen ab u.a. von Gewicht, Fertigungsrad und Variabilität der Elemente. (So werden z.B. Fensterelemente zwar unter Verwendung der gleichen Profile, aber in verschiedenen Größen durch computergesteuerte Umrüstung auf derselben Fertigungsstraße herstellbar sein müssen.)

Mit der Variabilität und Flexibilität industriell hergestellter oder vorgefertigter Bauwerke steht und fällt ihre Verwendung. Ziel ist, mit möglichst wenigen Arten von Elementen möglichst viele Variationen von Gebäudetypen oder möglichst viele Gebäudearten, herzustellen.

Der Standort der Produktionsstätten bildet wegen des großen Transportvolumens ein besonderes Problem, insbesondere dort, wo Typen und nicht Systemelemente hergestellt werden. Die Frage der Dezentralisation der Fertigung und des Zusammenschlusses (Koordination) oder der Zusammenarbeit (Kooperation) verschiedener Herstellerfirmen hängt eng damit zusammen.

Unbestritten ist jedoch auch, daß eine große Reihe von Produktions- und Montageproblemen noch nirgends befriedigend gelöst worden ist. Zweifellos läßt sich das Risiko, welches das industrielle Bauen in sich birgt, nur dadurch auf ein zumutbares Maß verringern, daß die bisherigen Erfahrungen mit dieser Methode unvoreingenommen wissenschaftlich untersucht und ausgewertet werden und daß mit Hilfe der öffentlichen Hand mit Entschiedenheit Großversuche durchgeführt werden (z.B. META-Stadt Wulfen).

8.7 Zusammenfassung

Der technische Teil der Aufgabe, Bauten industriell herzustellen, besteht in der Hauptsache darin, die aus einer Vielzahl verschiedener Baustoffe hergestellten, z.T. sehr kleinformatigen Einzelteile mit geringstem Personalaufwand industriell zu großen, jeweils bestimmten Zwecken dienenden Bauelementen umzuformen und diese auf rationelle Weise zu Gebäuden zusammenzusetzen.

Die Systeme, Elemente, Halbzeuge und Baustoffe müssen vor ihrer Verwendung bis zu ihrer optimalen Leistung entwickelt und erprobt sein.

Die Elemente müssen ebenso wie ihre Verbindungsstellen fest, dicht (gegen Schall, Wärme, Feuchtigkeit) und dauerhaft sein.

Sowohl Formen und Maße der Elemente als auch die Verbindungsmittel und -methoden müssen mit Hilfe einer einheitlichen Maßordnung den schnellen, sauberen und sicheren Austausch bestimmter Elemente oder Elementgruppen ermöglichen.

Der Produktionsprozeß muß automatisch steuerbare Formabwandlungen zulassen, die die Anpassungsfähigkeit der Produkte an den Bedarf gewährleisten.

Auf Gründungsarbeiten sind die Methoden des industriellen Bauens bisher wenig angewandt worden. Es können jedoch auch anpassungsfähige Fundamentsysteme, Fundamentelemente, Fundamentplatten, Stützenhülsen u.ä. für normale Geländeverhältnisse in Serie hergestellt werden.

Form und Eigenschaften der Produkte werden von Baufachleuten (Architekten, Systementwicklern, Baubetriebsingenieuren, Bauchemikern, Bauphysikern, Installationsingenieuren, Statikern und Kalkulatoren) bestimmt, die dabei in jeder Phase der Entwicklung von Fertigungsingenieuren beraten werden müssen.

Der Aufbau der Fertigungsstraßen und die Fertigung selber sind Aufgaben der Fertigungstechnik, die ein Zweig des Maschinenbaus ist.

Mit den z.Z. verfügbaren Mitteln ist industrielles Bauen im vollen Sinne des Wortes noch nicht verwirklicht worden.

Weit fortgeschritten ist die Teilvorfertigung, die vor allem für den Hallen- und Industriebau eine große Rolle spielt, d.h. für diejenigen Bauvorhaben, die weniger hohe Ansprüche an Variabilität und Ausbauqualität stellen.

Die mittelbaren Folgen des Industrialisierten Bauens müssen rechtzeitig auf Gefahren hin untersucht werden, damit nicht, ähnlich wie beim Kraftfahrzeug, Produktions- und Vertriebsprobleme gelöst sind, aber sich gerade aus dieser Perfektion unerwartete Nebenwirkungen entwickeln.

8.8 DIN-Normen

DIN-Blatt Nr		Ausgabe-datum	Titel
4172		7. 55	Maßordnung im Hochbau
18000	T1	11. 73	Modularordnung im Bauwesen, Grundlagen
	T2	3. 76	Modularordnung im Bauwesen, Begriffe
	T3	3. 76	Modularordnung im Bauwesen, Anwendungsregeln
18000	Bbl. 1	2. 77	Modularordnung im Bauwesen; Erläuterungen, Beispiele
18201		4. 76	Maßtoleranzen im Bauwesen; Begriffe, Grundsätze, Anwendung, Prüfung
18202	T1	3. 69	Maßtoleranzen im Hochbau; zulässige Abmaße für die Bauausführung; Wand- und Deckenöffnungen, Nischen, Geschoß- und Podesthöhen
V 18202	T2	6. 74	Maßtoleranzen im Hochbau; Ebenheitstoleranzen für Oberflächen von Wänden, Deckenunterseiten und Bauteilen
V 18202	T3	9. 70	Maßtoleranzen im Hochbau; Toleranzen für die Ebenheit der Oberflächen von Rohdecken, Estrichen und Bodenbelägen
18202	T4	6. 74	Maßtoleranzen im Hochbau; Abmaße für Bauwerksabmessungen
18203	T1	6. 74	Maßtoleranzen im Hochbau; Vorgefertigte Teile aus Beton und Stahlbeton

8.9 Literatur

[1] Bussat, P.: Die Modularordnung im Hochbau. Hrsg. Zentralstelle für Baurationalisierung. Zürich 1963

[2] Hupfer, P.: Optimierung von Baukonstruktionen. Stuttgart 1970

[3] Koncz, T.: Bauen industrialisiert. Wiesbaden 1976

[4] Mund, H.: Das Eckproblem im Skelettbau. München 1972

[5] Schleiff, W.: Vorfertigung im Wohnungsbau. Erfahrungen und Tendenzen. In: Element und Fertigbau (1970) H. 9

[6] Schmidt, Th.; Testa, C.: Bauen mit Systemen. Zürich 1969

9 Anhang: Neue gesetzliche Einheiten und Baustoff-Kurzzeichen

Ab 1.1.1978 dürfen im geschäftlichen und amtlichen Verkehr aufgrund des Gesetzes über Einheiten im Meßwesen vom 2.7.1969 auch im Bauwesen nur noch die SI-Einheiten (SI = Système International d'Unités = Internationales Einheitssystem) verwendet werden. Da bis zu diesem Zeitpunkt noch nicht alle DIN-Normen im Bau- und Wasserwesen umgestellt werden konnten, hat der ETB-Ausschuß (Ausschuß für einheitliche Technische Baubestimmungen Übergangsregelungen beschlossen und „Ergänzende Bestimmungen zu DIN-Normen im Bauwesen und im Wasserwesen, die noch nicht auf gesetzliche Einheiten umgestellt sind (ETB-Ergänzung, Fassung Dezember 1977)" herausgegeben.

Die neue gesetzliche Krafteinheit ist das Newton (N) mit der Beziehung:

$$1\ \text{kp} = 1\ \text{kg} \cdot 9{,}81\ \text{m/s}^2 = 9{,}81\ \text{N} \triangleq 10\ \text{N}$$

(Bis 31.12.1977 galt 1 kp = 1 kg)

Im Anwendungsbereich der Normen wird für 1 kp = 0,01 kN, für 1 Mp = 10 kn (Tab. **9**.1) und für 1 kp/cm^2 = 0.1 MN/m^2 (Tab. **9**.2) gesetzt, wobei 1 MN/m^2 = 1 N/mm^2 ist.

Tabelle **9**.1 Umrechnungstafel für Kräfte und Einzellasten (entsprechend 1 kp = 9,80665 N ~ gerundet [Abweichung 2%]: 1 kp = 10 N)

bisherige Einheiten			gesetzliche Einheiten		
p	kp	Mp	N	kN	MN
1					
10			0,10		
100	0,1		1,0		
1000	1		10		
	10		100	0,10	
	100	0,1	1000	1,0	
	1000	1		10	
		10		100	0,10
		100		1000	1,0
		1000			10

Tabelle **9**.2 Umrechnungstafel für Kraft je Fläche (Flächenlasten, Spannungen, Festigkeiten und Druck)

bisherige Einheiten				gesetzliche Einheiten N/m²	kN/m²	(bar)[1]	MN/m²
kp/m²	Mp/m²	kp/cm²	kp/mm²				N/mm²
mm WS	m WS	at		Pa	kPa		MPa
0,1				1,0			
1				10			
10				100	0,10		
100				1000	1,0		
1000	1				10	(0,10)	
	10	1			100	(1,0)	0,10
	100	10			1000	(10)	1,0
	1000	100	1			(100)	10
		1000	10			(1000)	100
			100				1000
			1000				

1) Diese Einheit unterscheidet sich von den benachbarten nicht um den Faktor 10^3 und ist deshalb zur Vermeidung von Irrtümern nur bei Messungen mit Druckmeßgeräten anzuwenden, die auf bar geeicht sind.

Nach Nr. 2 der ETB-Ergänzung sind nicht mehr zulässige Einheiten mit den in Tabelle **9**.1 angegebenen Faktoren umzurechnen. Vielfache, Teile oder zusammengesetzte Einheiten, die in der Tabelle **9**.1 nicht enthalten sind, sind sinngemäß umzurechnen, s. DIN 1080 Teil 1, Ausg. Juni 1976, Erläuterungen zu Abschn. 5.

Tabelle **9**.3 Umrechnungsfaktoren für Einheiten-Beispiele

1 kp	=	0,01	kN			
1 kp/cm²	=	0,1	MN/m²	=	0,1	N/mm²
1 at	=	0,1	MN/m²	=	1,0	bar
1 atü	=	1,0	bar	=	0,01	MN/m²
1 m WS	=	0,1	bar	=	0,01	MN/m²
1 mm WS	=	10	N/m²	=	10	Pa (Paskal)
1 kp m	=	0,01	kNm	=	10	J (Joule)
1 kcal	=	4,2	kJ (Kilojoule)			
1 kcal/h	=	1,163	W (Watt)			
1PS	=	0,74	kW (Kilowatt)			
1 grd	=	1	K (Kelvin)			
1 g	=	1	gon			
1 Torr	=	1,33	mbar	=	133	Pa

Tabelle **9.4** Beispiele für die Anwendung der gesetzlichen SI-Einheiten im Bauwesen (entspr. DIN 1080, Teil I) mit den einschlägigen Umrechnungen, neu und bisher

Größe	Gegenüberstellung				Umrechnung
	bisher		neu		
	Formelzeichen	Einheit	Formelzeichen	gesetzl. Einheit n. DIN 1080	
Länge	l	m	l	m	
Fläche	F	m^2	A	m^2	
Volumen	V	m^3	V	m^3	
Trägheitsmoment	I	m^4	I	m^4	
Widerstandsmoment	W	m^3	W	m^3	
Winkel	$\alpha; \beta; \gamma$	°	$\alpha; \beta; \gamma$	°	
Masse	m	t; kg	m	t; kg	1 t = 1000 kg
Dichte	p_o	$\frac{t}{m^3}; \frac{kg}{dm^3}$	p_o	$\frac{t}{m^3}; \frac{kg}{dm^3}$	
Rohdichte	p	$\frac{t}{m^3}; \frac{kg}{dm^3}$	p	$\frac{t}{m^3}; \frac{kg}{dm^3}$	$1 \frac{t}{m^3} = 1 \frac{kg}{dm^3}$
Schüttdichte	p_s	$\frac{t}{m^3}; \frac{kg}{dm^3}$	p_s	$\frac{t}{m^3}; \frac{kg}{dm^3}$	
Wichte	γ	$\frac{Mp}{m^3}; \frac{p}{cm^3}$	γ	$\frac{kN}{m^3}$	$1 \frac{kN}{m^3} = 0{,}1 \frac{Mp}{m^3} = 0{,}1 \frac{p}{cm^3}$
Kraft, Schnittkraft, Einzellast	P	kp	F	kN	1 kN = 100 kp
Streckenlast	$g; p; s; w$	$\frac{kp}{m}$	$g; p; s; w$	$\frac{kN}{m}$	$1 \frac{kN}{m} = 100 \frac{kp}{m}$
Flächenlast	$g; p; s; w$	$\frac{kp}{m^2}$	$g; p; s; w$	$\frac{kN}{m^2}$	
Staudruck	q	$\frac{kp}{m^2}$	q	$\frac{kN}{m^2}$	$1 \frac{kN}{m^2} = 100 \frac{kp}{m^2}$
Winddruck	w	$\frac{kp}{m^2}$	w	$\frac{kN}{m^2}$	
Spannung	$\sigma; \tau$	$\frac{kp}{cm^2}$	$\sigma; \tau$	$\frac{MN}{m^2}; \frac{N}{mm^2}$	
Festigkeit	β	$\frac{kp}{cm^2}$	β	$\frac{MN}{m^2}; \frac{N}{mm^2}$	$1 \frac{MN}{m^2} = 1 \frac{N}{mm^2} = 10 \frac{kp}{cm^2}$
Elastizitätsmodul	E	$\frac{kp}{cm^2}$	E	$\frac{MN}{m^2}; \frac{N}{mm^2}$	
Druck[1])	p	$\frac{kp}{cm^2}$	p	$\frac{MN}{m^2}$	$1 \frac{MN}{m^2} = 10 \frac{kp}{cm^2}$
Moment	M	kpm	M	kNm	1 kNm = 100 kpm
Dehnung	ε	$\frac{m}{m}$	ε	$\frac{m}{m}$	

Weitere mögliche Einheiten:

[1]) MPa = 1 MN/m² = 10 bar   1 Pa = 1 N/m² = $1 \cdot 10^{-5}$ kp/cm²

Fortsetzung s. nächste Seite

Größe	Gegenüberstellung				Umrechnung
	bisher		neu		
	Formelzeichen	Einheit	Formelzeichen	gesetzl. Einheit n. DIN 1080	
Energie[2])	W	kpm	W	Ws; kWh	1 kWh = 3,6 · 10⁶ Ws = = 3,6 · 10⁵ kpm
Arbeit	A	kpm	W	kNm	1 kNm = 100 kpm
Wärmemenge	Q	kcal	Q	Ws; kWh; (J)	1 kWh = 3,6 · 10⁶ Ws 1 kcal = 4187 Ws (= 4,2 kJ)
Leistung	N	$\frac{\text{kpm}}{\text{s}}$; PS	P	kW	$1\ \text{kW} = 100\ \frac{\text{kpm}}{\text{s}} = 1{,}36\ \text{PS}$
Temperatur	t	°C	t	°C	
	t	°C	T	K	0 K = −273°C; 0°C = 273 K
Temperaturdifferenz	Δt	°C	ΔT; Δt	K; °C	1 K = 1°C
Wärmeleitfähigkeit	λ	$\frac{\text{kcal}}{\text{m h °C}}$	λ	$\frac{\text{W}}{\text{m K}}$	$1\ \frac{\text{W}}{\text{m K}} = 0{,}86\ \frac{\text{kcal}}{\text{m h °C}}$ bzw. $1\ \frac{\text{kcal}}{\text{m h °C}} = 1{,}163\ \frac{\text{W}}{\text{m K}}$
Wärmedurchlaß-koeffizient	Λ	$\frac{\text{kcal}}{\text{m}^2\text{h °C}}$	Λ	$\frac{\text{W}}{\text{m}^2\text{K}}$	} bzw. $1\ \frac{\text{kcal}}{\text{m}^2\text{h °C}} = 1{,}163\ \frac{\text{W}}{\text{m}^2\text{K}}$
Wärmeübergangs-koeffizient	α	$\frac{\text{kcal}}{\text{m}^2\text{h °C}}$	α	$\frac{\text{W}}{\text{m}^2\text{K}}$	
Wärmedurchgangs-koeffizient	k	$\frac{\text{kcal}}{\text{m}^2\text{h °C}}$	k	$\frac{\text{W}}{\text{m}^2\text{K}}$	

Weitere mögliche Einheiten:
[2]) 1 J = 1 Ws = 1 Nm

Tabelle **9**.5 Umrechnungstafel für Energie, Arbeit, Wärmemenge, Leistung usw.

Größe	bisherige Einheit	gesetzliche Einheit genau	Abweichung < 2%
Energie; Arbeit;	1 kp m	9,80665 J	10 J
Wärmemenge	1 kcal	4,1868 kJ	4,2 kJ
Leistung; Energiestrom;	1 PS	0,73549875 kW	0,74 kW
Wärmestrom	1 kcal/h	1,163 W	1,16 W
Wärmeübergangs-koeffizient	1 kcal/(m² · h · grd)	1,163 W/(m² · K)	1,16 W/(m² · K)
Wärmeleitfähigkeit	1 kcal/(m · h · grd)	1,163 W/(m · K)	1,16 W/(m · K)

Nach Nr. 3 der ETB-Ergänzung sind künftig die neuen Baustoff-Kurzzeichen gem. Tab. **9**.6, die sich aus der Umstellung 1 kp/cm^2 = 0,1 N/mm^2 unter Beibehaltung der bisherigen Festigkeitsdefinition ergeben, einzusetzen. Im Rahmen der Übergangsregelung sind sie nur in Verbindung mit den in Klammern gesetzten bisherigen Baustoff-Kurzzeichen zu verwenden.

Tabelle **9**.6 Neue und bisherige (alt) Baustoff-Kurzzeichen unter Berücksichtigung der Festigkeitsdefinition

	Baustoff-Kurzzeichen alt	neu	Bemerkungen
Beton DIN 1045 (Ausg. 12.78)	Bn 50 Bn 100 Bn 150 Bn 250 Bn 350 Bn 450 Bn 550	B 5 B 10 B 15 B 25 B 35 B 45 B 55	
Leichtbeton (siehe „Richtlinien für Leichtbeton, Stahlleichtbeton mit geschlossenem Gefüge") (Ausg. 6.73)	LBn 100 LBn 150 LBn 250 LBn 350 LBn 450 LBn 550	LB 10 LB 15 LB 25 LB 35 LB 45 LB 55	
Leichtbeton mit haufwerksporigem Gefüge für Wände DIN 4232 (Ausg. 12.78)	LBn 20 LBn 50 LBn 80	LB 2 LB 5 LB 8	
Zement DIN 1164 Teil 1 (Ausg. 11.78)	Z 250 Z 350 Z 450 Z 550	Z 25 Z 35 Z 45 Z 55	PZ EPZ HOZ TrZ sind sinngemäß umzustellen
Anhydritbinder DIN 4208 (Ausg. 10.62)	AB 50 AB 125 AB 200	AB 5 AB 12 AB 20	
Betonstahl DIN 488 Teil 1 (Ausg. 4.72)	BSt 22/34 BSt 42/50 BSt 50/55	BSt 220/340 BSt 420/500 BSt 500/550	

Tabelle **9**.7 enthält neue Baustoff-Kurzzeichen gem. ETB-Ergänzung, bei denen neben der Umstellung 1 kp/cm^2 = 0,1 N/mm^2 Mittelwerte als Festigkeitsdefinition durch p%-Fraktile (Nennfestigkeiten) ersetzt wurden. Im Rahmen der Übergangsregelung sind die neuen Baustoff-Kurzzeichen nach Tabelle **9**.7 nur in Verbindung mit den in Klammern gesetzten bisherigen Baustoff-Kurzzeichen zu verwenden.

Die Umstellung von auf Festigkeitsangaben beruhenden Baustoff-Kurzzeichen, die in dieser ETB-Ergänzung nicht genannt sind, wird in den einschlägigen Baustoffnormen geregelt, z. B. für Baustahl in DIN 17100 (z. Z. Entwurf September 1977).

Tabelle **9**.7 Neue und alte Baustoff-Kurzzeichen mit Änderung der Festigkeitsdefinition in p%-Fraktile (Umstellung vom Mittelwert auf Nennfestigkeiten).

	Baustoff-Kurzzeichen alt	Baustoff-Kurzzeichen neu	Bemerkungen
Mauerziegel DIN 105 (Ausg. 7.69) DIN 105 T2 (Ausg. 1.72)	Mz 25 Mz 50 Mz 75 Mz 100 Mz 150 Mz 250 Mz 350	Mz 2 Mz 4 Mz 6 Mz 8 Mz 12 Mz 20 Mz 28	HLz LLz KMz KHLz sind sinngemäß umzustellen
Hochfeste Ziegel und Klinker DIN 105 T3 (Ausg. 7.75)	Mz 450 Mz 600 Mz 750	Mz 39 Mz 52 Mz 66	
Kalksandsteine DIN 106 (Ausg. 11.72)	KSV 75 KSV 150 KSV 250 KSV 350	KSV 6 KSV 12 KSV 20 KSV 28	KSHbl KSL sind sinngemäß umzustellen
Mauersteine und Mauerziegel für freistehende Schornsteine DIN 1057 (Ausg. 8.69)	Rz 150 Rs 150 Rz 250 Rs 250 R 350 R 450	Rz 12 Rs 12 RZ 20 Rs 20 R 28 R 30	
Hüttenvollsteine DIN 398 (Ausg. 6.76)	HSV 7,5 HSV 15 HSV 25 HSV 35	HSV 6 HSV 12 HSV 20 HSV 28	HSL HHbl sind sinngemäß umzustellen
Gasbeton-Blocksteine DIN 4165 (Ausg. 12.73)	G 25 G 50 G 75	G 2 G 4 G 6	
Gasbeton DIN 4223 (Ausg. 7.58)	GSB 35 GSB 50	GB 3,3 GB 4,4	
Lochsteine aus Leichtbeton DIN 18149 (Ausg. 3.75)	LLB 50 LLB 75 LLB 150	LLB 4 LLB 6 LLB 12	
Hohlblocksteine aus Leichtbeton DIN 18151 (Ausg. 11.75)	Hbl 25 Hbl 50 Hbl 75	Hbl 2 Hbl 4 Hbl 6	
Vollsteine aus Leichtbeton DIN 18152 (Ausg. 7.71)	V 25 V 50 V 75 V 150	V 2 V 4 V 6 V 12	
Hohlblocksteine und T-Hohlsteine aus Beton mit geschlossenem Gefüge DIN 18153 (Ausg. 8.72)	HD 50 HD 75	HD 4 HD 6	HZ HV T sind sinngemäß umzustellen
Ziegel für Decken und Wandtafeln DIN 4159 (Ausg. 10.72)	ZWT 160 ZWT 225 ZWT 300 ZWT 450	ZWT 12 ZWT 18 ZWT 24 ZWT 38	ZWV und ZSV, ZST, ZRV, ZRT, ZZV, ZZT } und sinngemäß umzustellen

Sachverzeichnis